Beispiele zur Bemessung nach DIN 1045-1

Band 2: Ingenieurbau

2. Auflage

Ernst & Sohn
A Wiley Company

Deutscher Beton- und
Bautechnik-Verein E.V.

Beispiele zur Bemessung nach DIN 1045-1

Band 2: Ingenieurbau

2. Auflage

Ernst & Sohn
A Wiley Company

Herausgeber:

Deutscher Beton- und Bautechnik-Verein E. V.
Postfach 110512
10835 Berlin

Bibliografische Information Der Deutschen Bibliothek
Die Deutsche Bibliothek verzeichnet diese Publikation in der Deutschen Nationalbibliografie;
detaillierte bibliografische Daten sind im Internet über <http://dnb.ddb.de> abrufbar

ISBN-13: 978-3-433-01862-0
ISBN-10: 3-433-01862-6

Druck: Strauss GmbH, Mörlenbach
Bindung: J. Schäffer GmbH, Grünstadt

Printed in Germany

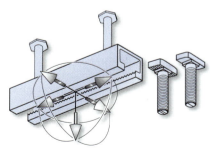

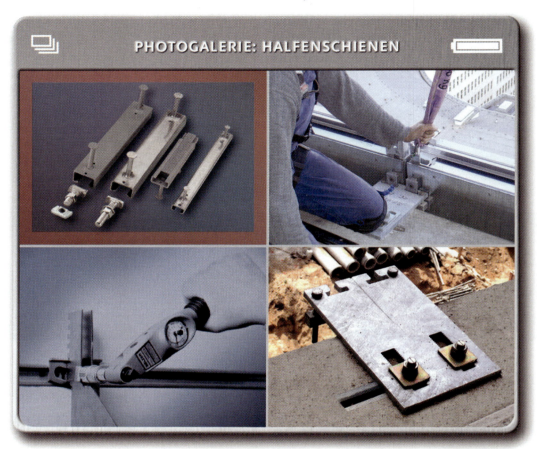

Inhaltsverzeichnis

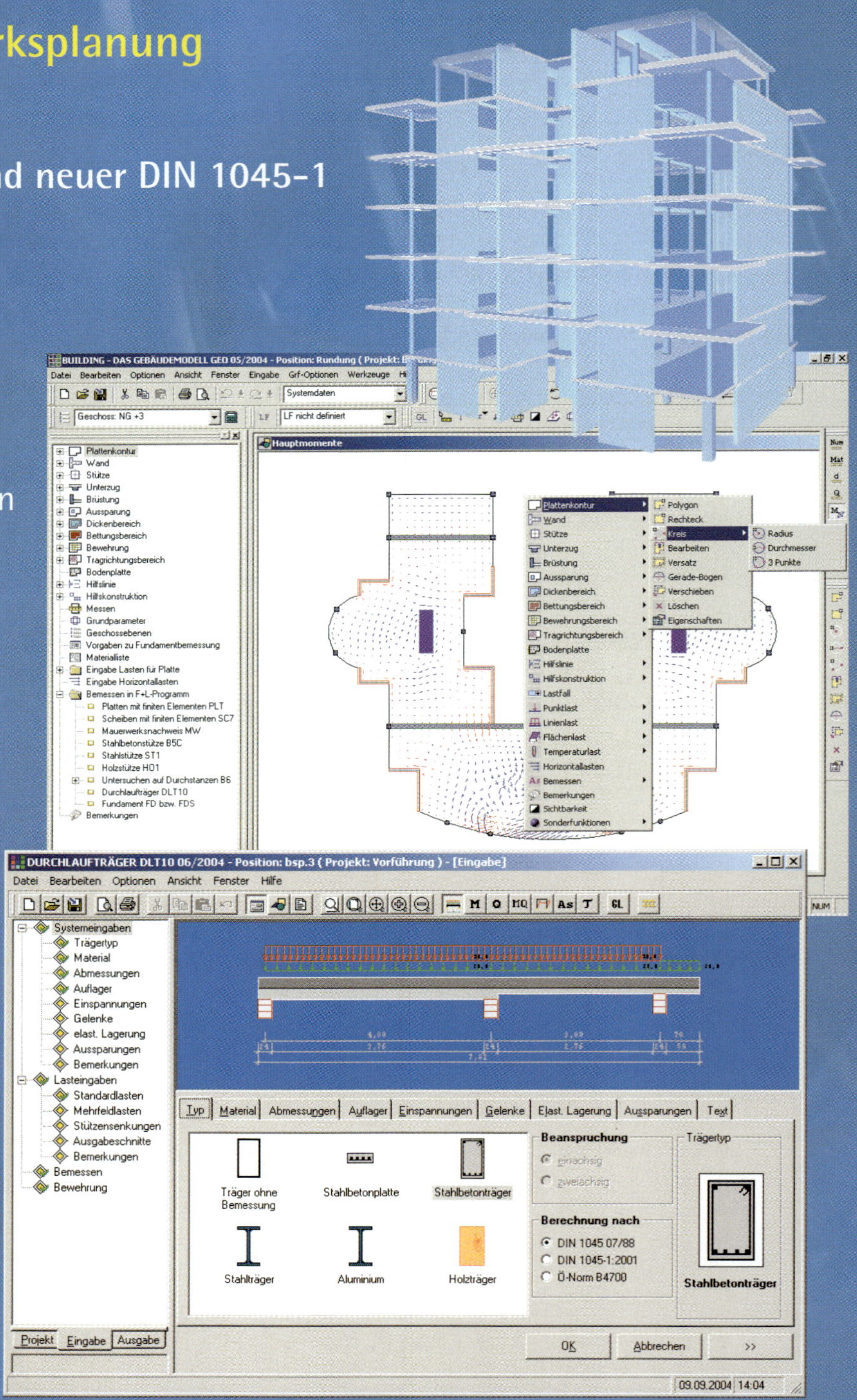

Vorwort zur 2. Auflage

Die neue Normengeneration für den Betonbau ist mit DIN 1045: „Tragwerke aus Beton, Stahlbeton und Spannbeton, Teile 1–4“ und DIN EN 206-1: „Beton – Teil 1: Festlegung, Eigenschaften, Herstellung und Konformität“ in den Ausgaben Juli 2001 in der Bundesrepublik Deutschland im Jahre 2002 bauaufsichtlich eingeführt worden. Sie ist seit dem 1. Januar 2005 für die Tragwerksplanung von Neubauten allein verbindlich.

Darüber hinaus wurden auf Initiative des Bundesministeriums für Verkehr, Bau- und Wohnungswesen im Normenausschuss Bauwesen u. a. die DIN-Fachberichte 101 „Einwirkungen auf Brücken“ und 102 „Betonbrücken“ erarbeitet und nach einer Erprobungsphase in der 2. Auflage im März 2003 herausgegeben. Diese Fachberichte sind für die Geschäftsbereiche der Bundesfernstraßen und der Eisenbahnen des Bundes ab Mai 2003 verbindlich geworden.

Der Deutsche Beton- und Bautechnik-Verein E.V. legt im Rahmen seiner Beispielsammlung zur DIN 1045-1 ergänzend zum Band 1: „Hochbau“ einen Band 2: „Ingenieurbau“ vor. Dieser enthält acht Beispiele aus dem Brücken-, Ingenieur- und Hochbau. Die Aufgabenstellungen sind komplexer als im ersten Band gefasst (Spannbetonbrücken, Vorspannung, Gebäudeaussteifung) bzw. auf spezielle Nachweise (plastische und nichtlineare Berechnungsverfahren, Durchbiegung) ausgerichtet worden. Erstmals wird in der DBV-Beispielsammlung auf die Erdbebenbemessung der Gebäudeaussteifung eingegangen.

Die erste Auflage 2003 hat eine außerordentlich positive Resonanz in der Fachöffentlichkeit gefunden. Seither wurden mit der Anwendung der neuen Norm Erfahrungen gesammelt, die sich in Berichtigungen der DIN 1045-1 und des erläuternden DAfStb-Heftes 525 sowie in einer Vielzahl von Auslegungen zur Norm widerspiegeln. Diese Entwicklungen der Norm haben in der nun vorliegenden 2. Auflage Niederschlag gefunden.

Die Autoren haben versucht, die wesentlichen Neuerungen, insbesondere der DIN-Fachberichte und einiger noch nicht im Band 1 gezeigter Nachweise nach DIN 1045-1, in einer verständnisfördernden Ausführlichkeit darzustellen und auch, wo notwendig, die Hintergründe computergestützt erzielter Ergebnisse zu erläutern.
Andererseits konnten mit Blick auf den Umfang einige Themen nur verkürzt dargestellt werden. Auf Bewehrungsdarstellungen wurde im Band 2 weitgehend verzichtet. Ein gewisser Umfang an Vorkenntnissen der Leser wird vielfach vorausgesetzt.

Die einzelnen Beispiele wurden von folgenden Autoren erarbeitet:

13 : Plattenbalkenbrücke .... Dr. sc. techn. *R. von Wölfel*
14: Fertigteilbrücke .... Dr.-Ing. *O. Wurzer*
15: Müllbunkerwand .... Dr.-Ing. *J. Bellmann*, Dr.-Ing. *J. Rötzer*
16: Deckenplatte nach Bruchlinientheorie .... Dipl.-Ing. *R. Schadow*
17: Flachdecke mit Vorspannung ohne Verbund .... Dr.-Ing. *K. Morgen*, Dr.-Ing. *E. Wollrab*
18: Flachdecke mit Kragarm .... Dipl.-Ing. *K. Stöber*
19: Nichtlineare Berechnung gekoppelter Stützen .... Dipl.-Ing. *K. Stöber*
20a: Mehrgeschossiger Skelettbau .... Dr.-Ing. *F. Fingerloos*
20b: Mehrgeschossiger Skelettbau – Erdbeben .... Dr.-Ing. *S. Kranz*

Die Mitglieder eines Arbeitskreises[1)] des Deutschen Beton- und Bautechnik-Vereins E.V. haben schwerpunktbezogen einzelne Beispiele begleitet und durchgesehen; für diese ehrenamtliche Tätigkeit danken wir ihnen sehr herzlich.

[1)] Arbeitskreismitglieder: Dr.-Ing. *Fingerloos* (Obmann), Deutscher Beton- und Bautechnik-Verein E.V.; Dr.-Ing. *Bachmann*, Ed. Züblin AG; Dr.-Ing. *Bellmann*, SOFiSTiK AG; Dr.-Ing. *Findeisen*, Weihermüller, Vogel, Findeisen + Partner; Prof. Dr.-Ing. *Fischer*, Technische Fachhochschule Berlin; Dr.-Ing. *Fröhling*, Bauamt Hansestadt Rostock; Dr.-Ing. *Gruber*, Wayss & Freytag Ingenieurbau AG; Dr.-Ing. *Hochreither*, Hochreither + Vorndran Ing.-gesellschaft mbH; Prof. Dr.-Ing. *Kramp*, Technische Fachhochschule Berlin; Dr.-Ing. *Kranz*, Mannheim; Dipl.-Ing. *Küttler*, Köln; Dr.-Ing. *Litzner*, Deutscher Beton- und Bautechnik-Verein E.V.; Prof. Dr.-Ing. *Maurer*, Universität Dortmund; Dr.-Ing. *Meyer*, HOCHTIEF Construction AG; Dr.-Ing. *Morgen*, Windels, Timm, Morgen; Dr.-Ing. *Nitsch*, Bundesverband Deutsche Beton- und Fertigteilindustrie e.V. (BDB); Prof. Dr.-Ing. *Nölting*, Hochschule für Angewandte Wissenschaften Hamburg; Dr.-Ing. *Reinhardt*, Bilfinger Berger AG; Dr.-Ing. *Rötzer*, DYWIDAG International GmbH; Dipl.-Ing. *Schadow*, Essen; Dipl.-Ing. *Stöber*, abacus computer GmbH; Dr. sc. techn. *von Wölfel*, Leonhardt, Andrä und Partner; Dr.-Ing. *Wollrab*, Windels-Timm-Morgen; Dr.-Ing. *Wurzer*, Windels-Timm-Morgen; Dipl.-Ing. *Ziems*, Friedrich + Lochner GmbH

Herr Dr.-Ing. *F. Fingerloos* hat wieder die Manuskripte zu diesem Werk bearbeitet und die inhaltliche Ausrichtung der Beispiele abgestimmt.

Die Modellierung der Tragsysteme in den einzelnen Beispielen soll vom Leser jeweils als ein möglicher Weg für die Herangehensweise verstanden werden. Insbesondere nichtlineare Berechnungsverfahren sind durch den sachkundigen Ingenieur hinsichtlich ihrer Realitätsnähe zu bewerten. Die Berechnungsergebnisse müssen selbstverständlich auch konstruktiv umgesetzt werden. Die in einigen Beispielen hervorgehobenen, im Vergleich zu linear-elastischen Standardverfahren deutlich günstigeren Ergebnisse sind deshalb nicht so zu verallgemeinern, dass nur noch nichtlineare computergestützte Berechnungen den Stand der Technik wiederspiegeln. Vielmehr kommt es auf die sinnvolle, angemessene und beherrschbare Anwendung aller dem Ingenieur zur Verfügung stehenden Werkzeuge an. Die Überprüfung der Plausibilität von Berechnungsergebnissen und des Kräfteflusses in Tragwerken sollte nach wie vor auch in einer Handrechnung möglich sein.

Die Autoren haben entsprechend ihrem Wissen, ihren Kenntnissen und ihren Erfahrungen die einzelnen Beispiele erarbeitet. Die Anwendung und Auslegung der technischen Regelwerke soll daher nicht als dogmatisch vertretene Lehrmeinung verstanden werden.

Die Benutzer des Buches sind deshalb ausdrücklich aufgerufen, dem Deutschen Beton- und Bautechnik-Verein E.V. Meinungen, Kritiken und auch Hinweise auf Fehler zur Beispielsammlung mitzuteilen. Alle Auflagen der Beispielsammlungen werden bei Normänderungen und bei Fehlerberichtigungen über die DBV-Homepage mit Erläuterungen und ggf. Austauschseiten im Internet aktuell gehalten. Diese Informationen findet der Leser unter: *www.betonverein.de* → Fachthemen → Beispielsammlungen.

Die überaus positive Aufnahme des ersten Bandes der neuen Beispielsammlung zur DIN 1045-1 lässt uns hoffen, dass auch der zweite Band Interesse in der Praxis und bei den Studierenden findet und als willkommenes Nachschlagewerk und Hilfsmittel dienen wird.

Berlin, im Januar 2006

Dr.-Ing. Hans-Ulrich Litzner
Dr.-Ing. Frank Fingerloos

Deutscher Beton- und Bautechnik-Verein E.V.
Geschäftsführung

Hinweise für die Benutzung

Mit Rücksicht auf den Lehrbuchcharakter dieser Sammlung wurden die Beispiele so gewählt, dass ein möglichst verständlicher Überblick über die Bemessungs- und Konstruktionsregeln der DIN 1045-1 bzw. der DIN-Fachberichte 101 und 102 gegeben wird. Wirtschaftliche Gesichtspunkte bei der Wahl der Bauteilmaße und bei der Bemessung und Konstruktion der Bewehrung konnten daher nicht immer maßgebend sein.

Die Beispiele sind bewusst ausführlich abgehandelt. In der täglichen Bemessungspraxis wird man auf diese Ausführlichkeit und einige Nachweise verzichten können, ohne dass die Berechnungen an Aussagekraft verlieren. Die Herausgeber sind davon ausgegangen, dass diese Ausführlichkeit nicht als allgemein verbindliche Empfehlung missverstanden, sondern als Hilfe zur schnellen Orientierung bei der Einarbeitung begrüßt wird.

Die der Verständlichkeit dienenden Normenauszüge in der Kommentarspalte ersetzen nicht die Nutzung und Textanalyse der Norm selbst. Anforderungen des baulichen Brandschutzes, des Wärme- und Schallschutzes sind nicht Gegenstand dieser Beispielsammlung und wurden daher nicht speziell berücksichtigt.

Die Nummerierung der Literaturquellen aus Band 1, die auch in Band 2 zitiert werden, ist weitgehend identisch.

Beispiel 13: Plattenbalkenbrücke

Inhalt

Beispiel 13: Plattenbalkenbrücke

Aufgabenstellung

Zu bemessen ist der Überbau einer Richtungsfahrbahn einer im Grundriss geraden Autobahnbrücke mit zwei Fahrstreifen in Längsrichtung.
Die Brücke wird in Längsrichtung elastisch gelagert.
Der Betonüberbau wird als zweistegiger Plattenbalken (längs vorgespannt, quer mit Betonstahl bewehrt) ausgebildet.

Eine Bemessung für MLC-Lasten nach STANAG 2021 wird nicht durchgeführt.

Die Brücke wird in Längsrichtung nach Anforderungsklasse C, in Querrichtung nach Anforderungsklasse D bemessen. Im Rahmen dieses Beispiels wird nur die Längsrichtung betrachtet.

In den Allgemeinen Rundschreiben Straßenbau ARS 9–11/2003 des BMVBW werden für den Bereich des BMVBW zusätzliche Nachweise im Rahmen der Planung von Betonbrücken gefordert.

Dies betrifft für dieses Beispiel im Wesentlichen:

- Zwangschnittgrößen sind bei den Nachweisen der Grenzzustände der Tragfähigkeit zu berücksichtigen (mit den 0,6-fachen Werten der Steifigkeiten des Zustandes I).
- Die schiefen Hauptzugspannungen sind nachzuweisen.

Die DIN-Fachberichte (DIN-Fb) enthalten alle für ihren Regelungsgegenstand relevanten Vorschriften als geschlossenes Dokument.
[100] DIN-Fb 100: Beton
[101] DIN-Fb 101: Einwirkungen auf Brücken
[102] DIN-Fb 102: Betonbrücken
Beachte auch die Erläuterungen und Auslegungen in den Erfahrungssammlungen zu den DIN-Fb 101 [101.1] und 102 [102.1] auf: *www.bast.de* → Fachthemen → Europäische Regelungen im Brücken- und Ingenieurbau

MLC-Lasten: (military load class) Kurzbezeichnung für militärische Verkehrslasten
STANAG: (*stan*dardisation *ag*reement) Standardisierungsabkommen der NATO
[101.1] Die Behandlung der Militärlasten wird in einem Allgemeinen Rundschreiben Straßenbau geregelt werden. Die Teilsicherheitsbeiwerte und die Kombinationsbeiwerte entsprechen denen der zivilen Lasten.
DIN-Fb 102, Kap. II, 4.4.0.3
Die Anforderungsklassen sind vom Bauherrn festzulegen (z. B. [136] ARS 11/2003)
BMVBW: Bundesministerium für Verkehr, Bau- und Wohnungswesen
ARS 9/2003: Einführung des DIN-Fb 100
ARS 10/2003: Einführung des DIN-Fb 101
ARS 11/2003: Einführung des DIN-Fb 102
jeweils im Bereich des BMVBW

DIN-Fb 102, Kap. II, 2.3.2.2 (102),
Regel im 2. Satz ist nicht anzuwenden.

1 System, Bauteilmaße, Betondeckung

1.1 System

In Längsrichtung stellt die Brücke einen Siebenfeldträger dar mit einer Gesamtlänge von $L = 210$ m. Die Spannweite der fünf Innenfelder beträgt jeweils 32,0 m, die der beiden Randfelder 25,0 m.
Die Konstruktionshöhe beträgt 1,50 m (Bild 1).

Der Überbau wird in sieben Bauabschnitten (BA) mittels Vorschubrüstung hergestellt (Bild 2). Der statische Nachweis der einzelnen Bauzustände ist nicht Gegenstand dieses Anwendungsbeispiels.

Die Bemessung im Grenzzustand der Tragfähigkeit wird abweichend im Beispiel 13 mit den Zwangschnittgrößen aus Setzung unter Vernachlässigung der Temperaturzwangschnittgrößen geführt. Bei Beachtung des ARS 11/2003 ergeben sich in diesem Beispiel kaum Unterschiede. Die Einhaltung der zulässigen Hauptzugspannungen stellt bei gedrungenen Plattenbalken kein Problem dar. Die Nachweisführung entspricht der bisherigen Bemessungspraxis.

Hinweise zu den DIN-Fachberichten:
Die Fachberichte haben eine eigene Gliederung.
Die Bezeichnung der Regeln bedeutet:
(1)P – verbindliche Regeln → Prinzip
(1) – Anwendungsregeln, die die Prinzipien erfüllen
(1)* – Regelungen aus DIN 1045-1 übernommen

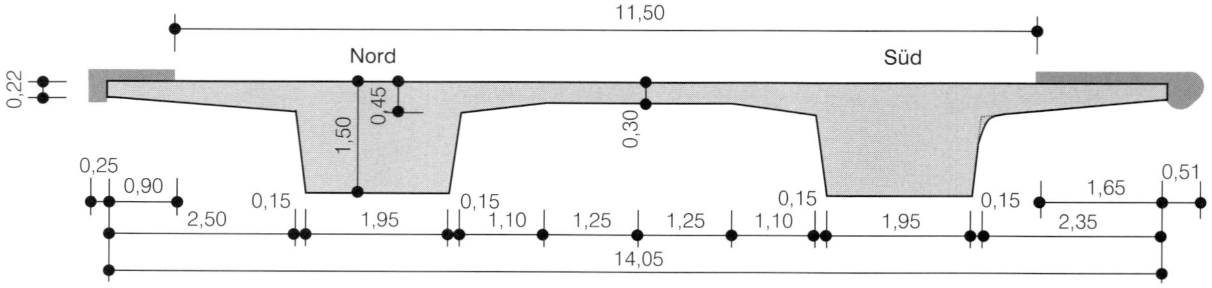

Bild 1: Regelquerschnitt der Brücke, Querschnitt einer Richtungsfahrbahn

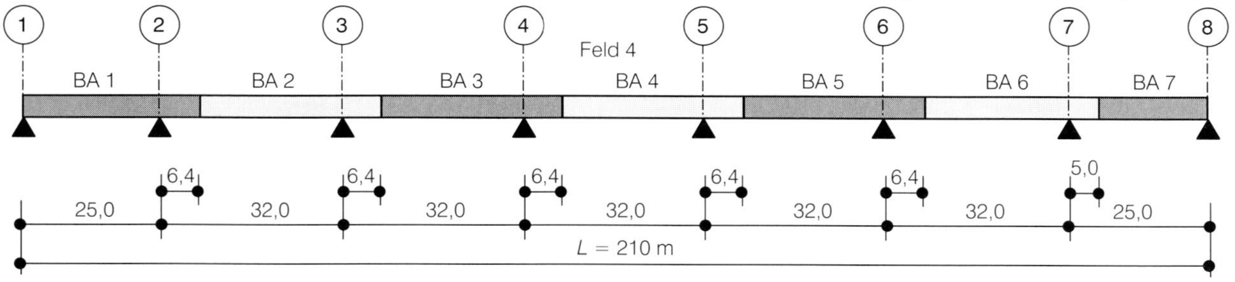

Bild 2: Statisches System, Bauphasen und Bauabschnitte

1.2 Mindestfestigkeitsklasse, Betondeckung

Umgebungsbedingungen: Außenbauteil
Expositionsklasse für Bewehrungskorrosion
→ infolge Karbonatisierung: ⇨ XC4
→ infolge Chloridangriff: ⇨ XD1
Expositionsklasse für Betonangriff
→ Frost mit Taumittel: ⇨ XF2
Mindestfestigkeitsklasse Beton ohne Luftporen ⇨ C35/45 [100]

Gewählt: C35/45 XC4, XD1, XF2, E_{cm} = 33.300 N/mm² [1)]

DIN-Fb 102, Kap. II, 4.1: Anforderungen an die Dauerhaftigkeit
DIN-Fb 100, 4.1: Expositionsklassen bezogen auf die Umweltbedingungen
DIN-Fb 100, Tab. 1: Expositionsklassen siehe [80] ZTV-ING, Teil 3, Abschn. 1, Kap.4 nach [80] ZTV-ING für Überbauten:
→ XC4 wechselnd nass und trocken (Außenbauteile mit direkter Beregnung)
→ XD1 mäßige Feuchte (Bauteile im Sprühnebelbereich von Verkehrsflächen)
→ XF2 mäßige Wassersättigung, mit Taumittel
Hier keine Expositionsklasse für chemischen Angriff und Verschleißbeanspruchung.
Die Expositionsklassen sind anzugeben (wichtig für die Betontechnologie nach DIN-Fb 100).

Betondeckung

Betonstahl:
⇨ Mindestbetondeckung c_{min} = 40 mm
+ Vorhaltemaß Δc = 5 mm
= Nennmaß der Betondeckung c_{nom} = **45 mm**

Hüllrohre allgemein: c_{min} = 50 mm
$c_{min} \geq \varnothing_H$ = 97 mm

Längsspannglieder unter der Oberfläche der Fahrbahnplatte:
$c_{min} \geq$ **100 mm** maßgebend!

DIN-Fb 102, Kap. II, 4.1.3.3, Tab. 4.101
Im DIN-Fachbericht 102 ist die Betondeckung unabhängig von den Expositionsklassen geregelt (im Unterschied zu DIN 1045-1).
Das gegenüber DIN 1045-1 reduzierte Vorhaltemaß ist auf erhöhte Qualitätssicherungsmaßnahmen zurückzuführen.
DIN-Fb 102, Kap. II, 4.1.3.3 (12) und (113)
Index H – Hüllrohr
entsprechend allgemeiner bauaufsichtlicher Zulassung (abZ)

1.3 Baustoffe

Beton **C35/45** f_{ck} = 35 MN/m²
$f_{cd} = \alpha \cdot f_{ck} / \gamma_c = 0{,}85 \cdot 35 / 1{,}5$ = 19,8 MN/m²
E_{cm} = 33.300 MN/m² [1)]
f_{ctm} = 3,2 MN/m²

DIN-Fb 102, Kap. II, 3.1.4, Tab. 3.1
DIN-Fb 102, Kap. II, 4.2.1.3.3 (11), Tab. 2.3: γ_c
DIN-Fb 102, Kap. II, 3.1.5.2, Tab. 3.2 [1)]
DIN-Fb 102, Kap. II, 3.1.4, Tab. 3.1

Betonstahl **BSt 500 S (B)** (Duktilität hoch) f_{yk} = 500 MN/m²
$f_{yd} = f_{yk} / \gamma_s = 500 / 1{,}15$ = 435 MN/m²
E_s = 200.000 MN/m²

DIN-Fb 102, Kap. II, 3.2.2 (109) → für Brückenüberbauten ist nur hochduktil vorzusehen
DIN-Fb 102, Kap. II, 2.3.3.2, Tab. 2.3
DIN-Fb 102, Kap. II, 4.2.2.3.2, Abb. 4.5 b)
DIN-Fb 102, Kap. II, 3.2.4.3

Spannstahl **Litze St 1570/1770**
$f_{p0.1,k}$ = 1500 MN/m²
f_{pk} = 1770 MN/m²
$f_{pd} = f_{p0,1k} / \gamma_s = 1500 / 1{,}15$ = 1304 MN/m²
E_p = 195.000 MN/m²

DIN-Fb 102, Kap. II, 3.3
aus abZ, siehe [136] ARS 11/2003, Anlage (5) → Zulassungen nach DIN 4227 im DIN-Fb 102
DIN-Fb 102, Kap. II, 2.3.3.2, Tab. 2.3
DIN-Fb 102, Kap. II, 4.2.3.3.3, Abb. 4.6b
DIN-Fb 102, Kap. II, 3.3.4.4

[1)] Anmerkung zum E-Modul des Betons: In der Berichtigung 2 zu DIN 1045-1 [1.1] werden die ursprünglichen Tabellenwerte als Tangentenmoduln E_{c0m} bezeichnet und die Sekantenmoduln um ca. 10 % reduziert. In der Erfahrungssammlung [102.1] wird ein entsprechender Korrekturvorschlag auch für den DIN-Fb 102 gemacht, dessen Verbindlichkeit mit dem Bauherrn im Einzelfall vertraglich geregelt werden sollte.
In diesem Beispiel werden die ursprünglichen E-Modul-Werte für E_{cm} beibehalten. Sie sollten, um Missverständnisse zu vermeiden, als Betoneigenschaft festgelegt werden und sind dann auch Inhalt der Ausschreibung.

1.4 Querschnittswerte

Für die Bemessung ist ein idealisierter Plattenbalkenquerschnitt unter Berücksichtigung der mitwirkenden Plattenbreite anzunehmen.

DIN-Fb 102, Kap. II, 2.5.2.2.1

Für die Schnittgrößenermittlung wird die mitwirkende Breite konstant über die Feldlänge angesetzt.

siehe [29] DAfStb-Heft 525, 7.3.1

Für die Nachweise im Grenzzustand der Gebrauchstauglichkeit und als genügend genaue Abschätzung für die Nachweise im Grenzzustand der Tragfähigkeit werden die maßgebenden Querschnittswerte mit folgender vereinfachter Berücksichtigung der mitwirkenden Plattenbreiten ermittelt:

In [29] DAfStb-Heft 525, 7.3.1 werden Hinweise zur Berücksichtigung der mitwirkenden Breiten bei den einzelnen Nachweisen gegeben.

$$b_{eff} = \Sigma b_{eff,i} + b_w$$

DIN-Fb 102, Kap. II, 2.5.2.2.1, Gl. (2.113)

$$b_{eff,i} = \min\begin{cases} 0{,}2 \cdot b_i + 0{,}1 \cdot l_0 \\ 0{,}2 \cdot l_0 \\ b_i \end{cases}$$

DIN-Fb 102, Kap. II, 2.5.2.2.1 Gl. (2.113a)

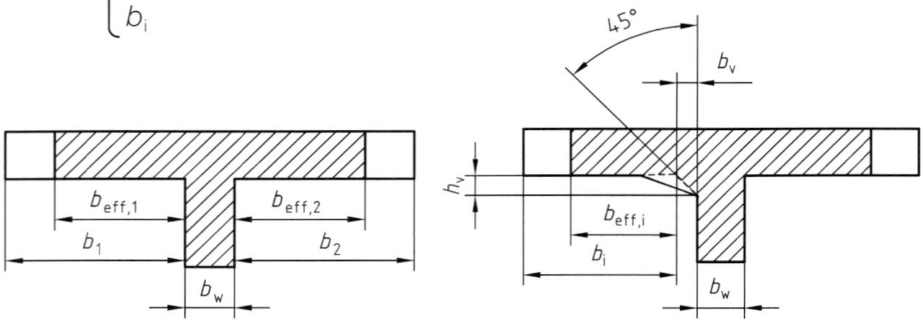

DIN-Fb 102, 2.5.2.2.1
Abb. 2.102a, Abb. 2.102c

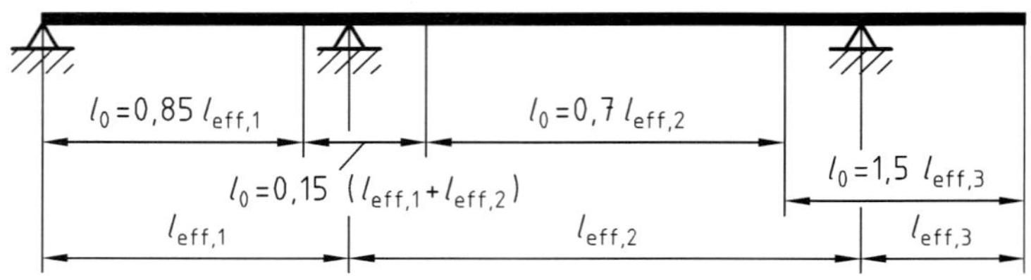

Abb. 2.102b

Tab. 1.4-1: Berechnung der mitwirkenden Plattenbreiten (für den Hauptträger des Querschnitts in Bild 1)

	l_{eff}	l_0	b_w	b_l	$d_{l,Feld}$	$d_{l,Ans}$	b_r	$d_{r,Feld}$	$d_{r,Ans}$	b_{vl}	b_{vr}	$b_{eff,l}$	$b_{eff,r}$	b_{eff}
	[m]	[m]	[m]	[m]	[m]	[m]	[m]	[m]	[m]	[m]	[m]	[m]	[m]	**[m]**
Hauptträger Nord														
Randfeld	25	21,3	2,25	2,5	0,22	0,45	2,35	0,3	0,45	0,23	0,15	2,50	2,35	**7,10**
1. Innenstütze		8,55	2,25	2,5	0,22	0,45	2,35	0,3	0,45	0,23	0,15	1,31	1,30	**5,23**
Innenfeld	32	22,4	2,25	2,5	0,22	0,45	2,35	0,3	0,45	0,23	0,15	2,50	2,35	**7,10**
Innenstütze		9,6	2,25	2,5	0,22	0,45	2,35	0,3	0,45	0,23	0,15	1,41	1,40	**5,44**
Hauptträger Süd														
Randfeld	25	21,3	2,25	2,35	0,22	0,45	2,35	0,3	0,45	0,23	0,15	2,35	2,35	**6,95**
1. Innenstütze		8,55	2,25	2,35	0,22	0,45	2,35	0,3	0,45	0,23	0,15	1,28	1,30	**5,20**
Innenfeld	32	22,4	2,25	2,35	0,22	0,45	2,35	0,3	0,45	0,23	0,15	2,35	2,35	**6,95**
Innenstütze		9,6	2,25	2,35	0,22	0,45	2,35	0,3	0,45	0,23	0,15	1,38	1,40	**5,41**

Die Tabelle 1.4-1 zeigt, dass in den Feldquerschnitten für $b_{eff,i}$ der kleinere Wert b_i maßgebend wird.

Gesamtquerschnitt – Querschnitt mit der gesamten vorhandenen Plattenbreite

Die Vorspannung wird bei der Schnittgrößenermittlung auf die Schwerelinie des Gesamtquerschnitts bezogen. Bei den Spannungsnachweisen werden die Schnittgrößen aus Vorspannung auf die Schwerelinie des idealisierten Querschnitts umgerechnet.

siehe [29] DAfStb-Heft 525, 7.3.1
→ bei den Nachweisen Bezug von:
P_m auf den Gesamtquerschnitt,
M_P auf den mitwirkenden Querschnitt.

Die Bemessung erfolgt aufgrund der annähernd symmetrischen Querschnitte für eine Querschnittshälfte.

Die Querschnittswerte der Tab. 1.4-2 wurden mit Hilfe eines EDV-Programms unter Berücksichtigung der mitwirkenden Breiten ermittelt. → Gesamtquerschnitt – Querschnitt mit der gesamten vorhandenen Plattenbreite

Tab. 1.4-2: Querschnittswerte des idealisierten Betonquerschnitts Hauptträger Nord

Querschnitts-wert	Einheit	Gesamt-querschnitt	mitwirkender Querschnitt			
			Feld	Koppelfuge	1. Innenstütze	Innenstütze
A_c	[m²]	4,842	4,842	4,842	4,223	4,288
z_s	[m]	0,543	0,543	0,543	0,602	0,595
I_z	[m⁴]	10,073	10,073	10,073	4,475	4,888
I_y	[m⁴]	0,951	0,951	0,951	0,833	0,846
I_t	[m⁴]	1,097	1,097	1,097	1,097	1,097
W_o	[m³]	1,750	1,750	1,750	1,384	1,422
W_u	[m³]	0,994	0,994	0,994	0,927	0,935

2 Einwirkungen

Nachfolgend werden die charakteristischen Einwirkungen als Grundlage für die Schnittgrößenermittlung und die anschließenden Nachweise in den Grenzzuständen der Tragfähigkeit und der Gebrauchstauglichkeit zusammengestellt.

Die Einwirkungen werden für den gesamten Überbau ermittelt. Die Aufteilung auf die Haupt- und Querträger erfolgt für ein Trägerrostsystem.

2.1 Eigenlast (gesamter Überbau)

DIN-Fb 101, Kap. III bzw. DIN 1055-1

Eigenlast des Tragwerks $g_{k,1} = 25\ \text{kN/m}^3 \cdot 9{,}688\ \text{m}^2 = 242{,}2\ \text{kN/m}$

Eigenlast des Fahrbahnbelages $g_{k,Bel} = (24\ \text{kN/m}^3 \cdot 0{,}08\ \text{m} + 0{,}50) \cdot 11{,}50\ \text{m} = 27{,}8\ \text{kN/m}$

DIN-Fb 101, Kap. III
DIN-Fb 101, Kap. IV, 4.10.1 (Zusätzliche Flächenlast für Mehreinbau von 0,50 kN/m²)

Eigenlast der Kappen

Süd $g_{k,KS} = 25\ \text{kN/m}^3 \cdot 0{,}439\ \text{m}^2 = 11{,}0\ \text{kN/m}$

Nord $g_{k,KN} = 25\ \text{kN/m}^3 \cdot 0{,}253\ \text{m}^2 = 6{,}3\ \text{kN/m}$

Eigenlast der Leitplanke $g_{k,SPL} = 0{,}8\ \text{kN/m}$ — Herstellerangaben

Eigenlast des Geländers $g_{k,Gel} = 0{,}5\ \text{kN/m}$ — Herstellerangaben

2.2 Stützensenkung

DIN-Fb 102, Kap. II, 2.3.2.2 (103)P
Von ihrer Art her gehören Baugrundsetzungen grundsätzlich zu den ständigen Einwirkungen, müssen aber wie veränderliche Einwirkungen auch ungünstig angeordnet werden. Generell sind die zu erwartenden Verschiebungen und Verdrehungen von Stützen infolge Baugrundbewegungen zu berücksichtigen.

Nach Angaben im Bodengutachten sind für diese pfahlgegründete Brücke folgende Stützensenkungen in ungünstigster Kombination anzusetzen:

Wahrscheinliche Setzung: $\Delta s_m = 10$ mm

DIN-Fb 102, Kap. II, 2.3.4 (110)P: im Grenzzustand der Gebrauchstauglichkeit zu berücksichtigen

Mögliche Setzung: $\Delta s_k = 10$ mm

DIN-Fb 102, Kap. II, 2.3.2.2 (103)P: im Grenzzustand der Tragfähigkeit zu berücksichtigen

Der Bodengutachter hat als mögliche Setzung $\Delta s_k = 10$ mm angegeben. Im Brückenbau wird üblicherweise als wahrscheinliche Stützensenkung mindestens 10 mm angesetzt.

2.3 Temperaturbelastung

Hinsichtlich der Temperatureinwirkung handelt es sich um ein Brückenbauwerk der Gruppe 3. Für die Bemessung des Überbaus kann der Einfluss des extremalen konstanten Temperaturunterschiedes vernachlässigt werden, da daraus nur geringe Normalspannungen in Brückenlängsrichtung entstehen. Demgegenüber muss der lineare Temperaturunterschied zwischen Ober- und Unterseite des Brückenbauwerkes berücksichtigt werden.

DIN-Fb 101, Kap. V, 6.3.1.1

$\Delta T_{M,pos} = 15$ K
$\Delta T_{M,neg} = -8$ K

DIN-Fb 101, Kap. V, 6.3.1.4.1, Tab. 6.1

Korrektur in Abhängigkeit von
der Belagsdicke (Beton) $d_{vorh} = 80$ mm
Oberseite wärmer $K_{sur} = 0{,}82$
Unterseite wärmer $K_{sur} = 1{,}0$

DIN-Fb 101, Kap. V, 6.3.1.4.1, Tab. 6.2

Anzusetzende lineare Temperaturunterschiede für den Endzustand

$\Delta T_{M,pos} = 15\ \text{K} \cdot 0{,}82 = 12{,}3$ K
$\Delta T_{M,neg} = -8\ \text{K} \cdot 1{,}0 = -8$ K

2.4 Vertikallasten aus Straßenverkehr

DIN-Fb 101, Kap. IV, 4

Im DIN-Fachbericht 101 sind die Einwirkungen aus Straßenverkehr durch Lastmodelle definiert, die für Brücken mit Einzelstützweiten < 200 m und Fahrbahnbreiten < 42 m angewendet werden können. Für größere Brücken liegen die angegebenen Lastmodelle auf der sicheren Seite, der Bauherr sollte jedoch die Verkehrslasten infolge Straßenverkehr den jeweiligen Projektverhältnissen entsprechend festlegen. Mit den angegebenen Modellen sind alle normalerweise absehbaren Verkehrssituationen abgedeckt (Einwirkungen aus Straßenverkehr bestehend aus Personenkraftwagen und Lastkraftwagen in jeder Richtung auf jedem Fahrstreifen). Nicht berücksichtigt sind Einwirkungen von Lasten aus Straßenbauarbeiten infolge Schürfraupen, Lastwagen zum Bodentransport usw. Sind solche Nutzungen absehbar oder geplant, so sollten ergänzende Lastmodelle einschließlich der zugehörigen Kombinationsregeln durch den Bauherrn festgelegt werden.

Lastmodell 1: Einzellasten und gleichmäßig verteilte Lasten, die die meisten der Einwirkungen aus LKW- und PKW-Verkehr abdecken.
→ nur für globale Nachweise

Lastmodell 2: Eine Einzelachse mit typischen Reifenaufstandsflächen, die die dynamischen Einwirkungen üblichen Verkehrs bei Bauteilen mit sehr kurzen Stützweiten berücksichtigt.
→ Sonderanwendung für lokale Nachweise

Lastmodell 4: Menschengedränge
→ Anwendung nur auf Verlangen des Bauherrn für globale Nachweise und gewisse Bemessungssituationen.

Im DIN-Fachbericht 101 sind keine Modelle für Sonderfahrzeuge enthalten.

Für die Bemessung des Überbaus (globale Nachweise) ist in Längsrichtung die Lastgruppe 1 (Vertikallasten) anzusetzen. Die Lastgruppe 1 beinhaltet das Lastmodell 1. Der Notgehweg auf den Kappen ist kein öffentlicher Gehweg und wird als Restfläche angesetzt.

DIN-Fb 101, Kap. IV, 4.3.1
DIN-Fb 101, Kap. IV, 5.4, Tab. 4.4

DIN-Fb 101, Kap. IV, 4.5.1, Tab. 4.4, Fußnote 1

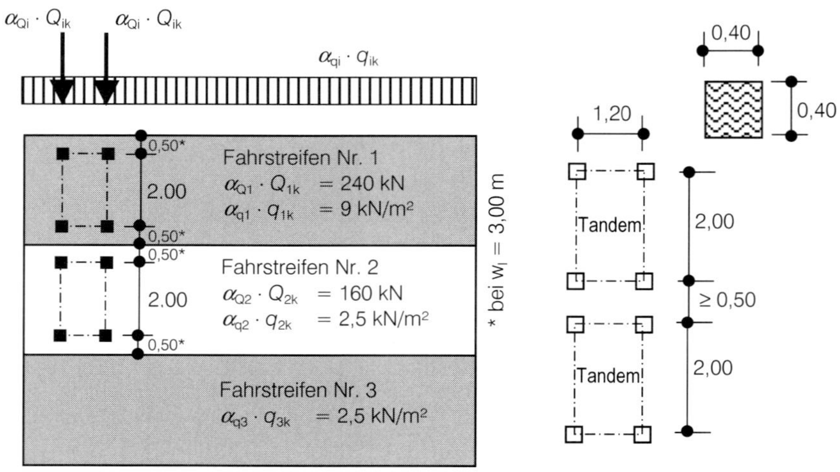

Das Lastmodell 1 besteht aus den Einzellasten (Tandem-System TS, als Doppelachse zweimal pro Fahrspur anzusetzen) und gleichmäßig verteilten Lasten (UDL-System). Für die Einzellasten ist eine Radaufstandsfläche entsprechend einem Quadrat mit einer Seitenlänge von 0,40 m anzusetzen. Die Breite der Fahrspuren beträgt in der Regel 3,0 m.

UDL: unit distributed load
α_{Qi}, α_{qi} – Anpassungsfaktoren

DIN-Fb 101, Kap. IV, Abb. 4.2: Lastmodell 1

Die Achse des Tandem-Systems liegt im Zentrum des Fahrstreifens.
Für die Bemessung der Querrichtung ist zusätzlich das Lastmodell 2 zu beachten.

Im vorliegenden Beispiel entspricht die Fahrbahnbreite dem Abstand der Schrammborde (da Schrammbordhöhe ≥ 70 mm): — DIN-Fb 101, Kap. IV, 1.4.2.1

$w = 11{,}5$ m — siehe 1.1, Bild 1

Da $w \geq 9{,}0$ m ergibt sich die Anzahl der rechnerischen Fahrstreifen mit einer Breite von $b_i = 3{,}0$ m aus der nächstkleineren ganzen Zahl von $w / 3$: — DIN-Fb 101, Kap. IV, 4.2.3

$n_l = \text{Int}\,(w / 3) = 3$

Damit ergibt sich die rechnerisch verbleibende Restfläche zu:

$R = w - 3 \cdot b_i = 2{,}5$ m

Die Lage der rechnerischen Fahrstreifen ist für jeden Einzelnachweis getrennt zu wählen, wobei jeweils die ungünstigste Anordnung entscheidend ist. Dies gilt ebenso für die Anordnung der Doppelachsen. In Querrichtung sind die Doppelachsen nebeneinanderstehend anzunehmen. — DIN-Fb 101, Kap. IV, 4.2.5

Fahrstreifen 1: (Gleichlast und 2 Achsen TS) — DIN-Fb 101, Kap. IV, 4.3.2 Tab. 4.2

TS: $\alpha_{Q1} \cdot Q_{1k} = 240$ kN UDL: $q_{k1} = 9$ kN/m²

Anmerkung: Ein dynamischer Erhöhungsfaktor (ähnlich dem Schwingbeiwert in DIN 1072) ist bereits in den Einwirkungen enthalten.

Fahrstreifen 2: (Gleichlast und 2 Achsen TS)

TS: $\alpha_{Q2} \cdot Q_{2k} = 160$ kN UDL: $q_{k2} = 2{,}5$ kN/m²

Fahrstreifen 3: (nur Gleichlast) UDL: $q_{k3} = 2{,}5$ kN/m²

Restfläche: (Gleichlast) UDL: $q_{rk} = 2{,}5$ kN/m²

2.5 Ermüdungslastmodell

DIN-Fb 101, Kap. IV, 4.6

Bei der vorliegenden Brücke handelt es sich um eine Autobahnbrücke mit zwei Fahrstreifen je Fahrtrichtung und hohem LKW-Anteil: — DIN-Fb 101, Kap. IV, 4.6.1, Tab. 4.5

Anzahl LKW: $N_{obs} = 2{,}0 \cdot 10^6$

In der Nähe von Fahrbahnübergängen (Abstand von der Dehnfuge < 6,0 m) ist ein zusätzlicher Erhöhungsfaktor zu beachten: — DIN-Fb 101, Kap. IV, 4.6.1, Abb. 4.9

bei ≥ 6,0 m: $\Delta\varphi_{fat} = 1{,}0$

Endbereich: $\Delta\varphi_{fat} = 1{,}3$

Das anzusetzende Ermüdungslastmodell 3 besteht aus 2 Doppelachsen mit einem Abstand von 7,20 m, die zentral im Fahrstreifen anzuordnen sind: — DIN-Fb 101, Kap. IV, 4.6.4

Achslast: $Q_{LM3} = 120$ kN

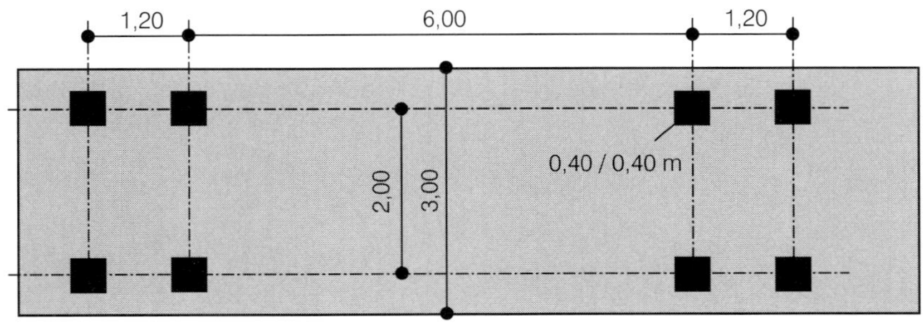

DIN-Fb 101, 4.6.4, Abb. 4.10

2.6 Wind

DIN-Fb 101, Kap. IV, Anhang N

Wind wird für die vertikale Tragwirkung vernachlässigt.

3 Schnittgrößen

Bei der Schnittgrößenermittlung wird berücksichtigt, dass sich zunächst die Schnittgrößen für die Lastfälle Eigenlast und Vorspannung der gekoppelten Spannglieder aus der Summe der in den einzelnen Bauabschnitten ermittelten Werte ergeben. Erst im Laufe der Zeit erfolgt infolge Kriechen eine Schnittgrößenumlagerung hin zum Eingusssystem. Dadurch resultieren zum Teil erhebliche Abweichungen der Schnittgrößen zum Eingusssystem. Die Umlagerung wird mit dem Verfahren nach *Trost/Wolff* [73] durchgeführt.

[73] *Trost/Wolff*: Zur wirklichkeitsnahen Ermittlung der Beanspruchungen in abschnittsweise hergestellten Spannbetontragwerken, Bauingenieur 45 (1970), S. 155 ff.

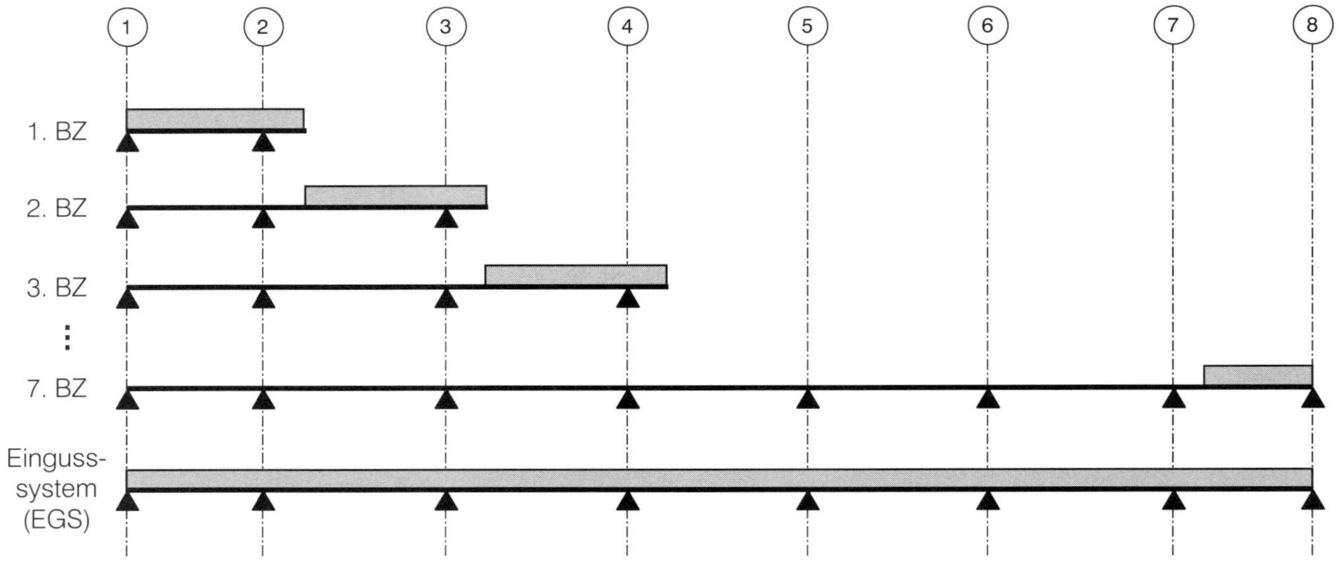

Umlagerung [73]: Faktor $\kappa_N^* \approx 0{,}8$

Schnittgröße $(t \to \infty) \cong \text{EGS} \cdot 0{,}8 + \Sigma\,\text{BZ}(1...7) \cdot 0{,}2$

Bild 3: Umlagerung zwischen Bauzustand (BZ) und Eingusssystem (EGS)

Die charakteristischen Werte der Schnittgrößen für die hier behandelte Brücke werden an einem ebenen Trägerrostsystem ermittelt. Der Überbau wird dabei durch zwei Hauptstabzüge dargestellt, die in den Stegachsen verlaufen.
Die Fahrbahnplatte zwischen den Stegen wird durch ideelle Querstäbe mit einer Breite von $b = 1 / 10\ l_{\text{Feld}}$ und mit den entsprechenden Querschnittswerten simuliert.
Die Einwirkungen werden direkt auf die Längs- und Querstäbe aufgebracht. Für die Steifigkeiten des Trägerrostsystemes werden für die Schnittgrößenermittlung folgende ingenieurmäßige Annahmen getroffen.
Diese gelten gleichzeitig für die Grenzzustände der Tragfähigkeit und der Gebrauchstauglichkeit:

- Die Biegesteifigkeit der Hauptträger wird in Längsrichtung mit 100 % (Längsvorspannung) angesetzt
- Die Torsionssteifigkeit der Hauptträger wird wegen der Mikrorissbildung auf 80 % abgemindert
- Die Biegesteifigkeit der Querstäbe (mit Betonstahl bewehrt) wird auf 65 % abgemindert.
- Die Torsionssteifigkeit der Querstäbe (mit Betonstahl bewehrt) wird auf 40 % abgemindert.

Annahmen analog [22] DAfStb-Heft 240

Tab. 3-1: Schnittgrößenzusammenstellung für die charakteristischen Einwirkungen für den Hauptträger Nord nach Umlagerung

Einwirkung			**Biegemoment M_{ik} [kNm]** **Stütze** Achse 4	**Koppelfuge** in Feld 4	**Feldmitte** Feld 4	**Querkraft V_{ik} [kN]** **Auflagermitte** Achse 4
Eigenlast $t \rightarrow \infty$:	$g_{k,1}$		-8927,9	106,8	5724,0	1916,6
Zusatzeigenlast	$g_{k,2}$		-1632,2	-53,9	954,7	329,0
Verkehr TS:	$q_{k,TS}$	min	-1803,7	-1052,7	-395,5	683,5
		max	130,9	1916,4	3176,8	-44,8
Verkehr UDL:	$q_{k,UDL}$	min	-3876,9	-1277,9	-1110,1	690,7
		max	482,0	1228,2	2645,8	-117,1
Stützensenkung:	$g_{k,SET}$	min	-1740,5	-1077,0	-658,4	-112,2
		max	1740,5	1077,0	658,4	112,2
Temperatur	$T_{k,M}$	min	-1696,2	-1697,9	-1698,2	0
		max	2609,3	2610,7	2611,1	0
Ermüdungslastmodell	$q_{k,LM3}$	min	-1154,9	-628,6	-216,6	419,2
		max	183,1	709,3	1449,7	-24,8

Die Schnittgrößenumlagerung für die Eigenlast $g_{k,1}$ zwischen Bauzustand und Eingusssystem sowie die Momentenausrundung am Stützquerschnitt für eine Lagerlänge von 0,6 m ist bereits enthalten.

Die folgenden Nachweise werden jeweils exemplarisch für die ausgewählten Bemessungspunkte durchgeführt.

Momentenausrundung nach DIN-Fb 102, Kap. II, 2.5.3.3: $\Delta M_{Ed} = F_{Ed,sup} \cdot b_{sup} / 8$

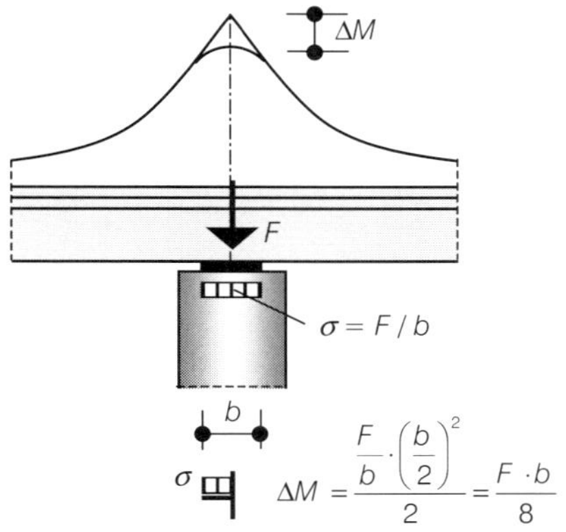

4 Vorspannung

4.1 Allgemeines

Es wird ein Litzenspannverfahren mit 15 und 19 Litzen je Spannglied mit nachträglichem Verbund gewählt. Jede Litze hat eine Querschnittsfläche von 150 mm² und besteht aus 7 kaltgezogenen Einzeldrähten der Stahlgüte St 1570/1770. Im Folgenden werden die wichtigsten Daten der beiden verwendeten Spannglieder angegeben:

- Spannglied mit 19 Litzen:
  - Querschnittsfläche je Spannglied: A_p = 28,5 cm²
  - Hüllrohrdurchmesser: $d_{H,i}$ = 90 mm, $d_{H,a}$ = 97 mm
  - Reibungsbeiwert: μ = 0,21
  - ungewollter Umlenkwinkel: k = 0,3 °/m
  - Verankerungsschlupf: Δl = 5,0 mm

- Spannglied mit 15 Litzen:
  - Querschnittsfläche je Spannglied: A_p = 22,5 cm²
  - Hüllrohrdurchmesser: $d_{H,i}$ = 85 mm, $d_{H,a}$ = 92 mm
  - Reibungsbeiwert: μ = 0,20
  - ungewollter Umlenkwinkel: k = 0,3 °/m
  - Verankerungsschlupf: Δl = 5,0 mm

DIN-Fb 102, Kap. II, 3.3.1:
Da in Deutschland die E DIN EN 10138: Spannstähle – Teile 1 bis 4 (2000-10) [137] nicht bauaufsichtlich eingeführt ist, dürfen nur Spannstähle mit allgemeiner bauaufsichtlicher Zulassung verwendet werden.
Für das Herstellverfahren, die Eigenschaften, die Prüfverfahren und die Verfahren zur Bescheinigung der Konformität gelten daher die Festlegungen dieser Zulassungen.

Die Werte sind der jeweils entsprechenden Zulassung zu entnehmen.

4.2 Spanngliedführung

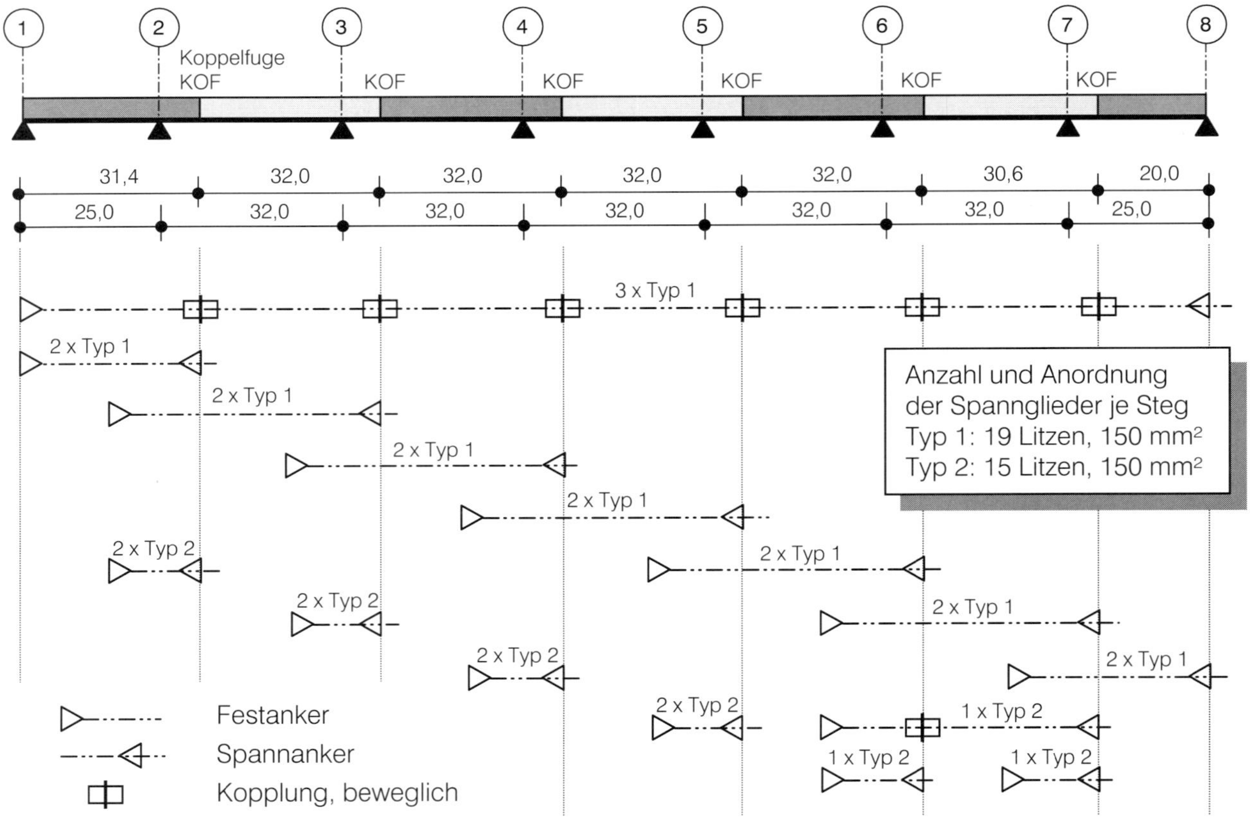

Bild 4: Darstellung der gewählten Spanngliedanordnung

Der Spanngliedverlauf ist auszugsweise in Bild 5 dargestellt. Der Abstand von der Spanngliedachse zur Betonoberfläche von 170 mm sowohl oben als auch unten ergibt sich aus den Mindestanforderungen hinsichtlich Betondeckung, Bügel-, Längsbewehrung, Hüllrohrradius, Exzentrizität des Spanngliedes im Hüllrohr sowie infolge der Bemessung aus dem Grenzzustand der Dekompression.

Die kurzen Zulagespannglieder Typ 2 im Stützbereich sind zur Abdeckung der Beanspruchung aus dem Anhängen der Vorschubrüstung notwendig. Bei steiferen Überbauten können sie ggf. entfallen.

An den Koppelstellen werden jeweils 3 Spannglieder gekoppelt, 4 Stück (je 2 Stück mit 15 und 19 Litzen) endgültig verankert und 2 Stück ungestoßen durchgeführt.

Gemäß DIN-Fb 102, Kap. II, 5.3.4 (105)P müssen in jedem Brückenquerschnitt mindestens 30 % der Spannglieder ungestoßen durchgeführt werden.

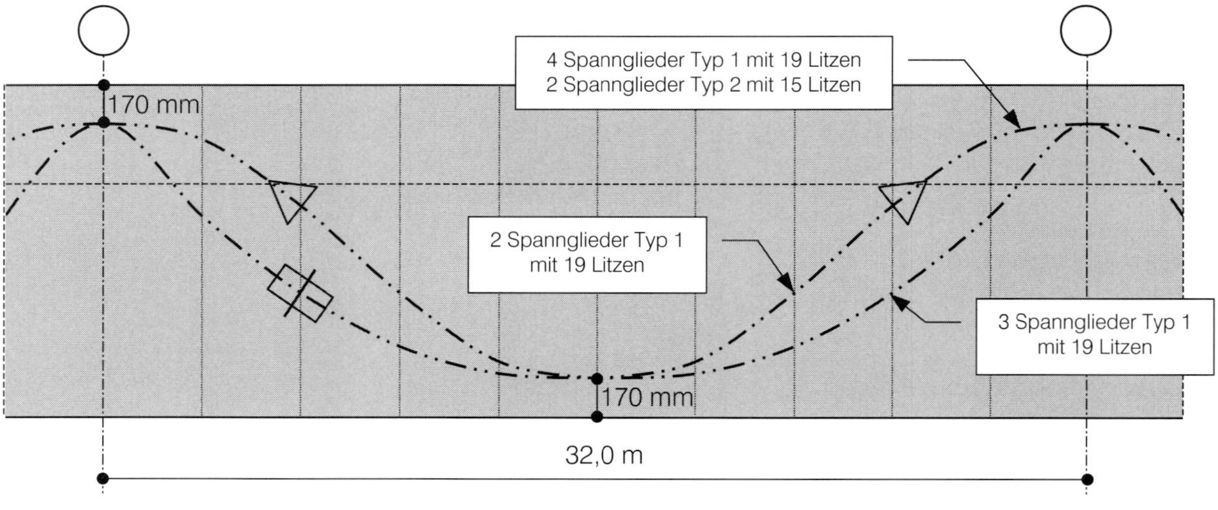

Bild 5: Spanngliedverlauf im Aufriss (schematisch für das Innenfeld)

4.3 Schnittgrößen infolge Vorspannung

Der Mittelwert der Vorspannung für Bauteile mit nachträglichem Verbund zum Zeitpunkt *t* an der Stelle x ergibt sich zu:

DIN-Fb 102, Kap. II, 4.2.3.5.4

$$P_{mt}(x,t) = P_0 - \Delta P_c - \Delta P_\mu(x) - \Delta P_{sl} - \Delta P_t(t)$$

DIN-Fb 102, Kap. II, 2.5.4.2, Gl. (2.19)

mit:

P_0	Vorspannkraft unmittelbar nach dem Vorspannen
ΔP_c	Spannkraftverluste infolge elastischer Verformung des Bauteils bei der Spannkraftübertragung
$\Delta P_\mu(x)$	Spannkraftverluste infolge Reibung
ΔP_{sl}	Spannkraftverluste infolge Verankerungsschlupf
$\Delta P_t(t)$	Zeitabhängige Spannkraftverluste infolge Kriechen, Schwinden und Relaxation

Für das vorliegende Spannverfahren ergeben sich die folgenden zulässigen Spannungen und Spannkräfte.

Die maximal rechnerisch auf das Spannglied aufzubringende Spannung (Überspannen) darf folgende Werte nicht übersteigen. Der Nachweis erfolgt für das Spannglied mit dem größten Umlenkwinkel.

μ – Reibungsbeiwert (Zulassung)
γ – Summe der gewollten (aus vorhandener Spanngliedführung, dem EDV-Programm entnommen) und ungewollten (aus der Spannglied-Zulassung, mit der Länge multiplizierten) Umlenkwinkel innerhalb der Einflusslänge des Spannankers
κ – Vorhaltemaß zur Sicherung einer Überspannreserve
κ = 1,5 (s. DIN-Fb 102, Kap II, 4.2.3.5.4 (2)*P)

$$\sigma_{0,max} = \min\begin{Bmatrix} 0{,}8 \cdot f_{pk} \cdot e^{-\mu\cdot\gamma(\kappa-1)} = 0{,}8 \cdot 1770 \cdot e^{-0{,}21\cdot 0{,}81\,(1{,}5-1)} = 1300 \\ 0{,}9 \cdot f_{p0,1k} \cdot e^{-\mu\cdot\gamma(\kappa-1)} = 0{,}9 \cdot 1500 \cdot e^{-0{,}21\cdot 0{,}81\,(1{,}5-1)} = 1240 \end{Bmatrix}$$

$\sigma_{0,max}$ = 1240 MN/m²

An der Spannpresse darf die Spannung folgende Werte nicht überschreiten:

DIN-Fb 102, Kap. II, 4.2.3.5.4 (2)*P
Die tatsächlichen Spannungen beim Überspannen dürfen die Werte der Gl. (4.5) nicht überschreiten.
Ein Überspannen ist aber nur zulässig, wenn die Spannpresse mit einer Genauigkeit von höchstens ± 5 % arbeitet.

$$\sigma_{0,max} = \min\begin{Bmatrix} 0{,}8 \cdot f_{pk} = 0{,}8 \cdot 1770 = 1416 \\ 0{,}9 \cdot f_{p0,1k} = 0{,}9 \cdot 1500 = 1350 \end{Bmatrix}$$

$\sigma_{0,max}$ = 1350 MN/m²

Der Mittelwert der Vorspannkraft, der unmittelbar nach dem Absetzen der Presse auf den Anker im Spannglied nicht überschritten werden darf, ermittelt sich wie folgt:

DIN-Fb 102, Kap. II, 4.2.3.5.4 (3)*P

$$\sigma_{pm0} = \min\begin{Bmatrix} 0{,}75 \cdot f_{pk} = 0{,}75 \cdot 1770 = 1328 \\ 0{,}85 \cdot f_{p0,1k} = 0{,}85 \cdot 1500 = 1275 \end{Bmatrix}$$

σ_{pm0} = 1275 MN/m²

Daraus ergeben sich die zulässigen Vorspannkräfte:

- Spannglied mit 19 Litzen:
  $P_{0,max}$ = 1240 MN/m² · 28,5 cm² = **3534 kN**
  P_{m0} = 1275 MN/m² · 28,5 cm² = **3633 kN**

- Spannglied mit 15 Litzen:
  $P_{0,max}$ = 1240 MN/m² · 22,5 cm² = **2790 kN**
  P_{m0} = 1275 MN/m² · 22,5 cm² = **2868 kN**

Da im Grenzzustand der Gebrauchstauglichkeit unter der quasi-ständigen Einwirkungskombination nachgewiesen werden muss, dass nach Abzug aller Spannkraftverluste die Zugspannung nicht größer als $0{,}65\ f_{pk} = 1150\ \text{MN/m}^2$ werden darf (siehe Abschnitt 5.7), wird für diese Brücke die anfängliche Vorspannung, die auf das Spannglied aufgebracht wird, auf σ_{pm0} = **1230 MN/m²** begrenzt (aus einer Vorbemessung ermittelt).

DIN-Fb 102, Kap. II, 4.4.1.4 (1)*P

Diese Vorspannkraft ist kleiner als $P_{0,max}$.

Die Berechnung des Mittelwertes der anfänglichen Vorspannkraft unter Berücksichtigung der Verluste aus elastischer Betonverkürzung, Reibung und Schlupf in der Verankerung erfolgt mit Hilfe eines EDV-Programmes [83].

Die tatsächlich auftretenden Spannkraftverluste während des Spannens sollten durch Messung der Spannkraft und des zugehörigen Dehnweges überprüft werden. (siehe auch [80] ZTV-ING Teil 3, Massivbau, Abschnitt 2 Bauausführung)

In Tab. 4.3-1 sind die umgelagerten Schnittgrößen für den Zeitpunkt $t \to \infty$, aber ohne zeitabhängige Verluste zusammengestellt ($M_{pm0,ind}$ ist der statisch unbestimmte Anteil aus dem Gesamtmoment infolge Vorspannung M_{pm0}).

Die Schnittgrößen infolge Vorspannung in den untersuchten Querschnitten ergeben sich aus der Umlagerung aus den aufsummierten Bauzuständen und dem Eingusssystem. Die Berechnung erfolgte mittels EDV.
$M_{pm0} = M_{pm0,dir} + M_{pm0,ind}$
M_{pm0} – Gesamtmoment aus Vorspannung
$M_{pm0,dir}$ – statisch bestimmter Anteil
$M_{pm0,ind}$ – statisch unbestimmter Anteil

Tab. 4.3-1: Schnittgrößen infolge Vorspannung

			Stützquerschnitt	Koppelfuge	Feldquerschnitt	Querkraft V_{ik} [kN] Auflagermitte
Vorspannkraft	P_{m0}	[kN]	-26650,0	-15847,0	-15874,0	≈ 0
Vorspannmoment	M_{pm0}	[kNm]	13537,6	-123,0	-8877,3	≈ 0
Vorspannmoment	$M_{pm0,ind}$	[kNm]	3053,8	3128,5	3127,5	≈ 0

4.4 Zeitabhängige Spannkraftverluste

DIN-Fb 102, Kap. II, 4.2.3.5.5

Nach DIN-Fachbericht 102 können die zeitabhängigen Spannkraftverluste infolge Kriechen, Schwinden und Relaxation $\Delta P_t(t,x)$ wie folgt abgeschätzt werden:

$$\Delta\sigma_{p,c+s+r} = \frac{\varepsilon_{cs}(t,t_0)\cdot E_p + \Delta\sigma_{pr} + \alpha_p \cdot \varphi(t,t_0)\cdot(\sigma_{cg} + \sigma_{cp0})}{1 + \alpha_p \cdot \frac{A_p}{A_c}\left(1 + \frac{A_c}{I_c}\cdot z_{cp}^2\right)[1 + 0{,}8\cdot\varphi(t,t_0)]}$$

DIN-Fb 102, Kap. II, 4.2.3.5.5, Gl. (4.10)
Bei dieser Formel wird ein einheitlicher, homogener Betonquerschnitt angenommen, die Betonstahlbewehrung wird vernachlässigt.

Die zeitabhängigen Verluste müssen für die bemessungsrelevanten Zeitpunkte und Schnitte berechnet werden.
Im vorliegenden Beispiel erfolgt die Bestimmung nur für den Zeitpunkt $t \to \infty$. Als Eingangswerte für die Berechnung müssen zuerst die Endkriechzahl und das Endschwindmaß ermittelt werden.

A_c – siehe Abschnitt 1.4
u – Umfang für halben Querschnitt
($2 \cdot b + 2 \cdot$ Steghöhe + Außenrand)
$u = 2 \cdot 7{,}0 + 2 \cdot 1{,}05 + 0{,}22 \approx 16{,}3$ m

Als Eingangswerte werden angesetzt:

Alter bei Belastungsbeginn: t_0 = 2 d
Umgebungsbedingungen: RH = 80 %
Wirksame Bauteildicke: $h_0 = 2\,A_c / u$
$= 2 \cdot 4{,}84 / 16{,}3 = 59$ cm

DIN-Fb 102, Kap. II, 3.1.5.5
feuchte Umgebungsbedingungen (Außenbauteile), Annahme: RH = 80 %
Zementart: 32,5 R (CEM II),
siehe [29] DAfStb-Heft 525,
$f_{ck} = 35\ \text{MN/m}^2$ (für C35/45)

→ Endkriechzahl: $\varphi(t \to \infty, 2\ \text{d}) = 2{,}4$
→ Endschwinddehnung: $\varepsilon_{cs\infty} = \varepsilon_{cas\infty} + \varepsilon_{cds\infty}$
$= -0{,}008 - 0{,}022 = -0{,}03$ %

DIN-Fb 102, Kap. II, 3.1.5.5, Abb. 3.119
DIN-Fb 102, Kap. II, 3.1.5.5, Abb. 3.120, 3.121

DIN-Fb 102, Kap. II, 3.1.5.5 (7)*

Für die Berechnung der Kriechzahl und des Schwindmaßes für unterschiedliche Zeitpunkte sind Berechnungsansätze im DAfStb-Heft 525 [29] angegeben.

DIN-Fb 102, 4.2.3.4.1
Aufgrund der hohen zulässigen Anfangsvorspannung des Spannstahls dürfen die Relaxationsverluste anders als bisher üblich bei der Berechnung nicht mehr vernachlässigt werden.

Relaxation des Spannstahls:
Die für den jeweils verwendeten Spannstahl maßgebenden Relaxationsverluste sind den allgemeinen bauaufsichtlichen Zulassungsbescheiden zu entnehmen. Im vorliegenden Beispiel wird der Spannungsverlust (in %) nach $5 \cdot 10^5$ Stunden infolge Relaxation in Abhängigkeit von der Anfangsspannung der Zulassung entnommen.

Tab. 4.4-1: Spannungsverlust infolge Relaxation

σ_{p0} / f_{pk}	0,60	0,70	0,80
$\sigma_{pr} / \sigma_{p0}$	2,5 %	6,5 %	13,0 %

Mit Hilfe dieser Eingangswerte erfolgt exemplarisch die Berechnung der Spannkraftverluste infolge Kriechen, Schwinden und Relaxation für den Feldquerschnitt.

querschnittsbezogene Eingangswerte für die Berechnung nach Abschnitt 1.4
Bezeichnungen siehe DIN-Fb 102, Kap. II, 4.2.3.5.5 Gl. (4.10)

α_p = 195.000 / 33.300 = 5,86
z_{cp} = 1,50 – 0,543 – 0,17 = 0,79 m
A_p = 5 · 28,5 = 142,5 cm²
A_c = 4,842 m² I_c = 0,951 m⁴
P_{m0} = –15874 kN M_{pm0} = –8877,3 kNm
$\sigma_{pm0} = P_{m0} / A_p$
= 15,874 / 142,5 = 1114 MN/m²

[102.1] σ_{cg} - Betonspannung in Höhe der Spannglieder unter der quasi ständigen Einwirkungskombination (Eigenlast und Zusatzeigenlast als Mittel der Einwirkungen im betrachteten Zeitraum), jedoch ohne die Tandemlasten und nicht unter Ansatz feldweiser Verkehrslasten. Der Spannungsanteil aus der Vorspannung P_k bleibt unberücksichtigt.

Spannkraftverluste im Feld:

$$A_c \cdot z_{cp}^2 / I_c = 4{,}842 \cdot 0{,}79^2 / 0{,}951 = 3{,}178$$
$$W_{cp} = I_c / z_{cp} = 0{,}951 / 0{,}79 = 1{,}204 \text{ m}^3$$

$$\sigma_{cg} = (M_{gk,1} + M_{gk,2}) / W_{cp} = (5{,}724 + 0{,}9547) / 1{,}204 = 5{,}547 \text{ MN/m}^2$$
$$\sigma_{cp0} = P_{m0} / A_c + M_{pm0} / W_{cp} = -15{,}874 / 4{,}842 - 8{,}8773 / 1{,}204 = -10{,}652 \text{ MN/m}^2$$
$$\sigma_{cg} + \sigma_{cp0} = 5{,}547 - 10{,}652 = -5{,}105 \text{ MN/m}^2$$

1. Iterationsschritt:

$$\sigma_{pg0} = \sigma_{pm0} + \alpha_p \cdot M_{gk,2} / W_{cp} = 1114 + 5{,}86 \cdot 0{,}9547 / 1{,}204 = 1119 \text{ MN/m}^2$$
$$\sigma_{p0} / f_{pk} = 1119 / 1770 = 0{,}63$$
$$\rightarrow \Delta\sigma_{pr} = 0{,}037 \cdot 1119 = 41 \text{ MN/m}^2$$

→ Tab. 4.4-1

$$\Delta\sigma_{p,c+s+r} = \frac{-30 \cdot 1{,}95 - 41 - 5{,}86 \cdot 2{,}4 \cdot 5{,}105}{1 + 5{,}86 \cdot \frac{0{,}01425}{4{,}842}(1 + 3{,}178)[1 + 0{,}8 \cdot 2{,}4]} = -142 \text{ MN/m}^2$$

Im 1. Iterationsschritt wird der 2. Ausdruck in Gl. (4.11) des DIN-Fb 102, Kap. II, 4.2.3.5.5 vernachlässigt, da dieser Anteil erst bestimmt werden muss.

2. Iterationsschritt:

$$\sigma_p = 1119 - 0{,}3 \cdot 142 = 1076 \text{ MN/m}^2$$
$$\sigma_{p0} / f_{pk} = 1076 / 1770 = 0{,}61$$
$$\rightarrow \Delta\sigma_{pr} = 0{,}029 \cdot 1076 = 31 \text{ MN/m}^2$$

→ Tab. 4.4-1

$$\Delta\sigma_{p,c+s+r} = \frac{-30 \cdot 1{,}95 - 31 - 5{,}86 \cdot 2{,}4 \cdot 5{,}105}{1 + 5{,}86 \cdot \frac{0{,}01425}{4{,}842}(1 + 3{,}178)[1 + 0{,}8 \cdot 2{,}4]} = -133 \text{ MN/m}^2$$

Weitere Iterationsschritte führen zu $\Delta\sigma_{p,c+s+r} = -127$ MN/m².
Es ergibt sich für den Feldbereich ein Spannkraftverlust von –127 / 1114 · 100 = –11,4 %.
Für den Stützbereich liegt dieser Verlust bei –15,3 % und für den Bereich der Koppelfuge bei –10,9 %.

5 Grenzzustände der Gebrauchstauglichkeit

DIN-Fb 102, Kap. II, 4.4

5.1 Allgemeines

Hinweis: nach ARS 11/2003 [136] sind zusätzlich im Grenzzustand der Gebrauchstauglichkeit zur Begrenzung der Schubrissbildung die schiefen Hauptzugspannungen unter Querkraft und Torsion nachzuweisen:

$$\sigma_{\text{c1,häufig}} = \frac{\sigma}{2} + \frac{1}{2}\sqrt{\sigma^2 + 4 \cdot \tau^2} \leq f_{\text{ctk;0,05}}$$

Nach DIN-Fachbericht 102 sind zur Sicherung eines dauerhaften und nutzungsgerechten Verhaltens von Bauteilen bestimmte Spannungsbegrenzungen für Beton und Stahl sowie Nachweise der Dekompression und der Rissbreiten erforderlich.

Für die vorliegende Straßenbrücke wird in Längsrichtung die Anforderungsklasse C für die Grenzzustände der Dekompression und der Rissbildung festgelegt.
Daraus ergeben sich folgende Bemessungskriterien:

- Nachweis der Dekompression unter der quasi-ständigen Einwirkungskombination.
- Nachweis der Rissbreite unter der häufigen Einwirkungskombination.

Die Anforderungsklassen werden in der Regel vom Bauherrn festgelegt.

DIN-Fb 102, Kap. II, 4.4.0.3, Tab. 4.118

Bei den Nachweisen werden anstelle des Mittelwertes der Vorspannkraft P_{mt} untere und obere charakteristische Werte der Vorspannung berücksichtigt. Diese errechnen sich aus dem Mittelwert zum betrachteten Zeitpunkt durch Multiplikation mit dem jeweils maßgebenden Streuungsbeiwert r_{sup} und r_{inf}. Für Vorspannung mit nachträglichem Verbund sind diese Streuungsbeiwerte mit 1,1 und 0,9 im DIN-Fachbericht angegeben.

→ da die Nachweise im Grenzzustand der Gebrauchstauglichkeit relativ empfindlich auf mögliche Streuungen der Vorspannkraft (z. B. durch Spanngliedreibung) reagieren

DIN-Fb 102, Kap. II, 2.5.4.2

Index superior: oberer Wert
Index inferior: unterer Wert

Für die Spannungsermittlung kann i. Allg. im Grenzzustand der Gebrauchstauglichkeit von einer linear-elastischen Spannungs-Dehnungs-Beziehung für Stahl und Beton ausgegangen werden.

5.2 Rissbildungszustand

DIN-Fb 102, Kap. II, 4.4.1.1 (5)

Es ist erforderlich, den Rissbildungszustand des jeweils betrachteten Querschnitts zu überprüfen. Hierzu sieht der DIN-Fachbericht vor, dass die Spannungen am gerissenen Querschnitt berechnet werden müssen, wenn unter der seltenen Einwirkungskombination am Bauteilrand Betonzugspannungen größer als die mittlere Betonzugfestigkeit f_{ctm} auftreten.

Seltene Einwirkungskombination:

$$\sum G_{\text{k,j}} + P_{\text{k}} + Q_{\text{k,1}} + \sum_{i>1} \psi_{0,i} \cdot Q_{\text{k,i}}$$

DIN-Fb 102, Kap. II, 2.3.4, Gl. (2.109a)

Bei der Ermittlung der maßgebenden Schnittgrößen müssen verschiedene Kombinationen untersucht werden, wobei entweder die Temperatur T_{M} oder die Lastgruppe *gr* 1 (Lastmodell 1: Tandemachse TS und die gleichmäßig verteilte Verkehrslast UDL) als Leiteinwirkung $Q_{\text{k,1}}$ gewählt wird und die Vorspannung mit ihrem oberen oder unteren charakteristischen Wert in die Berechnung eingeht.

DIN-Fb 101, Kap. II, 9.5.2

Die Kombinationsfaktoren sind dabei:
- für die Tandemachse TS $\psi_0 = 0{,}75$
- für die Flächenlast UDL aus Verkehr $\psi_0 = 0{,}40$
- für den Temperaturunterschied T_{M} $\psi_0 = 0$

DIN-Fb 101, Kap. IV, C.2.4, Tab. C.2

Der Regelfall für Temperatur ist $\psi_0 = 0$ (siehe Tab. C.2). Falls die Temperatureinwirkung nachweisrelevant wird, sollte $\psi_0 = 0{,}8$ gesetzt werden.

Die Stützensenkung wird als ständige Einwirkung ungünstigst 1,0-fach in den Berechnungen berücksichtigt.

Feldquerschnitt:

→ Temperatur vorherrschend

$M_{selt,k} = M_{g1,k} + M_{g2,k} + M_{SET,k} + \psi_{0,TS} \cdot M_{TS,k} + \psi_{0,UDL} \cdot M_{UDL,k} + M_{TM,k}$
$= 5724 + 954{,}7 + 658{,}4 + 0{,}75 \cdot 3176{,}8 + 0{,}4 \cdot 2645{,}8 + 2611{,}1$
$= 13389$ kNm

charakteristische Werte der Biegemomente siehe Tab. 3-1

→ Verkehr vorherrschend

$M_{selt,k} = M_{g1,k} + M_{g2,k} + M_{SET,k} + M_{TS,k} + M_{UDL,k} + \psi_{0,T} \cdot M_{TM,k}$
$= 5724 + 954{,}7 + 658{,}4 + 3176{,}8 + 2645{,}8 + 0 \cdot 2611{,}1$
$= 13160$ kNm

d. h. Temperatur ist die maßgebende vorherrschende Einwirkung!

Für die Vorspannkraft in Feldmitte ergibt sich exemplarisch:

$P_{k,inf,\infty} = r_{inf} \cdot P_{m,\infty} = 0{,}9 \cdot (-15874) \cdot (1 - 0{,}114) = -12658$ kN
$M_{Pk,inf,\infty} = r_{inf} \cdot M_{Pm,\infty} = 0{,}9 \cdot (-8877{,}3) \cdot (1 - 0{,}114) = -7079$ kNm
$M_{selt,maßg} = 13389 - 7079 = 6310$ kNm

Schnittgrößen infolge Vorspannung siehe Tab. 4.3-1
Spannkraftverlust 11,4 % siehe 4.4

Für den oberen charakteristischen Wert der Vorspannkraft und des Momentes kann analog vorgegangen werden.

Tab. 5.2-1: Zusammenstellung der Schnittgrößen und Spannungen unter der seltenen Einwirkungskombination ($t \to \infty$)

		Einheit	Stützquerschnitt Achse 4	Koppelfuge in Feld 4	Feldquerschnitt Feld 4
$M_{selt,maßg}$	max	[kNm]	6694	5570	6310
$M_{selt,maßg}$	min	[kNm]	-7662	-3453	-5070
$P_{k,sup,\infty}$		[kN]	-24830	-15532	-15471
$P_{k,inf,\infty}$		[kN]	-20315	-12708	-12658
$\sigma_{cu,selt}$	max	[MN/m²]	**2,0**	**2,9**	**3,2**
$\sigma_{co,selt}$	max	[MN/m²]	**0,8**	**-0,7**	**-0,3**

Die Werte der Tab. 5.2-1 wurden mit der Kombinationsformel nach DIN-Fb 102, Kap. II, 2.3.4 Gl. (2.109a) ermittelt, wobei in der Regel der Verkehr, bei einigen Nachweisschnitten die Temperatur als vorherrschende Einwirkung $Q_{k,1}$ maßgebend war.

Die Nachweise wurden exemplarisch für $t \to \infty$ geführt. Zusätzliche Nachweise (z. B. für $t = 0$) sind ebenfalls zu führen.

Wie in der Tabelle zu erkennen ist, wird nur in Feldmitte eine Spannung in der Größenordnung der Betonzugfestigkeit erreicht, so dass für die folgenden Nachweise im Grenzzustand der Gebrauchstauglichkeit davon ausgegangen werden kann, dass der Querschnitt ungerissen ist und die Spannungen im Zustand I berechnet werden können.

Die Spannungen wurden analog dem Dekompressionsnachweis ermittelt.

5.3 Grenzzustand der Dekompression

Der Nachweis der Dekompression des Querschnitts wird nach Abschluss von Kriechen und Schwinden zum Zeitpunkt $t \to \infty$ geführt.
Der DIN-Fachbericht 102 fordert, dass für Anforderungsklasse C unter der quasi-ständigen Einwirkungskombination an dem Bauteilrand keine Zugspannungen auftreten dürfen, der den Spanngliedern am nächsten liegt.

DIN-Fb 102, Kap. II, 4.4.2.1 (106)P

Im Bereich der Koppelfuge können beide Bauteilränder maßgebend werden, wenn die Spannglieder aufgefächert sind.

Quasi-ständige Einwirkungskombination:

$$\sum G_{k,j} + P_k + \sum_{i \geq 1} \psi_{2,i} \cdot Q_{k,i}$$

DIN-Fb 102, Kap. II, 2.3.4, Gl. (2.109d)

Die Kombinationsfaktoren sind dabei:
- für die Tandemachsen TS $\psi_2 = 0{,}20$
- für die Flächenlast UDL aus Verkehr $\psi_2 = 0{,}20$
- für den Temperaturunterschied T_M $\psi_2 = 0{,}50$

DIN-Fb 101, Kap IV, Tab. C.2

Die Stützensenkung wird als dauernde Einwirkung mit $\psi_2 = 1{,}0$ ungünstigst in den Berechnungen berücksichtigt.

Feldquerschnitt:

Es werden die Spannungen im Zustand I unter Berücksichtigung der ideellen sowie der Netto-Querschnittswerte für den Feldquerschnitt berechnet und tabellarisch für alle gewählten Nachweisschnitte dargestellt. Bei der Berechnung sind die anfängliche Vorspannkraft sowie die Eigenlast auf den Netto-Querschnitt zu beziehen, die zeitabhängigen Spannkraftverluste sowie die Einwirkungen infolge Ausbaulast, Stützensenkung, Verkehr und Temperatur auf die ideellen Querschnittswerte.

$$M_{qs,k} = M_{g1,k} + M_{g2,k} + M_{SET,k} + \psi_{2,TS} \cdot M_{TS,k} + \psi_{2,UDL} \cdot M_{UDL,k} + \psi_{2,T} \cdot M_{TM,k}$$
$$M_{qs,k} = 5724 + 954{,}7 + 658{,}4 + 0{,}2 \cdot (3176{,}8 + 2645{,}8) + 0{,}5 \cdot 2611{,}1$$
$$M_{qs,k} = 9808 \text{ kNm}$$

$P_{m0} = -15874$ kN $\quad M_{pm0} = -8877$ kNm

$M_{Pk,inf,\infty} = 7079$ kNm $\quad \rightarrow M_{qs,maßg} = 9808 - 7079 = 2729$ kNm

Daraus folgt für den Feldquerschnitt unten:

Querschnittswerte in Feldmitte:
$A_{c,netto} = 4{,}811$ m²
$A_{c,ideell} = 4{,}911$ m²
$W_{u,netto} = 0{,}968$ m³
$W_{u,ideell} = 1{,}05$ m³

$$\sigma_{cu\infty} = \frac{-0{,}9 \cdot 15{,}874}{4{,}811} - \frac{0{,}9 \cdot 8{,}877}{0{,}968} + \frac{0{,}9 \cdot 0{,}114 \cdot 15{,}874}{4{,}911} + \frac{0{,}9 \cdot 0{,}114 \cdot 8{,}877}{1{,}05} + \frac{5{,}724}{0{,}968} + \frac{4{,}084}{1{,}05}$$
$$\sigma_{cu\infty} = -0{,}2 \text{ MN/m}^2 < 0$$

Die Querschnittswerte wurden mit Hilfe eines EDV-Programmes ermittelt. Ausgangswerte sind die Bruttoquerschnittswerte aus Tab. 1.4-2. Bei den Nettowerten wurden die leeren Hüllrohre, bei den ideellen Werten der Betonstahl und Spannstahl berücksichtigt.

Für andere Nachweisschnitte wird analog verfahren.

Tab. 5.3-1: Zusammenstellung der Schnittgrößen und Spannungen unter der quasi-ständigen Einwirkungskombination für die Nachweise der Dekompression ($t \rightarrow \infty$)

	Einheit	Stützquerschnitt Achse 4	Koppelfuge in Feld 4	Feldquerschnitt Feld 4
$M_{qs,maßg}$ max	[kNm]	5220	2965	2729
$M_{qs,maßg}$ min	[kNm]	-3965	-2438	-3782
$P_{k,sup,\infty}$	[kN]	-24830	-15532	-15471
$P_{k,inf,\infty}$	[kN]	-20315	-12708	-12658
$\sigma_{cu,qs}$	[MN/m²]	**+0,4***	**+0,3 ≈ 0**	**-0,2**
$\sigma_{co,qs}$	[MN/m²]	**-1,7**	**-1,3**	**-1,0***

* Diese Spannungen sind nicht relevant, da sie am Bauteilrand auftreten, der den Spanngliedern nicht am nächsten liegt!

An den untersuchten Stellen treten unter der quasi-ständigen Einwirkungskombination im Bereich der Koppelfuge Zugspannungen an der Bauteilunterseite auf. Die Überschreitung ist nur gering und daher vernachlässigbar.
Für den Stützbereich und in Feldmitte ist der Nachweis der Dekompression erfüllt, es treten keine Zugspannungen unter der quasi-ständigen Einwirkungskombination an dem Bauteilrand auf, der den Spanngliedern am nächsten liegt.

Wird die geringfügige Spannungsüberschreitung im Bereich der Koppelfuge nicht akzeptiert, kann die Einhaltung der Dekompression entweder durch eine Modifikation der Spanngliedführung oder durch den Einbau eines zusätzlichen Spanngliedes erreicht werden.

5.4 Begrenzung der Rissbreite

Die Begrenzung der Rissbreite umfasst die folgenden Nachweise:

DIN-Fb 102, Kap. II, 4.4.2.1 (9)*P

- Nachweis der Mindestbewehrung nach DIN-Fb 102, Kap. II, 4.4.2.2
- Nachweis der Begrenzung der Rissbreite unter der maßgebenden Einwirkungskombination nach DIN-Fb 102, Kap. II, 4.4.2.3. oder 4.4.2.4

Es ist in den Bereichen ein Rissbreitennachweis für das abgeschlossene Rissbild erforderlich, in denen unter der maßgebenden Einwirkungskombination Betonzugspannungen auftreten, die größer als der Mittelwert der Betonzugfestigkeit f_{ctm} sind.
In den restlichen Bereichen ist die Mindestbewehrung (siehe Abschnitt 5.5) ausreichend, die wiederum nur in den Bereichen angeordnet werden muss, in denen unter der seltenen Einwirkungskombination Druckspannungen kleiner als |–1| MN/m² oder Zugspannungen vorhanden sind (Einzelriss).

Die maßgebende Einwirkungskombination ist bei diesem Beispiel für die Rissbreitenbegrenzung in Längsrichtung die häufige Einwirkungskombination (Anforderungsklasse C).

DIN-Fb 102, Kap. II, 4.4.2.2 (3)*

Häufige Einwirkungskombination:

$$\sum G_{k,j} + P_k + \psi_{1,1} \cdot Q_{k,1} + \sum_{i>1} \psi_{2,i} \cdot Q_{k,i}$$

DIN-Fb 102, Kap. II, 2.3.4, Gl. (2.109c)

Bei der Ermittlung der maßgebenden häufigen Einwirkungskombination müssen verschiedene Kombinationen untersucht werden, wobei entweder die Temperatur T_M oder die Lastgruppe *gr* 1 (Haupt-Lastmodell 1) mit Tandemachse TS und gleichmäßig verteilter Last UDL als Leiteinwirkung $Q_{k,1}$ gewählt wird und die Vorspannung mit ihrem oberen oder unteren charakteristischen Wert in die Berechnung eingeht.

Die Kombinationsfaktoren sind dabei:

- für die Tandemachse TS $\psi_1 = 0{,}75$ und $\psi_2 = 0{,}20$
- für die Flächenlast UDL aus Verkehr $\psi_1 = 0{,}40$ und $\psi_2 = 0{,}20$
- für den Temperaturunterschied T_M $\psi_1 = 0{,}60$ und $\psi_2 = 0{,}50$

DIN-Fb 101, Kap. IV, C.2.4

Die Stützensenkung wird als dauernde Einwirkung ungünstigst 1,0-fach in den Berechnungen berücksichtigt.

Feldquerschnitt:

$M_{h,k} = M_{g1,k} + M_{g2,k} + M_{SET,k} + \psi_{1,TS} \cdot M_{TS,k} + \psi_{1,UDL} \cdot M_{UDL,k} + \psi_{2,T} \cdot M_{TM,k}$
$M_{h,k} = 5724 + 954{,}7 + 658{,}4 + 0{,}75 \cdot 3176{,}8 + 0{,}4 \cdot 2645{,}8 + 0{,}5 \cdot 2611{,}1$
$M_{h,k} = 12084$ kNm

charakteristische Werte der Biegemomente siehe Tab. 3-1

$M_{h,maßg} = 12084 - 7079 = 5005$ kNm

$M_{Pk,inf,\infty} = 7079$ kNm siehe 5.2

Tab. 5.4-1: Zusammenstellung der Schnittgrößen und Spannungen unter der häufigen Einwirkungskombination ($t \rightarrow \infty$)

		Einheit	Stützquerschnitt Achse 4	Koppelfuge in Feld 4	Feldquerschnitt Feld 4
$M_{h,maßg}$	max	[kNm]	5481	4265	5005
$M_{h,maßg}$	min	[kNm]	-5732	-3272	-4221
$P_{k,sup,\infty}$		[kN]	-24830	-15532	-15471
$P_{k,inf,\infty}$		[kN]	-20315	-12708	-12658
$\sigma_{cu,h}$	max	[MN/m²]	**0,7**	**1,6**	**1,9**
$\sigma_{co,h}$	max	[MN/m²]	**-0,5**	**-0,8**	**-0,8**

Die Werte der Tabelle wurden mit der Kombinationsformel nach DIN-Fb 102, Kap. II, 2.3.4 Gl. (2.109c) ermittelt, wobei der Verkehr für den Feldquerschnitt, Koppelfugenquerschnitt und Stützquerschnitt oben maßgebend ist, anderenfalls ist die Temperatur nachweisrelevant.

Bei den maximalen Spannungen unter der häufigen Einwirkungskombination zeigt sich, dass an keiner Stelle die auftretenden Spannungen größer als die Betonzugfestigkeit $f_{ctm} = 3{,}2$ MN/m² sind.
Daraus ergibt sich, dass die Mindestbewehrung zur Begrenzung der Rissbreite ausreichend ist, ein Nachweis der Rissbreite ist nicht notwendig.

5.5 Mindestbewehrung zur Begrenzung der Rissbreiten

DIN-Fb 102, Kap. II, 4.4.2.2

Die Zusammenstellung der Schnittgrößen und Spannungen unter der seltenen Einwirkungskombination ist in Tab. 5.2-1 angegeben.
Daraus ergibt sich, dass in allen untersuchten Querschnitten Mindestbewehrung erforderlich ist, da die Betonspannungen jeweils $\sigma_{c,selt} > -1$ MN/m² betragen.

DIN-Fb 102, Kap. II, 4.4.2.2 (3)*
Eine Mindestbewehrung zur Begrenzung der Rissbreiten ist nur in den Bereichen notwendig, in denen unter der seltenen Einwirkungskombination Druckspannungen kleiner als |-1| MN/m² oder Zugspannungen vorhanden sind.

Nachfolgend wird exemplarisch die Mindestbewehrung im Feld für den unteren Querschnittsrand ermittelt. Die Spannstahlbewehrung mit Verbund ρ_p darf dabei innerhalb eines Bereiches von höchstens 300 mm um die Bewehrung aus Betonstahl berücksichtigt werden. In Feldmitte ist dies gewährleistet, so dass der Spannstahl beim Nachweis der Mindestbewehrung berücksichtigt werden kann.

DIN-Fb 102, Kap. II, 4.4.2.2. (7)*

Die erforderliche Mindestbewehrung beträgt:

$$\min A_s = k_c \cdot k \cdot f_{ct,eff} \cdot A_{ct} / \sigma_s$$

$$\rightarrow \rho_s + \xi_1 \cdot \rho_p = k_c \cdot k \cdot f_{ct,eff} / \sigma_s$$

DIN-Fb 102, Kap. II, 4.4.2.2 Gl. (4.194)
A_{ct} – Fläche der Betonzugzone
ρ_s – auf A_{ct} bezogener Betonstahlgehalt
ξ_1 – Korrekturbeiwert der Verbundspannungen nach 4.4.2.2, Gl. (4.197)
ρ_p – auf A_{ct} bezogener Spannstahlgehalt innerhalb eines Bereiches von höchstens 300 mm um die Bewehrung aus Betonstahl

Hierbei sind:

Betonzugfestigkeit für C35/45 $f_{ct,eff} = f_{ctm} = 3{,}2$ MN/m²

Gewählter Stabdurchmesser $d_s = 20$ mm

Modifizierter Grenzdurchmesser $d_s^* \le d_s \cdot f_{ct,0} / f_{ct,eff} = 20 \cdot 3{,}0 / 3{,}2 = 18{,}8$ mm

$f_{ct,eff}$ ist die wirksame Zugfestigkeit zum betrachteten Zeitpunkt. Beim Auftreten von Rissen aus Zwang durch abfließende Hydratationswärme kann $f_{ct,eff} = 0{,}5\, f_{ctm}$ betragen. Im vorliegenden Beispiel wird angenommen, dass die Rissbildung zu einem Zeitpunkt erfolgt, zu dem $f_{ct,eff} = f_{ctm}$ ist.

DIN-Fb 102, Kap. II, 4.4.2.2, Gl. (4.196), umgestellt

→ zulässige Stahlspannung für eine Rissbreite $w_k = 0{,}2$ mm (Tab. 4.120) $\sigma_s \approx 200$ MN/m²

DIN-Fb 102, Kap. II, 4.4.0.3, Tab. 4.118
DIN-Fb 102, Kap. II, 4.4.2.3, Tab. 4.120

für $h = 1{,}50$ m > 0,80 m → $k = 0{,}5$

Zwang im Bauteil selbst hervorgerufen

für $h' = 1$ m und $k_1 = 1{,}5 \cdot h / h'$ → $k_1 = 2{,}25$

Für Drucknormalkraft aus Vorspannung

$$P_{k,inf,\infty} = -14064 \cdot 0{,}9 = -12658 \text{ kN}$$

anrechenbare Vorspannung, siehe Tab. 5.2-1

$$\sigma_c = -12{,}658 / 4{,}911 = -2{,}58 \text{ MN/m}^2$$

Betonspannung in Höhe der Schwerelinie des Querschnitts

$$h_t = 3{,}2 \cdot (1{,}5 - 0{,}543) / (3{,}2 + 2{,}58) = 0{,}53 \text{ m}$$

Höhe der Zugzone

$$A_{ct} = 0{,}53 \cdot (1{,}95 + 0{,}53 \cdot 0{,}15 / 1{,}05) = 1{,}074 \text{ m}^2$$

Fläche der Zugzone unmittelbar vor der Rissbildung des Stegquerschnitts

$$k_c = 0{,}4 \cdot [1 + \sigma_c / (k_1 \cdot f_{ct,eff})] \le 1{,}0$$
$$= 0{,}4 \cdot [1 - 2{,}58 / (2{,}25 \cdot 3{,}2)] = 0{,}257$$

DIN-Fb 102, Kap. II, 4.4.2.2, Gl. (4.195)

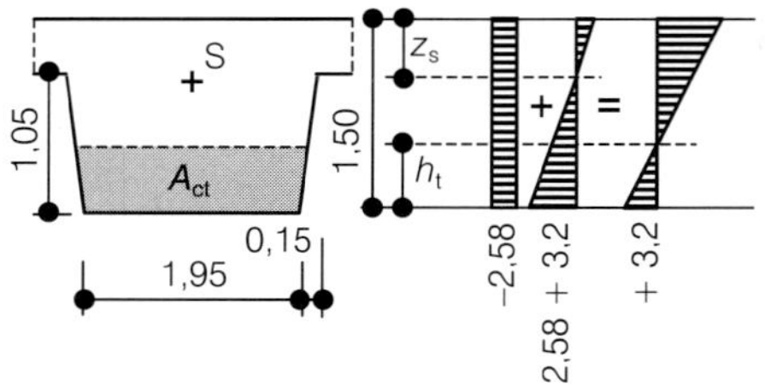

$$\rho_p = 5 \cdot 28{,}5 \cdot 10^{-4} / 1{,}074 = 0{,}0133$$

$$\xi_1 = \sqrt{\xi \cdot \frac{d_s}{d_p}} = \sqrt{0{,}5 \cdot \frac{20}{1{,}6 \cdot \sqrt{2850}}} = 0{,}34$$

DIN-Fb 102, Kap. II, 4.4.2.2, Gl. (4.197)
ξ nach 4.3.7.3, Tab. 4.115 a)
$d_p = 1{,}6\sqrt{A_p}$ für Litzenspannglieder

$$\rho_{s,erf} = \frac{0{,}257 \cdot 0{,}5 \cdot 3{,}2}{200} - 0{,}34 \cdot 0{,}0133 = \mathbf{-0{,}0025} < 0$$

Außerhalb des Wirkungsbereiches der Spannglieder entfällt der zweite Term , d. h. eine Mindestbewehrung ist erforderlich.

→ ρ_s ist negativ, d. h. es ist keine zusätzliche Betonstahlbewehrung erforderlich!

→ Die Robustheitsbewehrung ist maßgebend (siehe Berechnung im Grenzzustand der Tragfähigkeit, Abschnitt 6.3).

Für den Bereich der Koppelfugen sind für die Mindestbewehrung die Regelungen des ARS 11/2003 [136] zu beachten, u. a.:
→ Mindestbewehrung stets erforderlich
→ Abminderung von P_m mit dem Faktor 0,75

5.6 Begrenzung der Betondruckspannungen

Nach DIN-Fachbericht 102 muss die Betondruckspannung unter der nicht-häufigen Einwirkungskombination auf 0,6 f_{ck} beschränkt werden, um Längsrisse im Beton zu vermeiden. Hierbei kann mit dem Mittelwert der Vorspannung gemäß DIN-Fachbericht gerechnet werden, da dieser Nachweis nicht empfindlich hinsichtlich einer Streuung der Vorspannkraft reagiert.

DIN-Fb 102, Kap. II, 4.4.1.2
Bereits bei kurzzeitigen Betondruckspannungen $|\sigma_c| > 0{,}6\, f_{ck}$ können durch die Überschreitung der aufnehmbaren Querzugspannung Längsrisse entstehen. Bei diesen Rissen in Richtung der Biegedruckspannung kann nicht unbedingt davon ausgegangen werden, dass bei einer Reduzierung der Beanspruchung die Risse wieder vollständig geschlossen werden. Dies kann somit zu einer Beeinträchtigung der Dauerhaftigkeit führen.

Zusätzlich muss die Betondruckspannung unter der quasi-ständigen Einwirkungskombination auf 0,45 f_{ck} beschränkt werden, wenn die Nichtlinearität des Kriechens unberücksichtigt bleiben soll.

Für Betondruckspannungen $|\sigma_c| > 0{,}45\, f_{ck}$ unter der quasi-ständigen Einwirkungskombination kommt es zu einer überproportionalen Zunahme des Kriechens. Ein möglicher Ansatz zur Berechnung des überproportionalen Betonkriechens wird in [29] DAfStb-Heft 525 gegeben.

Nachfolgend wird der Nachweis für die nicht-häufige Einwirkungskombination (mit dem Mittelwert der Vorspannung) exemplarisch für den Stützbereich geführt.

Nicht-häufige Einwirkungskombination:

$$\sum G_{k,j} + P_k + \psi_1' \cdot Q_{k,1} + \sum_{i>1} \psi_{1,i} \cdot Q_{k,i}$$

DIN-Fb 102, Kap. II, 2.3.4, Gl. (2.109c)

Wie bereits oben müssen bei der Ermittlung der maßgebenden nicht-häufigen Einwirkungskombination verschiedene Kombinationen untersucht werden, wobei entweder die Temperatur T_M oder die Lastgruppe *gr* 1 (Haupt-Lastmodell 1: Tandemachse TS und die gleichmäßig verteilte Verkehrslast UDL) als Leiteinwirkung $Q_{k,1}$ gewählt wird.

DIN-Fb 101, Kap. IV, Tab. 4.4

Die Kombinationsfaktoren sind dabei:

- für die Tandemachse TS $\psi_1' = 0{,}80$ und $\psi_1 = 0{,}75$
- für die Flächenlast UDL aus Verkehr $\psi_1' = 0{,}80$ und $\psi_1 = 0{,}40$
- für den Temperaturunterschied T_M $\psi_1' = 0{,}80$ und $\psi_1 = 0{,}60$

DIN-Fb 101, Kap. IV, Tab. C.2

Die Stützensenkung wird als ständige Einwirkung ungünstigst 1,0-fach in den Berechnungen berücksichtigt.

Feldquerschnitt:

$$M_{nh,k} = M_{g1,k} + M_{g2,k} + M_{SET,k} + \psi_1'_{,TS} \cdot M_{TS,k} + \psi_1'_{,UDL} \cdot M_{UDL,k} + \psi_{1,T} \cdot M_{TM,k}$$
$$M_{nh,k} = 5724 + 954{,}7 + 658{,}4 + 0{,}8 \cdot (3176{,}8 + 2645{,}8) + 0{,}6 \cdot 2611{,}1$$
$$M_{nh,k} = 13562 \text{ kNm}$$

charakteristische Werte der Biegemomente siehe Tab. 3-1

$$P_{m,\infty} = (-15874) \cdot (1 - 0{,}114) = -14064 \text{ kN}$$
$$M_{Pm,\infty} = (-8877{,}3) \cdot (1 - 0{,}114) = -7865 \text{ kNm}$$
$$M_{nh,maßg} = 13562 - 7865 = 5697 \text{ kNm}$$

Schnittgrößen infolge Vorspannung siehe Tab. 4.3-1
Spannkraftverlust 11,4 % siehe 4.4

Tab. 5.6-1: Zusammenstellung der Schnittgrößen und Spannungen unter der nicht-häufigen Einwirkungskombination ($t \to \infty$)

		Einheit	Stützquerschnitt Achse 4	Koppelfuge in Feld 4	Feldquerschnitt Feld 4
$M_{nh,maßg}$	max	[kNm]	5025	5102	5697
$M_{nh,maßg}$	min	[kNm]	-6397	-4017	-4068
$P_{m,\infty}$		[kN]	-22573	-14120	-14064
$\sigma_{cu,nh}$	max	[MN/m²]	**-12,2**	**-7,7***	**-9,8***
$\sigma_{co,nh}$	max	[MN/m²]	**-12,1***	**-6,5***	**-6,2**

* maßgebend: $t = 0$

Die maximale Betondruckspannung ergibt sich am Stützquerschnitt unten für $t \to \infty$. Aus diesem Grund sind in Tab. 5.6-1 die Schnittgrößen für $t \to \infty$ angegeben.

Es zeigt sich, dass für den vorliegenden Fall in allen untersuchten Querschnitten die Randdruckspannungen unter der nicht-häufigen Einwirkungskombination immer deutlich kleiner als $0{,}6\,f_{ck} = 0{,}6 \cdot 35 = 21$ MN/m² sind und dieser Nachweis demzufolge eingehalten ist.

Da selbst unter dieser Einwirkungskombination die Betondruckspannungen auch kleiner als $0{,}45\,f_{ck} = 0{,}45 \cdot 35 = 15{,}8$ MN/m² sind (maßgebend wäre die quasi-ständige Einwirkungskombination), kann die Nichtlinearität des Kriechens ausgeschlossen werden.

DIN-Fb 102, Kap. II, 4.4.1.2 (104)*P

5.7 Begrenzung der Spannstahlspannungen

Neben den Betondruckspannungen müssen auch die Stahlspannungen begrenzt werden. Für den Spannstahl fordert der DIN-Fachbericht, dass unter quasi-ständiger Einwirkungskombination und nach Abzug aller Spannkraftverluste der Mittelwert der Vorspannung maximal $0{,}65\,f_{pk}$ sein darf.

DIN-Fb 102, Kap. II, 4.4.1.4
Nachweis zur Begrenzung der Spannungsrisskorrosion. Bei externen Spanngliedern (nach DIN-Fb 102, Kap. III) oder Spanngliedern ohne Verbund, die auswechselbar sind, ist dieser Nachweis nicht erforderlich. Dann können deutlich höhere Spannstahlspannungen ausgenutzt werden.

Die Schnittgrößen unter der quasi-ständigen Einwirkungskombination sind bereits für den Nachweis der Dekompression in Abschnitt 5.3 ermittelt worden:

Bei Betonbrücken mit Spanngliedern im Verbund wird die zulässige Spannkraft häufig durch diesen Nachweis bestimmt (vergl. 4.3).

$M_{qs,k} = 9808$ kNm

$N_{Pm\infty} = -15{,}874 \cdot (1 - 0{,}114) = -14064$ kN

Spannkraftverlust 11,4 % siehe 4.4

$\sigma_{p,p+g,\infty} = N_{Pm\infty} / A_p = 14{,}064 / 0{,}01425 = 986$ MN/m²

$\Delta\sigma_{cp,\infty} = (M_{qs,k} - M_{gk,1}) / W_{cpi} = (9{,}808 - 5{,}724) / 1{,}28 = 3{,}19$ MN/m²

Die Konstruktionseigenlast beim Vorspannen ist in der Vorspannkraft bereits berücksichtigt und kann bei der Ermittlung von $\Delta\sigma_{cp,\infty}$ abgezogen werden.

$\sigma_{p,\infty} = \sigma_{p,p+g,\infty} + \alpha_E \cdot \Delta\sigma_{cp,\infty} = 986 + 10 \cdot 3{,}19$ = **1018 MN/m²** $< 0{,}65 \cdot 1770 = 1150$ MN/m²

Langzeiteinflüsse werden nach DIN-Fb 102, Kap. II, 4.4.1.1 (103) mit einem Verhältnis der E-Moduln von Stahl und Beton mit einer Größe von 10 bis 15 angenommen.
→ gewählt $\alpha_E = 10$

Für die anderen Nachweisstellen ergeben sich die Spannstahlspannungen zu:

Stütze	$\sigma_{p,\infty}$ = **1053 MN/m²**
Momentennullpunkt	$\sigma_{p,\infty}$ = **1082 MN/m²**

Im DIN-Fb ist keine Begrenzung der Spannstahlspannungen unter der seltenen Einwirkungskombination zur Vermeidung nichtelastischer Dehnungen enthalten. Bei Brücken mit vergleichsweise geringen ständigen Einwirkungen, für die der Nachweis unter der quasi-ständigen Einwirkungskombination nicht maßgebend wird, können daher nichtelastische Dehnungen nicht ausgeschlossen werden. In Eurocode 2 ist für diesen Fall eine zusätzliche Begrenzung der Spannstahlspannung auf $0{,}75\,f_{pk}$ für die seltenen Einwirkungskombination gefordert.

5.8 Begrenzung der Betonstahlspannungen

Für den Betonstahl fordert der DIN-Fachbericht, dass unter der nichthäufigen Einwirkungskombination die Zugspannung den Wert $0{,}8\,f_{yk}$ nicht überschreiten darf.

DIN-Fb 102, Kap. II, 4.4.1.3
Zur Vermeidung breiter Risse ist das Überschreiten der Streckgrenze auf Gebrauchslastniveau (für Lastbeanspruchung) unbedingt zu verhindern. Bei Überschreiten der Streckgrenze erfährt der Betonstahl nicht umkehrbare, plastische Dehnungen, die zu breiten, ständig offenen Rissen führen können und somit die Dauerhaftigkeit beeinflussen.

Solange der Querschnitt rechnerisch im Zustand I ist (d. h. $\sigma_c \leq f_{ctm}$), ergeben sich keine wesentlichen Spannungen in der Betonstahlbewehrung.

Da bei der seltenen Einwirkungskombination (siehe Abschnitt 5.2) rechnerisch keine Betonrandspannungen größer als die Zugfestigkeit des Betons auftreten, wird dieser Grenzzustand ohne weitere Berechnungen als nachgewiesen angesehen.

6 Grenzzustände der Tragfähigkeit

DIN-Fb 102, Kap. II, 4.3

6.1 Allgemeines

Nachfolgend werden die Nachweise im Grenzzustand der Tragfähigkeit für Biegung mit Längskraft, Querkraft, Torsion und für Ermüdung wiederum für die bereits in Abschnitt 5 ausgewählten Stellen vorgenommen.

Zur Bemessung im Grenzzustand der Tragfähigkeit unter Biegung mit Längskraft darf die vorhandene Gesamtbreite berücksichtigt werden, wenn zwischen Steg und Flansch ein ausreichender Verbund durch Querbewehrung und Betonschubtragfähigkeit gewährleistet ist.

DIN-Fb 102, Kap. II, 4.3.1.1 (105)

6.2 Biegung mit Längskraft

DIN-Fb 102, Kap. II, 4.3.1

Der Nachweis im Grenzzustand der Tragfähigkeit für Biegung mit Längskraft erfolgt für den Betriebszustand zum maßgebenden Zeitpunkt für Vorspannung mit Verbund an den Bemessungsstellen Innenstütze und Innenfeld.
Der Nachweis erfolgt mit Hilfe von Bemessungstabellen mit dimensionslosen Beiwerten.

Die Nachweise sind zu unterschiedlichen Zeitpunkten zu führen. Nachfolgend werden nur die jeweils maßgebenden Zeitpunkte $t = 0$ oder $t \to \infty$ untersucht.

Da im vorliegenden Fall die Schnittgrößenermittlung mit einem linearen Verfahren ohne Momentenumlagerung erfolgte, kann für die Temperatureinwirkung $\psi_0 = 0$ gesetzt werden. Es kann ohne weiteren Nachweis davon ausgegangen werden, dass das Tragwerk ein ausreichendes Verformungsvermögen für den Abbau der Zwangmomente infolge Temperatureinwirkung besitzt.

DIN-Fb 102, Kap. II, 2.3.2.2 (102)

Im Bereich des BMVBW ist nach ARS 11/2003 [136] Zwang aus Temperatur abweichend vom DIN-Fb doch zu berücksichtigen. Die Zwangschnittgrößen dürfen dann allerdings mit der 0,6-fachen Steifigkeit des Zustandes I ermittelt werden.

- Nachweis im Feld ($t = 0$)

DIN-Fb 101, Kap. II, Gl. (9.10)
DIN-Fb 101, Kap. IV Anhang C, Tab. C.1

Bemessungsmoment bezogen auf die Spannstahlschwerachse:

$M_{Eds} = \gamma_G \cdot (M_{g1,k} + M_{g2,k}) + \gamma_{SET,G} \cdot M_{SET,k} + \gamma_P \cdot M_{Pm,ind} + \gamma_Q \cdot (M_{TS,k} + M_{UDL,k})$

$M_{Eds} = 1{,}35 \cdot (5724 + 954{,}7) + 1{,}0 \cdot 658{,}4 + 1{,}0 \cdot 3127{,}5 +$
$+ 1{,}5 \cdot (3176{,}8 + 2645{,}8)$

$M_{Eds} = 21536$ kNm

Die Bemessung wird im Beispiel mit den Zwangschnittgrößen aus Setzung unter Vernachlässigung der Temperaturzwangschnittgrößen geführt. Bei Beachtung des ARS 11/2003 ergeben sich keine bemessungsrelevanten Unterschiede, da
$\Delta M = -0{,}4\, M_{SET} + 0{,}6 \cdot \psi_{0,T} \cdot M_{\Delta T}$
$\Delta M = -0{,}4 \cdot 658{,}4 + 0{,}48 \cdot 2611{,}1 = 990$ kNm
(mit $\psi_{0,T} = 0{,}8$, wenn Verkehr vorherrschend).
$\to$ Unterschied im Bemessungsmoment:
$(21536 + 990) / 21536 = 1{,}045 \to +4{,}5$ %

Vorhandene statische Nutzhöhe: $d = h - d_1 - d_H / 2 - e$
$= 1{,}50 - 0{,}17 = 1{,}33$ m

Mitwirkende Breite: $b_{eff} = b = 7{,}10$ m

DIN-Fb 102, Kap. II, 2.5.2.2.1

Bezogenes Bemessungsmoment:

$\mu_{Eds} = |M_{Eds}| \,/\, (b \cdot d^2 \cdot f_{cd})$

$\mu_{Eds} = 21{,}536 \,/\, (7{,}10 \cdot 1{,}33^2 \cdot 19{,}8) = 0{,}0864$

[135] Band 1, Anhang A4: Bemessungstabelle mit dimensionslosen Beiwerten für den Rechteckquerschnitt (C12/15 bis C50/60)

f_{cd} siehe 1.3

Als Vordehnung des im Verbund liegenden Spannstahls wird näherungsweise bestimmt:

$\varepsilon_{pm}^{(0)} = \sigma_{pm0} / E_p = 1114 / 195.000 = 0{,}0057$

$\sigma_{pm0} = 15{,}874 / 142{,}5 = 1114$ MN/m²
siehe Abschnitt 4.4

Bemessungstabelle mit dimensionslosen Beiwerten:

$\rightarrow \omega_1 = 0{,}091 \qquad \Delta\varepsilon_{p1} = 25\ ‰ \qquad \varepsilon_{c2} = -3{,}23\ ‰$

$\xi = x / d = 0{,}114 \rightarrow x = 0{,}114 \cdot 1{,}33 = 0{,}152\ m < h_{f,min} = 0{,}30\ m$
$\zeta = z / d = 0{,}953 \rightarrow z = 0{,}953 \cdot 1{,}33 = 1{,}27\ m$

Überprüfung der Gesamtspannstahldehnung:

$\varepsilon_{p1} = \varepsilon_{pm}^{(0)} + \Delta\varepsilon_{p1} = 5{,}7 + 25 = 30{,}7\ ‰$
$> \varepsilon_{py} = f_{p0,1k} / (E_p \cdot \gamma_s) = 1500 / (195 \cdot 1{,}15) = 6{,}7\ ‰$

$\sigma_{pd1} = f_{pk} / \gamma_s = 1770 / 1{,}15 = 1539\ MN/m^2$

$A_{ps,req} = \omega_1 \cdot b \cdot d \cdot f_{cd} / f_{pd}$
$= 0{,}091 \cdot 710 \cdot 133 \cdot 19{,}8 / 1539 = \mathbf{110{,}6\ cm^2}$

$< A_{p,prov} = 5 \cdot 28{,}5 = 142{,}5\ cm^2$

→ Keine zusätzliche Betonstahlbewehrung erforderlich!

[135] Band 1, Anhang A4: Bemessungstabelle mit dimensionslosen Beiwerten für den Rechteckquerschnitt (C12/15 bis C50/60)

DIN-Fb 102, Kap. II, 4.2.3.3.3, Abb. 4.6b
Für die Bemessung wird im Brückenbau üblicherweise der vereinfachte konstante Verlauf der Spannungs-Dehnungslinie für den Spannstahl nach Erreichen der idealisierten Streckgrenze angenommen. Die hier dargestellte Ausnutzung des ansteigenden Astes der rechnerischen Spannungs-Dehnungs-Linie nach Überschreiten der Streckgrenzdehnung ist im vorliegenden Fall nicht erforderlich.

- Nachweis über der Stütze ($t \rightarrow \infty$)

DIN-Fb 101, Kap. II, Gl. (9.10)
DIN-Fb 101, Kap. IV, Anhang C, Tab. C.1

Bemessungsmoment bezogen auf die Spannstahlschwerachse:
$M_{Eds} = \gamma_G \cdot (M_{g1,k} + M_{g2,k}) + \gamma_{SET,G} \cdot M_{SET,k} + \gamma_P \cdot M_{Pm,ind,\infty} + \gamma_Q \cdot (M_{TS,k} + M_{UDL,k})$
$M_{Eds} = -1{,}35 \cdot (8927{,}9 + 1632{,}2) - 1{,}0 \cdot 1740{,}5 + 1{,}0 \cdot 3053{,}9 \cdot (1 - 0{,}153) -$
$- 1{,}5 \cdot (1803{,}7 + 3876{,}9)$
$M_{Eds} = -21931\ kNm$

Spannkraftverlust 15,3 % siehe 4.4

minimale Stegbreite: $b_{eff} = 1{,}95\ m$

Die Berechnung wird mit der minimalen Stegbreite durchgeführt.
Die mit zunehmendem Abstand von der Bauteilunterseite ansteigende ansetzbare Breite kann bei der Bemessung mit Hilfe der Bemessungstabelle nicht o. W. berücksichtigt werden, dies wäre nur durch Ermittlung eines Ersatzrechteckquerschnittes oder mit Hilfe einer EDV-gestützten Bemessung möglich.

Bezogenes Bemessungsmoment:
$\mu_{Eds} = |M_{Eds}| / (b \cdot d^2 \cdot f_{cd})$
$\mu_{Eds} = 21{,}931 / (1{,}95 \cdot 1{,}33^2 \cdot 19{,}8) = 0{,}321$

f_{cd} siehe 1.3

Verlust infolge Schwinden, Kriechen und Relaxation:

$\varepsilon_{pm}^{(0)} = \sigma_{pm0} / E_p = 1090 / 195.000 = 0{,}0056$
$\varepsilon_{pm\infty}^{(0)} = (1 - 0{,}153) \cdot 0{,}0056 = 0{,}0047$

$A_p = 7 \cdot 28{,}5 + 2 \cdot 22{,}5 = 244{,}5\ cm^2$
$P_{m0} = -26{,}650\ MN$
$\sigma_{pm0} = 26{,}650 / 244{,}5 = 1090\ MN/m^2$

$\rightarrow \omega_1 = 0{,}406 \qquad \Delta\varepsilon_{p1} = 3{,}5\ ‰ \qquad \varepsilon_{c2} = -3{,}5\ ‰$

[135] Band 1, Anhang A4: Bemessungstabelle mit dimensionslosen Beiwerten für den Rechteckquerschnitt (C12/15 bis C50/60)

$\xi = x / d = 0{,}501 \rightarrow x = 0{,}501 \cdot 1{,}33 = 0{,}666\ m$
$\zeta = z / d = 0{,}792 \rightarrow z = 0{,}792 \cdot 1{,}33 = 1{,}053\ m$

$\varepsilon_{p1} = \varepsilon_{pm\infty}^{(0)} + \Delta\varepsilon_{p1} = 4{,}7 + 3{,}5 = 8{,}2\ ‰$
$> \varepsilon_{py} = 6{,}7\ ‰$

$\sigma_{pd1} > f_{p0,1k} / \gamma_s = 1500 / 1{,}15 = 1304\ MN/m^2$

DIN-Fb 102, Kap. II, 4.2.3.3.3, Abb. 4.6b) (Linie 3 vereinfachte Annahme)

$A_{ps,req} = \omega_1 \cdot b \cdot d \cdot f_{cd} / f_{pd}$
$= 0{,}406 \cdot 195 \cdot 133 \cdot 19{,}8 / 1304 = \mathbf{159{,}9\ cm^2}$

$< A_{p,prov} = 7 \cdot 28{,}5 + 2 \cdot 22{,}5 = 244{,}5\ cm^2$

→ Keine zusätzliche Betonstahlbewehrung erforderlich!

Falls zusätzliche Bewehrung erforderlich wird, kann auch Linie 2 (ansteigender Ast der Spannungs-Dehnungslinie des Spannstahls) in Abb. 4.6 b) verwendet werden.

6.3 Nachweis für Versagen mit Vorankündigung

Nach DIN-Fachbericht muss ein Versagen ohne Vorankündigung bei Erstrissbildung vermieden werden. Dies kann durch die Anordnung einer Mindestbewehrung (Robustheitsbewehrung) mit einer Querschnittsfläche nach Gleichung (4.184) gewährleistet werden:

DIN-Fb 102, Kap. II, 4.3.1.3

Nach DIN-Fb 102, Kap. II, 4.3.1.3 (105)P kann der Nachweis durch alternative Regelungen geführt werden. Im Rahmen dieses Beispiels wird die alternative Regel c verwendet.

$$\min A_s = M_{r,ep} / (f_{yk} \cdot z_s)$$

DIN-Fb 102, Kap. II, 4.3.1.3, Gl. (4.184)

mit

$M_{r,ep} = W \cdot f_{ctk;0,05}$ (Rissmoment, ohne Vorspannung)

$z_s = 0{,}9 \cdot d$ (Hebelarm der inneren Kräfte im ULS)

Für den Feldbereich ergibt sich:

$W_{u,ideell} = 0{,}99\ m^3$

$f_{ctk;0,05} = 2{,}2\ MN/m^2$

$d = 1{,}40\ m$

DIN-Fb 102, Kap. II, 3.1.4, Tab. 3.1

$\min A_s = 0{,}99 \cdot 2{,}2 / (500 \cdot 0{,}9 \cdot 1{,}40)$ = **34,5 cm²**

$\rightarrow$ gew $A_s \geq 11\ \varnothing\ 20$ = 34,5 cm²

Diese Bewehrung muss an der Stegunterseite angeordnet und bis über das Auflager geführt werden.

DIN-Fb 102, Kap. II, 4.3.1.3 (109)

Für den Stützbereich ergibt sich analog mit

$W_{o,ideell} = 1{,}79\ m^3$

$\min A_s$ = **62,5 cm²**

Diese Bewehrung ist in den Bereichen anzuordnen, in denen unter der nicht-häufigen Einwirkungskombination Zugspannungen im Beton auftreten (ohne Berücksichtigung der statisch bestimmten Wirkung der Vorspannung).

DIN-Fb 102, Kap. II, 4.3.1.3 (107)

6.4 Nachweise für Querkraft und Torsion

Neben der Querkrafttragfähigkeit muss auch die Torsionstragfähigkeit sowie die Interaktion zwischen diesen beiden Beanspruchungen nachgewiesen werden.

DIN-Fb 102, Kap. II, 4.3.2
DIN-Fb 102, Kap. II, 4.3.3

6.4.1 Querkraft

Bemessungswert der einwirkenden Querkraft

DIN-Fb 102, Kap. II, 4.3.2.2 (10)

Der maßgebende Bemessungsschnitt für die Ermittlung der erforderlichen Querkraftbewehrung liegt bei direkter Lagerung im Abstand d vom Lagerrand. Demzufolge müssen die Schnittgrößen in diesem Bemessungsschnitt erst aus denen in der Auflagermitte bestimmt werden.

Die Bemessung wird im Beispiel mit den Zwangschnittgrößen aus Setzung unter Vernachlässigung der Temperaturzwangschnittgrößen geführt. Nach ARS 11/2003 [136] ist Zwang aus Temperatur abweichend vom DIN-Fb zu berücksichtigen. Die Zwangschnittgrößen dürfen dann allerdings mit der 0,6-fachen Steifigkeit des Zustandes I ermittelt werden.

Querkraft in Auflagermitte:

$$V_{Ed0} = \gamma_G \cdot (V_{g1,k} + V_{g2,k}) + \gamma_{SET,G} \cdot V_{SET,k} + \gamma_Q \cdot (V_{TS,k} + V_{UDL,k})$$

$$V_{Ed0} = 1{,}35 \cdot (1916{,}6 + 329) + 1{,}0 \cdot 112{,}2 + 1{,}5 \cdot (683{,}5 + 690{,}7)$$

$$V_{Ed0} = 5205{,}4\ kN$$

charakteristische Werte der Querkräfte siehe Tab. 3-1

Querkraft im Abstand d vom Lagerrand:
Die Berechnung erfolgt unter Vernachlässigung der Abminderung für die auflagernahen Einzellasten aus TS:

$V_{Ed0,red}$ = $V_{Ed0} - [\gamma_G \cdot (g_{k,1} + g_{k,2}) + \gamma_Q \cdot q_{UDL,k}] \cdot (d + b/2)$
$V_{Ed0,red}$ = $5205{,}4 - [1{,}35 \cdot (121{,}1 + 21{,}5) + 1{,}5 \cdot (3{,}0 \cdot 9{,}0 + 10{,}8 \cdot 2{,}5)] \cdot$
   $\cdot (1{,}33 + 0{,}70 / 2)$
$V_{Ed0,red}$ = 4746 kN

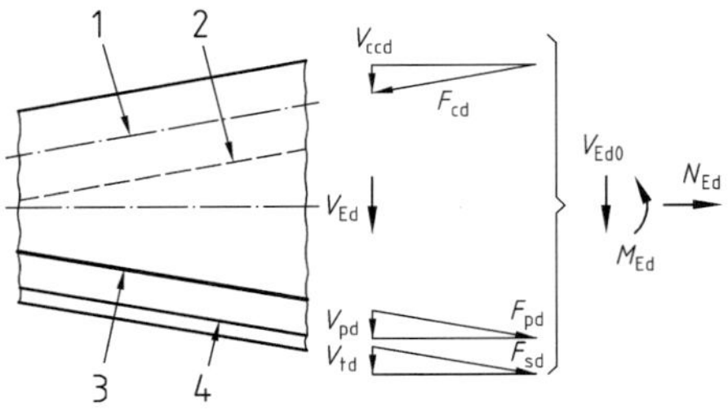

Berücksichtigung der Querkraftkomponente aus geneigten Spanngliedern im Bemessungsschnitt:

Gemittelter Neigungswinkel der Spannglieder im Bemessungsschnitt:
θ = 2,1° (gemittelter Wert aller Spanngliedlagen, dem Spanngliedplan entnommen, siehe Bild 5)
V_{Pm0} = $P_{m0} \cdot \sin\theta$ = $(-26650) \cdot \sin 2{,}1°$ = (-979)
V_{pd} = $\gamma_P \cdot V_{Pm\infty}$ = $1{,}0 \cdot (1 - 0{,}153) \cdot (-979)$
V_{pd} = -829 kN

$\rightarrow V_{Ed,red} = 4746 - 829 = \mathbf{3917\ kN}$

Da für balkenartige Bauteile grundsätzlich eine Mindestquerkraftbewehrung erforderlich ist, wird an dieser Stelle die Querkraft, die der Querschnitt ohne Bügelbewehrung ($V_{Rd,ct}$) tragen kann, nicht berechnet.
Nach DIN-Fachbericht wird grundsätzlich das Verfahren mit veränderlicher Druckstrebenneigung verwendet.

Der Bemessungswert der Querkrafttragfähigkeit $V_{Rd,max}$ muss auf der Grundlage des Nennwertes $b_{w,nom}$ der Querschnittsbreite berechnet werden, wenn der Querschnitt nebeneinander liegende verpresste Spannglieder mit einer Durchmessersumme größer $b_w / 8$ enthält:

b_w = 1,95 m

Σd_H = $7 \cdot 0{,}097 + 2 \cdot 0{,}092$ = 0,863 m
  > $b_w / 8 = 1{,}95 / 8$ = 0,24 m

$b_{w,nom}$ = $b_w - 0{,}5 \cdot \Sigma d_H$
  = $1{,}95 - 0{,}5 \cdot 0{,}863$ = **1,52 m**

Nachweis der Druckstrebe bei Bauteilen mit lotrechter Querkraftbewehrung:

$V_{Rd,max}$ = $b_w \cdot z \cdot \alpha_c \cdot f_{cd} / (\cot\theta + \tan\theta)$

mit: $b_{w,nom}$ = 1,52 m
  z = 1,05 m aus Biegebemessung im Stützbereich
  α_c = 0,75 Abminderung Druckstrebenfestigkeit

Der Winkel θ der Druckstrebe des Fachwerks ist dabei wie folgt zu begrenzen:

$$0{,}58 \le \cot\theta \le \frac{1{,}2 - 1{,}4\sigma_{cd}/f_{cd}}{1 - V_{Rd,c}/V_{Ed}} \le 3{,}0$$

mit: $V_{Rd,c} = \beta_{ct} \cdot 0{,}10 \cdot f_{ck}^{1/3} (1 + 1{,}2\ \sigma_{cd}/f_{cd}) \cdot b_w \cdot z$

Belastung siehe 2.1 → je Hauptträger:
$g_{k,1}$ = 242,2 / 2 = 121,1 kN/m
$g_{k,2}$ = 27,8 / 2 + 6,3 + 0,8 + 0,5 = 21,5 kN/m

DIN-Fachbericht 102, Kap. II, Abb. 4.14:
Querkraftanteil bei veränderlicher Querschnittshöhe
3 – Schwerachse der Spannglieder

Der Bemessungswert der Vorspannkraft $P_d = \gamma_P \cdot P_{mt}$ darf generell mit $\gamma_P = 1{,}0$ ermittelt werden. Mögliche Streuungen der Vorspannkraft dürfen bei den Nachweisen im Grenzzustand der Tragfähigkeit im Allgemeinen vernachlässigt werden.

Bei balkenartigen Bauteilen ist nach DIN-Fb 102, Kap. II, 5.4.2.2 grundsätzlich eine Mindestquerkraftbewehrung erforderlich. Damit erübrigt sich ein Nachweis von $V_{Rd,ct}$.

DIN-Fb 102, Kap. II, 4.3.2.2 (8)*P

DIN-Fb 102, Kap. II, 4.3.2.4.2, Abb. 4.13

Gemäß Abschnitt 4.2 sind 7 Spannglieder mit d_H = 97 mm und 2 Spannglieder mit d_H = 92 mm im Stützbereich vorhanden. Für den Nachweis wird davon ausgegangen, dass alle Spannglieder im Endzustand verpresst sind. Im Bauzustand mit unverpressten Spanngliedern bzw. solchen ohne Verbund sind größere Abminderungen erforderlich.

DIN-Fb 102, Kap. II, 4.3.2.4.4, Gl. (4.26)

f_{cd} siehe 1.3

Abschnitt 6.2
DIN-Fb 102, Kap. II, 4.3.2.4.2 (2), beachte auch $z \le d - 2c_{nom,l}$
DIN-Fb 102, Kap. II, Gl. (4.21)
Die Spannungen in den Druckstreben werden auf den Wert $\sigma_c \le \alpha_c \cdot f_{cd}$ begrenzt.

DIN-Fb 102, Kap. II, 4.3.2.4.4 (1)*P
Nach ARS 11/2003 [136] ist $\cot\theta$ auf 1,75 zu begrenzen.

Dabei sind: β_{ct} $= 2{,}4$

$\sigma_{cd} = N_{Ed} / A_c = -26{,}650 / 4{,}842 = -5{,}5 \text{ MN/m}^2$

Bemessungswert der Betonlängsspannung in Höhe des Schwerpunktes des Querschnitts

$V_{Rd,c} = 2{,}4 \cdot 0{,}10 \cdot 35^{1/3} \cdot (1 - 1{,}2 \cdot 5{,}5 / 19{,}8) \cdot 1{,}52 \cdot 1{,}05$

$V_{Rd,c} = 0{,}835 \text{ MN}$

$\cot\theta = (1{,}2 + 1{,}4 \cdot 5{,}5 / 19{,}8) / (1 - 0{,}835 / 3{,}917)$
$= 2{,}02 < 3{,}0$

flachstmöglicher Druckstrebenwinkel nach DIN-Fb 102

Maßgebend wird aber bei einer kombinierten Beanspruchung der Druckstrebenwinkel im Torsionsfachwerk:

DIN-Fb 102, Kap. II, 4.3.3.2.2 (3)*P

gewählt: $\cot\theta$ = **1,75**

auch für Torsion siehe Abschnitt 6.4.2
nach [136] ARS 11/2003: $\cot\theta \leq 1{,}75$

Daraus ergibt sich:

$V_{Rd,max} = 1{,}52 \cdot 1{,}05 \cdot 0{,}75 \cdot 19{,}8 / (1{,}75 + 1 / 1{,}75)$ = **10,2 MN**
$> V_{Ed} = 5{,}205 \text{ MN}$

DIN-Fb 102, Kap. II, 4.3.2.4.4 (2)*P
Der Nachweis der Betondruckstrebe erfolgt für die maximale Bemessungsquerkraft in Auflagermitte.

Die erforderliche lotrechte Bügelbewehrung infolge Querkraft ergibt sich zu:

$\text{erf } A_{sw} / s_w = V_{Ed} / (z \cdot f_{yd} \cdot \cot\theta)$
$= 3917 / (1{,}05 \cdot 43{,}5 \cdot 1{,}75)$ = **49,0 cm²/m**

DIN-Fb 102, Kap. II, 4.3.2.4.4, Gl. (4.27), umgestellt

Mindestquerkraftbewehrung:

$\min \rho_w = 1{,}0 \cdot 0{,}00102 = 0{,}00102$

$\min A_{sw} / s_w = \rho_w \cdot b_w \cdot \sin\alpha$
$= 0{,}00102 \cdot 1{,}95 \cdot 10^4 \cdot 1{,}0$ = **19,9 cm²/m**

DIN-Fb 102, Kap. II, 5.4.2.2 (4)*P
Für gegliederte Querschnitte mit vorgespanntem Zuggurt (Hohlkästen oder Doppel-T-Querschnitte mit schmalem Steg) wäre $\min \rho_w = 1{,}6\ \rho$, wenn zu erwarten ist, dass die Schubrisse vor den Biegerissen auftreten.
DIN-Fb 102, Kap. II, 5.4.2.2, Gl. (5.16)

Der maximale Bügelabstand in Längsrichtung beträgt für

$0{,}3 < V_{Ed,red} / V_{Rd,max} = 3{,}917 / 10{,}2 = \mathbf{0{,}38} < 0{,}6$

DIN-Fb 102, Kap. II, 5.4.2.2, Tab. 5.8

$\rightarrow s_{max}$ = **300 mm** $< 0{,}5 \cdot h = 0{,}5 \cdot 1500 = 750 \text{ mm}$

Der maximale Abstand der Bügelschenkel in Querrichtung sollte im vorliegenden Beispiel nicht überschreiten:

DIN-Fb 102, Kap. II, 5.4.2.2, Tab. 5.8

$\rightarrow s_{max}$ = **600 mm**

→ vierschnittige Bügel bei einer Stegbreite von 1,95 m

Die Nachweise zum Anschluss der Gurte an den Steg sind Bestandteil der Nachweise in Querrichtung. Diese werden in diesem Beispiel nicht geführt.

DIN-Fb 102, Kap. II, 4.3.2.5

6.4.2 Torsion

DIN-Fb 102, Kap. II, 4.3.3

Die Bemessung für die Torsionsbeanspruchung erfolgt für das maximal auftretende Torsionsmoment und für die maximale Querkraft in Stützenmitte für die Betondruckstrebe. Bei der Addition der gemeinsamen Bügelbewehrung wird die Querkraftbewehrung des Bemessungsschnittes für die einwirkende Querkraft zugrunde gelegt.
Das Bemessungstorsionsmoment ergibt sich aus der Trägerrostberechnung zu:

$T_{Ed} = \gamma_G \cdot (T_{g1,k} + T_{g2,k}) + \gamma_{SET,G} \cdot T_{SET,k} + \gamma_P \cdot T_{Pm} + \gamma_Q \cdot (T_{TS,k} + T_{UDL,k})$

$T_{Ed} = 572{,}8 \text{ kNm}$

Berechnung des aufnehmbaren Torsionsmomentes $T_{Rd,max}$:

DIN-Fb 102, Kap. II, Gl. (4.40)

$T_{Rd,max} = \alpha_{c,red} \cdot f_{cd} \cdot 2\,A_k \cdot t_{eff} \,/\, (\cot\theta + \tan\theta)$

Hierbei sind:

Wirksamkeitsfaktor für den Ersatzhohlkastenquerschnitt:
$\alpha_{c,red} = 0{,}7\ \alpha_c = 0{,}7 \cdot 0{,}75 = 0{,}525$

DIN-Fb 102, Kap. II, 4.3.3.1 (6)*P

Effektive Dicke des Ersatzhohlkastens:

DIN-Fb 102, Kap. II, Abb. 4.15

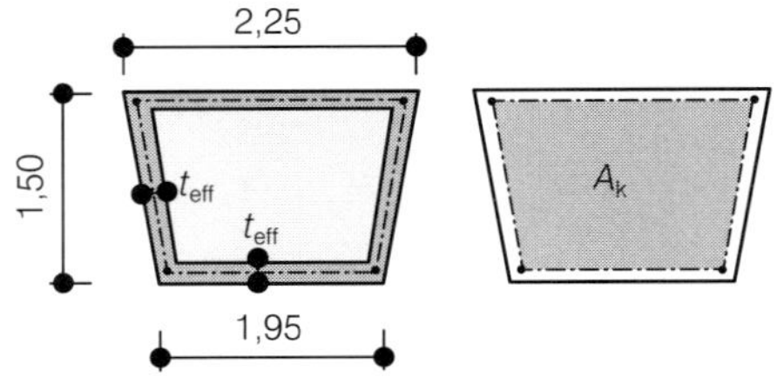

$t_{eff} = 2 \cdot (45 + 20 + 20 / 2) = 150$ mm

$\rightarrow A_k = 1{,}35 \cdot (2{,}10 + 1{,}80) / 2 = 2{,}63$ m²

Druckstrebenwinkel bei kombinierter Beanspruchung durch Querkraft und Torsion:

Schubkraft je dünner Wand i:
$V_{Ed,T,i} = T_{Ed} \cdot z_i \,/\, (2 \cdot A_k)$
$= 572{,}8 \cdot 1{,}35 / (2 \cdot 2{,}63) = 147$ kN

DIN-Fb 102, Kap. II, 4.3.3.2.2 (3)*P

z_i – Höhe der dünnen Wand i
DIN-Fb 102, Kap. II, 4.3.3.1, Gl. (4.142)

Wandschubkraft in Kombination mit Querkraft:
$V_{Ed,T+V} = V_{Ed,T} + V_{Ed} \cdot t_{eff} \,/\, b_w$
$= 147 + 3917 \cdot 0{,}15 / 1{,}52 = 534$ kN

DIN-Fb 102, Kap. II, 4.3.3.2, Gl. (4.242)

→ in DIN-Fb 102, Kap. II, 4.3.2.4.4, Gl. (4.122) einsetzen:

$$0{,}58 \le \cot\theta \le \frac{1{,}2 - 1{,}4\sigma_{cd}/f_{cd}}{1 - V_{Rd,c}/V_{Ed,T+V}} \le 3{,}0$$

nach [136] ARS 11/2003: cot $\theta \le 1{,}75$

→ in DIN-Fb 102, Kap. II, 4.3.2.4.4, Gl. (4.123) t_{eff} statt b_w einsetzen:
mit: $V_{Rd,c} = \beta_{ct} \cdot 0{,}10 \cdot f_{ck}^{1/3}\,(1 + 1{,}2\ \sigma_{cd} / f_{cd}) \cdot t_{eff} \cdot z$
$V_{Rd,c} = 2{,}4 \cdot 0{,}10 \cdot 35^{1/3} \cdot (1 - 1{,}2 \cdot 5{,}5 / 19{,}8) \cdot 0{,}15 \cdot 1{,}05$
$= 0{,}082$ MN

σ_{cd} siehe 6.4.1

Damit: $\cot\theta = (1{,}2 + 1{,}4 \cdot 5{,}5 / 19{,}8) / (1 - 0{,}082 / 0{,}534)$
$= 1{,}88 < 3{,}0$

gewählt: $\cot\theta$ = **1,75**

auch für Querkraft siehe Abschnitt 6.4.1
nach [136] ARS 11/2003: cot $\theta \le 1{,}75$

Damit ergibt sich das maximal aufnehmbare Torsionsmoment zu:

$T_{Rd,max} = 0{,}525 \cdot 19{,}8 \cdot 2 \cdot 2{,}63 \cdot 0{,}15 / (1{,}75 + 1 / 1{,}75)$
= 3,53 MNm = **3530 kNm**
$> T_{Ed} = 572{,}8$ kNm

Erforderliche Torsionsbügelbewehrung

erf $A_{sw} / s_w = T_{Ed} \,/\, (f_{yd} \cdot 2\,A_k \cdot \cot\theta)$
$= 572{,}8 / (43{,}5 \cdot 2 \cdot 2{,}63 \cdot 1{,}75) =$ **1,43 cm²/m**

DIN-Fb 102, Kap. II, 4.3.3.1, Gl. (4.43), umgestellt

Gewählt: Bügel, zweischnittig, ∅ 16 / 100 mm + ∅ 12 / 200 mm
vorh $a_{sw} = 40{,}2 + 11{,}3 = 51{,}4$ cm²/m
≈ erf $(a_{sw,V} + a_{sw,T}) = 49{,}0 + 2 \cdot 1{,}43 = 51{,}9$ cm²/m

Die erforderlichen Bügelbewehrungen aus Querkraft und Torsion sind zu addieren, wobei die unterschiedliche Schnittigkeit zu beachten ist.

Erforderliche Torsionslängsbewehrung

erf A_{sl} / u_k $= T_{Ed} \cdot / (f_{yd} \cdot 2\,A_k \cdot \tan\theta)$
$= 572{,}8 / (43{,}5 \cdot 2 \cdot 2{,}63 \cdot 0{,}57)$ $=$ **4,39 cm²/m**

DIN-Fb 102, Kap. II, 4.3.3.1, Gl. (4.44), umgestellt

Auf den Umfang des dünnwandigen Ersatzquerschnitts verteilt.

Die Interaktion zwischen Querkraft und Torsion wird für die Betondruckstrebe über folgende Gleichung bei Kompaktquerschnitten berücksichtigt:

DIN-Fb 102, Kap. II, 4.3.3.2.2 (3)*P

Der Nachweis der Betondruckstrebe erfolgt für die maximale Querkraft und das maximale Torsionsmoment in Auflagermitte.

$$\left(\frac{T_{Ed}}{T_{Rd,max}}\right)^2 + \left(\frac{V_{Ed}}{V_{Rd,max}}\right)^2 = \left(\frac{0{,}573}{3{,}53}\right)^2 + \left(\frac{5{,}205}{10{,}2}\right)^2 = 0{,}29 < 1{,}0$$

DIN-Fb 102, Kap. II, 4.3.3.2.2, Gl. (4.47a)
[29] Mit der quadratischen Interaktionsbeziehung für Kompaktquerschnitte wird berücksichtigt, dass der Kern innerhalb des Ersatzhohlkastens im Gegensatz zum tatsächlichen Hohlkasten (lineare Interaktion) noch für die Lastabtragung der Querkraft mitwirkt.

Die erforderliche Bügelbewehrung aus Querkraft und Torsion ist zu addieren, wobei die unterschiedliche Schnittigkeit zu beachten ist.

Die Interaktion der Torsions- und Biegebeanspruchung ist für die Bewehrung zu berücksichtigen. Nach DIN-Fachbericht 102 sind für die Längsbewehrung lediglich die getrennt ermittelten Bewehrungsanteile zu addieren, wobei in der Biegedruckzone keine zusätzliche Torsionslängsbewehrung erforderlich ist, wenn die Zugspannungen infolge Torsion kleiner als die Betondruckspannungen infolge Biegung sind.

DIN-Fb 102, Kap. II, 4.3.3.2.2 (1)
Die Robustheitsbewehrung nach Abschnitt 6.3 deckt die erforderliche Torsionslängsbewehrung ab.

Hinweis: nach ARS 11/2003 sind zusätzlich im Grenzzustand der Gebrauchstauglichkeit die schiefen Hauptzugspannungen unter Querkraft und Torsion nachzuweisen (siehe Kommentar zu 5.1).

6.5 Ermüdung

Nach DIN-Fachbericht 102 ist der Nachweis des Grenzzustandes der Tragfähigkeit für Ermüdung zu führen.
Nachfolgend werden die charakteristischen Einwirkungen als Basis für den zu führenden Ermüdungsnachweis zusammengestellt. Für den Nachweis wird das Ermüdungslastmodell LM 3 verwendet.

DIN-Fb 102, Kap. II, 4.3.7

Darüber hinaus werden die Eingangswerte sowie die Berechnung der Korrekturbeiwerte λ_s nach DIN-Fb 102, Kapitel II-A.106 für Betonstahl und Spannstahl durchgeführt.

Da unter der nicht-häufigen Einwirkungskombination die Betondruckspannungen auf 0,6 f_{ck} und unter der quasi-ständigen Einwirkungskombination auf 0,45 f_{ck} beschränkt wurden, ist ein Ermüdungsnachweis des Betons auf Druck bei der vorliegenden Straßenbrücke nicht erforderlich.

DIN-Fb 102, Kap. II, 4.3.7.1 (102)

Es erfolgt daher nachfolgend nur ein Ermüdungsnachweis für den Betonstahl und Spannstahl unter Biegebeanspruchung.

Nachweis exemplarisch in Feldmitte :

Eingangswerte:

$N_{obs} = 2{,}0 \cdot 10^6$ für Autobahnen und Straßen mit ≥ 2 Fahrstreifen je Fahrtrichtung mit hohem LKW-Anteil

Anzahl erwarteter LKW je Fahrstreifen / Jahr
DIN-Fb 101, Kap. IV, 4.6.1, Tab. 4.5

$k_2 = 9$ für Betonstahl
$k_2 = 7$ für Spannstahl
$k_2 = 5$ für Spannstahlkopplung

Parameter der Wöhlerlinien
DIN-Fb 102, Kap. II, 4.3.7.8, Tab. 4.117

DIN-Fb 102, Kap. II, 4.3.7.7, Tab. 4.116

$N_{years} = 100$ angenommene Nutzungsdauer der Brücke

$\overline{Q} = 1{,}0$ für $k_2 = 5$, 7 und 9 und große Entfernung (Autobahn)

Beiwert für Verkehrsart
DIN-Fb 102, Kap. II-A.106, Tab. A.106.1
große Entfernungen > 100 km
In der Praxis ist eine Mischung der Verkehrsarten vorhanden. Die Berechnung erfolgt somit auf der sicheren Seite.

Der Korrekturbeiwert λ_s zur Ermittlung der schädigungsäquivalenten Schwingbreite aus der Spannungsgeschwindigkeit ergibt sich unter Beachtung der folgenden Randbedingungen:

$$\lambda_s = \varphi_{fat} \cdot \lambda_{s,1} \cdot \lambda_{s,2} \cdot \lambda_{s,3} \cdot \lambda_{s,4}$$

DIN-Fb 102, Kap. II-A.106, Gl. (A106.2)

Tab. 6.5-1: Bestimmung von $\lambda_{s,1}$ (Beiwert für Stützweite und System)

DIN-Fb 102, Kap. II-A.106, Abb. A.106.1 u. 2

$\lambda_{s,1}$	Stütze	Koppelfuge	Feld l = 32,0 m
Verbindungen		1,74	
Betonstahl	0,98	1,20	1,20
Spannstahl	1,08	1,35	1,35

$\lambda_{s,2} = \overline{Q} \cdot (N_{obs} / 2{,}0)^{1/k_2}$
$= 1{,}0$ (Beiwert für das jährliche Verkehrsaufkommen)

DIN-Fb 102, Kap. II-A.106, Gl. (A.106.3)

$\lambda_{s,3} = (N_{years} / 100)^{1/k_2}$
$= 1{,}0$ (Beiwert für die Nutzungsdauer)

DIN-Fb 102, Kap. II-A.106, Gl. (A.106.4)

$\lambda_{s,4} = 1{,}0$ (Beiwert zur Erfassung des Einflusses mehrerer Fahrstreifen)

DIN-Fb 102, Kap. II-A.106, Gl. (A.106.5)
Zur Ermittlung dieses Beiwertes benötigt man Angaben des Bauherrn. In diesem Beispiel wird $\lambda_{s,4}$ = 1,0 gesetzt.

$\varphi_{fat} = 1{,}2$ Versagensbeiwert (Oberfläche mit geringer Rauigkeit)

DIN-Fb 102, Kap. II-A.106, A.106.2 (108)

Tab. 6.5-2: Bestimmung des Korrekturbeiwertes λ_s

λ_s	Stütze	Koppelfuge	Feld l = 32,0 m
Verbindungen		1,74 · 1,2 = **2,09**	
Betonstahl	0,98 · 1,2 = **1,18**	1,20 · 1,2 = **1,44**	1,20 · 1,2 = **1,44**
Spannstahl	1,08 · 1,2 = **1,30**	1,35 · 1,2 = **1,62**	1,35 · 1,2 = **1,62**

Für den Ermüdungsnachweis (nur für Feldmitte geführt) ist die erweiterte häufige Einwirkungskombination zugrunde zu legen. Der statisch bestimmte Anteil der Vorspannung wird bei diesem Nachweis mit dem 0,9-fachen Mittelwert, der statisch unbestimmte Anteil mit dem maßgebendem charakteristischen Wert berücksichtigt.

DIN-Fb 102, Kap. II, 4.3.7.2 (103)
Hinweis: Beim Nachweis im Bereich der Koppelfuge ARS 11/2003 [136] beachten: zusätzliche Abminderung des statisch bestimmten Anteils der Vorspannwirkung mit dem Faktor 0,80.

Nach Meinung der Verfasser kann auch der auf Spannungen abgestellte Ermüdungsnachweis empfindlich auf Schwankungen der Vorspannung reagieren. Daher wird auf der sicheren Seite liegend, der obere charakteristische Wert des statisch unbestimmten Momentenanteils aus Vorspannung angesetzt.

Grundmoment:

$M_0 = \Sigma M_{g,k} + M_{SET,k} + \psi_1 \cdot M_{TM,k} + 1{,}1 \cdot M_{Pm\infty,ind,k} + 0{,}9 \cdot M_{Pm\infty,dir}$
$M_0 = 5724 + 954{,}7 + 658{,}4 + 0{,}6 \cdot 2611{,}1 + 1{,}1 \cdot 3127{,}5 \cdot (1 - 0{,}114) -$
$- 0{,}9 \cdot 12004{,}8 \cdot (1 - 0{,}114)$
$= 2379$ kNm

siehe Tab. 3-1 und 4.3-1
DIN-Fb 101, Kap. IV, Anhang C, Tab. C.2
Moment aus Vorspannung ohne statisch unbestimmte Wirkung:
$M_{Pm0,dir} = -8877{,}3 - 3127{,}5 = -12004{,}8$ kNm
Spannkraftverlust 11,4 % siehe 4.4

Biegemoment aus Ermüdungslastmodell LM3:

min $\Delta M_{LM3} = 1{,}4 \cdot (-216{,}6) = -303{,}2$ kNm
max $\Delta M_{LM3} = 1{,}4 \cdot 1449{,}7 = 2029{,}6$ kNm

charakteristische Werte der Biegemomente siehe Tab. 3-1

DIN-Fb 102, Anhang II-A.106, Abs. A.106-2 (101) Lastfaktor 1,4 für Bereiche außerhalb von Zwischenstützen

Bemessungsmomente:

$M_{min} = 2379 - 303{,}2 = 2076$ kNm
$M_{max} = 2379 + 2029{,}6 = 4409$ kNm

Die Berechnung der Spannungen im Beton- und Spannstahl für diese Bemessungsmomente können entweder iterativ ermittelt werden oder mit Hilfe der Bemessungstafeln nach *Hochreither* [75].

Berechnung entweder iterativ oder nach [75] *Hochreither*: Bemessungsregeln für teilweise vorgespannte, biegebeanspruchte Betonkonstruktionen..., Dissertation, TU München, 1982

Hieraus ergeben sich zunächst folgende Spannungsschwingbreiten im Querschnitt nach Zustand II:

Betonstahl: $\Delta\sigma_s = 22\ \text{MN/m}^2$
Spannstahl: $\Delta\sigma_p = 11\ \text{MN/m}^2$

Anmerkung: Unter der selten Einwirkungskombination wird in Feldmitte ungefähr die Betonzugfestigkeit erreicht. Auf der sicheren Seite wird daher der Ermüdungsnachweis in Feldmitte für einen gerissenen Querschnitt geführt.

Aufgrund der schlechteren Verbundeigenschaften der Spannstahl-Litzen steigt deren Spannung im Zustand II langsamer als die des Betonstahls. Dies wird durch die Erhöhung der Betonstahlspannungen berücksichtigt:

DIN-Fb 102, Kap. II, 4.3.7.3 (3)*P

$$\eta = \frac{A_s + A_p}{A_s + A_p \cdot \sqrt{\xi \frac{d_s}{d_p}}}$$

DIN-Fb 102, Kap. II, 4.3.7.3, Gl. (4.193) berücksichtigt unterschiedliches Verbundverhalten von Spannstahl und Betonstahl.

$$\rightarrow \quad \eta = \frac{\sum_1^{si} \frac{e_{si}}{e_{s1}} \cdot A_{si} + \sum_1^{pi} \frac{e_{pi}}{e_{s1}} \cdot A_{pi}}{\sum_1^{si} \frac{e_{si}}{e_{s1}} \cdot A_{si} + \sum_1^{pi} \frac{e_{pi}}{e_{s1}} \cdot A_{pi} \cdot \sqrt{\xi \frac{d_s}{d_p}}}$$

→ Bei biegebeanspruchten Bauteilen ist die unterschiedliche Höhenlage der Spannglieder sowie des Betonstahls z. B. über die Wichtung nach Maßgabe des Abstandes zur Dehnungs-Nullinie angemessen zu berücksichtigen.

[88] *König/Maurer*: Leitfaden zum DIN-Fachbericht 102 „Betonbrücken"

Dabei sind:

A_{si}, A_{pi} – Betonstahl- und Spannstahlflächen
e_{si}, e_{pi} – Abstand der jeweiligen Bewehrungslagen zur Nulllinie
d_s = 20 mm
$d_p = 1{,}6 \cdot \sqrt{A_p} = 1{,}6 \cdot \sqrt{28{,}5} = 85$ mm

$\xi = 0{,}5$
$A_s = 34{,}5\ \text{cm}^2$ (Robustheitsbewehrung)
$A_p = 142{,}5\ \text{cm}^2$

DIN-Fb 102, Kap. II, 4.3.7.3, Tab. 4.115a

$e_p / e_s = 0{,}787 / 0{,}872 = 0{,}9$

Für den Feldquerschnitt ergibt sich:

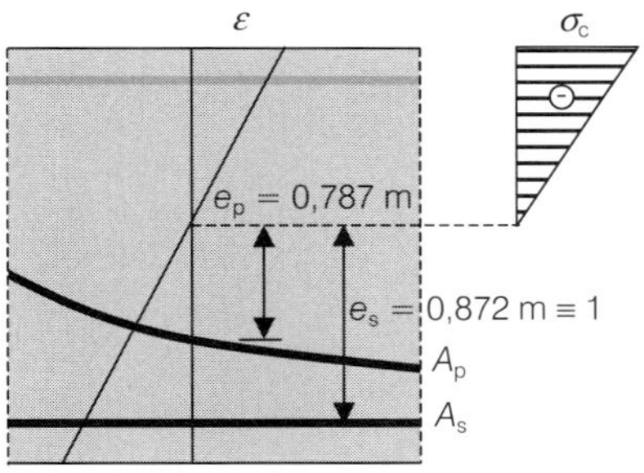

$$\eta = \frac{1 \cdot A_{si} + 0{,}9 \cdot A_{pi}}{1 \cdot A_{si} + 0{,}9 \cdot A_{pi} \cdot \sqrt{\xi \cdot d_s / d_p}}$$

$$\eta = \frac{1 \cdot 34{,}5 + 0{,}9 \cdot 142{,}5}{1 \cdot 34{,}5 + 0{,}9 \cdot 142{,}5 \cdot \sqrt{0{,}5 \cdot 20/85}} = 2{,}07$$

Daraus ergibt sich die endgültige Spannungsschwingbreite im Betonstahl wie folgt:

$\Delta\sigma_s = 2{,}07 \cdot 22 = \mathbf{45{,}6\ MN/m^2} < 70\ \text{MN/m}^2$

DIN-Fb 102, Kap. II, 4.3.7.5 (101)

Die schadensäquivalenten Schwingbreiten ergeben sich zu:

DIN-Fb 102, Kap. II, Anhang 106, Gl. (A106.6)

Betonstahl $\Delta\sigma_{s,equ} = 1{,}44 \cdot 45{,}6 = \mathbf{65{,}7\ MN/m^2}$

Spannstahl $\Delta\sigma_{p,equ} = 1{,}62 \cdot 11 = \mathbf{17{,}8\ MN/m^2}$

Schadensäquivalente Schwingbreite, die der Schwingbreite bei gleich bleibendem Spannungsspektrum mit N^* Spannungszyklen entspricht und zur gleichen Schädigung führt, wie ein Schwingbreitenspektrum infolge fließenden Verkehrs.

Die Anforderungen an Betonstahl, Spannstahl und Verbindungen hinsichtlich des Ermüdungsnachweises gelten nach DIN-Fachbericht 102 als erfüllt, wenn die folgende Bedingung eingehalten ist:

DIN-Fb 102, Kap. II, 4.3.7.5

$$\gamma_{F,fat} \cdot \gamma_{Ed} \cdot \Delta\sigma_{s,equ} \leq \Delta\sigma_{Rsk}(N^*) \,/\, \gamma_{s,fat}$$

DIN-Fb 102, Kap. II, Gl. (4.191)

Hierbei sind:

$\Delta\sigma_{Rsk}(N^*)$ Schwingbreite bei N^* Zyklen entsprechend den Wöhlerlinien nach DIN-Fachbericht 102, Kap. II, Tab. 4.116 für Spannstahl und Tab. 4.117 für Betonstahl

$\gamma_{F,fat} = 1{,}0$

$\gamma_{Ed} = 1{,}0$

DIN-Fb 102, Kap. II, 4.3.7.2, Gl. (4.186)

$\gamma_{s,fat} = 1{,}15$

DIN-Fb 102, Kap. II, 4.3.7.2, Tab. 4.115
Beachte: [136] ARS 11/2003, Anlage (13)
Für Spannverfahren mit Zulassungen nach DIN 4227-1 ist $\gamma_{s,fat} = 1{,}25$ anzusetzen.

$\Delta\sigma_{Rsk}(N^*) = 195$ MN/m² für Betonstahl

$\Delta\sigma_{Rsk}(N^*) = 120$ MN/m² für gekrümmte Spannglieder in Stahlhüllrohren

DIN-Fb 102, Kap. II, 4.3.7.8, Tab. 4.117
DIN-Fb 102, Kap. II, 4.3.7.7, Tab. 4.116
→ ggf. gemäß allgemeiner bauaufsichtlicher Zulassung anpassen!

Für den Betonstahl folgt damit:

1,0 · 1,0 · **65,7 MN/m²** < 195 / 1,15 = **169 MN/m²**
→ Nachweis erfüllt!

Für den Spannstahl folgt damit:

1,0 · 1,0 · **17,8 MN/m²** < 120 / 1,15 = **104 MN/m²**
→ Nachweis erfüllt!

7 Darstellung der Bewehrung

Schematische Darstellung, obere Bügelschenkel in gleicher Lage wie die Querbewehrung

Stützquerschnitt

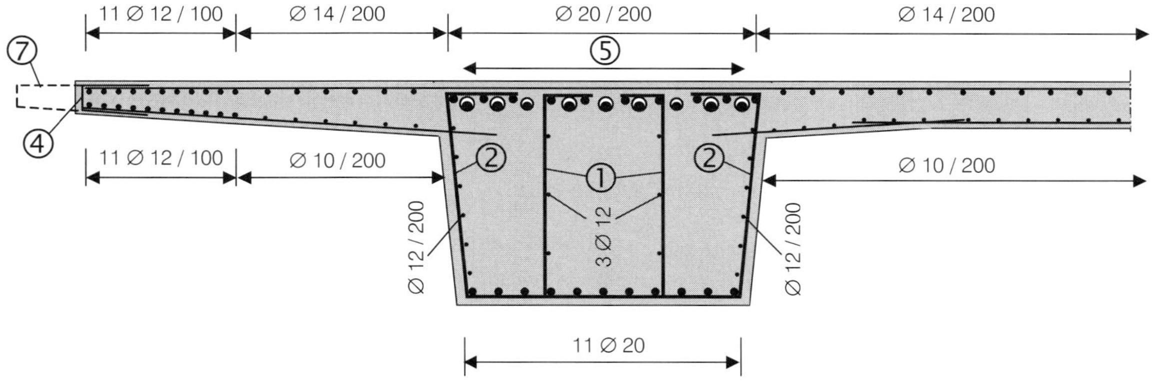

Feldquerschnitt

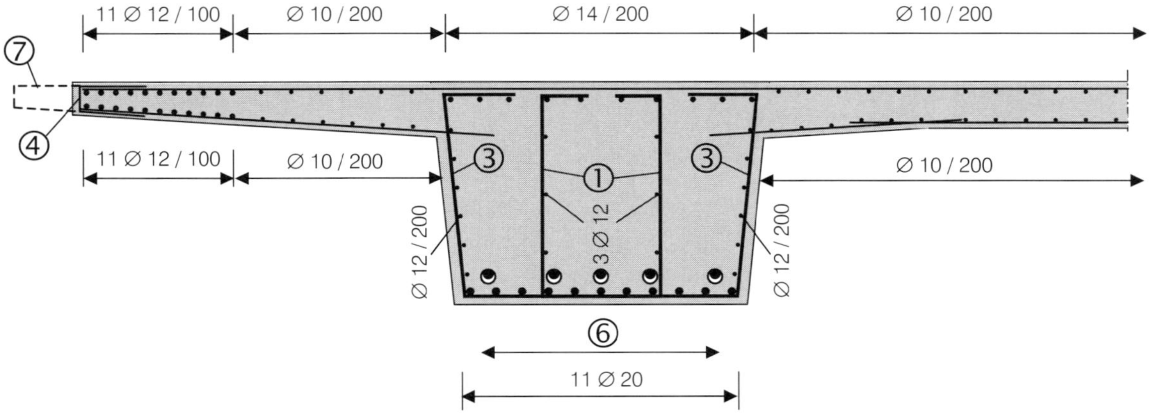

① Bügel Ø 12 / 200 mm
② Bügel Ø 16 / 100 mm
③ Bügel Ø 16 / 200 mm
④ Steckbügel Ø 12 / 400 mm
⑤ 7 Spannglieder Typ 1 (19 Litzen) + 2 Spannglieder Typ 2 (15 Litzen)
⑥ 5 Spannglieder Typ 1 (19 Litzen)
⑦ Kappenanschlussbewehrung nach Richtzeichnungen des BMVBW

Bauteil: *Beispiel 13: Plattenbalkenbrücke*	
Betonfestigkeitsklasse und Expositionsklassen: *C35/45 XC4, XD1, XF2*	Betonstahlsorte – Spannstahlsorte: *BSt 500 S (B) – St 1570/1770*
Besondere Anforderungen:	Spannverfahren nach Zulassung-Nr.: ...
Betondeckung: Verlegemaß c_v *Bügel* *45 mm*	Bewehrungszeichnung-Nr.:

Beispiel 14: Fertigteilbrücke

Inhalt

		Seite
	Aufgabenstellung	14-2
1	System, Querschnittswerte, Baustoffe	14-2
1.1	System, Bauwerksabmessungen	14-2
1.2	Mindestfestigkeitsklasse, Betondeckung	14-4
1.3	Baustoffe	14-5
1.4	Querschnittswerte	14-5
2	Einwirkungen	14-7
2.1	Eigenlast	14-7
2.2	Stützensenkung	14-7
2.3	Temperaturbelastung	14-7
2.4	Vertikallasten aus Straßenverkehr	14-8
2.5	Ermüdungslastmodell	14-9
2.6	Wind	14-10
3	Schnittgrößen	14-10
3.1	Bauzustand (Fertigteile)	14-10
3.2	Endzustand (Eingusssystem)	14-11
3.3	Umgelagertes System	14-13
4	Vorspannung	14-15
4.1	Allgemeines	14-15
4.2	Spanngliedführung	14-15
4.3	Schnittgrößen infolge Vorspannung	14-16
4.4	Zeitabhängige Spannkraftverluste	14-19
5	Grenzzustände der Gebrauchstauglichkeit	14-23
5.1	Allgemeines	14-23
5.2	Rissbildungszustand	14-24
5.3	Grenzzustand der Dekompression	14-25
5.4	Grenzzustand der Rissbildung	14-27
5.5	Mindestbewehrung	14-30
5.6	Begrenzung der Betondruckspannungen	14-32
5.7	Begrenzung der Spannstahlspannungen	14-36
5.8	Begrenzung der Betonstahlspannungen	14-38
5.9	Begrenzung der Verformungen	14-38
6	Grenzzustände der Tragfähigkeit	14-41
6.1	Allgemeines	14-41
6.2	Biegung mit Längskraft	14-41
6.3	Nachweis für Versagen mit Vorankündigung	14-45
6.4	Nachweise für Querkraft und Torsion	14-46
6.4.1	Querkraft	14-46
6.4.2	Torsion	14-49
6.5	Verbund zwischen Fertigteil und Ortbetonplatte	14-51
6.6	Ermüdung	14-53
7	Darstellung der Bewehrung	14-57

Beispiel 14: Fertigteilbrücke

Aufgabenstellung

Bei dem vorliegenden Bauwerk handelt es sich um eine Betriebsbrücke, die im Bereich eines internationalen Flughafens beidseitig einer Rollwegbrücke angeordnet ist. Die Betriebsbrücke wird von Service- und Rettungsfahrzeugen des Flughafens genutzt, um eine sechsspurige Autobahn mit zwei getrennten Richtungsfahrbahnen und eine zu den Flughafenterminals führende Anschlussstraße zu überqueren. Der Kreuzungswinkel der Brücke beträgt 100 gon.

Die Lichtraumprofile der kreuzenden Verkehrswege erfordern die Konzeption einer über drei Felder durchlaufenden Spannbetonbrücke mit dreistegigem Plattenbalkenquerschnitt. Mit Einzelstützweiten von 2 × 29,50 m + 22,75 m ergibt sich eine Gesamtlänge des Bauwerks von 81,75 m. Der Überbau der Betriebsbrücke besteht je Feld aus drei Spannbetonfertigteilen, die eine Konstruktionshöhe von 1,28 m aufweisen und die baustellenseitig durch eine im Mittel 220 mm dicke Ortbetonplatte ergänzt werden.

Zur Gewährleistung der Durchlaufwirkung werden an den Pfeiler- und Widerlagerachsen massive Ortbetonquerträger ausgeführt.
Die Fertigteilträger sind in Längsrichtung mit Litzenspanngliedern im nachträglichen Verbund vorgespannt. Über den Stützquerträgern und in Querrichtung ist der Überbau ausschließlich mit Betonstahl bewehrt.

Im Folgenden wird der Überbau der Betriebsbrücke in Längsrichtung bemessen und es werden die dafür erforderlichen Nachweise auf der Basis der DIN-Fachberichte DIN-Fb 101 und 102 geführt.

Eine Bemessung für MLC-Lasten nach STANAG 2021 wird nicht durchgeführt.

Bemessung nach:
[100] DIN-Fachbericht 100: Beton
[101] DIN-Fachbericht 101: Einwirkungen auf Brücken
[102] DIN-Fachbericht 102: Betonbrücken

Beachte auch die Erläuterungen und Auslegungen in den Erfahrungssammlungen zu den DIN-Fachberichten 101 [101.1] und 102 [102.1] auf:
www.bast.de → Fachthemen → Europäische Regelungen im Brücken- und Ingenieurbau

Hinweise zu den DIN-Fachberichten:
Die Fachberichte haben eine eigene Gliederung.
Die Bezeichnung der Regeln bedeutet:
(1)P – verbindliche Regeln → Prinzip
(1) – Anwendungsregeln, die die Prinzipien erfüllen
(1)* – Regelungen aus DIN 1045-1 übernommen

MLC-Lasten: (military load class): Kurzbezeichnung für militärische Verkehrslasten
STANAG: (*stan*dardisation *ag*reement): Standardisierungsabkommen der NATO
[101.1] Die Behandlung der Militärlasten wird in einem Allgemeinen Rundschreiben Straßenbau geregelt werden. Die Teilsicherheitsbeiwerte und die Kombinationsbeiwerte entsprechen denen der zivilen Lasten.

1 System, Querschnittswerte, Baustoffe

1.1 System, Bauwerksabmessungen

In Längsrichtung stellt die Betriebsbrücke einen dreifeldrigen Durchlaufträger mit einer Gesamtlänge von L = 81,75 m dar.

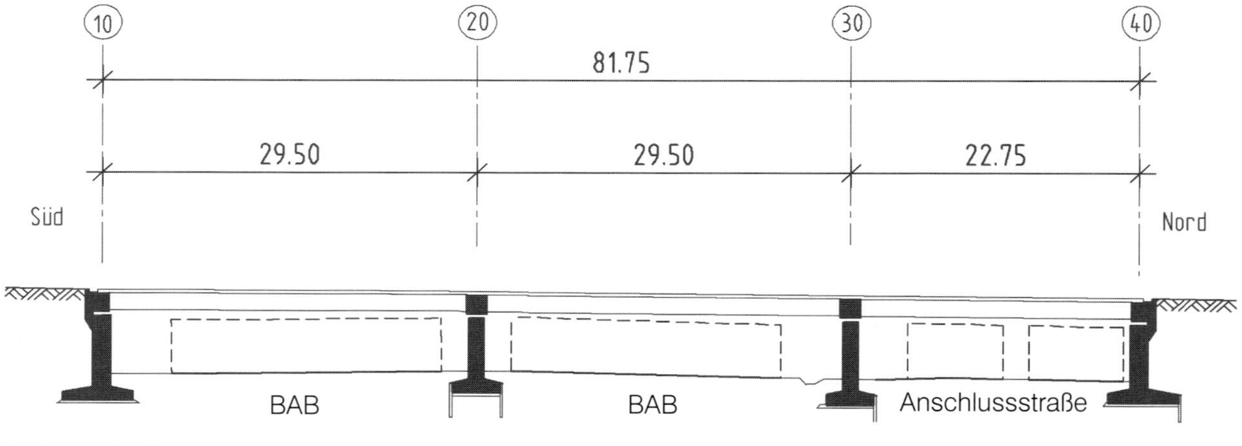

Bild 1: Längsschnitt

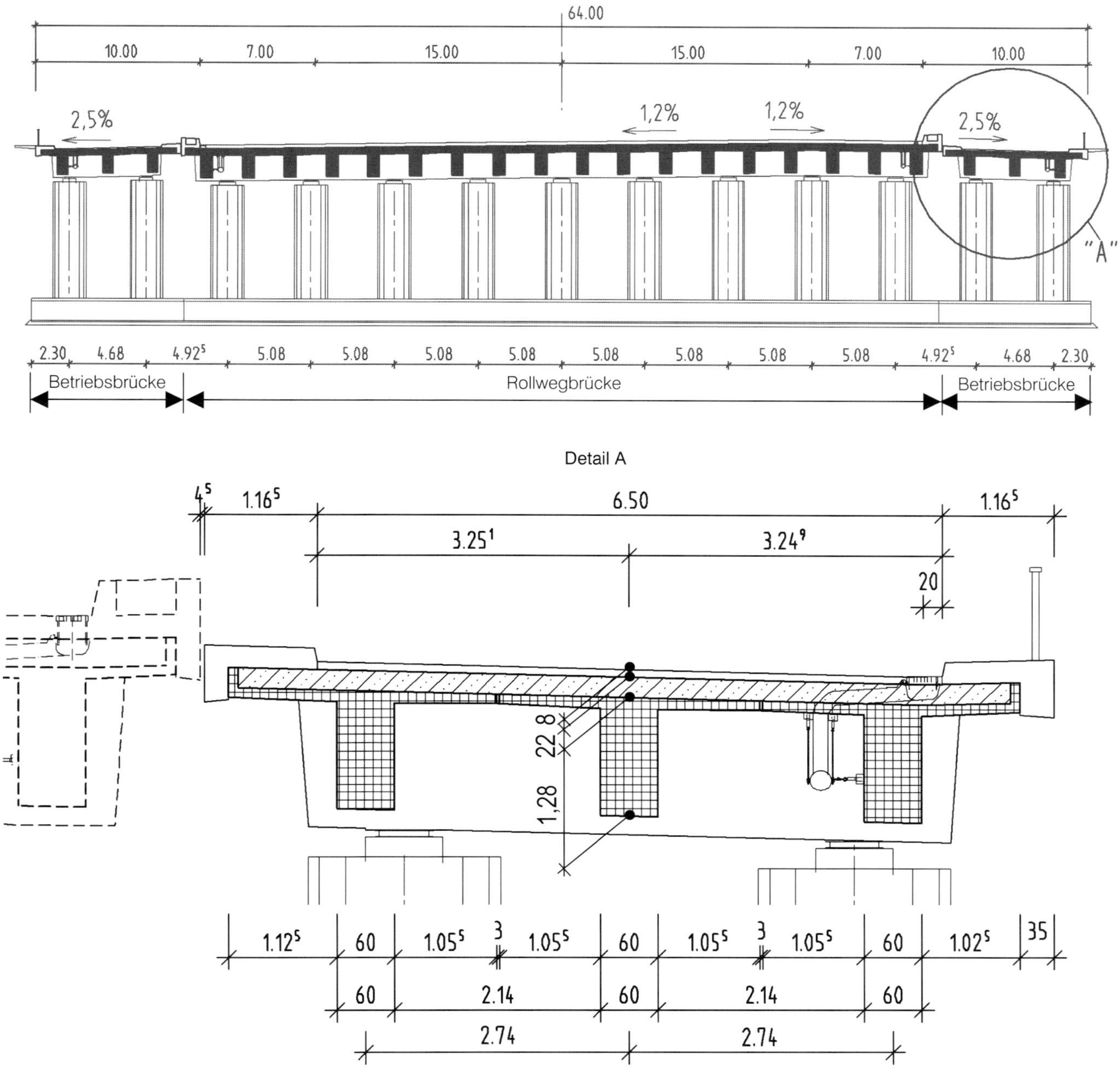

Bild 2: Regelquerschnitt – Gesamtübersicht und Detail A

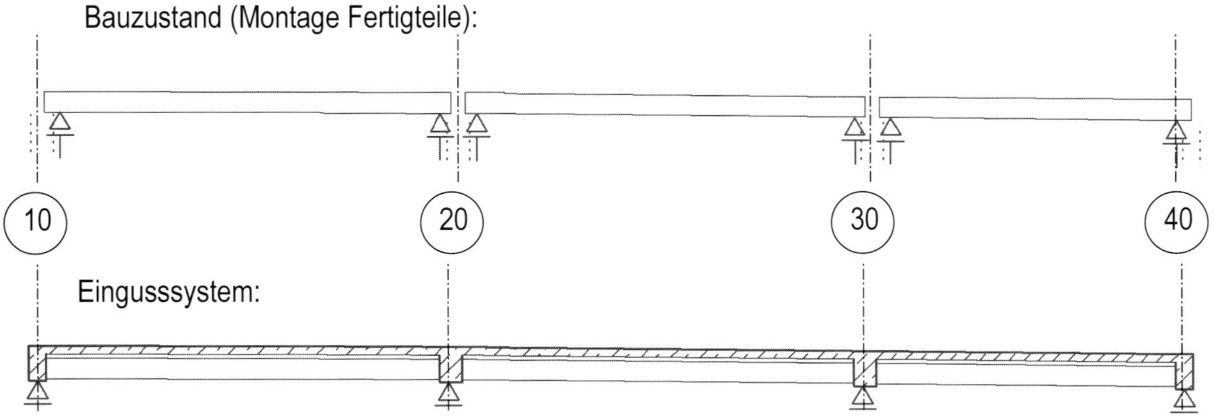

Bild 3: Bauphasen und Bauabschnitte

Der Überbau wird aus vorgespannten Fertigteilen mit baustellenseitiger Ortbetonergänzung hergestellt.

Im Bauzustand sind die Nachweise für die Fertigteile als Einfeldträger wirkend zu führen.

Bei der Schnittgrößenermittlung wird berücksichtigt, dass sich zunächst im Montage- und Bauzustand die Schnittgrößen für die Lastfälle Eigenlast Überbau (ohne Ausbaulasten) und Vorspannung an einer Einfeldträgerkette bestehend aus den Fertigteilträgern einstellen.
Erst im Laufe der Zeit erfolgt infolge Kriechen eine Schnittgrößenumlagerung hin zum Eingusssystem „Dreifeldträger" (Bild 3).

[73] *Trost/Wolff*: Zur wirklichkeitsnahen Ermittlung der Beanspruchungen in abschnittsweise hergestellten Spannbetontragwerken, Bauingenieur 45 (1970), S. 155 ff.

Die Systemumlagerung kann vereinfachend z. B. mit dem Verfahren nach *Trost/Wolff* [73] oder nach *Kupfer* [74] durchgeführt werden. Auf dieser Grundlage wird ein Umlagerungsfaktor $\kappa_N = 0{,}75$ errechnet.

[74] *Kupfer*: Bemessung von Spannbetonbauteilen – einschließlich teilweiser Vorspannung, BK 1991/I, S. 664 ff.

Zur Festlegung der Nachweisbedingungen wird der Überbau in Längsrichtung in Bereichen mit Spanngliedern in die Anforderungsklasse C gemäß DIN-Fb 102, Tab. 4.118 eingeordnet. Da im Stützquerschnitt und in der Querrichtung keine Spannglieder liegen, erfolgt die Einordnung für Stahlbetonbauteile nach ARS 11/2003 in Anforderungsklasse D.

DIN-Fb 102, Kap. II, 4.4.0.3, Tab. 4.118
Im Stützquerschnitt werden keine Spannglieder angeordnet.

[136] ARS 11/2003

1.2 Mindestfestigkeitsklasse, Betondeckung

DIN-Fb 102, Kap. II, 4.1: Anforderungen an die Dauerhaftigkeit
DIN-Fb 100, 4.1: Expositionsklassen bezogen auf die Umweltbedingungen

Umgebungsbedingungen: Außenbauteil

Expositionsklasse für Bewehrungskorrosion
infolge Karbonatisierung: ⇨ XC4
infolge Chloridangriff: ⇨ XD1

DIN-Fb 100, Tab. 1: Expositionsklassen siehe auch [80] ZTV-ING, Teil 3, Abschnitt 1, Kap. 4

Expositionsklasse für Betonangriff
infolge Frost mit Taumittel: ⇨ XF2

nach [80] ZTV-ING für Überbauten:
XC4 wechselnd nass und trocken (Außenbauteile mit direkter Beregnung)
XD1 mäßige Feuchte (Bauteile im Sprühnebelbereich von Verkehrsflächen)
XF2 mäßige Wassersättigung mit Taumittel

Mindestfestigkeitsklasse Beton ohne Luftporen ⇨ C35/45 [100]

hier keine Expositionsklasse für chemischen Angriff und Verschleißbeanspruchung

Gewählt:

Fertigteile	**C45/55**	**XC4, XD1, XF2, E_{cm} = 35.700 N/mm²**
Ortbeton	**C35/45**	**XC4, XD1, XF2, E_{cm} = 33.300 N/mm²**

Die Expositionsklassen sind anzugeben (wichtig für die Betontechnologie nach DIN-Fb 100 [100]).

Zur Festlegung des E-Moduls als Betoneigenschaft siehe Fußnote [1)] zu 1.3.

Betondeckung

DIN-Fb 102, Kap. II, 4.1.3.3, Tab. 4.101

Betonstahl:

⇨ Mindestbetondeckung	c_{min}	= 40 mm
+ Vorhaltemaß	Δc	= 5 mm
= Nennmaß der Betondeckung	c_{nom}	**= 45 mm**

Im DIN-Fachbericht 102 ist die Betondeckung unabhängig von den Expositionsklassen geregelt (im Unterschied zu DIN 1045-1). Das gegenüber DIN 1045-1 reduzierte Vorhaltemaß ist auf erhöhte Qualitätssicherungsmaßnahmen zurückzuführen.

Hüllrohre allgemein:

DIN-Fb 102, Kap. II, 4.1.3.3 (12) und (113)

$$c_{min} = 50 \text{ mm}$$
$$c_{min} \geq \varnothing_H = 97 \text{ mm}$$

entsprechend allgemeiner bauaufsichtlicher Zulassung

Index H – Hüllrohr

1.3 Baustoffe

Beton:

Fertigteile	**C45/55**	DIN-Fb 102, Kap. II, 3.1
	$f_{ck} = 45$ MN/m²	DIN-Fb 102, Kap. II, Tab. 3.1
	$f_{cd} = \alpha \cdot f_{ck} / \gamma_c = 0{,}85 \cdot 45 / 1{,}5 = 25{,}5$ MN/m²	DIN-Fb 102, Kap. II, 4.2.1.3.3 (11) γ_c nach Tab. 2.3
	$E_{cm} = 35.700$ MN/m²	DIN-Fb 102, Kap. II, Tab. 3.2 [1)]
	$f_{ctm} = 3{,}8$ MN/m²	DIN-Fb 102, Kap. II, Tab. 3.1
Ortbeton	**C35/45**	DIN-Fb 102, Kap. II, 3.1
	$f_{ck} = 35$ MN/m²	DIN-Fb 102, Kap. II, Tab. 3.1
	$f_{cd} = \alpha \cdot f_{ck} / \gamma_c = 0{,}85 \cdot 35 / 1{,}5 = 19{,}8$ MN/m²	DIN-Fb 102, Kap. II, 4.2.1.3.3 (11) γ_c nach Tab. 2.3
	$E_{cm} = 33.300$ MN/m²	DIN-Fb 102, Kap. II, Tab. 3.2 [1)]
	$f_{ctm} = 3{,}2$ MN/m²	DIN-Fb 102, Kap. II, Tab. 3.1
Betonstahl	**BSt 500 S (B)** (Duktilität hoch [102.1])	DIN-Fb 102, Kap. II, 3.2, Tab. R2 (für BSt 500 S ist nur hochduktil vorgesehen)
	$f_{yk} = 500$ MN/m²	
	$f_{yd} = f_{yk} / \gamma_s = 500 / 1{,}15 = 435$ MN/m²	DIN-Fb 102, Kap. II, 2.3.3.2, Tab. 2.3
	$E_s = 200.000$ MN/m²	DIN-Fb 102, Kap. II, 3.2.4.3
Spannstahl	**Litze St 1570/1770**	DIN-Fb 102, Kap. II, 3.3
	$f_{p0.1,k} = 1500$ MN/m²	aus allgemeiner bauaufsichtlicher Zulassung, siehe auch [136] ARS 11/2003, Anlage (5) für Zulassungen nach DIN 4227 im DIN-Fb 102
	$f_{pk} = 1770$ MN/m²	
	$f_{pd} = f_{p0,1k} / \gamma_s = 1500 / 1{,}15 = 1304$ MN/m²	DIN-Fb 102, Kap. II, 4.2.3.3.3, Abb. 4.6b
	$E_p = 195.000$ MN/m²	DIN-Fb 102, Kap. II, 3.3.4.4

1.4 Querschnittswerte

Wie in Abschnitt 3.2 dieses Beispiels näher erläutert, wird der Überbau für die Schnittgrößenermittlung als ebenes Trägerrostsystem abgebildet. Dieses Trägerrostsystem besteht aus drei Hauptstabzügen, die die Fertigteilträger inklusive der Ortbetonergänzung darstellen, und aus Querstäben, die den Querträgern und der Fahrbahnplatte entsprechen (Bild 8).

DIN-Fb 102, Kap. II, 2.5.2.2.1

Zur Schnittgrößenermittlung und Bemessung wird jedem Hauptstabzug ein idealisierter Plattenbalkenquerschnitt unter Berücksichtigung der mitwirkenden Plattenbreite zugeordnet.

Für die Nachweise im Grenzzustand der Gebrauchstauglichkeit und als genügend genaue Abschätzung für die Nachweise im Grenzzustand der Tragfähigkeit werden die maßgebenden Querschnittswerte mit folgender vereinfachter Berücksichtigung der mitwirkenden Plattenbreiten ermittelt:

$b_{eff} = \Sigma b_{eff,i} + b_w$ — DIN-Fb 102, Kap. II, 2.5.2.2.1, Gl. (2.113)

$b_{eff,i} = \min\{0{,}2 \cdot b_i + 0{,}1\, l_0;\ 0{,}2\, l_0;\ b_i\}$ — DIN-Fb 102, Kap. II, 2.5.2.2.1, Gl. (2.113a)

---

1) Anmerkung zum E-Modul des Betons: In der Berichtigung 2 zu DIN 1045-1 [1.1] werden die ursprünglichen Tabellenwerte nun als Tangentenmoduln E_{c0m} bezeichnet und die Sekantenmoduln um ca. 10 % reduziert. In der Erfahrungssammlung [102.1] wird ein entsprechender Korrekturvorschlag auch für den DIN-Fb 102 gemacht, dessen Verbindlichkeit mit dem Bauherrn im Einzelfall vertraglich geregelt werden sollte. In diesem Beispiel werden die ursprünglichen E-Modul-Werte für E_{cm} beibehalten. Sie sollten, um Missverständnisse zu vermeiden, als Betoneigenschaft festgelegt werden und sind dann auch Inhalt der Ausschreibung.

Tab. 1.4-1: Berechnung der mitwirkenden Plattenbreiten

	l_{eff} [m]	l_0 [m]	b_w [m]	b_1 [m]	b_2 [m]	$b_{eff,1}$ [m]	$b_{eff,2}$ [m]	b_{eff} [m]
Innenträger								
Randfeld 1	29,50	25,08	0,60	1,07	1,07	2,72	2,72	**2,74**
Innenstütze A20		8,85	0,60	1,07	1,07	1,10	1,10	**2,74**
Innenfeld 2	29,50	20,65	0,60	1,07	1,07	2,28	2,28	**2,74**
Innenstütze A30		7,84	0,60	1,07	1,07	1,00	1,00	**2,60**
Randfeld 3	22,75	19,34	0,60	1,07	1,07	2,15	2,15	**2,74**
Randträger								
Randfeld 1	29,50	25,08	0,60	1,025	1,07	2,71	2,72	**2,695**
Innenstütze A20		8,85	0,60	1,025	1,07	1,09	1,10	**2,695**
Innenfeld 2	29,50	20,65	0,60	1,025	1,07	2,27	2,28	**2,695**
Innenstütze A30		7,84	0,60	1,025	1,07	0,99	1,00	**2,590**
Randfeld 3	22,75	19,34	0,60	1,025	1,07	2,14	2,15	**2,695**

Definition der mitwirkenden Plattenbreite und der wirksamen Stützweiten:
DIN-Fb 102, Abb. 2.102a und b
Abb. siehe auch Beispiel 13, 1.4

Die Vorspannung ist auf die Schwerelinie des Gesamtquerschnitts bezogen. Bei den Spannungsnachweisen werden die Schnittgrößen aus Vorspannung im Bauzustand auf die Schwerelinie des Fertigteil-Nettoquerschnitts und im Eingusssystem auf die Schwerelinie des ideellen Querschnitts umgerechnet.

Die Bemessung erfolgt aufgrund der annähernd symmetrischen Querschnitte exemplarisch für einen Längsträger (Randträger 1), dessen Querschnittswerte in Tabelle 1.4-2 zusammengefasst sind.

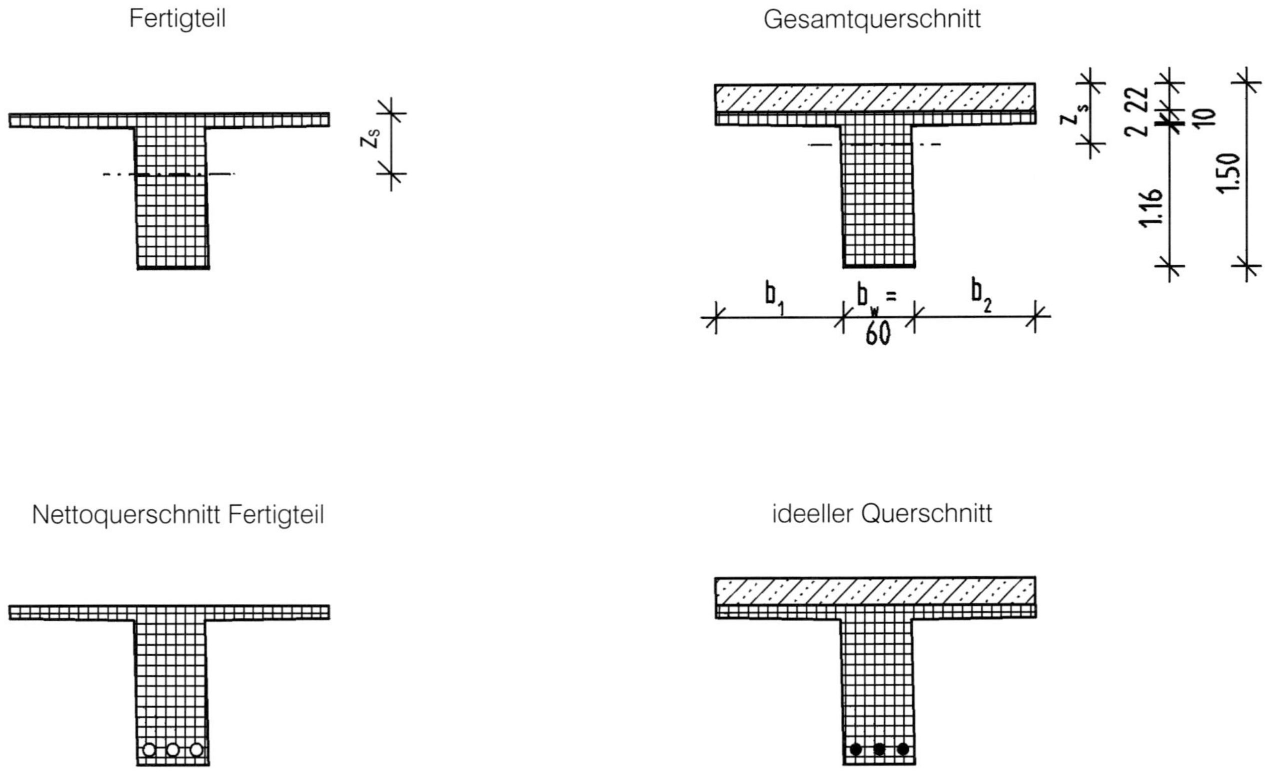

Bild 4: Darstellung von Gesamtquerschnitt, Nettoquerschnitt, ideeller Querschnitt

Tab. 1.4-2: Querschnittswerte des idealisierten Bemessungsquerschnitts (Randträger 1)

	Gesamt-querschnitt	Netto-querschnitt	ideeller Querschnitt	mitwirkend Achse 30	Fertigteil brutto	Fertigteil netto
A_c [m²]	1,591	1,571	1,623	1,561	0,998	0,980
z_s [m]	0,496	0,485	0,513	0,502	0,505	0,493
I_y [m⁴]	0,3088	0,2927	0,3329	0,3051	0,1657	0,1578
W_{co} [m³]	-0,6226	-0,6035	-0,6489	-0,6078	-0,328	-0,320
W_{cu} [m³]	0,3048	0,2884	0,3373	0,3057	0,214	0,201

Beim Nachweis der Tragfähigkeit darf der Teil des Flansches als mitwirkend berücksichtigt werden, der durch die Querbewehrung und durch die Betonschubtragfähigkeit an den Steg angeschlossen ist.

DIN-Fb 102, Kap. II, 4.3.1.1 (105)

2 Einwirkungen

Nachfolgend werden die charakteristischen Einwirkungen als Grundlage für die Schnittgrößenermittlung und die anschließenden Nachweise in den Grenzzuständen der Tragfähigkeit und der Gebrauchstauglichkeit zusammengestellt.

2.1 Eigenlast

DIN-Fb 101, Kap. III bzw. DIN 1055-1

Eigenlast je Längsträger $g_{k,1} = 25$ kN/m³ · 1,59 m² $= 39{,}8$ kN/m

Eigenlast des Fahrbahn-Belages $g_{k,Bel} = (24$ kN/m³ · 0,08 m + 0,5) · 6,50 m $= 15{,}7$ kN/m

Eigenlast je Kappe $g_{k,KS} = 25$ kN/m³ · 0,404 m² $= 10{,}1$ kN/m

Eigenlast des Geländers $g_{k,Gel} = 1{,}0$ kN/m

DIN-Fb 101, Kap. III (2): Fahrbahnbelag
DIN-Fb 101, Kap. IV, 4.10.1 (1): Zusätzliche Flächenlast für Mehreinbau von 0,50 kN/m²

Herstellerangaben

2.2 Stützensenkung

Nach Angaben im Bodengutachten sind für diese flach gegründete Brücke folgende Stützensenkungen in ungünstigster Kombination anzusetzen:

Bodengutachten

wahrscheinliche Setzung: $\Delta s_m = 10$ mm

DIN-Fb 102, Kap. II, 2.3.4 (110), im Grenzzustand der Gebrauchstauglichkeit zu berücksichtigen

mögliche Setzung: $\Delta s_k = 20$ mm (elastisch)

DIN-Fb 102, Kap. II, 2.3.2.2 (103), im Grenzzustand der Tragfähigkeit zu berücksichtigen. Zur Berücksichtigung der Steifigkeitsverhältnisse beim Übergang in den Zustand II dürfen die 0,4-fachen Werte der Steifigkeit im Zustand I angesetzt werden.

2.3 Temperaturbelastung

Hinsichtlich der Temperatureinwirkung handelt es sich um ein Brückenbauwerk der Gruppe 3. Für die Bemessung des Überbaus kann der Einfluss des extremalen konstanten Temperaturanteils vernachlässigt werden, da daraus aufgrund der in Längsrichtung elastischen Lagerung des Überbaus nur geringe Normalkräfte in Brückenlängsrichtung entstehen.
Demgegenüber muss der linear veränderliche Temperaturanteil zwischen Ober- und Unterseite des Brückenbauwerkes berücksichtigt werden.

DIN-Fb 101, Kap. V, 6.3.1.1 (1):
Gruppe 3: Überbauten aus Beton

Die lineare Temperaturverteilung braucht im Allgemeinen nur in vertikaler Richtung berücksichtigt zu werden.

DIN-Fb 101, Kap.V, 6.3.1.4.2 (1)

$\Delta T_{M,pos} = 15\ K$

$\Delta T_{M,neg} = -8\ K$

DIN-Fb 101, Kap. V, Tab. 6.1: Betonplattenbalken

Korrektur in Abhängigkeit von der Belagsdicke (Beton) $d_{vorh} = 80\ mm$

DIN-Fb 101, Kap. V, Tab. 6.2

Unterseite wärmer $K_{sur} = 1{,}0$

Oberseite wärmer $K_{sur} = 0{,}82$

Anzusetzende lineare Temperaturunterschiede für den Endzustand

$\Delta T_{M,pos} = 15\ K \cdot 0{,}82 = 12{,}3\ K$

$\Delta T_{M,neg} = -8\ K \cdot 1{,}0 = -8\ K$

2.4 Vertikallasten aus Straßenverkehr

Nach DIN-Fb 101, Kap. IV, ist für die Bemessung des Überbaus in Längsrichtung die Lastgruppe 1 (Vertikallasten) anzusetzen.

DIN-Fb 101, Kap. IV, 4.3 und Tab. 4.4

Für globale Nachweise ist das Lastmodell 1 anzuwenden.

Der Notgehweg im Kappenbereich wird mit einer abgeminderten Flächenlast von 2,5 kN/m² belastet.

DIN-Fb 101, Kap. IV, 5.3.2.1 (3) und Tab. 4.4, Anmerkung [1)]

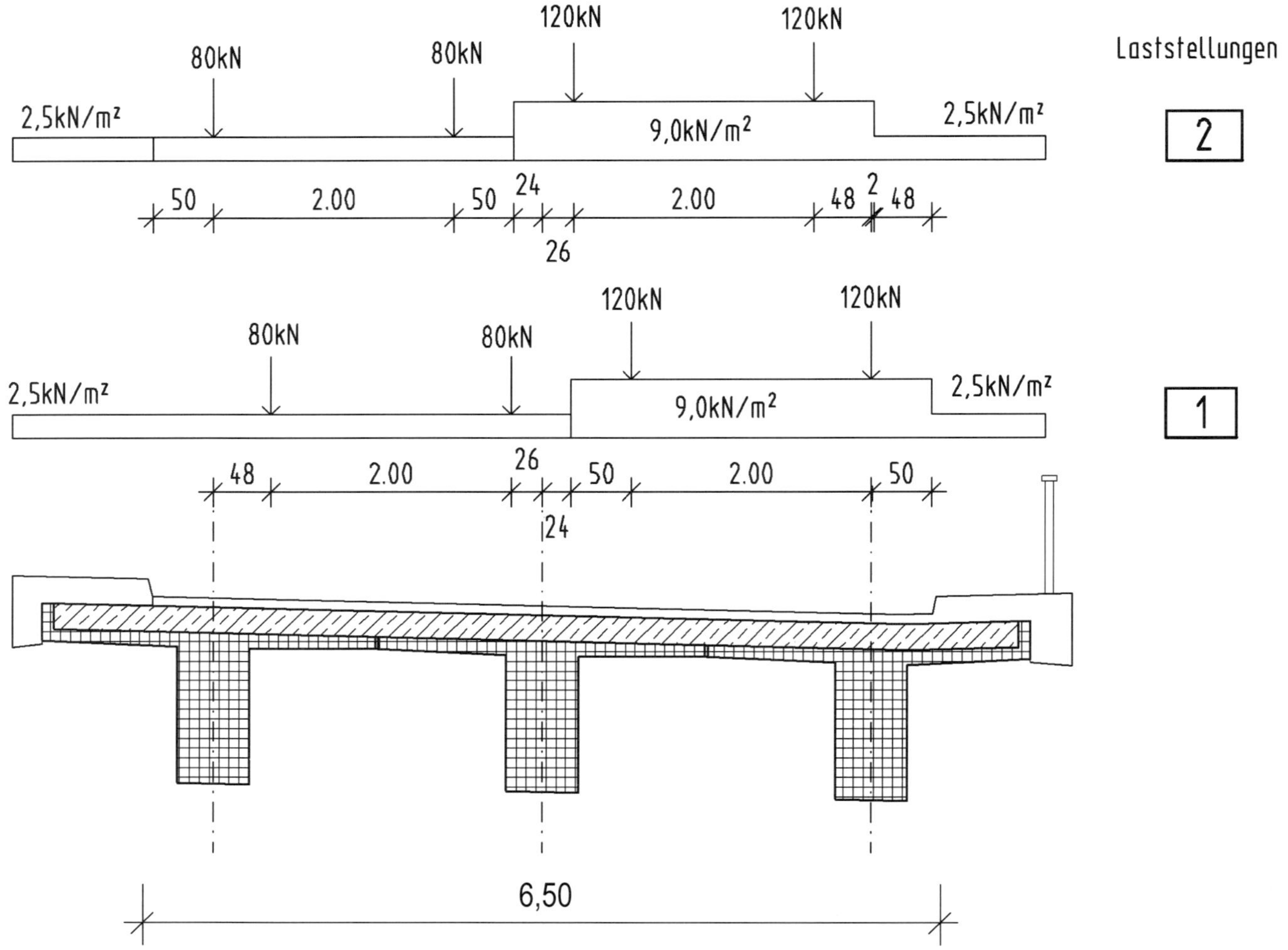

Bild 5: Lastmodell 1 auf den Brückenquerschnitt bezogen

Wie Bild 5 zeigt, besteht das Lastmodell 1 aus den Einzellasten Tandem-System TS (als Doppelachse zweimal pro Fahrspur anzusetzen) und gleichmäßig verteilten Lasten (UDL-System). In Bild 5 sind zwei mögliche Anordnungen der Fahrstreifen im Querschnitt dargestellt.
Laststellung 1 dient zur Ermittlung der maximalen Beanspruchung des Randträgers. Laststellung 2 gilt für die maximale Beanspruchung des Innenträgers und wird im vorliegenden Beispiel nicht weiter verfolgt.

DIN-Fb 101, Kap. IV, Abb. 4.2

UDL: unit distributed load
Die Radaufstandsfläche wird hier nicht angesetzt (Einzellasten)

Die Breite der Fahrspuren beträgt in der Regel $w_l = 3{,}0$ m. Für die Einzellasten der Doppelachsen (Tandem-System TS) ist eine Radaufstandsfläche entsprechend einem Quadrat mit einer Seitenlänge von 0,40 m anzusetzen.

DIN-Fb 101, Kap. IV, Tab. 4.1

DIN-Fb 101, Kap. IV, Abb. 4.2

Im vorliegenden Beispiel entspricht die Fahrbahnbreite w dem Abstand der Schrammborde, da die Schrammbordhöhe mehr als 70 mm beträgt:

DIN-Fb 101, Kap. IV, 1.4.2.1

$$w = 6{,}5 \text{ m}$$

Da $w > 6{,}0$ m, ergibt sich die Anzahl der rechnerischen Fahrstreifen mit einer Breite von $w_l = 3{,}0$ m aus der nächstkleineren ganzen Zahl von w / 3:

DIN-Fb 101, Kap. IV, 4.2.3, Tab. 4.1

$$n_l = \text{Int}\,(w / 3) = 2$$

Damit ergibt sich die rechnerisch verbleibende Restfläche zu:

$$R = w - n_l \cdot 3{,}0 = 0{,}5 \text{ m}$$

Die Lage der rechnerischen Fahrstreifen ist für jeden Einzelnachweis getrennt zu wählen, wobei jeweils die ungünstigste Anordnung entscheidend ist. Dies gilt ebenso für die Anordnung der Lastmodelle.

DIN-Fb 101, Kap. IV, 4.2.3, Tab. 4.2

Fahrstreifen 1:	Gleichlast und 2 Achsen TS	
	Achslast TS:	$\alpha_{Q1} \cdot Q_{1k} = 240$ kN
	gleichmäßig verteilte Last UDL:	$q_{k1} = 9{,}0$ kN/m²
Fahrstreifen 2:	Gleichlast und 2 Achsen TS	
	Achslast TS:	$\alpha_{Q2} \cdot Q_{2k} = 160$ kN
	gleichmäßig verteilte Last UDL:	$q_{k2} = 2{,}5$ kN/m²
Restfläche:	abgeminderte Flächenlast UDL:	$q_{rk} = 2{,}5$ kN/m²

Der dynamische Erhöhungsfaktor ist bereits in den Einwirkungen enthalten.

DIN-Fb 101, Kap. IV, 4.3.2 (3)

2.5 Ermüdungslastmodell

DIN-Fb 101, Kap. IV, 4.6

Bei der hier untersuchten Betriebsbrücke handelt es sich um eine Hauptstrecke mit zwei Fahrstreifen und geringem LKW-Anteil:

Anzahl LKW: $N_{obs} = 0{,}125 \cdot 10^6$

DIN-Fb 101, Kap. IV, 4.6.1, Tab. 4.5

In der Nähe von Fahrbahnübergängen (< 6,0 m) ist in Abhängigkeit vom Abstand des Bemessungsquerschnitts von der Dehnfuge ein zusätzlicher Erhöhungsfaktor zu beachten:

DIN-Fb 101, Kap. IV, 4.6.1, Abb. 4.9

bei ≥ 6,0 m: $\Delta\varphi_{fat} = 1{,}0$

Endbereich (Dehnfuge): $\Delta\varphi_{fat} = 1{,}3$

Das anzusetzende Ermüdungslastmodell 3 besteht aus 2 Doppelachsen mit einem Abstand von 6,0 m, die zentral im Fahrstreifen anzuordnen sind:

DIN-Fb 101, Kap. IV, 4.6.4 (1)

Achslast: $Q_{LM3} = 120$ kN

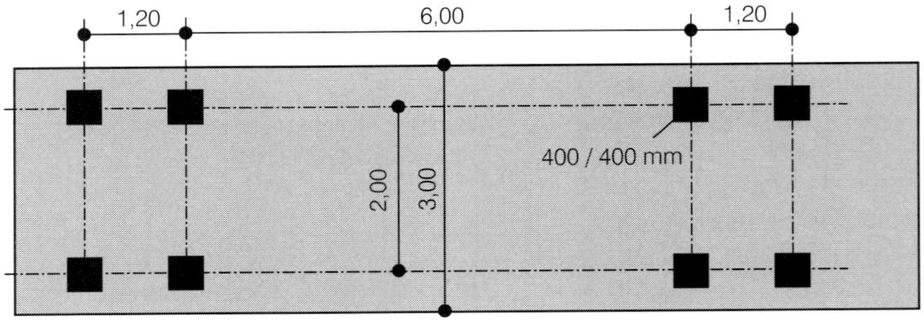

Bild 6: Ermüdungslastmodell

DIN-Fb 101, Kap. IV, Abb. 4.10

2.6 Wind

DIN-Fb 101, Anhang N

Wind wird für die vertikale Tragwirkung vernachlässigt.

3 Schnittgrößen

3.1 Bauzustand (Fertigteile)

Im Bau- und Montagezustand werden die Fertigteile (einstegige Plattenbalken) auf Hilfsjochen ohne Kopplung der Fertigteile untereinander abgesetzt. Dadurch wirken die Fertigteile als Einfeldträger (siehe Bild 3).
Die maximalen Feldmomente ergeben sich in Abhängigkeit von der Stützweite im Montagezustand.

Im Folgenden werden die maximalen Biegemomente infolge Eigenlast der Fertigteile und der Ortbetonergänzung sowie infolge Vorspannung ermittelt. Die Fertigteile besitzen eine Netto-Querschnittsfläche von ca. 0,98 m², die Ortbetonergänzung hat eine Fläche von 2,695 · 0,22 = 0,593 m².

Tab. 3.1-1: Schnittgrößen im Bauzustand

Feld	Stützweite	Eigenlast Fertigteil		Ortbetonergänzung	
		$A_{netto,\,FT}$	$M_{g,FT}$	$A_{Ortbeton}$	$M_{g,Ortb.}$
	[m]	[m²]	[kNm]	[m²]	[kNm]
1	28,55	0,980	2496	0,593	1510
2	27,60	0,980	2333	0,593	1411
3	21,80	0,985	1463	0,593	881

Die Momente infolge Vorspannung werden aus den Abständen der jeweiligen Spannglieder von der Schwerelinie des Nettoquerschnitts ermittelt.
In den Spanngliedern wird eine mittlere Spannstahlspannung von 1215 bis 1255 MN/m² je nach Feld angenommen. Hinsichtlich dieses Ansatzes wird auf die Erläuterungen im Abschnitt 4.3 verwiesen.

Die Spanngliedführung ist in Abschnitt 4.2 dargestellt.

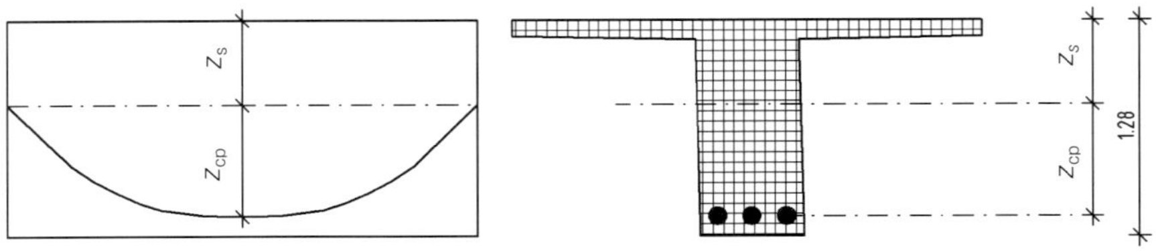

Bild 7: Darstellung der Spanngliedexzentrizität im Fertigteil bezogen auf die Schwerelinie

Tab. 3.1-2: Schnittgrößen infolge Vorspannung im Bauzustand

Feld	Spannglied	A_p [cm²]	z_{cp} [m]	N_p [kN]	M_p [kNm]
1	19 Litzen	28,5	0,666	-3463	-2306,2
	15 Litzen	22,5	0,667	-2734	-1823,4
	15 Litzen	22,5	0,667	-2734	-1823,4
1	**Summe**			**-8930**	**-5953,0**
2	3 · 15 Litzen	3 · 22,5	0,667	**-8472**	**-5650,8**
3	12 Litzen	18,0	0,662	-2259	-1495,5
	12 Litzen	18,0	0,662	-2259	-1495,5
	8 Litzen	12,0	0,662	-1506	-997,0
3	**Summe**			**-6024**	**-3987,9**

Querschnittsfläche je Litze aus 7 Drähten:
A_{pi} = 150 mm² = 1,5 cm²
weitere Spanngliedaten siehe auch 4.1

3.2 Endzustand (Eingusssystem)

Die Schnittgrößen am Eingusssystem werden an einem ebenen Trägerrostsystem ermittelt (siehe Bild 8). Der Überbau wird dabei durch drei idealisierte Hauptstabzüge dargestellt, die in den Stegachsen der Fertigteilträger verlaufen. Die Fahrbahnplatte und die Querträger werden durch ideelle Querstäbe, die kraftschlüssig mit den Hauptstabzügen verbunden sind, modelliert.

Die Einwirkungen werden direkt auf die Längs- und Querstäbe aufgebracht.

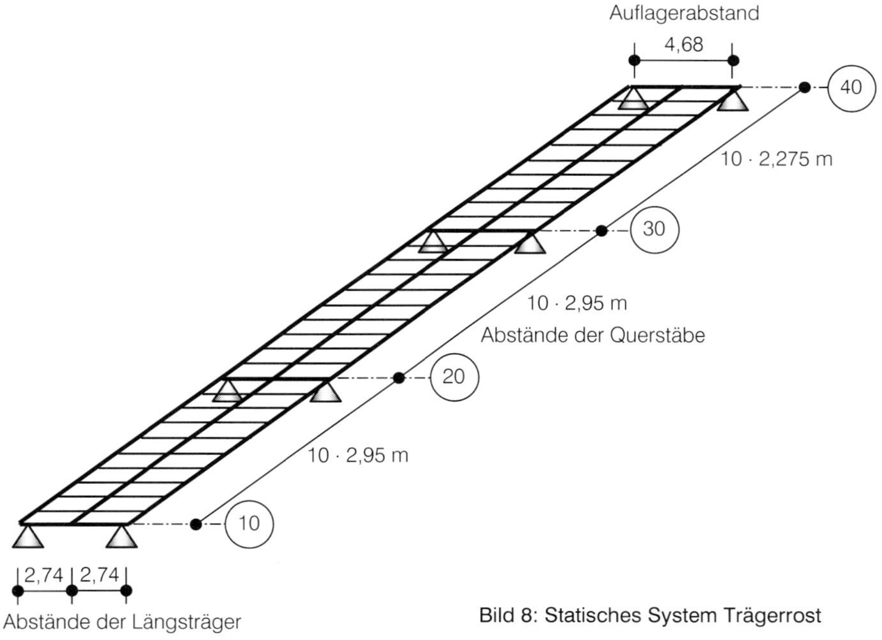

Bild 8: Statisches System Trägerrost

Für die Steifigkeiten des Trägerrostsystems werden sowohl im Grenzzustand der Tragfähigkeit als auch der Gebrauchstauglichkeit für die Schnittkraftermittlung die folgenden Annahmen getroffen:

analog [22] DAfStb -Heft 240

- Die Biegesteifigkeit der Hauptträger wird in Längsrichtung wegen der vorhandenen Längsvorspannung mit 100 % der Biegesteifigkeit im Zustand I angesetzt.

- Die Torsionssteifigkeit der Hauptträger wird wegen zu erwartender Mikrorissbildung auf 80 % der Torsionssteifigkeit im Zustand I abgemindert.
- Die Biegesteifigkeit der nur mit Betonstahl bewehrten Querstäbe wird auf 65 % der Biegesteifigkeit im Zustand I abgemindert.
- Die Torsionssteifigkeit dieser Querstäbe wird auf 40 % der Torsionssteifigkeit im Zustand I abgemindert.

Die Schnittgrößen der Einzellastfälle werden exemplarisch für den Randträger grafisch dargestellt (Bilder 9 und 10). Außerdem erfolgt eine tabellarische Zusammenstellung der maximalen Schnittgrößen aus der Berechnung des Eingusssystems für den Randträger (Tab. 3.2-1 und 3.2-2).

Tab. 3.2-1: Schnittgrößen im Eingusssystem – Biegemomente $M_{y,k}$

Einwirkung		Feldmomente [kNm]			Stützmomente [kNm]	
		Feld 1	Feld 2	Feld 3	Achse 20	Achse 30
Eigenlast $g_{k,1}$		2686	1234	1468	-3735	-2561
Ausbaulasten $g_{k,2}$		876	402	486	-1299	-917
Temperatur $T_{k,M}$: oben wärmer		411	1026	390	1106	1061
Temperatur $T_{k,M}$: unten wärmer		-267	-668	-254	-719	-690
wahrscheinliche Stützensenkung: $g_{k,SET}$	±	208	179	248	521	622
mögliche Stützensenkung: $g_{k,SET}$	±	416	358	496	1042	1244
Verkehr: 1,0 TS + 1,0 UDL	min	-473	-737	-693	-2482	-2068
	max	2797	2250	2060	238	457
Verkehr: 0,75 TS + 0,40 UDL	min	-274	-397	-401	-1302	-1101
	max	1674	1366	1253	144	263
Ermüdungslastmodell $q_{k,LM3}$	min	-136	-165	-159	-645	-582
	max	829	660	612	73	132

Tab. 3.2-2: Schnittgrößen im Eingusssystem – Querkräfte und Torsionsmomente

Einwirkung	Querkräfte $V_{z,k}$ [kN]				Torsionsmomente T_k [kNm]			
	Achse 20		Achse 30		Achse 20		Achse 30	
	$V_{k,l}$	$V_{k,r}$	$V_{k,l}$	$V_{k,r}$	$T_{k,l}$	$T_{k,r}$	$T_{k,l}$	$T_{k,r}$
Eigenlast $g_{k,1}$	-715	629	-548	570	13,9	-13,7	13,8	-10,0
Ausbaulasten $g_{k,2}$	-283	256	-229	234	60,9	-60,6	61,4	-47,1
Temperatur $T_{k,M}$: oben wärmer	59	-24	21	-73	-21,4	21,2	-21,1	22,9
Temperatur $T_{k,M}$: unten wärmer	-38	16	-14	47	13,9	-13,8	13,7	-14,9
wahrscheinliche Stützensenkung: $g_{k,SET}$	18	39	39	28	0	0	0	0
mögliche Stützensenkung: $g_{k,SET}$	36	78	78	56	0	0	0	0
Verkehr: 1,0 TS + 1,0 UDL	-583	547	-539	522	34,1	-30,2	28,7	-21,4
Verkehr: 0,75 TS + 0,40 UDL	-325	305	-303	298	14,8	-12,9	12,2	-9,1
Ermüdungslastmodell $q_{k,LM3}$	-223	211	-212	208	16,3	-14,1	14,1	-10,5

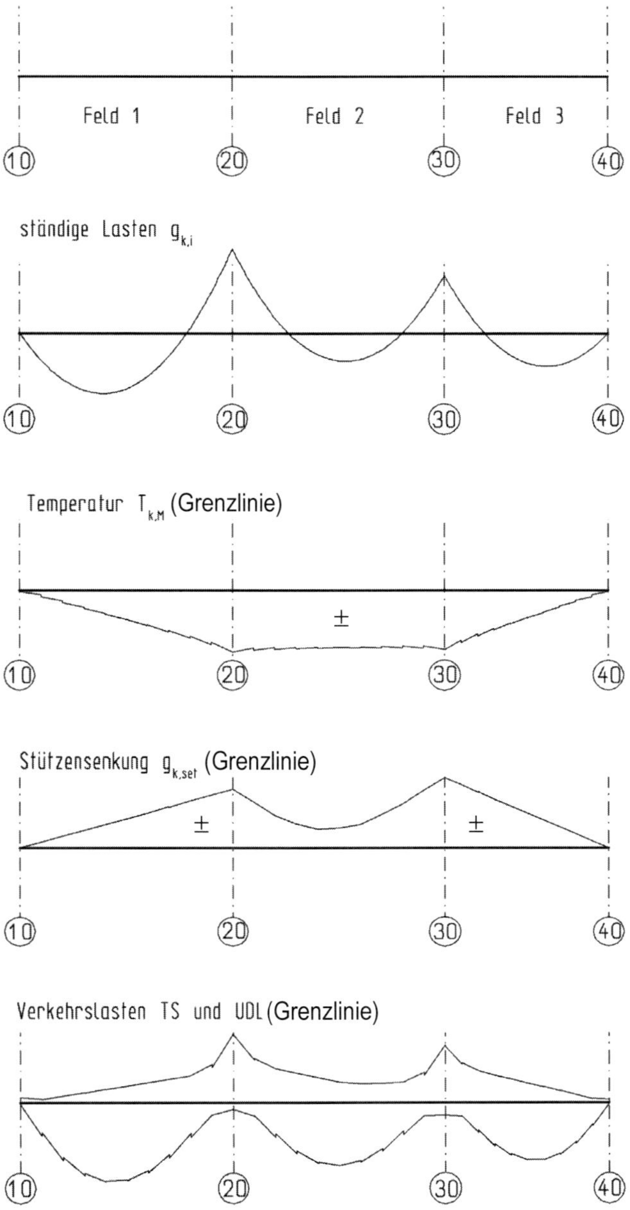

Bild 9: Schnittgrößen Randträger – Biegemomente (schematisch)

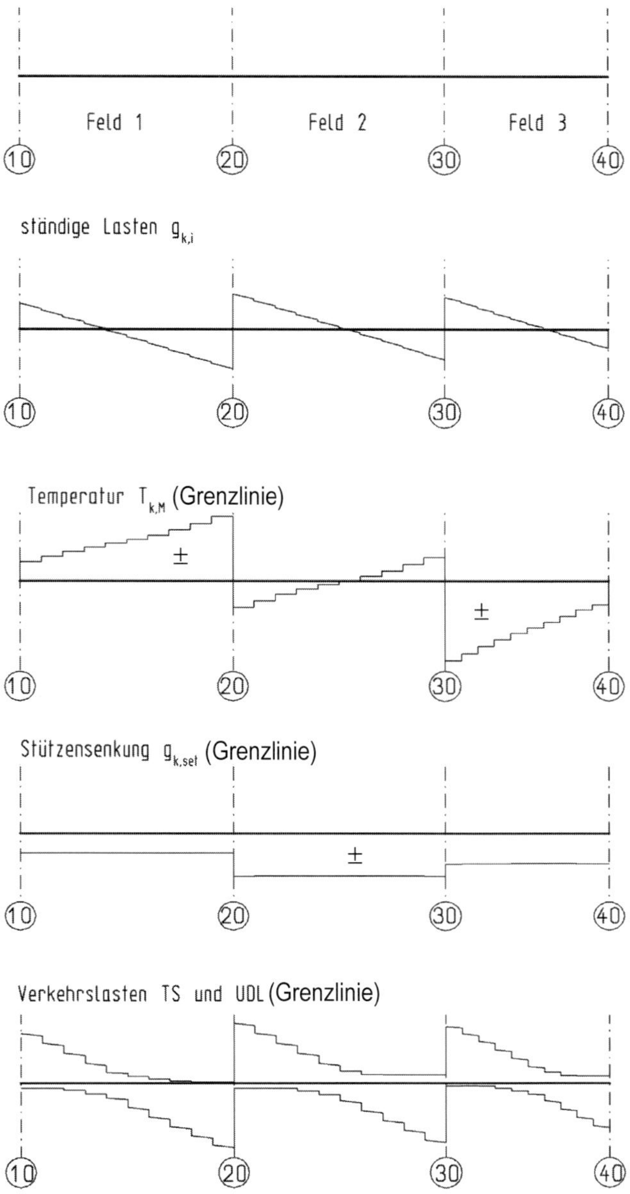

Bild 10: Schnittgrößen Randträger – Querkräfte (schematisch)

3.3 Umgelagertes System

Nach dem Verlegen der Fertigteile (Montage- bzw. Bauzustand) und beim Betonieren der Ortbetonplatte wirken die Fertigteile in Längsrichtung als Einfeldträgerkette. Der Biegemomentenverlauf entspricht diesem System, da zunächst an den Auflagerachsen 20 und 30 infolge Konstruktionseigenlast und Vorspannung keine Stützmomente entstehen.

Nach dem Aushärten der Ortbetonbauteile (Fahrbahnplatte, Querträger) und nach dem Entfernen der Montagejoche hat sich ein dreifeldriges Durchlaufträgersystem eingestellt. Infolge von Kriechen und Schwinden tritt für die Lastfälle Konstruktionseigenlast und Vorspannung eine Systemumlagerung ein (siehe Bild 11). Die dadurch an den Achsen 20 und 30 entstehenden Stützmomente können z. B. mit dem Verfahren nach *Trost/Wolff* [73] oder *Kupfer* [74] errechnet werden. Der Umlagerungsfaktor ergibt sich auf dieser Grundlage zu $\kappa_N = 1 - c_v = 0{,}75$.

[73] *Trost/Wolff*: Zur wirklichkeitsnahen Ermittlung der Beanspruchungen in abschnittsweise hergestellten Spannbetontragwerken, Bauingenieur 45 (1970), S. 155 ff.

[74] *Kupfer*: Bemessung von Spannbetonbauteilen – einschließlich teilweiser Vorspannung, BK 1991/I, S. 664 ff.

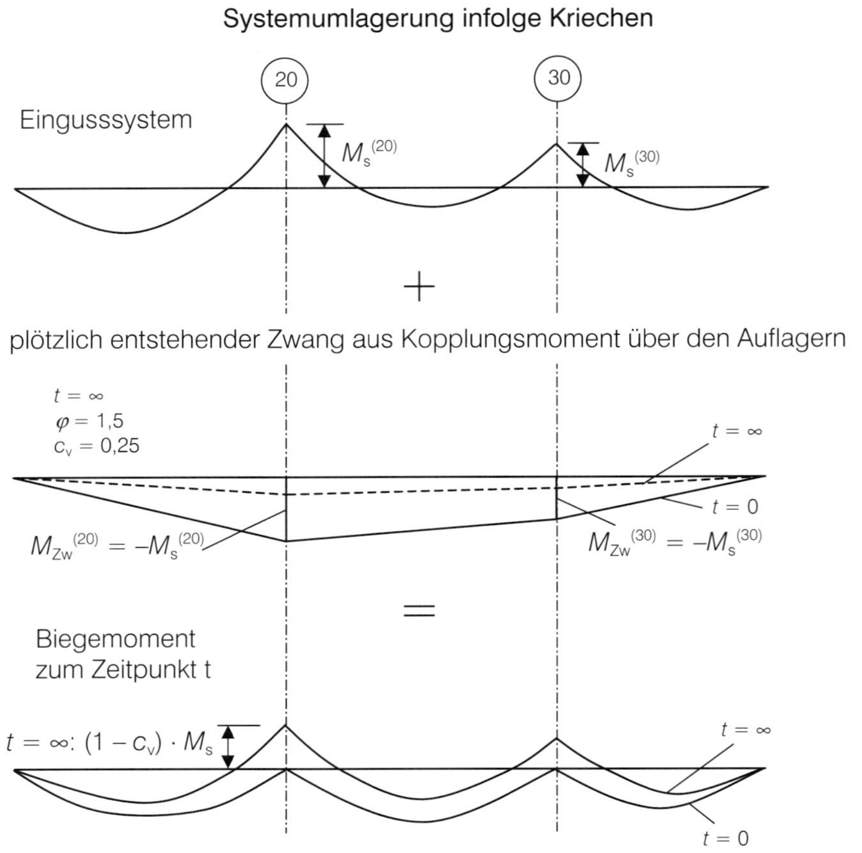

Bild 11: Prinzip der Systemumlagerung für die Lastfälle Eigenlast und Vorspannung

Die Schnittgrößen aus Konstruktionseigenlast und Vorspannung am umgelagerten System sind in Tabelle 3.3-1 zusammengefasst. Die Schnittgrößen aus Vorspannung am Eingusssystem sind in Abschn. 4.3 zusammengestellt.

Zunächst werden die Schnittgrößen für den mittleren Wert der Vorspannung berechnet. Die Schnittgrößen für die charakteristischen Werte der Vorspannung (r_{inf} bzw. r_{sup}) lassen sich entsprechend ermitteln.

zu Tab. 3.3-1
[1] Anmerkung zu den Schnittgrößen infolge Vorspannung am Eingusssystem:
$M_p = M_{pm0} = M_{pm0,dir} + M_{pm0,ind}$
M_{pm0} – Gesamtmoment aus Vorspannung
$M_{pm0,dir}$ – statisch bestimmter Anteil
$M_{pm0,ind}$ – statisch unbestimmter Anteil
→ Aufteilung der Momente siehe Tab. 4.3-1

Tab. 3.3-1: Schnittgrößen am umgelagerten System

Lastfall	Schnittgrößen						Stützmomente	
	Feld 1		Feld 2		Feld 3		A 20	A 30
	M [kNm]	*N* [kN]	*M* [kNm]	*N* [kN]	*M* [kNm]	*N* [kN]	*M* [kNm]	*M* [kNm]
BZ: Eigenlast Fertigteil g_{FT} BZ: Vorspannung p	2496 -5953	 -8930	2333 -5651	 -8472	1463 -3988	 -6024		
Summe BZ1	-3457	-8930	-3318	-8472	-2525	-6024	0	0
BZ: Eigenlast Ortbetonergänzung BZ: Spannkraftverluste t = 85 d	1510 363	 545	1411 345	 517	881 243	 367		
Summe BZ2	-1584	-8385	-1562	-7955	-1401	-5657	0	0
EGS: Eigenlast g_1 EGS: Vorspannung p [1] EGS: Spannkraftverluste t = 85 d	2686 -4810 293	 -8935 545	1223 -1074 66	 -8438 515	1467 -3005 183	 -5987 365	-3735 7471 -456	-2561 5331 -325
Summe EGS	-1831	-8390	215	-7923	-1355	-5622	3280	2445
Umlagerung $g_1 + p$: 0,75 EGS + 0,25 BZ2	**-1769**	**-8389**	**-230**	**-7931**	**-1366**	**-5630**	**2460**	**1834**
Umlagerung für $g_1 + 0{,}9\ p$	**-1290**	**-7550**	**-21**	**-7138**	**-1061**	**-5067**	**1934**	**1458**
Umlagerung für $g_1 + 1{,}1\ p$	**-2247**	**-9228**	**-438**	**-8724**	**-1671**	**-6194**	**2986**	**2209**

4 Vorspannung

4.1 Allgemeines

Als Spannverfahren werden Litzenspannglieder mit 8, 12, 15 und 19 Litzen je Spannglied mit nachträglichem Verbund gewählt. Jede 0,62" Litze besteht dabei aus 7 kaltgezogenen Einzeldrähten der Stahlgüte St 1570/1770.

Im Folgenden werden die wichtigsten Daten der verwendeten Spannglieder angegeben:

- Spannglied mit 19 Litzen:

Querschnittsfläche je Spannglied:	A_p	$= 28{,}5\ cm^2$
Hüllrohrdurchmesser:	$d_{H,i}$	= 90 mm
	$d_{H,a}$	= 97 mm
Reibungsbeiwert:	μ	= 0,21
ungewollter Umlenkwinkel:	k	= 0,3 °/m
Verankerungsschlupf:	Δl	= 6,0 mm

- Spannglied mit 15 Litzen:

Querschnittsfläche je Spannglied:	A_p	$= 22{,}5\ cm^2$
Hüllrohrdurchmesser:	$d_{H,i}$	= 85 mm
	$d_{H,a}$	= 92 mm
Reibungsbeiwert:	μ	= 0,20
ungewollter Umlenkwinkel:	k	= 0,3 °/m
Verankerungsschlupf:	Δl	= 6,0 mm

- Spannglied mit 12 Litzen:

Querschnittsfläche je Spannglied:	A_p	$= 18{,}0\ cm^2$
Hüllrohrdurchmesser:	$d_{H,i}$	= 75 mm
	$d_{H,a}$	= 82 mm
Reibungsbeiwert:	μ	= 0,20
ungewollter Umlenkwinkel:	k	= 0,3 °/m
Verankerungsschlupf:	Δl	= 6,0 mm

- Spannglied mit 8 Litzen:

Querschnittsfläche je Spannglied:	A_p	$= 12{,}0\ cm^2$
Hüllrohrdurchmesser:	$d_{H,i}$	= 75 mm
	$d_{H,a}$	= 82 mm
Reibungsbeiwert:	μ	= 0,20
ungewollter Umlenkwinkel:	k	= 0,3 °/m
Verankerungsschlupf:	Δl	= 6,0 mm

DIN-Fb 102, Kap. II, 3.3.1:
Da in Deutschland die E DIN EN 10138: Spannstähle – Teile 1 bis 4 (2000-10) [137] nicht bauaufsichtlich eingeführt ist, dürfen nur Spannstähle mit allgemeiner bauaufsichtlicher Zulassung verwendet werden.
Für das Herstellverfahren, die Eigenschaften, die Prüfverfahren und die Verfahren zur Bescheinigung der Konformität gelten daher die Festlegungen dieser Zulassungen.

Die Werte sind der jeweils entsprechenden Zulassung zu entnehmen.

4.2 Spanngliedführung

Der Spanngliedverlauf ist auszugsweise in Bild 12 dargestellt.

Der Abstand von Spanngliedachse zur Unterkante des Trägers ergibt sich aus den Mindestanforderungen hinsichtlich Betondeckung, Bügel- und Längsbewehrung, Hüllrohrdurchmesser, Exzentrizität des Spanngliedes im Hüllrohr sowie aus dem Grenzzustand der Dekompression.

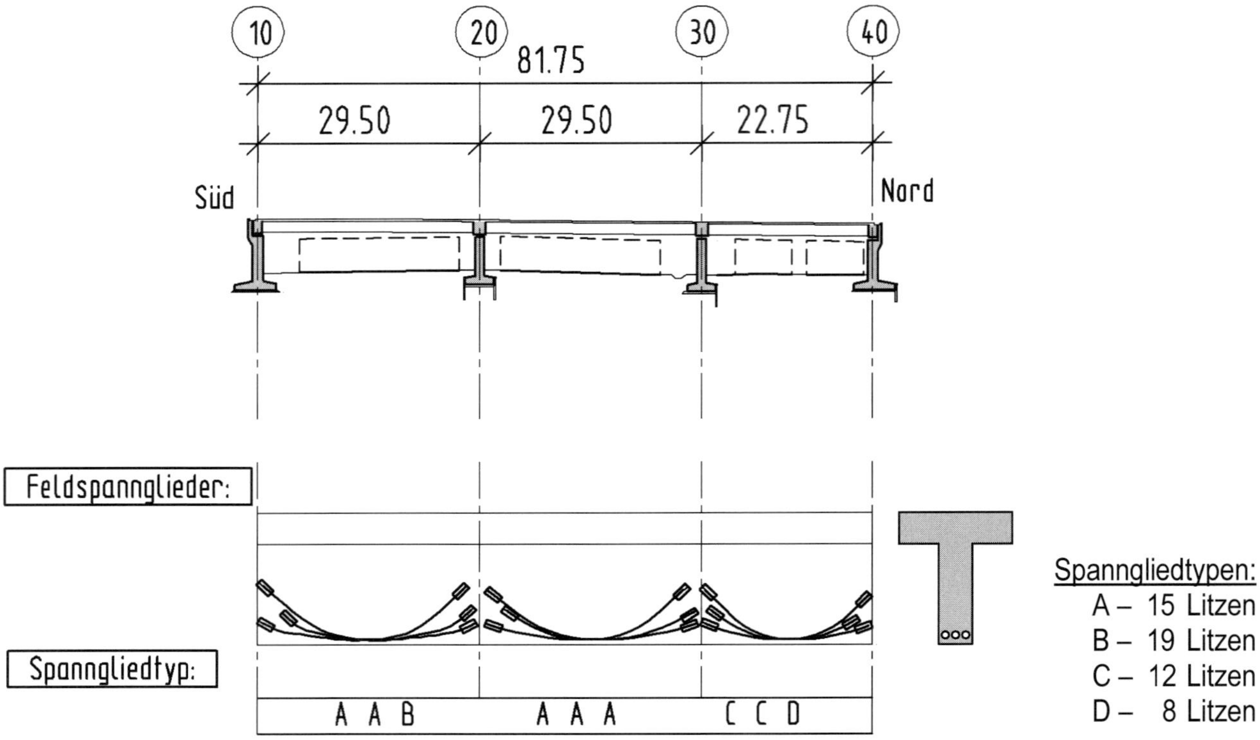

Bild 12: Spanngliedverlauf (schematische Darstellung, überhöht)

4.3 Schnittgrößen infolge Vorspannung

Die Vorspannkraft ist unter Berücksichtigung der maßgebenden Einflüsse für Spannkraftverluste zu bestimmen.

Der Mittelwert der Vorspannung für Bauteile mit nachträglichem Verbund zum Zeitpunkt *t* an der Stelle x ergibt sich zu:

DIN-Fb 102, Kap. II, 4.2.3.5.4

$$P_{mt}(x, t) = P_0 - \Delta P_c - \Delta P_\mu(x) - \Delta P_{sl} - \Delta P_t(t)$$

DIN-Fb 102, Kap. II, 2.5.4.2, Gl. (2.19)

mit:
- P_0 aufgebrachte Höchstkraft am Spannanker während des Spannens
- ΔP_c Spannkraftverluste infolge elastischer Verformung des Bauteils bei der Spannkraftübertragung
- $\Delta P_\mu(x)$ Spannkraftverluste infolge Reibung
- ΔP_{sl} Spannkraftverluste infolge Verankerungsschlupf
- $\Delta P_t(t)$ Zeitabhängige Spannkraftverluste infolge Kriechen, Schwinden und Relaxation

Für das vorliegende Spannverfahren ergeben sich folgende zulässige Spannungen und Spannkräfte:

DIN-Fb 102, Kap. II, 4.2.3.5.4

An der Spannpresse darf die Spannung folgende Werte nicht überschreiten:

DIN-Fb 102, Kap. II, 4.2.3.5.4 (2)

$$\sigma_{0,max} = \min \left\{ \begin{array}{l} 0{,}8 \cdot f_{pk} \quad = 0{,}8 \cdot 1770 = 1416 \\ 0{,}9 \cdot f_{p0,1k} = 0{,}9 \cdot 1500 = 1350 \end{array} \right\}$$

DIN-Fb 102, Kap. II, Gl. (4.5)

$$\sigma_{0,max} = 1350 \text{ MN/m}^2$$

Um bei einem notwendigen Überspannen die Werte nach Gl. (4.5) nicht zu überschreiten, ist für Spannglieder mit nachträglichem Verbund die Höchstkraft P_0 wie folgt abzumindern:

DIN-Fb 102, Kap. II, 4.2.3.5.4 (2)

Ein Überspannen wird vor allem dann notwendig, wenn aufgrund höherer Reibungsbeiwerte, ungewollter Umlenkungen und Blockierungen größere als die planmäßigen Spannkraftverluste auftreten.

$$P_{0,max} = \min \left\{ \begin{array}{l} A_p \cdot 0{,}80 \cdot f_{pk} \cdot e^{-\mu \cdot \gamma(\kappa-1)} \\ A_p \cdot 0{,}90 \cdot f_{p0,1k} \cdot e^{-\mu \cdot \gamma(\kappa-1)} \end{array} \right\}$$

wobei μ $= 0{,}20$ Reibungsbeiwert nach Zulassung

allgemeine bauaufsichtliche Zulassung

γ $= \theta + k \cdot x$

mit: θ Summe der Umlenkwinkel über die Länge x

k $= 0{,}3°/\text{m}$ ungewollter Umlenkwinkel nach Zulassung

allgemeine bauaufsichtliche Zulassung

x bei einseitigem Vorspannen: Abstand zwischen Spannanker und Festanker

κ $= 1{,}5$ Vorhaltemaß zur Sicherung einer Überspannreserve (ungeschützte Lage des Spannstahls im Hüllrohr bis zu drei Wochen)

[29] DAfStb-Heft 525, zu 8.7.2:
Auf die Reduzierung der maximalen Spannkraft darf nur dann verzichtet werden, wenn andere konstruktive Maßnahmen zur Sicherung der planmäßigen Spannkraft vorgesehen werden (z. B. zusätzliche leere Hüllrohre, sofern zulässig, siehe ZTV-ING [80]); diese sind mit dem Bauherrn und der Bauaufsicht abzustimmen.
In diesem Zusammenhang ist darauf hinzuweisen, dass Zulassungen für Spannverfahren für Tragwerke nach DIN 4227 nur mit den darin angegebenen zulässigen Vorspannkräften verwendet werden dürfen. Für die Anwendung der höheren zulässigen Vorspannkräfte nach DIN 1045-1 und DIN-Fachbericht 102 sind fortgeschriebene bauaufsichtliche Zulassungen oder Zustimmungen im Einzelfall erforderlich, die sich auf das neue Normenwerk beziehen.

Die Ermittlung der Schnittgrößen infolge Vorspannung sowie die Nachweise erfolgten beim Entwurf dieses Beispiels nach DIN-Fachbericht 102, 1. Auflage 2001. Hier war eine Abminderung der Höchstkraft P_0 für Spannglieder mit nachträglichem Verbund nicht vorgesehen. In der 2. Auflage des DIN-Fachberichtes 102 [102] und der bauaufsichtlich eingeführten Fassung wurde die oben beschriebene Reduzierung der Anspannkräfte ergänzt.
Für die in der Berechnung angesetzten Höchstkräfte ergibt sich dadurch an einzelnen Spanngliedern lediglich eine geringfügige Überschreitung der reduzierten Werte, die nach Meinung des Verfassers akzeptiert werden kann. Aufgrund der geringen Überschreitung um maximal 1,4 % wird diese Abminderung der Anspannkräfte daher nicht weiter verfolgt.

Der Mittelwert der Vorspannkraft, die unmittelbar nach dem Absetzen der Pressenkraft auf den Anker auf den Beton aufgebracht werden darf, ermittelt sich wie folgt:

DIN-Fb 102, Kap. II, 4.2.3.5.4 (3)

$$\sigma_{pm0} = \min \left\{ \begin{array}{l} 0{,}75 \cdot f_{pk} = 0{,}75 \cdot 1770 = 1328 \\ 0{,}85 \cdot f_{p0,1k} = 0{,}85 \cdot 1500 = 1275 \end{array} \right\}$$

DIN-Fb 102, Kap. II, Gl. (4.6)

$\sigma_{pm0} = 1275\ \text{MN/m}^2$

Daraus ergeben sich die folgenden Vorspannkräfte:

- Spannglied mit 19 Litzen:
  $P_{0,max} = 1350\ \text{MN/m}^2 \cdot 28{,}5\ \text{cm}^2$ $=$ **3848 kN**
  $P_{m0} = 1275\ \text{MN/m}^2 \cdot 28{,}5\ \text{cm}^2$ $=$ **3633 kN**
- Spannglied mit 15 Litzen:
  $P_{0,max} = 1350\ \text{MN/m}^2 \cdot 22{,}5\ \text{cm}^2$ $=$ **3038 kN**
  $P_{m0} = 1275\ \text{MN/m}^2 \cdot 22{,}5\ \text{cm}^2$ $=$ **2868 kN**
- Spannglied mit 12 Litzen:
  $P_{0,max} = 1350\ \text{MN/m}^2 \cdot 18{,}0\ \text{cm}^2$ $=$ **2430 kN**
  $P_{m0} = 1275\ \text{MN/m}^2 \cdot 18{,}0\ \text{cm}^2$ $=$ **2295 kN**
- Spannglied mit 8 Litzen:
  $P_{0,max} = 1350\ \text{MN/m}^2 \cdot 12{,}0\ \text{cm}^2$ $=$ **1620 kN**
  $P_{m0} = 1275\ \text{MN/m}^2 \cdot 12{,}0\ \text{cm}^2$ $=$ **1530 kN**

Nach DIN-Fachbericht 102, Gl. (4.5) ist ein Überspannen auf $P_{0,max}$ unter der Voraussetzung möglich, dass die Spannpresse eine Genauigkeit von ± 5 % bezogen auf den Endwert der Vorspannkraft sicherstellt.

DIN-Fb 102, Kap. II, 4.2.3.5.4 (2)

Da in der vorliegenden Berechnung die Spannkraftverluste infolge elastischer Betonverkürzung nicht berücksichtigt werden, können diese Verluste durch ein Überspannen bis zu dieser höchsten Pressenkraft ausgeglichen werden.

Dies ist nur unter Berücksichtigung der Überspannreserve gemäß DIN-Fb 102, Kap. II, 4.2.3.5.4 (2) zulässig.

Da im Grenzzustand der Gebrauchstauglichkeit unter der quasi-ständigen Einwirkungskombination nachgewiesen werden muss, dass nach Abzug der Spannkraftverluste die Zugspannungen den Wert 0,65 f_{pk} nicht überschreiten dürfen, wird im Vorgriff auf die im Folgenden ermittelten Spannkraftverluste die mittlere Vorspannung, die auf das Spannglied aufgebracht wird, auf etwa $\sigma_{pm0} = 0{,}69 \cdot f_{pk} = 1215$ MN/m² bis $\sigma_{pm0} = 0{,}71 \cdot f_{pk} = 1255$ MN/m² begrenzt.

DIN-Fb 102, Kap. II, 4.4.1.4 (1)

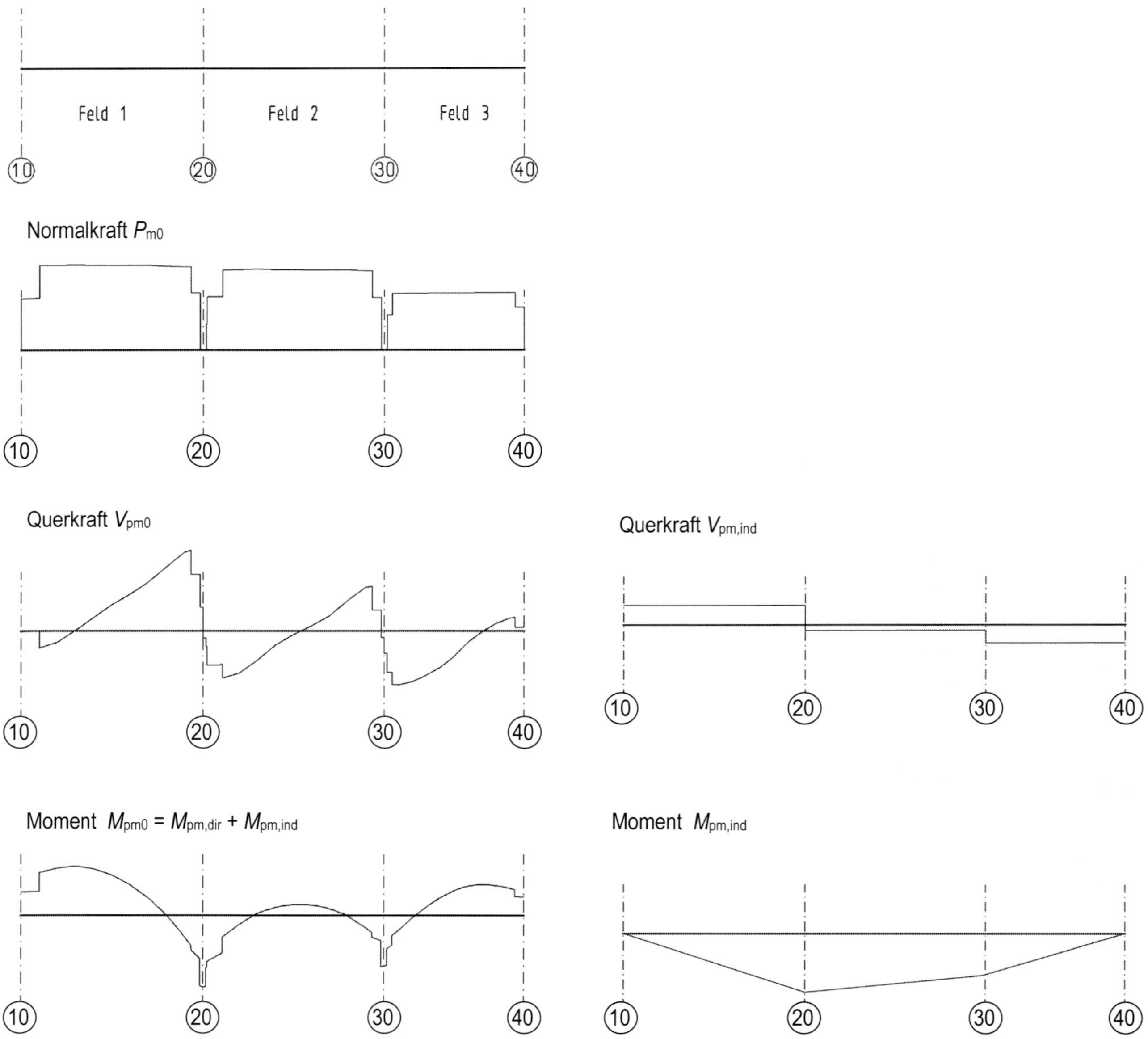

Bild 13: Schnittgrößen infolge Vorspannung am Eingusssystem

Die Berechnung der anfänglichen Vorspannkraft unter Berücksichtigung der Verluste aus Reibung und Schlupf in der Verankerung erfolgt mit Hilfe eines EDV-Programmes [83].

Die Schnittgrößen aus der Vorspannung am Eingusssystem sind unter Berücksichtigung der Verluste aus Reibung und Schlupf für den Randträger qualitativ grafisch dargestellt (Bild 13).

Außerdem erfolgt eine tabellarische Zusammenstellung für die Schnittgrößen in Feldmitte (Tab. 4.3-1).

Tab. 4.3-1: Schnittgrößen infolge Vorspannung am Eingusssystem

		Feldmomente $M_{y,k}$ [kNm]			Stützmomente $M_{y,k}$ [kNm]	
		Feld 1	Feld 2	Feld 3	Achse 20	Achse 30
Vorspannung P_{m0}	[kN]	-8935	-8438	-5987	21,6	15,9
stat. bestimmter Anteil $M_{pm0,dir}$	[kNm]	-7803	-7476	-5140	0	0
stat. unbestimmter Anteil $M_{pm0,ind}$	[kNm]	2993	6402	2135	7471	5331
Gesamtmoment M_{pm0}	[kNm]	-4810	-1074	-3005	7471	5331

4.4 Zeitabhängige Spannkraftverluste

DIN-Fb 102, Kap. II, 4.2.3.5.5 (8)

Nach DIN-Fachbericht können die zeitabhängigen Spannkraftverluste infolge Kriechen, Schwinden und Relaxation $\Delta P_t(t, x)$ wie folgt abgeschätzt werden:

$$\Delta\sigma_{p,c+s+r} = \frac{\varepsilon_{cs}(t,t_0)\cdot E_p + \Delta\sigma_{pr} + \alpha_p \cdot \varphi(t,t_0)\cdot(\sigma_{cg} + \sigma_{cp0})}{1 + \alpha_p \cdot \frac{A_p}{A_c}\left(1 + \frac{A_c}{I_c}\cdot z_{cp}^2\right)[1 + 0{,}8\cdot\varphi(t,t_0)]}$$

DIN-Fb 102, Kap. II, 4.2.3.5.5, Gl. (4.10)

Die zeitabhängigen Verluste müssen für die bemessungsrelevanten Zeitpunkte und Schnitte berechnet werden.

Es wird davon ausgegangen, dass nach 30 Tagen die Vorspannung auf die Fertigteile aufgebracht wird und diese versetzt werden (Ortbetonergänzung). Nach etwa 85 Tagen werden schließlich die Kappen und der Belag hergestellt. Im vorliegenden Beispiel erfolgt die Bestimmung der zeitabhängigen Spannkraftverluste für den Zeitpunkt t = 85 d und $t \to \infty$.

Als Eingangswerte für die Berechnung werden die Kriechzahl und das Schwindmaß nach [29] DAfStb-Heft 525 ermittelt. Da die Betonfestigkeitsklasse im Bereich der Spannglieder maßgebend ist, wird die Berechnung für den Fertigteilbeton C45/55 durchgeführt.

DIN-Fb 102, Kap. II, 2.5.5.1 (13) →
[29] DAfStb-Heft 525, zu 9.1

Als Eingangswerte werden angesetzt:

Alter bei Erstbelastungsbeginn:	t_0	= 30 d
Alter bei Aufbringen der Ausbaulasten:	t_0	= 85 d
Umgebungsbedingungen:	RH	= 80 %
Betondruckfestigkeit (C45/55):	$f_{cm} = f_{ck} + 8$	= 53 MN/m²
wirksame Bauteildicke:	$h_0 = 2\,A_c / u$	
	$= 2 \cdot 1{,}59 / 7{,}71 = 413$ mm	

RH – relative Luftfeuchte der Umgebung [%]

Für die Berechnung der Kriechzahl und des Schwindmaßes für unterschiedliche Zeitpunkte sind Berechnungsansätze in [29] DAfStb-Heft 525 angegeben:

a) Kriechen

Kriechzahl: $\varphi(t,t_0) = \varphi_0 \cdot \beta_c(t,t_0)$ — [29] DAfStb-Heft 525, Gl. (H9.6)

Grundkriechzahl: $\varphi_0 = \varphi_{RH} \cdot \beta(f_{cm}) \cdot \beta(t_0)$ — [29] Gl. (H9.7)

wobei Beiwert für Luftfeuchte:

$$\varphi_{RH} = \left[1 + \frac{1-RH/100}{\sqrt[3]{0{,}1 \cdot \frac{h_0}{100}}} \cdot \alpha_1\right] \cdot \alpha_2$$

[29] Gl. (H9.8)

mit:

$$\alpha_1 = (35 / f_{cm})^{0,7} = (35 / 53)^{0,7} = 0{,}748$$
$$\alpha_2 = (35 / f_{cm})^{0,2} = (35 / 53)^{0,2} = 0{,}920$$

[29] Gl. (H9.14)
Beiwerte Betondruckfestigkeit

$$\varphi_{RH} = \left[1 + \frac{1-80/100}{\sqrt[3]{0{,}1 \cdot \frac{413}{100}}} \cdot 0{,}748\right] \cdot 0{,}92 = 1{,}105$$

[29] Gl. (H9.8)

Beiwert für Betondruckfestigkeit:

$$\beta(f_{cm}) = \frac{16{,}8}{\sqrt{f_{cm}}} = \frac{16{,}8}{\sqrt{53}} = 2{,}308$$

[29] Gl. (H9.9)

Beiwert für Betonalter bei Belastungsbeginn:

$$\beta(t_0) = \frac{1}{0{,}1 + (t_{0,eff}/t_1)^{0,20}}$$

[29] Gl. (H9.10)
t_0 – tatsächliches Betonalter Belastungsbeginn
$t_{0,eff}$ – wirksames Betonalter Belastungsbeginn
t_1 – Bezugsgröße = 1 Tag

mit:

$$t_{0,eff} = t_0 \cdot \left[\frac{9}{2 + (t_0/t_1)^{1,2}} + 1\right]^{\alpha} \geq 0{,}5 \text{ Tage}$$

[29] Gl. (H9.11)
[29] Tab. H9.2: α – Beiwert Zementtyp
Zementart: 32,5 R (CEM II) → $\alpha = 0$

$t_0 = 30$ d → $t_{0,eff} = 30$ d → $\beta(t_0) = 0{,}482$ → $\varphi_0 = 1{,}229$
$t_0 = 85$ d → $t_{0,eff} = 85$ d → $\beta(t_0) = 0{,}395$ → $\varphi_0 = 1{,}007$

Beiwert für den zeitlichen Verlauf des Kriechens:

$$\beta_c(t,t_0) = \left[\frac{(t-t_0)/t_1}{\beta_H + (t-t_0)/t_1}\right]^{0,3}$$

[29] Gl. (H9.12)
t – Betonalter zum betrachteten Zeitpunkt

wobei Beiwert für Luftfeuchte
mit: $\alpha_3 = (35 / f_{cm})^{0,5} = (35 / 53)^{0,5} = 0{,}813$ — [29] Gl. (H9.14)

$\beta_H = 150 \cdot [1 + (1{,}2 \cdot RH / 100)^{18}] \cdot h_0 / 100 + 250 \cdot \alpha_3 \leq 1500 \cdot \alpha_3$ — [29] Gl. (H9.13)
$\beta_H = 150 \cdot [1 + (1{,}2 \cdot 80 / 100)^{18}] \cdot 413 / 100 + 250 \cdot 0{,}813$
$= 1120$
$< 1500 \cdot 0{,}813 = 1220$

$t = 85$ d → $\beta_c(85, 30) = 0{,}399$
$t = \infty$ → $\beta_c(\infty, 85) = 1{,}0$

Kriechzahlen:

→ Zeitpunkt 85 d: → $\varphi(t,t_0) = \varphi(85, 30) = 1{,}229 \cdot 0{,}399 =$ **0,5**

→ Zeitpunkt ∞: → $\varphi(t,t_0) = \varphi(\infty, 85) = 1{,}007 \cdot 1{,}0 =$ **1,0**

b) Schwinden

Gesamtschwindmaß: $\varepsilon_{cs}(t) = \varepsilon_{cas}(t) + \varepsilon_{cds}(t,t_s)$

[29] DAfStb-Heft 525, Gl. (H9.20)
t – Betonalter zum betrachteten Zeitpunkt
t_s – Betonalter bei Austrocknungsbeginn

wobei Schrumpfverformung: $\varepsilon_{cas}(t) = \varepsilon_{cas0}(f_{cm}) \cdot \beta_{as}(t)$

[29] Gl. (H9.21)

mit:

$$\varepsilon_{cas0}(f_{cm}) = -\alpha_{as} \cdot [f_{cm} / (60 + f_{cm})]^{2,5} \cdot 10^{-6}$$
$$\varepsilon_{cas0}(f_{cm}) = -700 \cdot [53 / (60 + 53)]^{2,5} \cdot 10^{-6} = -10{,}5 \cdot 10^{-5}$$

[29] Gl. (H9.23)
[29] Tab. H9.2: α_{as} – Beiwert Zementtyp
Zementart: 32,5 R (CEM II) → $\alpha_{as} = 700$

$$\beta_{as}(t) = 1 - \exp[-0{,}2 \cdot \sqrt{(t / t_1)}]$$
$$\beta_{as}(85) = 1 - \exp[-0{,}2 \cdot \sqrt{(85)}] = 0{,}842$$
$$\beta_{as}(\infty) = 1 - \exp[-\infty] = 1{,}0$$

[29] Gl. (H9.24)
t_1 – Bezugsgröße = 1 Tag

$$\rightarrow \varepsilon_{cas}(85) = -10{,}5 \cdot 10^{-5} \cdot 0{,}824 = -8{,}84 \cdot 10^{-5}$$

[29] Gl. (H9.21)

$$\rightarrow \varepsilon_{cas}(\infty) = -10{,}5 \cdot 10^{-5} \cdot 1{,}0 = -10{,}5 \cdot 10^{-5}$$

Trocknungsschwinden: $\varepsilon_{cds}(t,t_s) = \varepsilon_{cds0}(f_{cm}) \cdot \beta_{RH}(RH) \cdot \beta_{ds}(t - t_s)$

[29] Gl. (H9.22)

mit:

$$\varepsilon_{cds0}(f_{cm}) = [(220 + 110 \cdot \alpha_{ds1}) \cdot \exp(-\alpha_{ds2} \cdot f_{cm} / 10)] \cdot 10^{-6}$$
$$\varepsilon_{cds0}(f_{cm}) = [(220 + 110 \cdot 4) \cdot \exp(-0{,}12 \cdot 53 / 10)] \cdot 10^{-6} = 34{,}9 \cdot 10^{-5}$$

[29] Gl. (H9.25)
[29] Tab. H9.2: α_{ds1}, α_{ds2} – Beiwerte Zementtyp, Zementart: 32,5 R (CEM II)
→ $\alpha_{ds1} = 4$ und $\alpha_{ds2} = 0{,}12$

Einfluss der Luftfeuchte:

$$\beta_{RH}(RH) = \begin{cases} -1{,}55 \cdot [1 - (RH / 100)^3] & \text{für } 40\,\% \le RH \le 99\,\% \cdot \beta_{s1} \\ 0{,}25 & \text{für } RH \ge 99\,\% \cdot \beta_{s1} \end{cases}$$

[29] Gl. (H9.26)

$$\beta_{s1} = (35 / f_{cm})^{0,1} = (35 / 53)^{0,1} = 0{,}959 < 1{,}0$$

β_{s1} – Beiwert zur Berücksichtigung der inneren Austrocknung des Betons

$$\rightarrow \beta_{RH}(RH) = -1{,}55 \cdot [1 - (80 / 100)^3] = -0{,}756$$

Beiwert zur Beschreibung des zeitlichen Verlaufs des Schwindens:

$$\beta_{ds}(t - t_s) = \sqrt{\frac{(t - t_s)/t_1}{350 \cdot \left(\frac{h_0}{100}\right)^2 + (t - t_s)/t_1}}$$

[29] Gl. (H9.27)

$$\rightarrow \beta_{ds}(85 - 30) = \sqrt{[55 / (350 \cdot 4{,}13^2 + 55)]} = 0{,}0955$$
$$\rightarrow \beta_{ds}(t \rightarrow \infty) = 1{,}0$$

$$\rightarrow \varepsilon_{cds}(85, 30) = 34{,}9 \cdot 10^{-5} \cdot (-0{,}756) \cdot 0{,}0955 = -2{,}52 \cdot 10^{-5}$$

[29] Gl. (H9.22)

$$\rightarrow \varepsilon_{cds}(t \rightarrow \infty) = 34{,}9 \cdot 10^{-5} \cdot (-0{,}756) \cdot 1{,}0 = -26{,}4 \cdot 10^{-5}$$

Gesamtschwindmaß:

→ Zeitpunkt 85 d: $\varepsilon_{cs}(t) = \varepsilon_{cs}(85) = -8{,}84 \cdot 10^{-5} - 2{,}52 \cdot 10^{-5} = \mathbf{-11{,}4 \cdot 10^{-5}}$

[29] Gl. (H9.20)

→ Zeitpunkt ∞: $\varepsilon_{cs}(t) = \varepsilon_{cs}(\infty) = -10{,}5 \cdot 10^{-5} - 26{,}4 \cdot 10^{-5} = \mathbf{-36{,}9 \cdot 10^{-5}}$

c) Relaxation des Spannstahls

Die für den jeweils verwendeten Spannstahl maßgebenden Relaxationsverluste sind den allgemeinen bauaufsichtlichen Zulassungsbescheiden zu entnehmen.
Im vorliegenden Beispiel wird der Spannungsverlust (in %) nach 1000 Stunden (für t = 85 d) und $5 \cdot 10^5$ Stunden ($t \to \infty$) infolge Relaxation in Abhängigkeit von der Anfangsspannung der Zulassung entnommen:

Aufbringen der Vorspannung bei t = 30 d, Relaxation im Zeitraum Δt = 85 – 30 = 55 d → ca. 1000 h

t [h]	σ_{p0} / f_{pk}	0,60	0,70	0,80
1000	$\sigma_{pr} / \sigma_{p0}$	< 1,0 %	2,0 %	5,0 %
$5 \cdot 10^5$	$\sigma_{pr} / \sigma_{p0}$	2,5 %	6,5 %	13,0 %

aus allgemeiner bauaufsichtlicher Zulassung

Mit Hilfe dieser Eingangswerte erfolgt exemplarisch die Berechnung der Spannkraftverluste infolge Kriechen, Schwinden und Relaxation für den Feldquerschnitt in Feld 2.

Spannkraftverluste im Feld, Zeitpunkt t = 85 d

Bei der Ermittlung der Spannkraftverluste wird die Spannungsumlagerung vom Fertigteil zum Eingusssystem nicht berücksichtigt. Die Berechnung für den Zeitpunkt t = 85 d erfolgt für den Fertigteilquerschnitt.

querschnittsbezogene Eingangswerte für die Berechnung nach Abschnitt 1.4
Bezeichnungen siehe DIN-Fb 102, Kap. II, 4.2.3.5.5 Gl. (4.10)

α_p = 195.000 / 35.700 = 5,46
$A_p = 3 \cdot 22{,}5 = 67{,}5$ cm²
$A_c = 0{,}998$ m²
$I_c = 0{,}1657$ m⁴
$z_{cp} = 0{,}667$ m
$\sigma_{pm0} = 1254$ MN/m²
$P_{m0} = -8472$ kN
$M_{pm0} = -5651$ kNm

$A_c \cdot z_{cp}^2 / I_c = 0{,}998 \cdot 0{,}667^2 / 0{,}1657 = 2{,}680$
$W_{cp} = I_c / z_{cp} = 0{,}1657 / 0{,}667 = 0{,}248 \text{ m}^3$

$\sigma_{cg} = (M_{FT} + M_{Ortb.}) / W_{cp} = (2{,}333 + 1{,}411) / 0{,}248 = 15{,}10 \text{ MN/m}^2$
$\sigma_{cp0} = P_{m0} / A_c + M_{pm0} / W_{cp} = -8{,}472 / 0{,}998 - 5{,}651 / 0{,}248 = -31{,}28 \text{ MN/m}^2$
$\sigma_{cg} + \sigma_{cp0} = 15{,}10 - 31{,}28 = -16{,}18 \text{ MN/m}^2$

$\sigma_{p0} / f_{pk} = 1254 / 1770 = 0{,}71$
$\to \Delta\sigma_{pr} = 0{,}02 \cdot 1254 = 25 \text{ MN/m}^2$

[102.1] σ_{cg} - Betonspannung in Höhe der Spannglieder unter der quasi ständigen Einwirkungskombination, jedoch ohne die Tandemlasten und nicht unter Ansatz feldweiser Verkehrslasten. Der Spannungsanteil aus der Vorspannung P_k bleibt unberücksichtigt.

$$\Delta\sigma_{p,c+s+r} = \frac{-11{,}4 \cdot 10^{-5} \cdot 195000 - 25 - 5{,}46 \cdot 0{,}5 \cdot 16{,}18}{1 + 5{,}46 \cdot \frac{0{,}00675}{0{,}998} \cdot (1 + 2{,}68) \cdot [1 + 0{,}8 \cdot 0{,}5]} = -77 \text{ MN/m}^2$$

Dies entspricht einem Spannkraftverlust von –77 / 1254 = –6,1 %.

Spannkraftverluste im Feld, Zeitpunkt $t \to \infty$

Die Berechnung für den Zeitpunkt $t \to \infty$ erfolgt für den Querschnitt des Eingusssystems.

querschnittsbezogene Eingangswerte für die Berechnung nach Abschnitt 1.4

α_p = 195.000 / 35.700 = 5,46
$A_p = 3 \cdot 22{,}5 = 67{,}5$ cm²
$A_c = 1{,}59$ m²
$I_c = 0{,}3088$ m⁴
$z_{cp} = 0{,}895$ m
$\sigma_{pm0} = 1254$ MN/m²
$P_{m0} = -8438$ kN
$M_{pm0} = -1074$ kNm

$A_c \cdot z_{cp}^2 / I_c = 1{,}59 \cdot 0{,}895^2 / 0{,}3088 = 4{,}124$
$W_{cp} = I_c / z_{cp} = 0{,}3088 / 0{,}667 = 0{,}345 \text{ m}^3$

$\sigma_{cg} = (M_{g1,EGS} + M_{g2,EGS}) / W_{cp} = (1{,}234 + 0{,}405) / 0{,}345 = 4{,}75 \text{ MN/m}^2$
$\sigma_{cp0} = P_{m0} / A_c + M_{pm0} / W_{cp} = -8{,}438 / 1{,}59 - 1{,}074 / 0{,}345 = -8{,}42 \text{ MN/m}^2$
$\sigma_{cg} + \sigma_{cp0} = 4{,}75 - 8{,}42 = -3{,}67 \text{ MN/m}^2$

$\sigma_p = \sigma_{pg0} - 0{,}3 \cdot \Delta\sigma_{p,c+s+r} \approx \sigma_{pg0} = 1254$ MN/m²

$\sigma_{p0} / f_{pk} = 1254 / 1770 = 0{,}71$
$\rightarrow \Delta\sigma_{pr} = 0{,}065 \cdot 1254 = 82$ MN/m²

$$\Delta\sigma_{p,c+s+r} = \frac{-(36{,}9-11{,}4)\cdot 10^{-5}\cdot 195000 - 82 - 5{,}46\cdot 1{,}0\cdot 3{,}67}{1+5{,}46\cdot\frac{0{,}00675}{1{,}59}\cdot(1+4{,}124)\cdot[1+0{,}8\cdot 1{,}0]} = -125 \text{ MN/m}^2$$

DIN-Fb 102, Kap. II, Gl. (4.11): Der zweite Ausdruck darf vereinfachend und auf der sicheren Seite liegend vernachlässigt werden.
Einsetzen der Spannkraftverluste ergibt:
$\sigma_{p0} = 1254 - 0{,}3 \cdot 125 = 1217$ MN/m²
$\sigma_{p0} / f_{pk} = 0{,}69$
$\rightarrow \Delta\sigma_{pr} = 0{,}065 \cdot 1217 = 80$ MN/m²

Dies entspricht einem Spannkraftverlust von –125 / 1254 = –10 %.

5 Grenzzustände der Gebrauchstauglichkeit

5.1 Allgemeines

Nach DIN-Fachbericht 102 sind zur Sicherung eines dauerhaften und nutzungsgerechten Verhaltens eines Bauteils die auf den Beton, den Betonstahl sowie auf den Spannstahl wirkenden Spannungen zu begrenzen. Darüber hinaus ist der Nachweis der Dekompression und der Begrenzung der Rissbreiten zu führen.

DIN-Fb 102, Kap. II, 4.4.1.1 (1)

Hinweis: nach ARS 11/2003 sind zusätzlich im Grenzzustand der Gebrauchstauglichkeit zur Begrenzung der Schubrissbildung die schiefen Hauptzugspannungen unter Querkraft und Torsion nachzuweisen:

$$\sigma_{c1,häufig} = \frac{\sigma}{2} + \frac{1}{2}\sqrt{\sigma^2 + 4\cdot\tau^2} \le f_{ctk;0,05}$$

Für die vorliegende Betriebsbrücke wurde in Abstimmung mit dem Bauherrn für die Haupttragrichtung die Anforderungsklasse C festgelegt. Daraus ergeben sich folgende Bemessungskriterien:

DIN-Fb 102, Kap. II, 4.4.0.3 (102): Die Anforderungsklasse ist mit dem Bauherrn abzustimmen. Nach [136] ARS 11/2003 gilt für Spannbetonbrücken mit Spanngliedern im Verbund Anforderungsklasse C.
[136] ARS 11/2003: Einführung des DIN-Fb 102 im Bereich des BMV

- Nachweis der Dekompression unter der quasi-ständigen Einwirkungskombination
- Begrenzung der Rissbreite auf $w_k \le 0{,}2$ mm unter der häufigen Einwirkungskombination

DIN-Fb 102, Kap. II, Tab. 4.118

Da die Nachweise im Grenzzustand der Gebrauchstauglichkeit relativ empfindlich auf mögliche Streuungen der Vorspannkraft (z. B. durch Spanngliedreibung) reagieren, sind bei diesen Nachweisen anstelle des Mittelwertes der Vorspannkraft $P_{m,t}$ die unteren und oberen charakteristischen Werte der Vorspannung zu berücksichtigen.
Diese errechnen sich aus dem Mittelwert zum betrachteten Zeitpunkt t durch Multiplikation mit dem jeweils maßgebenden Streuungsbeiwert r_{sup} und r_{inf}. Für Vorspannung mit nachträglichem Verbund sind diese mit 1,10 und 0,90 im DIN-Fachbericht 102 festgelegt.

DIN-Fb 102, Kap. II, 2.5.4.2 (3)

Index superior: oberer Wert
Index inferior: unterer Wert
DIN-Fb 102, Kap. II, 2.5.4.2 (4)

Für den Nachweis der Dekompression in den Bauzuständen dürfen die Streuungsbeiwerte mit $r_{sup} = 1{,}10$ und $r_{inf} = 0{,}95$ angenommen werden.

DIN-Fb 102, Kap. II, 4.4.2.1 (107)
für einbetonierte, girlandenförmig geführte Spannglieder

Im Rahmen der maßgebenden Einwirkungskombinationen werden Systemumlagerungen berücksichtigt. Umlagerungen im Querschnitt, d. h. vom Fertigteilquerschnitt in den Gesamtquerschnitt, werden zur Rechenvereinfachung nicht weiter verfolgt.

5.2 Rissbildungszustand

Im Vorfeld der im Abschnitt 5.1 bereits angesprochenen Spannungsnachweise muss überprüft werden, ob unter Gebrauchslast mit dem Übergang des Querschnitts in den Zustand II zu rechnen ist. Von einem gerissenen Zustand ist im Allgemeinen auszugehen, wenn unter der seltenen Einwirkungskombination am Bauteilrand Betonzugspannungen größer als die mittlere Betonzugfestigkeit f_{ctm} auftreten.

DIN-Fb 102, Kap. II, 4.4.1.1 (3) und (5)

Seltene Einwirkungskombination:

DIN-Fb 102, Kap. II, 2.3.4 (102)

$$\sum G_{k,j} + P_k + Q_{k,1} + \sum_{i>1} \psi_{0,i} \cdot Q_{k,i}$$

DIN-Fb 102, Kap. II, Gl. (2.109a)

Bei der Ermittlung der maßgebenden seltenen Einwirkungskombination müssen verschiedene Kombinationen untersucht werden, wobei entweder die Temperatur T_M oder die Lastgruppe *gr* 1 (Lastmodell 1: Tandemachse TS und die gleichmäßig verteilte Verkehrslast UDL) als Leiteinwirkung $Q_{k,1}$ gewählt wird und die Vorspannung mit ihrem oberen oder unteren charakteristischen Wert in die Berechnung eingeht.
Für die maximale Spannung am unteren Rand des Querschnitts ist vor dem Hintergrund der feldweisen Spanngliedführung in den Fertigteilen der untere Wert der Vorspannung (r_{inf} = 0,9) maßgebend.

Die Kombinationsfaktoren sind dabei:

DIN-Fb 101, Kap. IV, Anh. C, Tab. C.2

- für die Tandemachse TS $\psi_0 = 0{,}75$
- für die Flächenlast UDL aus Verkehr $\psi_0 = 0{,}40$
- für den Temperaturunterschied T_M $\psi_0 = 0{,}80$

Die wahrscheinliche Stützensenkung geht als ständige Einwirkung mit ihrem charakteristischen Wert in die Nachweise ein.

Die folgenden Kombinationen für die seltene Einwirkung werden betrachtet:
$E_{d,selt1} = \Sigma G_{k,j} + 0{,}9 \cdot P + 1{,}0 \cdot G_{SET,k} + (1{,}0 \cdot Q_{TS,k} + 1{,}0 \cdot Q_{UDL,k}) + 0{,}8 \cdot Q_{TM,k}$
$E_{d,selt2} = \Sigma G_{k,j} + 0{,}9 \cdot P + 1{,}0 \cdot G_{SET,k} + (0{,}75 \cdot Q_{TS,k} + 0{,}4 \cdot Q_{UDL,k}) + 1{,}0 \cdot Q_{TM,k}$

Die Ermittlung der Spannungen erfolgt unter Berücksichtigung der maßgebenden Querschnittswerte. In Abschnitt 5.3 werden die Spannungen exemplarisch für das Feld 1 ermittelt, analog werden die nachfolgend zusammengestellten Spannungen unter der seltenen Einwirkungskombination berechnet.

Tab. 5.2-1: Schnittgrößen und Spannungen unter der seltenen Einwirkungskombination

Einwirkung		Feld 1	Feld 2	Feld 3
$\Sigma g_0 + 0{,}9\,p$ (umgelagert)	M [kNm]	-1290	-21	-1061
	N [kN]	-7550	-7138	-5067
Spannkraftverluste	M [kNm]	433	97	270
t = 85 d bis $t \to \infty$	N [kN]	804	759	539
Ausbaulast	M [kNm]	876	402	486
wahrscheinl. Setzungen	M [kNm]	208	179	248
Temperatur	M [kNm]	411	1026	390
Verkehr:				
1,0 TS + 1,0 UDL	M [kNm]	2797	2250	2049
0,75 TS + 0,40 UDL	M [kNm]	1674	1366	1252
Kombination 1: $\sigma_{cu,selt1}$	**[MN/m²]**	**3,6**	**5,5**	**2,7**
Kombination 2: $\sigma_{cu,selt2}$	**[MN/m²]**	**0,5**	**3,5**	**0,5**

vgl. Tab. 3.3-1: Spannkraftverluste bis zum Zeitpunkt t = 85 d sind in den Schnittgrößen enthalten.
$M_{csr} = -M_{pm0,EGS} \cdot 0{,}9 \cdot 0{,}10$
(r_{inf} = 0,9 und Spannkraftverlust 10 %)

In Feld 2 wird an der Unterseite des Querschnitts der Mittelwert der Betonzugfestigkeit $f_{ctm} = 3{,}8$ MN/m² (Fertigteil, C45/55) überschritten.
In diesem Feld sind die Spannungen bei den Nachweisen im Grenzzustand der Gebrauchstauglichkeit für den gerissenen Querschnitt zu berechnen.
In den Feldern 1 und 3 kann für die Nachweise im Grenzzustand der Gebrauchstauglichkeit davon ausgegangen werden, dass der Querschnitt ungerissen ist und die Spannungen im Zustand I berechnet werden können.

Für den Bauzustand ergeben sich die maximalen Spannungen, wenn auf das Fertigteil die Vorspannung aufgebracht wird. Hier treten an der Oberseite des Querschnitts Zugspannungen von maximal 2,6 MN/m² auf (siehe Tab. 5.2-2).

Die Vorspannung wird mit ihrem oberen Wert ($r_{sup} = 1{,}1$) angesetzt.
Da die Zugspannungen unter der Betonzugfestigkeit $f_{ctm} = 3{,}8$ MN/m² (Fertigteil, C45/55) liegen, erfolgen die Spannungsnachweise im Bauzustand am ungerissenen Querschnitt.

DIN-Fb 102, Kap. II, 4.4.2.1 (107)

Tab. 5.2-2: Schnittgrößen und Spannungen im Bauzustand

Einwirkung		Feld 1	Feld 2	Feld 3
Eigenlast Fertigteil g_{FT}	M [kNm]	2496	2333	1463
Vorspannung p	M [kNm]	-5953	-5651	-3988
	N [kN]	-8930	-8472	-6024
Summe $g_{FT} + 1{,}1\,p$	M [kNm]	-4052	-3883	-2924
	N [kN]	-9823	-9319	-6626
max $\sigma_{co,BZ}$	**[MN/m²]**	**2,6**	**2,6**	**2,4**

Da der DIN-Fachbericht 102 keine Regelungen für Fertigteile enthält, wird vorgeschlagen, entweder die Betonzugspannungen nach Gl. (4.193) zu begrenzen oder den Nachweis der Begrenzung der Rissbreiten zu führen.

DIN-Fb 102, Kap. II, 4.4.2.1, Gl. (4.193):
$\sigma_c \leq 0{,}85 \cdot f_{ctk;0,05}$

5.3 Grenzzustand der Dekompression

Der Nachweis der Dekompression des Querschnitts wird nach Abschluss von Kriechen und Schwinden zum Zeitpunkt $t \rightarrow \infty$ geführt.
Der DIN-Fachbericht 102 fordert für Bauwerke der Anforderungsklasse C, dass unter der quasi-ständigen Einwirkungskombination an dem Bauteilrand, der den Spanngliedern am nächsten liegt, keine Zugspannungen auftreten dürfen.

DIN-Fb 102, Kap. II, 4.4.2.1 (106)

Quasi-ständige Einwirkungskombination:

DIN-Fb 102, Kap. II, 2.3.4 (102)

$$\sum G_{k,j} + P_k + \sum_{i \geq 1} \psi_{2,i} \cdot Q_{k,i}$$

DIN-Fb 102, Kap. II, Gl. (2.109d)

Die Kombinationsfaktoren sind dabei:

DIN-Fb 101, Kap. IV, Anh. C, Tab. C.2

- für die Tandemachse TS $\psi_2 = 0{,}20$
- für die Flächenlast UDL aus Verkehr $\psi_2 = 0{,}20$
- für den Temperaturunterschied T_M $\psi_2 = 0{,}50$

Die wahrscheinliche Stützensenkung wird als ständige Einwirkung mit ihrem charakteristischen Wert berücksichtigt.

Für die Betrachtung ergibt sich die folgende Kombination für die quasi-ständige Einwirkung:

$$E_{d,qs} = \Sigma G_{k,j} + 0{,}9 \cdot P_{m,t} + 1{,}0 \cdot G_{SET,k} + (0{,}2 \cdot Q_{TS,k} + 0{,}2 \cdot Q_{UDL,k}) + 0{,}5 \cdot Q_{TM,k}$$

Nachfolgend werden die Spannungen im Zustand I unter Berücksichtigung der maßgebenden Querschnittswerte für die Feldquerschnitte berechnet und tabellarisch für alle gewählten Nachweisschnitte zusammengestellt.

Bei der Ermittlung der Spannungen im Bauzustand sind die Vorspannung und die Eigenlast des Fertigteils auf dessen Nettoquerschnitt zu beziehen; die Ortbetonergänzung wird auf den Bruttoquerschnitt des Fertigteils bezogen.

Bei der Ermittlung der Spannungen am Eingusssystem werden die Schnittgrößen auf den ideellen Gesamtquerschnitt bezogen.

Exemplarisch wird nachfolgend die Ermittlung der Spannungen für das Feld 1 vorgenommen, die Spannungen der Felder 2 und 3 werden tabellarisch zusammengefasst.

Bauzustand 1 (Randfertigteil Feld 1):

$$\sigma_{cu,BZ1} = \frac{0{,}9 \cdot N_{pm}}{A_{c,FT,net}} + \frac{M_{k,FT} + 0{,}9 \cdot M_{pm}}{W_{cu,FT,net}} = \frac{-0{,}9 \cdot 8{,}930}{0{,}98} + \frac{2{,}496 - 0{,}9 \cdot 5{,}953}{0{,}201}$$

$$\sigma_{cu,BZ1} = -22{,}4 \text{ MN/m}^2$$

Bauzustand 2 (Randfertigteil Feld 1):

$$\sigma_{cu,BZ2} = \sigma_{cu,BZ1} + \frac{N_{csr}}{A_{c,FT}} + \frac{M_{k,Ortbeton} + M_{csr}}{W_{cu,FT}}$$

Spannkraftverlust 6,1 % siehe 4.4

$$\sigma_{cu,BZ2} = -22{,}4 + \frac{0{,}9 \cdot 8{,}930 \cdot 0{,}061}{0{,}998} + \frac{1{,}51 + 0{,}9 \cdot 5{,}953 \cdot 0{,}061}{0{,}214}$$

$$\sigma_{cu,BZ2} = -13{,}0 \text{ MN/m}^2$$

Eingusssystem – Lastfall $g_{k,1}$ und p:

$$\sigma_{cu,EGS} = \frac{0{,}9 \cdot N_{pm} + N_{csr}}{A_{c,i}} + \frac{M_{k,g1} + 0{,}9 \cdot M_{pm} + M_{csr}}{W_{cu,i}}$$

Spannkraftverlust 6,1 % siehe 4.4

$$\sigma_{cu,EGS} = \frac{-0{,}9 \cdot 8{,}935 + 0{,}9 \cdot 8{,}953 \cdot 0{,}061}{1{,}626} + \frac{2{,}686 - 0{,}9 \cdot 4{,}81 + 0{,}9 \cdot 4{,}81 \cdot 0{,}061}{0{,}337}$$

$$\sigma_{cu,EGS} = -9{,}8 \text{ MN/m}^2$$

Systemumlagerung – 0,75 EGS + 0,25 BZ2:

$$\sigma_{cu,g1+p} = -0{,}75 \cdot 9{,}8 - 0{,}25 \cdot 13{,}0 = -10{,}6 \text{ MN/m}^2$$

Maximale Spannung am unteren Querschnittsrand unter quasi-ständiger Einwirkungskombination:

$$\sigma_{cu} = \sigma_{cu,g1+p} + \frac{N_{csr,\infty}}{A_{c,i}} + \frac{M_{csr,\infty} + M_{g2} + M_{setz} + 0{,}2 \cdot (M_{TS} + M_{UDL}) + 0{,}5 \cdot M_{Temp}}{W_{cu,i}}$$

Spannkraftverlust 10 % siehe 4.4

$$\sigma_{cu} = -10{,}6 + \frac{0{,}9 \cdot 8{,}935 \cdot 0{,}10}{1{,}626} + \frac{0{,}9 \cdot 4{,}81 \cdot 0{,}10 + 0{,}876 + 0{,}208 + 0{,}2 \cdot 2{,}797 + 0{,}5 \cdot 0{,}411}{0{,}337}$$

$$\sigma_{cu} = -3{,}4 \text{ MN/m}^2$$

Tab. 5.3-1: Schnittgrößen und Spannungen unter der quasi-ständigen Einwirkungskombination für die Nachweise der Dekompression

Einwirkung		Feld 1	Feld 2	Feld 3
$\Sigma g_0 + 0{,}9\,p$ (umgelagert)	M [kNm]	-1290	-21	-1061
	N [kN]	-7550	-7138	-5067
Spannkraftverluste	M [kNm]	433	97	270
$t = 85$ d bis $t \to \infty$	N [kN]	804	759	539
Ausbaulast	M [kNm]	876	402	486
wahrscheinl. Setzungen	M [kNm]	208	179	248
Temperatur	M [kNm]	411	1026	390
Verkehr: 0,2 TS + 0,2 UDL	M [kNm]	559	450	412
$\sigma_{cu,BZ1}$	[MN/m²]	-22,4	-21,5	-16,1
$\sigma_{cu,BZ2}$	[MN/m²]	-13,0	-12,6	-10,4
$\sigma_{cu,EGS}$	[MN/m²]	-9,8	-3,9	-7,1
$\sigma_{cu,g1+p}$	[MN/m²]	-10,6	-6,1	-7,9
$\sigma_{cu,t\to\infty}$	**[MN/m²]**	**-3,4**	**-0,8**	**-2,7**

vgl. Tab. 3.3-1: Spannkraftverluste bis zum Zeitpunkt $t = 85$ d sind in den Schnittgrößen enthalten.
$M_{csr} = -M_{pm0,EGS} \cdot 0{,}9 \cdot 0{,}10$
($r_{inf} = 0{,}9$ und Spannkraftverlust 10 %)

An den untersuchten Stellen treten unter der quasi-ständigen Einwirkungskombination am unteren Bauteilrand, der den Spanngliedern am nächsten liegt, keine Zugspannungen auf.

Der Nachweis der Dekompression ist damit erfüllt!

5.4 Grenzzustand der Rissbildung

Für Bauwerke der Anforderungsklasse C ist der Nachweis der Rissbreitenbegrenzung unter der häufigen Einwirkungskombination zu führen.

DIN-Fb 102, Kap. II, Tab. 4.118

Die Begrenzung der Rissbreiten umfasst dabei folgende Nachweise:

DIN-Fb 102, Kap. II, 4.4.2.2 (9)

- Nachweis der Mindestbewehrung (DIN-Fb 102, Kap. II, 4.4.2.2)
- Nachweis der Begrenzung der Rissbreite unter der maßgebenden Einwirkungskombination (DIN-Fb 102, Kap. II, 4.4.2.3 und 4.4.2.4)

Um zu verhindern, dass sich infolge rechnerisch nicht berücksichtigter Zwang- oder Eigenspannungen oder des Abweichens der Vorspannung vom angenommenen Wert breite Einzelrisse bilden, ist in bewehrten Brückentragwerken eine Mindestbewehrung anzuordnen. Diese ist in der Regel unter Beachtung der Anforderungen an die Rissbreitenbegrenzung für diejenige Schnittgrößenkombination zu bemessen, die im Bauteil zur Erstrissbildung führt.

DIN-Fb 102, Kap. II, 4.4.2.2 (101) und (102)

In Bauteilen mit Vorspannung im Verbund ist die Mindestbewehrung nicht in Bereichen erforderlich, in denen unter der seltenen Einwirkungskombination und unter den charakteristischen Werten der Vorspannung Druckspannungen am Querschnittsrand auftreten, die größer als 1 N/mm² sind.

DIN-Fb 102, Kap. II, 4.4.2.2 (3)

Häufige Einwirkungskombination:

DIN-Fb 102, Kap. II, 2.3.4 (102)

$$\sum G_{k,j} + P_k + \psi_{1,1} \cdot Q_{k,1} + \sum_{i>1} \psi_{2,i} \cdot Q_{k,i}$$

DIN-Fb 102, Kap. II, Gl. (2.109c)

Bei der Ermittlung der maßgebenden häufigen Einwirkungskombination müssen verschiedene Kombinationen untersucht werden, wobei entweder die Temperatur T_M oder die Lastgruppe *gr* 1 (Haupt-Lastmodell 1) mit Tandemachse TS und gleichmäßig verteilter Last UDL als Leiteinwirkung $Q_{k,1}$ gewählt wird und die Vorspannung mit ihrem oberen oder unteren charakteristischen Wert in die Berechnung eingeht.

Die Kombinationsfaktoren sind dabei:

DIN-Fb 101, Kap. IV, Anh. C, Tab. C.2

- für die Tandemachse TS $\psi_1 = 0{,}75$ und $\psi_2 = 0{,}20$
- für die Flächenlast UDL aus Verkehr $\psi_1 = 0{,}40$ und $\psi_2 = 0{,}20$
- für den Temperaturunterschied T_M $\psi_1 = 0{,}60$ und $\psi_2 = 0{,}50$

Die wahrscheinliche Stützensenkung wird als ständige Einwirkung mit ihrem charakteristischen Wert berücksichtigt.

Die folgenden Kombinationen für die häufige Einwirkungskombination werden betrachtet:

$$E_{d,h1} = \Sigma G_{k,j} + 0{,}9 \cdot P_{m,t} + 1{,}0 \cdot G_{SET,k} + (0{,}75\, Q_{TS,k} + 0{,}40\, Q_{UDL,k}) + 0{,}5 \cdot Q_{TM,k}$$
$$E_{d,h2} = \Sigma G_{k,j} + 0{,}9 \cdot P_{m,t} + 1{,}0 \cdot G_{SET,k} + 0{,}6 \cdot Q_{TM,k} + (0{,}20\, Q_{TS,k} + 0{,}20\, Q_{UDL,k})$$

Tab. 5.4-1: Schnittgrößen und Spannungen unter der häufigen Einwirkungskombination

Einwirkung		Feld 1	Feld 2	Feld 3
$\Sigma g_0 + 0{,}9\,p$ (umgelagert)	M [kNm]	-1290	-21	-1061
	N [kN]	-7550	-7138	-5067
Spannkraftverluste	M [kNm]	433	97	270
t = 85 d bis $t \to \infty$	N [kN]	804	759	539
Ausbaulast	M [kNm]	876	402	486
wahrscheinl. Setzungen	M [kNm]	208	179	248
Temperatur	M [kNm]	411	1026	390
Verkehr:				
0,75 TS + 0,40 UDL	M [kNm]	1674	1366	1252
0,20 TS + 0,20 UDL	M [kNm]	559	450	412
Kombination 1: $\sigma_{cu,h1}$	**[MN/m²]**	**-0,1**	**1,9**	**-0,1**
Kombination 2: $\sigma_{cu,h2}$	**[MN/m²]**	**-3,2**	**-0,5**	**-2,6**

vgl. Tab. 3.3-1: Spannkraftverluste bis zum Zeitpunkt t = 85 d sind in den Schnittgrößen enthalten.
$M_{csr} = -M_{pm0,EGS} \cdot 0{,}9 \cdot 0{,}10$
(r_{inf} = 0,9 und Spannkraftverlust 10 %)

Die Rissbreite kann ohne direkte Berechnung auf zulässige Maße begrenzt werden, indem die Durchmesser oder die Abstände der Bewehrungsstäbe in Abhängigkeit von der Betonstahlspannung beschränkt werden.

DIN-Fb 102, Kap. II, 4.4.2.3 (1) und (2)

Bei der im Abschnitt 5.5 behandelten Ermittlung der Mindestbewehrung zur Begrenzung der Rissbreite findet die Beziehung zwischen zulässiger Spannung in der Betonstahlbewehrung und Grenzdurchmesser Eingang. Da die maximalen Randzugspannungen unter der häufigen Einwirkungskombination die der Berechnung der Mindestbewehrung zugrunde liegende mittlere Betonzugfestigkeit f_{ctm} = 3,8 MN/m² nicht überschreiten, kann auf einen expliziten Nachweis der Rissbreite verzichtet werden.

DIN-Fb 102, Kap. II, Tab. 4.120
DIN-Fb 102, Kap. II, 4.4.2.2 (5) und Gl. (4.194)

In den Stützenachsen 20 und 30 entstehen infolge der statisch unbestimmten Anteile der Vorspannung sowie der Beanspruchungen infolge Temperatur und Stützensenkung Zugspannungen an der Unterseite des Querschnitts. Ein Nachweis zur Begrenzung der Rissbreiten wie für Querschnitte, die vorwiegend durch äußere Lasten beansprucht sind, wird aufgrund der vorhandenen Zwangsbeanspruchungen und der daraus resultierenden Schnittgrößen nicht für sinnvoll erachtet.

Aus diesem Grunde empfehlen die Autoren, in diesem Bereich die Mindestbewehrung für die Schnittgrößenkombination vorzusehen, die zur Erstrissbildung führt. Diese Mindestbewehrung wird in Abschnitt 5.5 ermittelt.

Aufgrund der hohen Zugspannungen infolge der Zwangsbeanspruchungen an der Unterseite des Stützquerschnitts geht der Stützquerschnitt planmäßig in den gerissenen Zustand über. Wenn für den Stützquerschnitt exemplarisch der Nachweis der Rissbreitenbegrenzung geführt wird, empfehlen die Autoren, den Nachweis mit den Schnittgrößen im Zustand II zu führen.

In Anlehnung an die Empfehlung des ARS 11/2003, Anlage Satz (7) [136], zum Ansatz der Zwangsschnittgrößen infolge Temperatureinwirkung, werden die Zwangsschnittgrößen mit den 0,6-fachen Werten der Steifigkeiten des Zustandes I berücksichtigt.

Achse 20 – maximales Bemessungsmoment für die häufige Einwirkung

Für die Lastfälle Konstruktionseigenlast g_1 und Vorspannung gehen die umgelagerten Schnittgrößen ein. Da die Schnittgrößenumlagerung durch Kriechen hervorgerufen wird, ist diese als zeitlich veränderlich zu betrachten. Der Nachweis der Rissbreitenbegrenzung wird für den maßgebenden Zeitpunkt t = Verkehrsübergabe geführt.

Eigenlast g_1: $M_{g1} = 0{,}75 \cdot M_{g1,EGS} + 0{,}25 \cdot M_{g1,BZ}$
$= -0{,}75 \cdot 3735 + 0 \qquad = -2801$ kNm

Vorspannung: $M_p = 0{,}75 \cdot M_{p,EGS} + 0{,}25 \cdot M_{p,BZ}$
$= 0{,}75 \cdot 7471 + 0 \qquad = 5603$ kNm

Spannkraftverluste $t = 85$ d:
$M_{csr} = -0{,}75 \cdot 7471 \cdot 0{,}061 \qquad = -342$ kNm

DIN-Fb 102, Kap. II, Gl. (2.109c)
DIN-Fb 101, Kap. IV, Anh. C, Tab. C.2

$E_{d,h1} = \Sigma G_{k,j} + 1{,}1 \cdot P_{m,t} + 1{,}0 \cdot G_{SET,k} + (0{,}75\, Q_{TS,k} + 0{,}40\, Q_{UDL,k}) + 0{,}5 \cdot Q_{TM,k}$
$E_{d,h2} = \Sigma G_{k,j} + 1{,}1 \cdot P_{m,t} + 1{,}0 \cdot G_{SET,k} + 0{,}6 \cdot Q_{TM,k} + (0{,}20\, Q_{TS,k} + 0{,}20\, Q_{UDL,k})$

Einwirkungskombination 1 – Leiteinwirkung Verkehr:
$M_{d,h1} = -(2801 + 1299) + 0{,}6 \cdot [1{,}1 \cdot (5603 - 342) + 521 + 0{,}5 \cdot 1106] + 144$
$M_{d,h1} = \mathbf{161\ kNm}$

Einwirkungskombination 2 – Leiteinwirkung Temperatur:
$M_{d,h2} = -(2801 + 1299) + 0{,}6 \cdot [1{,}1 \cdot (5603 - 342) + 521 + 0{,}6 \cdot 1106] + 48$
$M_{d,h2} = \mathbf{131\ kNm}$

$N_{d,h2} = \mathbf{0}$

Die Betonstahlspannungen im Zustand II werden nach *Kupfer* [74], Tafel Va, ermittelt. Die Platte in der Betondruckzone wird mit der mitwirkenden Breite des Plattenbalkens mit $b = 2{,}695$ m angesetzt.

[74] *Kupfer*: Bemessung von Spannbetonbauteilen, BK 1991/I I, S. 671 ff. näherungsweise Zurückführung auf Rechteckquerschnitt (entnommen aus *Hochreither* [75])

Eingangswerte für Tafel Va:
$M_r = M - N \cdot y_r = 161$ kNm $\qquad N \cdot h_r / M_r = 0$

M_r – auf Faser r bezogenes Biegemoment

$n \cdot \mu = (E_s / E_c) \cdot (A_s + A_p) / (b \cdot h_r)$
$= (200 / 33{,}3) \cdot (33{,}2 + 0) / (269{,}5 \cdot 140) \qquad = 0{,}005$

Druckzone im Bereich der Ortbetonplatte C35/45: $E_{cm} = 33.300$ MN/m²
Bewehrung aus dem Nachweis im Grenzzustand der Tragfähigkeit:
vorh $A_s = 33{,}2$ cm² siehe Abschnitt 6.3

→ aus Tafel Va: $k_x = 0{,}06 \rightarrow x = 0{,}06 \cdot 1{,}40 = 0{,}08\ \text{m} < h_f = 0{,}33$ m
$k_z = 0{,}98$

Zugkraft: $Z = M_r / (k_z \cdot h_r) + N = 161 / (0{,}98 \cdot 1{,}40) + 0 = 117$ kN

Hieraus kann die Betonstahlspannung berechnet werden:
$\sigma_s = [M_r / (k_z \cdot h_r) + N] / (A_s + \alpha \cdot A_p) \qquad = Z / A_s$
$\sigma_{s,h} = 0{,}117 / 33{,}2 \cdot 10^{-4} \qquad = \mathbf{35{,}2\ MN/m^2}$
→ Grenzdurchmesser nach Tab. 4.120: $d_s^* > 28$ mm

DIN-Fb 102, Kap. II, 4.4.2.3, Tab. 4.120

Zur Begrenzung der Rissbreiten an der Unterseite des Stützquerschnitts sind keine Zulagen zur vorhandenen Bewehrung aus den Nachweisen im Grenzzustand der Tragfähigkeit erforderlich.

5.5 Mindestbewehrung

Die Mindestbewehrung ist in den Bereichen notwendig, in denen unter der seltenen Einwirkungskombination und unter dem maßgebenden charakteristischen Wert der Vorspannkraft im Beton Druckspannungen kleiner als |−1| MN/m² oder Zugspannungen vorhanden sind.

DIN-Fb 102, Kap. II, 4.4.2.2 (3)

Die Spannungen unter der seltenen Einwirkungskombination wurden bereits im Abschnitt 5.2 ermittelt und sind in Tab. 5.2-1 zusammengestellt. In den Feldern 1 bis 3 treten unter der seltenen Einwirkungskombination Betonzugspannungen auf. Daher ist in allen Feldern Mindestbewehrung erforderlich.

Nachfolgend wird die erforderliche Mindestbewehrung exemplarisch für Feld 2 am unteren Querschnittsrand berechnet.

DIN-Fb 102, Kap. II, 4.4.2.2 (5)

Die erforderliche Mindestbewehrung darf in einem Quadrat von 300 mm Seitenlänge um ein Spannglied mit sofortigen oder mit nachträglichem Verbund um den Betrag $\xi_1 \cdot A_p$ verringert werden.

DIN-Fb 102, Kap. II, 4.4.2.2 (7)

Die erforderliche Mindestbewehrung A_s in der Zugzone des betrachteten Querschnitts beträgt:

$A_s \quad = k_c \cdot k \cdot f_{ct,eff} \cdot A_{ct} / \sigma_s$

DIN-Fb 102, Kap. II, Gl. (4.194)

Hierbei sind:

k_c Beiwert zur Berücksichtigung des Einflusses der Spannungsverteilung in der Zugzone A_{ct} vor der Erstrissbildung:

$k_c \quad = 0{,}4 \cdot [1 + \sigma_c / (k_1 \cdot f_{ct,eff})] \quad \leq 1{,}0$

DIN-Fb 102, Kap. II, Gl. (4.195)

mit:

σ_c Betonspannung in Höhe der Schwerelinie des Querschnitts im ungerissenen Zustand unter der Einwirkungskombination, die zur Erstrissbildung im Gesamtquerschnitt führt.

N_{Ed} Längskraft im Grenzzustand der Gebrauchstauglichkeit

$N_{Ed} \quad = P_{k\infty,inf} = -0{,}9 \cdot 8{,}472 \cdot (1 - 0{,}161) \quad = -6{,}4$ MN

Zeitabhängige Spannkraftverluste siehe 4.4:
6,1 % + 10 % = 16,1 %

$\rightarrow \quad \sigma_c = -6{,}4 / 1{,}59 = -4{,}02$ MN/m²

k_1 Beiwert zur Berücksichtigung des Einflusses von Längskräften; bei Drucknormalkraft aus Vorspannung für $h' = 1$ m und $k_1 = 1{,}5 \cdot h / h' = 1{,}5 \cdot 1{,}5 / 1{,}0$

Drucknormalkraft, $h' = 1{,}0$ m für $h \geq 1{,}0$ m

$\rightarrow \quad k_1 = 2{,}25$

$f_{ct,eff} \quad = f_{ctm} = 3{,}8$ MN/m² (C45/55)

wirksame Betonzugfestigkeit

$\rightarrow k_c \quad = 0{,}4 \cdot [1 - 4{,}02 / (2{,}25 \cdot 3{,}8)] \quad = 0{,}212 \quad < 1{,}0$

k Beiwert zur Berücksichtigung von nichtlinear verteilten Betonzugspannungen

Aus Zwang im Endzustand sind keine wesentlichen, nichtlinearen Betonzugspannungen zu erwarten.

a) im Bauteil hervorgerufener Zwang:
$h = 1{,}50 \text{ m} > 0{,}80 \text{ m} \quad \rightarrow \quad k = 0{,}5$

b) außerhalb des Bauteils hervorgerufener Zwang: $k = 1{,}0$

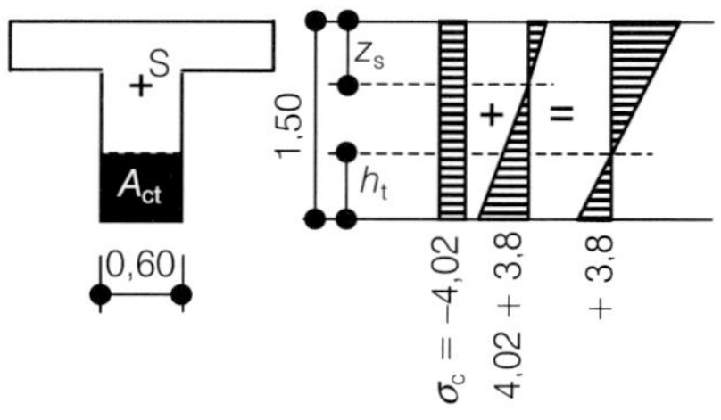

A_{ct} Fläche der Betonzugzone unter der zur Erstrissbildung führenden Einwirkungskombination im Zustand I:

$h_t \quad = 3{,}8 \cdot (1{,}50 - 0{,}496) / (3{,}8 + 4{,}02) \quad = 0{,}49$ m

$A_{ct} \quad = b_t \cdot h_t = 0{,}60 \cdot 0{,}49 \quad = 0{,}29$ m²

σ_s zulässige Spannung in der Betonstahlbewehrung zur Begrenzung der Rissbreite in Abhängigkeit vom Grenzdurchmesser d_s^*

DIN-Fb 102, Kap. II, 4.4.2.3, Tab. 4.120

Gewählter Bewehrungsdurchmesser $d_s = 20$ mm

Der Grenzdurchmesser darf nach Gl. (4.196) modifiziert werden:

$$d_s^* = d_s \cdot \frac{4 \cdot (h-d)}{k_c \cdot k \cdot h_t} \cdot \frac{f_{ct,0}}{f_{ct,eff}} \leq d_s \cdot \frac{f_{ct,0}}{f_{ct,eff}}$$

DIN-Fb 102, Kap. II, 4.4.2.2, Gl. (4.196) umgestellt

$$d_s^* = 20 \cdot \frac{4 \cdot (0{,}11)}{0{,}212 \cdot 0{,}5 \cdot 0{,}49} \cdot \frac{3{,}0}{3{,}8} = 133 \text{ mm}$$

$> d_s^* = 20 \cdot 3{,}0 / 3{,}8 = 16$ mm → maßgebend

→ zulässige Stahlspannung für eine Rissbreite $w_k = 0{,}2$ mm (Tab. 4.120) $\sigma_s \approx 210$ MN/m²

DIN-Fb 102, Kap. II, 4.4.2.3, Tab. 4.120

Anrechnung des im Verbund liegenden Spannstahls:

Spannstahl: $A_p = 3 \cdot 22{,}5 = 67{,}5$ cm²

Verhältnis der Verbundfestigkeit von Spannstahl und Betonstahl unter Berücksichtigung der unterschiedlichen Durchmesser:

$$\xi_1 = \sqrt{\xi \cdot \frac{d_s}{d_p}} = \sqrt{0{,}5 \cdot \frac{20}{1{,}6 \cdot \sqrt{2250}}} = 0{,}363$$

DIN-Fb 102, Kap. II, Gl. (4.197)

wobei:

ξ = 0,5 für Litzen im nachträglichen Verbund

$d_p = 1{,}6\sqrt{A_p}$ für Litzenspannglieder

ξ nach DIN-Fb 102, 4.3.7.3, Tab. 4.115 a)

Erforderliche Mindestbewehrung:

$$\begin{aligned} \min A_s &= k_c \cdot k \cdot f_{ct,eff} \cdot A_{ct} \; / \; \sigma_s - \xi_1 \cdot A_p \\ &= 0{,}212 \cdot 0{,}5 \cdot 3{,}8 \cdot 0{,}29 \cdot 10^4 / 210 - 0{,}363 \cdot 67{,}5 \\ &= 5{,}6 - 24{,}5 \quad < \mathbf{0} \end{aligned}$$

→ min A_s ist negativ, d. h. es ist keine zusätzliche Betonstahlbewehrung für die Begrenzung der Rissbreite erforderlich! Allerdings wird auf die erforderliche Robustheitsbewehrung aus der Berechnung im Abschnitt 6.3 verwiesen.

In den Stützenachsen 20 und 30 entstehen infolge der statisch unbestimmten Anteile der Vorspannung sowie der Beanspruchungen infolge Temperatur und Stützensenkung Zugspannungen an der Unterseite des Querschnitts. In diesem Bereich wird empfohlen, die Mindestbewehrung für die Schnittgrößenkombination vorzusehen, die zur Erstrissbildung führt.

$k_c = 0{,}4 \cdot [1 + \sigma_c / (k_1 \cdot f_{ct,eff})] \leq 1{,}0$

mit: $N_{Ed} = 0 \rightarrow \sigma_c = 0 \rightarrow k_c = 0{,}4$

DIN-Fb 102, Kap. II, Gl. (4.195)

$f_{ct,eff} = f_{ctm} = 3{,}2$ MN/m² (C35/45)

$k = 0{,}5$

$h_t = 1{,}50 - 0{,}496 = 1{,}004$ m

$A_{ct} = b_t \cdot h_t = 0{,}60 \cdot 1{,}004 = 0{,}60$ m²

Aus Zwang im Endzustand sind keine wesentlichen, nichtlinearen Betonzugspannungen zu erwarten.

Gewählter Bewehrungsdurchmesser $d_s = 20$ mm

Der Grenzdurchmesser darf nach Gl. (4.196) modifiziert werden:

DIN-Fb 102, Kap. II, 4.4.2.2, Gl. (4.196) umgestellt

$$d_s^* = 20 \cdot \frac{4 \cdot (0{,}11)}{0{,}4 \cdot 0{,}5 \cdot 1{,}004} \cdot \frac{3{,}0}{3{,}2} = 41 \text{ mm}$$

$$> d_s^* = 20 \cdot 3{,}0 / 3{,}2 = 19 \text{ mm} \quad \rightarrow \text{maßgebend}$$

→ zulässige Stahlspannung für eine Rissbreite $w_k = 0{,}2$ mm (Tab. 4.120) $\sigma_s \approx 200$ MN/m²

DIN-Fb 102, Kap. II, 4.4.2.3, Tab. 4.120

Erforderliche Mindestbewehrung an der Unterseite der Stützenachsen 20 und 30:

$$\min A_s = k_c \cdot k \cdot f_{ct,eff} \cdot A_{ct} / \sigma_s = 0{,}4 \cdot 0{,}5 \cdot 3{,}2 \cdot 0{,}60 \cdot 10^4 / 200 = \mathbf{19{,}2\ cm^2}$$

DIN-Fb 102, Kap. II, Gl. (4.194)

5.6 Begrenzung der Betondruckspannungen

Nach DIN-Fachbericht 102 muss die Betondruckspannung unter der nicht-häufigen Einwirkungskombination auf $0{,}6 \cdot f_{ck}$ beschränkt werden, um Längsrisse im Beton (Mikrorissbildung) zu vermeiden. Hierbei kann mit dem Mittelwert der Vorspannung gemäß DIN-Fachbericht gerechnet werden.

DIN-Fb 102, Kap. II, 4.4.1.2 (103)

DIN-Fb 102, Kap. II, 2.5.4.3 (3b)

Zusätzlich muss die Betondruckspannung unter der quasi-ständigen Einwirkungskombination zur Vermeidung von überproportionalen Kriechverformungen auf $0{,}45 \cdot f_{ck}$ beschränkt werden, wenn die Gebrauchstauglichkeit, Tragfähigkeit oder Dauerhaftigkeit des Bauwerks durch das Kriechen wesentlich beeinflusst werden.

DIN-Fb 102, Kap. II, 4.4.1.2 (104)

Bei der Herstellung von Fertigteilen darf der Wert $0{,}6 \cdot f_c(t)$ während der Bauausführung um 10 % überschritten werden, wenn eine strenge Überprüfung der Festigkeit und eine unabhängige Überprüfung der Vorspannverluste erfolgen. Außerdem darf bei Verbundbauteilen aus vorgespannten Fertigteilen und Ortbeton, der die Druckzone des Fertigteils entlastet, die maximale Betondruckspannung im Fertigteil auf $0{,}75 \cdot f_{ck}$ erhöht werden.

DIN-Fb 102, Kap. II, 4.4.1.2 (103)

DIN-Fb 102, Kap. IV, 5.4.9.3.3 (103)

Nachfolgend wird der Nachweis für die nicht-häufige Einwirkungskombination (mit dem Mittelwert der Vorspannung) in den Feldern 1 bis 3 geführt.

Die maximalen Druckspannungen ergeben sich am unteren Querschnittsrand ohne Berücksichtigung der Spannkraftverluste infolge Kriechen, Schwinden und Relaxation bis zum Zeitpunkt $t \rightarrow \infty$. Die Nachweise werden demnach für den Zeitpunkt $t = 85$ d geführt. Für den oberen Querschnittsrand werden die Druckspannungen, die sich aus den maximalen Feldmomenten zum Zeitpunkt $t \rightarrow \infty$ ergeben, ergänzend zusammengefasst.

$t = 85$ d: Kappen und Belag werden aufgebracht, entspricht in etwa dem Zeitpunkt der Verkehrsübergabe.

Da im Feld 2 unter der seltenen Einwirkungskombination die Betonzugfestigkeit am unteren Querschnittsrand überschritten wird (vgl. Abschnitt 5.2), werden hier zusätzlich die Betondruckspannungen am oberen Querschnittsrand im gerissenen Zustand nachgewiesen.

Außerdem werden die Betondruckspannungen für das Fertigteil infolge der Belastung aus der Eigenlast des Fertigteils und aus Vorspannung überprüft (Bau- und Montagezustand).

Nicht-häufige Einwirkungskombination, angepasst: DIN-Fb 102, Kap. II, 2.3.4 (102)

$$\sum G_{k,j} + P_m + \psi'_{1,1} \cdot Q_{k,1} + \sum_{i>1} \psi_{1,i} \cdot Q_{k,i}$$

DIN-Fb 102, Kap. II, Gl. (2.109b) und 2.5.4.3 (3b)

Bei der Ermittlung der maßgebenden nicht-häufigen Einwirkungskombination sind verschiedene Kombinationen zu untersuchen, wobei entweder die Temperatur T_M oder die Lastgruppe *gr* 1 (Haupt-Lastmodell 1: Tandemachse TS und die gleichmäßig verteilte Verkehrslast UDL) als Leiteinwirkung $Q_{k,1}$ gewählt werden.

Die Kombinationsfaktoren sind dabei: DIN-Fb 101, Kap. IV, Anh. C, Tab. C.2

- für die Tandemachse TS $\psi_1' = 0{,}80$ und $\psi_1 = 0{,}75$
- für die Flächenlast UDL aus Verkehr $\psi_1' = 0{,}80$ und $\psi_1 = 0{,}40$
- für den Temperaturunterschied T_M $\psi_1' = 0{,}80$ und $\psi_1 = 0{,}60$

Die wahrscheinliche Stützensenkung wird als ständige Einwirkung mit ihrem charakteristischen Wert berücksichtigt.

Kombinationen für die nicht-häufige Einwirkung:

$E_{d,nh1} = \Sigma G_{k,j} + P_m + 1{,}0 \cdot G_{SET,k} + (0{,}80 \cdot Q_{TS,k} + 0{,}80 \cdot Q_{UDL,k}) + 0{,}60 \cdot Q_{TM,k}$

$E_{d,nh2} = \Sigma G_{k,j} + P_m + 1{,}0 \cdot G_{SET,k} + 0{,}80 \cdot Q_{TM,k} + (0{,}75 \cdot Q_{TS,k} + 0{,}40 \cdot Q_{UDL,k})$

Tab. 5.6-1: Schnittgrößen und Spannungen unter der nicht-häufigen Einwirkungskombination für den unteren Querschnittsrand zum Zeitpunkt t = 85 d

Einwirkung		Feld 1	Feld 2	Feld 3
$\Sigma g_0 + p$ (umgelagert)	M [kNm]	-1769	-230	-1366
	N [kN]	-8389	-7931	-5630
Ausbaulast	M [kNm]	876	402	486
Setzungen	M [kNm]	-208	-179	-248
Temperatur	M [kNm]	-267	-668	-254
Verk. 1,0 TS + 1,0 UDL	M [kNm]	-473	-737	-554
Verk. 0,75 TS + 0,40 UDL	M [kNm]	-274	-397	-321
Kombination 1: min $\sigma_{cu,nh1}$	**[MN/m²]**	**-11,8**	**-9,5**	**-10,1**
Kombination 2: min $\sigma_{cu,nh2}$	**[MN/m²]**	**-11,6**	**-9,4**	**-9,8**

vgl. Tab. 3.3-1: Spannkraftverluste bis zum Zeitpunkt t = 85 d sind in den Schnittgrößen enthalten.
$M_{csr} = -M_{pm0,EGS} \cdot 0{,}10$
(Spannkraftverlust 10 %)

Tab. 5.6-2: Spannungen unter der nicht-häufigen Einwirkungskombination für den oberen Querschnittsrand zum Zeitpunkt $t \to \infty$ (Zustand I)

		Feld 1	Feld 2	Feld 3
Kombination 1: min $\sigma_{co,nh1}$	**[MN/m²]**	**-7,4**	**-8,2**	**-5,2**
Kombination 2: min $\sigma_{co,nh2}$	**[MN/m²]**	**-6,7**	**-7,8**	**-4,7**

Es zeigt sich, dass für den vorliegenden Fall in allen untersuchten Querschnitten die Betondruckspannungen am unteren Querschnittsrand unter der nicht-häufigen Einwirkungskombination immer deutlich kleiner als $0{,}6\,f_{ck} = 0{,}6 \cdot 45 = 27$ MN/m² (Fertigteil, C45/55) sind und dieser Nachweis eingehalten ist. DIN-Fb 102, Kap. II. 4.4.1.2 (103)

Da selbst unter dieser Einwirkungskombination die Betondruckspannungen auch kleiner als $0{,}45\,f_{ck} = 0{,}45 \cdot 45 = 20{,}2$ MN/m² sind (maßgebend wäre die quasi-ständige Einwirkungskombination), kann im Endzustand die Nichtlinearität des Kriechens unberücksichtigt bleiben. DIN-Fb 102, Kap. II. 4.4.1.2 (104)

Am oberen Querschnittsrand sind die zulässigen Betondruckspannungen für die Ortbetonergänzung C35/45 nachzuweisen. Die vorhandenen Druckspannungen sind auch hier deutlich kleiner als $0{,}6\, f_{ck} = 0{,}6 \cdot 35 = 21$ MN/m² bzw. $0{,}45\, f_{ck} = 0{,}45 \cdot 35 = 15{,}8$ MN/m².

Im Feld 2 wird die Betondruckspannung am oberen Querschnittsrand im gerissenen Zustand ermittelt.

Tab. 5.6-3: Schnittgrößen in Feld 2 unter der nicht-häufigen Einwirkungskombination

Einwirkung	Feld 2	
	M [kNm]	N [kN]
$\Sigma g_0 + p$ (umgelagert)	-230	-7931
Spannkraftverluste $t = 85$ d bis $t \to \infty$	107	844
Ausbaulast	402	
Setzungen	179	
Temperatur	1026	
Verkehr: 1,0 TS + 1,0 UDL	2250	
Verkehr: 0,75 TS + 0,40 UDL	1366	
Kombination 1:	**2874**	**-7087**
Kombination 2:	**2646**	**-7087**

Die Betondruckspannungen im Zustand II werden nach *Kupfer* [74], Tafel Va, ermittelt. Die Platte in der Betondruckzone wird mit einer Ersatzbreite berücksichtigt, die iterativ berechnet wird. Im ersten Schritt wird die mitwirkende Breite des Plattenbalkens mit $b = 2{,}695$ m angesetzt.

[74] *Kupfer*: Bemessung von Spannbetonbauteilen, BK 1991/I I, S. 671 ff. näherungsweise Zurückführung auf Rechteckquerschnitt (entnommen aus *Hochreither* [75])

Eingangswerte für Tafel Va:

M_r – auf Faser r bezogenes Biegemoment

$$M_r = M - N \cdot y_r = 2874 + 7087 \cdot (1{,}004 - 0{,}10) = 9281 \text{ kNm}$$
$$N \cdot h_r / M_r = -7087 \cdot (1{,}50 - 0{,}10) / 9281 = -1{,}07$$

Druckzone im Bereich der Ortbetonplatte C35/45: $E_{cm} = 33.300$ MN/m²
vorh A_s siehe Abschnitt 6.3

- 1. Iterationsschritt:

$$n \cdot \mu = (E_s / E_c) \cdot (A_s + A_p) / (b \cdot h_r)$$
$$= (200 / 33{,}3) \cdot (14{,}5 + 3 \cdot 22{,}5) / (269{,}5 \cdot 140) = 0{,}01$$

[74] Tafel Va, 1. Iterationsschritt

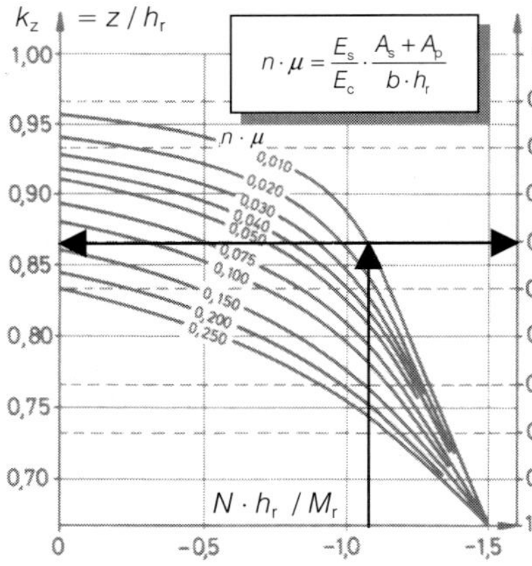

$\to$ Ablesung aus Tafel Va: $k_x = 0{,}40$
$\to x = 0{,}40 \cdot 1{,}40 = 0{,}53 \text{ m} > h_f = 0{,}33$ m

Die Ersatzbreite der Druckzone b_i wird nach Grasser [71] bestimmt:

Eingangswerte: $b_f / b_w = 2{,}695 / 0{,}60 = 4{,}5$
$h_f / d = 0{,}33 / 1{,}40 \approx 0{,}25$
$\xi = k_x = 0{,}40$
Ablesung: $100 \cdot \lambda_b \approx 80 \quad \to b_i = 0{,}80 \cdot 2{,}695 = 2{,}15$ m

- 2. Iterationsschritt:

$$n \cdot \mu = (200 / 33{,}3) \cdot (14{,}5 + 3 \cdot 22{,}5) / (215 \cdot 140) = 0{,}02$$

$\to$ Ablesung aus [71] Tafel Va: $k_x = 0{,}48$

[71] *Grasser/Kupfer/Pratsch/Feix*: Bemessung von Stahlbeton- und Spannbetonbauteilen nach EC 2 für Biegung, Längskraft, Querkraft und Torsion, BK 1996/I, S. 403 ff

Ersatzbreite der Druckzone b_i für $\xi = k_x = 0{,}48$
Ablesung: $100 \cdot \lambda_b \approx 70 \quad \to b_i = 0{,}70 \cdot 2{,}695 = 1{,}89$ m

- 3. Iterationsschritt:

$n \cdot \mu$ = (200 / 33,3) · (14,5 + 3 · 22,5) / (189 · 140) = 0,02
→ Ablesung aus [71] Tafel Va: $k_x = 0{,}48$

Da sich der Wert $\xi = k_x$ nicht mehr ändert, kann die Iteration beendet werden. Die weitere Berechnung erfolgt für eine Ersatzbreite b_i = 1,89 m.

→ Ablesung aus Tafel Va: $k_z = 0{,}84$

Zugkraft: $Z = M_r / (k_z \cdot h_r) + N$
= 9281 / (0,84 · 1,40) – 7087 = 805 kN

Betondruckkraft: $D = N - Z$ = –7087 – 805 = –7892 kN

Druckzonenhöhe: $x = k_x \cdot h_r$ = 0,48 · 1,40 = 0,67 m

Bei Annahme einer linearen Spannungsverteilung in der Betondruckzone ergibt sich die maximale Druckspannung am oberen Querschnittsrand (Ortbetonergänzung C35/45) zu

Im Grenzzustand der Gebrauchstauglichkeit ist von einer linearen Spannungsverteilung auszugehen.

$D = 0{,}5 \cdot \sigma_{co} \cdot x \cdot b_i$

σ_{co} = 2 · D / (x · b_i) = 2 · (–7,892) / (0,67 · 1,89)
= **–12,5 MN/m²**
< 0,6 · f_{ck} = 0,6 · 35 = 21 MN/m²
< 0,45 · f_{ck} = 0,45 · 35 = 15,8 MN/m²

Für die Fertigteile im Bau- und Montagezustand ergeben sich die maximalen Druckspannungen unter der Beanspruchung infolge Eigenlast und Vorspannung am unteren Querschnittsrand. Diese sind in Tab. 5.6-4 zusammengestellt.

Tab. 5.6-4: Schnittgrößen und Spannungen am Fertigteil im Bau- und Montagezustand

Einwirkung		Feld 1	Feld 2	Feld 3
Eigenlast Fertigteil g_{FT}	M [kNm]	2496	2333	1463
Vorspannung p	M [kNm]	-5953	-5651	-3988
	N [kN]	-8930	-8472	-6024
Summe BZ1: $g_{FT} + p$	M [kNm]	-3457	-3318	-2525
	N [kN]	-8930	-8472	-6024
$\sigma_{cu,BZ1}$	**[MN/m²]**	**-26,3**	**-25,2**	**-18,7**
Ortbetonergänzung $g_{Ortb.}$	M [kNm]	1510	1411	881
$\Delta\sigma_{cu,BZ2}$	[MN/m²]	7,1	6,6	4,1
$\sigma_{cu,BZ2}$	**[MN/m²]**	**-19,2**	**-18,6**	**-14,6**

Die maximale Druckspannung im Bauzustand beträgt (Fertigteil C45/55):
$|\sigma_{cu}|$ = 26,3 MN/m² < 0,6 · f_{ck} = 0,6 · 45 = 27,0 MN/m²

Bei Fertigteilen dürfte die Betondruckspannung bis auf 0,75 f_{ck} = 33,8 MN/m² erhöht werden, sofern dies durch Versuche oder Erfahrungen gerechtfertigt ist.

DIN-Fb 102, Kap. IV, 5.4.9.3.3 (103) und DIN-Fb 102, Kap. IV, 4.4.1.2 (102)P

Im Bauzustand 1 überschreitet die Druckspannung unter den ständigen Einwirkungen Fertigteileigenlast und Vorspannung in den Feldern 1 und 2 den Wert 0,45 f_{ck} = 0,45 · 45 = 20,2 MN/m².

DIN-Fb 102, Kap. II, 4.4.1.2 (104)

Nach dem Aufbringen der Ortbetonergänzung reduzieren sich die Druckspannungen auf maximal 19,2 MN/m².

Für den Zeitraum zwischen dem Aufbringen der Vorspannung und dem Betonieren der Ortbetonplatte müssten ggf. überproportionale Kriechverformungen berücksichtigt werden.
Diese überproportionalen Kriechverformungen wirken sich vor allem auf die zu erwartende Durchbiegung der Träger und deren Spannkraftverluste im Bauzustand aus. Eine Berücksichtigung bei der Festlegung der notwendigen Über- bzw. Unterhöhung erscheint sinnvoll (siehe Abschn. 5.9). Da sich aber die Phase überproportionalen Kriechens nur auf einen relativ kurzen Zeitraum von ca. 2–3 Wochen zwischen dem Aufbringen der Vorspannung auf die Fertigteile und Betonieren der Ortbetonergänzung erstreckt, sind keine wesentlichen Einflüsse auf Gebrauchstauglichkeit, Tragfähigkeit und Dauerhaftigkeit zu erwarten.

[29] DAfStb-Heft 525, zu 11.1.2:
Die Spannungsgrenze 0,45 f_{ck} bezieht sich nicht auf eine kurzzeitige Belastung, z. B. im Bauzustand, da für die Bewertung und Eingrenzung des Kriecheinflusses vor allem die kriecherzeugende Dauerlast entscheidend ist. Von einer wesentlichen Beeinflussung der Gebrauchstauglichkeit, Tragfähigkeit oder Dauerhaftigkeit kann dann gesprochen werden, wenn sich Schnittgrößen, Verformungen oder ähnliche bemessungsrelevante Größen infolge des Kriechens um mehr als 10 % ändern.

Zur Rechenvereinfachung wird daher im Folgenden das überproportionale Kriechen nicht weiter betrachtet.

in [29] Angaben zu überproportionalem Kriechen

5.7 Begrenzung der Spannstahlspannungen

Neben den Betondruckspannungen müssen auch die Spannstahlspannungen begrenzt werden. Für die Spannstahlspannungen fordert der DIN-Fachbericht, diese unter quasi-ständiger Einwirkungskombination und nach Abzug aller Spannkraftverluste mit dem Mittelwert der Vorspannung auf maximal 0,65 f_{pk} zu beschränken. Die Schnittgrößen unter der quasiständigen Einwirkungskombination sind bereits für den Nachweis der Dekompression in Abschnitt 5.3 ermittelt worden.

DIN-Fb 102, Kap. II, 4.4.1.4 (1)
Nachweis zur Begrenzung der Spannungsrisskorrosion.
Nach DIN-Fb 102, Kap. III, 6.2 (1) können für externe Spannglieder und Spannglieder ohne Verbund deutlich höhere Spannstahlspannungen ($0{,}75 \cdot f_{pk}$ bzw. $0{,}85 \cdot f_{p0,1k}$) ausgenutzt werden.

Die Eigenlast g_1 wird im Zuge des Vorspannens aktiviert und ist in den Stahlspannungen aus Vorspannung bereits enthalten. Die Spannglieder erhalten demnach nur zusätzliche Spannungen aus der Ortbetonergänzung, den Ausbaulasten g_2, den Stützensenkungen sowie aus Verkehr und Temperatur.

Die Ermittlung des Zuwachses der Spannstahlspannungen $\Delta\sigma_p$ erfolgt über die Ermittlung der Betonspannungen in Höhe der Spannglieder.

Tab. 5.7-1: Schnittgrößen unter der quasi-ständigen Einwirkungskombination für die Nachweise der Spannstahlspannungen

Einwirkung		Feld 1	Feld 2	Feld 3
$\Sigma g_0 + p$ (umgelagert)	M [kNm]	-1769	-230	-1366
	N [kN]	-8389	-7931	-5630
BZ: Ortbetonergänzung	M [kNm]	1510	1411	881
EGS: Ortbetonergänzung	M [kNm]	994	457	543
Spannkraftverluste	M [kNm]	481	107	301
t = 85 d bis $t \to \infty$	N [kN]	893	844	599
Ausbaulast	M [kNm]	876	402	486
Setzungen	M [kNm]	208	179	248
Temperatur	M [kNm]	411	1026	390
Verkehr: 0,2 TS + 0,2 UDL	M [kNm]	559	450	412

vgl. Tab. 3.3-1: Spannkraftverluste bis zum Zeitpunkt t = 85 d sind in den Schnittgrößen enthalten.

Anteil Ortbetonergänzung am Gesamtquerschnitt:
0,593 m² / 1,59 m² = 0,37
$\to M_{g,Ortbeton} = M_{g1} \cdot 0{,}37$

Feld 1: $N_{pm} =$ $= -8389$ kN

$$\sigma_{p,p+g} = \frac{N_{pm}}{A_p} = \frac{8{,}389}{2 \cdot 0{,}00225 + 0{,}00285} = 1141 \text{ MN/m}^2$$

Spannkraftverluste infolge Kriechen, Schwinden und Relaxation im Zeitraum t = 85 d bis $t \to \infty$:

$$\sigma_{p,csr} = \frac{-N_{csr}}{A_p} = \frac{-0{,}893}{2 \cdot 0{,}00225 + 0{,}00285} = -121 \text{ MN/m}^2$$

Die Momente infolge Aufbringen der Ortbetonergänzung entstehen zunächst an den Fertigteilen im Bau- und Montagezustand und gehen durch Umlagerung über auf das Eingusssystem.

BZ: $$\Delta\sigma_{cp,Ortbeton,BZ} = \frac{M_{Ortbeton,BZ}}{W_{cp,FT}} = \frac{1{,}510}{0{,}25} = 6{,}0 \text{ MN/m}^2$$

EGS: $$\Delta\sigma_{cp,Ortbeton,EGS} = \frac{M_{Ortbeton,EGS}}{W_{cpi}} = \frac{0{,}994}{0{,}38} = 2{,}6 \text{ MN/m}^2$$

Umlagerung:

$$\Delta\sigma_{cp,Ortb.,umgel.} = 0{,}75 \cdot 2{,}6 + 0{,}25 \cdot 6{,}0 = 3{,}4 \text{ MN/m}^2$$

$$\Delta\sigma_{cp,\infty} = \frac{M_{g2} + M_{SET} + 0{,}2 \cdot (M_{TS} + M_{UDL}) + 0{,}5 \cdot M_{TM}}{W_{cpi}}$$

$$\Delta\sigma_{cp,\infty} = \frac{0{,}876 + 0{,}208 + 0{,}559 + 0{,}5 \cdot 0{,}411}{0{,}38} = 4{,}8 \text{ MN/m}^2$$

$$\sigma_{pm\infty} = \sigma_{p,p+g,\infty} + \alpha_p \cdot \Delta\sigma_{cp,\infty}$$
$$= 1141 - 121 + 5{,}65 \cdot (3{,}4 + 4{,}8) = \mathbf{1066 \text{ MN/m}^2}$$

$W_{cp,FT}$ $= I_{y,FT} / z_{cp,FT}$
$= 0{,}1657 / 0{,}667 = 0{,}25$ m³

W_{cpi} $= I_{y,i} / z_{cp,i}$
$= 0{,}3329 / 0{,}877 = 0{,}38$ m³

mit $z_{cp,i}$ $= 1{,}50 - 0{,}513 - 0{,}11 = 0{,}877$ m

ideelle Querschnittswerte näherungsweise mit mittlerem E-Modul für C35/45 und C45/55:
$\alpha_p = E_p / E_{cm} = 195 / (33{,}3 + 35{,}7) / 2 = 5{,}65$

Feld 2: $N_{pm} =$ $= -7931$ kN

$\sigma_{p,p+g} = 7{,}931 / (3 \cdot 0{,}00225)$ $= 1175$ MN/m²

$\sigma_{p,csr} = -0{,}844 / (3 \cdot 0{,}00225)$ $= -125$ MN/m²

BZ: $\Delta\sigma_{cp,Ortbeton,BZ} = 1{,}411 / 0{,}25 = 5{,}6$ MN/m²

EGS: $\Delta\sigma_{cp,Ortbeton,EGS} = 0{,}457 / 0{,}38 = 1{,}2$ MN/m²

Uml.: $\Delta\sigma_{cp,Ortb.,umgel.} = 0{,}75 \cdot 1{,}2 + 0{,}25 \cdot 5{,}6 = 2{,}3$ MN/m²

$$\Delta\sigma_{cp,\infty} = \frac{0{,}402 + 0{,}179 + 0{,}450 + 0{,}5 \cdot 1{,}026}{0{,}38} = 4{,}1 \text{ MN/m}^2$$

$$\sigma_{pm\infty} = 1175 - 125 + 5{,}65 \cdot (2{,}3 + 4{,}1) = \mathbf{1086 \text{ MN/m}^2}$$

Feld 3: $N_{pm} =$ $= -5630$ kN

$\sigma_{p,p+g} = 5{,}630 / (2 \cdot 0{,}0018 + 0{,}0012)$ $= 1173$ MN/m²

$\sigma_{p,csr} = -0{,}599 / (2 \cdot 0{,}0018 + 0{,}0012)$ $= -125$ MN/m²

BZ: $\Delta\sigma_{cp,Ortbeton,BZ} = 0{,}881 / 0{,}25$ $= 3{,}5$ MN/m²

EGS: $\Delta\sigma_{cp,Ortbeton,EGS} = 0{,}543 / 0{,}38$ $= 1{,}4$ MN/m²

Uml.: $\Delta\sigma_{cp,Ortb.,umgel.} = 0{,}75 \cdot 1{,}4 + 0{,}25 \cdot 3{,}5$ $= 1{,}9$ MN/m²

$$\Delta\sigma_{cp,\infty} = \frac{0{,}486 + 0{,}248 + 0{,}412 + 0{,}5 \cdot 0{,}390}{0{,}38} = 3{,}5 \text{ MN/m}^2$$

$$\sigma_{pm\infty} = 1173 - 125 + 5{,}65 \cdot (1{,}9 + 3{,}5) = \mathbf{1078 \text{ MN/m}^2}$$

Die maximale Spannung im Spannstahl unter quasi-ständiger Einwirkung nach Abzug aller Spannkraftverluste beträgt $\sigma_{pm\infty}$ = 1086 MN/m² und liegt damit unter der maximal zulässigen Spannstahlspannung von 0,65 f_{pk} = 0,65 · 1770 = 1150 MN/m².

DIN-Fb 102, Kap. II, 4.4.1.4 (1)

5.8 Begrenzung der Betonstahlspannungen

DIN-Fb 102, Kap. II, 4.4.1.3:
Zur Vermeidung breiter Risse im Beton und nichtelastischer Dehnungen im Stahl ist das Überschreiten der Streckgrenze des Betonstahls auf Gebrauchslastniveau (für Lastbeanspruchung) unbedingt zu verhindern.

siehe auch [140] *Rossner/Graubner*: Spannbetontragwerke, Teil 3

Für den Betonstahl fordert der DIN-Fachbericht, dass unter der nicht-häufigen Einwirkungskombination die Zugspannung den Wert 0,8 f_{yk} nicht überschreitet. In den Grenzzuständen der Gebrauchstauglichkeit ist i. d. R. die Vorspannung mit ihrem oberen bzw. unterem charakteristischen Wert anzusetzen. Aufgrund der geringen Ausnutzung der Betonstahlspannung kann jedoch auch mit den Mittelwerten der Vorspannung gerechnet werden (wie bei der Begrenzung der Betondruckspannungen).

Solange sich der Querschnitt im Zustand I befindet, ergeben sich keine wesentlichen Spannungen in der Betonstahlbewehrung. Daher kann in den Feldern 1 und 3, für die im Abschnitt 5.3 ein ungerissener Querschnitt nachgewiesen wurde, der Nachweis der Betonstahlspannungen entfallen. Für das Feld 2 wird unter Berücksichtigung des Übergangs in den Zustand II unter der maßgebenden nicht-häufigen Einwirkungskombination eine maximale Betonstahlspannung von $\sigma_{s,nh}$ = 107 MN/m² errechnet, die kleiner als der zulässige Grenzwert nach DIN-Fachbericht 102 ist.

siehe 5.6

Aus der Ermittlung der Betondruckspannungen im Zustand II unter der nicht-häufigen Einwirkungskombination kann auch die vorhandene Betonstahl-spannung entnommen werden. In Abschnitt 5.6 wurde die vorhandene Zugkraft Z = 805 kN in Höhe der Spannstahlschwerelinie ermittelt. Hieraus kann nach *Kupfer* [74] die Betonstahlspannung berechnet werden.

[74] *Kupfer*: Bemessung von Spannbeton-bauteilen, BK 1991/I I, S. 671 ff.

$$\sigma_s = [M_r / (k_z \cdot h_r) + N] / (A_s + \alpha \cdot A_p) \qquad = Z / (A_s + \alpha \cdot A_p)$$

mit: $\alpha = y_{np} / y_{ns} \approx 0{,}895 \text{ m} / 0{,}995 \text{ m} = 0{,}90$

$$\sigma_{s,nh} = 0{,}805 / (14{,}5 \cdot 10^{-4} + 0{,}9 \cdot 67{,}5 \cdot 10^{-4})$$
$$= \mathbf{107\ MN/m^2} \quad < 0{,}8\, f_{yk} = 400 \text{ N/mm}^2$$

5.9 Begrenzung der Verformungen

DIN-Fb 102, Kap. II, 4.4.3

DIN-Fb 102, Kap. II, 4.4.3.1 (1)

Die Verformungen eines Bauwerks sind zu begrenzen, um eine Beeinträchtigung der ordnungsgemäßen Funktion oder des Erscheinungsbildes des Bauteils selbst oder angrenzender Bauteile zu vermeiden.

DIN-Fb 102, Kap. II, 4.4.3.1 (102)

Geeignete Grenzwerte für die Durchbiegung sowie die zugehörige Einwirkungskombination sind mit dem Bauherrn zu vereinbaren.

Bei der Berechnung der Durchbiegungen ist ein Elastizitätsmodul, der dem tatsächlichen Beton des Tragwerks entspricht, in Ansatz zu bringen.

DIN-Fb 102, Kap. II, 4.4.3.2 (101) und (102)

Der Einfluss des Kriechens ist bei der Berechnung der Durchbiegungen nach der folgenden Kriechfunktion zu berücksichtigen:

DIN-Fb 102, Kap. II, 2.5.5.1, Gl. (2.21)

$$J(t,t_0) = \frac{1}{E_{c0}(t_0)} + \frac{\varphi(t,t_0)}{E_{c0}}$$

wobei:
- t_0 Zeitpunkt der ersten Lastaufbringung auf den Beton
- t betrachteter Zeitpunkt
- $J(t,t_0)$ Kriechfunktion zum Zeitpunkt t
- $E_{c0}(t_0)$ Elastizitätsmodul zum Zeitpunkt t_0
- E_{c0} Elastizitätsmodul nach 28 Tagen
- $\varphi(t,t_0)$ Kriechzahl, bezogen auf die mit E_{c0} ermittelte elastische Verformung nach 28 Tagen

E_{c0} – als Tangentenmodul im Ursprung der Spannungs-Dehnungslinie

Der Elastizitätsmodul $E_{c0}(t_0)$ zum Zeitpunkt der ersten Lastaufbringung darf wie folgt ermittelt werden:

$$E_{c0}(t_0) = \beta_E(t_0) \cdot E_{c0}$$

DIN-Fb 102, Kap. II, Gl. (4.206)

Dabei ist: $\beta_E(t_0) = \sqrt{\beta_{cc}(t_0)} = \sqrt{e^k}$

DIN-Fb 102, Kap. II, Gl. (4.207) und (4.208)

mit: $k = s \cdot \left[1 - \sqrt{\frac{28}{t_0 / t_1}}\right] = 0{,}25 \cdot \left[1 - \sqrt{\frac{28}{30}}\right] \quad = 0{,}0085$

$s = 0{,}25$ für schnell erhärtende, normalfeste Zemente

$t_1 = 1$ Tag Bezugszeit

$t_0 = 30$ Tage Zeitpunkt der Erstbelastung des Betons (Vorspannung)

→ $\beta_E(t_0) = e^{0{,}0085/2} \cong 1{,}0042$

E_{c0} Elastizitätsmodul im Alter von 28 Tagen: Der Elastizitätsmodul E_{cm} aus Tab. 3.2 wird in Abhängigkeit von der Betonfestigkeit f_{ck} ermittelt, die der Druckfestigkeit im Alter von 28 Tagen entspricht. Daher kann der E-Modul E_{cm} näherungsweise auch für ein Alter von 30 Tagen verwendet werden.

DIN-Fb 102, Kap. II, 3.1.5.2 (4); Tab. 3.2

→ $E_{c0}(t_0 = 30) = 1{,}0 \cdot E_{c0} = E_{cm}$

Die Gesamtverformung des Betons ergibt sich bei einer ersten Lastaufbringung zum Zeitpunkt t_0 und einer Spannung $\sigma(t_0)$ unter Einschluss nachfolgender Spannungsänderungen $\Delta\sigma(t_i)$ zum Zeitpunkt t_i aus der folgenden Gleichung:

$$\varepsilon_{tot}(t,t_0) = \varepsilon_n(t) + \sigma(t_0) \cdot J(t,t_0) + \Sigma[\Delta\sigma(t_i) \cdot J(t,t_i)]$$

DIN-Fb 102, Kap. II, 2.5.5.1, Gl. (2.22)

wobei: $\varepsilon_n(t)$ von Lastspannungen unabhängige aufgezwungene Verformung (z. B. Schwinden, Temperatureinflüsse)

Durch Einsetzen ergibt sich:

$$\varepsilon_{tot}(t,t_0) = \varepsilon_n(t) + \sigma(t_0) \cdot J(t,t_0) + [\sigma(t) - \sigma(t_0)] \cdot \left[\frac{1}{E_{c0}(t_0)} + \chi \frac{\varphi(t,t_0)}{E_{c0}}\right]$$

DIN-Fb 102, Kap. II, 2.5.5.1, Gl. (2.23)

Die Kriechzahlen $\varphi(t,t_0)$ wurden bereits in Abschnitt 4.4 ermittelt:

→ Zeitpunkt 85 d: → $\varphi(t,t_0) = \varphi(85, 30) \quad = 0{,}5$

→ Zeitpunkt ∞: → $\varphi(t,t_0) = \varphi(\infty, 85) \quad = 1{,}0$

Abschnitt 4.4: Ermittlung der zeitabhängigen Spannkraftverluste

Zusammenstellung der elastischen Durchbiegungen

Im Folgenden werden die elastischen Durchbiegungen für die Einzellastfälle zusammengestellt. Die Durchbiegungen der Fertigteile im Bau- und Montagezustand werden am Einfeldträger ermittelt.

Tab. 5.9-1: Durchbiegungen für die Einzellastfälle – Fertigteile $v_{z,FT}$ [mm]

Einwirkung	Feld 1	Feld 2	Feld 3
Eigenlast Fertigteil	30	28	9
Eigenlast Ortbetonergänzung	18	16	6
Vorspannung	-83	-76	-30

Tab. 5.9-2: Durchbiegungen am Eingusssystem $v_{z,EGS}$ [mm]

Einwirkung	Feld 1	Feld 2	Feld 3
Eigenlast g_1	19	6	6
Ausbaulasten g_2	6	2	2
Vorspannung	-35	-3	-12
Verkehr: 1,0 TS + 1,0 UDL	20	14	9

Zusammenstellung der Verformungen – Feld 1:

- Zeitpunkt t = 30 d: Volle Vorspannung
  $v_{t=30} = v_{g,FT} + v_{p,FT} = 30 - 83$ $= -53$ mm

- Aufbringen Ortbetonergänzung
  $v'_{t=30} = v_{t=30} + v_{g,Ortb.} = -53 + 18$ $= -35$ mm

- Zeitpunkt t = 85 d: Aufbringen des Belages und Abschätzung des Kriechens für t = 30–85 d
  $v_{t=85} = v'_{t=30} + v_{g2} + \varphi_{t=85} \cdot (v_{g1,EGS} + v_{p,EGS})$
  $= -35 + 6 + 0{,}5 \cdot (19 - 35)$ $= -37$ mm

- Zeitpunkt $t \to \infty$: Aufwölbung infolge Vorspannung und Kriechen
  $v_{t\to\infty} = v_{t=85} + \varphi_{t\to\infty} \cdot (v_{g1,EGS} + v_{g2,EGS} + v_{p,EGS})$
  $= -37 + 1{,}0 \cdot (19 + 6 - 35)$ $= -47$ mm

Zusammenstellung der Verformungen – Feld 2:

- Zeitpunkt t = 30 d: Volle Vorspannung
  $v_{t=30} = v_{g,FT} + v_{p,FT} = 28 - 76$ $= -48$ mm

- Aufbringen Ortbetonergänzung
  $v'_{t=30} = v_{t=30} + v_{g,Ortb.} = -48 + 16$ $= -32$ mm

- Zeitpunkt t = 85 d: Aufbringen des Belages Aufbringen des Belages und Abschätzung des Kriechens für t = 30–85 d
  $v_{t=85} = v'_{t=30} + v_{g2} + \varphi_{t=85} \cdot (v_{g1,EGS} + v_{p,EGS})$
  $= -32 + 2 + 0{,}5 \cdot (6 - 3)$ $= -28$ mm

- Zeitpunkt $t \to \infty$: Aufwölbung infolge Vorspannung und Kriechen
  $v_{t\to\infty} = v_{t=85} + \varphi_{t\to\infty} \cdot (v_{g1,EGS} + v_{g2,EGS} + v_{p,EGS})$
  $= -28 + 1{,}0 \cdot (6 + 2 - 3)$ $= -23$ mm

Zusammenstellung der Verformungen – Feld 3:

- Zeitpunkt t = 30 d: Volle Vorspannung
  $v_{t=30} = v_{g,FT} + v_{p,FT} = 9 - 30$ $= -21$ mm

- Aufbringen Ortbetonergänzung
  $v'_{t=30} = v_{t=30} + v_{g,Ortb.} = -21 + 6$ $= -15$ mm

- Zeitpunkt t = 85 d: Aufbringen des Belages Aufbringen des Belages und Abschätzung des Kriechens für t = 30–85 d
  $v_{t=85} = v'_{t=30} + v_{g2} + \varphi_{t=85} \cdot (v_{g1,EGS} + v_{p,EGS})$
  $= -15 + 2 + 0{,}5 \cdot (6 - 12)$ $= -16$ mm

- Zeitpunkt $t \to \infty$: Aufwölbung infolge Vorspannung und Kriechen
  $v_{t\to\infty} = v_{t=85} + \varphi_{t\to\infty} \cdot (v_{g1,EGS} + v_{g2,EGS} + v_{p,EGS})$
  $= -16 + 1{,}0 \cdot (6 + 2 - 12)$ $= -20$ mm

Infolge Vorspannung und Kriechen des Betons kommt es zu Aufwölbungen jeweils in Feldmitte. Die maximale Aufwölbung beträgt im Feld 1 v = 47 mm, was etwa 1 / 630 der Stützweite entspricht.

Da Aufwölbungen optisch weniger auffallend wirken als Durchbiegungen, wird auf eine Unterhöhung der Fertigteile verzichtet.

Bei der Herstellung der Ortbetonplatte ist die Aufwölbung der Fertigteile zu berücksichtigen.

6 Grenzzustände der Tragfähigkeit

6.1 Allgemeines

Nachfolgend werden die Nachweise im Grenzzustand der Tragfähigkeit für Biegung mit Längskraft, Querkraft, Torsion und für Ermüdung wiederum für die bereits in Abschnitt 5 betrachteten Schnitte geführt.

6.2 Biegung mit Längskraft

Der Nachweis im Grenzzustand der Tragfähigkeit für Biegung mit Längskraft erfolgt für den Betriebszustand, d. h. zum Zeitpunkt t = Verkehrsübergabe und $t \rightarrow \infty$ für Vorspannung mit Verbund in den Bemessungsschnitten Innenstütze und Innenfeld. Der Nachweis erfolgt mit Hilfe von Bemessungstabellen mit dimensionslosen Beiwerten für den Rechteckquerschnitt [135].

[135] Band 1, Anhang A4: Bemessungstabelle mit dimensionslosen Beiwerten für den Rechteckquerschnitt (C12/15 bis C50/60) mit ansteigendem Ast der Spannungs-Dehnungslinie des Betonstahls

Nach DIN-Fachbericht 102 brauchen Zwangschnittgrößen infolge Temperatureinwirkung in Durchlaufträgern mit gleichmäßigen Stützweiten, die ohne Momentenumlagerung bemessen werden, nicht berücksichtigt zu werden. Diese Vereinfachung ist jedoch nach [136] ARS 11/2003 nicht anzuwenden.

DIN-Fb 102, Kap. II, 2.3.2.2 (102):

[136] ARS 11/2003, Anlage Satz (7)

Für den Nachweis des Grenzzustandes der Tragfähigkeit sind die ständigen und vorübergehenden Bemessungssituationen folgendermaßen zu kombinieren:

$$\sum \gamma_{Gj} \cdot G_{kj} + \gamma_P \cdot P_k + \gamma_{Q1} \cdot Q_{k1} + \sum_{i>1} \gamma_{Qi} \cdot \psi_{0i} \cdot Q_{ki}$$

DIN-Fb 101, Kap. II, Gl. (9.10) und 2.3.2.2 (101a)

Der Teilsicherheitsbeiwert für die ständigen Einwirkungen wird mit $\gamma_{Gsup} = 1{,}35$ angesetzt, da diese ungünstige Auswirkungen hervorrufen. Die Vorspannung wird mit dem Teilsicherheitsbeiwert $\gamma_P = 1{,}0$ multipliziert, ungünstig wirkende Verkehrslasten werden mit $\gamma_Q = 1{,}50$ berücksichtigt.

DIN-Fb 101, Kap. IV, Anh. C, Tab. C.1

Zwangschnittgrößen infolge Temperatureinwirkung dürfen mit den 0,6-fachen Werten der Steifigkeit des Zustandes I berücksichtigt werden, sofern kein genauerer Nachweis erfolgt.

[136] ARS 11/2003, Anlage Satz (7)

Die veränderlichen Einwirkungen aus Verkehr und Temperatur werden mit den Kombinationsbeiwerten ψ_0 gewichtet, wenn sie nicht Leiteinwirkung sind. Der Beiwert beträgt für die Tandemachsen $\psi_0 = 0{,}75$ und für die Flächenlast UDL $\psi_0 = 0{,}40$. Für die Temperatureinwirkungen wird $\psi_0 = 0{,}8$ gesetzt.

DIN-Fb 101, Kap. IV, Anh. C, Tab. C.2

Mögliche Baugrundbewegungen sind mit einem Teilsicherheitsbeiwert von $\gamma_{Gset} = 1{,}0$ zu berücksichtigen, wobei zur Berücksichtigung der Steifigkeitsverhältnisse beim Übergang in Zustand II die 0,4-fachen Werte der Steifigkeiten im Zustand I angesetzt werden dürfen.

DIN-Fb 101, Kap. IV, Anh. C, Tab. C1

DIN-Fb 102, Kap. II, 2.3.2.2 (103)

Die folgenden Einwirkungskombinationen für die ständige und vorübergehende Bemessungssituation werden betrachtet:

Einwirkungskombination 1 – Leiteinwirkung Verkehr:
$E_{d1} = \Sigma\, \gamma_G \cdot G_{k,j} + \gamma_{G,SET} \cdot G_{SET,k} + \gamma_P \cdot P_{m,ind} + \gamma_Q\, [Q_{TS,k} + Q_{UDL,k} + \psi_0 \cdot Q_{TM,k}]$

Einwirkungskombination 2 – Leiteinwirkung Temperatur:
$E_{d2} = \Sigma\, \gamma_G \cdot G_{k,j} + \gamma_{G,SET} \cdot G_{SET,k} + \gamma_P \cdot P_{m,ind} + \gamma_Q\, [Q_{TM,k} + \psi_0 \cdot Q_{TS,k} + \psi_0 \cdot Q_{UDL,k}]$

In die Nachweise im Grenzzustand der Tragfähigkeit gehen für die Lastfälle Konstruktionseigenlast g_1 und Vorspannung die umgelagerten Schnittgrößen ein. Da die Schnittgrößenumlagerung durch Kriechen hervorgerufen wird, ist diese als zeitlich veränderlich zu betrachten. Die Nachweise im Grenzzustand der Tragfähigkeit sind daher für zwei charakteristische Zeitpunkte t = Verkehrsübergabe und $t \rightarrow \infty$ zu führen.
Beispielhaft werden nachfolgend nur die Nachweise für $t \rightarrow \infty$ geführt.

In Tabelle 6.2-1 werden die umgelagerten Schnittgrößen für die Lastfälle Konstruktionseigenlast g_1 und Vorspannung p für den Zeitpunkt $t \rightarrow \infty$ zusammengefasst.

Tab. 6.2-1: Schnittgrößen infolge Konstruktionseigenlast und Vorspannung am umgelagerten System

Lastfall	Feldmomente			Stützmomente	
	Feld 1 M [kNm]	Feld 2 M [kNm]	Feld 3 M [kNm]	A 20 M [kNm]	A 30 M [kNm]
BZ: Eigenlast Fertigteil g_{FT}	2496	2333	1463		
BZ: Eigenlast Ortbetonergänzung	1510	1411	881		
BZ: Summe g	4006	3744	2344	0	0
EGS: Eigenlast g_1	2686	1234	1467	-3735	-2561
Umlagerung g_1: 0,75 EGS + 0,25 BZ	3016	1862	1686	-2801	-1921
BZ: Vorspannung $p_{m0,ind}$	0	0	0	0	0
EGS: Vorspannung $p_{m0,ind}$	2993	6402	2135	7471	5331
EGS: Spannkraftverluste t = 85 d	-183	-390	-130	-456	-325
EGS: Summe $p_{m0,ind}$	2810	6012	2005	7015	5006
Umlager. $p_{m0,ind}$: 0,75 EGS + 0,25 BZ	2108	4509	1504	5261	3754
Spannkraftverluste t = 85 d bis $t \rightarrow \infty$	-299	-640	-214	-747	-533

Exemplarisch werden die Nachweise im Grenzzustand der Tragfähigkeit für das maximale Biegemoment in Feld 2 und für das minimale und maximale Stützmoment in Achse 20 geführt.

- Nachweis im Feld 2

Vorhandene statische Nutzhöhe:

$d = h - d_1 - d_H / 2 - e = 1{,}50 - 0{,}12 = 1{,}38$ m

Mitwirkende Gurtbreite: $b_{eff} = 2{,}695$ m

Feld 2 – Bemessungsmoment bezogen auf die Spannstahlschwerachse

Einwirkungskombination 1 – Leiteinwirkung Verkehr:

$M_{Eds} = \gamma_G \cdot M_g + \gamma_{SET,G} \cdot M_{SET} + \gamma_P \cdot M_{Pm,ind} + \gamma_Q \cdot [(M_{TS} + M_{UDL}) + \psi_0 \cdot M_{TM}]$

$M_{Eds} = 1{,}35 \cdot (1862 + 405) + 0{,}4 \cdot 358 + 1{,}0 \cdot (4509 - 640) +$
$+ 1{,}50 \cdot [(2250) + 0{,}80 \cdot 0{,}6 \cdot 1026]$

M_{Eds} = **11186 kNm**

Schnittgrößen s. Tab. 3.2-1, 4.3-1 und 6.2-1
M_{Eds} – Bemessungsmoment bezogen auf die Spannstahlschwerachse
Setzung mit 40 %-Steifigkeit des Zustands I
Temperaturzwang mit 60 %-Steifigkeit des Zustands I

Einwirkungskombination 2 – Leiteinwirkung Temperatur:

$M_{Eds} = \gamma_G \cdot M_g + \gamma_{SET,G} \cdot M_{SET} + \gamma_P \cdot M_{Pm,ind} + \gamma_Q \cdot [(\psi_0 \cdot M_{TS} + \psi_0 \cdot M_{UDL}) + M_{TM}]$

$M_{Eds} = 1{,}35 \cdot (1862 + 405) + 0{,}4 \cdot 358 + 1{,}0 \cdot (4509 - 640) +$
$+ 1{,}50 \cdot [(1366) + 0{,}6 \cdot 1026]$

M_{Eds} = **10045 kNm**

Die Bemessung erfolgt mit Hilfe von Tabellen mit dimensionslosen Beiwerten.

[135] Eingangswert – bezogenes Bemessungsmoment:
$$\mu_{Eds} = |M_{Eds}| / (b \cdot d^2 \cdot f_{cd})$$
$$\mu_{Eds} = 11{,}186 / (2{,}695 \cdot 1{,}38^2 \cdot 19{,}8) = 0{,}110$$

→ ω_1 = 0,117 $\qquad \Delta\varepsilon_{p1}$ = 20,7 ‰ ε_{c2} = −3,5 ‰

ξ = x / d = 0,145 → x = 0,145 · 1,38 = 0,20 m < $h_{f,min}$ = 0,32 m
ζ = z / d = 0,940 → z = 0,940 · 1,38 = 1,30 m

Überprüfung der Gesamtspannstahldehnung:
Nach DIN-Fb 102 ist die Stahldehnung ε_p auf den Wert ($\varepsilon_p^{(0)}$ + 0,025) zu begrenzen. Dabei ist $\varepsilon_p^{(0)}$ die Vordehnung des Spannstahls.

Vordehnung des im Verbund liegenden Spannstahls:

$\varepsilon_{pm}^{(0)}$ = 0,71 · f_{pk} / E_p = 0,71 · 1770 / 195.000 = 0,00644

Der Spannkraftverlust der im Verbund liegenden Spannglieder infolge Kriechen, Schwinden und Relaxation zum Zeitpunkt $t \to \infty$ beträgt 16,1 %. Die zum Zeitpunkt $t \to \infty$ wirksame Vordehnung ergibt sich damit zu:

$\varepsilon_{pm\infty}$ = (1 − 0,161) · 0,00644 = 0,0054

ε_{p1} = $\varepsilon_{pm\infty}$ + $\Delta\varepsilon_{p1}$ = 5,4 + 20,7 = 26,1 ‰
> ε_{py} = $f_{p0,1k}$ / ($E_p \cdot \gamma_s$) = 1500 / (195 · 1,15) = 6,7 ‰

$\varepsilon_{pm\infty}$ + 25 ‰ = 30,4 ‰
σ_{pd1} = 1539 − (1539 − 1304) · (30,4 − 26,1) / (30,4 − 6,7)
        = 1496 N/mm²

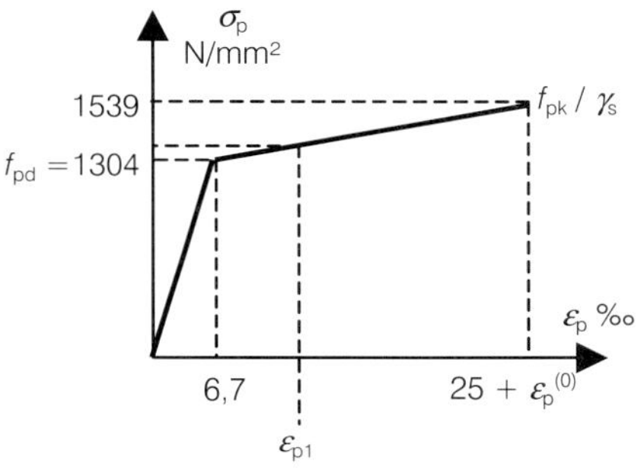

$A_{p,req}$ = $\omega_1 \cdot b \cdot d \cdot f_{cd} / \sigma_{pd1}$
        = 0,117 · 269,5 · 138 · 19,8 / 1496
        = **57,6 cm²**
        < $A_{p,prov}$ = 67,5 cm²

→ Es ist keine zusätzliche Betonstahlbewehrung erforderlich, allerdings ist die Robustheitsbewehrung gemäß 6.3 zu berücksichtigen.

• Nachweis über der Stütze 20

Statische Nutzhöhe: $\quad d_o$ = h − c_{nom} − $d_{s,Bü}$ − 1,5 · $d_{s,l}$
$\qquad\qquad\qquad\qquad\qquad$ = 1500 − 45 − 16 − 1,5 · 25
$\qquad\qquad\qquad\qquad\qquad$ = 1400 mm = 1,40 m
$\qquad\qquad\qquad\qquad d_u$ = 1,40 m
Stegbreite: $\qquad\qquad b_w$ = 0,60 m

Achse 20 – minimales Bemessungsmoment bezogen auf die Betonstahlschwerachse

Einwirkungskombination 1 – Leiteinwirkung Verkehr:
$M_{Eds} = \gamma_G \cdot M_g + \gamma_{SET,G} \cdot M_{SET} + \gamma_P \cdot M_{Pm,ind} + \gamma_Q \cdot [(M_{TS} + M_{UDL}) + \psi_0 \cdot M_{TM}]$
M_{Eds} = −1,35 · (2801 + 1299) − 0,4 · 1042 + 1,0 · (5261 − 747) −
        − 1,50 · [(2482) + 0,80 · 0,6 · 719]
M_{Eds} = **−5678 kNm**

---

[135] Band 1, Anhang A4: Bemessungstabelle mit dimensionslosen Beiwerten für den Rechteckquerschnitt (C12/15 bis C50/60)

f_{cd} siehe 1.3 für C35/45, Druckzone in der Ortbetonplatte

DIN-Fb 102, Kap. II, 4.2.3.3.3 (7)

Festlegung der anfänglichen Spannstahlspannung siehe Abschnitt 4.3, mittlere Vorspannung im Feld 2

f_{pk} und E_p gemäß Zulassung

Ermittlung der zeitabhängigen Spannkraftverluste siehe Abschnitt 4.4
Summe der Spannkraftverluste

DIN-Fb 102, Kap. II, 4.2.3.3.3, Abb. 4.6b)
siehe Abschnitt 6.3

Betonstahlbewehrung oben, bei 2 Lagen

Betonstahlbewehrung unten

Schnittgrößen s. Tab. 3.2-1, 4.3-1 und 6.2-1
M_{Eds} – Bemessungsmoment bezogen auf die Betonstahlschwerachse
Setzung mit 40 %-Steifigkeit des Zustands I
Temperaturzwang mit 60 %-Steifigkeit des Zustands I

6.4 Nachweise für Querkraft und Torsion

Nach DIN-Fachbericht 102 muss neben der Querkrafttragfähigkeit auch die Torsionstragfähigkeit sowie die Interaktion zwischen diesen beiden Beanspruchungen nachgewiesen werden.

DIN-Fb 102, Kap. II, 4.3.2
DIN-Fb 102, Kap. II, 4.3.3

6.4.1 Querkraft

- Bemessungswerte der einwirkenden Querkraft

Der maßgebende Bemessungsschnitt für den Nachweis der Querkrafttragfähigkeit mit Querkraftbewehrung liegt bei direkter Lagerung und gleichmäßig verteilter Last im Abstand *d* vom Lagerrand.

DIN-Fb 102, Kap. II, 4.3.2.2 (10)

In Tab. 6.4-1 werden ergänzend die Querkräfte infolge Vorspannung in den Achsen 20 und 30 zusammengestellt.

Tab. 6.4-1: Querkräfte infolge Vorspannung am Eingusssystem

Einwirkung	Achse 20		Achse 30	
	$V_{k,l}$ [kN]	$V_{k,r}$ [kN]	$V_{k,l}$ [kN]	$V_{k,r}$ [kN]
stat. bestimmter Anteil $V_{pm,dir}$	0	0	0	0
stat. unbestimmter Anteil $V_{pm,ind}$	255	-74	-72	-236
Gesamtquerkraft V_{pm0}	255	-74	-72	-236

Nachfolgend werden die Querkräfte im exemplarischen Bemessungsschnitt Achse 20 aus den Querkräften in der Auflagermitte bestimmt.

Querkraft in Auflagermitte – Achse 20

Einwirkungskombination 1 – Leiteinwirkung Verkehr:

$V_{Ed0} = \gamma_G(V_{g1,k} + V_{g2,k}) + \gamma_{SET,G} \cdot V_{SET,k} + \gamma_P \cdot V_{pm,ind} + \gamma_Q[(V_{TS,k} + V_{UDL,k}) + \psi_0 V_{TM}]$

$V_{Ed0} = 1{,}35 \cdot (715 + 283) + 0{,}4 \cdot 36 - 1{,}0 \cdot 255 \cdot (1 - 0{,}161) +$
$+ 1{,}5 \cdot [(583) + 0{,}80 \cdot 0{,}6 \cdot 38]$

$V_{Ed0} = 2049$ kN

DIN-Fb 101, Kap. II, Gl. (9.10): ständige und vorübergehende Bemessungssituation
DIN-Fb 102, Kap. IV, Anh. C, Tab. C1: Kombinationsbeiwerte
Schnittgrößen s. Tab. 3.2-1, 4.3-1 und 6.4-1
Setzung mit 40 %-Steifigkeit des Zustands I
Temperaturzwang mit 60 %-Steifigkeit des Zustands I

Einwirkungskombination 2 – Leiteinwirkung Temperatur:

$V_{Ed0} = \gamma_G \cdot (V_{g1,k} + V_{g2,k}) + \gamma_{SET,G} \cdot V_{SET,k} + \gamma_P \cdot V_{pm,ind} +$
$+ \gamma_Q \cdot [(\psi_0 \cdot V_{TS,k} + \psi_0 \cdot V_{UDL,k}) + V_{TM}]$

$V_{Ed0} = 1{,}35 \cdot (715 + 283) + 0{,}4 \cdot 36 - 1{,}0 \cdot 255 \cdot (1 - 0{,}161) +$
$+ 1{,}5 \cdot [(325) + 0{,}6 \cdot 38]$

$V_{Ed0} = 1669$ kN

Nachfolgend wird nur die Einwirkungskombination 1 mit der Leiteinwirkung Verkehr weiter verfolgt.

An den Achsen 20 und 30 sind Verformungslager mit einer Breite von 0,50 m angeordnet. Bei einer statischen Nutzhöhe von $d = 1{,}40$ m liegt demnach der für die Ermittlung der Querkraftbewehrung maßgebende Schnitt 1,65 m von der Auflagerachse entfernt.

Aus dem Verlauf der Querkräfte (siehe Abschnitt 3) werden für die verschiedenen Lastfälle die maßgebenden Werte im Abstand von 1,65 m von der Lagerachse interpoliert (Tab. 6.4-2).

Die Berechnung erfolgt unter Vernachlässigung der Abminderung für die auflagernahen Einzellasten aus TS.

DIN-Fb 102, Kap. II, 4.3.2.2 (11): auflagernahe Einzellasten in Verbindung mit 4.3.2.2 (12)

Tab. 6.4-2: Querkräfte im maßgebenden Schnitt [kN] für die Ermittlung der Querkraftbewehrung

Einwirkung	V_k im Abstand 1,65 m von Achse 20	Differenz ΔV_k
Eigenlast $g_{k,1}$	-664	51
Ausbaulasten $g_{k,2}$	-263	20
Verkehr UDL	-311	11
Temperatur $T_{k,M}$: oben wärmer	59	0
Temperatur $T_{k,M}$: unten wärmer	-38	0
mögl. Stützensenkung	18	0
Vorspannung $P_{m,ind}$	255	0

ΔV_k – Differenz zwischen der Querkraft in Achse 20 und der Querkraft im maßgebenden Schnitt

$$V_{Ed0,red} = V_{Ed0} - [\gamma_G \cdot (\Delta V_{g1,k} + \Delta V_{g2,k}) + \gamma_Q \cdot \Delta V_{UDL,k}]$$
$$V_{Ed0,red} = 2049 - [1{,}35 \cdot (51 + 20) + 1{,}5 \cdot 11]$$
$$V_{Ed0,red} = 1937 \text{ kN}$$

Berücksichtigung geneigter Spannglieder:

DIN-Fb 102, Kap. II, 2.3.3.1 (101): Der Bemessungswert der mittleren Vorspannkraft $P_d = \gamma_P \cdot P_{mt}$ darf generell mit $\gamma_P = 1{,}0$ ermittelt werden. Mögliche Streuungen der Vorspannkraft dürfen bei den Nachweisen im Grenzzustand der Tragfähigkeit im Allgemeinen vernachlässigt werden.

Im maßgebenden Schnitt für die Ermittlung der Querkraftbewehrung sind zwei geneigte Spannglieder vorhanden. Die Verankerung des dritten Spanngliedes erfolgt bereits 1,95 m vor der Lagerachse. Die Querkraftkomponente der Spanngliedneigung wird in Abhängigkeit vom Neigungswinkel α sowie von der vorhandenen Zugkraft im Spannglied ermittelt:

$$V_{pd\infty} = \sigma_{pm\infty} \cdot A_p \cdot \sin\alpha = P_{m\infty} \cdot \sin\alpha$$

Tab. 6.4-3: Querkraftkomponenten der geneigten Spannglieder

Zugkraft $P_{m\infty}$ an Verankerung	Neigungswinkel α	$V_{pm\infty}$ [kN]
$2670 \cdot (1 - 0{,}161) = 2240$ kN	1,78°	69
$3367 \cdot (1 - 0{,}161) = 2825$ kN	4,46°	220

DIN-Fb 102, Kap. II, 4.3.2.1 (5): Berücksichtigung des Einflusses geneigter Spannglieder

$V_{Ed,red} = V_{Ed0,red} - V_{pd} = 1937 - (69 + 220) =$ **1648 kN**

- Nachweis der Querkrafttragfähigkeit

Die Tragfähigkeit für Querkraft wird durch verschiedene Versagensmechanismen begrenzt. Deshalb sind folgende Bemessungswerte der aufnehmbaren Querkraft zu untersuchen:

$V_{Rd,ct}$ Bemessungswert der aufnehmbaren Querkraft ohne Querkraftbewehrung

$V_{Rd,max}$ Bemessungswert der durch die Betondruckstrebenfestigkeit begrenzten maximalen Querkraft

$V_{Rd,sy}$ Bemessungswert der durch die Tragfähigkeit der Querkraftbewehrung begrenzten aufnehmbaren Querkraft

Da für balkenartige Bauteile grundsätzlich eine Mindestquerkraftbewehrung erforderlich ist, wird an dieser Stelle die aufnehmbare Querkraft ohne Querkraftbewehrung ($V_{Rd,ct}$) nicht untersucht.

DIN-Fb 102, Kap. II, 4.3.2.1 (102)

Nach DIN-Fachbericht wird zur Ermittlung der maßgebenden Bemessungswerte der Querkrafttragfähigkeit grundsätzlich das Verfahren mit veränderlicher Druckstrebenneigung verwendet.

DIN-Fb 102, Kap. II, 4.3.2.2 (107)

Nachweis der Druckstrebe bei Bauteilen mit Querkraftbewehrung rechtwinklig zur Bauteilachse (lotrecht):

$V_{Rd,max} = b_w \cdot z \cdot \alpha_c \cdot f_{cd} / (\cot\theta + \tan\theta)$ — DIN-Fb 102, Kap. II, Gl. (4.26) in Verbindung mit 4.3.2.2 (8)

mit:				
	b_w	= 0,60 m	kleinste Querschnittsbreite; Bruttostegbreite, da Stützquerschnitt ohne Spannglieder	DIN-Fb 102, Kap. II, Abb. 4.13 DIN-Fb 102, Kap. II, 4.3.2.2 (8)*P
	z	= 1,19 m	innerer Hebelarm aus der Biegebemessung im Stützbereich (siehe Abschnitt 6.2)	DIN-Fb 102, Kap. II, 4.3.2.4.2 (2), beachte auch $z \leq d - 2c_{nom,l} = 1{,}40 - 2 \cdot 0{,}06 = 1{,}28$ m
	α_c	= 0,75	Abminderungsbeiwert für die Betondruckstrebenfestigkeit	DIN-Fb 102, Kap. II, Gl. (4.21)
	f_{cd}	= 19,8 MN/m²	C35/45 Ortbeton	vgl. Abschnitt 1.3

Der Neigungswinkel der Betondruckstreben ist nach Gleichung (4.122) zu begrenzen: — DIN-Fb 102, Kap. II, 4.3.2.4.4 (1)

$$0{,}58 \leq \cot\theta \leq \frac{1{,}2 - 1{,}4\sigma_{cd} / f_{cd}}{1 - V_{Rd,c} / V_{Ed}} \leq 3{,}0$$

DIN-Fb 102, Kap. II, Gl. (4.122)
nach ARS 11/2003 [136] $\cot\theta \leq 1{,}75$

mit: $V_{Rd,c} = \beta_{ct} \cdot 0{,}10 \cdot f_{ck}^{1/3} (1 + 1{,}2\, \sigma_{cd} / f_{cd}) \cdot b_w \cdot z$ — DIN-Fb 102, Kap. II, Gl. (4.123)

Dabei sind:			
β_{ct}	= 2,4		
σ_{cd}	$= N_{Ed} / A_c$	Bemessungswert der Betonlängsspannung in Höhe des Querschnittsschwerpunktes	
N_{Ed}	= 0	Stützquerschnitt ohne Spannglieder	
$V_{Rd,c}$	$= 2{,}4 \cdot 0{,}10 \cdot 35^{1/3} \cdot 0{,}60 \cdot 1{,}19$		f_{ck} nach DIN-Fb 102, Kap. II, Tab. 3.1 (C35/45)
$V_{Rd,c}$	= 0,560 MN		

$\cot\theta \leq 1{,}2 / (1 - 0{,}560 / 1{,}648)$
$\leq 1{,}82 < 3{,}0$

Nach ARS 11/2003 [136] ist $\cot\theta \leq 7/4 = 1{,}75$ einzuhalten. — [136] ARS 11/2003: Anlage Satz (11)

Maßgebend wird aber bei einer kombinierten Beanspruchung der Druckstrebenwinkel im Torsionsfachwerk: — siehe Abschnitt 6.4.2; DIN-Fb 102, Kap. II, 4.3.3.2.2 (3)

gewählt: θ = **32°** mit $\cot\theta$ = **1,6**

Daraus ergibt sich für den Nachweis der Druckstrebe: — DIN-Fb 102, Kap. II, 4.3.2.2 (12). Der Nachweis der Druckstrebe erfolgt in der Stützenachse.

$V_{Rd,max} = 0{,}60 \cdot 1{,}19 \cdot 0{,}75 \cdot 19{,}8 / (1{,}6 + 1 / 1{,}6) =$ **4,76 MN**
$> V_{Ed0} = 2{,}049$ MN

DIN-Fb 102, Kap. II, Gl. (4.26)
V_{Ed0} in Auflagermitte

Die erforderliche Bügelbewehrung ergibt sich für $V_{Rd,sy} = V_{Ed}$ zu:

$A_{sw,req} / s_w = V_{Ed} / (z \cdot f_{yd} \cdot \cot\theta)$
$= 1648 / (1{,}19 \cdot 43{,}5 \cdot 1{,}6)$ = **19,9 cm²/m** — DIN-Fb 102, Kap. II, Gl. (4.27) umgestellt

Mindestquerkraftbewehrung (Bügel $\alpha = 90°$):

$\min \rho_w = 1{,}0 \cdot 0{,}00121 = 0{,}00121$ C45/55 Fertigteil — DIN-Fb 102, Kap. II, 5.4.2.2 (4)*P; DIN-Fb 102, Kap. II, Tab. 5.7

$\min A_{sw} / s_w = \rho_w \cdot b_w \cdot \sin\alpha$
$= 0{,}00121 \cdot 0{,}60 \cdot 10^4 \cdot 1{,}0$ = **7,3 cm²/m** $< A_{sw,req} / s_w$ — DIN-Fb 102, Kap. II, Gl. (5.16)

Für gegliederte Querschnitte mit vorgespanntem Zuggurt (Hohlkästen oder Doppel-T-Querschnitte mit schmalem Steg) wäre $\min \rho_w = 1{,}6\, \rho$.

Der maximale Bügelabstand in Längsrichtung beträgt für

$V_{Ed,red} / V_{Rd,max} = 1{,}648 / 4{,}76 = \mathbf{0{,}35} \quad > 0{,}30$ und $< 0{,}60$

$\rightarrow s_{max} \quad = \mathbf{300\ mm} \; < 0{,}5 \cdot h = 0{,}5 \cdot 1500 = 750\ mm$

DIN-Fb 102, Kap. II, 5.4.2.2, Tab. 5.8

Der maximale Abstand der Bügelschenkel in Querrichtung sollte im vorliegenden Beispiel folgenden Grenzwert nicht überschreiten:

$\rightarrow s_{max} \quad = \mathbf{600\ mm} < h = 1500\ mm$

DIN-Fb 102, Kap. II, 5.4.2.2, Tab. 5.8
d. h. zweischnittige Bügel im Steg mit b = 400 mm ausreichend

6.4.2 Torsion

DIN-Fb 102, Kap. II, 4.3.3

- Bemessungswert des einwirkenden Torsionsmoments

DIN-Fb 102, Kap. II, 4.3.3

Die Bemessung für Torsionsbeanspruchung erfolgt exemplarisch für Achse 20. Das Bemessungstorsionsmoment ergibt sich für die Einwirkungskombination 1 mit der Leiteinwirkung Verkehr aus der Trägerrostberechnung zu:

$T_{Ed} = \gamma_G \cdot (T_{g1,k} + T_{g2,k}) + \gamma_{SET,G} \cdot T_{SET,k} + \gamma_P \cdot T_{Pm} + \gamma_Q \cdot [T_{TS,k} + T_{UDL,k}) + \psi_0 \cdot T_{TM}]$
$T_{Ed} = 1{,}35 \cdot (13{,}9 + 60{,}9) + 1{,}50 \cdot [(34{,}1) + 0{,}8 \cdot 0{,}6 \cdot 13{,}9]$
$T_{Ed} = \mathbf{162\ kNm}$

DIN-Fb 101, Kap. II, Gl. (9.10): ständige und vorübergehende Bemessungssituation
DIN-Fb 102, Kap. IV, Anh. C, Tab. C1: Kombinationsbeiwerte
Schnittgrößen siehe Tab. 3.2-2
Temperaturzwang mit 60 %-Steifigkeit Zust. I

- Nachweis für Torsion

DIN-Fb 102, Kap. II, 4.3.3

Das aufnehmbare Torsionsmoment T_{Rd} muss die folgenden Bedingungen erfüllen:

DIN-Fb 102, Kap. II, Abs. 4.3.3.1 (5)

$T_{Ed} \leq T_{Rd,max}$
$T_{Ed} \leq T_{Rd,sy}$

DIN-Fb 102, Kap. II, Gl. (4.38)
DIN-Fb 102, Kap. II, Gl. (4.39)

Dabei ist
$T_{Rd,max}$ Bemessungswert des durch die Betondruckstrebe aufnehmbaren Torsionsmomentes
$T_{Rd,sy}$ Bemessungswert des durch die Bewehrung aufnehmbaren Torsionsmomentes

Berechnung des durch die Betondruckstreben aufnehmbaren Torsionsmomentes $T_{Rd,max}$:

DIN-Fb 102, Kap. II, Gl. (4.40)

$T_{Rd,max} \quad = \alpha_{c,red} \cdot f_{cd} \cdot 2 \cdot A_k \cdot t_{eff} / (\cot\theta + \tan\theta)$

Hierbei sind:

Abminderungsbeiwert für die Druckstrebenfestigkeit am Ersatzhohlkastenquerschnitt:
$\alpha_{c,red} \quad = 0{,}7 \cdot \alpha_c = 0{,}7 \cdot 0{,}75 = 0{,}525$

DIN-Fb 102, Kap. II, 4.3.3.1 (6), Abb. 4.15

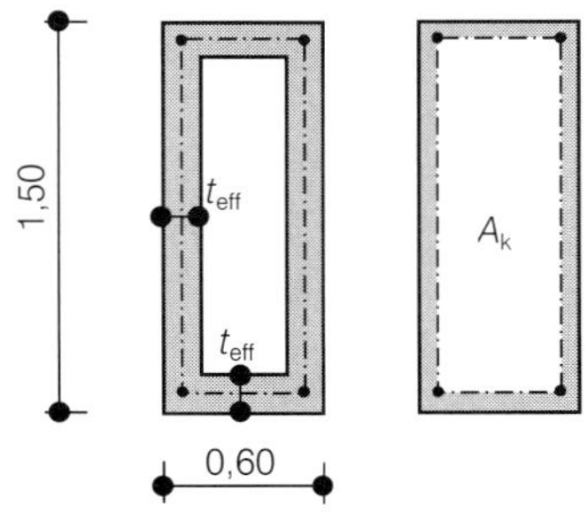

Definition:
Effektive Dicke einer Wand des Ersatzhohlkastens nach Abb. 4.15:
Abstand der Mittellinie zur Außenfläche = Abstand der Längsbewehrung zur Außenfläche

$t_{eff} \quad = 2 \cdot d_1 = 2 \cdot (c_{nom} + d_{s,Bü} + 0{,}5 \cdot d_{s,l})$
$\quad = 2 \cdot (45 + 16 + 0{,}5 \cdot 20) \quad = 140\ mm$
$\rightarrow u_k \quad = 2 \cdot [(1{,}50 - 0{,}14) + (0{,}60 - 0{,}14)] \quad = 3{,}64\ m$
$\rightarrow A_k \quad = (1{,}50 - 0{,}14) \cdot (0{,}60 - 0{,}14) \quad = 0{,}626\ m^2$

Aus der kombinierten Beanspruchung durch Torsion und Querkraft ergibt sich ein geeigneter, gemeinsamer Druckstrebenwinkel von $\theta = 32°$.

DIN-Fb 102, Kap. II, 4.3.3.2.2 (4): Der Druckstrebenwinkel θ muss bei kombinierter Beanspruchung infolge Querkraft und Torsion für beide Beanspruchungen gleich gewählt werden.

Damit berechnet sich das aufnehmbare Torsionsmoment zu:

$$T_{Rd,max} = 0{,}525 \cdot 19{,}8 \cdot 2 \cdot 0{,}626 \cdot 0{,}14 \,/\, (\cot 32° + \tan 32°)$$
$$= \mathbf{0{,}819\ MNm}$$
$$> T_{Ed} = 0{,}162\ \text{MNm}$$

Die erforderliche Torsionslängs- und -bügelbewehrung ergibt sich für $T_{Rd,sy} = T_{Ed}$ zu:

Erforderliche Torsionsbügelbewehrung

$$A_{sw,req} / s_w = T_{Ed} / (f_{yd} \cdot 2 \cdot A_k \cdot \cot \theta)$$
$$= 162 / (43{,}5 \cdot 2 \cdot 0{,}626 \cdot \cot 32°) \quad = \mathbf{1{,}9\ cm^2/m}$$

DIN-Fb 102, Kap. II, Gl. (4.43) umgestellt

Erforderliche Torsionslängsbewehrung

$$A_{sl,req} / u_k = T_{Ed} \cdot / (f_{yd} \cdot 2 \cdot A_k \cdot \tan \theta)$$
$$= 162 / (43{,}5 \cdot 2 \cdot 0{,}626 \cdot \tan 32°) \quad = \mathbf{4{,}8\ cm^2/m}$$

DIN-Fb 102, Kap. II, Gl. (4.44) umgestellt

auf den Umfang des dünnwandigen Ersatzquerschnitts verteilt

Der maximale Längsabstand der Torsionsbügel entspricht dem Längsabstand der Querkraftbügel, sollte jedoch den Wert $u_k / 8$ nicht überschreiten.

DIN-Fb 102, Kap. II, 5.4.2.3 (2)

Längsabstand der Querkraftbügel (vgl. Querkraftbemessung):

$$s_{max} = \mathbf{300\ mm} < u_k / 8 = 3640 / 8 = 455\ \text{mm}$$

DIN-Fb 102, Kap. II, Tab. 5.8, Sp. 1

- Torsion mit Querkraft

Zur Bestimmung der Druckstrebenneigung θ ist für die kombinierte Beanspruchung in Gleichung (4.122) statt V_{Ed} der Wert $V_{Ed,T+V}$ nach Gleichung (4.242) einzusetzen:

DIN-Fb 102, Kap. II, 4.3.3.2.2 (3)

Mit der Schubkraft aus der Torsionsbeanspruchung (in der Wand des Ersatzhohlkastenquerschnitts)
wobei $t_{eff,i} = 0{,}14$ m und $A_k = 0{,}626$ m²

siehe Nachweis für Torsion

$$V_{Ed,T,i} = T_{Ed} \cdot z_i \,/\, (2 \cdot A_k)$$
$$= 162 \cdot (1{,}50 - 0{,}14) / (2 \cdot 0{,}626) \quad = 176\ \text{kN}$$

DIN-Fb 102, Kap. II, Gl. (4.142)

wird die Wandschubkraft in Kombination mit Querkraft:

$$V_{Ed,T+V} = V_{Ed,T} + V_{Ed} \cdot t_{eff} \,/\, b_w$$
$$= 176 + 1648 \cdot 0{,}14 / 0{,}60 \quad = 561\ \text{kN}$$

DIN-Fb 102, Kap. II, Gl. (4.242)

In Gleichung (4.123) ist zur Ermittlung von $V_{Rd,c}$ für kombinierte Beanspruchung aus Querkraft und Torsion für b_w die Wanddicke des Ersatzhohlkastens t_{eff} einzusetzen.

$$V_{Rd,c} = \beta_{ct} \cdot 0{,}10 \cdot f_{ck}^{1/3} (1 + 1{,}2\ \sigma_{cd} / f_{cd}) \cdot t_{eff} \cdot z$$
$$V_{Rd,c} = 2{,}4 \cdot 0{,}10 \cdot 35^{1/3} \cdot 0{,}14 \cdot (1{,}50 - 0{,}14)$$
$$V_{Rd,c} = 0{,}149\ \text{MN}$$

DIN-Fb 102, Kap. II, Gl. (4.123)

$$\rightarrow \quad \cot \theta = 1{,}2 / (1 - 0{,}149 / 0{,}561)$$
$$= 1{,}63 < 3{,}0 \qquad < 1{,}75$$

DIN-Fb 102, Kap. II, Gl. (4.122)

[136] ARS 11/2003, Anlage Satz (11)

gewählt: $\theta = 32°$ mit $\cot\theta = 1{,}6$

auch für die Querkraftbemessung – siehe Abschnitt 6.4.1

Die Interaktion zwischen Querkraft und Torsion wird für die Betondruckstrebe über folgende Kreisgleichung berücksichtigt:

$$\left(\frac{T_{Ed}}{T_{Rd,max}}\right)^2 + \left(\frac{V_{Ed}}{V_{Rd,max}}\right)^2 = \left(\frac{0{,}162}{0{,}819}\right)^2 + \left(\frac{2{,}049}{4{,}76}\right)^2 = 0{,}22 < 1{,}0$$

DIN-Fb 102, Kap. II, 4.3.3.2.2 (3), Gl. (4.47a) für Kompaktquerschnitte

Die erforderlichen Bügelbewehrungen aus Querkraft und Torsion sind zu addieren, wobei die unterschiedliche Schnittigkeit zu beachten ist.

Hinweis: nach ARS 11/2003 sind zusätzlich im Grenzzustand der Gebrauchstauglichkeit die schiefen Hauptzugspannungen unter Querkraft und Torsion nachzuweisen (siehe Kommentar zu 5.1).

Gewählt: **Bügel, zweischnittig Ø 16 / 150 mm**
mit $a_{sw,prov} = 26{,}8$ cm²/m
$> a_{sw,req} = 19{,}9 + 2 \cdot 1{,}9 = 23{,}7$ cm²/m

- Torsion mit Biegung

Die Interaktion der Torsions- und Biegebeanspruchung ist entsprechend DIN-Fachbericht 102 zu berücksichtigen. Demnach sind die getrennt ermittelten Bewehrungsanteile aus Biegung und Torsion zu addieren, wobei in der Biegedruckzone keine zusätzliche Torsionslängsbewehrung erforderlich ist, wenn die Zugspannungen infolge Torsion kleiner als die Betondruckspannungen infolge Biegung sind.

DIN-Fb 102, Kap. II, 4.3.3.2.2 (1)

6.5 Verbund zwischen Fertigteil und Ortbetonplatte

DIN-Fb 102, Kap. IV, 4.5.3

Für die Fuge zwischen Fertigteil und Ortbetonplatte ist die Übertragung der Schubkräfte sicherzustellen. Dabei wird die Schubkraftübertragung von der Rauigkeit und der Oberflächenbeschaffenheit der Fuge bestimmt.

DIN-Fb 102, Kap. IV, 4.5.3 (1)

Im vorliegenden Fall wird die Fuge rau ausgebildet, d. h. die Fuge weist eine definierte Rauigkeit nach [29] auf.

[29] DAfStb-Heft 525, zu 10.3.6 (1): Rauigkeitsparameter
Rautiefe $R_t > 0{,}9$ mm oder
Profilkuppenhöhe $R_p > 0{,}7$ mm

Der Bemessungswert der in der Kontaktfläche zwischen Fertigteil und Ortbeton zu übertragenden Schubkraft je Längeneinheit wird nach Gleichung (4.184) ermittelt:

DIN-Fb 102, Kap. IV, 4.5.3 (2)

DIN-Fb 102, Kap. IV, Gl. (4.184)

$$v_{Ed} = \frac{F_{cdj}}{F_{cd}} \cdot \frac{V_{Ed}}{z}$$

mit: F_{cdj} Bemessungswert des über die Fuge (j) zu übertragenden Längskraftanteils
$F_{cd} = M_{Ed} / z$ Bemessungswert der Gurtlängskraft infolge Biegung im betrachteten Querschnitt

Querschnitt mit Zuggurt oben:

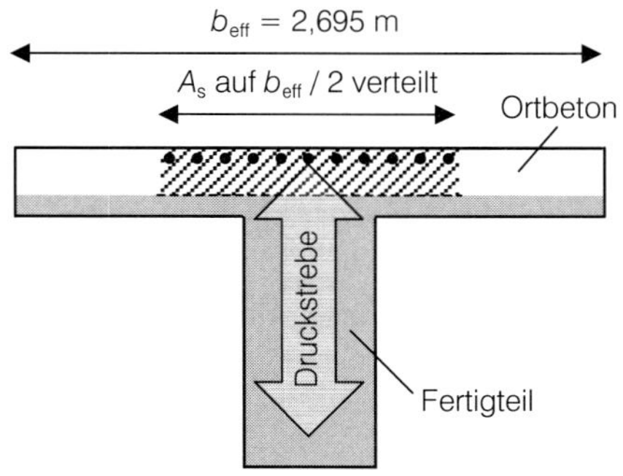

Die Bemessung wird exemplarisch am maßgebenden Schnitt der Querkraftbemessung neben Achse 20 (Fertigteil + Ortbeton) geführt.

Aus der Bemessung für Biegung mit Längskraft in Abschnitt 6.2 kann das Bemessungsmoment M_{Eds}, der Hebelarm der inneren Kräfte z und die Höhe der Druckzone x übernommen werden.

vgl. Abschnitt 6.2

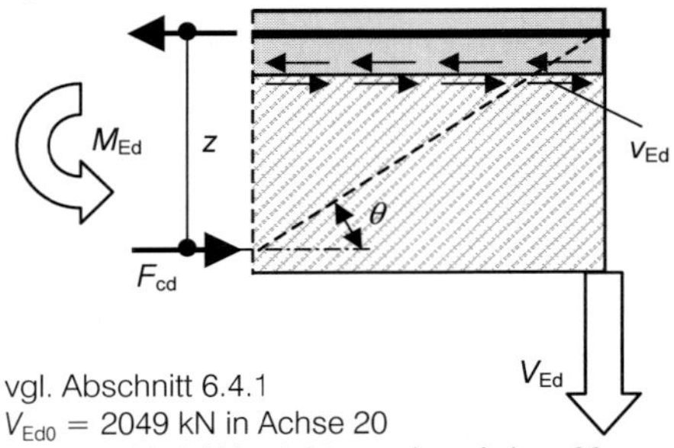

Da sich die Bewehrung im Zuggurt in der Ortbetonergänzung befindet, wird die Druckkraft vollständig über die Fuge übertragen, d. h. $F_{cdj} = F_{cd}$.

Die maßgebende Querkraft V_{Ed} wird aus der Bemessung für Querkraft vom Schnitt d = 1,65 m neben der Auflagerachse näherungsweise auf den maßgebenden Schnitt d_j = (1,65 – 0,22) = 1,43 m (bezogen auf die Verbundfuge) interpoliert:

vgl. Abschnitt 6.4.1
V_{Ed0} = 2049 kN in Achse 20
$V_{Ed,red}$ = 1648 kN – 1,65 m neben Achse 20

$$V_{Ed,red} = 1648 + (2049 - 1648) \cdot 0{,}22 / 1{,}65 = 1701 \text{ kN}$$

$$\rightarrow \quad v_{Ed} = 1{,}0 \cdot 1{,}701 / 1{,}19 = \mathbf{1{,}43\ MN/m}$$

Zunächst wird der Bemessungswert der ohne Anordnung einer Verbundbewehrung aufnehmbaren Schubkraft ermittelt.

DIN-Fb 102, Kap. IV, 4.5.3 (3)

$$v_{Rd,ct} = [0{,}042 \cdot \beta_{ct} \cdot f_{ck}^{1/3} - \mu \cdot \sigma_{Nd}] \cdot b$$

DIN-Fb 102, Kap. IV, Gl. (4.185)

mit:
- β_{ct} = 2,0 Rauigkeitsbeiwert, raue Fuge
- μ = 0,7 Reibungsbeiwert, raue Fuge
- σ_{Nd} = 0 Normalspannung senkrecht zur Fuge
- f_{ck} = 35 N/mm² Ortbeton C35/45 maßgebend.
- b = b_{eff} / 2= 2,695 / 2 = 1,35 m Breite des Zuggurtes

DIN-Fb 102, Kap. IV, Tab. 4.113

DIN-Fb 102, Kap. II, Tab. 3.1

DIN-Fb 102, Kap. II, 5.4.2.1.1 (3)
Zugbewehrung auf halbe mitwirkende Plattenbreite verteilt

$$v_{Rd,ct} = [0{,}042 \cdot 2{,}0 \cdot 35^{1/3}] \cdot 1{,}35 = \mathbf{0{,}37\ MN/m}$$

$$\rightarrow \quad v_{Ed} = 1{,}43 \text{ MN/m} > v_{Rd,ct} = 0{,}37 \text{ MN/m}$$

Zur Übertragung der Schubkraft ist eine Verbundbewehrung erforderlich.

Der Querschnitt der die Fuge kreuzenden Bewehrung ergibt sich für $v_{Rd,sy} = v_{Ed}$ zu:

DIN-Fb 102, Kap. IV, 4.5.3 (5)

$$\text{erf } a_s = v_{Ed} / [f_{yd} \cdot (\cot\theta + \cot\alpha) \cdot \sin\alpha - \mu \cdot \sigma_{Nd} \cdot b]$$

DIN-Fb 102, Kap. IV, Gl. (4.186) umgestellt

mit: α = 90° – Winkel der die Fuge kreuzenden Bewehrung

hier: Bügel 90°

Der Neigungswinkel der Druckstreben des Fachwerks ist wie folgt zu begrenzen:

$$1{,}0 \le \cot\theta \le \frac{1{,}2 \cdot \mu - 1{,}4 \cdot \sigma_{cd} / f_{cd}}{1 - v_{Rd,ct} / v_{Ed}} \le 3{,}0$$

DIN-Fb 102, Kap. IV, Gl. (4.187)

mit: σ_{cd} = 0 Ansatz von Druckspannungen unzulässig

[29.1] Für die Ermittlung der Druckstrebenneigung darf die Längsnormalspannung σ_{cd} im Gesamtquerschnitt nicht angesetzt werden, die parallel zur Verbundfuge wirkt und deshalb die Schubtragfähigkeit nicht verändert. Stützquerschnitt ohne Spannglieder

$$\rightarrow \quad \cot\theta = 1{,}2 \cdot 0{,}7 / (1 - 0{,}37 / 1{,}43) = 1{,}13 \quad > 1{,}0 \quad < 3{,}0 \quad < 1{,}75$$

$\cot\theta \geq$ 1,0 – obere Tragfähigkeitsgrenze
Nach [136] ARS 11/2003 soll $\cot\theta \leq$ 1,75 begrenzt werden.

$$\rightarrow \quad \text{erf } a_s = 1430 / [43{,}5 \cdot 1{,}13] = \mathbf{29{,}1\ cm^2/m}$$

→ vorhandene Querkraftbewehrung (ohne Torsion) $a_{sw,prov}$ = 26,8 – 2 · 1,9 = 23 cm²/m
siehe Abschnitt 6.4.2

Die Verbundbewehrung ist gleichmäßig über die Kontaktfläche zu verteilen, wobei die vorhandene Querkraftbewehrung angerechnet werden darf.

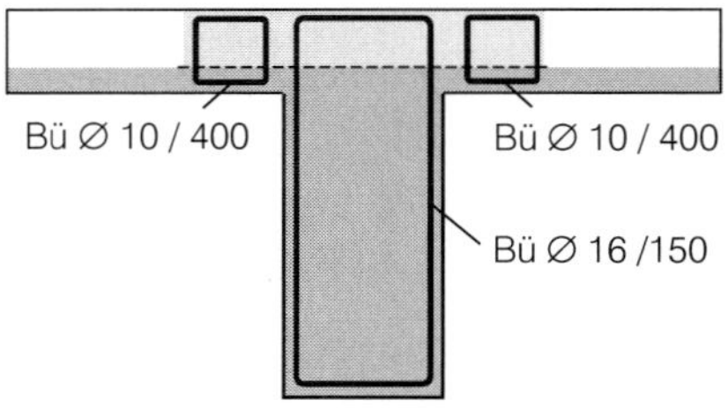

Gewählt: **Zulagebewehrung Bügel 4-schnittig**
Ø 10 / 400 mm = 7,85 cm²/m
$a_{s,prov}$ = 23 + 7,85 = 30,85 cm²/m > 29,1 cm²/m

6.6 Ermüdung

DIN-Fb 102, Kap. II, 4.3.7

Nach DIN-Fachbericht 102 ist für Tragwerke unter nicht vorwiegend ruhenden Einwirkungen der Nachweis gegen Ermüdung für Beton und Stahl zu führen.

DIN-Fb 102, Kap. II, 4.3.7.1 (101)

Bei Straßenbrücken braucht der Ermüdungsnachweis für Beton unter Druckbeanspruchung nicht geführt zu werden, wenn die Betondruckspannungen nach DIN-Fb 102, Kap. II, 4.4.1.2 (103) begrenzt werden.

DIN-Fb 102, Kap. II, 4.3.7.1 (102)
vgl. Abschnitt 5.6

Nachfolgend werden die charakteristischen Einwirkungen als Basis für den zu führenden Ermüdungsnachweis zusammengestellt. Der Ermüdungsnachweis ist mit dem Ermüdungslastmodell LM 3 zu führen. Für den Nachweis gegen Ermüdung des Stahls wird die schädigungsäquivalente Schwingbreite nach der folgenden Gleichung berechnet:

DIN-Fb 102, Kap. II, Anh. 106, A106.2(101)

$$\Delta\sigma_{s,equ} = \Delta\sigma_s \cdot \lambda_s$$

DIN-Fb 102, Kap. II, Anh. 106, Gl. (A.106.1)

Der Korrekturbeiwert λ_s zur Ermittlung der schädigungsäquivalenten Schwingbreite aus der Spannungsschwingbreite $\Delta\sigma_s$ infolge Lastmodell 3 wird im Folgenden nach DIN-Fb 102, Kapitel II, Anhang 106 ermittelt.

Es ergeben sich folgende Eingangswerte:

$N_{obs} = 0{,}125 \cdot 10^6$ Hauptstrecken mit geringem LKW-Anteil — DIN-Fb 101, Kap. IV, 4.6.1, Tab. 4.5

$k_2 = 9$ für Betonstahl (gerade / gebogene Stäbe) — DIN-Fb 102, Kap. II, 4.3.7.8, Tab. 4.117

$k_2 = 7$ für Spannstahl (gekrümmte Spannglieder in Stahlhüllrohren) — DIN-Fb 102, Kap. II, 4.3.7.7, Tab. 4.116

$N_{years} = 100$ angenommene Nutzungsdauer der Brücke

Beiwerte für die Verkehrslast:
$\overline{Q} = 0{,}82$ für $k_2 = 9$ und Lokalverkehr
$\overline{Q} = 0{,}78$ für $k_2 = 7$ und Lokalverkehr

DIN-Fb 102, Kap. II, Anh. 106, Tab. A.106.1
[136] ARS 11/2003, Anlage Satz (13): Beiwerte sind in den Vergabeunterlagen vorzugeben

Korrekturbeiwert für den Einfluss der Spannweite, des jährlichen Verkehrsaufkommens, der Nutzungsdauer, der Anzahl der Verkehrsstreifen, der Verkehrsart und der Oberflächenrauigkeit:

DIN-Fb 102, Kap. II, Anh. 106, A106.2 (103)

$$\lambda_s = \varphi_{fat} \cdot \lambda_{s,1} \cdot \lambda_{s,2} \cdot \lambda_{s,3} \cdot \lambda_{s,4}$$

DIN-Fb 102, Kap. II, Anh. 106, Gl. (A.106.2)

Tab. 6.6-1: Beiwert $\lambda_{s,1}$ (Einfluss von Stützweite und System)

DIN-Fb 102, Kap. II, Anh. 106, Abb. A.106.1 u. 2

$\lambda_{s,1}$	Stütze	Feld 1 + 2 (l = 29,5 m)	Feld 3 (l = 22,75 m)
Betonstahl	0,97	1,19	1,14
Spannstahl	1,08	1,35	1,28

Beiwert $\lambda_{s,2}$ (Einfluss des jährlichen Verkehrsaufkommens):

DIN-Fb 102, Kap. II, Anh. 106, Gl. (A.106.3)

$$\lambda_{s,2} = \overline{Q} \cdot (N_{obs} / 2{,}0)^{1/k_2}$$

Betonstahl: $\lambda_{s,2} = 0{,}82 \cdot (0{,}125 / 2{,}0)^{1/9} = 0{,}60$

Spannstahl: $\lambda_{s,2} = 0{,}78 \cdot (0{,}125 / 2{,}0)^{1/7} = 0{,}52$

Beiwert $\lambda_{s,3}$ (Einfluss der Nutzungsdauer):

DIN-Fb 102, Kap. II, Anh. 106, Gl. (A.106.4)

$$\lambda_{s,3} = (N_{years} / 100)^{1/k_2} = (100 / 100)^{1/k_2} = 1{,}0$$

Beiwert $\lambda_{s,4}$ (Einfluss mehrerer Fahrstreifen):

DIN-Fb 102, Kap. II, Anh. 106, Gl. (A.106.5)

$$\lambda_{s,4} = \sqrt[k_2]{1 + \frac{\sum N_{obs,2}}{N_{obs,1}} \cdot \left(\frac{\eta_2 \cdot Q_{m2}}{\eta_1 \cdot Q_{m1}}\right)^{k_2} + \frac{N_{obs,3}}{N_{obs,1}} \cdot \left(\frac{\eta_3 \cdot Q_{m3}}{\eta_1 \cdot Q_{m1}}\right)^{k_2} + .. + \frac{N_{obs,k}}{N_{obs,1}} \cdot \left(\frac{\eta_k \cdot Q_{mk}}{\eta_1 \cdot Q_{m1}}\right)^{k_2}}$$

Zur Ermittlung dieses Beiwerts werden detaillierte Vorgaben des Bauherrn benötigt. In der vorliegenden Berechnung wird der Beiwert mit $\lambda_{s,4} = 1{,}0$ angesetzt, da die Betriebsbrücken nach Flughafenrichtlinien in der Regel im Einbahnverkehr benutzt werden sollen.

Beiwert φ_{fat} (Einfluss der Oberflächenrauigkeit):

DIN-Fb 102, Kap. II, Anh. 106, A.106.2 (108)

$\varphi_{fat} = 1{,}2$ Oberfläche mit geringer Rauigkeit

[136] ARS 11/2003, Anlage Satz (13): Brückenbeläge nach [80] ZTV-ING

$$\lambda_s = \varphi_{fat} \cdot \lambda_{s,1} \cdot \lambda_{s,2} \cdot \lambda_{s,3} \cdot \lambda_{s,4} = 1{,}2 \cdot \lambda_{s,1} \cdot \lambda_{s,2} \cdot 1{,}0 \cdot 1{,}0 = 1{,}2 \cdot \lambda_{s,1} \cdot \lambda_{s,2}$$

Tab. 6.6-2: Bestimmung des Korrekturbeiwertes λ_s

λ_s	Stütze	Feld 1 + 2	Feld 3
Betonstahl: $\lambda_{s,2} = 0{,}60$	$\lambda_{s,1} = 0{,}97$	$\lambda_{s,1} = 1{,}19$	$\lambda_{s,1} = 1{,}14$
$\lambda_s =$	**0,70**	**0,86**	**0,82**
Spannstahl: $\lambda_{s,2} = 0{,}52$	$\lambda_{s,1} = 1{,}08$	$\lambda_{s,1} = 1{,}35$	$\lambda_{s,1} = 1{,}28$
$\lambda_s =$	**0,67**	**0,84**	**0,80**

Für den Ermüdungsnachweis ist die erweiterte häufige Einwirkungskombination zugrunde zu legen.

DIN-Fb 102, Kap. II, 4.3.7.2 (103)P

Der statisch unbestimmte Anteil der Vorspannung wird bei diesem Nachweis mit dem charakteristischen Wert in Ansatz gebracht, der statisch bestimmte Anteil mit dem 0,9-fachen Mittelwert berücksichtigt.

Eine Abminderung des statisch bestimmten Anteils der Vorspannung mit dem Faktor 0,80 bzw. 0,85 ist nur bei Koppelfugen erforderlich, siehe [88] *König/Maurer*: Leitfaden zum DIN-Fachbericht 102 „Betonbrücken"

Die wahrscheinliche Stützensenkung wird als ständige Einwirkung mit ihrem charakteristischen Wert berücksichtigt.

Nach Meinung der Verfasser kann auch der auf Spannungen abgestellte Ermüdungsnachweis empfindlich auf Schwankungen der Vorspannung reagieren. Daher wird auf der sicheren Seite liegend, der obere charakteristische Wert des statisch unbestimmten Momentenanteils aus Vorspannung angesetzt.

Kombination für das Grundmoment M_0:

$$M_0 = \Sigma M_{g,k} + 1{,}0 \cdot M_{SET,k} + 0{,}6 \cdot M_{TM,k} + 1{,}1 \cdot M_{Pm\infty,ind,k} + 0{,}9 \cdot M_{Pm\infty,dir}$$

Betrachtung für das maximale Feldmoment in Feld 2:

$$M_0 = (1234 + 405) + 179 + 0{,}6 \cdot 1026 + 1{,}1 \cdot 6402 - 0{,}9 \cdot 7476$$
$$= 2747 \text{ kNm}$$

Schnittgrößen siehe Tab. 3.2-1 und 4.3-1
Moment aus Vorspannung ohne statisch unbestimmte Wirkung:
$M_{Pm\infty,dir} = -6402 - 1074 = -7476$ kNm

$$\text{zug } N_0 = -0{,}9 \cdot 8438$$
$$= -7594 \text{ kN}$$

Zur Berechnung der Schwingbreite $\Delta\sigma_s$ für den Nachweis des Stahls sind die Achslasten des Ermüdungslastmodells 3 mit den folgenden Faktoren zu multiplizieren:

DIN-Fb 102, Kap. II, Anh. 106, A.106.2 (101)

Nachweis an Zwischenstützen: $\gamma_{LM3} = 1{,}75$
Nachweis in übrigen Bereichen: $\gamma_{LM3} = 1{,}40$

Biegemoment aus Ermüdungslastmodell 3:

$$\min \Delta M_{LM3} = 1{,}4 \cdot (-165) = -231 \text{ kNm}$$
$$\max \Delta M_{LM3} = 1{,}4 \cdot 660 = 924 \text{ kNm}$$

Schnittgrößen siehe Tab. 3.2-1

Bemessungsmomente:

M_{min} = 2747 − 231 = 2516 kNm
M_{max} = 2747 + 924 = 3671 kNm

Die Berechnung der Spannungen im Beton- und Spannstahl für diese Bemessungsmomente können entweder iterativ oder mit Hilfe der Bemessungstafeln nach *Hochreither* [75] ermittelt werden.

Die Stahlspannungen im Zustand II werden nach *Kupfer* [74] Tafel Va ermittelt. Die Berechnung der Zugkraft erfolgt zunächst für eine mittlere statische Höhe für die Beton- und Spannstahlbewehrung.

Eingangswerte für [74] Tafel Va:

$M_r = M - N \cdot y_r$ mit $y_r = 1{,}004 - 0{,}10 = 0{,}904$ m
$N \cdot h_r / M_r$ mit $h_r = 1{,}50 - 0{,}10 = 1{,}40$ m
$n \cdot \mu = (E_s / E_c) \cdot (A_s + A_p) / (b \cdot h_r)$
$= (200 / 33{,}3) \cdot (14{,}5 + 3 \cdot 22{,}5) / (189 \cdot 140) = 0{,}02$

Aus der Zugkraft kann nach *Kupfer* [74] die Spannung im Betonstahl berechnet werden.

$$\sigma_s = [M_r / (k_z \cdot h_r) + N] / (A_s + \alpha \cdot A_p) = Z / (A_s + \alpha \cdot A_p)$$

mit: $\alpha = y_{np} / y_{ns} \approx 0{,}895 / 0{,}995 = 0{,}90$

$$\sigma_p = (Z - \sigma_s \cdot A_s) / A_p$$

Tab. 6.6-3: Ermittlung der Betonstahl- und Spannstahlspannungen für den Ermüdungsnachweis

Eingangswert	M_{min} = 2516 kNm	M_{max} = 3671 kNm
$M_r = M - N \cdot y_r$	9381 kNm	10536 kNm
$N \cdot h_r / M_r$	−1,12	−1,01
Ablesung aus Tafel Va: k_z	0,84	0,87
$Z = M_r / (k_z \cdot h_r) + N$	383 kN	1056 kN
σ_s	51 MN/m²	140 MN/m²
σ_p	46 MN/m²	126 MN/m²

Hieraus ergeben sich zunächst folgende Spannungsschwingbreiten im Querschnitt nach Zustand II:

Betonstahl: $\Delta\sigma_s$ = 140 − 51 = 89 MN/m²
Spannstahl: $\Delta\sigma_p$ = 126 − 46 = 80 MN/m²

Das unterschiedliche Verbundverhalten von Beton- und Spannstahl wird durch die Erhöhung der Betonstahlspannungen mit dem Faktor η berücksichtigt. Dieser wird nach *König/Maurer* [88] ermittelt.

$$\eta = \frac{\sum_{1}^{si} \frac{e_{si}}{e_{s1}} \cdot A_{si} + \sum_{1}^{pi} \frac{e_{pi}}{e_{s1}} \cdot A_{pi}}{\sum_{1}^{si} \frac{e_{si}}{e_{s1}} \cdot A_{si} + \sum_{1}^{pi} \frac{e_{pi}}{e_{s1}} \cdot A_{pi} \cdot \sqrt{\xi \frac{d_s}{d_p}}}$$

[75] *Hochreither*: Bemessungsregeln für teilweise vorgespannte, biegebeanspruchte Betonkonstruktionen..., Dissertation und
[74] *Kupfer*: Bemessung von Spannbetonbauteilen, BK 1991/I I, S. 671 ff.
siehe auch Abschnitt 5.6

DIN-Fb 102, Kap. II, Abs. 4.3.7.3 (1): Ermüdungsnachweise sind im Zustand II zu führen.

Druckzone im Bereich der Ortbetonplatte
C35/45: E_{cm} = 33300 MN/m²
vorhandene Mindestbewehrung A_s siehe Abschnitt 6.3
Ermittlung der Ersatzbreite b_i = 1,89 m siehe Abschnitt 5.6

DIN-Fb 102, Kap. II, 4.3.7.3 (3)

[88] *König/Maurer*: Leitfaden zum DIN-Fachbericht 102 „Betonbrücken"

DIN-Fb 102, Kap. II, Gl. (4.193), mit Wichtung → Bei biegebeanspruchten Bauteilen ist die unterschiedliche Höhenlage der Spannglieder sowie des Betonstahls z. B. über die Wichtung nach Maßgabe des Abstandes zur Dehnungs-Nulllinie angemessen zu berücksichtigen.

Dabei sind:

ξ = 0,5
d_s = 20 mm
d_p = 1,6 · $\sqrt{A_p}$
= 1,6 · $\sqrt{2250}$ = 76 mm
A_s = 14,5 cm² (Robustheitsbewehrung)
A_p = 3 · 22,5 = 67,5 cm²

DIN-Fb 102, Kap. II, Tab. 4.115 a)

DIN-Fb 102, Kap. II, 4.3.7.3 (3)

e_{si} , e_{pi} – Abstand der jeweiligen Bewehrungslagen zur Nulllinie
e_{si} / e_{s1} = 1,0
e_{pi} / e_{s1} = 0,895 / 0,995 = 0,90

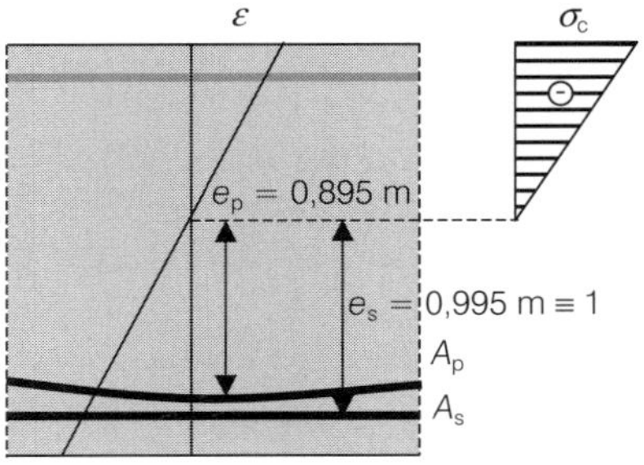

$$\eta = \frac{1 \cdot 14{,}5 + 0{,}9 \cdot 67{,}5}{1 \cdot 14{,}5 + 0{,}9 \cdot 67{,}5 \cdot \sqrt{0{,}5 \cdot 20/76}} = 2{,}06$$

Daraus ergibt sich die endgültige Spannungsschwingbreite im Betonstahl wie folgt:

$\Delta\sigma_s$ = 2,06 · 89 = **183 MN/m²**

Die schädigungsäquivalenten Schwingbreiten ergeben sich zu:

Schädigungsäquivalte Schwingbreite, die der Schwingbreite bei gleichbleibendem Spannungsspektrum mit N^* Spannungszyklen entspricht und zur gleichen Schädigung führt wie ein Schwingbreitenspektrum infolge fließenden Verkehrs.

Betonstahl $\Delta\sigma_{s,equ}$ = 0,86 · 183 = **158 MN/m²**

Spannstahl $\Delta\sigma_{p,equ}$ = 0,84 · 80 = **67 MN/m²**

Der Nachweis gegen Ermüdung für Betonstahl, Spannstahl und Verbindungen gilt als erbracht, wenn die folgende Bedingung erfüllt ist:

DIN-Fb 102, Kap. II, 4.3.7.5 (102)

$\gamma_{F,fat} \cdot \gamma_{Ed} \cdot \Delta\sigma_{s,equ} \leq \Delta\sigma_{Rsk}(N^*) / \gamma_{s,fat}$

DIN-Fb 102, Kap. II, 4.3.7.5, Gl. (4.191)

Hierbei sind:

$\Delta\sigma_{Rsk}(N^*)$ Spannungsschwingbreite bei N^* Lastzyklen entsprechend den Wöhlerlinien nach DIN-Fb 102
$\Delta\sigma_{Rsk}(N^*)$ = 195 MN/m² für Betonstahl
$\Delta\sigma_{Rsk}(N^*)$ = 120 MN/m² für gekrümmte Spannglieder in Stahlhüllrohren

DIN-Fb 102, Kap. II, 4.3.7.7, Tab. 4.116
DIN-Fb 102, Kap. II, 4.3.7.8, Tab. 4.117

$\gamma_{F,fat}$ = 1,0 Teilsicherheitsbeiwerte für Last- und
γ_{Ed} = 1,0 Modellunsicherheiten

DIN-Fb 102, Kap. II, 4.3.7.2, Gl. (4.186)

$\gamma_{s,fat}$ = 1,15 Teilsicherheitsbeiwert für die Baustoffeigenschaften

DIN-Fb 102, Kap. II, 4.3.7.2, Tab. 4.115
Beachte: [136] ARS 11/2003, Anlage (13)
Für Spannverfahren mit Zulassungen nach DIN 4227-1 ist $\gamma_{s,fat}$ = 1,25 anzusetzen.

Nachweis für den Betonstahl:

1,0 · 1,0 · **158 MN/m²** < 195 / 1,15 = **169 MN/m²**
→ Nachweis erfüllt!

Nachweis für den Spannstahl:

1,0 · 1,0 · **67 MN/m²** < 120 / 1,15 = **104 MN/m²**
→ Nachweis erfüllt!

7 Darstellung der Bewehrung

Vereinfachte Darstellung:

Querschnitt Feld 2

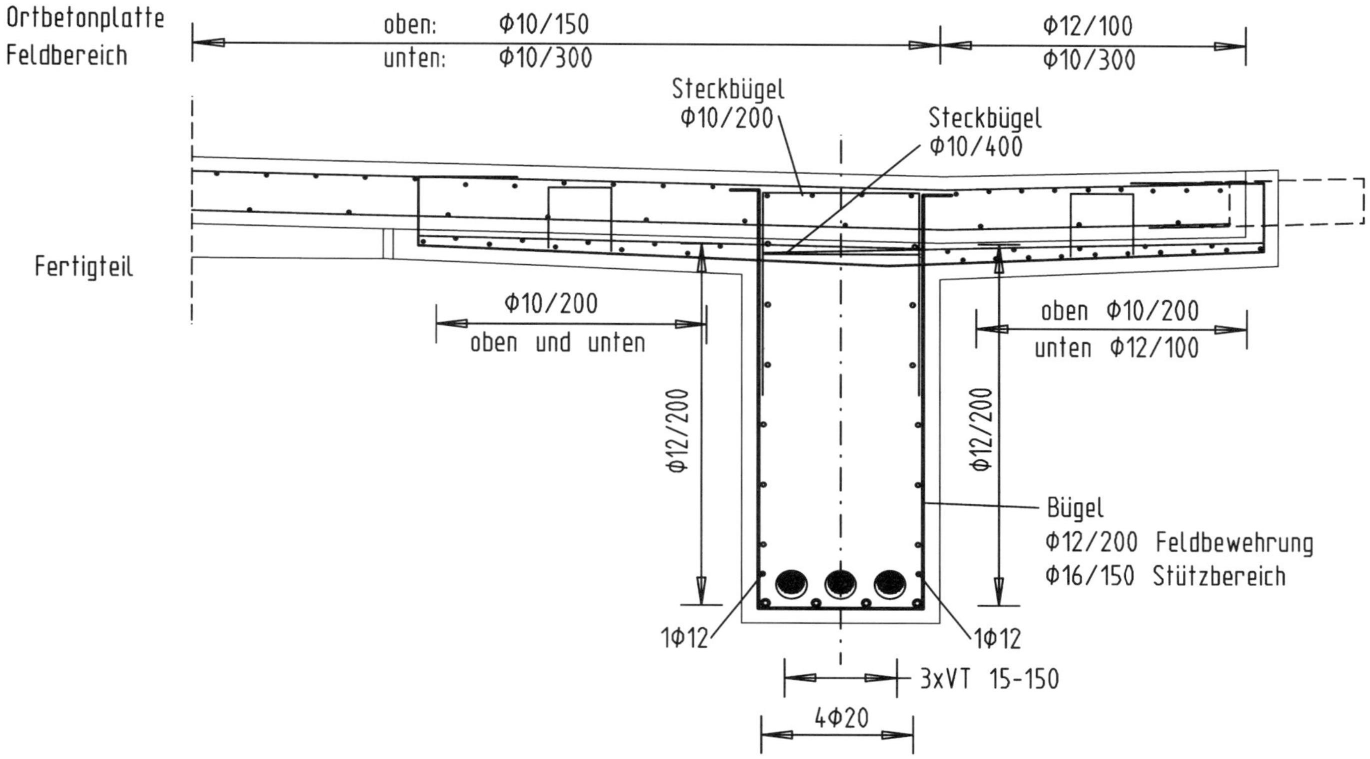

Bauteil: Beispiel 14:	Fertigteilbrücke
Betonfestigkeitsklasse und Expositionsklassen: Fertigteil: C45/55 XC4,XD1,XF2 Ortbeton: C35/45 XC4,XD1,XF2	Betonstahlsorte - Spannstahlsorte BSt 500 S (B) - St 1570/1770
Betondeckung: Verlegemaß c_v Bügel: 45mm (c_{nom}) Hüllrohr: 97mm (c_{min})	Verfasser: *Ingenieurbüro Mustermann*

Beispiel 15: Müllbunkerwand

Inhalt

		Seite
	Aufgabenstellung	15-2
1	Geometrie, Bauteilmaße, Betondeckung	15-3
1.1	Geometrie und Bauteilmaße	15-3
1.2	Mindestfestigkeitsklasse, Betondeckung	15-4
2	Einwirkungen	15-5
2.1	Allgemeines zu Lastansätzen für Müll	15-5
2.2	Charakteristische Werte der Einwirkungen	15-6
2.2.1	Ständige und vorübergehende Bemessungssituationen	15-6
2.2.2	Außergewöhnliche Bemessungssituation	15-8
2.3	Teilsicherheitsbeiwerte und Kombinationsregeln für Einwirkungen	15-9
2.4	Bemessungswerte in den Grenzzuständen der Tragfähigkeit	15-10
2.4.1	Ständige und vorübergehende Bemessungssituationen	15-10
2.4.2	Außergewöhnliche Bemessungssituation	15-10
2.5	Repräsentative Werte in den Grenzzuständen der Gebrauchstauglichkeit	15-11
3	Idealisierung des statischen Systems	15-12
4	Nichtlineare Berechnungsverfahren	15-13
4.1	Grundlagen	15-13
4.1.1	Allgemeines	15-13
4.1.2	Mittelwerte der Baustofffestigkeiten	15-14
4.2	Anmerkungen zum Nachweis der Bunkerwand	15-15
4.3	Nachweis im Grenzzustand der Tragfähigkeit	15-16
4.4	Nachweis im Grenzzustand der Gebrauchstauglichkeit	15-17
4.4.1	Baustoffkennwerte	15-17
4.4.2	Nachweise unter seltenen Einwirkungskombinationen	15-18
4.4.3	Nachweise unter quasi-ständigen Einwirkungskombinationen	15-18
4.5	Ablauf der Berechnung	15-19
5	Darstellung der Berechnungsergebnisse	15-20
5.1	Grundlagen	15-20
5.2	Nachweise in den Grenzzuständen der Tragfähigkeit	15-23
5.2.1	Biegung mit Längskraft	15-23
5.2.2	Querkraft	15-25
5.2.3	Koppelkräfte der Fertigteilbinder	15-25
5.3	Nachweise in den Grenzzuständen der Gebrauchstauglichkeit	15-27
5.3.1	Beton- und Betonstahlspannungen	15-27
5.3.2	Verformungen	15-28
5.3.3	Rissbreitenbegrenzung	15-29

Beispiel 15: Müllbunkerwand

Aufgabenstellung

Zu bemessen sind die mit Lisenen verstärkten Wände eines Müllbunkers in Achse A, Bild 1.
Die Berechnung der Außenwand soll nichtlinear erfolgen.

kein üblicher Hochbau nach DIN 1045-1, 3.1.1

Die Wände werden durch Müll- und Wasserdruck, durch Temperatur sowie durch Wind und Kranbetrieb belastet.

Die Aussteifung in Querrichtung erfolgt über Rahmen. Diese bestehen aus Dachriegeln, Stützen und in der Bodenplatte eingespannten Lisenen.
Die Dachdecke des Müllbunkers wird als Scheibe ausgebildet und koppelt die Rahmen, die in einem Abstand von 6,25 m angeordnet sind.

Vorwiegend ruhende Einwirkungen.

DIN 1045-1, 3.1.2: vorwiegend ruhende Einwirkung (die Kranbahn wird im vorliegenden Beispiel nicht näher behandelt).

Anforderungen an den Müllbunker:

- Aufnahme des Mülldrucks
- Aufnahme des Wasserdrucks aus Löschwasser bis Kote ± 0,0 m
- Dichtigkeit und Beständigkeit gegen chemischen Angriff
- Widerstandsfähigkeit gegen mechanischen Angriff (Greiferanprall) und Verschleißbeanspruchung

Umgebungsbedingungen an der Wandaußenseite:

über	± 0 m:	Außenbauteil, direkt beregnet, mit Frost
unter	± 0 m:	Technikraum, häufiger Außenluftzutritt, aber frostgeschützt

Im Ingenieurbau wird es regelmäßig zu projektbezogenen Vereinbarungen mit dem Bauherrn über die Grenzwerte der Gebrauchstauglichkeitseigenschaften kommen, die von den Mindestanforderungsklassen der DIN 1045-1, Tab. 19 abweichen. Diese Grenzzustände sind abzustimmen hinsichtlich der einzuhaltenden Werte und der Festlegung der dafür maßgebenden Einwirkungskombinationen.

Besondere Anforderungen des Bauherrn:

Die rechnerische Rissbreite von w_k = 0,30 mm ist für die quasi-ständige Einwirkungskombination zzgl. der vollen Temperaturbeanspruchung aus dem Müll auszulegen.

Die Beschränkung der Rissbreiten für Stahlbetonbauteile ist in diesem Beispiel unter einer höheren Einwirkungskombination als nach DIN 1045-1, Tab. 18 nachzuweisen (Korrosionsschutz).

Die maximale Kopfauslenkung des Rahmensystems in Höhe Binderauflager soll auf maximal h_{ges} / 150 unter der seltenen Einwirkungskombination (Müll, Wind, Temperatur und Kran) beschränkt werden.

Die größere horizontale Kopfauslenkung des Rahmens ist auf die für Verformungen extreme, seltene Bemessungssituation ausgelegt.

Baustoffe:

• Beton	C35/45	
• Betonstahl	BSt 500 S (A)	(normalduktil)
• Betonstahlmatten	BSt 500 M (A)	(normalduktil)

DIN 1045-1, 9.1: Beton
DIN 1045-1, 9.2: Betonstahl

Auf mögliche weitergehende Anforderungen an den Müllbunker aus Sicht des Umweltschutzes (z. B. Wasserhaushaltsgesetz) wird in diesem Beispiel nicht eingegangen.
Hinweise hierzu z. B. in
[86] *Brüning*: Temperaturbeanspruchungen in Stahlbetonlagern für feste Siedlungsabfälle DAfStb-Heft 470
[87] *Grote*: Durchlässigkeitsgesetze für Flüssigkeiten mit Feinstoffanteilen bei Betonbunkern von Abfallbehandlungsanlagen DAfStb-Heft 483

1 Geometrie, Bauteilmaße, Betondeckung

1.1 Geometrie und Bauteilmaße

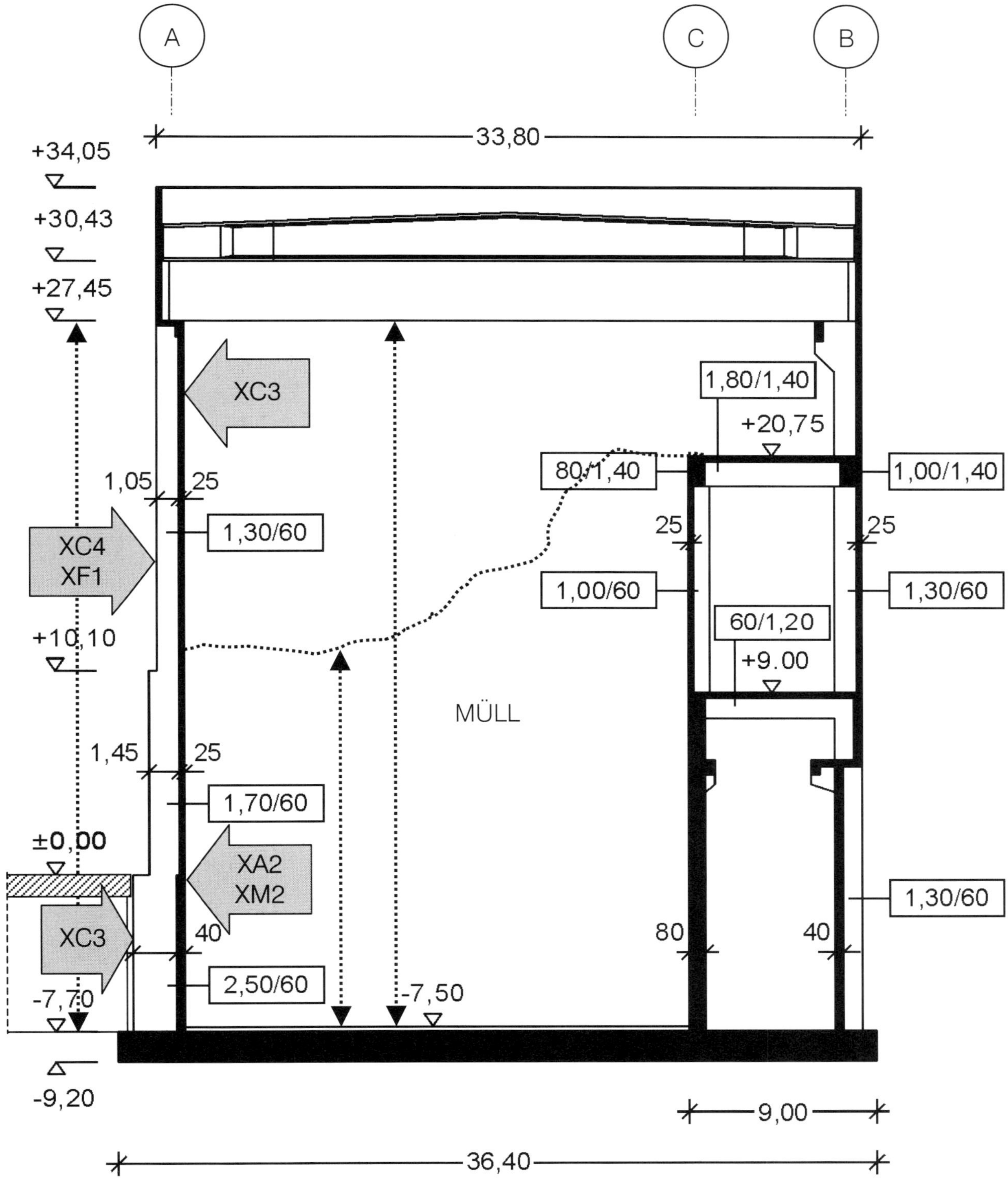

Bild 1: Schnitt durch das Gebäude und Querschnittsabmessungen der tragenden Bauteile
Expositionsklassen an der Außenwand in Achse A

1.2 Mindestfestigkeitsklasse, Betondeckung

DIN 1045-1, 6: Sicherstellung der Dauerhaftigkeit

Wahl der Expositionsklassen

Lisenen und Wände außen

• für Bewehrungskorrosion infolge Karbonatisierung:
Außenbauteil mit direkter Beregnung über ± 0,0 m ⇨ XC4
Bauteil mit Außenluftzutritt unterhalb ± 0,0 m ⇨ XC3
Mindestfestigkeitsklasse Beton ⇨ C25/30

DIN 1045-1, Tab. 3: Expositionsklassen
XC4: wechselnd nass und trocken
Außenbauteil mit direkter Beregnung,
XC3: mäßige Feuchte
Außenluft hat häufig Zugang

• für Betonangriff durch Frost:
Außenbauteile ⇨ XF1
Mindestfestigkeitsklasse Beton ⇨ C25/30

DIN 1045-1, Tab. 3: Expositionsklassen
XF1: mäßige Wassersättigung ohne Taumittel

Wände innen

• für Bewehrungskorrosion infolge Karbonatisierung:
häufiger Zugang von Außenluft ⇨ XC3
Mindestfestigkeitsklasse Beton ⇨ C20/25

DIN 1045-1, Tab. 3: Expositionsklassen
XC3: mäßige Feuchte

• für Betonangriff durch chemischen Angriff der Umgebung (Müll):
Industrieanlage mit chemisch mäßig angreifender Umgebung
(nach DIN EN 206-1) ⇨ XA2
Mindestfestigkeitsklasse Beton ⇨ C35/45

DIN 1045-1, Tab. 3: Expositionsklassen
XA2: chemisch mäßig angreifende Umgebung
Eine Einstufung in chemisch stark angreifend XA3 würde eine zusätzliche Schutzmaßnahme für die Betonfläche nach DIN 1045-2, 5.3.2 oder ein Gutachten erforderlich machen.

• für Betonangriff durch Verschleißbeanspruchung (Müll, Greiferabrieb):
Greiferabrieb als schwere Verschleißbeanspruchung ⇨ XM2
Mindestfestigkeitsklasse Beton ⇨ C35/45

DIN 1045-1, Tab. 3: Expositionsklassen
XM2: schwere Verschleißbeanspruchung,
Wegen DIN 1045-2, Tab. F.2.2: Verwendung von Hartstoffen nach DIN 1100 – Hartstoffe für zementgebundene Hartstoffestriche erforderlich, wäre eine Einstufung der vertikalen Wandflächen in XM3 nicht sinnvoll.
Alternative → DIN 1045-1, 6.3: (7) Δc_{min}

Gewählt: C35/45 XC4, XA2, XF1, XM2

Bei unterschiedlichen Expositionsklassen gleicher Kategorie (hier Karbonatisierung XC) genügt im Allgemeinen die Angabe der höherbeanspruchten Expositionsklasse (wichtig für die Betontechnologie DIN 1045-2).

Für die Betondeckung wird die Expositionsklasse XC4 bestimmend:

DIN 1045-1, Tab. 4: Mindestbetondeckung c_{min} und Vorhaltemaß Δc in Abhängigkeit von der Expositionsklasse. Auf die mögliche Abminderung von c_{min} um 5 mm gemäß [a]) (gewählt C35/45 > min C25/30 für XC4) wird verzichtet.

Wände und Lisenen

⇨ Mindestbetondeckung	c_{min}	= 25 mm
+ Vorhaltemaß	Δc	= 15 mm
= Nennmaß der Betondeckung	c_{nom}	= 40 mm

DIN 1045-1, 6.3: (8)

Sicherstellung des Verbundes: ≥ Stabdurchmesser ≥ 12 mm bzw. 28 mm
Längsbewehrung Ø 28: c_{min} = 28 mm Δc = 10 mm c_{nom} = 38 mm
Bügel Ø 12: c_{min} = 12 mm Δc = 10 mm c_{nom} = 22 mm

DIN 1045-1, 6.3: (4)

[29] DAfStb-Heft 525, zu 6.3 (8): In den Fällen, in denen die Verbundbedingung maßgebend wird, ist ein Vorhaltemaß von Δc = 10 mm ausreichend.

Daraus ergeben sich als Verlegemaße:
Bügel Ø 12: $c_{v,Bü}$ = **40 mm**
Längsbewehrung Ø 28: $c_{v,Bü} + d_{s,Bü} = c_{v,l}$ = **52 mm**

DIN 1045-1, 6.3: (11)
Die Verlegemaße werden für die Wand in Achse A vereinfacht außen und innen gleich groß gewählt.

2 Einwirkungen

2.1 Allgemeines zu Lastansätzen für Müll

Die Lastansätze für Müll sind nicht durch Vorschriften oder Normen geregelt. Die anzusetzende Belastung muss für den jeweiligen Einzelfall mit dem Betreiber der Anlage abgestimmt werden.

vgl. DIN 1055-100, 6.1 (1)

Der Horizontaldruckbeiwert ist bedingt durch die inhomogene Müllzusammensetzung nur sehr eingeschränkt analog dem Erddruckbeiwert zu ermitteln.

Für die Lastansätze sollte besser auf Messungen und Erfahrungswerte aus bestehenden Anlagen zurückgegriffen werden.
Die folgende Berechnung des Druckbeiwertes dient der Anschaulichkeit und Kontrolle der Größenordnung.

Bei den vorliegenden, relativ steifen Bunkerwänden wird der horizontale Druckbeiwert analog zum Erdruhedruck abgeschätzt.
Für einen Reibungswinkel von $\varphi = 45°$ ergibt sich ein Ruhedruckbeiwert von $k_h = 1 - \sin \varphi = 1 - 0{,}707 = 0{,}293$.
Für einen Reibungswinkel von $\varphi = 50°$ ergibt sich ein Ruhedruckbeiwert von $k_h = 0{,}234$.
Die Berechnung wird mit einem durchschnittlichen horizontalen Ruhedruckbeiwert von $\boldsymbol{k_h = 0{,}25}$ geführt.

Der Druckbeiwert von 0,25 liegt in der üblichen Größenordnung und stimmt mit Messungen ausreichend überein.

Weitere Informationen zu Lastansätzen für Müll können entnommen werden:
[76] *Torringen/Stepanek*: Bautechnik bei Müllverbrennungsanlagen, VGB-Baukonferenz 1996

Die Eigenlast des Mülls und somit auch die Belastung der Wand hängt von der Zusammensetzung und der Verdichtung des Mülls durch die vorhandenen Schütthöhen und Lagerungsbedingungen ab.

Das spezifische Gewicht des Mülls wird in Abhängigkeit von der Schütthöhe angesetzt. An der Außenwand ergibt sich eine Schütthöhe von $h_M = 10{,}50 - (-7{,}50) = 18{,}0$ m.
In der oberen Hälfte der Schüttung wird das spezifische Gewicht des Mülls mit $\gamma_{M1} = 3{,}0$ kN/m^3 und in der unteren Hälfte mit $\gamma_{M2} = 5{,}0$ kN/m^3 angesetzt.

vgl. Bild 2

Die vereinfachte Abstufung des spezifischen Gewichts berücksichtigt die Selbstverdichtung des Mülls.

An der Innenwand in Achse C beträgt die Schütthöhe $h_M = 20{,}75 - (-7{,}50) = 28{,}25$ m. Die Abstufung der Mülleigenlast erfolgt in drei annähernd gleichen Abschnitten von 9,25 m und 9,50 m.
Das spezifische Gewicht des Mülls beträgt in den drei Abschnitten $\gamma_{M1} = 3{,}0$ kN/m^3, $\gamma_{M2} = 5{,}0$ kN/m^3 und $\gamma_{M3} = 7{,}0$ kN/m^3.

Abhängig von seiner Beschaffenheit und Zusammensetzung kann sich der Müll erwärmen und auch entzünden. Aus der Erwärmung ergibt sich ein Temperaturgradient als Einwirkung auf die angrenzenden Wände.

Da sich der Müll entzünden kann, wird für den Brandfall folgende außergewöhnliche Einwirkung (Katastrophenszenario) berücksichtigt:

Durch das Löschen wird ein Füllen des Müllbunkers mit Löschwasser bis auf Kote ± 0,0 m unterstellt. Oberhalb dieser Kote kann das Löschwasser durch die Tore ablaufen.
Unterhalb der Kote ± 0 m steht ein Wasser-Müll-Gemisch mit $\gamma_{MA3} = 11{,}0$ kN/m^3 und von Kote ± 0 m bis +10,50 m steht Müll mit $\gamma_{MA1} = 4{,}0$ kN/m^3 an.

vgl. Bild 3

2.2 Charakteristische Werte der Einwirkungen

2.2.1 Ständige und vorübergehende Bemessungssituationen

DIN 1055-100, 9.3

a) Einwirkungen aus den Dachbindern (auf Kote +30,43 m)

Index k = charakteristisch

ständige Einwirkungen (Eigenlasten):	$G_{k,1}$	=	590 kN
veränderliche Einwirkungen (Nutzlasten):	$Q_{k,1}$	=	210 kN

→ aus einer Nebenrechnung
Zur Vereinfachung des Beispiels werden die Einwirkungen aus Schnee nicht berücksichtigt.

b) Einwirkungen aus der Kranbahn (auf Kote +27,45 m)

ständige Einwirkungen (Eigenlasten):	$G_{k,2}$	=	10 kN
veränderliche Einwirkungen (Nutzlasten):			
vertikal	$Q_{k,2v}$	=	480 kN
horizontal	$Q_{k,2h}$	=	90 kN

→ aus einer Nebenrechnung

Einwirkung aus Kranen siehe Krandatenblatt oder DIN 1055-10: Einwirkungen aus Kranen und Maschinen

c) Horizontale Einwirkungen aus dem Müll auf die Außenwand (veränderliche Einwirkungen)

$q_{k,Ml,1} = \gamma_{M1} \cdot h_{1l} \cdot k_h = 3{,}0 \cdot 9{,}00 \cdot 0{,}25 = 6{,}75\ \text{kN/m}^2$

$q_{k,Ml,2} = q_{k,Ml,1} + \gamma_{M2} \cdot h_{2l} \cdot k_h = 6{,}75 + 5{,}0 \cdot 9{,}00 \cdot 0{,}25 = 18{,}00\ \text{kN/m}^2$

Index l für links

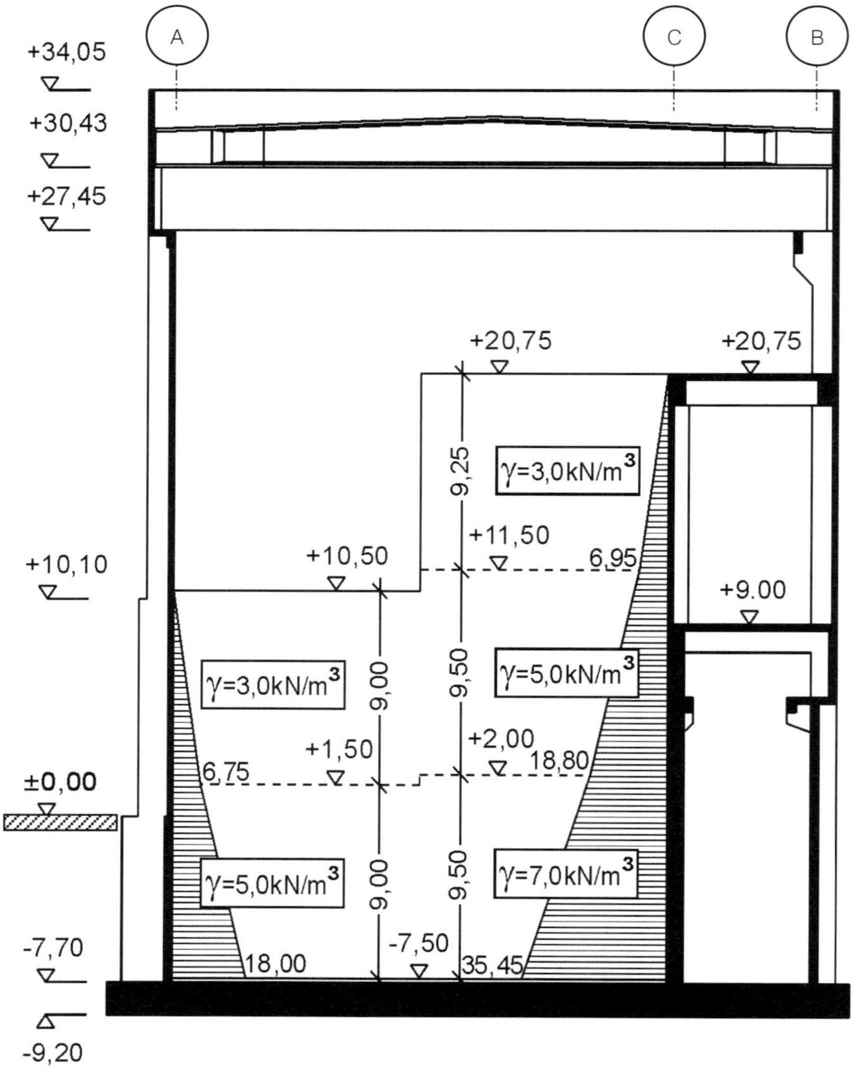

Vertikale Einwirkungen aus Wandreibung werden wegen der Müllkonsistenz vernachlässigt.

Bild 2: Horizontale Einwirkungen aus Müll

d) Horizontale Einwirkungen aus dem Müll auf die Innenwand (veränderliche Einwirkung)

$q_{k,Mr,1} = \gamma_{M1} \cdot h_{1r} \cdot k_h = \quad 3{,}00 \cdot 9{,}25 \cdot 0{,}25 \cong 6{,}95\ \text{kN/m}^2$
$q_{k,Mr,2} = q_{k,Mr,1} + \gamma_{M2} \cdot h_{2r} \cdot k_h = 6{,}95 + 5{,}00 \cdot 9{,}50 \cdot 0{,}25 \cong 18{,}80\ \text{kN/m}^2$
$q_{k,Mr,3} = q_{k,Mr,2} + \gamma_{M3} \cdot h_{3r} \cdot k_h = 18{,}80 + 7{,}00 \cdot 9{,}50 \cdot 0{,}25 \cong 35{,}45\ \text{kN/m}^2$

Index r für rechts

e) Vertikale Einwirkungen aus dem Müll auf die Bodenplatte

$q_{k,Ml,v} = \gamma_{M1} \cdot h_{1l} + \gamma_{M2} \cdot h_{2l} = 3{,}00 \cdot 9{,}00 + 5{,}00 \cdot 9{,}00 = 72{,}00\ \text{kN/m}^2$
$q_{k,Mr,v} = \gamma_{M1} \cdot h_{1r} + \gamma_{M2} \cdot h_{2r} + \gamma_{M3} \cdot h_{3r}$
$= 3{,}00 \cdot 9{,}25 + 5{,}00 \cdot 9{,}50 + 7{,}00 \cdot 9{,}50 = 114{,}75\ \text{kN/m}^2$

f) Einwirkungen infolge Wind über ± 0 m

[13] DIN 1055-4

Das Bauwerk liegt in Windzone 3.
Der zugehörige Geschwindigkeitsdruck $q_{ref,0}$ beträgt 0,47 kN/m².

DIN 1055-4, Anhang A, Bild A.1
Annahme: Binnenland,
kein Mischprofil nach Gl. 12 sondern
DIN 1055-4, Anhang B, B(4) und Tab. B.1, B.2:
Geländekategorie II und $z > 4{,}0$ m

Der Geschwindigkeitsdruck auf Traufhöhe ergibt sich zu ([13] Tab. B.2)
$2{,}1 \cdot q_{ref,0} \cdot (z / 10)^{0{,}24} = 2{,}1 \cdot 0{,}47 \cdot (34{,}05 / 10)^{0{,}24} \approx 1{,}35\ \text{kN/m}^2$

Für $h \leq b$ muss der Geschwindigkeitsdruck über die Höhe konstant angenommen werden.

DIN 1055-4
Bild 3 und 4

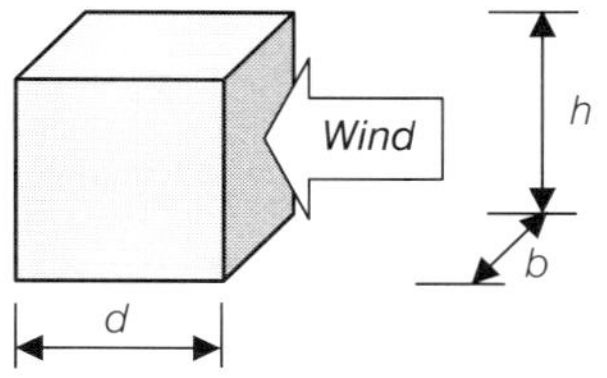

Die Außendruckbeiwerte werden aus Tabelle 3 entnommen:
$c_{pe,10} = +0{,}80$ und $c_{pe,10} = -0{,}50$

DIN 1055-4, Tab. 3 für $h / d = 34{,}05 / 33{,}8 \approx 1$

Damit ergibt sich die Einwirkung aus Wind zu
$w_e = c_{pe} \cdot q(z_e)$
$w_{eD} = 0{,}80 \cdot 1{,}35 = 1{,}08\ \text{kN/m}^2$ für Winddruck und
$w_{eS} = 0{,}50 \cdot 1{,}35 = 0{,}68\ \text{kN/m}^2$ für Windsog.

DIN 1055-4, Gl. (4)

g) Temperaturbeanspruchung

Mit dem Betreiber werden zwei stationäre Temperaturbeanspruchungen ober- und unterhalb der Kote ± 0 m festgelegt. Dabei geht die Korrelation zwischen Außenlufttemperatur und Müll ein.
Unterhalb der Kote ± 0 m betragen die zugrunde gelegten rechnerischen Wandoberflächentemperaturen im Technikbereich und auf der Müllseite +5° und +55°. Daraus ergibt sich eine Temperaturdifferenz von $\Delta T = 50$ K und eine mittlere Wandtemperatur von $T_m = 30°$.
Oberhalb der Kote ± 0 m beträgt die zugrunde gelegte Wandaußentemperatur und die Mülltemperatur +5° und +50°. Es ergibt sich in der Betonwand eine Temperaturdifferenz von $\Delta T = 45$ K (z. B. auch für –10° und +35°) und eine mittlere Temperatur von $T_m = 27{,}5°$.

Alle sich infolge wechselnder Betriebsbedingungen und chemischer Prozesse, verschiedener Einfülltemperaturen, Innenluft- und Außenlufttemperaturen entwickelnden instationären und stationären Temperaturvorgänge sind mit angemessenem Aufwand nicht zu bestimmen und zudem für eine Bemessung nicht maßgebend.
Auf die Berechnung des Temperaturverlaufs im Bauwerk auch unter Schüttgütern mit höheren Einfülltemperaturen wird z. B. in [77] *Martens*: Silo-Handbuch, Ernst & Sohn, 1988, eingegangen

h) Imperfektionen

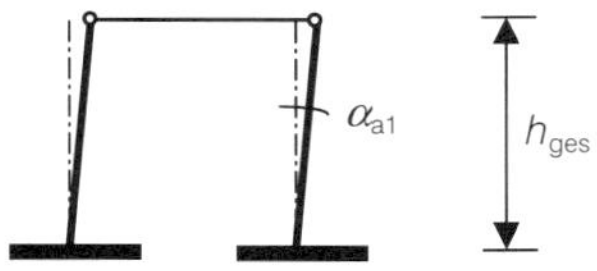

Schiefstellung des Tragwerks
$\alpha_{a1} = 1 / (100 \cdot \sqrt{h_{ges}}) \leq 1 / 200$
$\alpha_{a1} = 1 / (100 \cdot \sqrt{38{,}13}) = 1 / 617 < 1 / 200$

DIN 1045-1, 7.2: (1) in der ständigen und vorübergehenden Bemessungssituation GZT

DIN 1045-1, Gl. (4)

Abminderung für mehrere lastabtragende Bauteile $n = 2$ Stützen / Achse
$\alpha_n = \sqrt{[(1 + 1 / n) / 2]}$
$= \sqrt{[(1 + 1 / 2) / 2]} = 0{,}866$

$\alpha_n \cdot \alpha_{a1} = 0{,}866 / 617 = 1 / 713 = 0{,}0014$

DIN 1045-1, 7.2: (5) Sind mehrere lastabtragende Bauteile nebeneinander vorhanden, so darf α_{a1} mit dem Faktor α_n abgemindert werden.

DIN 1045-1, Gl. (5)

2.2.2 Außergewöhnliche Bemessungssituation

a) Horizontallasten aus Müll und Löschwasser

$q_{k,MA,1} = \gamma_{MA1} \cdot h_1 \cdot k_h$
$= 4{,}0 \cdot 9{,}00 \cdot 0{,}25 = 9{,}00 \text{ kN/m}^2$

$q_{k,MA,2} = q_{k,MA,1} + \gamma_{MA2} \cdot h_2 \cdot k_h$
$= 9{,}00 + 6{,}0 \cdot 1{,}50 \cdot 0{,}25 = 11{,}25 \text{ kN/m}^2$

$q_{k,MA,3} = q_{k,MA,2} + (\gamma_{MA3} - \gamma_W) \cdot h_3 \cdot k_h$
$= 11{,}25 + (11{,}0 - 10{,}0) \cdot 7{,}50 \cdot 0{,}25 \cong 13{,}15 \text{ kN/m}^2$

$q_{k,MA,4} = q_{k,MA,3} + \gamma_W \cdot h_3$
$= 13{,}15 + 10{,}0 \cdot 7{,}50 \cong 88{,}15 \text{ kN/m}^2$

Die Eigenlast des Mülls wird oberhalb der Kote +1,50 m mit 4,0 kN/m³ und unterhalb dieser Kote mit 6,0 kN/m³ angesetzt.

Im wassergefüllten Bereich unterhalb der Kote ± 0 m wird von einem Volumenanteil von Müll und Hohlraum von je 50 % ausgegangen. Der Hohlraum füllt sich beim Löschen mit Wasser. Somit ergibt sich die Eigenlast von 11,0 kN/m³.

Die Eigenlast des Wasser-Müll-Gemisches von γ_{MA} = 11 kN/m³ wird aufgespalten in einem hydrostatisch wirkenden Anteil von 10 kN/m³ und einem mit dem verbleibenden Druckbeiwert behafteten Anteil von 1,0 kN/m³.

b) Vertikale Einwirkungen auf die Bodenplatte (auf Kote –7,70 m)

$q_{k,MA,v} = \gamma_{MA1} \cdot h_1 + \gamma_{MA2} \cdot h_2 + \gamma_{MA3} \cdot h_3$
$= 4{,}0 \cdot 9{,}00 + 6{,}0 \cdot 1{,}50 + 11{,}0 \cdot 7{,}50$
$= 127{,}5 \text{ kN/m}^2$

Die charakteristischen Werte für Müll und Löschwasser sind im Grenzzustand der Tragfähigkeit in der außergewöhnlichen Bemessungssituation zu betrachten.

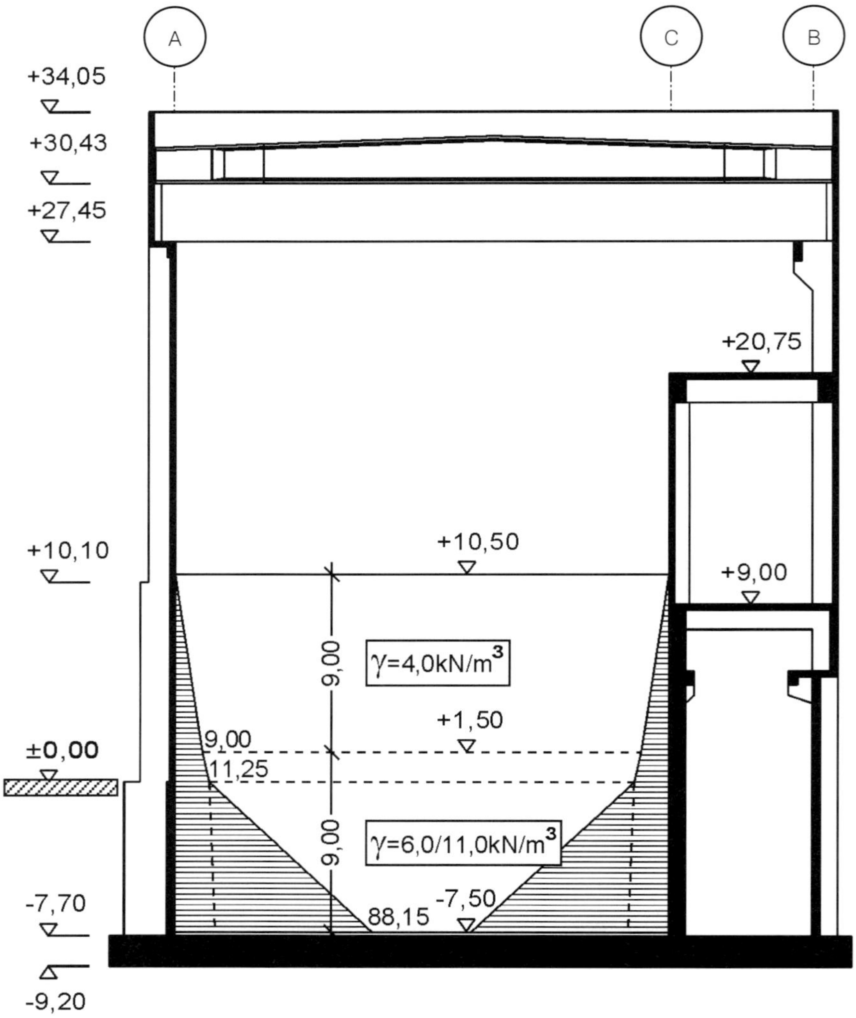

Bild 3: Horizontale Einwirkungen aus Müll und Löschwasser für die außergewöhnliche Bemessungssituation

2.3 Teilsicherheitsbeiwerte und Kombinationsregeln für Einwirkungen

Teilsicherheitsbeiwerte in den Grenzzuständen der Tragfähigkeit:

Einwirkungen:	mit Auswirkungen	
	günstig	ungünstig
ständige	$\gamma_G = 1{,}0$	$\gamma_G = 1{,}35$
veränderliche	$\gamma_Q = 0{,}0$	$\gamma_Q = 1{,}50$

Kombinationsbeiwerte für Einwirkungskombinationen:

		vorherrschende	andere		
		Müll	Dach- und Kranbahn	Wind	Temperatur
selten	$\psi_0 =$	1,00	1,00	0,60	0,60
häufig	$\psi_1 =$	0,90	0,90	0,50	0,50
quasi-ständig	$\psi_2 =$	0,80	0,50	0	0

Kombinationsregeln für Einwirkungen in den Grenzzuständen der Tragfähigkeit:

ständige und vorübergehende Bemessungssituation:

$$E_d = \Sigma(\gamma_G \cdot G_k) + \gamma_{Q,1} \cdot Q_{k,1} + \Sigma(\gamma_{Q,i} \cdot \psi_{0,i} \cdot Q_{k,i})$$

außergewöhnliche Bemessungssituation:

$$E_{dA} = \Sigma(\gamma_{GA} \cdot G_k) + \psi_{1,1} \cdot Q_{k,1} + \Sigma(\psi_{2,i} \cdot Q_{k,i}) + \gamma_A \cdot A_k$$

Kombinationsregeln für Einwirkungen in den Grenzzuständen der Gebrauchstauglichkeit:

seltene Einwirkungskombination:

$$E_{d,rare} = \Sigma G_k + Q_{k,1} + \Sigma(\psi_{0,i} \cdot Q_{k,i})$$

häufige Einwirkungskombination:

$$E_{d,freq} = \Sigma G_k + \psi_{1,1} \cdot Q_{k,1} + \Sigma(\psi_{2,i} \cdot Q_{k,i})$$

quasi-ständige Einwirkungskombination:

$$E_{d,perm} = \Sigma G_k + \Sigma(\psi_{2,i} \cdot Q_{k,i})$$

DIN 1045-1, Tab. 1: Teilsicherheitsbeiwerte für die Einwirkungen auf Tragwerke ungünstig bzw. günstig

DIN 1055-100, 9.3: Bemessungssituationen
(1) im Grenzzustand der Tragfähigkeit
- ständige und vorübergehende Situationen
- außergewöhnliche Situationen

DIN 1055-100, 10.3: Bemessungssituationen
(1) im Grenzzustand der Gebrauchstauglichkeit
- seltene Situationen mit nicht umkehrbaren (bleibenden) Auswirkungen auf das Tragwerk,
- häufige Situationen mit umkehrbaren (nicht bleibenden) Auswirkungen auf das Tragwerk,
- quasi-ständige Situationen mit Langzeitauswirkungen auf das Tragwerk.

Die linear-elastische Berechnung hat gezeigt, dass die maßgebende Beanspruchung aus dem Müll resultiert. Deshalb wird die nichtlineare Berechnung mit dem Müll als vorherrschende veränderliche Einwirkung geführt.

Kombinationsbeiwerte:
- Müll: vom Bauherren und Betreiber festgelegt
- Wind + Temperatur: DIN 1055-100, Tab. A.2
- Kran: DIN 1055-10, Tab. A.2 → ψ_0 und ψ_1
  DIN 1055-100, Tab. A.2 → ψ_2 sonstige Einw.
Die beiden unabhängigen Einwirkungen aus Dach und Kranbahn werden zur Vereinfachung zusammengefasst. Auf der sicheren Seite liegend wird der höhere bzw. für den Kran ein quasi-ständiger Kombinationsbeiwert verwendet.

DIN 1055-100, 9.4, Tab. 2

DIN 1055-100, 10.4, Tab. 3

2.4 Bemessungswerte in den Grenzzuständen der Tragfähigkeit

2.4.1 Ständige und vorübergehende Bemessungssituationen

DIN 1055-100, 9.4, Tab. 2

Kombinationsregeln siehe 2.3

a) Einwirkungen aus den Dachbindern

ständig: $G_{d,1} = \gamma_G \cdot G_{k,1} = 1{,}35 \cdot 590 = 796{,}5$ kN

veränderlich: $Q_{d,1} = \gamma_Q \cdot \psi_{0,1} \cdot Q_{k,1} = 1{,}50 \cdot 1{,}00 \cdot 210 = 315{,}0$ kN

b) Einwirkungen aus der Kranbahn

ständig: $G_{d,2} = \gamma_G \cdot G_{k,2} = 1{,}35 \cdot 10 = 13{,}5$ kN

veränderlich: $Q_{d,2v} = \gamma_Q \cdot \psi_{0,K} \cdot Q_{k,2v} = 1{,}50 \cdot 1{,}00 \cdot 480 = 720{,}0$ kN

$Q_{d,2h} = \gamma_Q \cdot \psi_{0,K} \cdot Q_{k,2h} = 1{,}50 \cdot 1{,}00 \cdot 90 = 135{,}0$ kN

c) Einwirkungen aus dem Müll auf die Außenwand, links

$q_{d,Ml,1} = \gamma_Q \cdot q_{k,Ml,1} = 1{,}50 \cdot 6{,}75 = 10{,}12$ kN/m²

$q_{d,Ml,2} = \gamma_Q \cdot q_{k,Ml,2} = 1{,}50 \cdot 18{,}00 = 27{,}00$ kN/m²

d) Einwirkungen aus dem Müll auf die Innenwand, rechts

$q_{d,Mr,1} = \gamma_Q \cdot q_{k,Mr,1} = 1{,}50 \cdot 6{,}95 = 10{,}43$ kN/m²

$q_{d,Mr,2} = \gamma_Q \cdot q_{k,Mr,2} = 1{,}50 \cdot 18{,}80 = 28{,}20$ kN/m²

$q_{d,Mr,3} = \gamma_Q \cdot q_{k,Mr,3} = 1{,}50 \cdot 35{,}45 = 53{,}18$ kN/m²

e) Einwirkungen infolge Wind

Druck $q_{d,WD} = \gamma_Q \cdot \psi_{0,W} \cdot w_{eD} = 1{,}50 \cdot 0{,}60 \cdot 1{,}08 = 0{,}97$ kN/m²

Sog $q_{d,WS} = \gamma_Q \cdot \psi_{0,W} \cdot w_{eS} = 1{,}50 \cdot 0{,}60 \cdot 0{,}68 = 0{,}61$ kN/m²

f) Temperatureinwirkungen

Der Temperaturgradient $\Delta T / h$ wird mit dem $\gamma_Q \cdot \psi_{0,T}$-fachen, d. h. dem $1{,}5 \cdot 0{,}60 = 0{,}90$-fachen Wert berücksichtigt.

g) Imperfektion → Schiefstellung $\alpha = 1 / 713 = 0{,}0014$

Schiefstellung des unbelasteten Tragwerks

2.4.2 Außergewöhnliche Bemessungssituation

DIN 1055-100, 9.4, Tab. 2

Kombinationsregeln siehe 2.3

a) Einwirkungen aus den Dachbindern

ständig: $G_{dA,1} = \gamma_{GA} \cdot G_{k,1} = 1{,}00 \cdot 590 = 590$ kN

veränderlich: $Q_{dA,1} = \psi_{2,1} \cdot Q_{k,1} = 0{,}50 \cdot 210 = 105$ kN

DIN 1055-100, Tab. A.3:
$\gamma_{GA} = 1{,}00$
$\gamma_A = 1{,}00$

b) Einwirkungen aus der Kranbahn

ständig: $G_{dA,2} = \gamma_{GA} \cdot G_{k,2} = 1{,}00 \cdot 10 = 10$ kN

veränderlich: $Q_{dA,2v} = \psi_{1,K} \cdot Q_{k,2} = 0{,}90 \cdot 480 = 432$ kN

$Q_{dA,2h} = \psi_{1,K} \cdot Q_{k,3} = 0{,}90 \cdot 90 = 81$ kN

In der gezeigten Kombination wird die Last aus der Kranbahn als vorherrschende Einwirkung behandelt.

c) Einwirkungen aus Müll und Löschwasser

$q_{d,MA,1} = \gamma_A \cdot q_{k,MA,1} = 1{,}00 \cdot 9{,}00 = 9{,}00$ kN/m²

$q_{d,MA,2} = \gamma_A \cdot q_{k,MA,2} = 1{,}00 \cdot 11{,}25 = 11{,}25$ kN/m²

$q_{d,MA,3} = \gamma_A \cdot q_{k,MA,3} = 1{,}00 \cdot 13{,}15 = 13{,}15$ kN/m²

$q_{d,MA,4} = \gamma_A \cdot q_{k,MA,4} = 1{,}00 \cdot 88{,}15 = 88{,}15$ kN/m²

Das Gemisch aus Löschwasser und Müll ist die außergewöhnliche Einwirkung.

d) Einwirkungen infolge Wind $q_{dA,W} = 0$

mit $\psi_2 = 0$ für Wind und Temperatur

e) Temperatureinwirkungen $q_{dA,T} = 0$

DIN 1045-1, 7.2: (1) Imperfektionen brauchen in der außergewöhnlichen Bemessungssituation nicht berücksichtigt zu werden.

2.5 Repräsentative Werte in den Grenzzuständen der Gebrauchstauglichkeit

a) seltene Einwirkungskombination

Kombinationsregeln und Festlegung der Kombinationsbeiwerte siehe Abschnitt 2.3

$G_{k,1}$ = 590 kN — Dachbinder
$G_{k,2}$ = 10 kN — Kran

$\psi_{0,1} \cdot Q_{k,1} = 1{,}00 \cdot 210 = 210$ kN — Dachbinder
$\psi_{0,K} \cdot Q_{k,2v} = 1{,}00 \cdot 480 = 480$ kN — Kran
$\psi_{0,K} \cdot Q_{k,2h} = 1{,}00 \cdot 90 = 90$ kN — Kran

$q_{k1,Ml,1} = 6{,}75$ kN/m² — Müll Außenwand Achse A - Leiteinwirkung
$q_{k1,Ml,2} = 18{,}00$ kN/m²
$q_{k1,Mr,1} = 6{,}95$ kN/m² — Müll Innenwand Achse C - Leiteinwirkung
$q_{k1,Mr,2} = 18{,}80$ kN/m²
$q_{k1,Mr,3} = 35{,}45$ kN/m²

$\psi_{0,W} \cdot w_{eD} = 0{,}60 \cdot 1{,}08 = 0{,}65$ kN/m² — Winddruck
$\psi_{0,W} \cdot w_{eS} = 0{,}60 \cdot 0{,}68 = 0{,}41$ kN/m² — Windsog

b) häufige Einwirkungskombination

$G_{k,1}$ = 590 kN — Dachbinder
$G_{k,2}$ = 10 kN — Kran

$\psi_{2,1} \cdot Q_{k,1} = 0{,}50 \cdot 210 = 105$ kN — Dachbinder
$\psi_{2,K} \cdot Q_{k,2v} = 0{,}50 \cdot 480 = 240$ kN — Kran
$\psi_{2,K} \cdot Q_{k,2h} = 0{,}50 \cdot 90 = 45$ kN — Kran

$\psi_{1,M} \cdot q_{k,Ml,1} = 0{,}90 \cdot 6{,}75 = 6{,}08$ kN/m² — Müll Außenwand Achse A - Leiteinwirkung
$\psi_{1,M} \cdot q_{k,Ml,2} = 0{,}90 \cdot 18{,}00 = 16{,}20$ kN/m²
$\psi_{1,M} \cdot q_{k,Mr,1} = 0{,}90 \cdot 6{,}95 = 6{,}26$ kN/m² — Müll Innenwand Achse C - Leiteinwirkung
$\psi_{1,M} \cdot q_{k,Mr,2} = 0{,}90 \cdot 18{,}80 = 16{,}92$ kN/m²
$\psi_{1,M} \cdot q_{k,Mr,3} = 0{,}90 \cdot 35{,}45 = 31{,}91$ kN/m²

Da der Kombinationsbeiwert für Wind und Temperatur $\psi_{2,i} = 0$ ist, ergeben sich keine Einwirkungen und Schnittgrößen aus diesen Einwirkungen.

c) quasi-ständige Einwirkungskombination

$G_{k,1}$ = 590 kN — Dachbinder
$G_{k,2}$ = 10 kN — Kran

$\psi_{2,1} \cdot Q_{k,1} = 0{,}50 \cdot 210 = 105$ kN — Dachbinder
$\psi_{2,K} \cdot Q_{k,2v} = 0{,}50 \cdot 480 = 240$ kN — Kran
$\psi_{2,K} \cdot Q_{k,2h} = 0{,}50 \cdot 90 = 45$ kN — Kran

$\psi_{2,M} \cdot q_{k,Ml,1} = 0{,}80 \cdot 6{,}75 = 5{,}40$ kN/m² — Müll Außenwand Achse A
$\psi_{2,M} \cdot q_{k,Ml,2} = 0{,}80 \cdot 18{,}00 = 14{,}40$ kN/m²
$\psi_{2,M} \cdot q_{k,Mr,1} = 0{,}80 \cdot 6{,}95 = 5{,}56$ kN/m² — Müll Innenwand Achse C
$\psi_{2,M} \cdot q_{k,Mr,2} = 0{,}80 \cdot 18{,}80 = 15{,}04$ kN/m²
$\psi_{2,M} \cdot q_{k,Mr,3} = 0{,}80 \cdot 35{,}45 = 28{,}36$ kN/m²

Da der Kombinationsbeiwert für Wind und Temperatur $\psi_{2,i} = 0$ ist, ergeben sich keine Einwirkungen und Schnittgrößen aus diesen Einwirkungen.

Beachte: Für die Berechnung der Rissbreiten wird vereinbarungsgemäß in diesem Beispiel die Temperaturbeanspruchung zu der quasi-ständigen Einwirkungskombination in voller Größe berücksichtigt!

3 Idealisierung des statischen Systems

Die zu untersuchende Außenwand mit den drei Einfüllöffnungen (Achse A, Bild 4) wurde inklusive der Lisenen mit Schalenelementen [84] modelliert.

Die Lisenen wurden als ebene Flächenelemente, allerdings mit größerer Dicke eingegeben. Da alle Elemente exzentrisch angeordnet wurden, ergibt sich an der Innenseite eine gerade Oberfläche an der dort liegenden Knotenebene. Nach außen stehen dann die dickeren Lisenenelemente über der Wand hervor (siehe Bild 5).

Die Bodenplatte wurde ebenfalls noch relativ fein abgebildet, um den biegesteifen Anschluss der Lisenen möglichst genau zu erfassen.

Die Stützen in Achse B (Bild 4) wurden dagegen nur sehr grob diskretisiert, da für sie mit dem hier beschriebenen Modell keine Bemessung erfolgt, sondern nur die stützende Wirkung des Rahmensystems über die Dachbinder erfasst wird. Die Steifigkeit dieser Elemente nach Zustand I wurde in den nichtlinearen Berechnungen pauschal mit einem Faktor 0,50 zur näherungsweisen Berücksichtigung des Zustandes II abgemindert.

Die großflächigen Wandelemente (Achse C, Bild 5) dienen der Lasteinleitung des Müll- und Löschwasserdrucks in das ebene Rahmensystem.

Die als Stabelemente definierten Dachbinder simulieren die Kopplung der beiden Außenwände.

Ein gemischtes System aus Stab- und Flächenelementen in der Wand ist in einer nichtlinearen FEM-Berechnung nach Zustand II aus Kompatibilitätsgründen nachteilig.

[84] SOFiSTiK AG, Programmmodul ASE

Das verwendete Schalenelement ist ein vierknotiges QUAD-Element mit zusätzlichen nichtkonformen Verschiebungsansätzen und arbeitet nach der Mindlin-Theorie inklusive Schubverformungen. Für nichtlineare Berechnungen wird es in Dickenrichtung in 10 Schichten (Layer) zerlegt. An den Schichtgrenzen werden die nichtlinearen Spannungen aus den Dehnungen ermittelt, dann in den Schichten mit linearer Verteilung angesetzt und zu Plattenschnittkräften aufintegriert.
Eine genauere Beschreibung des verwendeten Beton-Layermodelles kann über www.sofistik.de/bibliothek/platte/betobeme.htm eingesehen werden.

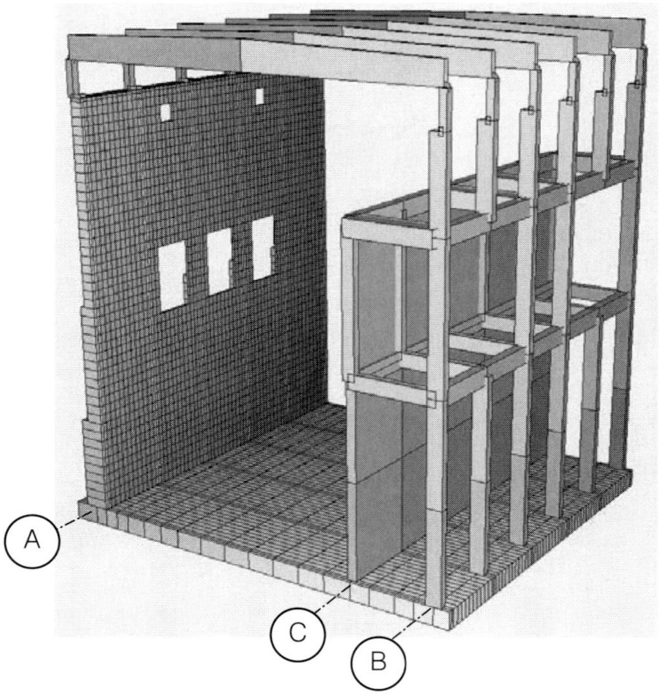

Bild 4: Elementeinteilung – Innenansicht

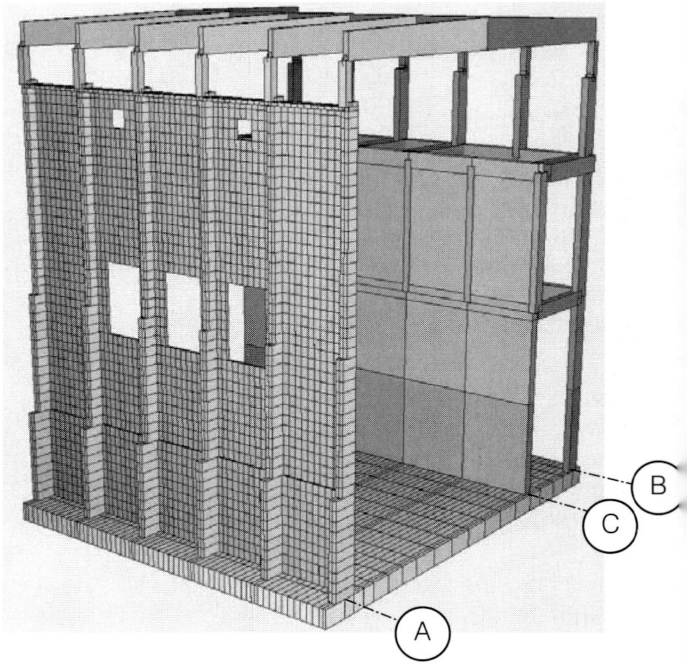

Bild 5: Elementeinteilung – Außenansicht

4 Nichtlineare Berechnungsverfahren

4.1 Grundlagen

4.1.1 Allgemeines

Die DIN 1045-1 stellt vier mögliche Berechnungsverfahren zur Ermittlung der Schnittgrößen zur Auswahl:

- linear-elastische Berechnung
- linear-elastische Berechnung mit Umlagerung
- Verfahren der Plastizitätstheorie
- nichtlineare Verfahren

DIN 1045-1,
8.2: Linear-elastische Berechnung
8.3: Linear-elastische Berechnung mit Umlagerung
8.4: Verfahren nach der Plastizitätstheorie
8.5: Nichtlineare Verfahren

Unter nichtlinearen Verfahren versteht man Berechnungsverfahren, die nichtlineare Schnittgrößen-Verformungs-Beziehungen berücksichtigen (physikalisch nichtlinear).
Verfahren, bei denen das Gleichgewicht unter Berücksichtigung der Tragwerksverformung nachgewiesen wird, werden als Berechnung nach Theorie II. Ordnung bezeichnet (geometrisch nichtlinear).

DIN 1045-1, 8.5.1:
(1) Nichtlineare Verfahren der Schnittgrößenermittlung dürfen sowohl für die Nachweise in den Grenzzuständen der Gebrauchstauglichkeit als auch der Tragfähigkeit angewendet werden, ...

(2) Durch die Festlegung der Bewehrung nach Größe und Lage schließen nichtlineare Verfahren die Bemessung für Biegung mit oder ohne Längskraft nach 10.2 ein.

(3) Die Formänderungen und Schnittgrößen des Tragwerks sind auf Grundlage der Spannungs-Dehnungs-Linien .... zu berechnen, wobei die Mittelwerte der Baustofffestigkeiten zugrunde zu legen sind.

Die Stahlbetonbemessung nach DIN 1045 (07.88) [6] basiert auf einer linear-elastischen Schnittgrößenermittlung und berücksichtigt die nichtlinearen Materialeigenschaften nur bei der Querschnittsbemessung.

Mit der Einbeziehung des nichtlinearen Materialverhaltens von Stahlbeton bereits bei der Schnittgrößenermittlung ergeben sich wirklichkeitsnähere Schnittgrößen- und Spannungsverteilungen.

Abhängig von der Art des Tragsystems und der Art der Einwirkungen ergeben sich verschiedene Ergebnisse zwischen der linear-elastischen und der nichtlinearen Berechnung. Bei Flächentragwerken sowie bei Zwangbeanspruchungen sind diese Unterschiede am größten.

Wegen der nichtlinearen Beziehung zwischen der Bewehrung und der Querschnittssteifigkeit kann bei nichtlinearen Verfahren die Schnittgrößenermittlung nicht mehr getrennt für die jeweiligen Einwirkungen (Lastfälle), sondern nur für jeweils eine Einwirkungskombination erfolgen.

Prinzipiell sind zwei Typen einer nichtlinearen Berechnung möglich.
Es wird entweder auf der ***Querschnittsebene*** ein Vergleich der einwirkenden mit den aufnehmbaren Schnittgrößen durchgeführt oder auf der ***Systemebene*** ein geforderter Sicherheitsabstand zwischen dem Grenzzustand der Tragfähigkeit (Systemtraglast) und den Bemessungswerten der maßgebenden Einwirkungskombination nachgewiesen.

Die nichtlineare Berechnung nach DIN 1045-1 kann mittels Momenten-Krümmungs-Beziehung über Stahlbetonquerschnittssteifigkeiten (für stabförmige Bauteile und einachsig gespannte Platten) oder über nichtlineare Spannungs-Dehnungs-Beziehungen für Beton, Verbund und Bewehrung erfolgen.

DIN 1045-1, 8.5.2 (1)

DIN 1045-1, 8.5.1 (3)

Die DIN 1045-1 sieht ein Nachweiskonzept auf der Systemebene vor.

Es fordert die Einhaltung eines einheitlichen Sicherheitsabstandes von $\gamma_R = 1{,}3$ (bzw. $\gamma_R = 1{,}1$ bei außergewöhnlichen Bemessungssituationen) zwischen der maßgebenden Einwirkungskombinationen E_d und dem Bemessungswert des Tragwiderstandes R_d.

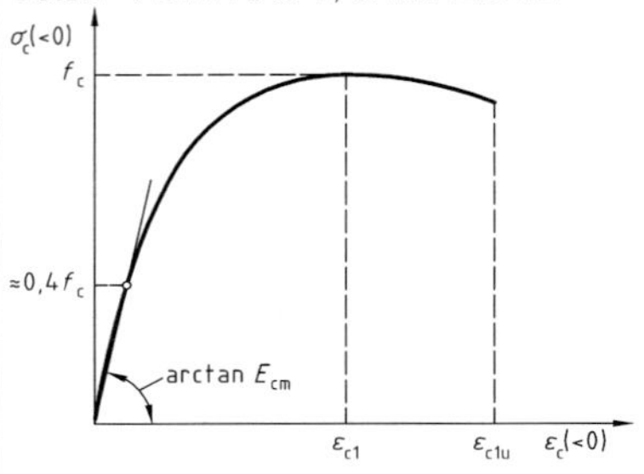

Dabei werden für Schnittgrößenermittlung und Querschnittsbemessung die gleichen Spannungs-Dehnungslinien zugrunde gelegt.
Bei der Schnittgrößenermittlung werden die rechnerischen Mittelwerte der Zylinderdruckfestigkeit des Betons f_{cR} und der Streckgrenze des Betonstahls f_{yR} verwendet.

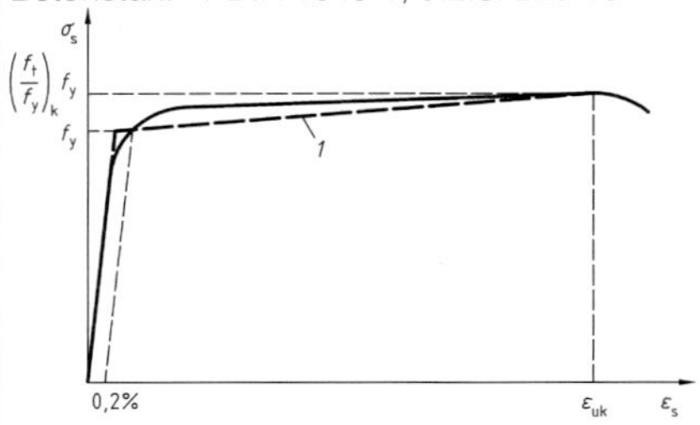

Diese wurden so definiert, dass sie dem 1,3-fachen Bemessungswert entsprechen.

$$\begin{aligned}
f_{cR} &= 0{,}85 \cdot \alpha \cdot f_{ck} &&\to f_{ck} = \gamma_c \cdot f_{cd} / \alpha \\
f_{cR} &= 0{,}85 \cdot \alpha \cdot \gamma_c \cdot f_{cd} / \alpha \\
f_{cR} &= 0{,}85 \cdot \gamma_c \cdot f_{cd} \\
f_{cR} &= 0{,}85 \cdot 1{,}50 \cdot f_{cd} \\
f_{cR} &\approx 1{,}30 \cdot f_{cd}
\end{aligned}$$

$$\begin{aligned}
f_{yR} &= 1{,}10 \cdot f_{yk} &&\to f_{yk} = \gamma_S \cdot f_{yd} \\
f_{yR} &= 1{,}10 \cdot \gamma_S \cdot f_{yd} \\
f_{yR} &= 1{,}10 \cdot 1{,}15 \cdot f_{yd} \\
f_{yR} &\approx 1{,}30 \cdot f_{yd}
\end{aligned}$$

Der Grenzzustand der Tragfähigkeit gilt als erreicht, wenn in einem beliebigen Querschnitt des Tragwerks

- die kritische Stahldehnung $\varepsilon_{su} = 25\ \permil$ beträgt,
- die kritische Betonstauchung $\varepsilon_{c1u} = 3{,}5\ \permil$ (für Normalbeton bis C50/60) erreicht wird oder
- am Gesamtsystem oder Teilen davon ein indifferentes Gleichgewicht besteht.

4.1.2 Mittelwerte der Baustofffestigkeiten

Die Mittelwerte der Baustofffestigkeiten dürfen angenommen werden mit:

→ Betonstahl   BSt 500 S (A)

$$\begin{aligned}
f_{yk} &= 500\ \text{N/mm}^2 \\
f_{yR} &= 1{,}10 \cdot f_{yk} &&= 1{,}10 \cdot 500 &&= 550\ \text{N/mm}^2 \\
f_{tR} &= 1{,}05 \cdot f_{yR} &&= 1{,}05 \cdot 550 &&= 577\ \text{N/mm}^2
\end{aligned}$$

→ Beton C35/45

$$\begin{aligned}
f_{ck} &= 35\ \text{N/mm}^2 \\
f_{cR} &= 0{,}85 \cdot \alpha \cdot f_{ck} &&= 0{,}85 \cdot 0{,}85 \cdot 35 &&= 25{,}3\ \text{N/mm}^2
\end{aligned}$$

DIN 1045-1, 8.5.1:
(4) In der ständigen und vorübergehenden Bemessungssituation soll ein einheitlicher Teilsicherheitsbeiwert $\gamma_R = 1{,}3$ berücksichtigt werden.

Arbeitslinien:
Beton → DIN 1045-1, 9.1.5: Bild 22

Betonstahl → DIN 1045-1, 9.2.3: Bild 26

DIN 1045-1, 8.5.1: (4), Gl. 18-24

f_{cR} - rechnerischer Mittelwert der Zylinderdruckfestigkeit des Betons bei nichtlinearen Verfahren der Schnittgrößenermittlung

f_{yR} - rechnerischer Mittelwert der Streckgrenze des Betonstahls bei nichtlinearen Verfahren der Schnittgrößenermittlung

DIN 1045-1, 8.5.1 (6)
DIN 1045-1, 8.5.1 (7)

DIN 1045-1, 8.5.1: (3) Ermittlung der Formänderungen und Schnittgrößen des Tragwerks unter Zugrundelegung der Mittelwerte der Baustofffestigkeiten

DIN 1045-1, 8.5.1: Gl. 18

DIN 1045-1, 8.5.1: Gl. 23

4.2 Anmerkungen zum Nachweis der Bunkerwand

Die Bunkerwand wird planmäßig mit relativ hohen Temperaturen beaufschlagt. Diese entstehen durch chemische und biologische Umwandlungsprozesse im Müll. Ein Ansatz dieser Temperaturlasten in einer linearen Schnittgrößenermittlung liefert sehr große Zwangschnittgrößen, die in der Realität wegen der Rissbildung im Beton und der damit verbundenen Steifigkeitsabnahme in dieser Größenordnung nicht auftreten.

Daher wird das Verfahren der nichtlinearen Schnittgrößenermittlung nach DIN 1045-1, 8.5 angewendet. Alle Nachweise werden mit einer vorab festgelegten Bewehrung durchgeführt. In den Grenzzuständen der Gebrauchstauglichkeit wird für die Verformungsberechnung und den Nachweis der Spannungen im Querschnitt eine einheitliche Materialsicherheit angesetzt.

Die Bewehrung wird entweder einer Vorbemessung entnommen oder aus Erfahrungswerten abgeschätzt.
Die Bewehrungswahl muss am Berechnungsergebnis gemessen und in der Regel iterativ verbessert (optimiert) werden.

Zweckmäßigerweise werden jeweils zwei Grenzwertbetrachtungen mit unterer und oberer Betonzugfestigkeit durchgeführt. Der obere Grenzwert ist erforderlich, da bei einer Zwangbeanspruchung wie Temperatur hohe Steifigkeiten auch höhere Zwangschnittgrößen hervorrufen.

Die zeitabhängigen Verformungen aus Kriechen und Schwinden werden zu zwei Zeitpunkten $t = t_0$ (Belastungsbeginn) und $t \rightarrow \infty$ (Endzustand) berücksichtigt.

Die Kriech-und Schwindverformungen werden jeweils aus einer Berechnung im Gebrauchszustand unter der quasi-ständigen Einwirkungskombination mit den Mittelwerten der Baustofffestigkeiten übernommen.

Die aus einer Nebenrechnung bestimmten oder der DIN 1045-1, 9.1.4 entnommenen Werte für die Endkriechzahl und die Schwinddehnung werden im Beispiel angenommen zu:

$$\varphi(\infty, t_0) = 2{,}2$$
$$\varepsilon_{c\infty} = -2 \cdot 10^{-4}$$

Gewählte Vorgehensweise:
Für die Berechnung des Zustandes $t \rightarrow \infty$ nach Kriechen und Schwinden wird in einer vereinfachten Betrachtung die Steifigkeit des Betons mit dem Faktor $1 / (1 + \varphi)$ reduziert. Die Arbeitslinie des Betons wird dabei in Richtung der Dehnungsachse gestreckt.
In der nichtlinearen Berechnung unter der angesetzten kriecherzeugenden Beanspruchung wird der eingelegte Bewehrungsstahl und die gestreckte Betonarbeitslinie berücksichtigt. Der Beton kann bereits in diesem Zustand aufreißen und ggf. Schnittgrößen umlagern. Lastfälle, die auf diesen Zustand aufsetzen, übernehmen die darin enthaltenen (eingefrorenen) Dehnungen und Spannungen. Zusatzdehnungen werden entsprechend der dann steileren Kurzzeitarbeitslinie in Zusatzspannungen umgesetzt. Die endgültigen Gesamtdehnungen setzen sich dann aus Anteilen unterschiedlicher Arbeitslinien zusammen.

In der nichtlinearen Berechnung werden vier als ungünstig bewertete Einwirkungskombinationen untersucht:

zzgl. Imperfektionen in die ungünstige Richtung

- alle in Richtung Achse C wirkenden Lasten (dies liefert die maximale Verformung nach rechts);
- alle in Richtung Achse C wirkenden Lasten und zusätzlich Temperatur (dies liefert die maximale Betondruckspannung an der Innenseite und die maximale Rissbreite an der Außenseite der Wand in Achse A);
- alle ungünstigen Einwirkungen nach links (in Richtung Achse A);
- alle äußeren Einwirkungen nach links (in Richtung Achse A) und Temperatur.

Die Definition der Richtung erfolgt entsprechend den Bildern 2 und 3 im Abschnitt 2.2

4.3 Nachweis im Grenzzustand der Tragfähigkeit

ständige und vorübergehende Bemessungssituation

Zum Nachweis der räumlichen Stabilität nach Theorie II. Ordnung wird unter γ_F-fachen Lasten eine minimale Steifigkeit der Bauteile angesetzt:

Beton

maximale Betondruckfestigkeit

$f_{cR} / 1{,}30 = 0{,}85 \cdot \alpha \cdot f_{ck} / 1{,}30$ mit $\alpha = 0{,}85$

$= 0{,}85 \cdot 0{,}85 \cdot 35{,}0 / 1{,}30$

$= 19{,}4$ N/mm²

Die gegenüber dem Mittelwert der Baustoffkennwerte relativ starke Abminderung der Betonfestigkeit ist zumindest für die Bemessung schlanker Druckglieder noch umstritten. → [78] *Graubner/Six*: Zuverlässigkeit schlanker Stahlbetondruckglieder – Analyse nichtlinearer Nachweiskonzepte, Bauingenieur 77 (2002); S. 141 ff.

Für die Bemessung der hauptsächlich biege- und zwangbeanspruchten Bunkerwand ist dieser Ansatz hinreichend brauchbar.

Betonzugfestigkeit in der Zugzone

$f_{ct} = 0$

Für die Mitwirkung des Betons auf Zug zwischen den Rissen wird der Mittelwert der Zugfestigkeit mit einer Sicherheit von 1,30 angesetzt:

$f_{ct} = f_{ctm} / 1{,}30 = 3{,}20 / 1{,}30 = 2{,}46$ N/mm²

DIN 1045-1, Tab. 9: f_{ctm} für C35/45

Betonstahl

maximale Stahlzugfestigkeit

$f_{tR} / 1{,}30 = 577 / 1{,}30$

$= 444$ N/mm²

Die Proportionalitätsgrenze wird erreicht bei

$f_{yR} / 1{,}30 = 550 / 1{,}30$

$= 423$ N/mm²

Mit diesen Materialparametern wird nachgewiesen, dass das Bauwerk mit der eingelegten Bewehrung die äußeren Einwirkungen unter gleichzeitigem Ansatz der Temperaturbeanspruchung aufnehmen kann.

In einer zweiten Berechnung wird dies unter Ansatz der realen Mittelwerte bzw. oberen Quantilwerte der Festigkeit ohne Materialsicherheitsbeiwert durchgeführt, um die ungünstige Wirkung hoher Steifigkeiten bei Zwangbelastung zu erfassen:

Beton

maximale Betondruckfestigkeit

$f_{cm} = 43$ N/mm²

Betonzugfestigkeit in der Zugzone

$f_{ctk;0,95} = 4{,}2$ N/mm²

Dieser Wert wird auch für die Mitwirkung des Betons auf Zug zwischen den Rissen angesetzt:

$f_{ctk;0,95} = 4{,}2$ N/mm²

[29] DAfStb-Heft 525, zu 8.5.1 (8): Die Berücksichtigung der Mitwirkung des Betons auf Zug zwischen den Rissen kann das Rechenergebnis negativ oder positiv beeinflussen (Erhöhung der Steifigkeit gegenüber „reinem“ Zustand II). Bei der Ermittlung der möglichen Schnittgrößenumlagerung führt die Berücksichtigung der Zugversteifung wegen des reduzierten Umlagerungsvermögens stets zu Ergebnissen mit größerer Sicherheit.

Betonstahl

rechnerische Mittelwerte der Festigkeiten

$f_{yR} = f_{yk} = 500$ N/mm²

$f_{tR} = 1{,}05 \cdot f_{yR}$

$= 1{,}05 \cdot 500 = 525$ N/mm²

4.4 Nachweis im Grenzzustand der Gebrauchstauglichkeit

4.4.1 Baustoffkennwerte

Für diese Nachweise wird zunächst die seltene Einwirkungskombination zugrunde gelegt.
Der Rissbildungszustand dieser Kombination wird abgespeichert und für die darauf folgende Berechnung der quasi-ständigen Einwirkungskombination als gegeben unterstellt.

Für die Steifigkeitsannahmen und die Spannungsverteilung im Querschnitt ist für jede Einwirkungskombination entscheidend, ob der Querschnitt gerissen oder ungerissen ist.
Der Rissbildungszustand muss i. d. R. unter der seltenen Einwirkungskombination untersucht werden, da diese auch am Anfang der Nutzungsdauer eines Bauteils auftreten kann und die dann erzeugten Risse für alle nachfolgenden Bemessungssituationen relevant sind.

Es werden jeweils wieder zwei (obere und untere) Grenzwerte der Festigkeiten, jetzt aber ohne Teilsicherheitsbeiwerte auf der Materialseite, untersucht:

→ untere Festigkeitswerte:

Beton

maximale Betondruckfestigkeit

$f_{cR} = 0{,}85 \cdot \alpha \cdot f_{ck}$ mit $\alpha = 0{,}85$

$= 0{,}85 \cdot 0.85 \cdot 35{,}0$

$= 25{,}3\ \text{N/mm}^2$

Beton C35/45
DIN 1045-1, Gl. (23)

Betonzugfestigkeit in der Zugzone

$f_{ctk;0,05} = 2{,}2\ \text{N/mm}^2$

DIN 1045-1, Tab. 9

Mitwirkung des Betons auf Zug zwischen den Rissen

$f_{ctm} = 3{,}2\ \text{N/mm}^2$

Betonstahl

rechnerische Mittelwerte der Festigkeiten

$f_{yR} = f_{yk} = 500\ \text{N/mm}^2$

$f_{tR} = 1{,}05 \cdot f_{yR}$

$= 1{,}05 \cdot 500 = 525\ \text{N/mm}^2$

→ obere Festigkeitswerte:

Beton

maximale Betondruckfestigkeit

$f_{cm} = 43\ \text{N/mm}^2$

Betonzugfestigkeit in der Zugzone und für die Mitwirkung des Betons auf Zug zwischen den Rissen

$f_{ctk;0,95} = 4{,}2\ \text{N/mm}^2$

Betonstahl

rechnerische Mittelwerte der Festigkeiten

$f_{yR} = f_{yk} = 500\ \text{N/mm}^2$

$f_{tR} = 1{,}05 \cdot f_{yR}$

$= 1{,}05 \cdot 500 = 525\ \text{N/mm}^2$

5 Darstellung der Berechnungsergebnisse

5.1 Grundlagen

[84] SOFiSTiK AG, Programmmodul ASE

Zur Verdeutlichung des Tragverhaltens und der maßgebenden Beanspruchungen wird zunächst für zwei Einzellastfälle ein Verformungs- und Spannungsbild dargestellt.

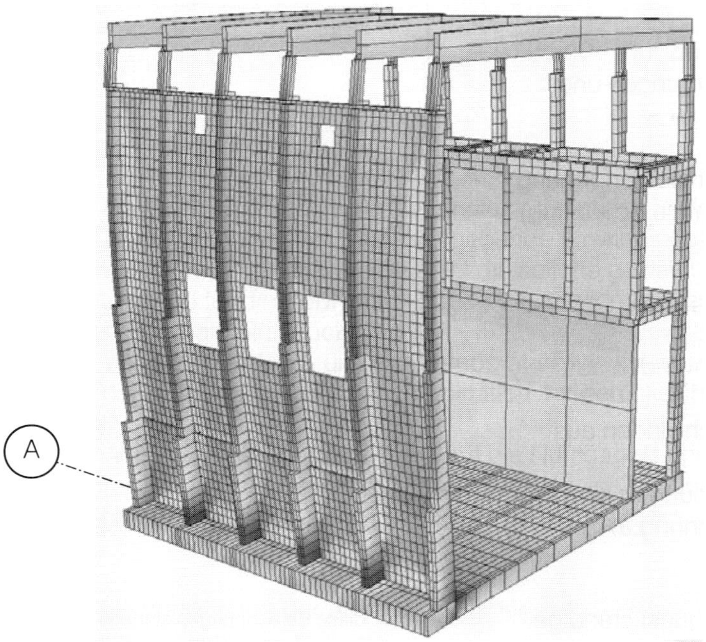

Bild 6: Einzellastfall – Lasten aus Müll auf die Außenwand

Zu erkennen sind in Bild 6 die nach außen gerichteten Verformungen der Wand sowie die hohe Druckbeanspruchung (dunkelgrau) der Lisenenfüße außen.

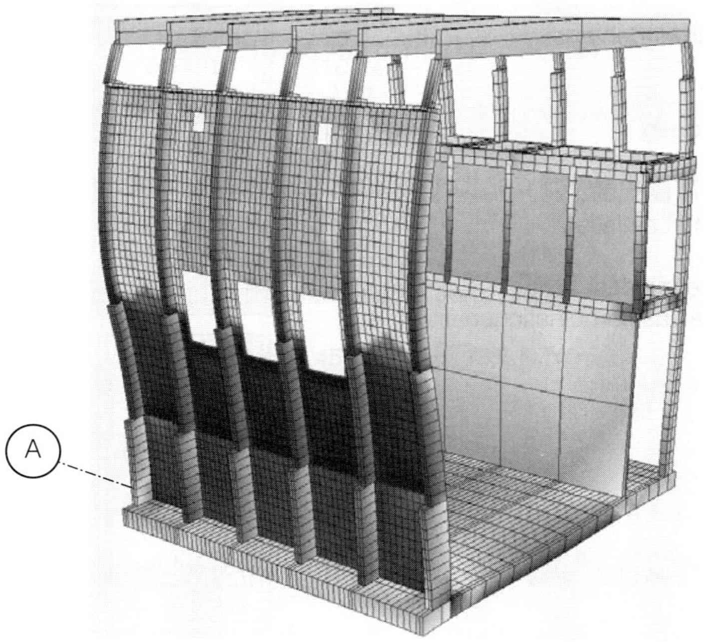

Bild 7: Einzellastfall – Temperaturbeanspruchung $\Delta T / h$

Durch die hohe Temperaturentwicklung im Müll dehnen sich die Betonfasern an der Innenseite des Bunkers stark aus und verkrümmen in der linearen Rechnung die Außenwand deutlich nach außen.
Die Druckbeanspruchung an der Innenseite erzeugt an der Außenseite der Außenwand hier dunkel dargestellte Zugspannungen (Bild 7).

In der nichtlinearen Berechnung wird immer jeweils ein determinierter Gesamtbelastungszustand betrachtet.
Die maßgebende Bemessungssituation für den Grenzzustand der Tragfähigkeit wird mit folgender Belastung untersucht:

siehe 2.4

$$E_d = 1{,}35 \cdot G_k + 1{,}50 \cdot [Q_{Müll,k} + 1{,}0 \cdot (Q_{Kran,k} + Q_{Dach,k}) + 0{,}6 \cdot Q_{Wind,k} + 0{,}6 \cdot Q_{Temp,k}]$$

Der Windsog und der Mülldruck sind jeweils nur in Richtung der Außenwand Achse A angesetzt (nach links, Mülldruck nur auf die Wand A).
Die Temperaturbelastung setzt sich aus einem konstanten Mittentemperaturanteil T_m und einem linearen Gradienten $\Delta T / h$ zusammen.

Das folgende Bild zeigt ein Element der Außenwand zwischen zwei Lisenen für diese Bemessungskombination nach linearer Berechnung:

Zunächst wird diese Beanspruchungskombination linear berechnet und unter Lastfall 120 abgelegt.

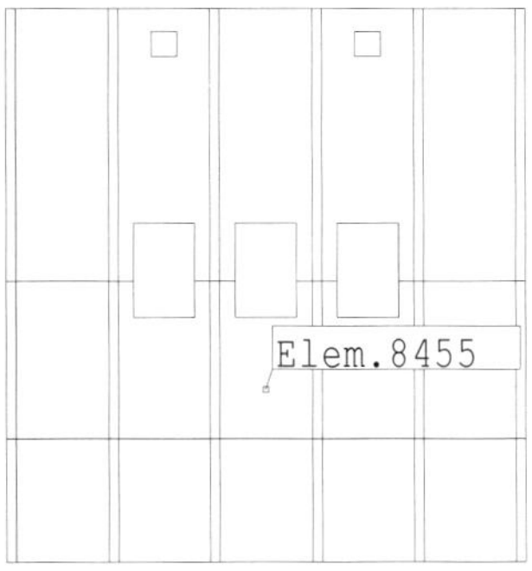

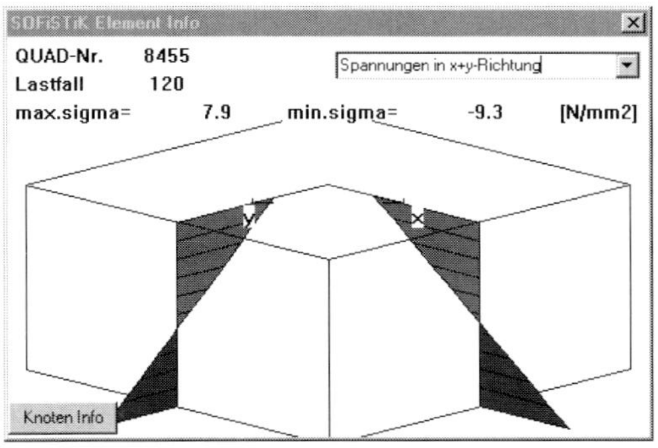

Das ausgewählte Element 8455 stellt oben (oberer Spannungskeil) die Wandinnenseite und unten die Wandaußenseite dar. Deutlich sind die großen Zugspannungen (unterer Keil) an der Wandaußenseite zu erkennen. Der Wert liegt mit 7,9 N/mm² deutlich über der Betonzugfestigkeit.

In der nichtlinearen Berechnung dieser Beanspruchungskombination reißen die Betonfasern (Layer) an der Wandaußenseite auf, die Steifigkeit sinkt ab und die Schnittgrößen können sich umlagern:

Lastfall 121

→ zum QUAD-Element und den Layern siehe Abschnitt 3, Kommentarspalte

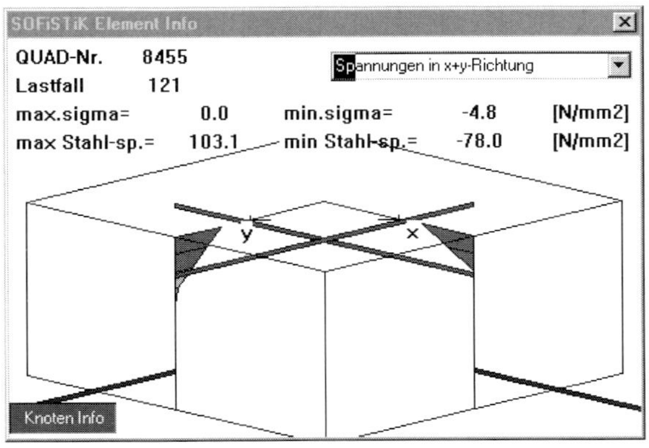

Die Element-Info-Dialogbox zeigt nun das gleiche Element nach der nichtlinearen Berechnung. Es verbleibt eine (oben dunkel dargestellte) Druckzone an der Innenseite. Die Schnittgröße wird durch das Aufreißen stark abgebaut, an der Außenseite wird eine Stahlzugspannung von σ_s = 103,1 N/mm² erreicht. Die Stahlspannung beinhaltet eine Spannungserhöhung aus der Mitwirkung des Betons zwischen den Rissen (tension stiffening). Eine Zugspannung an den inneren Layern tritt nicht auf, da diese Berechnung im Grenzzustand der Tragfähigkeit durchgeführt wurde, d. h. ohne Betonzugfestigkeit für die unbewehrten Betonlayer.

Zum Vergleich ist im folgenden Bild das Ergebnis einer nichtlinearen Berechnung im Grenzzustand der Gebrauchstauglichkeit dargestellt:

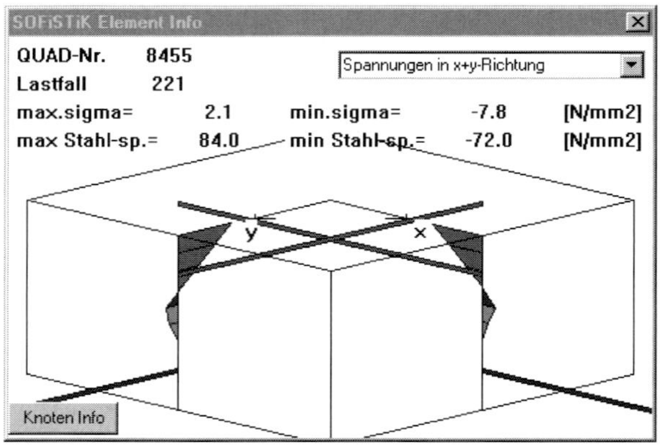

LF 221: Seltene Einwirkungskombination mit Temperaturlasten bei unteren Grenzwerten der Baustofffestigkeiten

In dieser Berechnung können auch innere Betonlayer Zugspannungen bis zu einem maximalen Wert aufbauen, hier bis zum unteren Fraktilwert der Betonzugfestigkeit max $\sigma_{ct} \leq f_{ctk;0,05}$ = 2,2 N/mm². Nach Überschreiten der dazu erforderlichen Dehnung fällt die aufnehmbare Betonzugspannung wieder linear bis auf Null ab.

siehe Abschnitt 4.4

In obigem Bild ergibt sich dabei ein Betonzugkeil im Inneren des Elementes. In der Höhe der unten dargestellten Bewehrung ist die Dehnung bereits so groß, dass der Beton keine eigenen Zugspannungen mehr aufnimmt (abgeschlossene Rissbildung).

unten dargestellte Bewehrung → Wandaußenseite

Der Beton bewirkt aber trotzdem noch einen Spannungszuwachs in der Bewehrung über den tension-stiffening-Effekt zwischen den Rissen.

Der Abbau der linearen Schnittgrößen fällt in dieser Berechnung besonders groß aus, da die Schnittgrößen überwiegend aus der Temperaturzwängung resultieren. Dieser Sachverhalt war der Grund für die aufwändige nichtlineare Berechnung. Eine statisch bestimmte Schnittgröße könnte sich nicht umlagern.

5.2 Nachweise in den Grenzzuständen der Tragfähigkeit

ständige und vorübergehende Bemessungssituation

5.2.1 Biegung mit Längskraft

Die wichtigste Frage bei der nichtlinearen Untersuchung in diesem Beispiel ist, inwieweit der hohe Bewehrungsgrad der Bunkerwand, der sich mit einer linear-elastischen Standardbemessung ergibt, durch ein nichtlineares Berechnungsverfahren reduziert werden kann.

In der nichtlinearen Berechnung wird generell die Bewehrung vorgegeben und dann nachgewiesen, dass

- die äußeren Einwirkungen mit dieser Bewehrung abgetragen werden können. Dieser Nachweis ist erbracht, wenn die nichtlineare Berechnung zu einem Gleichgewicht der inneren Schnittgrößen mit den äußeren Belastungen führt, die Berechnung also konvergent endet.

  Maßgebende Einwirkungskombination ↔ Systemtraglast

- die Dehnungen in jedem Querschnitt im zulässigen Bereich bleiben.
  Im Grenzzustand der Tragfähigkeit beim „Nichtlinearen Verfahren":
  $|\varepsilon_c| \leq \varepsilon_{c1u} = 3{,}5$ ‰
  $\varepsilon_s \leq \varepsilon_{su} = 25{,}0$ ‰
  Ein Nachweis der Rotationsfähigkeit wie beim Verfahren nach der Plastizitätstheorie (DIN 1045-1, 8.4.2) ist beim „Nichtlinearen Verfahren" durch diese Dehnungsbegrenzung nicht erforderlich.

  DIN 1045-1, 8.5.1(7)

- im Grenzzustand der Gebrauchstauglichkeit die Spannungen unter den maßgebenden Einwirkungskombinationen im zulässigen Bereich bleiben.

  siehe Abschnitt 4.4

  Im Grenzzustand der Tragfähigkeit werden die Spannungen über die Arbeitslinien der Baustoffe mit den rechnerischen Mittelwerten der Festigkeiten begrenzt.

  siehe Abschnitt 4.3

- im Grenzzustand der Gebrauchstauglichkeit unter der quasi-ständigen Einwirkungskombination ggf. mit Temperatur die zulässigen rechnerischen Rissbreiten eingehalten sind.

Im Bild 8 wird zunächst die vertikale äußere Bewehrung aus der Bemessung nach der linear-elastischen Ermittlung der Schnittgrößen an drei Schnitten durch die Außenwand dargestellt (→ Koten –7,70 m; +0,10 m; +7,00 m).

siehe Abschnitt 1.1 Geometrie

Am Anschnitt zur Bodenplatte (unterster Schnitt) werden vertikale Bewehrungen ermittelt:

Wand:	erf $a_{s,l}$ = 23 … 54 cm²/m
Lisenen:	max $a_{s,l}$ = 175 cm²/m

DIN 1045-1, 13.1.1: (1) Die Mindestbewehrung zur Sicherstellung eines duktilen Bauteilverhaltens ... ist für das Rissmoment ... mit dem Mittelwert der Zugfestigkeit des Betons f_{ctm} ... und einer Stahlspannung $\sigma_s = f_{yk}$ zu berechnen.
(3) Die Mindestbewehrung ist gleichmäßig über die Breite sowie anteilmäßig über die Höhe der Zugzone zu verteilen. Die im Feld erforderliche untere Mindestbewehrung muss zur Verbesserung der Duktilität ... zwischen den Auflagern durchlaufen. ... Über Innenauflagern ist die obere Mindestbewehrung in beiden anschließenden Feldern über eine Länge von mindestens 1 / 4 der Stützweite einzulegen. Bei Kragarmen muss sie über die gesamte Kragarmlänge durchlaufen.

Bild 9 zeigt die für die nichtlineare Berechnung angesetzte Bewehrung (vertikal außen).
Diese ergab sich nicht direkt aus einer Bemessung, sondern wurde vor allem unter Berücksichtigung konstruktiver Randbedingungen sowie der erforderlichen Robustheitsbewehrung nach DIN 1045-1, 13.1.1 (1) fest vorgegeben.

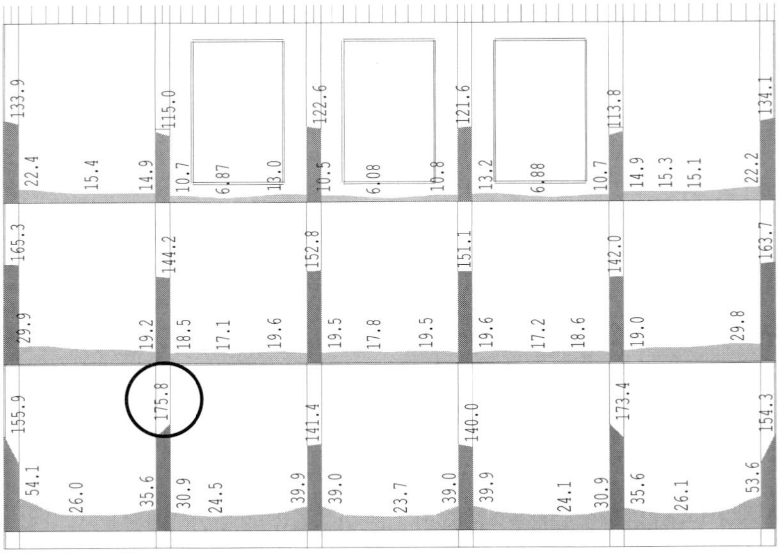

Bild 8: Erforderliche vertikale äußere Bewehrung aus der linearen Berechnung

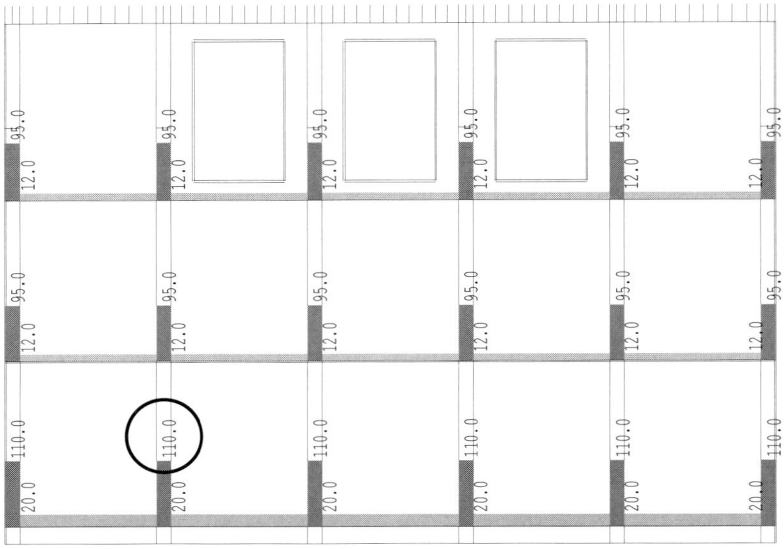

Bild 9: Gewählte vertikale äußere Bewehrung für die nichtlineare Berechnung

Am Anschnitt zur Bodenplatte werden in der Wand außen angesetzt:

Wand:	vorh $a_{s,l}$ = 20 cm²/m
Lisenen:	vorh $a_{s,l}$ = 110 cm²/m

Obwohl die gewählte Bewehrung unter der linear ermittelten liegt, kann in der nichtlinearen Berechnung ein Gleichgewicht gefunden werden, da die Temperatur-Zwangschnittgrößen mit der Rissbildung stark abgebaut werden.

Vor allem die in der linearen Berechnung auftretenden Bewehrungsspitzen (z. B. erf a_s = 54 cm²/m am Bodenplattenanschluss) können zwar konstruktiv etwas verteilt werden, sind üblicherweise aber bemessungsmaßgebend.

In der nichtlinearen Berechnung werden diese kritischen Singularitätsstellen durch Umlagerung problemlos vermieden. Allerdings nimmt die Rissbreite hier deutlich zu. Zu kontrollieren sind dabei die Dehnungen, die im Beton auf $|\varepsilon_c| \leq 3{,}5$ ‰ und im Betonstahl auf $\varepsilon_s \leq 25$ ‰ begrenzt sind.

DIN 1045-1, 8.5.1 (7)

Das Bild 10 weist für die maßgebende Bemessungskombination im Grenzzustand der Tragfähigkeit eine maximale Druckstauchung von –0,328 ‰ an der Wandinnenseite aus.

Lastfall 121

Erläuterungen zur Ermittlung der Spannungen und Dehnungen unter Berücksichtigung von Kriechen und Schwinden siehe Abschnitt 4.2

Die Betonspannungen im Zustand II (Bild 11) erreichen innen max $\sigma_c = -9{,}86$ N/mm² (Maximum aus vertikaler und horizontaler Richtung).

Die maximale Betonstahlspannung außen (Bild 12) verbleibt fast überall im linearen Bereich unterhalb der Streckgrenze von $f_{yR} / \gamma_R = 423$ N/mm².
Nur in einem Querschnitt wird diese Proportionalitätsgrenze leicht überschritten. Die Zugspannung bleibt aber mit max $\sigma_s = 436$ N/mm² noch unterhalb des für dieses nichtlineare Verfahren zulässigen Wertes von $f_{tR} / \gamma_R = 444$ N/mm².
Damit liegt die Stahldehnung überall unterhalb von 25 ‰.

siehe Abschnitt 4.3

siehe Abschnitt 4.3

Diese Art der Berechnung ist nun für alle Einwirkungskombinationen des Grenzzustandes der Tragfähigkeit durchzuführen und zu prüfen.
Da es sich um nichtlineare Berechnungen handelt, gilt das Superpositionsgesetz nicht und es muss eine größere Anzahl von Kombinationen durchgespielt werden.
Dabei sind jeweils die Lasten entsprechend γ_F-fach zusammenzustellen.

Die Berechnung der außergewöhnlichen Bemessungssituation liefert keine höheren Bemessungsergebnisse und wird hier nicht weiter wiedergegeben.

Für die außergewöhnliche Bemessungssituation gilt:
DIN 1055-100, Tab. A.3
Einwirkungen: $\gamma_{GA} = \gamma_A = 1{,}0$
DIN 1045-1, 8.5.1: (4)
Tragwiderstand: $\gamma_R = 1{,}1$

5.2.2 Querkraft

Die Bemessung für die Querkräfte erfolgt mit den Schnittgrößen der nichtlinearen Berechnung des Grenzzustandes der Tragfähigkeit.
Hierbei werden wie in einer üblichen Querkraftbemessung die Materialteilsicherheitsbeiwerte $\gamma_c = 1{,}50$ und $\gamma_s = 1{,}15$ verwendet.

DIN 1045-1, 10.3

Für die Wandplatten zwischen den Lisenen ergibt sich keine erforderliche Querkraftbewehrung. Die Lisenen werden mit der Mindestquerkraftbewehrung für Balken bewehrt.

DIN 1045-1, 13.2.3

5.2.3 Koppelkräfte der Fertigteilbinder

Für die Tragfähigkeit des Rahmensystems ist die Kopplung der Stützenachsen durch die Fertigteilbinder von entscheidender Bedeutung.

Die Schnittgrößen sind für die maßgebenden Einwirkungskombinationen zu verfolgen und die Binderauflager entsprechend zu bemessen und konstruktiv auszubilden.

Die Auflagerbemessung erfolgt nicht in diesem Beispiel.

Die maximalen Koppelkräfte liefert die Kombination 122:
Wind und Mülldruck in Richtung Wand A (nach links), Materialwerte mit rechnerischen Mittelwerten.
Die Normalkräfte im Binder ergeben sich hier maximal zu +199 kN.
In Bild 13 sind die Koppelkräfte dargestellt.

Lastfall 121

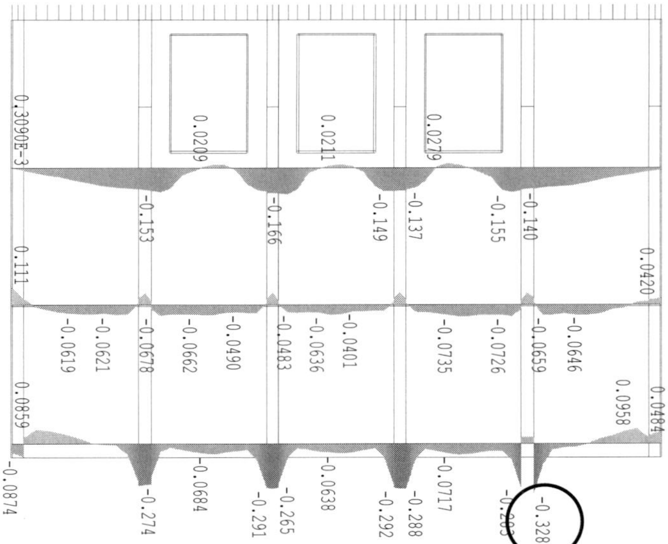

Bild 10: Betonstauchung Wandinnenseite im GZT

Lastfall 121

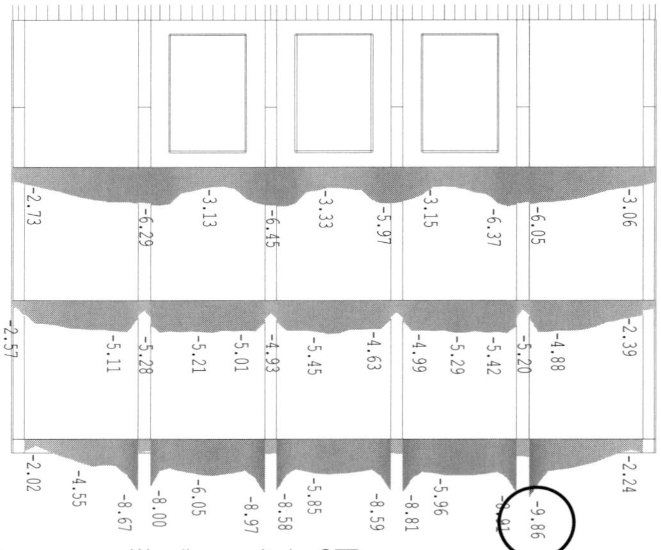

Bild 11: Betonspannung Wandinnenseite im GZT

Lastfall 121

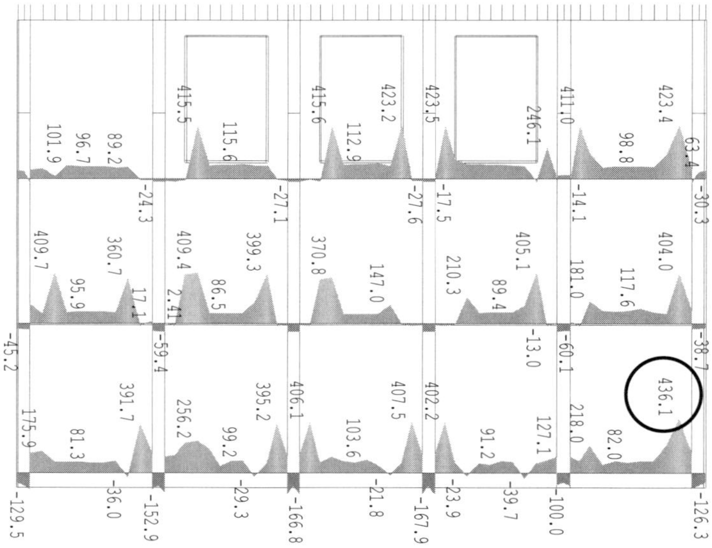

Bild 12: Betonstahlspannung Wandaußenseite im GZT

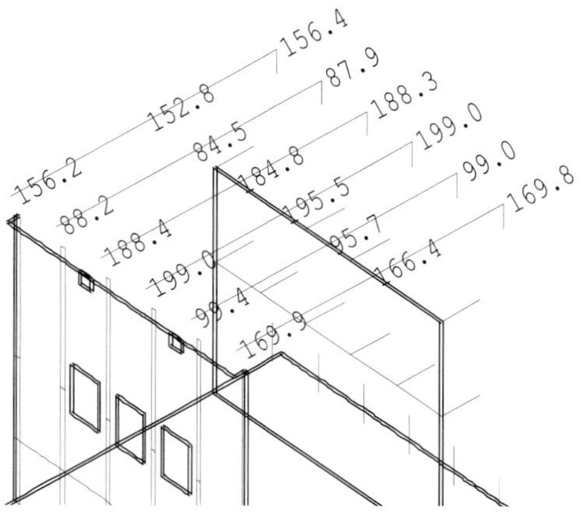

Bild 13: Koppelkräfte der Fertigteilbinder

5.3 Nachweise in den Grenzzuständen der Gebrauchstauglichkeit

5.3.1 Beton- und Betonstahlspannungen

Aus der Vielzahl der berechneten seltenen Einwirkungskombinationen wird hier exemplarisch die Kombination mit der maximalen Betonspannung ausgewählt.
Es ist die gleiche Kombination, die bereits im Grenzzustand der Tragfähigkeit maßgebend war.

Die Betonspannungen (Bild 14) liegen alle im Bereich $|\sigma_{c,rare}| \leq 0{,}6 \cdot f_{ck} = 21$ N/mm².

siehe Abschnitt 4.4.1

Der maximale Wert tritt an der Innenseite der Außenwand auf und beträgt $\sigma_{c,rare} = -12{,}2$ N/mm².

Die Betonspannung ist größer als im GZT, da die Schnittgrößenumlagerungen wegen der größeren Steifigkeit unter der seltenen Einwirkungskombination geringer ausfallen.

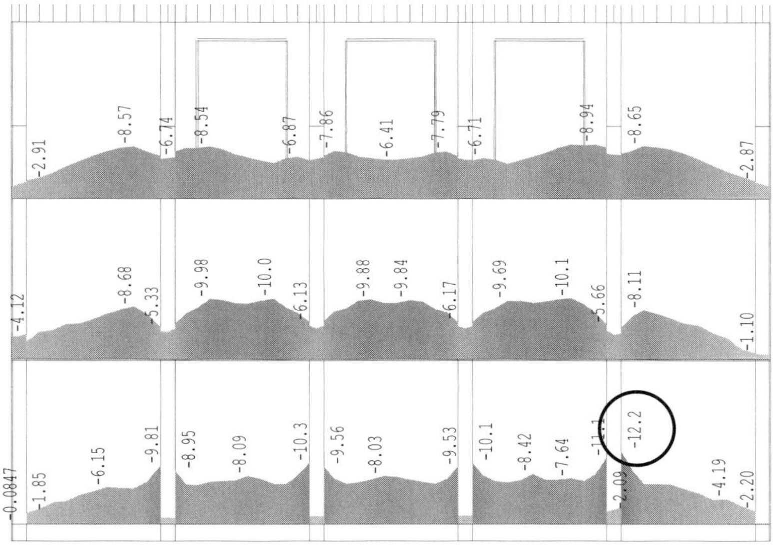

Bild 14: Betonspannung Wandinnenseite unter der seltenen Einwirkungskombination

Die berechneten Betonspannungen unter der quasi-ständigen Einwirkungskombination befinden sich im Spannungsbereich des linearen Kriechens mit $|\sigma_{c,perm}| \leq 0{,}45 \cdot f_{ck} = 15{,}7$ N/mm².

Hier nicht dargestellt.
siehe Abschnitt 4.4.2

Die Betonstahlspannungen liegen mit max $\sigma_{s,rare} = 187$ N/mm² ebenfalls deutlich unter dem zulässigen Wert von $0{,}8 \cdot f_{yk} = 400$ N/mm² (Bild 15).

siehe Abschnitt 4.4.1

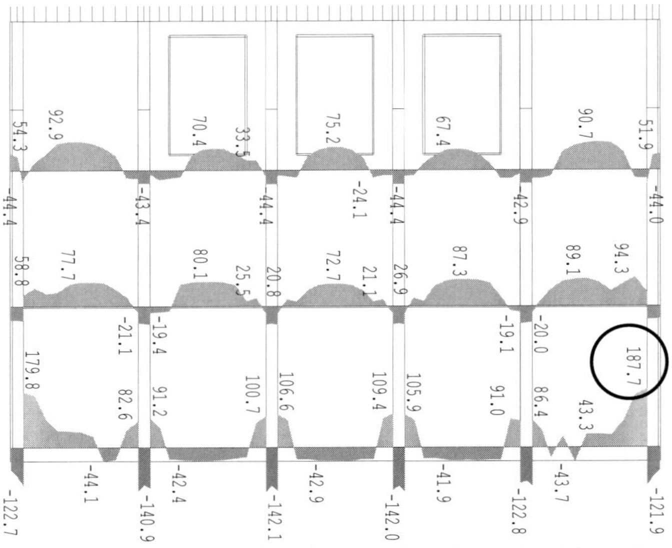

Bild 15: Betonstahlspannung Wandaußenseite unter der seltenen Einwirkungskombination

5.3.2 Verformungen

Es sind die maximalen Verformungen unter den seltenen Einwirkungskombinationen zu prüfen.

siehe Abschnitt 4.4.2

Die Berechnung der lokalen Wanddurchbiegungen zwischen den Lisenen führt zu sehr geringen Verformungsdifferenzen von maximal 2 mm. Dies ist auf die große Wandsteifigkeit (h = 400 mm) im Einflussbereich des maximalen Mülldrucks zurückzuführen.

zum Vergleich: Biegeschlankheit der Wand
$l_i / d = 0{,}8 \cdot 6250 / 334 = 15 < 35$

Der Ansatz der Schiefstellung des Systems ist nach DIN 1045-1 für die Berechnung der Kopfverschiebung nicht erforderlich. In diesem Beispiel führt der Ansatz zu größeren Verschiebungen aus Theorie II. Ordnung, die Auslenkung von 53,4 mm wird vom Berechnungswert abgezogen.

Auslenkung Schiefstellung (siehe 2.1.1 h):
$u_\alpha = 0{,}0014 \cdot 38130 = 53{,}4$ mm
Ansatz der Schiefstellung für Verformungsberechnung auf der sicheren Seite.
$\rightarrow 286{,}5 - 53{,}4 = 233$ mm

Folgende Tabelle enthält die Verformungsergebnisse der nichtlinear berechneten Kombinationen inkl. der Schiefstellung:

```
quasiständige Kombinationen incl. Schiefstellung ohne Temperatur:
 101 -89.882 Quasi schief -Y
 103 209.890 Quasi schief +Y
seltene Kombinationen incl. Schiefstellung mit Temperatur:
 211 -113.48 GZG selten -Y mit T
 231 286.513 GZG selten +Y mit T
```

Die ausgeführten nichtlinearen Berechnungen mit Effekten aus Theorie II. Ordnung sowie mit Steifigkeitsabfall infolge Rissbildung liefern dann eine maximale horizontale Kopfverschiebung des Rahmensystems von:

$$u_{Kopf} = 233 \text{ mm} < \text{zul } u = 254 \text{ mm} = h_{ges} / 150$$

Damit ist der Nachweis der Begrenzungen der Verformungen in diesem Beispiel erbracht.

Folgende Tabelle enthält zur Abschätzung der Verformungsanteile die Kopf-Verformungen der wesentlichen linear berechneten Lastfälle (LF 1-63):

LFNR	Vy[mm]	Bezeichnung
Einzellastfälle:		
1	-4.231	EIGENLAST
2	-2.030	Dachlast
11	-5.819	Verkehr Kranbahn -Y
12	4.591	Verkehr Kranbahn +Y
21	-6.625	Müll Aussenwand -Y
22	66.204	Müll Innenwand +Y
31	-12.757	Müll+Löschwasser -Y
32	31.148	Müll+Löschwasser +Y
51	-45.954	Wind -Y
52	45.568	Wind +Y
61	7.588	tM bei +55 Grad
62	-1.826	delta-T/h
63	5.762	Temperatur gesamt

5.3.3 Rissbreitenbegrenzung

Die rechnerische Rissbreite liegt in der nichtlinearen Berechnung mit max w_k = 0,11 mm unter dem Wert zul w_k = 0,3 mm für die Wandaußenseite (Bild 16).

DIN 1045-1, Tab. 18
Anforderungsklasse E: zul w_k = 0,3 mm

Achsmaße der Bewehrung mit Betondeckung c_{nom} = 40 mm
horizontal ∅ 12: d_{1h} = 46 mm
vertikal ∅ 28: d_{1v} = 66 mm

In Bild 17 (Rissbild) ist an der Außenseite der Bunkerwand das großflächige Aufreißen in vertikaler und horizontaler Richtung zu erkennen.
Dargestellt ist die maßgebende quasi-ständige Kombination mit der hohen Mülltemperatur innen.
Auf der Innenseite ist die Wand in diesem Zustand in großen Bereichen zweiachsig überdrückt (Bild 18).
Die horizontalen starken Risse an den beiden äußeren Lisenenfußpunkten haben Rissbreiten von max w_k = 0,28 mm < zul w_k = 0,30 mm.

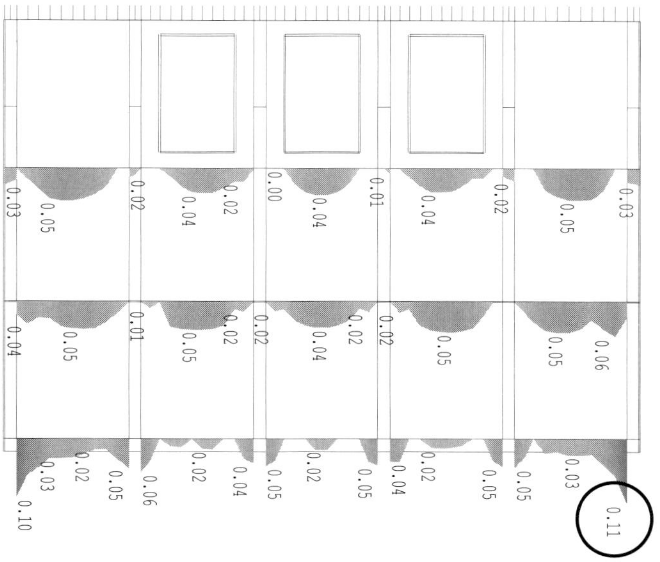

Bild 16: Rissbreiten Wandaußenseite unter der maßgebenden Einwirkungskombination

Dargestellt ist die maximale Rissbreite unabhängig von der Rissrichtung.

Die Temperaturbeanspruchung ist in diesem Beispiel für die Rissentwicklung maßgebend. Daher ist die Festlegung der maßgebenden Einwirkungskombination mit Temperatur als obere Grenzwertbetrachtung hier sinnvoll.

Unter anderen Einwirkungskombinationen wird die rechnerische Rissbreite geringer. Dies trifft z. B. für die außergewöhnliche Bemessungssituation Löschangriff zu, wo im Müllbunker unterhalb von Kote ± 0,0 m kontaminiertes Löschwasser mit Brandresten ansteht und eine Wasserundurchlässigkeit der Betonkonstruktion erforderlich sein sollte.

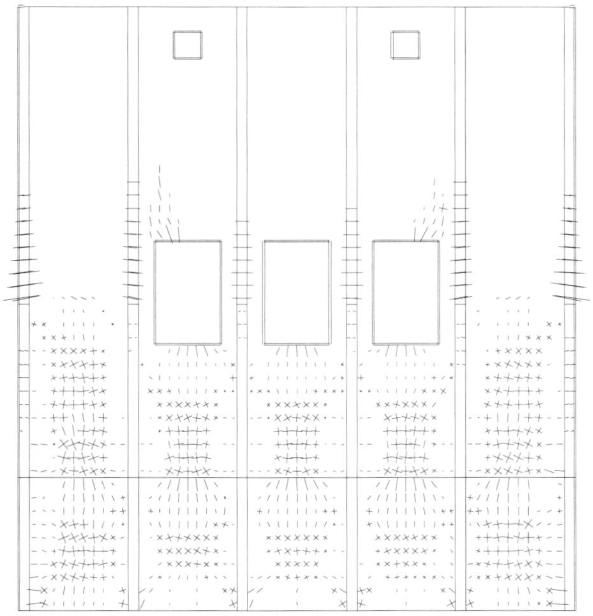

Bild 17: Rissbild Wandaußenseite unter der maßgebenden Einwirkungskombination

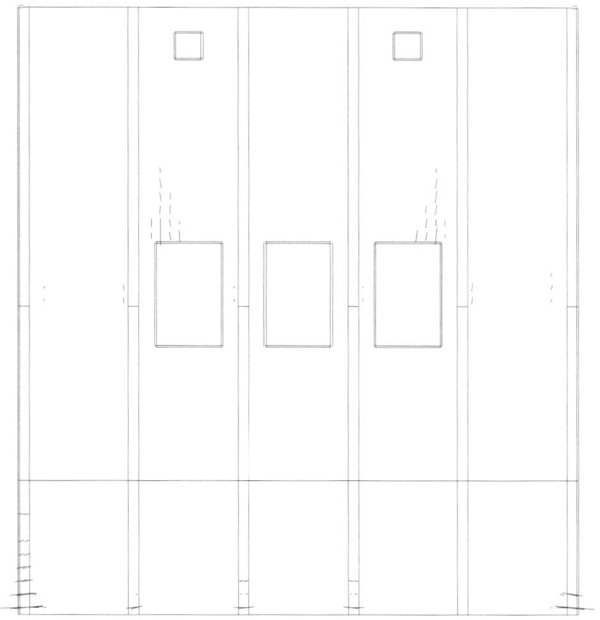

Bild 18: Rissbild Wandinnenseite unter der maßgebenden Einwirkungskombination

Beispiel 16: Deckenplatte nach Bruchlinientheorie

Inhalt

Seite

Aufgabenstellung 16-2

1 System, Bauteilmaße, Betondeckung 16-3
1.1 System 16-3
1.2 Mindestfestigkeitsklasse, Betondeckung 16-3
1.3 Bestimmung der Deckendicke aus der Begrenzung der Verformungen 16-4

2 Einwirkungen 16-4
2.1 Charakteristische Werte 16-4
2.2 Bemessungswerte in den Grenzzuständen der Tragfähigkeit 16-4
2.3 Repräsentative Werte in den Grenzzuständen der Gebrauchstauglichkeit 16-5

3 Schnittgrößenermittlung 16-5
3.1 Grenzzustände der Tragfähigkeit 16-5
3.1.1 Biegemomente 16-5
3.1.2 Querkräfte 16-10
3.2 Grenzzustände der Gebrauchstauglichkeit 16-11

4 Bemessung in den Grenzzuständen der Tragfähigkeit 16-11
4.1 Bemessungswerte der Baustoffe 16-11
4.2 Bemessung für Biegung 16-11
4.2.1 Bemessung über dem Zwischenauflager 16-11
4.2.2 Bemessung in den Feldern 16-12
4.3 Bemessung für Querkraft 16-13

5 Nachweise in den Grenzzuständen der Gebrauchstauglichkeit 16-14
5.1 Begrenzung der Spannungen unter Gebrauchsbedingungen 16-14
5.1.1 Begrenzung der Betondruckspannungen 16-14
5.1.2 Begrenzung der Betonstahlspannungen 16-16
5.2 Grenzzustände der Rissbildung 16-17
5.2.1 Mindestbewehrung zur Begrenzung der Rissbreite 16-17
5.2.2 Begrenzung der Rissbreite für die statisch erforderliche Bewehrung 16-17
5.3 Begrenzung der Verformungen 16-17

6 Bewehrungsführung, bauliche Durchbildung 16-18
6.1 Grundmaß der Verankerungslänge 16-18
6.2 Verankerung am Endauflager 16-18
6.3 Verankerung am Zwischenauflager 16-19
6.4 Verankerung außerhalb der Auflager 16-19
6.5 Mindestbewehrung zur Sicherstellung eines duktilen Bauteilverhaltens 16-20
6.6 Einspannbewehrung am Endauflager 16-20
6.7 Drillbewehrung 16-20
6.8 Duktilitätsklasse der Bewehrung 16-21

Beispiel 16: Deckenplatte nach Bruchlinientheorie

Aufgabenstellung

Zu bemessen ist die Dachdeckenplatte eines Wohnhauses, welche als Terrasse genutzt werden soll.

DIN 1045-1, 3.1.1: üblicher Hochbau

Das Beispiel entspricht der schon im Band 1 [135], Beispiel 2, behandelten Deckenplatte und wird hier für die Nachweise im Grenzzustand der Tragfähigkeit um ein kinematisches Verfahren der Plastizitätstheorie erweitert.

Das Beispiel Wohnhausdecke wird in diesem Zusammenhang mit unveränderter Deckendicke zu Vergleichszwecken weiterbenutzt.

Als statisches Verfahren der Plastizitätstheorie eignet sich bei Platten die Streifenmethode (siehe z. B. [127] *Hillerborg*: Strip Method of Design), als kinematisches Verfahren der Plastizitätstheorie bietet sich die Bruchlinientheorie an, die in diesem Beispiel weiter verfolgt wird.

DIN 1045-1, 8.4.1: (1) Verfahren der Schnittgrößenermittlung nach der Plastizitätstheorie sind bei vorwiegend biegebeanspruchten Bauteilen für die Nachweise im Grenzzustand der Tragfähigkeit anwendbar...

In der Regel werden dann im üblichen Hochbau für die Bemessung die Nachweise in den Grenzzuständen der Gebrauchstauglichkeit maßgebend. Dies ist auch in diesem zu Vergleichszwecken gewählten Beispiel der Fall.

[29] DAfStb-Heft 525, zu 8.4: Verfahren nach der Plastizitätstheorie
In vielen Fällen können die Möglichkeiten dieses Verfahrens nicht ausgeschöpft werden, da die Nachweise im Grenzzustand der Gebrauchstauglichkeit (Spannungsbeschränkungen, Rissbreitennachweis) bemessungsentscheidend sind. Ungünstige Verhältnisse bezüglich der Anwendbarkeit bestehen dann, wenn ein hoher Anteil an ständiger Last vorliegt und ein großer Lastkombinationsbeiwert für die veränderliche Last anzusetzen ist.

Über die Verfahren der Plastizitätstheorie lässt sich aber oft die Tragfähigkeit der Bauteile bei Lasterhöhungen durch Umnutzung, unter hohen veränderlichen Einzellasten oder unter außergewöhnlichen Einwirkungskombinationen (z. B. Anprall, Explosion) nachweisen, wenn dies durch Verfahren der Elastizitätstheorie nicht mehr möglich ist.

Die Dachdeckenplatte ist zweiachsig gespannt und läuft über zwei Felder durch.

Es liegt eine frei drehbare Lagerung der Dachdeckenplatte auf den Mauerwerkswänden vor.

DIN 1045-1, 7.3.2:
Sonstige Vereinfachungen

Unten: trockener Innenraum.
Oben: Bauteil mit Dämmung und Terrassenabdichtung.

Umgebungsbedingungen

Vorwiegend ruhende Einwirkung.

DIN 1045-1, 3.1.2: vorwiegend ruhende Einwirkung

Baustoffe:
- Beton: C20/25
- Betonstahl: BSt 500 S (B) (hochduktil)

DIN 1045-1, 9.1: Beton
DIN 1045-1, 9.2: Betonstahl
DIN 1045-1, 8.4.1 (4) Stahl mit normaler Duktilität ... darf bei Anwendung der Plastizitätstheorie für stabförmige Bauteile und Platten nicht verwendet werden.

Eine spezielle Literaturauswahl zu Verfahren der Plastizitätstheorie ist im Literaturverzeichnis mit [27] und [103]–[130] zusammengestellt.

1 System, Bauteilmaße, Betondeckung

1.1 System

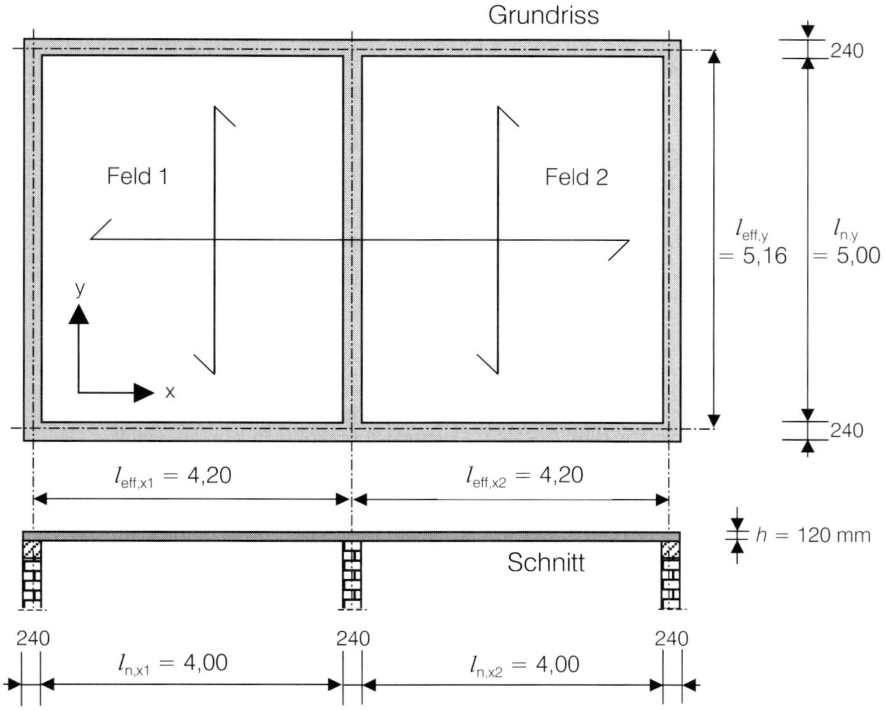

Symmetrische Felder 1 und 2

DIN 1045-1, 7.3.1: (6) und Bild 7

l_n *lichter Abstand zwischen den Auflagervorderkanten*
l_{eff} *effektive Stützweite*

DIN 1045-1, 7.3.1: Gl. 10
Bild 7 a) und b):
Endauflager: $a / 3 \leq a_i < a / 2$
$l_{eff} = l_n + a_1 + a_2$

$l_{eff,x} = 4{,}00 + 0{,}24 / 3 + 0{,}24 / 2 = 4{,}20$ m
$l_{eff,y} = 5{,}00 + 0{,}24 / 3 + 0{,}24 / 3 = 5{,}16$ m

1.2 Mindestfestigkeitsklasse, Betondeckung

Expositionsklasse für Bewehrungskorrosion
Unten infolge Karbonatisierung: ⇨ XC1
Oben infolge Karbonatisierung: ⇨ XC3
Mindestfestigkeitsklasse Beton ⇨ C20/25

Keine Expositionsklasse für Betonangriff.

Gewählt: C20/25 XC3

Betondeckung

unten wegen Expositionsklasse XC1			und Verbund:
⇨ Mindestbetondeckung	c_{min}	= 10 mm	$\geq d_s$ = 10 mm
+ Vorhaltemaß	Δc	= 10 mm	
= Nennmaß der Betondeckung	c_{nom}	**= 20 mm**	**= Verlegemaß $c_{v,u}$**

oben wegen Expositionsklasse XC3			und Verbund:
⇨ Mindestbetondeckung	c_{min}	= 20 mm	$\geq d_s$ = 10 mm
+ Vorhaltemaß	Δc_{red}	= 10 mm	
= Nennmaß der Betondeckung	c_{nom}	= 30 mm	

Verlegemaß $c_{v,o}$ mit Unterstützung der oberen Bewehrung (h_U = 50 mm):
$c_{v,o} = h - (c_{v,u} + d_s + h_U + d_s) = 120 - (20 + 10 + 50 + 10) = \mathbf{30\ mm}$

DIN 1045-1, 6: Sicherstellung der Dauerhaftigkeit

DIN 1045-1, Tab. 3: Expositionsklassen
Unterseite: XC1 trocken (Innenbauteile);
Oberseite: XC3 mäßige Feuchte
Die Einordnung in die Expositionsklasse XC3 erfolgt hier im Sinne der DIN 1045: 1988-07 [6], Tab. 10: Umweltbedingungen der Zeile 2: Dächer mit einer wasserdichten Dachhaut für die Seite, auf der die Dachhaut liegt.

Bei unterschiedlichen Expositionsklassen gleicher Kategorie (hier Karbonatisierung XC) genügt i. Allg. die Angabe der höherbeanspruchenden Expositionsklasse (Ausnahme: Kombination XC1 + XC2, siehe [135], Bsp. 3).

DIN 1045-1, Tab. 4: Mindestbetondeckung c_{min} und Vorhaltemaß Δc, keine Abminderung von c_{min} um 5 mm gemäß [a]) zulässig, da min C20/25 für XC3 gewählt wird.

DIN 1045-1, 6.3: (9) Reduzierung des Vorhaltemaßes Δc für die obere Bewehrung um 5 mm aufgrund entsprechender Qualitätskontrolle (z. B. nach [89] DBV-Merkblatt „Unterstützungen"): $\Delta c_{red} = 15 - 5 = 10$ mm

DIN 1045-1, 6.3: (4) $c_{min} \geq d_s = 10$ mm

Gewählter Unterstützungskorb der oberen Bewehrung steht auf unterer Bewehrungslage, siehe auch [89]
Im Beispiel: Berechnung des Verlegemaßes vom Schalungsboden beginnend.

Auszug aus [129] *Schmitz*: Anwendung der Bruchlinientheorie, in: Stahlbeton aktuell 2001, S. C.41 ff., Tafeln C.2.12

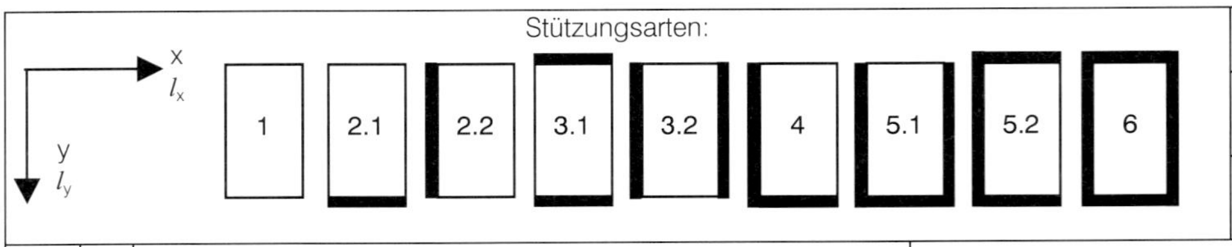

Leitwert	$K = q \cdot l_x \cdot l_y$
Feldmomente $m_{xf} = K / f_x$	$m_{yf} = K / f_y$
Stützmomente $m_{xs} = -K / s_x$	$m_{ys} = -K / s_y$

Verhältnis Stütz- zu Feldmoment $-m_s / m_f = 1{,}0$ — Seitenverhältnis l_y / l_x ($l_x = l_{min}$)

Stützung	Beiwert	1,0	1,1	1,2	1,3	1,4	1,5	1,6	1,7	1,8	1,9	2,0
1	f_x	24,0	22,1	21,0	20,3	20,0	19,9	20,0	20,2	20,5	20,9	21,3
	f_y	24,0	26,8	30,2	34,4	39,2	44,9	51,3	58,5	66,5	75,5	85,3
2.1	f_x	36,8	32,2	29,1	27,1	25,8	24,9	24,4	24,2	24,1	24,1	24,3
	f_y	25,3	26,7	28,8	31,5	34,7	38,5	42,9	47,9	53,5	59,8	66,7
	s_y	25,3	26,7	28,8	31,5	34,7	38,5	42,9	47,9	53,5	59,8	66,7
2.2	f_x	25,3	24,4	24,1	24,1	24,4	24,8	25,4	26,0	26,8	27,6	28,4
	f_y	38,8	43,0	50,5	59,4	69,6	81,4	94,7	110	126	145	166
	s_x	25,3	24,4	24,1	24,1	24,4	24,8	25,4	26,0	26,8	27,6	28,4
3.1	f_x	56,6	47,7	41,6	37,3	34,3	32,2	30,7	29,6	29,0	28,5	28,3
	f_y	28,3	28,9	29,9	31,5	33,6	36,2	39,3	42,8	46,9	51,5	56,6
	s_y	28,3	28,9	29,9	31,5	33,6	36,2	39,3	42,8	46,9	51,5	56,6
3.2	f_x	28,3	28,2	28,6	29,2	30,0	31,0	32,1	33,2	34,4	35,7	37,0
	f_y	56,6	68,3	82,4	98,9	118	139	164	192	223	257	296
	s_x	28,3	28,2	28,6	29,2	30,0	31,0	32,1	33,2	34,4	35,7	37,0
6	f_x	48,0	44,2	42,0	40,7	40,0	39,9	40,0	40,5	41,1	41,8	42,7
	f_y	48,0	53,5	60,4	68,7	78,5	89,7	102	117	133	151	171
	s_x	48,0	44,2	42,0	40,7	40,0	39,9	40,0	40,5	41,1	41,8	42,7
	s_y	48,0	53,5	60,4	68,7	78,5	89,7	102	117	133	151	171

Verhältnis Stütz- zu Feldmoment $-m_s / m_f = 1{,}5$ — Seitenverhältnis l_y / l_x ($l_x = l_{min}$)

Stützung	Beiwert	1,0	1,1	1,2	1,3	1,4	1,5	1,6	1,7	1,8	1,9	2,0
1	f_x	24,0	22,1	21,0	20,3	20,0	19,9	20,0	20,2	20,5	20,9	21,3
	f_y	24,0	26,8	30,2	34,4	39,2	44,9	51,3	58,5	66,5	75,5	85,3
2.1	f_x	43,8	37,7	33,6	30,8	28,8	27,5	26,7	26,1	25,9	25,7	25,8
	f_y	26,3	27,4	29,0	31,2	33,9	37,2	41,0	45,4	50,3	55,8	61,9
	s_y	17,5	18,3	19,4	20,8	22,6	24,8	27,3	30,2	33,5	37,2	41,2
2.2	f_x	26,3	25,8	25,8	26,0	26,5	27,2	27,9	28,8	29,7	30,7	31,7
	f_y	43,8	52,0	61,8	73,3	86,6	102	119	138	160	184	211
	s_x	17,5	17,2	17,2	17,4	17,7	18,1	18,6	19,2	19,8	20,4	21,1
3.1	f_x	79,0	65,2	55,6	48,8	43,8	40,2	37,5	35,6	34,2	33,2	32,4
	f_y	31,6	31,6	32,0	33,0	34,3	36,1	38,4	41,1	44,3	47,9	51,9
	s_y	21,1	21,0	21,4	22,0	22,9	24,1	25,6	27,4	29,5	31,9	34,6
3.2	f_x	31,6	32,2	33,0	34,1	35,4	36,8	38,3	39,9	41,5	43,2	44,9
	f_y	79,0	97,3	119	144	174	207	245	288	336	390	449
	s_x	21,1	21,4	22,0	22,8	23,6	24,5	25,5	26,6	27,7	28,8	29,9
6	f_x	60,0	55,3	52,5	50,8	50,1	49,8	50,1	50,6	51,3	52,3	53,3
	f_y	60,0	66,9	75,5	85,9	98,1	112	128	146	166	189	213
	s_x	40,0	36,9	35,0	33,9	33,4	33,2	33,4	33,7	34,2	34,8	35,6
	s_y	40,0	44,6	50,4	57,3	65,4	74,8	85,4	97,4	111	126	142

a) Biegemomente nach [129]

[129] Tafel C.2.12b *Schmitz*: Anwendung der Bruchlinientheorie, in: Stahlbeton aktuell 2001

Leitwert $K = e_d \cdot l_x \cdot l_y = 12{,}48 \cdot 4{,}20 \cdot 5{,}16 = 270$ kN

e_d siehe 2.2
l_x, l_y siehe 1.2

Stützmoment:

mit $l_y / l_x = 5{,}16 / 4{,}20 = 1{,}23$ und Stützungsart 2.2 ist $s_x = 17{,}3$

$m_{xs} = -K / s_x$

$m_{xs} = -270 / 17{,}3 = -15{,}6$ kNm/m

[129] Tafel C.2.12b

Indirekte Kontrolle der Rotationsfähigkeit für das Verhältnis $-m_s / m_f = 1{,}5$ über die bezogene Druckzonenhöhe:

DIN 1045-1, 8.4.1: (3) Bei zweiachsig gespannten Platten sind Verfahren der Schnittgrößenermittlung, die plastische Gelenke ohne eine direkte Kontrolle ihrer Rotationsfähigkeit einschließen, nur dann zulässig, wenn die bezogene Druckzonenhöhe im Gelenkbereich an keiner Stelle und in keiner Richtung den Wert $x / d = 0{,}25$ für Beton bis...C50/60... überschreitet und bei durchlaufenden Platten das Verhältnis von Stütz– zu Feldmomenten dabei zwischen 0,5 und 2,0 liegt... Die Druckzonenhöhe x ist dabei mit den Bemessungswerten der Einwirkungen und der Baustofffestigkeiten zu ermitteln.

Nutzhöhe über dem Zwischenauflager:

$d = h - c_{v,o} - 0{,}5 \cdot d_s = 120 - 30 - 5 \qquad = 85$ mm

Bemessungswert der Betonfestigkeit:

C20/25: $f_{cd} = 0{,}85 \cdot 20 / 1{,}50 \qquad = 11{,}3$ N/mm²

Bemessungstabelle mit dimensionslosen Beiwerten (je lfdm):

$\mu_{Eds} = |m_{xs}| / (d^2 \cdot f_{cd})$

$= 15{,}6 \cdot 10^{-3} / (0{,}085^2 \cdot 11{,}3) = 0{,}190$

[135] Band 1, Anhang A4:
Bemessungstabelle bis C50/60
Rechteckquerschnitt ohne Druckbewehrung
Biegung mit Längskraft
Bezogene Werte: ξ = Druckzonenhöhe x / d

[135] mit $\mu_{Eds} = 0{,}190$ abgelesen:

$\boldsymbol{\xi = 0{,}264 > 0{,}25}$

→ Die Rotationsfähigkeit ist indirekt nicht nachweisbar!

Alternative: Ausrundung des Stützmomentes

Der direkte vereinfachte Nachweis der plastischen Rotation bei vorwiegend biegebeanspruchten Bauteilen nach DIN 1045-1 ist nur für stabförmige Bauteile und einachsig gespannte Platten verwendbar.

Hier: zweiachsig gespannte Platte

2. Ansatz: $-m_s / m_f = 1{,}0$ und Ermittlung der endgültigen Biegemomente

Bruchlinien und Bemessungsmomente für den allgemeinen Fall einer vierseitig eingespannten Stahlbetonrechteckplatte

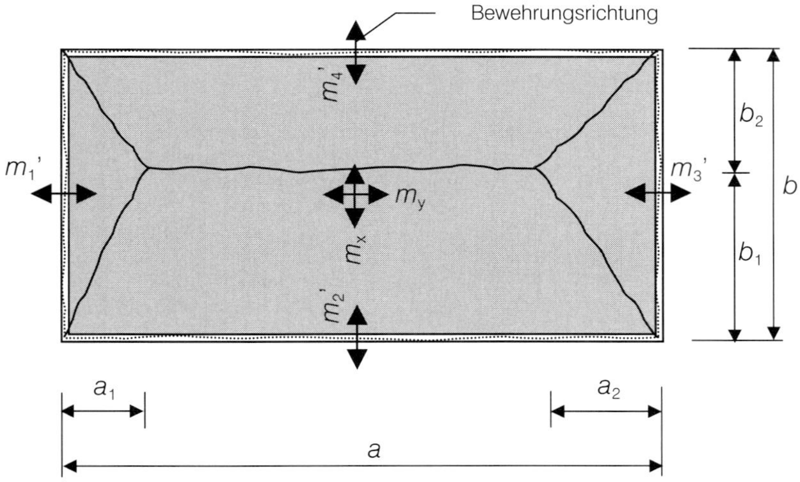

Die Ermittlung der Bemessungsmomente kann wie beim 1. Ansatz mit den Tafeln [129] C.2.12 erfolgen. Beispielhaft werden hier die Bemessungsmomente mit den zugrunde liegenden Gleichungen ermittelt. Andere Lagerungsfälle und Momentenverhältnisse lassen sich direkt ableiten.

Da der Nachweis der Rotationsfähigkeit für das Verhältnis $-m_s / m_f = 1{,}5$ über x / d nur geringfügig überschritten wird, wäre als 2. Ansatz ein Verhältnis $-m_s / m_f = 1{,}3...1{,}4$ zweckmäßig. Die Wahl des Momentenverhältnisses sollte dazu führen, dass die Bemessungsmomente im Grenzzustand der Gebrauchstauglichkeit unter der seltenen Einwirkungskombination möglichst kleiner sind, als die im Grenzzustand der Tragfähigkeit, um das Fließen der Bewehrung unter Gebrauchslasten zu vermeiden ($\sigma_{s,rare} \leq 400$ N/mm²).
In diesem Beispiel werden im 2. Ansatz dessen ungeachtet die Bemessungsmomente im Verhältnis $-m_s / m_f = 1{,}0$ bestimmt, um die Vergleichbarkeit mit den Tafelwerten beizubehalten.

Angegeben sind die Bruchlinien auf der Plattenunterseite. Auf der Plattenoberseite bilden sich an den Zwischenauflagern bzw. Einspannungen weitere Bruchlinien.

Dabei sind: $m_y = \mu \cdot m_x$

$m_1' = -i_1 \cdot m_y$ $\quad m_3' = -i_3 \cdot m_y$

$m_2' = -i_2 \cdot m_x$ $\quad m_4' = -i_4 \cdot m_x$

mit i_1, i_2, i_3, i_4 Verhältnis von Stütz- zu Feldmomenten
$i_1 = i_2 = i_3 = 0$ Seiten 1, 2, 3 gelenkig gelagert
$i_4 = 1{,}0$ Seiten 4 eingespannt (Durchlaufwirkung)

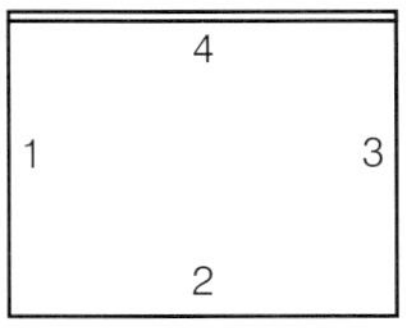

siehe 1.2

$a = 5{,}16$ m $= l_{eff,y}$
$b = 4{,}20$ m $= l_{eff,x}$
$a / b = 1{,}23$

und μ Verhältnis der Feldmomente, angenommen:

$$\mu \approx \left(\frac{b_r}{a_r}\right)^2$$

[129] Gl. C.2.25
Mit diesem Ansatz für μ stellt sich ein der Elastizitätstheorie angenähertes Tragverhalten ein.

wird mit den reduzierten Längen

$$a_r = \frac{2 \cdot a}{\sqrt{1+i_1} + \sqrt{1+i_3}} = \frac{2 \cdot 5{,}16}{\sqrt{1} + \sqrt{1}} = 5{,}16 \text{ m}$$

[129] Gl. C.2.23 a

$$b_r = \frac{2 \cdot b}{\sqrt{1+i_2} + \sqrt{1+i_4}} = \frac{2 \cdot 4{,}20}{\sqrt{1} + \sqrt{1+1}} = 3{,}48 \text{ m}$$

[129] Gl. C.2.23 b

$$\mu \approx \left(\frac{3{,}48}{5{,}16}\right)^2 = 0{,}455$$

→ Feldmoment in Haupttragrichtung:

$$m_{xf} = \frac{e_d \cdot b_r^2}{24}\left(\sqrt{3+\mu\left(\frac{b_r}{a_r}\right)^2} - \sqrt{\mu}\cdot\frac{b_r}{a_r}\right)^2$$

$$m_{xf} = \frac{12{,}48 \cdot 3{,}48^2}{24}\left(\sqrt{3+0{,}455\left(\frac{3{,}48}{5{,}16}\right)^2} - \sqrt{0{,}455}\cdot\frac{3{,}48}{5{,}16}\right)^2$$

m_{xf} = 11,24 kNm/m

[129] Gl. C.2.22
in Anlehnung an [121] *Haase*: Bruchlinientheorie von Platten, Werner-Verlag, 1962

Zum Vergleich mit Tafelwerten:
[129] Tafel C.2.12a
mit K = 270 kN und l_y / l_x = 1,23
Stützungsart 2.2
Feldmomente:
f_x = 24,1 m_{xf} = 270 / 24,1 = 11,2 kNm/m
f_y = 53,2 m_{yf} = 270 / 53,2 = 5,08 kNm/m
Stützmoment:
s_y = 24,1 m_{xs} = –270 / 24,1 = –11,2 kNm/m

→ Feldmoment in Nebentragrichtung:

m_{yf} = 0,455 · 11,24
m_{yf} = 5,11 kNm/m

→ Stützmoment:

m_{xs} = –1,0 · 11,24
m_{xs} = –11,24 kNm/m

Indirekte Kontrolle der Rotationsfähigkeit für das Verhältnis $-m_s / m_f$ = 1,0 über die bezogene Druckzonenhöhe:

Bemessungstabelle mit dimensionslosen Beiwerten (je lfdm):
μ_{Eds} = $|m_{xs}| / (d^2 \cdot f_{cd})$
= $11{,}24 \cdot 10^{-3} / (0{,}085^2 \cdot 11{,}3) = 0{,}138$

[135] mit μ_{Eds} = 0,140 abgelesen:

ξ = 0,188 < 0,25

→ Die Rotationsfähigkeit ist damit nachgewiesen!

[135] Band 1, Anhang A4:
Bemessungstabelle bis C50/60

DIN 1045-1, 8.4.1: (3) Bei zweiachsig gespannten Platten sind Verfahren der Schnittgrößenermittlung, die plastische Gelenke ohne eine direkte Kontrolle ihrer Rotationsfähigkeit einschließen, nur dann zulässig, wenn die bezogene Druckzonenhöhe im Gelenkbereich an keiner Stelle und in keiner Richtung den Wert x / d = 0,25 für Beton bis...C50/60... überschreitet...

Zum Vergleich:
Ermittlung der Biegemomente nach [103] Tabelle 1, Platte 3

s	= $-m_s / m_f$	= 1,0	
k	= l_y / l_x	= 1,23	
r	= $m_x / m_y = 1 / \mu$ = 1 / 0,455		= 2,20
Q	= K = 12,48 · 4,20 · 5,16		= 270 kN

$$m_{yf} = \frac{3 \cdot k - 1}{24 \cdot k(1 + k \cdot r + 0{,}5 \cdot k \cdot r \cdot s)} \cdot Q$$

$$m_{yf} = \frac{3 \cdot 1{,}23 - 1}{24 \cdot 1{,}23(1 + 1{,}23 \cdot 2{,}20 + 0{,}5 \cdot 1{,}23 \cdot 2{,}20 \cdot 1)} \cdot 270$$

m_{yf} = **4,86 kNm/m**

m_{xf} = 2,20 · 4,86 = **10,70 kNm/m**

m_{xs} = –1,0 · 10,70 = **–10,70 kNm/m**

[103] *Rosman*: Beitrag zur plastostatischen Berechnung zweiachsig gespannter Platten, Bauingenieur 1985, S. 151

Indirekte Kontrolle der Rotationsfähigkeit für das Verhältnis $-m_s / m_f$ = 1,0 über die bezogene Druckzonenhöhe siehe oben.

Zum Vergleich:
Kontrolle der Biegemomente mittels Arbeitsgleichung

in Anlehnung an [121] *Haase*: Bruchlinientheorie von Platten, Werner-Verlag, 1962

Lage der Bruchlinien

[129] Gl. C.2.24 a-e

$$a_1 = \sqrt{\frac{6 \cdot m_y}{e_d} \cdot (1+i_1)} = \sqrt{\frac{6 \cdot 5{,}11}{12{,}48}} = 1{,}57\,\text{m}$$

$$a_2 = \sqrt{\frac{6 \cdot m_y}{e_d} \cdot (1+i_3)} = \sqrt{\frac{6 \cdot 5{,}11}{12{,}48}} = 1{,}57\,\text{m}$$

Hilfswert B: $B = 3 - \frac{2(a_1 + a_2)}{a} = 3 - \frac{2(1{,}57 + 1{,}57)}{5{,}16} = 1{,}78$

$$b_1 = \sqrt{\frac{6 \cdot m_x}{e_d \cdot B} \cdot (1+i_2)} = \sqrt{\frac{6 \cdot 11{,}24}{12{,}48 \cdot 1{,}78}} = 1{,}74\,\text{m}$$

$$b_2 = \sqrt{\frac{6 \cdot m_x}{e_d \cdot B} \cdot (1+i_4)} = \sqrt{\frac{6 \cdot 11{,}24}{12{,}48 \cdot 1{,}78} \cdot (1+1)} = 2{,}46\,\text{m}$$

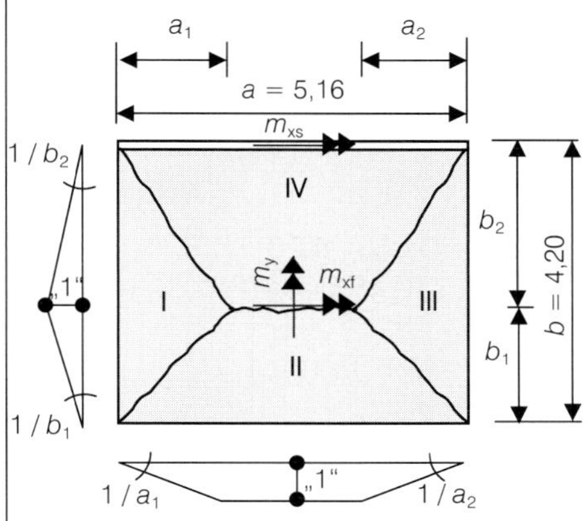

Bestimmung der virtuellen äußeren Formänderungsarbeit

Die äußere virtuelle Arbeit W^i_a je Plattenteil errechnet sich für Flächenlasten aus dem Produkt der jeweiligen Fläche, der Belastung und der Schwerpunktsverschiebung infolge einer virtuellen Durchbiegung „1".

Belastung e_d siehe 2.2

Plattenteil (I)

$$W_a^I = \frac{4{,}20 \cdot a_1}{2} \cdot e_d \cdot \frac{1}{3} = 0{,}70 \cdot a_1 \cdot e_d$$

Plattenteil (II)

$$W_a^{II} = b_1 \cdot (5{,}16 - a_1 - a_2) \cdot e_d \cdot \frac{1}{2} + b_1 \cdot (a_1 + a_2) \cdot \frac{1}{2} \cdot e_d \cdot \frac{1}{3}$$

$$W_a^{II} = (2{,}58 \cdot b_1 - \frac{1}{3} a_1 \cdot b_1 - \frac{1}{3} a_2 \cdot b_1) \cdot e_d$$

Plattenteil (III)

$$W_a^{III} = \frac{4{,}20 \cdot a_2}{2} \cdot e_d \cdot \frac{1}{3} = 0{,}70 \cdot a_2 \cdot e_d$$

Plattenteil (IV)

$$W_a^{IV} = (2{,}58 \cdot b_2 - \frac{1}{3} a_1 \cdot b_2 - \frac{1}{3} a_2 \cdot b_2) \cdot e_d$$

$$\begin{aligned}\Sigma W_a = {} & (0{,}70 \cdot 1{,}57 + \\ & + 2{,}58 \cdot 1{,}74 - 1{,}57 \cdot 1{,}74 / 3 - 1{,}57 \cdot 1{,}74 / 3 + \\ & + 0{,}70 \cdot 1{,}57 + \\ & + 2{,}58 \cdot 2{,}46 - 1{,}57 \cdot 2{,}46 / 3 - 1{,}57 \cdot 2{,}46 / 3) \cdot e_d\end{aligned}$$

$$\Sigma W_a = 8{,}64 \cdot e_d$$

Bestimmung der inneren Arbeit

Die innere Arbeit W_i^I ermittelt sich aus dem Winkel um die Drehachse, dem Bruchmoment und der Länge.

Plattenteil (I) $W_i^I = \frac{1}{a_1} \cdot \mu \cdot m_x \cdot 4{,}20$

Plattenteil (II) $W_i^{II} = \frac{1}{b_1} \cdot m_x \cdot 5{,}16$

Plattenteil (III) $W_i^{III} = \frac{1}{a_2} \cdot \mu \cdot m_x \cdot 4{,}20$

Plattenteil (IV) $W_i^{IV} = \frac{1}{b_2} \cdot (1+1) \cdot m_x \cdot 5{,}16 = \frac{1}{b_2} \cdot m_x \cdot 10{,}32$

im Plattenteil IV: $m_{xf} = -1{,}0\ m_{xs}$

$\Sigma W_i = (0{,}455 \cdot 4{,}20 / 1{,}57 + 5{,}16 / 1{,}74 +$
$+ 0{,}455 \cdot 4{,}20 / 1{,}57 + 10{,}32 / 2{,}46) \cdot m_x$

$\Sigma W_i = 9{,}60 \cdot m_x$

Gleichgewichtsbetrachtung: $\Sigma W_a = \Sigma W_i$

$9{,}60 \cdot m_x = 8{,}64 \cdot e_d$
$m_x = 8{,}64 \cdot 12{,}48 / 9{,}60$
$\boldsymbol{m_{xf}} =$ **11,23 kNm/m** Feldmoment Haupttragrichtung

$m_{xs} = -1{,}0 \cdot m_{xf}$
$\boldsymbol{m_{xs}} =$ **–11,23 kNm/m** Stützmoment Haupttragrichtung

$m_y = \mu \cdot m_x = 0{,}455 \cdot 11{,}23$
$\boldsymbol{m_{yf}} =$ **5,11 kNm/m** Feldmoment Nebentragrichtung

3.1.2 Querkräfte

Die Querkräfte im Grenzzustand der Tragfähigkeit werden zweckmäßigerweise über die durch die Bruchlinien (Fließgelenke) eingeteilten Lasteinzugsflächen unter Volllast bestimmt:

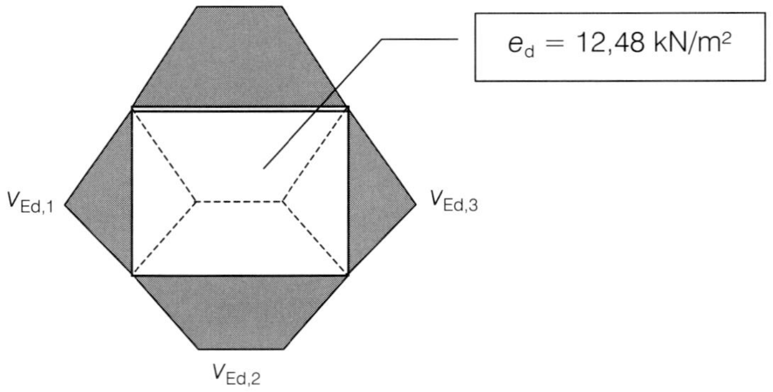

siehe 2.2

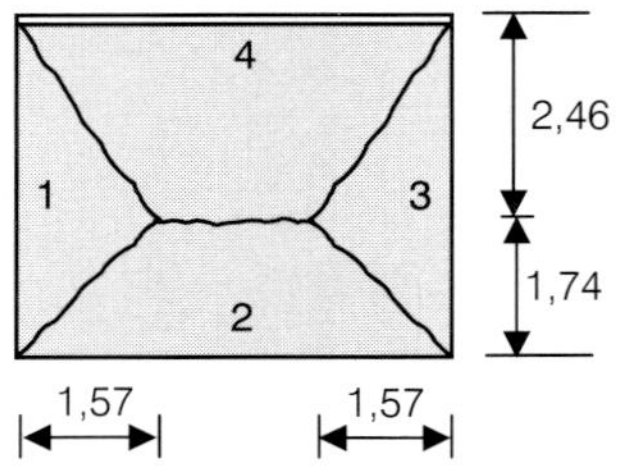

$v_{Ed,1} = v_{Ed,3} = 12{,}48 \cdot 1{,}57$ = **19,6 kN/m**

$v_{Ed,2} = 12{,}48 \cdot 1{,}74$ = **21,7 kN/m**

$v_{Ed,4} = 12{,}48 \cdot 2{,}46$ = **30,7 kN/m**

3.2 Grenzzustände der Gebrauchstauglichkeit

Schnittgrößen:

Die Bruchlinientheorie liefert nur Schnittgrößen für die Grenzzustände der Tragfähigkeit. Daher ist es notwendig, die Schnittgrößen für die Grenzzustände der Gebrauchstauglichkeit linear-elastisch zu ermitteln.

[44] *Czerny*: Tafeln für Rechteckplatten, BK 1999/I, Tafeln für gleichmäßig vollbelastete vierseitig gelagerte Rechteckplatten S. 283 für Stützmomente
$\varepsilon = l_y / l_x = 5{,}16 / 4{,}20 = 1{,}23$

Für den Nachweise zur Begrenzung der Rissbreite sowie der Betondruck- und Betonstahlspannungen für die statisch erforderliche Bewehrung wird die quasi-ständige bzw. die seltene Einwirkungskombination benötigt.

siehe 2.3

In diesem Beispiel wird dafür nur das Stützmoment ermittelt.

Die Feldmomente betragen weniger als 50 % des Stützmomentes.

Stützmoment infolge der seltenen Einwirkungskombination:

$m_{s,rare} = -8{,}80 \cdot 4{,}20^2 / 10{,}0 \quad = \mathbf{-15{,}52\ kNm/m}$

Stützmoment infolge der quasi-ständigen Einwirkungskombination:

$m_{s,perm} = -6{,}00 \cdot 4{,}20^2 / 10{,}0 \quad = \mathbf{-10{,}58\ kNm/m}$

Es ist sofort zu erkennen, dass hier die Nachweise in den Grenzzuständen der Gebrauchstauglichkeit für die Bemessung maßgebend werden, da $m_{s,rare} > m_{xs}$ und $m_{s,perm} \approx m_{xs}$.

4 Bemessung in den Grenzzuständen der Tragfähigkeit

4.1 Bemessungswerte der Baustoffe

Teilsicherheitsbeiwerte in den Grenzzuständen der Tragfähigkeit:

DIN 1045-1, 5.3.3: Tab. 2: Teilsicherheitsbeiwerte für die Bestimmung des Tragwiderstands ständige und vorübergehende Bemessungssituation (Normalfall)

- Beton < C55/67 $\gamma_c = 1{,}50$
- Betonstahl $\gamma_s = 1{,}15$

Beton C20/25: $f_{cd} = 0{,}85 \cdot 20 / 1{,}50 \quad = \mathbf{11{,}3\ N/mm^2}$

DIN 1045-1, Tab. 9: Normalbeton
DIN 1045-1, 9.1.6: (2) Abminderung mit $\alpha = 0{,}85$ berücksichtigt Langzeitwirkung

Betonstahl BSt 500 S (B): $f_{yd} = 500 / 1{,}15 \quad = \mathbf{435\ N/mm^2}$

DIN 1045-1, Tab. 11: Eigenschaften der Betonstähle

4.2 Bemessung für Biegung

4.2.1 Bemessung über dem Zwischenauflager

Innenwand = Zwischenauflager

Ausrundung des Stützmomentes:

DIN 1045-1, 7.3.2: Sonstige Vereinfachungen
(2) *Ausrundung des Stützmomentes unabhängig vom Rechenverfahren zulässig.*

Zulässige Reduktion: $\Delta m_{Ed} = C_{Ed} \cdot a / 8$
$= 2 \cdot 21{,}4 \cdot 0{,}24 / 8$
$= 1{,}28$ kNm/m

DIN 1045-1: Gl. 11
C_{Ed} = Bemessungswert der Auflagerreaktion
Da das Bruchmoment über die Gesamtauflagerlänge von 5,16 m Arbeit verrichtet, wird die trapezförmig verteilte Querkraft gemittelt:
$v_{Ed,4,m} = 30{,}7 \cdot (5{,}16 - 1{,}57) / 5{,}16 = 21{,}4$ kN/m
Hier wegen Zweifeldplatte: $2 \cdot v_{Ed,4,m}$
a = Auflagertiefe
Momente aus $g + q$ siehe 3.1.1

Bemessungsmoment:

$m_{xs,red} = -11{,}24 + 1{,}28$
$= \mathbf{-9{,}96\ kNm/m}$

Nutzhöhe über dem Zwischenauflager :

$d = h - c_{v,o} - 0{,}5 \cdot d_s = 120 - 30 - 5 \quad = 85$ mm

c_v siehe 1.2
Annahme: $\varnothing \leq 10$ mm

Bemessungsquerschnitt: $b / h / d = 1{,}00 / 0{,}12 / 0{,}085$ m

Bemessung mit dimensionslosen Beiwerten (je lfdm):

$\mu_{Eds} = |m_{xs,red}| / (d^2 \cdot f_{cd}) = 9{,}96 \cdot 10^{-3} / (0{,}085^2 \cdot 11{,}3) \approx 0{,}12$

[135] Werte für $\mu_{Eds} = 0{,}12$ abgelesen:

ω	ξ	σ_{sd}
0,1285	0,159	450,4 N/mm²

erf $a_{s,x}$ $= \omega \cdot b \cdot d \cdot f_{cd} / \sigma_{sd}$
$= 0{,}1285 \cdot 100 \cdot 8{,}5 \cdot 11{,}3 / 450{,}4 =$ **2,8 cm²/m**

Maßgebend werden bei Anwendung von Verfahren der Plastizitätstheorie in der Regel die Grenzzustände der Gebrauchstauglichkeit.

Die Bewehrung wird in Abschnitt 5.1 gewählt.

[135] Band 1, Anhang 4:
Bemessungstabelle bis C50/60
Rechteckquerschnitt ohne Druckbewehrung
Biegung mit Längskraft
Bezogene Werte:
ω = mechanischer Bewehrungsgrad
ξ = Druckzonenhöhe $x / d < 0{,}25$
DIN 1045-1, 8.4.1: (3) Plastische Berechnung

Zum Vergleich: Band 1 [135], Beispiel 2
Berechnung elastisch:
erf a_s = 7,01 cm²/m
Eine solche Bemessungsreserve ist dann interessant, wenn z. B. für ein außergewöhnliches Ereignis das Bauteilversagen auszuschließen ist und die Gebrauchstauglichkeit keine Rolle spielt.

4.2.2 Bemessung in den Feldern

Feld in x-Richtung:

Nutzhöhe
$d = h - c_{v,u} - 0{,}5 \cdot d_s = 120 - 20 - 5 \quad = 95$ mm

c_v siehe 1.3
Annahme: Ø ≤ 10 mm

Bemessungsquerschnitt: $b / h / d =$ **1,00 / 0,12 / 0,095 m**

Bemessung mit dimensionslosen Beiwerten (je lfdm):

$\mu_{Eds} = m_{xf} / (d^2 \cdot f_{cd}) = 11{,}24 \cdot 10^{-3} / (0{,}095^2 \cdot 11{,}3) = 0{,}110$

[135] Werte für $\mu_{Eds} = 0{,}110$ abgelesen:

ω	ξ	σ_{sd}
0,117	0,145	452,4 N/mm²

erf $a_{s,x}$ $= \omega \cdot b \cdot d \cdot f_{cd} / \sigma_{sd}$
$= 0{,}117 \cdot 100 \cdot 9{,}5 \cdot 11{,}3 / 452{,}4 =$ **2,78 cm²/m**

[135] Band 1, Anhang 4:
Bemessungstabelle bis C50/60
Rechteckquerschnitt ohne Druckbewehrung
Biegung mit Längskraft

Die in dieser Beispielsammlung genutzten Bemessungshilfsmittel basieren auf der ansteigenden Spannungs-Dehnungslinie des Betonstahls nach DIN 1045-1, 9.2.4: Bild 27 mit Kurve 2.

Feld in y-Richtung:

Nutzhöhe
$d = h - c_v - d_{sx} - 0{,}5 \cdot d_{sy} = 120 - 20 - 10 - 4 \quad = 86$ mm

Bemessungsquerschnitt: $b / h / d =$ **1,00 / 0,12 / 0,086 m**

Bemessung mit dimensionslosen Beiwerten (je lfdm):

$\mu_{Eds} = m_{yf} / (d^2 \cdot f_{cd}) = 5{,}11 \cdot 10^{-3} / (0{,}086^2 \cdot 11{,}3) = 0{,}061$

[135] Werte für $\mu_{Eds} \approx 0{,}060$ abgelesen:

ω	ξ	σ_{sd}
0,0621	0,086	456,5 N/mm²

[135] Band 1, Anhang 4:
Bemessungstabelle bis C50/60
Rechteckquerschnitt ohne Druckbewehrung
Biegung mit Längskraft

erf $a_{s,y}$ $= \omega \cdot b \cdot d \cdot f_{cd} / \sigma_{sd}$
$= 0{,}0621 \cdot 100 \cdot 8{,}6 \cdot 11{,}3 / 456{,}5 =$ **1,33 cm²/m**

Zum Vergleich: Band 1 [135], Beispiel 2
Berechnung elastisch:
erf $a_{s,x} = 2{,}99$ cm²/m
erf $a_{s,y} = 1{,}59$ cm²/m
Bewehrungswahl analog Band 1, Beispiel 2

Gewählt: Feldbewehrung BSt 500 S (B)

längs	**Ø 8 / 150**	= **3,35 cm²/m**	> 2,78 cm²/m = erf $a_{s,x}$
quer	**Ø 8 / 150**	= 3,35 cm²/m	> 1,33 cm²/m = erf $a_{s,y}$

DIN 1045-1, 13.3.2: (4)
Größtabstand s der Bewehrung beachten!
Hier: längs / quer $s \leq 150 / 250$ mm

4.3 Bemessung für Querkraft

DIN 1045-1, 10.3: Querkraft

Der Nachweis wird wegen der unterschiedlichen Feld- und Stützbewehrung für die maximale Querkraft am Zwischenauflager und Endauflager geführt.

Wegen der identischen Querbewehrung in y-Richtung der Felder ist der Nachweis mit den geringeren Querkräften $v_{Ed,1+3}$ bei etwas geringerer Nutzhöhe entbehrlich.

Zwischenauflager	Endauflager
$\lvert v_{Ed,4} \rvert = 30{,}7$ kN/m	$\lvert v_{Ed,2} \rvert = 21{,}7$ kN/m

siehe 3.1

DIN 1045-1, 10.3.2: (1) *Bemessungswert der einwirkenden Querkraft*

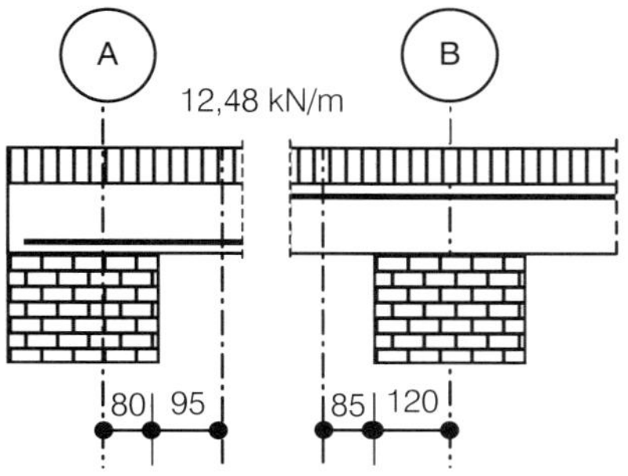

Der Ermittlung der Querkraftbewehrung darf bei gleichmäßig verteilter Belastung und direkter Auflagerung die Querkraft im Abstand d vom Auflagerrand zugrunde gelegt werden.

$v_{Ed,4,red} = 30{,}7 - (0{,}12 + 0{,}085) \cdot 12{,}48 = 28{,}1$ kN/m	$v_{Ed,2,red} = 21{,}7 - (0{,}08 + 0{,}095) \cdot 12{,}48 = 19{,}5$ kN/m

Aufnehmbare Querkraft $v_{Rd,ct}$ bei Platten ohne Querkraftbewehrung:

$v_{Rd,ct} = [0{,}10 \cdot \kappa \cdot \eta_1 \, (100\, \rho_l\, f_{ck})^{1/3} - 0{,}12\, \sigma_{cd}\,] \cdot d$

DIN 1045-1, 10.3.3: Gl. 70

$\kappa = 1 + (200 / d)^{1/2} \qquad \leq 2{,}0$
Wegen $d = 85$ bzw. 95 mm < 200 mm: $\kappa = 2{,}0$

DIN 1045-1, 10.3.3: Gl. 71

Normalbeton: $\eta_1 = 1$

$\rho_l = A_{sl} / (b_w\, d) \qquad \leq 0{,}02$

DIN 1045-1, 10.3.3: Bild 32:
A_{sl} = Fläche der Zugbewehrung, die mindestens um das Maß d über den betrachteten Querschnitt hinaus geführt und dort wirksam verankert wird.
Hier: erf $a_{sl} = 2{,}8$ cm²/m siehe 4.2.1
Hier: gew $a_{sl} = 3{,}35$ cm²/m siehe 4.2.2

$\rho_l = 2{,}8 / (100 \cdot 8{,}5) = 0{,}00329$	$\rho_l = 3{,}35 / (100 \cdot 9{,}5) = 0{,}00353$

$f_{ck} = 20$ N/mm² $\qquad \sigma_{cd} = N_{Ed} / A_c = 0$

C20/25

$N_{Ed} = 0$ Längskraft im Querschnitt infolge äußerer Einwirkung oder Vorspannung

$v_{Rd,ct} = 0{,}10 \cdot 2{,}0 \cdot 1{,}0\,(100 \cdot 0{,}00329 \cdot 20)^{1/3} \cdot 0{,}085$ = **0,0318 MN/m**	$v_{Rd,ct} = 0{,}10 \cdot 2{,}0 \cdot 1{,}0\,(100 \cdot 0{,}00353 \cdot 20)^{1/3} \cdot 0{,}095$ = **0,0364 MN/m**
$v_{Ed,4,red} = 28{,}1$ kN/m $< v_{Rd,ct} = 31{,}8$ kN/m	$v_{Ed,2,red} = 19{,}5$ kN/m $< v_{Rd,ct} = 36{,}4$ kN/m

DIN 1045-1, 13.3.3: (2) Bei Platten ohne rechnerisch erforderliche Querkraftbewehrung ($V_{Ed} \leq V_{Rd,ct}$) mit einem Verhältnis $b / h > 5$ ist keine Mindestbewehrung für Querkraft erforderlich.

⇨ Keine Querkraftbewehrung erforderlich!

5 Nachweise in den Grenzzuständen der Gebrauchstauglichkeit

DIN 1045-1, 11

5.1 Begrenzung der Spannungen unter Gebrauchsbedingungen

DIN 1045-1, 11.1

Die Bedingung „Schnittgrößen nach Elastizitätstheorie" nach DIN 1045-1, 11.1.1: (3) (siehe Kommentar) ist im Beispiel nicht eingehalten.
Die Spannungsnachweise unter Gebrauchsbedingungen sind zu führen.

DIN 1045-1, 11.1.1: (3) *Die Spannungsnachweise nach 11.1.2 (Betondruckspannungen) und 11.1.3 (Betonstahlspannungen) dürfen für nicht vorgespannte Tragwerke des üblichen Hochbaus, die nach Abschnitt 10 bemessen wurden, im Allgemeinen entfallen, wenn die Schnittgrößen nach der Elastizitätstheorie ermittelt ....*

Um die nachfolgenden, bemessungsentscheidenden Spannungsnachweise in den Grenzzuständen der Gebrauchstauglichkeit erfüllen zu können, wird eine Bewehrung über dem Zwischenauflager gewählt, die größer ist als die sich im Grenzzustand der Tragfähigkeit berechnete. Mit dieser größeren Bewehrung ist formal die indirekte Kontrolle der Rotationsfähigkeit im Grenzzustand der Tragfähigkeit nicht mehr gegeben. Dies wird in diesem Beispiel jedoch nicht weiter verfolgt.

Gewählt: Stützbewehrung BSt 500 S (B)

längs	**Ø 10 / 125**	**= 6,28 cm²/m**	> 2,8 cm²/m = erf $a_{s,x}$
quer	**Ø 8 / 250**	= 2,01 cm²/m	> $0{,}20 \cdot a_{s,x}$

DIN 1045-1, 13.3.2: Zugkraftdeckung
(2) einachsig gespannte Platten (über dem Zwischenauflager): Die Querbewehrung muss mindestens 20 % der Zugbewehrung betragen.

DIN 1045-1, 13.3.2: (4)
Größtabstand s der Bewehrung beachten!
Hier: längs / quer $s \leq 150 / 250$ mm

5.1.1 Begrenzung der Betondruckspannungen

DIN 1045-1, 11.1.2: (2) zur Vermeidung überproportionaler Kriechverformungen

Zunächst wird untersucht, ob die zu erwartenden Langzeitverformungen des Bauteils im Bereich des linearen Kriechens verbleiben.
Die Betondruckspannungen sind dafür unter der quasi-ständigen Einwirkungskombination auf $|\sigma_{c,perm}| \leq 0{,}45\, f_{ck}$ zu begrenzen.

Durch diese Begrenzung werden nichtlineare Kriechverformungen vermieden.

Untersucht wird in diesem Beispiel der ungünstigste Querschnitt über dem Zwischenauflager mit der minimalen Nutzhöhe.

Da das Stützmoment der linear-elastischen Schnittkraftermittlung ca. doppelt so groß ist, wie die dazugehörigen Feldmomente, ist der Querschnitt über dem Zwischenauflager auch unter Berücksichtigung der unterschiedlich gewählten Längsbewehrung $a_{s,s} / a_{s,f}$ = 6,28 / 3,35 cm²/m maßgebend.

Weitere vereinfachte Annahme: lineare Spannungsverteilung im einfach bewehrten Rechteckquerschnitt

Ermittlung der Druckzonenhöhe und des inneren Hebelarms

$$x / d = [\alpha_e \cdot \rho_l\,(2 + \alpha_e \cdot \rho_l)]^{1/2} - \alpha_e \cdot \rho_l$$

[27] DAfStb-Heft 425: Bemessungshilfsmittel zu Eurocode 2 Teil 1, 11.3: S.123

C20/25: E_{cm} = 24.900 N/mm²

DIN 1045-1 [1.1], Tab.9: E_{cm}
DIN 1045-1, 9.2.4: (4) E_s

Verhältnis der E-Moduln:
$\alpha_e = E_s / E_{cm}$ = 200.000 / 24.900 = 8,0

[40] *Zilch/Rogge*: BK 2002/1, 3.3.2, S. 281: Maßgebender Zeitpunkt der Beanspruchung für diesen Nachweis ist in der Regel $t = t_0$ zu Beginn des Kriechprozesses, da auch bereits zu Belastungsbeginn vorhandene übergroße Druckspannungen einen nicht umkehrbaren, nichtlinearen Kriechverlauf einleiten.

Längsbewehrung über dem Zwischenauflager:
ρ_l = 6,28 / (100 · 8,5) = 0,00739

$$x / d = [8{,}0 \cdot 0{,}00739\,(2 + 8{,}0 \cdot 0{,}00739)]^{1/2} - 8{,}0 \cdot 0{,}00739 = 0{,}290$$

$$x = 0{,}290 \cdot 85 = 24{,}6 \text{ mm}$$

$$z = d - x/3 = 85 - 24{,}6/3 = 76{,}8 \text{ mm}$$

Längsbewehrung Zwischenauflager mit a_s = 6,28 cm²/m höher als nach Grenzzustand der Tragfähigkeit erforderlich gewählt, siehe 4.2.1.

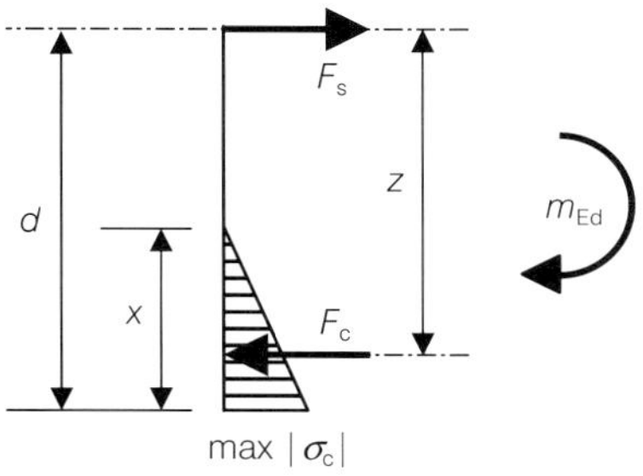

Ermittlung der Betondruckspannung

Stützmoment $m_{s,perm} = -10{,}58$ kNm/m

$\max|\sigma_c| = 2 \cdot |m_{s,perm}| / (z \cdot x)$
$= 2 \cdot 10{,}58 \cdot 10^{-3} / (0{,}0768 \cdot 0{,}0246)$
$=$ **11,2 N/mm²**
$> 0{,}45 \cdot 20$ N/mm² $= 9{,}0$ N/mm²

DIN 1045-1, 11.1.2: (2) $\sigma_c \leq 0{,}45\, f_{ck}$ für die quasi-ständige Einwirkungskombination
Hinweis: Eine Momentenumlagerung nach DIN 1045-1, 8.3 ist für Nachweise der Grenzzustände der Gebrauchstauglichkeit nicht zulässig.
Die hier noch nicht vorgenommene Reduzierung (Ausrundung) des Stützmomentes nach DIN 1045-1, 7.3.2 (1) über der frei drehbaren Zwischenauflagerung ist aber möglich.

Der Nachweis der Begrenzung der maximalen Betondruck(rand)spannung auf $|\sigma_c| \leq 0{,}45 \cdot f_{ck}$ gelingt so nicht.

Alternativen:

- Elastische Schnittgrößenermittlung und Bemessung ohne Spannungsnachweise (siehe Band 1 [135], Beispiel 2 mit erf $a_s = 7{,}01$ cm²/m).
- Erhöhung der Plattendicke und / oder der Betondruckfestigkeit.
- Nachweis der Kriechverformungen unter Berücksichtigung der nichtlinearen Kriechanteile (sehr hoher Rechenaufwand).
- Empfehlung [40] *Zilch/Rogge*: Wegen der Umlagerungsmöglichkeit der Spannungen bei Biegebauteilen aus den hochbeanspruchten Randfasern ins Querschnittsinnere durch Kriechen → Erhöhung der zulässigen Betonrandspannung auf $|\sigma_c| \leq 0{,}55 \cdot f_{ck} = 11{,}0$ N/mm²
- Wenn das nichtlineare Kriechen zu einem frühen Zeitpunkt für die Tragfähigkeit, Gebrauchstauglichkeit und Dauerhaftigkeit des Bauteils unbedenklich ist, kann man es rechtfertigen, die Spannungsbetrachtung auch zu einem späteren Zeitpunkt $t > t_0$ nach Umlagerung der Betondruckspannungen und mit Abminderung des Beton-E-Moduls abzuschätzen bzw. auf den Nachweis zu verzichten.

Die Plattendicke ist wegen der Vergleichbarkeit des Beispiels mit [135] so gering gewählt.

[40] *Zilch / Rogge*: Grundlagen der Bemessung von Beton-, Stahlbeton- und Spannbetonbauteilen nach DIN 1045-1, BK 2002/1, Abschnitt 3.3.2

DIN 1045-1, 11.1.2: (2) Falls die Gebrauchstauglichkeit, Tragfähigkeit oder Dauerhaftigkeit des Bauwerks durch das Kriechen wesentlich beeinflusst werden, sind die Betondruckspannungen ... zu begrenzen.

Die Auswirkungen des Kriechens sind umso größer, je höher der quasi-ständige Lastanteil ist und je früher der Beton beansprucht wird.
Wenn man unter diesem Aspekt zum Zeitpunkt des Belastungsbeginns t_0 den noch nicht vorhandenen quasi-ständigen Lastanteil der Terrassennutzlast vernachlässigt und nur die Eigenlasten der Decke und des Ausbaus berücksichtigt, ist die Betonspannung:

$\max|\sigma_{c,perm}| = 11{,}2 \cdot 4{,}80 / 6{,}00 =$ **8,96 N/mm²** $= 0{,}45\, f_{ck}$

Einwirkungskombinaton siehe 2.3

und der Nachweis ist erfüllt.

Alternativ wird die Abschätzung der Betonspannungen zum Zeitpunkt t_∞ vorgenommen.

Dabei wird näherungsweise die Endkriechzahl der DIN 1045-1 (für lineares Kriechen) entnommen – siehe Nachweis der Betonstahlspannungen 5.1.2.

Die Endkriechzahl für nichtlineares Kriechen wäre größer und würde zu geringeren Betondruckspannungen führen.

Aus 5.1.2 wird entnommen: $x = 40{,}6$ mm und $z = 71{,}5$ mm

Eine Reserve für weitere Spannungsumlagerungen aus dem nichtberücksichtigtem nichtlinearem Kriechen ist beim Nachweis der Betonstahlspannungen noch vorhanden – siehe 5.1.2.

Ermittlung der Betondruckspannung

Stützmoment $m_{s,perm} = -10{,}58$ kNm/m

$\max|\sigma_c| = 2 \cdot |m_{s,perm}| / (z \cdot x)$
$= 2 \cdot 10{,}58 \cdot 10^{-3} / (0{,}0715 \cdot 0{,}0406)$
$=$ **7,29 N/mm²** $< 0{,}45 \cdot 20$ N/mm² $=$ **9,0 N/mm²**

DIN 1045-1, 11.1.2: (2) $\sigma_c \leq 0{,}45\, f_{ck}$ für die quasi-ständige Einwirkungskombination

6 Bewehrungsführung, bauliche Durchbildung

6.1 Grundmaß der Verankerungslänge

DIN 1045-1, 12.6.2

Grundmaß: $l_b = (d_s / 4) \cdot (f_{yd} / f_{bd})$

DIN 1045-1, 12.6.2: (2) Gl. 140

Bemessungswert Verbundspannung: $f_{bd} = 2{,}3$ N/mm² für C20/25
Bemessungswert Stahlspannung : $f_{yd} = 435$ N/mm²

DIN 1045-1, 12.5: Tab. 25: $d_s < 32$ mm und gute Verbundbedingungen 12.4: (2) b) Waagerechte Stäbe und Bauteildicke in Betonierrichtung < 300 mm

Position	d_s	l_b (mm)
Stütze Innenwand	10	**473**
Feld 1+2	8	**378**

6.2 Verankerung am Endauflager

Mindestens die Hälfte der (erforderlichen) Feldbewehrung ist zum Auflager zu führen und dort zu verankern.
Im Beispiel: Führung der gesamten Feldbewehrung zum Endauflager.

DIN 1045-1, 13.3.2: (1)
Zugkraftdeckung Platten

siehe 4.3: Nachweis der Querkrafttragfähigkeit mit 100 % der Biegebewehrung

Zu verankernde Zugkraft in x-Richtung am Endauflager:

$F_{sd} = V_{Ed} \cdot a_l / z + N_{Ed} \qquad \geq V_{Ed} / 2$

DIN 1045-1, 13.2.2: (7) Gl. 148

$V_{Ed} = v_{Ed,2} = 21{,}7$ kN/m $\qquad N_{Ed} = 0$

siehe 3.1.2

Versatzmaß $a_l = 1{,}0\, d = 95$ mm

DIN 1045-1, 13.3.2: (1)
Platten ohne Querkraftbewehrung $a_l = d$

$F_{sd} = 21{,}7 \cdot 1{,}0 / 0{,}9 = 24{,}1$ kN/m

DIN 1045-1, 13.2.2: (3) $z = 0{,}9\, d$ angenommen.

erf $a_{s,x} = F_{sd} / f_{yd} = 0{,}0241 \cdot 10^4 / 435 = 0{,}55$ cm²/m

Erforderliche Verankerungslänge

	BSt 500 S (B): ∅ 8	
	gerade Stabenden:	$\alpha_a = 1{,}0$
$l_{b,min} = 0{,}3\, \alpha_a\, l_b$	$l_{b,min} = 0{,}3 \cdot 1{,}0 \cdot 378$	$= $ **113 mm**
$\geq 10\, d_s$	$> 10 \cdot 8$	$= 80$ mm
$l_{b,net} = \alpha_a \cdot l_b \cdot (a_{s,erf} / a_{s,vorh})$	$l_{b,net} = 1{,}0 \cdot 378 \cdot (0{,}55 / 3{,}35) = 62$ mm	
$\geq l_{b,min}$	$< l_{b,min}$	$= $ **113 mm**
$l_{b,dir} = (2/3) \cdot l_{b,net}$	$l_{b,dir} = (2/3) \cdot 113$	$= $ **75 mm**
$\geq 6\, d_s$	$> 6\, d_s$	$= 48$ mm

DIN 1045-1, 12.6: Tab. 26: Verankerungsarten
DIN 1045-1, 12.6.2: (3) $l_{b,min}$

DIN 1045-1, 12.6.2: (3) Gl. 141

DIN 1045-1, 13.2.2: (8) Gl. 149
bei direkter Auflagerung

Die Feldbewehrung wird um das Maß **100 mm** > erf $l_{b,dir}$ hinter die Auflagervorderkante des Endauflagers in x-Richtung geführt.

Die Verankerungsverhältnisse in y-Richtung sind günstiger ($F_{sd,y} < F_{sd,x}$).
Die Feldbewehrung wird ebenfalls um das Maß 100 mm hinter die Auflagervorderkante des Endauflagers in y-Richtung geführt.

6.3 Verankerung am Zwischenauflager

Mindestens die Hälfte der (erforderlichen) Feldbewehrung ist zum Auflager zu führen und dort zu verankern.

DIN 1045-1, 13.3.2: (1) Zugkraftdeckung Platten

Im Beispiel: Führung der gesamten Feldbewehrung zum Zwischenauflager.

$$\min l_{b,dir} \geq 6\, d_s = 6 \cdot 8 = 48 \text{ mm}$$

DIN 1045-1, 13.2.2: (9) An Zwischenauflagern von durchlaufenden Bauteilen ist die erforderliche Bewehrung mindestens um das Maß 6 d_s bis hinter den Auflagerrand zu führen.

6.4 Verankerung außerhalb der Auflager

Die Zugkraftdeckung bei Verwendung von Verfahren der Plastizitätstheorie ist sowohl für den Grenzzustand der Tragfähigkeit als auch der Gebrauchtauglichkeit nachzuweisen.

DIN 1045-1, 13.2.2: Zugkraftdeckung
(2) *Bei einer (linear-elastischen) Schnittgrößenermittlung (ohne bzw. mit Momentenumlagerung) ... darf i. Allg. auf einen Nachweis (der Zugkraftdeckung) im Grenzzustand der Gebrauchstauglichkeit verzichtet werden.*

Die zugrunde zu legenden Zugkraftlinien unterscheiden sich in den Grenzzuständen entsprechend dem Umfang der Momentenumlagerungen.

In diesem Beispiel wird die Feldbewehrung vollständig zwischen den Auflagern durchgeführt. Sie deckt die Zugkraft damit in jedem Falle vollständig ab.

Die Stäbe der nichtgestaffelten oberen Biegebewehrung über dem Zwischenauflager sind im Feld vom Nullpunkt E der verschobenen Zugkraftlinie um das Maß $l_{b,net}$ zu verankern.

DIN 1045-1, 13.2.2: Bild 66

$l_{b,net} = \alpha_a \cdot l_b \cdot (a_{s,erf} / a_{s,vorh}) = 0 \quad$ (wegen $a_{s,erf} = 0$)
$< l_{b,min} = 0{,}3 \cdot 1{,}0 \cdot 473 = 142$ mm

DIN 1045-1, 12.6.2: (3) Gl. 141

l_b siehe 6.1

$l_{b,net}$ = **150 mm** gewählt

Der Nullpunkt E der Zugkraftlinie ist für beide Grenzzustände zu bestimmen:

Maßgebend für die Länge der oberen Biegebewehrung und deren Verankerung über dem Zwischenauflager ist die seltene Einwirkungskombination im Grenzzustand der Gebrauchstauglichkeit.

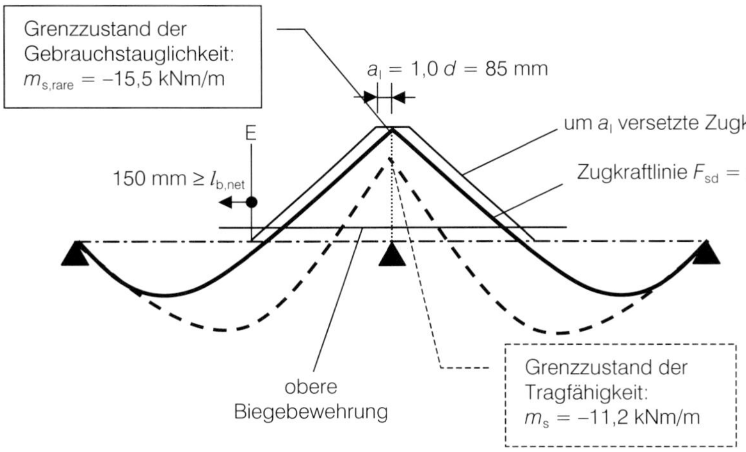

DIN 13.3.2:
(1) ... Für Stahlbetonplatten ohne Querkraftbewehrung gilt stets $a_l = 1{,}0\, d$ ...

Hinweis: Darstellung des Momentenverlaufes hier näherungsweise (tatsächlich unstetiger Verlauf)

6.5 Mindestbewehrung zur Sicherstellung eines duktilen Bauteilverhaltens

Rissmoment:

$m_{cr} = f_{ctm} \cdot h^2 / 6$
$= 2{,}2 \cdot 10^3 \cdot 0{,}12^2 / 6 \qquad = 5{,}28$ kNm/m

$\min a_s = m_{cr} / (f_{yk} \cdot z)$
$= 0{,}00528 \cdot 10^4 / (500 \cdot 0{,}9 \cdot 0{,}08) \qquad =$ **$1{,}47$ cm²/m**
$<$ vorh $a_{sl} = 3{,}35$ cm²/m

DIN 1045-1, 13.1.1:
Mindestbewehrung und Höchstbewehrung
(1) Bemessung mit f_{ctm} und $\sigma_s = f_{yk}$

DIN 1045-1, 9.1.7:
Tab. 9: $f_{ctm} = 2{,}2$ N/mm² für C20/25

$z = 0{,}9\,d$ angenommen.
siehe 4.2.2

Die Mindestbewehrung nach 13.1.1 braucht nur in der Haupttragrichtung für die zweiachsig gespannte Platte vorgesehen werden, um das spröde Versagen zu vermeiden.

6.6 Einspannbewehrung am Endauflager

Die Stahlbetonplatte liegt über den Außenwänden frei auf.
Auf eine Bewehrung zur Abdeckung teilweiser Einspannungen kann daher verzichtet werden.

DIN 1045-1, 13.2.1: (1) Rechnerisch nicht erfasste Einspannwirkungen an den Endauflagern müssen bei der baulichen Durchbildung berücksichtigt werden. Bei Annahme frei drehbarer Lagerung sind die Querschnitte der Endauflager für ein Stützmoment zu bemessen...

6.7 Drillbewehrung

Das Abheben der Stahlbetonplatte über den Ecken ist in diesem Beispiel nicht behindert.

Im Grenzzustand der Tragfähigkeit bilden die Bruchlinien dort eine „Wippe“ mit Drehachse aus.

Trotzdem treten an der Oberseite Zugspannungen auf, wobei die Zug erzeugenden Momente sich außerhalb des Schnittpunktes der Diagonale zu den frei drehbaren Rändern entwickeln.

[129] *Schmitz*: Anwendung der Bruchlinientheorie, in: Stahlbeton aktuell 2001, S C.42

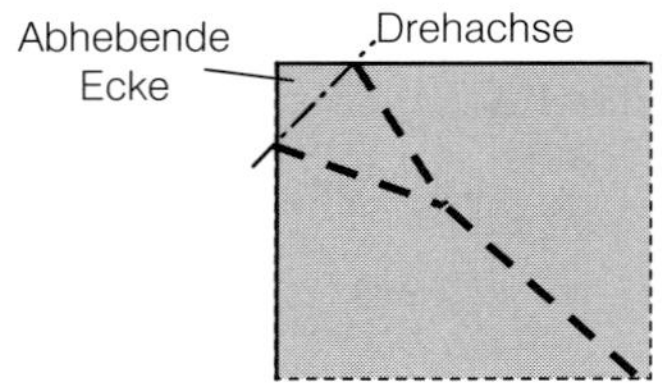

Die Schnittkräfte im Grenzzustand der Gebrauchstauglichkeit wurden unter Nutzung der Tafeln für Rechteckplatten [44] ermittelt, was mindestens eine konstruktive Abdeckung möglicher Drillmomente erfordert.

[44] *Czerny*: Tafeln für Rechteckplatten. BK 1999/I

DIN 1045-1, 13.3.2: (6) *Die Drillbewehrung darf durch eine parallel zu den Seiten verlaufende obere und untere Netzbewehrung in den Plattenecken ersetzt werden, die in jeder Richtung die gleiche Querschnittsfläche wie die Feldbewehrung und mindestens eine Länge von* 0,3 min l_{eff} *hat (siehe* Bild 70).

Empfehlung *Stiglat/Wippel* [43]:

Es ist eine obere Eckbewehrung anzuordnen, die für eine Ersatzlast von maximal $0{,}03 \cdot e_d \cdot l^2_{min}$ bemessen wird.

$m_E^* = 0{,}03 \cdot 12{,}48 \cdot 4{,}20^2 =$ **$6{,}60$ kNm/m**

Alternativ:
[43] BK 2000/2: *Stiglat/Wippel:* Massive Platten, S. 235 ff., 5.3.2: Drillsteife, vierseitig frei drehbar gelagerte Platten mit abhebenden Ecken

Einwirkungen siehe 2.2

Diese Bewehrung deckt die Wirkung der Auflast auf der abhebenden Ecke ab.

Nutzhöhe oben: $d = h - c_{v,o} - 0{,}5 \cdot d_s = 120 - 30 - 5 \qquad = 85$ mm

Bemessungsquerschnitt: $b / h / d =$ **$1{,}00 / 0{,}12 / 0{,}085$ m**

Bemessung mit dimensionslosen Beiwerten:

$\mu_{Eds} = m_E^* / (d^2 \cdot f_{cd}) = 6{,}60 \cdot 10^{-3} / (0{,}085^2 \cdot 11{,}3) = 0{,}080$

[135] Werte für $\mu_{Eds} = 0{,}08$ abgelesen:
$\omega = 0{,}0836$ $\quad \sigma_{sd} = 456{,}5$ N/mm²

[135] Band 1, Anhang A4:
Bemessungstabelle bis C50/60
Rechteckquerschnitt ohne Druckbewehrung
Biegung mit Längskraft

erf $a_{s,E} = \omega \cdot b \cdot d \cdot f_{cd} / \sigma_{sd}$
$= 0{,}0836 \cdot 100 \cdot 8{,}5 \cdot 11{,}3 / 456{,}5$
$=$ **1,76 cm²/m**

Gewählt:	**obere Eckbewehrung**
	Betonstahl-Lagermatte BSt 500 M (A)
Q 188 A	= 150 · 6,0 / 150 · 6,0
	= **1,88 cm²/m** / 1,88 cm²/m (längs / quer)
	> 1,76 cm²/m = erf $a_{s,E}$

Verteilung der Eckbewehrung in Anlehnung an [43] BK 2000/2: *Stiglat/Wippel:* Massive Platten, S. 238, Bild 5.4

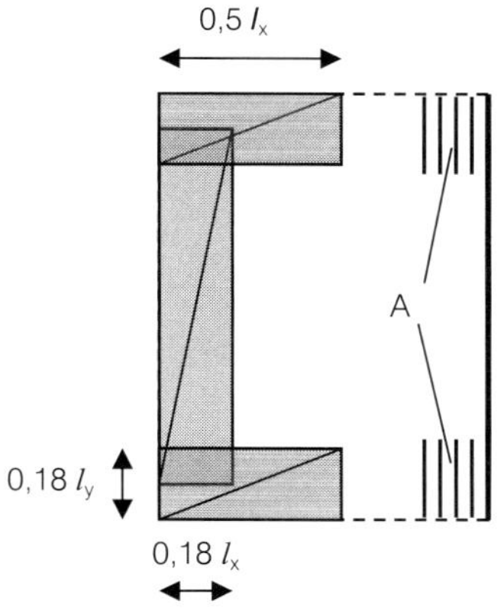

Die im Bereich A der Plattenecke am Zwischenauflager empfohlene Drillbewehrung von $0{,}5 \cdot a_{sf}$ rechtwinklig zum freien Rand wird durch die gewählte Querbewehrung der Stützbewehrung abgedeckt:

gew $a_{s,y,Stütze} = 2{,}01$ cm² > $0{,}5 \cdot$ erf $a_{s,x,Feld} = 0{,}5 \cdot 2{,}78$ cm²/m

DIN 1045-1, 13.3.2: (7) *In Plattenecken, in denen ein frei aufliegender und ein eingespannter Rand zusammenstoßen, sollte die Hälfte der Bewehrung nach Absatz (6) (→ Querschnittsfläche der Feldbewehrung) rechtwinklig zum freien Rand eingelegt werden.*
Erforderliche Feldbewehrung siehe 4.2.2
Gewählte Stützquerbewehrung siehe 4.2.1

6.8 Duktilitätsklasse der Bewehrung

Die Bemessung auf der Basis von Verfahren der Plastizitätstheorie erfordert die Verwendung von hochduktilem Betonstahl (B).

DIN 1045-1, 8.4.1 (4) Stahl mit normaler Duktilität ... darf bei Anwendung der Plastizitätstheorie für stabförmige Bauteile und Platten nicht verwendet werden.

Für Bewehrung, die nicht mit Schnittgrößen nach Bruchlinientheorie bemessen oder die konstruktiv gewählt wird, ist prinzipiell normalduktiler Betonstahl (A) zulässig.

siehe 6.7

Aus baupraktischen Gründen (Verwechselungsgefahr, Lagerhaltung, Bestellung usw.) sollte erwogen werden, die Gesamtbewehrung eines Bauteils oder Bauwerks in einer Duktilitätsklasse (A) oder (B) zu wählen.

Erläuterungen zur Einstufung der Betonstähle nach DIN 488 und allgemeinen bauaufsichtlichen Zulassungen werden in [62] gegeben.

[62] *Riedinger*: Einstufung der Betonstähle in die Duktilitätsklassen, DIBt Mitteilungen 1/2003

Für die üblichen Betonstähle gilt danach:

Name	Lieferform	Herstellung	Ø (mm)	(A) normalduktil	(B) hochduktil
BSt 500 S	Stabstahl		6 – 40		X
BSt 500 M	Matte	kaltverformt	6 – 12	X	
BSt 500 MW	Matte	warmgewalzt	6 – 12		X
BSt 500 KR	Ring	kaltverformt	6 – 12	X	
BSt 500 WR	Ring	warmgewalzt + kaltverformt	6 – 16		X

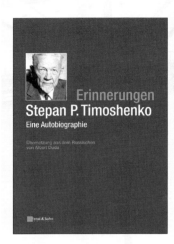

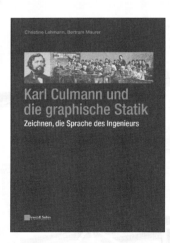

Beispiel 17: Flachdecke mit Vorspannung ohne Verbund

Inhalt

		Seite
	Aufgabenstellung	17-3
1	System, Bauteilmaße, Betondeckung	17-4
1.1	System	17-4
1.2	Mindestfestigkeitsklasse, Betondeckung	17-5
1.3	Bestimmung der Deckendicke aus der Begrenzung der Verformungen	17-6
2	Ständige und veränderliche Einwirkungen	17-7
2.1	Charakteristische Werte	17-7
2.2	Bemessungswerte in den Grenzzuständen der Tragfähigkeit	17-8
2.3	Repräsentative Werte in den Grenzzuständen der Gebrauchstauglichkeit	17-8
3	Einwirkungen infolge Vorspannung	17-8
3.1	Angaben zum Spannverfahren	17-9
3.2	Angaben zur Spanngliedführung	17-9
3.2.1	Kennwerte des Spanngliedverlaufs	17-11
3.2.2	Statische Wirkung der Spanngliedführung	17-11
3.3	Charakteristische Werte der Vorspannkraft	17-13
3.3.1	Allgemeines	17-13
3.3.2	Berechnung der Vorspannkraft zum Zeitpunkt $t = t_0$	17-13
3.3.3	Maximale Vorspannkraft zum Zeitpunkt $t = t_0$	17-13
3.3.4	Spannkraftverluste infolge elastischer Bauteilverkürzung	17-14
3.3.5	Spannkraftverluste infolge Spanngliedreibung	17-14
3.3.6	Spannkraftverluste infolge Schlupf	17-15
3.3.7	Zeitabhängige Spannkraftverluste	17-18
3.4	Ermittlung des Vorspanngrades	17-21
3.5	Mittelwerte der Umlenkkräfte	17-24
4	Schnittgrößenermittlung	17-24
4.1	Grundlagen	17-24
4.1.1	Schnittgrößen infolge ständiger und veränderlicher Einwirkungen	17-25
4.1.2	Schnittgrößen infolge Umlenkkräften (Vorspannung)	17-25
4.1.3	Normalkräfte infolge Vorspannung	17-25
4.2	Grenzzustände der Tragfähigkeit	17-26
4.2.1	Übergang von Zustand I in Zustand II	17-26
4.2.2	Bemessungsschnittgrößen für die Ermittlung der maximalen Feld- und Stützbewehrung	17-27
4.2.3	Bemessungsschnittgrößen im Bauzustand – Nachweis der vorgedrückten Zugzone	17-28
4.3	Grenzzustände der Gebrauchstauglichkeit	17-28
4.3.1	Schnittgrößen infolge seltener Einwirkungen	17-28
4.3.2	Schnittgrößen infolge quasi-ständiger Einwirkungen	17-29
5	Bemessung in den Grenzzuständen der Tragfähigkeit	17-30
5.1	Bemessungswerte der Baustoffe	17-31
5.2	Bemessung für Biegung mit Längskraft	17-31
5.3	Bemessung für Querkraft	17-34
5.3.1	Durchstanzen	17-34
5.3.1.1	Aufzunehmende Querkräfte	17-34
5.3.1.2	Innenstütze	17-34
5.3.2	Querkraftbemessung außerhalb der Durchstanzbereiche	17-36

6 Nachweise in den Grenzzuständen der Gebrauchstauglichkeit 17-38
6.1 Begrenzung der Spannungen unter Gebrauchsbedingungen 17-38
6.1.1 Begrenzung der Betondruckspannungen 17-39
6.1.2 Begrenzung der Betonstahlspannungen 17-40
6.1.3 Begrenzung der Spannstahlspannungen 17-40
6.2 Grenzzustände der Rissbildung 17-41
6.2.1 Mindestbewehrung zur Begrenzung der Rissbreite (Zwang) 17-41
6.2.2 Begrenzung der Rissbreite für die statisch erforderliche Bewehrung (Last) 17-42
6.3 Begrenzung der Verformungen 17-43

7 Bewehrungsführung, bauliche Durchbildung 17-46
7.1 Betonstahlbewehrung 17-46
7.1.1 Grundmaß der Verankerungslänge 17-46
7.1.2 Verankerung an den Rand- und Eckstützen 17-46
7.1.3 Verankerung an den Innenstützen 17-49
7.1.4 Verankerung außerhalb der Auflager 17-50
7.1.5 Mindestbewehrung zur Sicherstellung eines duktilen Bauteilverhaltens 17-50
7.1.6 Oberflächenbewehrung bei vorgespannten Bauteilen 17-50
7.2 Spannstahlbewehrung 17-50

Anhang
A17.1 Die Freie Spanngliedlage 17-51
A17.2 Ablaufdiagramm zur direkten Verformungsberechnung für biegeschlanke Flachdecken... 17-53

Beispiel 17: Flachdecke mit Vorspannung ohne Verbund

Aufgabenstellung

Zu bemessen ist die Flachdecke eines Geschossbaus.

siehe 1.1, Bild 1: Grundriss

Aufgrund der großen Stützweiten und der Forderung, eine möglichst geringe Deckendicke zu realisieren, soll in diesem Berechnungsbeispiel der sinnvolle Einsatz von vorgespannten Flachdecken im Hochbau gezeigt und die Anwendungsmöglichkeiten von FEM-Plattenprogrammen für die Berechnung vorgespannter Flachdecken verdeutlicht werden.

FEM – Finite Elemente Methode

Durch die Anordnung intern verlegter, verbundloser Spannglieder lässt sich das Trag- und Verformungsverhalten von Flachdecken bereits bei geringen Vorspanngraden wirkungsvoll verbessern und die Deckendicke gegenüber Ausführungen in Stahlbeton deutlich reduzieren. Die Vorspannung in der Platte wird durch konzentriert in den Stützstreifen angeordnete Monolitzen erzeugt. Vergleichende Untersuchungen zur Wirkung von Spanngliedanordnungen in Flachdecken haben gezeigt, dass sich damit gegenüber gleichmäßig in Feld- und Stützstreifen angeordneten Spanngliedern deutliche Einsparungen bei den Bewehrungselementen unter nahezu identischer Tragwirkung erzielen lassen [68, 69].

DIN 1045-1, 3.1.9: internes Spannglied ohne Verbund

[68] *Ványi/Buschmeier/Müller*: Entwurf von vorgespannten Flachdecken, Beton- und Stahlbetonbau 1987, S. 95 ff.

[69] *Fastabend*: Zur Frage der Spanngliedführung bei Vorspannung ohne Verbund, Beton- und Stahlbetonbau 1999, S.14 ff.

Die Monolitzen bestehen aus siebendrähtigen Litzen, die von einer Dauerkorrosionschutzmasse überzogen sind und auf die ein Kunststoffrohr aufextrudiert ist. Dieses Herstellungsverfahren garantiert einen doppelten, werkmäßig hergestellten Korrosionsschutz der Spannlitzen.

DIN 1045-1, 3.1.11: Monolitze

Darüber hinaus sind verschiedene konstruktive Vorteile des Monolitzenspannverfahrens hervorzuheben:

- Geringe Durchmesser der Monolitzen ermöglichen auch in dünnen Flachdecken relativ große Spanngliedexzentrizitäten.
- Die Spannkraftverluste infolge Spanngliedreibung sind im Vergleich zu Spanngliedern mit nachträglichem Verbund deutlich reduziert.
- Die verbundlosen Monolitzen können in Form der „Freien Spanngliedlage" und somit unter Einsparung von Unterstellungen in den Übergangsbereichen verlegt werden.
- Die Litzen sind prinzipiell auswechselbar.

DIN 1045-1, 12.10.4: (7) zwischen Fixierungen frei durchhängende Spannglieder

Das Berechnungsbeispiel basiert auf den folgenden Randbedingungen:

- üblicher Hochbau (Nutzlast $q_k \leq 5$ kN/m^2),
- vorwiegend ruhende Einwirkungen,
- unverschiebliches System (Aussteifung durch Wandscheiben),
- Umgebungsbedingungen: Innenräume mit hoher Luftfeuchte,
- höhere Anforderungen an die Durchbiegungsbeschränkung zur Vermeidung von Schäden an leichten Trennwänden.

DIN 1045-1, 3.1.1: üblicher Hochbau
DIN 1045-1, 3.1.2: vorwiegend ruhende Einwirkung
DIN 1045-1, 8.6.2: (5) *Kriterien für unverschiebliche Systeme*
DIN 1045-1, 6.2: Expositionsklassen
DIN 1045-1, 11.3.1: (10) und 11.3.2: (2) Begrenzung der Verformungen

Baustoffe:

- Beton C30/37
- Betonstahl BSt 500 S (A) (normalduktil)
- Spannstahl St 1570/1770 (hochduktil) 7-drähtige Litzen; ∅ 0,62"

DIN 1045-1, 9.1: Beton
DIN 1045-1, 9.2: Betonstahl
DIN 1045-1, 9.3: Spannstahl
DIN 1045-1, 9.3.1: (3) Für die ... Eigenschaften ... gelten die Festlegungen der allg. bauaufsichtlichen Zulassungen.
DIN 1045-1, 9.3.2: (6) *Es darf i. Allg. angenommen werden, dass Spannglieder ... ohne Verbund eine hohe Duktilität ... aufweisen.*

1 System, Bauteilmaße, Betondeckung

1.1 System

Grundlage für das Berechnungsbeispiel sind die Systemabmessungen der im Grundriss (Bild 1) und Schnitt (Bild 2) dargestellten Flachdecke.

Die Decke wird punktförmig durch Stahlbetonstützen (b / h = 500 / 500 mm) sowie linienförmig im Bereich aussteifender Wände (h = 250 mm) gestützt.

Die Rand- und Eckstützen enden bündig am Deckenrand.

Alle Stützstellen werden als frei drehbare, gelenkige Lagerungen idealisiert. Die Wirkung der elastischen Einspannung an den Plattenrändern ist mit Hilfe geeigneter Berechnungsverfahren [22] bei der konstruktiven Durchbildung zu berücksichtigen.

Hinweis: Grundriss und Schnitt sind unmaßstäblich dargestellt.

DIN 1045-1, 13.5.1: (1) Mindestquerschnitt für Stützen 200 / 200 mm

DIN 1045-1, 7.3.2: (1) *Durchlaufende Platten und Balken dürfen im üblichen Hochbau unter Annahme frei drehbarer Lagerung berechnet werden.*

[22] DAfStb-Heft 240: Hilfsmittel zur Berechnung der Schnittgrößen und Formänderungen von Stahlbetontragwerken, Abschnitt 3.5 (Momente in den Rand- und Eckstützen von Pilz- und Flachdecken).

Abschnitt 1.3 für gewählte Deckendicke h = 260 mm

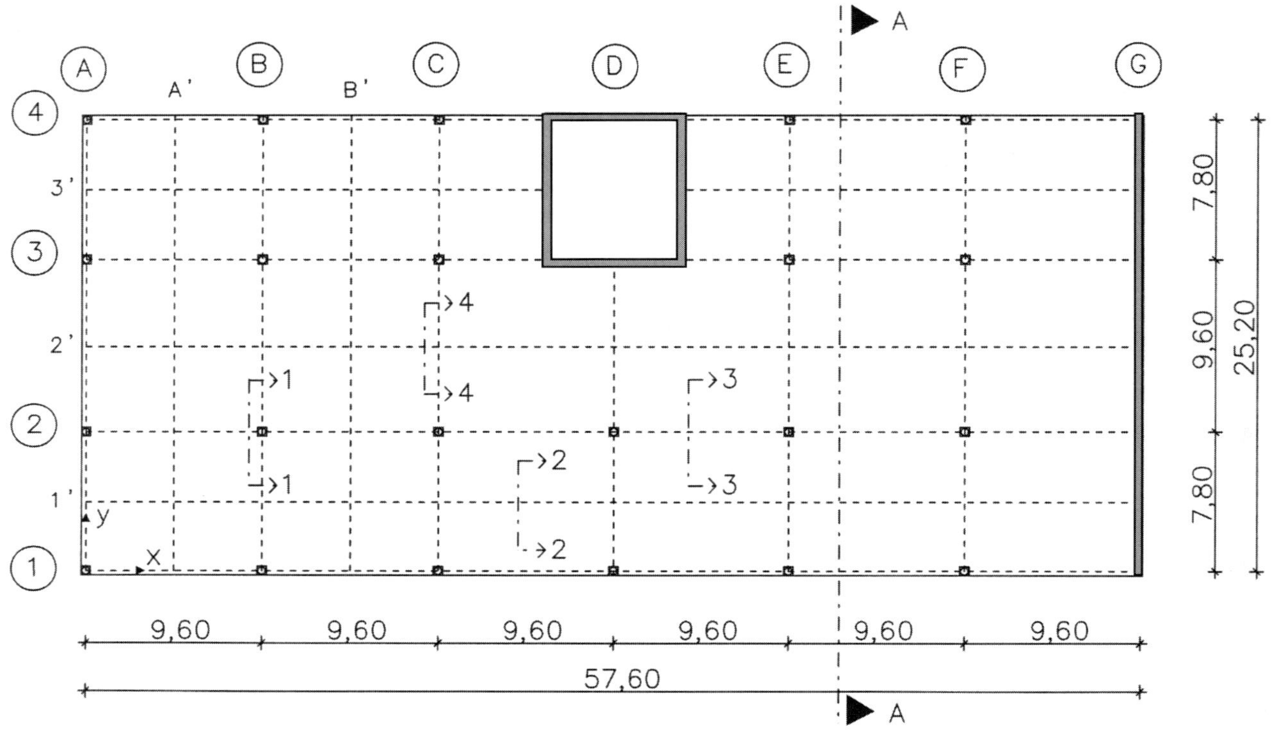

Bild 1: Grundriss

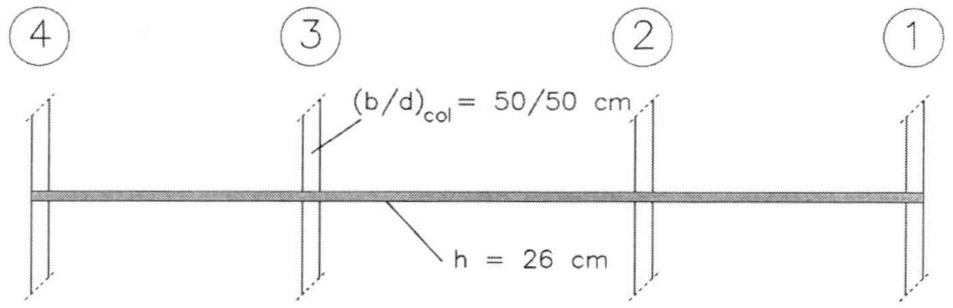

Bild 2: Schnitt A - A

1.2 Mindestfestigkeitsklasse, Betondeckung

Expositionsklasse für Bewehrungskorrosion infolge Karbonatisierung	$\Rightarrow$ XC3
Mindestfestigkeitsklasse Beton	$\Rightarrow$ C20/25
Mindestfestigkeitsklasse Beton für Bauteile mit Vorspannung ohne Verbund	$\Rightarrow$ C25/30

Keine Expositionsklasse für Betonangriff

> **Gewählt:** C30/37 XC3

Betondeckung für Betonstahl:

wegen Expositionsklasse XC3:
$\Rightarrow$ Mindestbetondeckung $\qquad c_{min,s} = 20 - 5 \qquad = 15$ mm
$+$ Vorhaltemaß $\qquad \Delta c_s \qquad\qquad\quad = 15$ mm
$\Rightarrow$ Nennmaß $\qquad\qquad c_{nom,s} \qquad\qquad = 30$ mm

Sicherstellung des Verbundes: $\qquad c_{min,s} \geq d_s$

$d_{s,u} \leq \varnothing\,16:\quad c_{min} = 16$ mm $\quad \Delta c = 10$ mm $\quad c_{nom,s,u} = 26$ mm
$d_{s,o} \leq \varnothing\,20:\quad c_{min} = 20$ mm $\quad \Delta c = 10$ mm $\quad c_{nom,s,o} = 30$ mm

Die Verlegemaße für die obere und untere Betonstahlbewehrung ergeben sich mit der Vorgabe, dass die in y-Richtung verlaufende Bewehrung jeweils mit dem Mindestabstand zum Bauteilrand verlegt wird:

$d_{s,u} \leq \varnothing\,16:\quad \begin{aligned} c_{v,ds,y,u} &\geq c_{nom,s,u} & &= 30 \text{ mm} \\ c_{v,ds,x,u} &= c_{v,ds,y,u} + d_{s,y,u} & &= 46 \text{ mm} \end{aligned}$

$d_{s,o} \leq \varnothing\,20:\quad \begin{aligned} c_{v,ds,y,o} &\geq c_{nom,s,o} & &= 30 \text{ mm} \\ c_{v,ds,x,o} &= c_{v,ds,y,o} + d_{s,y,o} & &= 50 \text{ mm} \end{aligned}$

Die Achsmaße u für die Spannstahlbewehrung ergeben sich mit der Vorgabe, dass über den Stützen (Kreuzungsbereich der Spannglieder) die Spannglieder in x-Richtung im minimalen Abstand zum Bauteilrand verlegt werden:

$d_{p,duct,x} = d_{p,duct,y} \leq \varnothing\,19$ mm

$\begin{aligned} u_{p,x,o} &= c_{v,ds,x,o} + d_{p,duct,x}/2 = 50 + 19/2 & &= 60 \text{ mm} \\ u_{p,x,u} &= c_{v,ds,x,u} + d_{p,duct,x}/2 = 46 + 19/2 & &= 55 \text{ mm} \end{aligned}$

$\begin{aligned} u_{p,y,o} &= c_{v,ds,x,o} + d_{s,x,o} + d_{p,duct,y}/2 = 50 + 20 + 19/2 & &= 80 \text{ mm} \\ u_{p,y,u} &= c_{v,ds,x,u} + d_{s,x,u} + d_{p,duct,y}/2 = 46 + 16 + 19/2 & &= 71 \text{ mm} \end{aligned}$

Übersicht siehe Bild 3: Schnitte 1 bis 4 →

DIN1045-1, 6: Sicherstellung der Dauerhaftigkeit

DIN 1045-1, Tab. 3: Expositionsklassen XC3 mäßige Feuchte (Bauteile in Innenräumen mit hoher Luftfeuchte)

DIN 1045-1, 6.2: (3) und 8.7.2: (7) mit Tab.6

Hinweis: Mindestbetonfestigkeitsklasse aus der allgemeinen bauaufsichtlichen Zulassung für das Spannverfahren beachten. Die höhere Betonfestigkeitsklasse wird im Hinblick auf die Bemessung gewählt. Die Expositionsklasse ist anzugeben (wichtig für die Betontechnologie nach DIN 1045-2).

DIN 1045-1, Tab. 4: Mindestbetondeckung c_{min} und Vorhaltemaß Δc Abminderung von c_{min} um 5 mm gemäß [a]) zulässig, da C30/37 = zwei Festigkeitsklassen höher als min C20/25 für XC3

DIN 1045-1, 6.3: (5) Bei Spannbetonbauteilen mit internen Spanngliedern ohne Verbund ist die Mindestbetondeckung c_{min} in den Verankerungsbereichen und im Bereich der freien Länge des ummantelten Spanngliedes der allgemeinen bauaufsichtlichen Zulassung zu entnehmen.

DIN 1045-1, 6.3: (4) und [29] $\Delta c = 10$ mm bei Verbund ausreichend.

DIN 1045-1, 6.3: (11) Verlegemaß c_v 5 mm-Sprünge der lieferbaren Abstandhalter beachten.

Hinweis: Die Annahme, dass Bügel für Querkraftbewehrung vorhanden sind, die die äußere Längsbewehrungslage umschließen, liegt für die Ermittlung der statischen Nutzhöhe immer auf der sicheren Seite. In den folgenden Nachweisen zeigt sich, dass keine Querkraftbewehrung erforderlich wird. Deshalb werden in diesem Beispiel die Betondeckungen ohne Bügel ermittelt.

Hinweis: ggf. Betondeckung für Feuerwiderstand zusätzlich beachten.

Durchmesser der Monolitze $d_p \leq \varnothing\,19$ mm (inkl. aufextrudiertem PE-Mantel) gemäß allgemeiner bauaufsichtlicher Zulassung.

Index „duct": Hüllrohr

Schnitt 1 – 1:

Schnitt 2 – 2:

Schnitt 3 – 3:

Schnitt 4 – 4:

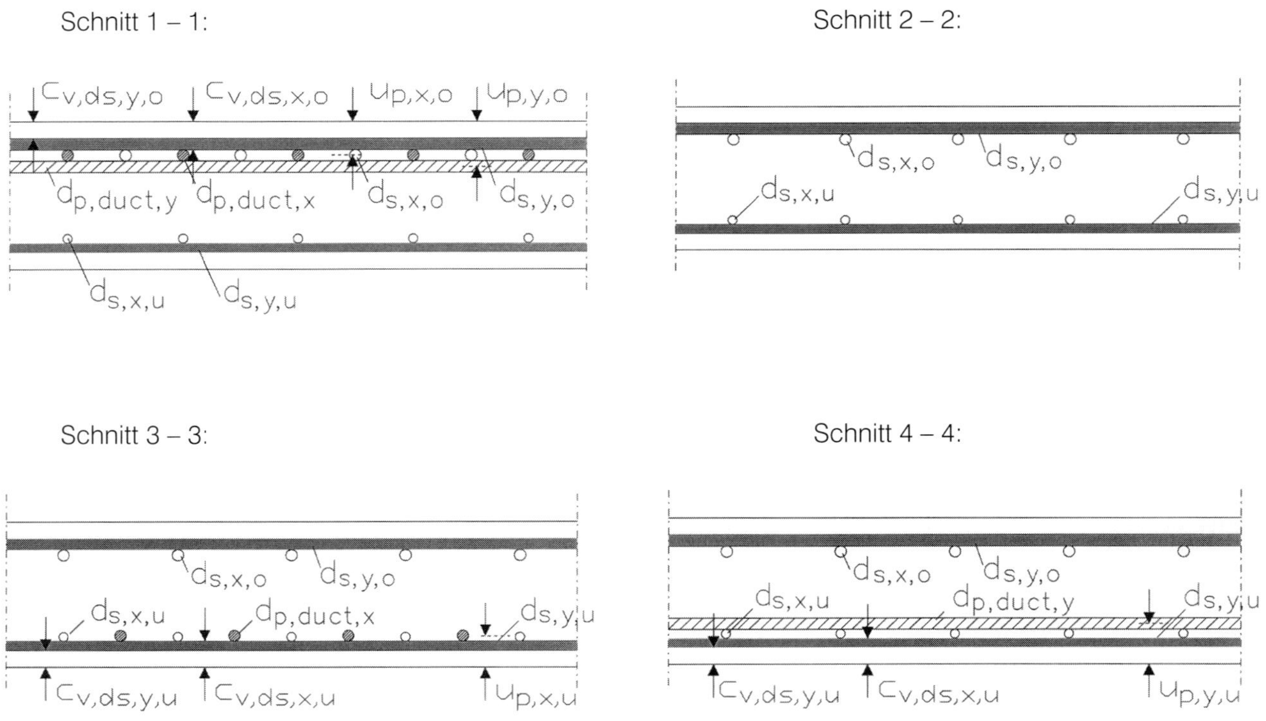

Bild 3: Schnitte 1-4 durch die Flachdecke (siehe Bild 1)

1.3 Bestimmung der Deckendicke aus der Begrenzung der Verformungen

Der Nachweis zur Begrenzung der Verformungen und die Abschätzung der Bauteildicke darf für Decken in Stahlbetonbauweise stark vereinfacht durch die Begrenzung der Biegeschlankheit erfolgen. Für vorgespannte Decken liegt ein vergleichbares, vereinfachtes Nachweisverfahren nicht vor.

Bei Ausführung der Flachdecke in Stahlbetonbauweise würde der Nachweis zur Begrenzung der Biegeschlankheit zu folgender Plattendicke führen:

$$l_i / d \leq 150 / l_i \qquad (l_i \text{ in m})$$

Ersatzstützweiten für Rand- und Innenfelder:

Beiwert $\alpha = l_i / l_{eff}$
Innenfeld $\alpha = 0{,}60$ (wegen C30/37: 0,70 – 0,10)
Randfeld $\alpha = 0{,}80$ (wegen C30/37: 0,90 – 0,10)

$\max l_i = \alpha \cdot l_{eff} = 0{,}8 \cdot 9{,}60 = 7{,}68 \text{ m}$

$\text{erf } d \geq l_i^2 / 150 = 7{,}68^2 / 150 = 0{,}393 \text{ m} = 393 \text{ mm}$

$\text{erf } h \geq \text{erf } d + d_{s,y,u} + d_{s,x,u} / 2 + c_{v,ds,y,u}$
$\qquad \geq 393 + 16 + 16/2 + 30 = 447 \text{ mm}$

DIN 1045-1, 11.3.2: (1)

DIN 1045-1, 11.3.2: (2) *Für Deckenplatten des üblichen Hochbaus mit höheren Anforderungen (nach 11.3.1: (10) Vermeidung von Schäden an angrenzenden Bauteilen (z. B. leichte Trennwände) durch Begrenzung der Durchbiegung f < l / 500) sollte die Biegeschlankheit auf $l_i / d \leq 150 / l_i$ begrenzt werden.*

DIN 1045-1, 11.3.2: (3) + (4)... *bei rechteckigen, punktförmig gelagerten Platten ist die größere der beiden Ersatzstützweiten l_i maßgebend.*
Tab. 22: *Beiwerte zur Bestimmung der Ersatzstützweite für punktförmig gelagerte Platten: Zeile 4 (Randfeld) $\alpha = 0{,}90^{a)}$ und (Innenfeld) $\alpha = 0{,}70^{a)}$.*
[a] *bei Platten ab C30/37 dürfen diese Werte um 0,1 abgemindert werden.*

siehe 1.2 für Verlegemaße

Da diese Abmessung jedoch die Forderung nach einer Minimierung der Deckendicken nicht erfüllt, müssen zusätzliche Maßnahmen zur Reduzierung des Deckendurchhangs getroffen werden. Grundsätzlich bieten sich dabei folgende Maßnahmen an:

- Überhöhung der Stahlbetondecke zur Kompensierung des Durchhangs
- Anordnung von Spanngliedern in der Decke zur Reduzierung der Biegemomente und der Rissbildung (Zustand II)

DIN 1045-1, 11.3.1:
(9) Überhöhungen sind zulässig, um einen Teil oder den gesamten Durchhang auszugleichen. Die Schalungsüberhöhung sollte im Allgemeinen 1 / 250 der Stützweite nicht überschreiten.

Die Ausführung von Schalungsüberhöhungen zum Ausgleich des Durchhangs ist bei Flachdecken mit deutlich höheren Aufwändungen verbunden und eignet sich nur begrenzt zur Verformungskompensation. Demgegenüber ist mit der Anordnung einer intern verlegten, verbundlosen Vorspannung die geforderte Verformungsbegrenzung wesentlich einfacher zu realisieren. Umlenkpressungen mindern die Biegebeanspruchungen aus äußeren Lasten und die Vorspannkraft begrenzt die Rissbildung in der Decke (Zustand II) wirkungsvoll.

Im Hinblick darauf wird die Flachdecke vorgespannt und die Plattendicke auf Grundlage von Erfahrungswerten gewählt zu:

h = 260 mm $\quad > \min h$ = 70 mm

DIN 1045-1,13.3.1: (1) Mindestdicke für Platten ohne Querkraftbewehrung

Der Nachweis zur Begrenzung der Verformungen wird für diese Deckendicke durch eine direkte Verformungsberechung unter Berücksichtigung der elastischen und zeitabhängigen Verformungen erbracht.

siehe 6.3 für Nachweis zur Begrenzung der Verformungen

2 Ständige und veränderliche Einwirkungen

2.1 Charakteristische Werte

Index k = charakteristisch

Bezeichnung der Einwirkung		Charakteristischer Wert (kN/m²)
Ständig: (Eigenlasten)		
- 260 mm Stahlbetonplatte 0,26 m · 25 kN/m³	$g_{k,1}$	6,50
- Belag + abgehängte Decke	$g_{k,2}$	1,50
Summe:	g_k	= **8,00**
Veränderlich:		
- Nutzlast (ohne Trennwandzuschlag)		2,00
- Nutzlastzuschlag für Trennwände (Wandlast 5 kN/m)		1,25
Summe:	$q_{k,1}$	= **3,25**

DIN 1055-1, Tab. 1: Stahlbeton
Annahme: 1,50 kN/m²

DIN 1055-3, 6.1, Tab. 1:
Kat. B1: Büroflächen und Flure

DIN 1055-3, 4: (4) Als Zuschlag zur Nutzlast ist bei Wänden, die einschließlich des Putzes höchstens eine Last von 3 kN/m Wandlänge erbringen, mind. 0,8 kN/m², bei Wänden die mehr als eine Last von 3 kN/m und von höchstens 5 kN/m Wandlänge erbringen, mind. 1,2 kN/m² anzusetzen. Bei Nutzlasten von 5 kN/m² und mehr ist dieser Zuschlag nicht erforderlich.

2.2 Bemessungswerte in den Grenzzuständen der Tragfähigkeit

Teilsicherheitsbeiwerte in den Grenzzuständen der Tragfähigkeit:

Einwirkungen:	günstig	ungünstig
• ständige	$\gamma_G = 1{,}0$	$\gamma_G = 1{,}35$
• veränderliche	$\gamma_Q = 0{,}0$	$\gamma_Q = 1{,}50$
• Vorspannung[a)]	$\gamma_P = 1{,}0$	$\gamma_P = 1{,}00$

$g_d = \gamma_G \cdot g_k = 1{,}35 \cdot 8{,}00 = 10{,}80$ kN/m²

$q_{d,1} = \gamma_Q \cdot q_{k,1} = 1{,}50 \cdot 3{,}25 = 4{,}88$ kN/m²

e_d = **15,68 kN/m²**

DIN 1045-1, 5.3.3, Tab. 1: Teilsicherheitsbeiwerte für die Einwirkungen
[a)] Sofern die Vorspannung als Einwirkung aus Anker- und Umlenkkräften oder als einwirkende Schnittgröße berücksichtigt wird...

Index d = design (Bemessung)
Die günstige Auswirkung der veränderlichen Einwirkung (z. B. für die Feldmomente) ist durch feldweise Lastanordnung zu berücksichtigen (entspricht $\gamma_Q = 0$).

DIN 1045-1, 5.3.3: (5)
γ_G darf bei durchlaufenden Platten für jede unabhängige ständige Einwirkung in allen Feldern konstant angenommen werden.

2.3 Repräsentative Werte in den Grenzzuständen der Gebrauchstauglichkeit

Kombinationsbeiwerte für veränderliche Einwirkungen in den Grenzzuständen der Gebrauchstauglichkeit:

Für Kategorie B – Büros:
$\psi_{0,1} = 0{,}70$, $\psi_{1,1} = 0{,}50$, $\psi_{2,1} = 0{,}30$

DIN 1055-100, Tab. A.2
Nutzlasten Kategorie B: Büros

In diesem Beispiel wird die seltene Einwirkungskombination (für die Begrenzung der Betonstahlspannungen) sowie die quasi-ständige Einwirkungskombination (für die Rissbreitenbegrenzung sowie die Begrenzung der Betondruck- und Spannstahlspannungen) benötigt:

a) seltene Einwirkungskombination

$E_{d,rare} = G_k + Q_{k,1} + \Sigma(\psi_{0,i} \cdot Q_{k,i})$

$e_{d,rare} = g_k + q_{k,1} = 8{,}00 + 3{,}25$ = **11,25 kN/m²**

DIN 1055-100, 10.4:
Kombinationsregeln für Einwirkungen

b) quasi-ständige Einwirkungskombination

$E_{d,perm} = G_k + \Sigma(\psi_{2,i} \cdot Q_{k,i})$

$e_{d,perm} = g_k + \psi_{2,1} \cdot q_{k,1} = 8{,}00 + 0{,}3 \cdot 3{,}25$ = **9,00 kN/m²**

3 Einwirkungen infolge Vorspannung

Die Vorspannung wird als ständig wirkende äußere Einwirkung in Form von Umlenk- und Ankerkräften angesetzt.

Die Einwirkungswerte hängen dabei insbesondere von dem Spannverfahren, der Spanngliedführung, den Spannkraftverlusten und der aufgebrachten Vorspannkraft ab.

DIN 1045-1, 8.7.1:
(1) Vorspannung mittels Spanngliedern kann als eine Einwirkung aus Anker- und Umlenkkräften oder als einwirkende Schnittgröße betrachtet werden.

3.1 Angaben zum Spannverfahren

Zur Erzeugung der internen, verbundlosen Vorspannung in der Decke werden Monolitzen mit folgenden Kennwerten vorgesehen:

Hinweis: Die Kennwerte sind, wenn nicht gesondert ausgewiesen, aus der allgemeinen bauaufsichtlichen Zulassung eines Spannverfahrens entnommen.

a) Monolitze:

Nenndurchmesser der Litze:	d_p	= 15,7 mm (0,62“)
Nennquerschnitt der Litze:	A_p	= 150 mm²
Trägheitsmoment der Litze:	I_p	= 269,2 mm⁴
Elastizitätsmodul des Spannstahls:	E_p	= 195.000 N/mm²
Eigenlast der Litze:	g	= 13,03 N/m
Reibungsbeiwert:	μ	= 0,06
Ungewollter Umlenkwinkel	k	= 0,5 °/m
		= 0,00873 rad/m
Minimaler Krümmungsradius	min R	= 2,6 m

[70] *Maier/Wicke*: Die Freie Spanngliedlage, Beton- und Stahlbetonbau 2000, S. 62 ff. für I_p und g

b) Einzelverankerung:

Schlupf Spannanker:	Δl_{sl}	= 5 mm
Schlupf Festanker:	Δl_{sl}	= 5 mm
Ankerplattengröße:	b_z / b_y	= 75 / 105 mm
Mindestachsabstand:	min a_y	= 180 mm
horizontaler Mindestrandabstand:	min r_y	= 115 mm
vertikaler Mindestrandabstand:	min r_z	= 70 mm

b) Einzelverankerung

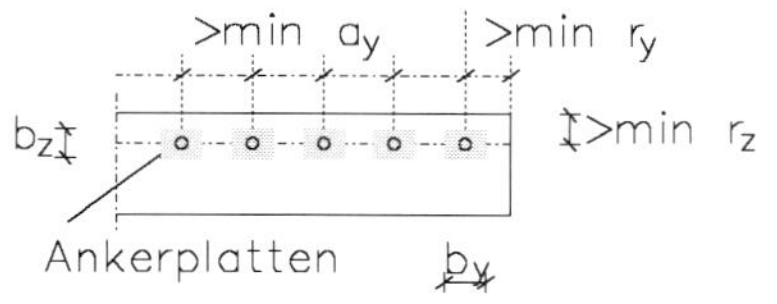

c) Gruppenverankerung (max. 4 Litzen):

Schlupf Spannanker:	Δl_{sl}	= 6 mm
Schlupf Festanker:	Δl_{sl}	= 5 mm
Ankerplattengröße:	b_z / b_y	= 145 / 200 mm
Mindestachsabstand:	min a_y	= 295 mm
Horizontaler Mindestrandabstand:	min r_y	= 170 mm
Vertikaler Mindestrandabstand:	min r_z	= 115 mm

c) Gruppenverankerung

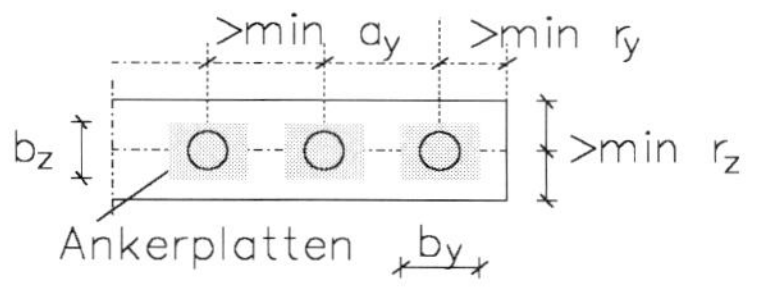

d) Hüllrohr:

Außendurchmesser des Mantels:	d_{duct}	= 19 mm
Achsabstand der Spannglieder:	erf a_{duct}	$= 19 + 0{,}8 \cdot 19$
		≈ 34 mm
horizontaler Mindestachsabstand	min $a_{duct,h}$	$\geq 19 + 50 = 69$ mm

DIN 1045-1, 12.10.4: (1) ... Für intern geführte Spannglieder gilt 12.10.3.

DIN 1045-1, 12.10.3: Der lichte Abstand zwischen den Hüllrohren muss mind. das 0,8-fache des äußeren Hüllrohrdurchmessers, jedoch nicht weniger als 40 mm vertikal und 50 mm horizontal betragen, wobei die Absolutmaße auch für rechteckige Hüllrohre gelten.

Hinweis: Monolitzen für verbundlose Vorspannung können im Einklang mit DIN 1045-1, 12.10.4: (2) gemäß bauaufsichtlicher Zulassungen durch Kunststoffverschweißungen zu flachen Bändern mit bis zu 4 Litzen zusammengefügt werden.

3.2 Angaben zur Spanngliedführung

In [93] wird für vorgespannte, punktförmig gestützte Platten empfohlen, die Spannglieder parabelförmig, d. h. der Momentenlinie unter Dauerlast folgend, zu verlegen.

[93] (Vornorm) DIN 4227, Teil 6, Spannbeton; Bauteile mit Vorspannung ohne Verbund, Anhang A

Durch eine weitverteilte Anordnung der Spannglieder in den Feldstreifen mit einer Konzentration in den Stützstreifen werden feldweise konstante, nach oben gerichtete Umlenkpressungen erzeugt. Diese Art der Spanngliedführung macht die Ermittlung der Platten-Biegemomente mit einfachen Berechnungsverfahren, d. h. ohne FEM-Programme o. ä., möglich und bewirkt eine hohe Effektivität der Vorspannung.

Als Hauptnachteile dieser Art der Spanngliedführung sind zu nennen:

- Bei der Bauausführung ist das verwobene Verlegen und das exakte Einmessen der parabelförmig geführten Spannglieder sehr arbeitsintensiv.
- Der Spannstahlbedarf ist wegen des zweistufigen Lastabtragungssystems relativ hoch: (1) Feldspannglieder tragen die Lasten zu den Stützstreifen, (2) Stützstreifenspannglieder führen die Lasten zu den Stützen.

Die Einzelkräfte U_{1r} und U_{2r} sind in folgenden Abständen vom Auflager als entgegengesetzt wirkende äußere Lasten anzusetzen:

$$U_{1r} \rightarrow \quad x = 0 \qquad\qquad U_{2r} \rightarrow \quad x = 1/2 \cdot l_r$$

Im Bereich von Mittenanhebungen berechnen sich die äquivalenten Einzellasten durch Integration zu:

$$U_{1m} = U_{2m} = \int_0^{l_m/3} u(x)\,dx = \int_{l_m/3}^{l_m} u(x)\,dx = \frac{16}{9} \cdot \frac{(e_{1m} + e_{2m})}{l_m} \cdot P$$

Parabelförmiger Umlenkkraftverlauf und äquivalente Einzelkräfte im Bereich von Mittenanhebungen siehe Anhang A17.1 „Die Freie Spanngliedlage".

Die Einzelkräfte U_{1m} und U_{2m} sind in den folgenden Abständen vom Verankerungspunkt an der oberen Betonstahlbewehrung als entgegengesetzt wirkende äußere Einwirkungen anzusetzen:

$$U_{1m} \rightarrow \quad x = 1/9 \cdot l_m \qquad\qquad U_{2m} \rightarrow \quad x = 2/3 \cdot l_m$$

Mit den einwirkungsäquivalenten Einzellasten lässt sich die statische Wirkung der Spanngliedwirkung anhand von Ersatzstabwerken bestimmen.

Die folgende Zusammenstellung zeigt die statische Wirkung für einen Ersatzbalken (Beton C30/37) mit einem Querschnitt $b / h = 1{,}00 / 0{,}26$ m für die unterschiedlichen Systemabmessungen und Lagerungsbedingungen.

	Randfeld	Innenfeld
Spanngliedverlauf	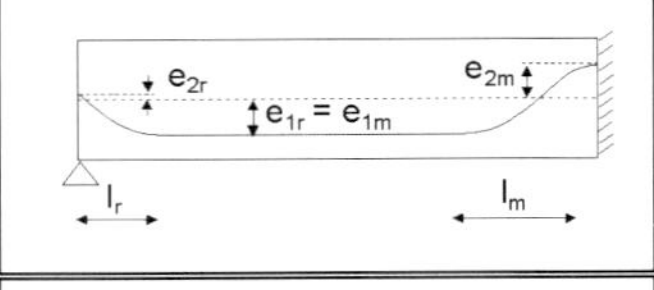	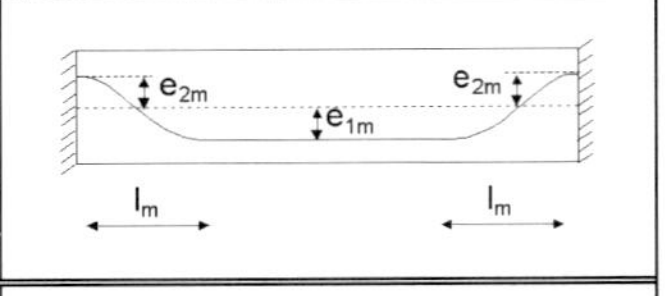
Umlenkkräfte $U_{x,s}$	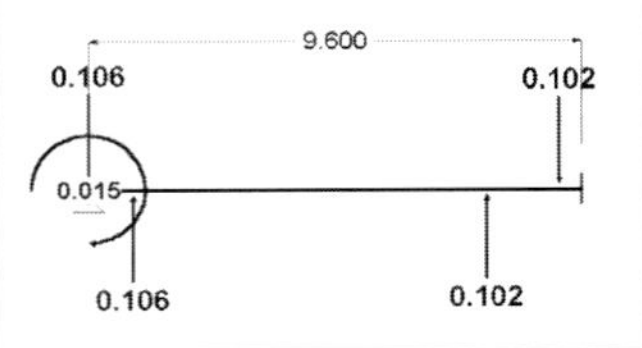	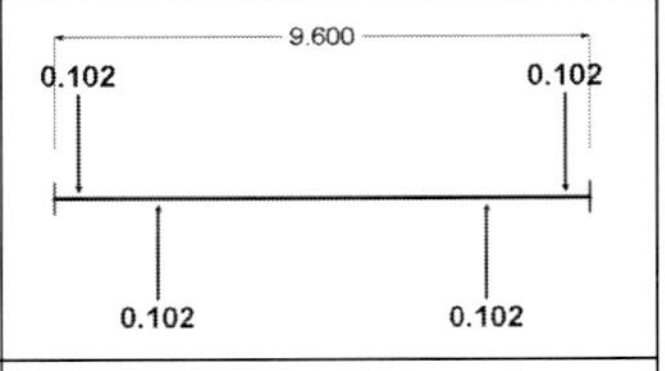
Momente $m_{x,s}$	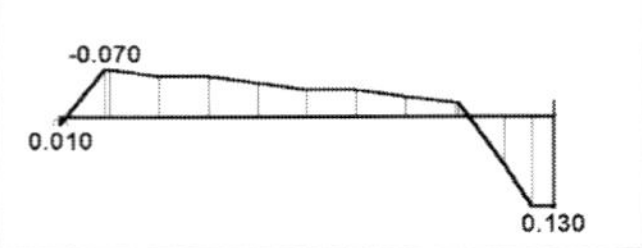	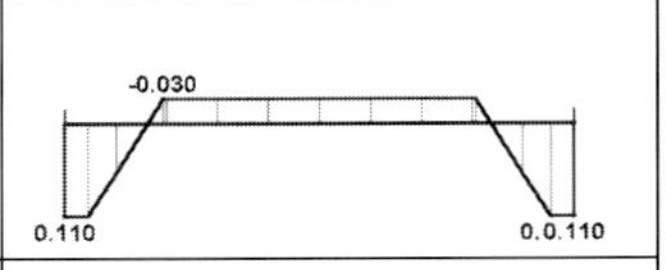
Verformungen $w_{x,s}$	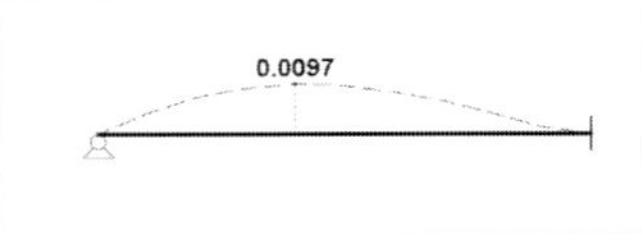	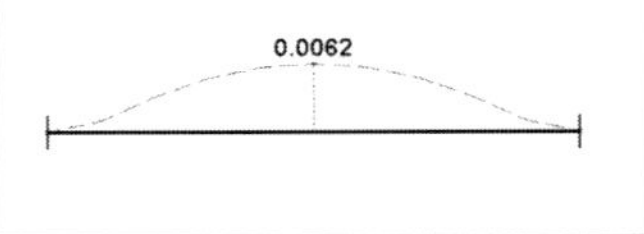
Umlenkkräfte $U_{y,s}$	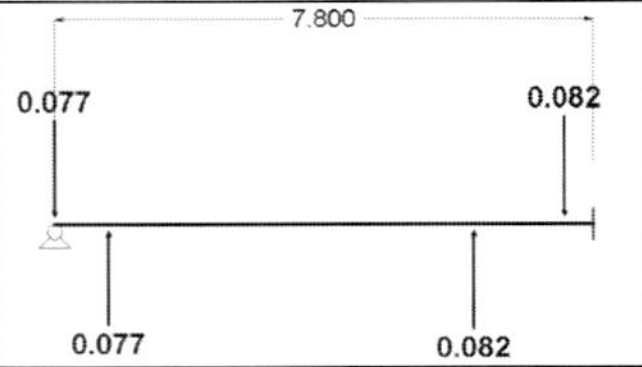	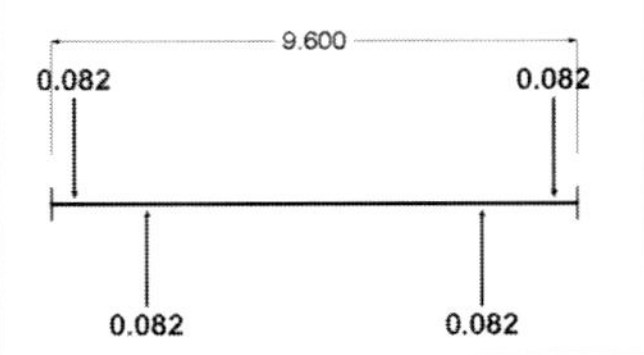
Momente $m_{y,s}$	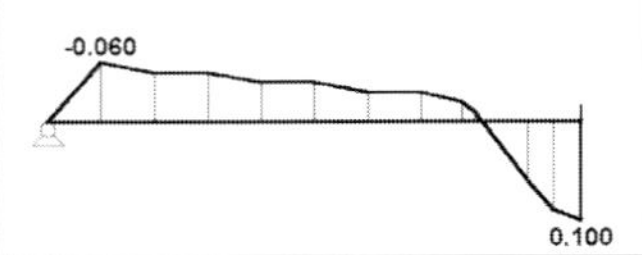	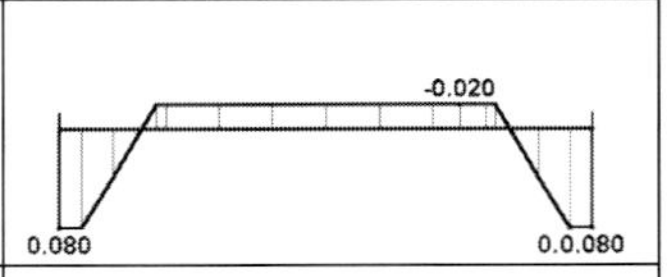
Verformungen $w_{y,s}$	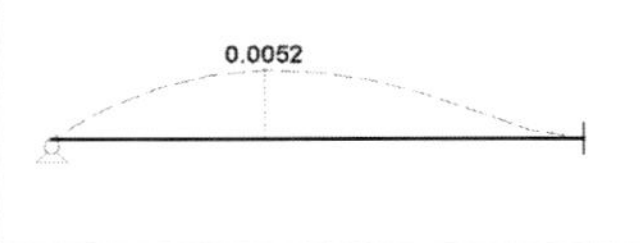	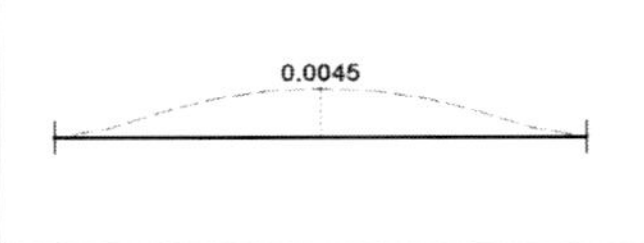

Kennwerte für die Bestimmung der statischen Wirkung (Index s) aus Vorspannung:

- Abstand zwischen den Fixierungen im Stützbereich: $a = 300$ mm

- Vorspannkraft für statische Wirkung: $P = 1$ kN

- Abstand der Stützungen:
Randfelder: $l_{st,x} = 9{,}60$ m
$l_{st,y} = 7{,}80$ m
Innenfelder: $l_{st,x} = l_{st,y} = 9{,}60$ m

- Randanhebung:
$e_{1rx} = 75$ mm
$e_{2rx} = 15$ mm
$l_{rx} = 1{,}72$ m
$U_{1rx,s} = U_{2rx,s} = 2 \cdot P \cdot (e_{1rx} + e_{2rx}) / l_{rx} = 0{,}106$ kN
$M_{1rx} = e_{2rx} \cdot P = 0{,}015$ kNm

$e_{1ry} = 59$ mm
$e_{2ry} = 0$ mm
$l_{ry} = 1{,}55$ m
$U_{1ry,s} = U_{2ry,s} = 2 \cdot P \cdot (e_{1ry} + e_{2ry}) / l_{ry} = 0{,}077$ kN
$M_{1ry} = 0$ kNm

- Mittenanhebung:
$e_{1mx} = 75$ mm
$e_{2mx} = 70$ mm
$l_{mx} = 2{,}55$ m
$U_{1mx,s} = U_{2mx,s} = 16/9 \cdot P \cdot (e_{1mx} + e_{2mx}) / l_{mx} = 0{,}102$ kN

$e_{1my} = 59$ mm
$e_{2my} = 50$ mm
$l_{my} = 2{,}38$ m
$U_{1my,s} = U_{2my,s} = 16/9 \cdot P \cdot (e_{1my} + e_{2my}) / l_{my} = 0{,}082$ kN

3.3 Charakteristische Werte der Vorspannkraft

3.3.1 Allgemeines

In Abhängigkeit von der Art der Vorspannung sind bei der Ermittlung des Mittelwertes der Vorspannkraft P_{m0} zum Zeitpunkt t_0 folgende Einflüsse zu berücksichtigen:

DIN 1045-1, 8.7.2: (4) P_{m0} mittlere Vorspannkraft zum Zeitpunkt t_0

- die elastische Verformung,
- die Kurzzeitrelaxation des Spannstahls,
- der Reibungsverlust,
- der Verankerungsschlupf.

DIN 1045-1, 8.7.2: (8) Die tatsächlichen Werte der Spannkraftverluste während des Spannens sind durch Messung der Spannkraft und des zugehörigen Dehnweges zu überprüfen.

Darüber hinaus sind bei der Ermittlung des Mittelwertes der Vorspannkraft P_{mt} zum Zeitpunkt $t > t_0$ in Abhängigkeit von der Art der Vorspannung folgende Einflüsse zu berücksichtigen:

- die Verluste aus Kriechen und Schwinden des Betons,
- die Langzeitrelaxation des Spannstahls.

DIN 1045-1, 8.7.2: (6) Der Mittelwert der Vorspannkraft P_{mt} zum Zeitpunkt $t > t_0$ ist in Abhängigkeit von der Vorspannart zu bestimmen. Zusätzlich zu den in Absatz (4) genannten Einflüssen sind dabei die Spannkraftverluste infolge Kriechens und Schwindens des Betons und der Langzeitrelaxation des Spannstahls mit den Erwartungswerten zu berücksichtigen.

3.3.2 Berechnung der Vorspannkraft zum Zeitpunkt $t = t_0$

Der Mittelwert der Vorspannkraft an der Stelle x, die zum Zeitpunkt $t = t_0$ (unmittelbar nach Absetzen der Pressenkraft auf den Anker) auf den Beton aufgebracht wird, beträgt:

$$P_{m0}(x) = P_0 - \Delta P_c - \Delta P_\mu(x) - \Delta P_{sl}(x)$$

mit:
- P_0 während des Spannvorgangs aufgebrachte Höchstkraft (Pressenkraft)
- ΔP_c Spannkraftverlust infolge elastischer Betonverkürzung
- $\Delta P_\mu(x)$ Spannkraftverlust infolge Reibung
- $\Delta P_{sl}(x)$ Spannkraftverlust infolge Keilschlupf

3.3.3 Maximale Vorspannkraft zum Zeitpunkt $t = t_0$

Spannstahleigenschaften:

DIN 1045-1, 9.3.2

Zugfestigkeit	f_{pk}	$= 1770$ N/mm²
Streckgrenze (0,1 %-Dehngrenze)	$f_{p0,1k}$	$= 1500$ N/mm²

Spannstahl: St 1570/1770 (hochduktil), 7-drähtige Litzen mit $A_p = 150$ mm² je Monolitze.
Die Eigenschaften werden aus einer allgemeinen bauaufsichtlichen Zulassung für Spannstahllitzen St 1570/1770 entnommen.

Die am Spannglied (Spannende) aufgebrachte Höchstkraft während des Spannvorganges darf den kleineren der folgenden Werte nicht überschreiten:

$$P_{0,max} = A_p \cdot 0{,}80\, f_{pk} \quad = 150 \cdot 0{,}80 \cdot 1770 \cdot 10^{-3} \quad = 212 \text{ kN}$$

bzw. $$P_{0,max} = A_p \cdot 0{,}90\, f_{p0,1k} \quad = 150 \cdot 0{,}90 \cdot 1500 \cdot 10^{-3} \quad = 203 \text{ kN}$$

DIN 1045-1, 8.7.2: (1), Gl. 48

Der Mittelwert der Vorspannkraft zum Zeitpunkt $t = t_0$ (unmittelbar nach Absetzen der Pressenkraft auf den Anker) darf den kleineren der folgenden Werte an keiner Stelle überschreiten:

$$P_{m0,max} = A_p \cdot 0{,}75\, f_{pk} \quad = 150 \cdot 0{,}75 \cdot 1770 \cdot 10^{-3} \quad = 199 \text{ kN}$$

bzw. $$P_{m0,max} = A_p \cdot 0{,}85\, f_{p0,1k} \quad = 150 \cdot 0{,}85 \cdot 1500 \cdot 10^{-3} \quad = 191 \text{ kN}$$

DIN 1045-1, 8.7.2: (3), Gl. 49

3.3.4 Spannkraftverluste infolge elastischer Bauteilverkürzung

Die einzelnen Spannglieder werden sukzessiv gegen den erhärteten Beton vorgespannt. Die elastischen Bauteilverformungen erhöhen sich dabei im Zuge des Spannvorgangs durch Steigerung der aufgebrachten Spannkraft.

Genaue Vorgaben zum Spannvorgang im anzufertigenden Spannprotokoll (mit Spannprogramm).

Das erste zu spannende Spannglied muss daher um das Maß der gesamten elastischen Bauteilverformungen überdehnt werden, während das letzte zu spannende Spannglied ohne Überdehnung angespannt werden kann.

Hinweis: Um eine ausreichende Reserve für das Überdehnen der ersten Spannglieder vorzusehen, wird die rechnerische Höchstkraft auf P_0 = 200 kN < $P_{0,max}$ = 203 kN begrenzt.

Für dazwischen liegende Spannglieder sind die Spannwege im Zuge des Spannvorgangs entsprechend abzustufen.

Die Spannkraftverluste infolge elastischer Bauteilverformung betragen somit:

$$\Delta P_c = 0$$

3.3.5 Spannkraftverluste infolge Spanngliedreibung

Die Spannkraftverluste aus Spanngliedreibung dürfen abgeschätzt werden zu:

$$\Delta P_\mu(x) = P_0 \cdot \left(1 - e^{-\mu\cdot(\Theta + k\cdot x)}\right)$$

DIN1045-1, 8.7.3: (3), Gl. 50

mit: Θ Summe der planmäßigen horizontalen und vertikalen Umlenkwinkel über die Spanngliedlänge x (unabhängig von Richtung und Vorzeichen) im Bogenmaß,
k ungewollter Umlenkwinkel (im Bogenmaß je Längeneinheit),
μ Reibungsbeiwert zwischen Spannglied und Hüllrohr.

siehe 3.1 für k und μ

Die planmäßigen Umlenkwinkel berechnen sich jeweils in den Wendepunkten des Spanngliedverlaufes getrennt für Rand- und Mittenanhebungen zu:

Bestimmung der Wendepunkte für parabolische Spanngliedführung mit $z''(x) = 0$ siehe Anhang A17.1: „Die Freie Spanngliedlage“.

$$\Theta_{ri} = z'(0) = 2 \cdot \frac{(e_{1r} + e_{2r})}{l_r} \quad \text{(Randanhebung)}$$

$$\Theta_{mi} = z'\left(\frac{l_m}{3}\right) = \frac{16}{9} \cdot \frac{(e_{1m} + e_{2m})}{l_m} \quad \text{(Mittenanhebung)}$$

Bestimmung der planmäßgen Umlenkwinkel in den Wendepunkten der parabolischen Spanngliedführung mit $z'(x)$.

Hinweis: Die Spannglieder werden ohne Kopplung zwischen den Deckenrändern durchgeführt.

a) Spannkraftverluste in x-Richtung

Das Verhältnis der Spannkraftverluste aus Reibung zu aufgebrachter Höchstkraft während des Spannvorgangs berechnet sich zu:

$$\frac{\Delta P_\mu(l_{tot,x})}{P_0} = \left(1 - e^{-\mu\cdot(\Sigma\Theta_{rix} + \Sigma\Theta_{mix} + k\cdot l_{tot,x})}\right) = 0{,}152 \qquad = 15{,}2\ \%$$

mit Summe der planmäßigen Umlenkwinkel im Bogenmaß:

$$\sum\Theta_{rix} = 2 \cdot \frac{(e_{1rx} + e_{2rx})}{l_{rx}} \cdot i_{rx} = 2 \cdot \frac{(0{,}076 + 0{,}015)}{1{,}72} \cdot 2 \qquad = 0{,}212$$

$$\sum\Theta_{mix} = \frac{16}{9} \cdot \frac{(e_{1mx} + e_{2mx})}{l_{mx}} \cdot i_{mx} = \frac{16}{9} \cdot \frac{(0{,}076 + 0{,}07)}{2{,}55} \cdot 20 \qquad = 2{,}035$$

Σ Umlenkwinkel für Randanhebungen: i_{rx} = 2 (je Randstütze eine Winkeländerung von geneigtem zu horizontalem Spanngliedverlauf).

Σ Umlenkwinkel für Mittenanhebungen: i_{mx} = 20 (je Innenstütze vier Winkeländerungen von geneigtem zu horizontalem bzw. von horizontalem zu geneigtem Spanngliedverlauf).

Summe der ungewollten Umlenkwinkel im Bogenmaß:

$k \cdot l_{tot,x} = 0{,}00873 \cdot 57{,}6 = 0{,}503$

b) **Spannkraftverluste in y-Richtung**

Das Verhältnis der Spannkraftverluste aus Reibung zu aufgebrachter Höchstkraft während des Spannvorgangs berechnet sich zu:

$$\frac{\Delta P_\mu(l_{tot,y})}{P_0} = \left(1 - e^{-\mu \cdot (\Sigma\Theta_{riy} + \Sigma\Theta_{miy} + k \cdot l_{tot,y})}\right) = 0{,}06 \qquad = 6\,\%$$

Hinweis: Die Spannglieder werden ohne Kopplung zwischen den Deckenrändern durchgeführt.

mit Summe der planmäßigen Umlenkwinkel im Bogenmaß:

$$\sum\Theta_{riy} = \frac{2 \cdot (e_{1ry} + e_{2ry})}{l_{ry}} \cdot i_{ry} = \frac{2 \cdot 0{,}06}{1{,}55} \cdot 2 \qquad = 0{,}155$$

$$\sum\Theta_{miy} = \frac{16}{9} \cdot \frac{(e_{1my} + e_{2my})}{l_{my}} \cdot i_{my} = \frac{16}{9} \cdot \frac{(0{,}05 + 0{,}06)}{2{,}38} \cdot 8 \qquad = 0{,}685$$

Σ Umlenkwinkel für Randanhebungen: $i_{rx} = 2$ (je Randstütze eine Winkeländerung von geneigtem zu horizontalem Spanngliedverlauf).

Σ Umlenkwinkel für Mittenanhebungen: $i_{mx} = 8$ (je Innenstütze vier Winkeländerungen von geneigtem zu horizontalem bzw. von horizontalem zu geneigtem Spanngliedverlauf).

Summe der ungewollten Umlenkwinkel im Bogenmaß:

$k \cdot l_{tot,y} = 0{,}00873 \cdot 25{,}2 = 0{,}220$

3.3.6 Spannkraftverluste infolge Schlupf

Beim Verankern der Spannglieder verringert sich die während des Spannvorgangs aufgebrachte Höchstkraft P_0 an der Anspannstelle als Folge des Keilschlupfes Δl_{sl} um den Wert ΔP_{sl0}.
Der Bereich, in dem sich der Keilschlupf auf den Spannkraftverlauf auswirkt, wird im Folgenden als Einflusslänge l_{sl} bezeichnet.

siehe 3.1 für Keilschlupf Δl_{sl}

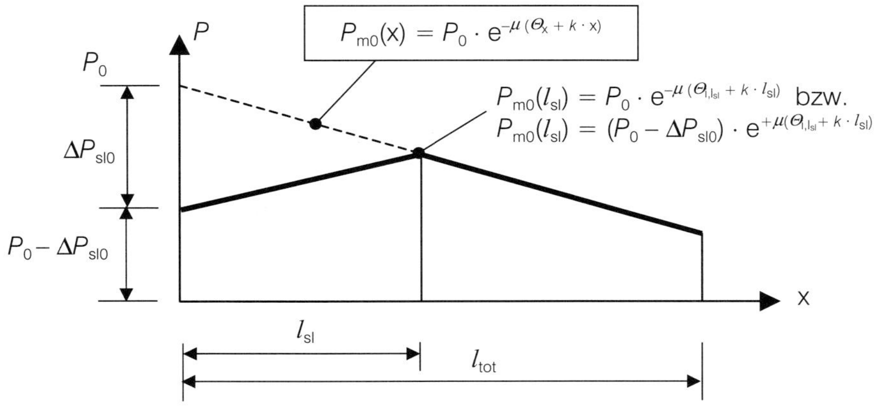

Spannkraftverlauf für Anspannen und Nachlassen unter Annahme eines konstanten Reibungsbeiwertes μ.

Bild 4: Grafische Darstellung des Spannkraftverlaufs

Unter der Annahme, dass beim Nachlassen infolge Keilschlupf der gleiche Reibungswiderstand wie beim Vorspannen wirkt und der Spannkraftverlauf in guter Näherung linear angenommen werden kann, gilt:

$$\varepsilon_{sl} = \Delta l_{sl} / l_{sl} = 0{,}5 \cdot \Delta\sigma_{sl0} / E_p \qquad \Delta\sigma_{sl0} = \Delta P_{sl0} / A_p$$

$$\begin{aligned} \Delta P_{sl0} &= 2 \cdot \Delta P_\mu(l_{sl}) \\ &= 2 \cdot P_0 \cdot (1 - e^{-\mu(\Sigma\Theta_{l,lsl} + k \cdot l_{sl})}) \\ &\approx 2 \cdot P_0 \cdot \mu \cdot (\Sigma\Theta_{l,lsl} + k \cdot l_{sl}) \end{aligned}$$

1. Näherung:
Für kleine Exponenten $x < 0{,}1$: $e^x = 1 + x$
$e^{0,1} = 1{,}105 \approx 1{,}100 = 1 + 0{,}1$ gilt
$\Delta P_\mu(x) = P_0 \cdot (1 - e^{-\mu(\Theta + k \cdot x)})$
$\Delta P_\mu(x) \approx P_0 \cdot \mu \cdot (\Theta + k \cdot x)$

Mit Einführung eines mittleren Umlenkwinkels je Längeneinheit von:

$$\bar{k} = (\Sigma \Theta_{i,ltot} + k \cdot l_{tot}) \, / \, l_{tot}$$

2. Näherung:
$P_{m0}(x)$ verläuft linear.

erhält man:

$$\Delta P_{sl0} \approx 2 \cdot P_0 \cdot \mu \cdot \bar{k} \cdot l_{sl}$$

und damit aus den vorigen Gleichungen die folgende Beziehung zwischen dem Keilschlupf Δl_{sl} und den beiden Unbekannten P_0 und l_{sl}:

$$l_{sl} = \sqrt{\frac{\Delta l_{sl} \cdot E_p \cdot A_p}{P_0 \cdot \mu \cdot \bar{k}}}$$

Der Spannkraftverlust an der Anspannstelle berechnet sich dann zu:

$$\Delta P_{sl0} = 2 \cdot \Delta P_{\mu}(l_{sl}) = 2 \cdot \sqrt{P_0 \cdot \mu \cdot \bar{k} \cdot E_p \cdot A_p \cdot \Delta l_{sl}}$$

Zur Bestimmung der Einflusslänge l_{sl} ist nun die Anfangsspannkraft P_0 so zu wählen, dass die Spannkraft $P_{m0}(l_{sl})$ gerade den maximal zulässigen Wert erreicht, d. h.:

$$P_{m0}(l_{sl}) = P_0 - \Delta P_{sl0} \, / \, 2 \quad \leq P_{m0,max}$$

siehe 3.3.3 für $P_{m0,max}$

Dieser iterative Rechengang mit dem Eingangswert P_0 ist zu wiederholen, bis die richtige Lösung gefunden ist. Nach dem Verankern berechnet sich die Spannkraft an der Anspannstelle $P_{m0}(0)$ zu:

$$P_{m0}(0) = P_0 - \Delta P_{sl0}$$

a) Spannkraftverlauf infolge Reibung und Keilschlupf in x-Richtung

Die maßgebenden Werte des Spannkraftverlaufs in x-Richtung zum Zeitpunkt $t = 0$ können mit den Kennwerten des Spannverfahrens, einem mittleren Umlenkwinkel je Längeneinheit von:

siehe 3.1 für Kennwerte des Spannverfahrens

siehe 3.3.5.a Spannkraftverluste infolge Spanngliedreibung in x-Richtung

$$\bar{k} = (0{,}212 + 2{,}035 + 0{,}503) \, / \, 57{,}6 = 0{,}048 \text{ rad/m}$$

und den vorigen Näherungsbeziehungen **direkt** berechnet werden zu:

P_0	l_{sl}	ΔP_{sl0}	$P_{m0}(l_{sl})$	$P_{m0}(0)$
200 kN	15,93 m	18,4 kN	190,8 kN	181,7 kN

Zum Vergleich sind im Folgenden auch die Werte des Spannkraftverlaufs angegeben, die ohne Näherungsansätze iterativ ermittelt wurden. Der Vergleich mit den direkt berechneten Werten zeigt eine gute Übereinstimmung.

Hinweis: Die iterative Berechnung ohne Näherungsansätze kann z. B. mit einem Tabellenkalkulationsprogramm erfolgen.

P_0	l_{sl}	ΔP_{sl0}	$P_{m0}(l_{sl})$	$P_{m0}(0)$
200 kN	18,20 m	18,0 kN	191,0 kN	182,0 kN

Die Verläufe (1) bis (4) in Bild 5 illustrieren den Spannkraftverlauf im Spannglied über die Bauteillänge bei wechselseitigem Vorspannen unter Berücksichtigung der Verluste aus Reibung und Schlupf. Der Keilschlupf schlägt über die Bauteillänge nicht durch. Der resultierende Spannkraftverlauf (6) ergibt sich durch Überlagerung und Mittelwertbildung der Verläufe (2) und (4).

Kriterium für Durchschlagen des Keilschlupfes: Δl_μ (x = l_{tot}) ≤ Δl_{sl}

Für die weitere Berechnung wird folgender Mittelwert der Vorspannkraft im Spannglied zum Zeitpunkt t = 0 angesetzt:

Mittelwert P_{m0} gemäß Trendlinie des Spannkraftverlaufs P_{m0}(x).

$P_{m0,x}$ = 182 kN

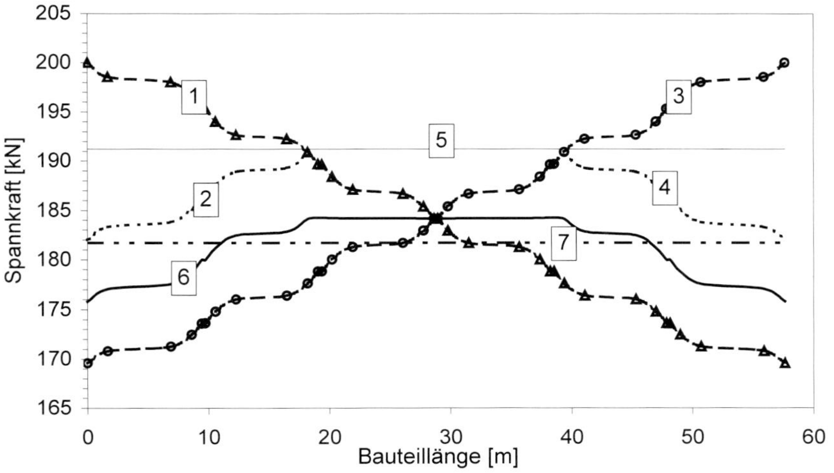

Bild 5: Resultierender Spannkraftverlauf P_{m0}(x) zum Zeitpunkt t = 0

Erläuterung der Spannkraftverläufe:
1 Anspannen links $P_{m0}(0)$ = 200 kN
2 Keilschlupf links $P_{m0}(0)$ = 182 kN
3 Anspannen rechts $P_{m0}(57,6)$ = 200 kN
4 Keilschlupf rechts $P_{m0}(57,6)$ = 182 kN
5 $P_{m0,max}$ = 191 kN
6 P_{m0}(x)
7 Trendlinie von P_{m0}(x) = $P_{m0,x}$ = 182 kN

b) Spannkraftverlauf infolge Reibung und Keilschlupf in y-Richtung

Die maßgebenden Werte des Spannkraftverlaufs in y-Richtung zum Zeitpunkt t = 0 können mit den Kennwerten des Spannverfahrens, einem mittleren Umlenkwinkel je Längeneinheit von:

siehe 3.3.5b Spannkraftverluste infolge Spanngliedreibung in y-Richtung

$$\bar{k} = (0{,}155 + 0{,}658 + 0{,}220) / 25{,}2 = 0{,}041 \text{ rad/m}$$

und den vorigen Näherungsbeziehungen **direkt** berechnet werden zu:

P_0	l_{sl}	ΔP_{sl0}	$P_{m0}(l_{sl})$	$P_{m0}(0)$
200 kN	17,24 m	16,9 kN	191,6 kN	183 kN

Die Spannkraftverläufe (1) bis (4) in Bild 6 zeigen, dass der Keilschlupf auch in y-Richtung über die Bauteillänge nicht durchschlägt.

Für die weitere Berechnung wird folgender Mittelwert der Vorspannkraft im Spannglied zum Zeitpunkt t = 0 angesetzt:

Mittelwert P_{m0} gemäß Trendlinie des Spannkraftverlaufs P_{m0}(y).

$P_{m0,y}$ = 188 kN

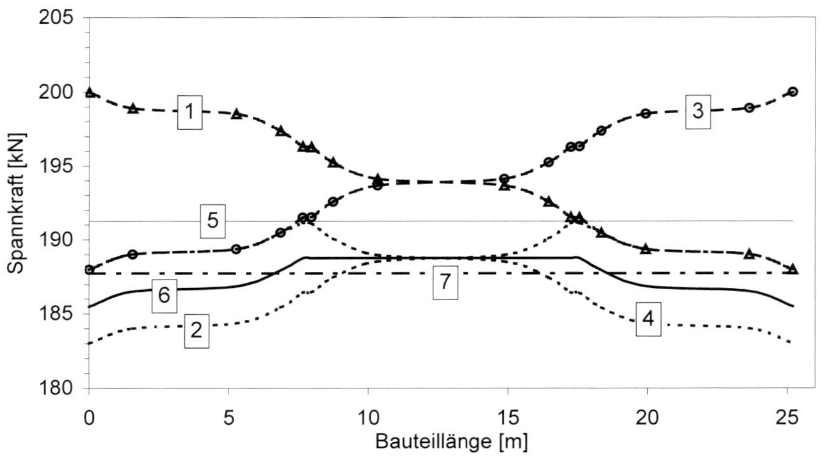

Bild 6: Resultierender Spannkraftverlauf $P_{m0}(y)$ zum Zeitpunkt $t = 0$

Erläuterung der Spannkraftverläufe:
1 Anspannen links $P_{m0}(0) = 200$ kN
2 Keilschlupf links $P_{m0}(0) = 183$ kN
3 Anspannen rechts $P_{m0}(25,2) = 200$ kN
4 Keilschlupf rechts $P_{m0}(25,2) = 183$ kN
5 $P_{m0,max} = 191$ kN
6 $P_{m0}(y)$
7 Trendlinie von $P_{m0}(y) = P_{m0,y} = 188$ kN

3.3.7 Zeitabhängige Spannkraftverluste

Zeitabhängige Spannkraftverluste zum Zeitpunkt $t = \infty$ dürfen für Spannglieder ohne Verbund aus der Spannungsänderung im Spannstahl, aus Kriechen und Schwinden des Betons und Relaxation des Spannstahls berechnet werden zu:

$$\Delta\sigma_{p,c+s+r} = \frac{\varepsilon_{cs\infty} \cdot E_p + \Delta\sigma_{pr} + \alpha_p \cdot \varphi(\infty,t_0) \cdot (\sigma_{cg} + \sigma_{cp0})}{1 + \alpha_p \cdot \frac{A_p}{A_c} \cdot \left(1 + \frac{A_c}{I_c} \cdot z_{cp}^2\right) \cdot [1 + 0{,}8 \cdot \varphi(\infty,t_0)]}$$

DIN 1045-1, 8.7.3: (6) Gl. 51

DIN 1045-1, 8.7.3: (7) *Für die Ermittlung der zeitabhängigen Spannkraftverluste in einem Spannglied ohne Verbund darf Gl. 51 angewendet werden, wenn für Schwinden und Kriechen die über die Spanngliedlänge gemittelten Betondehnungen .... – bei internen Spanngliedern entlang der Gesamtlänge des Spannglieds angesetzt werden.*

mit den Umformungen:

$$\frac{A_p}{A_c} \cdot \left(1 + \frac{A_c}{I_c} \cdot z_{cp}^2\right) = \frac{A_p}{P_{m0}} \cdot \left(\frac{P_{m0}}{A_c} + \frac{P_{m0} \cdot z_{cp}}{I_c} \cdot z_{cp}\right)$$

$$= \frac{1}{P_{m0} / A_p} \cdot \left(-\frac{N_{p,dir}}{A_c} + \frac{M_{p,dir}}{I_c} \cdot z_{cp}\right) = -\frac{\sigma_{cp0,dir}}{\sigma_{pm0}}$$

dir = statisch bestimmter Anteil infolge Vorspannung

ergeben sich die zeitabhängigen Spannkraftverluste zu:

$$\Delta\sigma_{p,c+s+r} = \frac{\varepsilon_{cs\infty} \cdot E_p + \Delta\sigma_{pr} + \alpha_p \cdot \varphi(\infty,t_0) \cdot (\sigma_{cg} + \sigma_{cp0})}{1 - \alpha_p \cdot \frac{\sigma_{cp0,dir}}{\sigma_{pm0}} \cdot [1 + 0{,}8 \cdot \varphi(\infty,t_0)]}$$

mit

a) E_p = 195.000 N/mm² E-Modul Spannstahl (Litzen)
E_{cm} = 28.300 N/mm² E-Modul Beton C30/37
α_p = $E_p / E_{cm} = 6{,}89$

E_{cm} – der mittlere Elastizitätsmodul des Betons nach DIN 1045-1, 9.1.3 (2) [1.1]

b) $\varepsilon_{cs\infty} = \varepsilon_{cas\infty} + \varepsilon_{cds\infty}$ Schwinddehnung zum Zeitpunkt $t = \infty$

$\varepsilon_{cas\infty} = -0{,}06$ ‰ aus Bild 20: Schrumpfdehnung für Normalbeton zum Zeitpunkt $t = \infty$.

$\varepsilon_{cds\infty} = -0{,}32$ ‰ aus Bild 21: Trocknungsschwinddehnung für Normalbeton zum Zeitpunkt $t = \infty$.

$\varepsilon_{cs\infty} = -0{,}06 - 0{,}32 =$ $-0{,}38$ ‰

c) $\varphi(\infty, t_0) = 2{,}2$ aus Bild 19: Endkriechzahl für Normalbeton und trockene Umgebungsbedingungen zum Zeitpunkt $t = \infty$.

d) $\Delta\sigma_{pr}$ Spannungsänderung im Spannstahl an der Stelle x infolge Relaxation ($\Delta\sigma_{pr} < 0$)

Der geringe Spannungszuwachs im Spannstahl aus der Tragwerksverformung kann hier vernachlässigt werden, wenn angenommen wird, dass die Eigenlast der Platte während des Vorspannens aktiviert wird (ggf. gleichzeitiges Absenken der Schalung).

Damit ergibt sich für die Spannglieder in x- und y-Richtung:

$$\sigma_{pg0,x} = \sigma_{pm0,x} = P_{m0,x} / A_p = 182 \text{ kN} / 150 \text{ mm}^2 = 1213 \text{ N/mm}^2$$
$$\sigma_{p0,x} = 0{,}95 \cdot \sigma_{pg0,x} = 0{,}95 \cdot 1213 = 1153 \text{ N/mm}^2$$

$$\sigma_{pg0,y} = \sigma_{pm0,y} = P_{m0,y} / A_p = 188 \text{ kN} / 150 \text{ mm}^2 = 1253 \text{ N/mm}^2$$
$$\sigma_{p0,y} = 0{,}95 \cdot \sigma_{pg0,y} = 0{,}95 \cdot 1253 = 1191 \text{ N/mm}^2$$

Der Relaxationsverlust ergibt sich aus der allgemeinen bauaufsichtlichen Zulassung des Spannstahls. Mit

$$\sigma_{p0} / f_{pk} = 1153 / 1770 \approx 1191 / 1770 \approx 0{,}65$$

erhält man den Rechenwert für Spannkraftverluste für kaltgezogenen Spannstahl mit sehr niedriger Relaxation in einer Zeitspanne von 10^6 Stunden nach dem Vorspannen.
Für beide Richtungen sind 5,0 % der Anfangsspannung σ_{p0} anzusetzen:

$$\Delta\sigma_{pr,x} = 0{,}05 \cdot 1153 = -57{,}6 \text{ N/mm}^2$$
$$\Delta\sigma_{pr,y} = 0{,}05 \cdot 1191 = -59{,}6 \text{ N/mm}^2$$

e) Spannungen $\sigma_{cg} + \sigma_{cp0}$ im Betonquerschnitt

In vorgespannten Flachdecken treten wegen der den quasi-ständigen Einwirkungen entgegenwirkenden Umlenkpressungen aus Vorspannung unter Dauerlast nahezu konstante Betondruckspannungen über die Querschnittshöhe auf. Mit dieser Vorgabe können die mittleren Betonspannungen in guter Näherung berechnet werden zu:

$$\sigma_{cg} + \sigma_{cp0} = \frac{N_p}{A_c} + \frac{M_g + M_p}{I_c} \cdot z_{cp} \approx \frac{N_p}{A_c} + 0 = \frac{\sigma_{pm0} \cdot A_p}{a_p \cdot h}$$

DIN 1045-1, 9.1.4: (9) Gl. 61

DIN 1045-1, 9.1.4, Bild 20: Schrumpfdehnung $\varepsilon_{cas\infty}$ zum Zeitpunkt $t = \infty$ für Normalbeton C30/37 und Zementfestigkeitsklasse 32,5R (Kurve 2)

DIN 1045-1, 9.1.4, Bild 21: Trocknungsschwinddehnung $\varepsilon_{cds\infty}$ zum Zeitpunkt $t = \infty$ für Normalbeton C30/37 und Zementfestigkeitsklasse 32,5R (Kurve 2), 80 % relative Luftfeuchte (Innenraum mit hoher Luftfeuchte), $h_0 = 2\,A_c / u \rightarrow h_0 = 260$ mm

DIN 1045-1, 9.1.4, Bild 19: Endkriechzahl $\varphi(\infty, t_0)$ Normalbeton und trockene Umgebungsbedingungen, für C30/37 und Zementfestigkeitsklasse 32,5R (Kurve 2), 80 % relative Luftfeuchte (Innenraum mit hoher Luftfeuchte), Belastungsalter: 7 Tage (Vorspannen), $h_0 = 260$ mm

DIN 1045-1, 8.7.3: (6)
...(Die Spannungsänderung infolge Relaxation) darf mit den Angaben der allg. bauaufsichtlichen Zulassung des Spannstahls für das Verhältnis der Ausgangsspannung zur charakteristischen Zugfestigkeit (σ_{p0} / f_{pk}) bestimmt werden; mit einer Ausgangsspannung von $\sigma_{p0} = \sigma_{pg0} - 0{,}3\,\Delta\sigma_{p,c+s+r}$, wobei σ_{pg0} die anfängliche Spannstahlspannung aus der Vorspannung und den ständigen Einwirkungen ist. Zur Vereinfachung darf auf der sicheren Seite liegend $\sigma_{p0} = \sigma_{pg0}$ gesetzt werden; für übliche Hochbauten darf σ_{p0} zu 0,95 σ_{pg0} angenommen werden. Ansonsten ist $\Delta\sigma_{pr}$ in Gl. 51 iterativ zu ermitteln.

Rechenwerte für Spannkraftverluste aus einer allgemeinen bauaufsichtlichen Zulassung des DIBt für Spannstahllitzen (z. B. Z-12.3-29); 10^6 Stunden entspricht $t = \infty$

Die gemittelten Spanngliedabstände je Spannrichtung betragen:

siehe 3.4: Anzahl der Spannglieder in x- und y-Richtung

$a_{px} = l_y / \Sigma(n_{xr} + n_{xm}) = 25{,}2 / (2 \cdot 8 + 2 \cdot 24) \approx 0{,}394$ m

$a_{py} = l_x / \Sigma(n_{yr} + n_{ym}) = 57{,}6 / (1 \cdot 8 + 5 \cdot 24) \approx 0{,}450$ m

Damit berechnen sich die mittleren Betonspannungen je Richtung zu:

siehe 3.3.7 d) für $\sigma_{pm0,x}$ und $\sigma_{pm0,y}$

$$\sigma_{cg,x} + \sigma_{cp0,x} = \frac{\sigma_{pm0,x} \cdot A_p}{a_{px} \cdot h} = \frac{1213 \cdot 150}{394 \cdot 260} = -1{,}78 \text{ N/mm}^2$$

$$\sigma_{cg,y} + \sigma_{cp0,y} = \frac{\sigma_{pm0,y} \cdot A_p}{a_{py} \cdot h} = \frac{1253 \cdot 150}{450 \cdot 260} = -1{,}60 \text{ N/mm}^2$$

f) Spannung $\sigma_{cp0,dir}$ im Betonquerschnitt

Man erhält geringfügig zu große, d. h. auf der sicheren Seite liegende zeitabhängige Spannkraftverluste, wenn man die Momentenwirkung der Vorspannung nicht mit ansetzt und $\sigma_{cp0,dir}$ vereinfachend entsprechend wie $\sigma_{cg} + \sigma_{cp0}$ berechnet zu:

$$\sigma_{cp0,dir,x} = \frac{N_{px}}{A_c} = \frac{\sigma_{pm0,x} \cdot A_p}{a_{px} \cdot h} = -1{,}78 \text{ N/mm}^2$$

$$\sigma_{cp0,dir,y} = \frac{N_{py}}{A_c} = \frac{\sigma_{pm0,y} \cdot A_p}{a_{py} \cdot h} = -1{,}60 \text{ N/mm}^2$$

Unter Berücksichtigung der Parameter aus den Abschnitten a) – f) ergeben sich die folgenden zeitabhängigen Spannkraftverluste:

$$\Delta\sigma_{p,c+s+r,x} = \frac{-0{,}38 \cdot 10^{-3} \cdot 195000 - 57{,}6 + 6{,}89 \cdot 2{,}2 \cdot (-1{,}78)}{1 - 6{,}89 \cdot \frac{-1{,}78}{1213} \cdot [1 + 0{,}8 \cdot 2{,}2]} = -154 \text{ N/mm}^2$$

$$\Delta\sigma_{p,c+s+r,y} = \frac{-0{,}38 \cdot 10^{-3} \cdot 195000 - 59{,}6 + 6{,}89 \cdot 2{,}2 \cdot (-1{,}60)}{1 - 6{,}89 \cdot \frac{-1{,}60}{1253} \cdot [1 + 0{,}8 \cdot 2{,}2]} = -154 \text{ N/mm}^2$$

Die Spannkraftverluste je Spannglied zum Zeitpunkt $t = \infty$ betragen demnach:

$\Delta P_{c+s+r,x} = -154 \cdot 150 \cdot 10^{-3} = -23{,}1$ kN

$\Delta P_{c+s+r,y} = -154 \cdot 150 \cdot 10^{-3} = -23{,}1$ kN

Die mittleren Spannkräfte in den Spanngliedern zum Zeitpunkt $t = \infty$ betragen dann:

$P_{m\infty,x} = P_{m0,x} + \Delta P_{c+s+r,x} = 182 - 23{,}1 = 159$ kN

$P_{m\infty,y} = P_{m0,y} + \Delta P_{c+s+r,y} = 188 - 23{,}1 = 165$ kN

Der Faktor für die Berücksichtigung der Spannkraftverluste aus Kriechen und Schwinden des Betons und Relaxation des Spannstahls kann somit einheitlich für Spannglieder in x- und y-Richtung angesetzt werden zu:

$\eta_{\Delta Pc+s+r} = P_{m\infty,x} / P_{m0,x} \approx P_{m\infty,y} / P_{m0,y} \approx 0{,}88$

3.4 Ermittlung des Vorspanngrades

Für Bauteile mit Vorspannung ohne Verbund gelten zur Begrenzung der Rissbreiten und der Betonzugspannungen die gleichen Mindestanforderungen wie für Stahlbetonbauteile. Der im Brückenbau zur Bestimmung des Vorspanngrades im Allgemeinen maßgebende Nachweis der Dekompression für Außenbauteile mit Vorspannung im Verbund ist mithin nicht verlangt.

DIN 1045-1, 11.2.1, Tab. 19 und 18: Mit Expositionsklasse XC3 und Vorspannung ohne Verbund folgt Anforderungsklasse E.

DIN 1045-1, 11.2.1: (9) Die Einhaltung des Grenzzustands der Dekompression bedeutet, dass der Betonquerschnitt unter der jeweiligen maßgebenden Einwirkungskombination im Bauzustand am Rand der infolge Vorspannung vorgedrückten Zugzone und im Endzustand vollständig unter Druckspannungen steht.

Der Vorspanngrad in den Stützstreifen, d. h. die Anzahl der einzubauenden Spannglieder, kann daher mit einem frei gewählten Entwurfskriterium ermittelt werden. Als Ausgangspunkt steht dabei die Überlegung, dass eine wirkungsvolle Begrenzung der Verformungen unter der Annahme erreicht werden kann, dass die vorgespannten Stützstreifen in guter Näherung als linienförmige, allseitige Auflagerungen für die dazwischen liegenden Stahlbetondeckenfelder fungieren. Dieses Kriterium kann in guter Näherung als erfüllt angesehen werden, wenn folgende Beziehung im Bereich der Stützstreifen gilt:

$$w_{gk1} + n \cdot w_{p,\infty} \approx 0$$

w_{gk1} – Verformung infolge Deckeneigenlast
$w_{p,\infty}$ – Verformung infolge Umlenkpressung durch ein Spannglied bei $t \rightarrow \infty$
n – Spanngliedanzahl

Die Verformungen w_{gk1} und $w_{p,\infty}$ können in guter Näherung mit Ersatzstabwerken unter Berücksichtigung der maßgebenden Systemabmessungen und Lagerungsbedingungen ermittelt werden.

Kennwerte der Ersatzstabwerke:
$b\,/\,h$ = 1,00 / 0,26 m
Betonfestigkeitsklasse C30/37

a) Verformungen aus Vorspannung $w_{p,\infty}$

Unter Berücksichtigung der statischen Wirkung für den gewählten Spanngliedverlauf können die Verformungen in den Stützstreifen aus Vorspannung für ein Spannglied zum Zeitpunkt $t = \infty$ berechnet werden zu:

$$w_{p,\infty} = w_s \cdot P_{m0} \cdot \eta_{\Delta Pc+s+r}$$

Die Verformungen in den Stützstreifen je Richtung betragen damit:

Tab. 3.4-1		x-Richtung		y-Richtung	
		Randfeld	Innenfeld	Randfeld	Innenfeld
w_s	[mm]	0,0097	0,0062	0,0052	0,0045
P_{m0}	[/]	182	182	188	188
$\eta_{\Delta Pc+s+r}$	[/]	0,88	0,88	0,88	0,88
$w_{p,\infty}$	[mm]	1,554	0,993	0,860	0,744
$w_{p,\infty,m}$	[mm]	**1,274**		**0,802**	

siehe 3.2.2 für w_s
siehe 3.3.6 für P_{m0}
siehe 3.3.7 für $\eta_{\Delta Pp,c+s+r}$

b) Verformungen aus Deckeneigenlast w_{gk1}

Die Verformungen in den Stützstreifen infolge Deckeneigenlast können über Lasteinflussflächen, d. h. den daraus resultierenden dreiecks- bzw. trapezförmigen Linienlasten ermittelt werden [22].
Für die zwischen den Stützstreifen zweiachsig gespannten, linienförmig gelagerten Stahlbetonplatten ist eine Gleichlast anzusetzen von

[22] DAfStb-Heft 240, Abschn. 2.3.4: Schnittgrößen in den Unterzügen von zweiachsig gespannten Rechteckplatten.

$$g_{k,1} = 6{,}50 \text{ kN/m}^2.$$

siehe 2.1 für $g_{k,1}$ (charakteristischer Wert der Deckeneigenlast)

Die statischen Ersatzsysteme mit den zugehörigen Linienlasten und den resultierenden Verformungen sind in Bild 7 zusammengestellt.

Bild 7: Zusammenstellung Ersatzsysteme und Verformungen

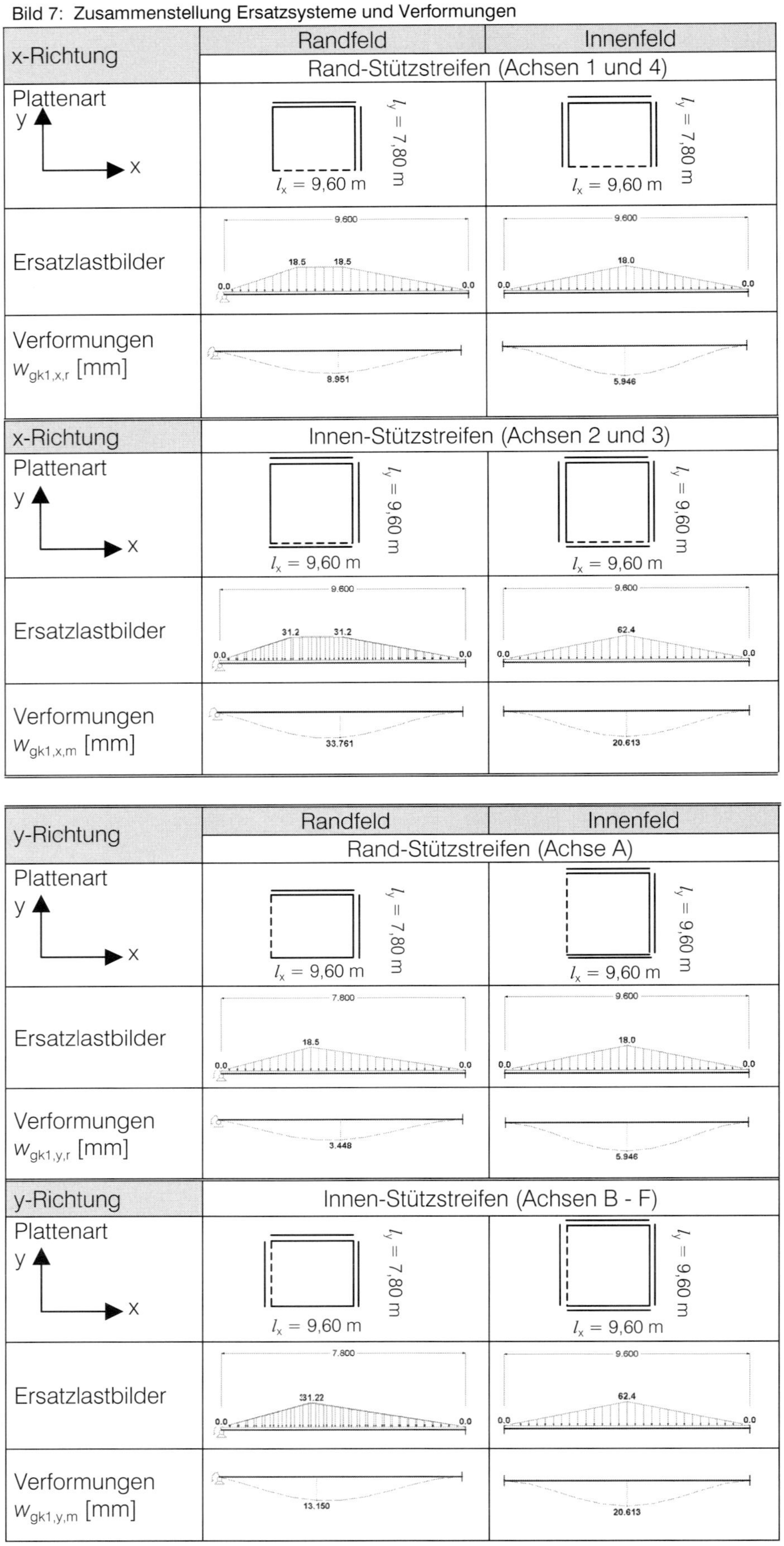
x-Richtung
Randfeld
Innenfeld
Rand-Stützstreifen (Achsen 1 und 4)
Plattenart
y
x
l_x = 9,60 m
l_y = 7,80 m
Ersatzlastbilder
9.600
18.5
18.5
18.0
0.0
Verformungen
$w_{gk1,x,r}$ [mm]
8.951
5.946
x-Richtung
Innen-Stützstreifen (Achsen 2 und 3)
Plattenart
l_x = 9,60 m
l_y = 9,60 m
Ersatzlastbilder
31.2
31.2
62.4
Verformungen
$w_{gk1,x,m}$ [mm]
33.761
20.613
y-Richtung
Randfeld
Innenfeld
Rand-Stützstreifen (Achse A)
Plattenart
l_x = 9,60 m
l_y = 7,80 m
l_y = 9,60 m
Ersatzlastbilder
7.800
9.600
18.5
18.0
Verformungen
$w_{gk1,y,r}$ [mm]
3.448
5.946
y-Richtung
Innen-Stützstreifen (Achsen B - F)
Plattenart
l_x = 9,60 m
l_y = 7,80 m
l_y = 9,60 m
Ersatzlastbilder
7.800
9.600
31.22
62.4
Verformungen
$w_{gk1,y,m}$ [mm]
13.150
20.613

elastische Verdrehfedersteifigkeit für Eckstütze:
c_φ = 47,5 MNm/rad

Mittelwertbildung für $w_{gk1,x,r}$:

$w_{gk1,x,rr}$	=	8,951 mm
$w_{gk1,x,rm}$	=	5,946 mm
$w_{gk1,x,r}$	**=**	**7,449 mm**

elastische Verdrehfedersteifigkeit für Randstütze:
c_φ = 27,9 MNm/rad

Mittelwert für $w_{gk1,x,m}$:

$w_{gk1,x,mr}$	=	33,761 mm
$w_{gk1,x,mm}$	=	20,613 mm
$w_{gk1,x,m}$	**=**	**27,187 mm**

elastische Verdrehfedersteifigkeit für Eckstütze:
c_φ = 39,6 MNm/rad

Mittelwert für $w_{gk1,y,r}$:

$w_{gk1,y,rr}$	=	3,448 mm
$w_{gk1,y,rm}$	=	5,946 mm
$w_{gk1,y,r}$	**=**	**4,697 mm**

elastische Verdrehfedersteifigkeit für Randstütze:
c_φ = 25,0 MNm/rad

Mittelwert für $w_{gk1,y,m}$:

$w_{gk1,y,mr}$	=	13,150 mm
$w_{gk1,y,mm}$	=	20,613 mm
$w_{gk1,y,m}$	**=**	**16,882 mm**

Für die Berechnung der Verformungen im Randfeld wird die elastische Einspannung der Decke in die Randstützen durch Ansatz einer Verdrehfedersteifigkeit bezogen auf die Stützstreifenbreite b_m berücksichtigt.

Ermittlung der elastischen Verdrehfedersteifigkeit c_φ

$$c_\varphi \quad = (M / \varphi) \cdot (b_{col} / b_m) = (2 \cdot EI_{col} / h_{col}) \cdot (b_{col} / b_m)$$

Eckstütze:

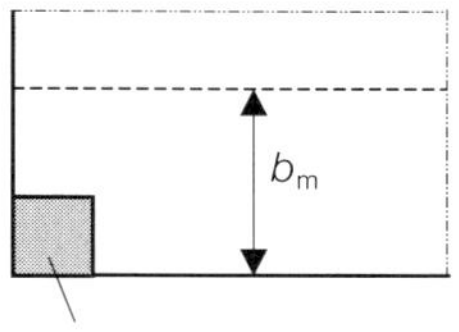

$b_{col} / d_{col} / h_{col}$ = 0,50 / 0,50 / 3,50 m

Randstütze:

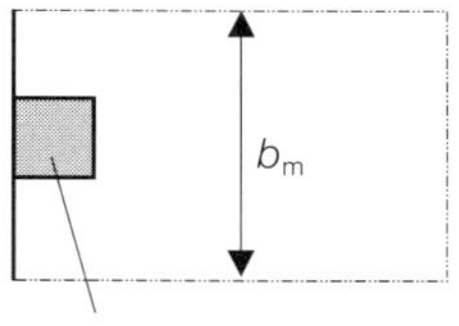

$b_{col} / d_{col} / h_{col}$ = 0,50 / 0,50 / 3,50 m

Stützstreifenbreiten b_m siehe c)

Tab. 3.4-2: Verdrehfedersteifigkeiten

Bereich	für	b_m (m)	c_φ (MNm/rad)
Rand-Stützstreifen (Achsen 1+4)	Eckstütze	1,00	47,5
Mittlere Stützstreifen (Achsen 2+3)	Randstütze	1,70	27,9
Rand-Stützstreifen (Achse A+G)	Eckstütze	1,20	39,6
Mittlere Stützstreifen (Achsen B–F)	Randstütze	1,90	25,0

c) Spanngliedanzahl und Spanngliedanordnung

Die erforderliche Spanngliedanzahl in den Stützstreifen berechnet sich zu:

$$n_{x,r} = w_{gk1,x,r} / w_{p,\infty,m} \qquad n_{x,m} = w_{gk1,x,m} / w_{p,\infty,m}$$
$$n_{y,r} = w_{gk1,y,r} / w_{p,\infty,m} \qquad n_{y,m} = w_{gk1,y,m} / w_{p,\infty,m}$$

Die Spannglieder werden im Bereich der Stützstreifen gleichmäßig verteilt angeordnet. Die Breite der Stützstreifen ergibt sich durch die jeweiligen Achsabstände zu den Stützenreihen (l_{1x} und l_{2x} bzw. l_{1y} und l_{2y}) rechtwinklig zur betrachteten Spannrichtung [22] zu:

[22] DAfStb-Heft 240, Abschn. 3.3 Näherungsverfahren zur Ermittlung der Momente in Pilz- und Flachdecken mit Ersatzrahmen oder -durchlaufträgern.

$$b_{m,x,r} = 0{,}1 \cdot l_{1,y} + 0{,}5 \cdot d_{col} \qquad b_{m,x,m} = 0{,}1 \cdot l_{1,y} + 0{,}1 \cdot l_{2,y}$$
$$b_{m,y,r} = 0{,}1 \cdot l_{1,x} + 0{,}5 \cdot b_{col} \qquad b_{m,y,m} = 0{,}1 \cdot l_{1,x} + 0{,}1 \cdot l_{2,x}$$

Tab. 3.4-3: Spanngliedanzahl

x-Richtung		y-Richtung	
Randgurt	Innengurt	Randgurt	Innengurt
$b_{mx,r} \approx$ 1,00 m	$b_{mx,m} \approx$ 1,70 m	$b_{my,r} \approx$ 1,20 m	$b_{my,m} \approx$ 1,90 m
$w_{gk1,x,r}$ = 7,45 mm	$w_{gk1,x,m}$ = 27,19 mm	$w_{gk1,y,r}$ = 4,70 mm	$w_{gk1,y,m}$ = 16,88 mm
$w_{p,\infty,m,x}$ = 1,274 mm		$w_{p,\infty,m,y}$ = 0,802 mm	
$n_{x,r}$ = **8 Litzen**	$n_{x,m}$ = **24 Litzen**	$n_{y,r}$ = **8 Litzen**	$n_{y,m}$ = **24 Litzen**

n – Anzahl der gewählten Spannglieder

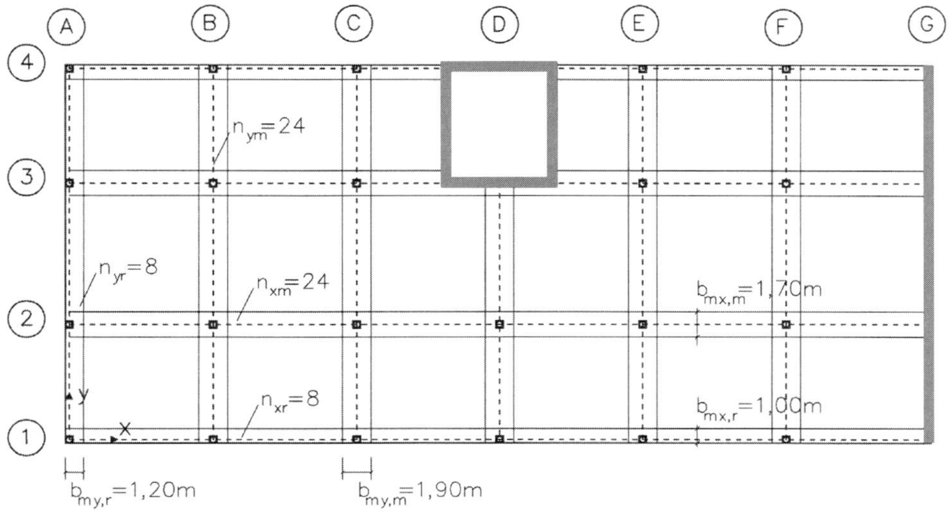

Bild 8: Spanngliedanordnung

3.5 Mittelwerte der Umlenkkräfte

Für die gewählte Spanngliedführung berechnen sich die Mittelwerte der Umlenkkräfte mit der Spanngliedanzahl in den Stützstreifen und den Mittelwerten der Vorspannkräfte zum Zeitpunkt $t = 0$ zu:

$$u_{1r} = u_{2r} = \frac{2 \cdot (e_{1r} + e_{2r})}{l_r} \cdot \frac{n \cdot P_{m0}}{b_m} = u_r$$

$$u_{1m} = u_{2m} = \frac{16}{9} \cdot \frac{(e_{1m} + e_{2m})}{l_m} \cdot \frac{n \cdot P_{m0}}{b_m} = u_m$$

Kennwerte für Berechnung der Umlenkkräfte in x-Richtung:
e_{1rx} = 75 mm
e_{2rx} = 15 mm
l_{rx} = 1,72 m
e_{1mx} = 75 mm
e_{2mx} = 70 mm
l_{mx} = 2,55 m
$P_{m0,x}$ = 182 kN

Tab. 3.5-1: Mittelwerte der Umlenkkräfte je lfdm. infolge der in in x- und y-Richtung angeordneten Spannglieder

x-Richtung				y-Richtung			
Randgurt		Innengurt		Randgurt		Innengurt	
$n_{x,r}$	8 Litzen	$n_{x,m}$	24 Litzen	$n_{y,r}$	8 Litzen	$n_{y,m}$	24 Litzen
$b_{mx,r}$ =	1,00 m	$b_{mx,m}$ =	1,70 m	$b_{my,r}$ =	1,20 m	$b_{my,m}$ =	1,90 m
$u_{r,x}$ =	153 kN/m	$u_{r,x}$ =	294 kN/m	$u_{r,y}$ =	97 kN/m	$u_{r,y}$ =	220 kN/m
$u_{m,x}$ =	148 kN/m	$u_{m,x}$ =	261 kN/m	$u_{m,y}$ =	103 kN/m	$u_{m,y}$ =	195 kN/m

Kennwerte für Berechnung der Umlenkkräfte in y-Richtung:
e_{1ry} = 59 mm
e_{2ry} = 0 mm
l_{ry} = 1,55 m
e_{1my} = 59 mm
e_{2my} = 50 mm
l_{my} = 2,38 m
$P_{m0,y}$ = 188 kN

4 Schnittgrößenermittlung

4.1 Grundlagen

Für Stahlbetontragwerke existieren Näherungsverfahren zur Schnittgrößenermittlung in Flachdecken nach der Plattentheorie [22]. Damit lassen sich u. a. die Momente in den Gurt- und Feldstreifen der Innen-, Rand- und Eckfelder von Flachdecken mit vorwiegend rechteckigem Stützenraster unter überwiegender Gleichlast berechnen.

Mit Diskretisierungsverfahren (FEM) können die Steifigkeitsverhältnisse für zweiachsig gespannte Plattentragwerke jedoch insgesamt besser erfasst werden und diese liefern somit realistischere Bemessungsergebnisse. Zudem können die Umlenkkräfte aus Vorspannung mit den Gleichlasten aus ständigen und veränderlichen Einwirkungen einfach überlagert bzw. kombiniert werden.

[22] DAfStb-Heft 240: Hilfsmittel zur Berechnung der Schnittgrößen und Formänderungen von Stahlbetontragwerken nach der Plattentheorie (s. Abschnitt 3).

Die Plattenschnittgrößen für die vorgespannte Flachdecke werden daher exemplarisch mit dem FEM-Programm InfoCad [82] ermittelt, wobei gilt:

- die Platte ist isotrop und drillweich,
- die Querdehnzahl beträgt $\mu_c = 0$,
- die Platte ist im Bereich von Wänden und Stützen gelenkig gelagert,
- es wird ein linear-elastisches Materialverhalten vorausgesetzt,
- die auf der Grundlage der Elastizitätstheorie ermittelten Biegemomente werden nicht umgelagert.

[82] InfoCad, Version 5.5

Dachdecke ohne Auflast – drillweich
DIN 1045-1, 9.1.3: (3)
DIN 1045-1, 7.3.2: (1)
DIN 1045-1, 8.3
DIN 1045-1, 8.3: (1)

Im Rahmen dieses Berechnungsbeispiels wird die Schnittgrößenermittlung auf den Deckenabschnitt zwischen den Achsen 1–3 und A–C beschränkt.

4.1.1 Schnittgrößen infolge ständiger und veränderlicher Einwirkungen

Die charakteristischen Schnittgrößen infolge ständiger Einwirkungen werden anhand folgender Lastfälle ermittelt:

siehe 2.1: charakteristische Werte: ständig (Eigenlasten)

Lastfall 1: Eigenlast der Decke ($g_{k,1}$)
Lastfall 2: Ausbaulast der Decke ($g_{k,2}$)

Die charakteristischen Schnittgrößen infolge veränderlicher Einwirkungen werden mit folgenden Lastfällen erfasst:

siehe 2.1: Charakteristische Werte: veränderlich

Lastfälle 3 und 4: Nutzlast ($q_{k,1}$)

Hinweis: Die beiden Lastfälle 3 und 4 berücksichtigen eine schachbrettartige Anordnung der Nutzlasten auf den Deckenfeldern (Kombinationsart: veränderlich)

4.1.2 Schnittgrößen infolge Umlenkkräften (Vorspannung)

Die charakteristischen Schnittgrößen infolge Umlenkkräften aus Vorspannung zum Zeitpunkt $t = 0$ werden anhand folgender Lastfälle bestimmt:

siehe 3.5: Mittelwerte der Umlenkkräfte

Lastfall 5: Umlenkkräfte für Spannglieder in x-Richtung
Lastfall 6: Umlenkkräfte für Spannglieder in y-Richtung

4.1.3 Normalkräfte infolge Vorspannung

Die in der Plattenebene wirkenden Normalkräfte aus Vorspannung verursachen in der Plattenmittelfläche einen Scheibenspannungszustand, der von der Plattenwirkung der Vorspannung ohne Verbund entkoppelt betrachtet werden kann. Eventuell auftretende Verformungsbehinderungen der Deckenscheibe durch aussteifende Bauteile bleiben zunächst unberücksichtigt. In den Verankerungsbereichen treten dann zum Zeitpunkt $t = 0$ konzentrierte Normalkraftbeanspruchungen auf, die sich genügend genau berechnen lassen zu:

Das gewählte Aussteifungssystem ist dahingehend relativ unproblematisch.

$$n_{Pm0} = P_{m0} \cdot n \,/\, b_m$$

siehe 3.4:
n – Spanngliedanzahl je Richtung
b_m – wirksame Breite der Stützstreifen, in denen die Spannglieder angeordnet werden.

Ausgehend von den Verankerungsbereichen wird ein Lastausbreitungswinkel von $\beta = 35°$ in der Platte für die Normalkräfte angesetzt. In Abhängigkeit von den Spannweiten, der Spanngliedanzahl und den mitwirkenden Breiten der Stützstreifen kann die Normalkraftbeanspruchung in der Platte näherungsweise der folgenden Zusammenstellung (Tab. 4.1.3-1) entnommen werden:

DIN 1045-1, 7.3.1: (5) *In der Lastausbreitungszone ... darf ein Ausbreitungswinkel der Kräfte von $\beta = 35°$ angenommen werden (siehe Bild 5). Dieser Winkel darf auch für die Lastausbreitung der Verankerungskräfte bei Vorspannung im nachträglichen oder ohne Verbund angesetzt werden (siehe Bild 6).*

Tab. 4.1.3-1		← x-Richtung →					
	von (m) bis (m)	-0,25 0,95	0,95 4,80	4,80 8,65	8,65 10,55	10,55 18,25	18,25 19,20
		$n_{Pm0,x}$ [kN/m] $n_{Pm0,y}$ [kN/m]					
← y-Richtung →	-0,25 0,75	1456 1255	350 0	453 0	453 2375	453 0	453 2375
	0,75 3,90	0 366	453 0	453 0	453 585	453 0	453 585
	3,90 6,95	0 415	560 415	453 415	453 415	453 415	453 415
	6,95 8,65	2570 415	560 415	453 415	453 415	453 415	453 415
	8,65 16,55	0 415	560 415	453 415	453 415	453 415	453 415
	16,55 17,40	2570 415	560 415	453 415	453 415	453 415	453 415

4.2.3 Bemessungsschnittgrößen im Bauzustand – Nachweis der vorgedrückten Zugzone

Zusätzlich zur Ermittlung der Schnittgrößen im Endzustand ist bei vorgespannten Bauteilen im Bauzustand nachzuweisen, dass die Tragfähigkeit der vorgedrückten Zugzone unter der Einwirkungskombination aus Eigenlast der Decke ($g_{k,1}$) und Vorspannung nicht überschritten wird.

Die maßgebenden Bemessungsschnittgrößen berechnen sich zu:

$$m^0_{Ed} = m\,(\gamma_G \cdot G_{k,1} + \gamma_P \cdot \eta_{\Delta\sigma P} \cdot U_{Pm0})$$

$$n^0_{Ed} = n\,(\gamma_P \cdot \eta_{\Delta\sigma P} \cdot n_{Pm0})$$

Die Bemessungsschnittgrößen im Bauzustand ($t = 0$) berechnen sich mit folgender Lastfallkombination:

ständige Einwirkungen:
(LF 1) · 1,0
(LF 5 + 6) · 1,0 · 1,1

Tab. 4.2.3-1		x-Richtung										x-Richtung				
	von	-0,25		0,95		8,65		10,55		18,25		-0,25	0,95	8,65	10,55	18,25
	bis	0,95		8,65		10,55		18,25		19,20		0,95	8,65	10,55	18,25	19,20
y-Richtung		$m^\circ_{Ed,x}$ [kNm/m]										$n^\circ_{Ed,x}$ [kN/m]				
von	bis	$m^\circ_{Ed,y}$ [kNm/m]										$n^\circ_{Ed,y}$ [kN/m]				
-0,25	0,75	-65	*	*	*	*	75	-60	*	*	85	1600	385	499	499	499
		*	*	*	*	-65	*	*	*	-70	*	1380	0	2610	0	2610
0,75	6,95	*	*	*	*	*	*	*	*	*	*	0	0/499	499	499	499
		*	*	*	*	-80	*	*	*	-100	*	400	0	644	0	644
6,95	8,65	-110	*	-85	*	*	100	-85	*	*	110	2830	499	499	499	499
		*	*	*	*	*	90	*	*	*	100	456	456	456	456	456
8,65	16,55	*	*	*	*	*	*	*	*	*	*	0	0/499	499	499	499
		*	*	*	*	-80	*	*	*	-80	*	456	456	456	456	456
16,55	17,40	-110	*	-85	*	*	100	-85	*	*	110	2830	499	499	499	499
		*	*	*	*	*	90	*	*	*	100	456	456	456	456	456

4.3 Grenzzustände der Gebrauchstauglichkeit

Die Schnittgrößen für die Nachweise in den Grenzzuständen der Gebrauchstauglichkeit berechnen sich aus den seltenen und quasi-ständigen Einwirkungskombinationen für Bau- und Endzustände.

DIN 1045-1, 11.1.1: (2) Die Spannungsnachweise sind gegebenenfalls für Bau- und Endzustand getrennt zu führen.

Durch den gewählten Spanngliedverlauf wirkt die Vorspannung im Bereich maximaler Feld- und Stützmomente den äußeren Lasten entgegen, wodurch sich die Bauteilspannungen in der Zugzone mindern und in der Druckzone erhöhen.

Zur Berücksichtigung möglicher Streuungen der Vorspannkraft sind die Schnittgrößen mit einem oberen und unteren Grenzwert zu ermitteln:

DIN 1045-1, 8.7.4: Grenzzustand der Gebrauchstauglichkeit

$$P_{k,sup} = r_{sup} \cdot P_{mt} = 1{,}05 \cdot P_{mt}$$
$$P_{k,inf} = r_{inf} \cdot P_{mt} = 0{,}95 \cdot P_{mt}$$

DIN 1045-1, 8.7.4: (1), Gl. 52 und 53
DIN 1045-1, 8.7.4: (2) für r_{sup} und r_{inf}
Index superior: oberer Wert
Index inferior: unterer Wert

4.3.1 Schnittgrößen infolge seltener Einwirkungen

Die Schnittgrößen infolge seltener Einwirkungen dienen zur Beurteilung, ob die Gebrauchsspannungsnachweise im gerissenen oder ungerissenen Zustand durchzuführen sind und zur Ermittlung der maximalen Betonstahlspannungen.

Die höchsten Zugspannungen im Bauteilquerschnitt ergeben sich zum Zeitpunkt $t = 0$ durch Ansatz des oberen charakteristischen Wertes der Vorspannkraft ($P_{k,sup}$) und für $t = \infty$ durch Ansatz des unteren charakteristischen Wertes der Vorspannkraft ($P_{k,inf}$).

a) Gebrauchsschnittgrößen (selten) im Endzustand ($t = 0$)

$$m_{Ed,rare,t=0} = m\,(\Sigma G_{k,j} + Q_{k,1} + r_{sup} \cdot U_{Pm0})$$

$$n_{Ed,rare,t=0} = n\,(r_{sup} \cdot n_{Pm0})$$

Die Schnittgrößen für seltene Einwirkungen ($t = 0$) werden mit folgender Lastfallkombination berechnet:

ständige Einwirkungen:
(LF 1 + 2) · 1,0
(LF 5 + 6) · 1,05

veränderliche Einwirkungen:
(LF 3 + 4) · 1,0

Tab. 4.3.1-1		x-Richtung					x-Richtung				
	von	-0,25	0,95	8,65	10,55	18,25	-0,25	0,95	8,65	10,55	18,25
	bis	0,95	8,65	10,55	18,25	19,20	0,95	8,65	10,55	18,25	19,20
y-Richtung		min $m_{Ed,rare,x,t=0}$ / max $m_{Ed,rare,x,t=0}$ [kNm/m]					$n_{Ed,rare,x,t=0}$ [kN/m]				
von	bis	min $m_{Ed,rare,y,t=0}$ / max $m_{Ed,rare,y,t=0}$ [kNm/m]					$n_{Ed,rare,y,t=0}$ [kN/m]				
-0,25	0,75	-60 20	-65 80	-85 55	-80 45	-95 85	1530	368	475	475	475
		-25 30	-10 10	-50 25	-15 10	-65 35	1325	0	2505	0	2505
0,75	6,95	-20 10	-20 70	-50 20	-25 30	-35 10	0	0/475	475	475	475
		-55 65	-20 40	-75 45	-20 30	-85 40	384	0	445	0	445
6,95	8,65	-90 30	-65 65	-95 70	-85 40	-50 75	2715	475	475	475	475
		-105 60	-50 -5	-90 65	-50 -5	-55 70	436	436	436	436	436
8,65	16,55	-20 10	-20 70	-50 10	-25 40	-45 20	0	0/475	475	475	475
		-55 65	-20 35	-75 55	-20 40	-75 50	436	436	436	436	436
16,55	17,40	-90 30	-65 65	-95 70	-85 40	-50 75	2715	475	475	475	475
		-105 60	-50 -5	-90 65	-50 -5	-55 70	436	436	436	436	436

b) Gebrauchsschnittgrößen (selten) im Endzustand ($t = \infty$)

$$m_{Ed,rare,t=\infty} = m\,(\Sigma G_{k,j} + Q_{k,1} + r_{inf} \cdot \eta_{\Delta Pc+s+r} \cdot U_{Pm0})$$

$$n_{Ed,rare,t=\infty} = n\,(r_{inf} \cdot \eta_{\Delta Pc+s+r} \cdot n_{Pm0})$$

Die Schnittgrößen für seltene Einwirkungen ($t = \infty$) werden mit folgender Lastfallkombination berechnet:

ständige Einwirkungen:
(LF 1 + 2) · 1,0
(LF 5 + 6) · 0,95 · 0,88

veränderliche Einwirkungen:
(LF 3 + 4) · 1,0

Tab. 4.3.1-2		x-Richtung					x-Richtung				
	von	-0,25	0,95	8,65	10,55	18,25	-0,25	0,95	8,65	10,55	18,25
	bis	0,95	8,65	10,55	18,25	19,20	0,95	8,65	10,55	18,25	19,20
y-Richtung		min $m_{Ed,rare,x,t=\infty}$ / max $m_{Ed,rare,x,t=\infty}$ [kNm/m]					$n_{Ed,rare,x,t=\infty}$ [kN/m]				
von	bis	min $m_{Ed,rare,y,t=\infty}$ / max $m_{Ed,rare,y,t=\infty}$ [kNm/m]					$n_{Ed,rare,y,t=\infty}$ [kN/m]				
-0,25	0,75	-30 10	-50 95	-140 35	-70 60	-135 45	1217	293	379	379	379
		-35 45	-10 5	-25 40	-15 10	-40 15	1049	0	1986	0	1986
0,75	6,95	-15 10	-25 75	-60 -10	-25 40	-40 -15	0	0/379	379	379	379
		-45 80	-20 45	-60 60	-25 45	-60 55	306	0	489	0	489
6,95	8,65	-40 25	-55 80	-155 50	-65 50	-105 60	2149	468	379	379	379
		-145 15	-60 -5	-150 50	-60 -10	-110 65	347	347	347	347	347
8,65	16,55	-20 10	-30 85	-60 -15	-40 50	-50 -10	0	0/379	379	379	379
		-45 75	-35 45	-60 65	-30 45	-60 60	347	347	347	347	347
16,55	17,40	-40 25	-55 80	-155 50	-65 50	-105 60	2149	468	379	379	379
		-145 15	-60 -5	-150 50	-60 -10	-110 65	347	347	347	347	347

4.3.2 Schnittgrößen infolge quasi-ständiger Einwirkungen

Die Schnittgrößen infolge quasi-ständiger Einwirkungen dienen zur Ermittlung der maximalen Betondruck- und Betonzugspannungen im Bauteilquerschnitt.

Die höchsten Druck- und Zugspannungen im Bauteilquerschnitt ergeben sich durch Ansatz des oberen charakteristischen Wertes der Vorspannkraft ($P_{k,sup}$) zum Zeitpunkt $t = 0$ und des unteren charakteristischen Wertes der Vorspannkraft ($P_{k,inf}$) zum Zeitpunkt $t = \infty$.

a) Gebrauchsschnittgrößen (quasi-ständig) im Endzustand ($t = 0$)

$$m_{\text{Ed,perm,t=0}} = m\,(\Sigma G_{\text{k,j}} + \psi_{2,1} \cdot Q_{\text{k,1}} + r_{\text{sup}} \cdot U_{\text{Pm0}})$$

$$n_{\text{Ed,perm,t=0}} = n\,(r_{\text{sup}} \cdot n_{\text{Pm0}})$$

Tab. 4.3.2-1		x-Richtung										x-Richtung				
	von	-0,25		0,95		8,65		10,55		18,25		-0,25	0,95	8,65	10,55	18,25
	bis	0,95		8,65		10,55		18,25		19,20		0,95	8,65	10,55	18,25	19,20
y-Richtung		min $m_{\text{Ed,perm,x,t=0}}$ / max $m_{\text{Ed,perm,x,t=0}}$ [kNm/m]										$n_{\text{Ed,perm,x,t=0}}$ [kN/m]				
von	bis	min $m_{\text{Ed,perm,y,t=0}}$ / max $m_{\text{Ed,perm,y,t=0}}$ [kNm/m]										$n_{\text{Ed,perm,y,t=0}}$ [kN/m]				
-0,25	0,75	-25	15	-60	65	-85	35	-70	35	-20	80	1530	368	475	475	475
		-25	20	-10	5	-25	20	-15	5	-30	15	1325	0	2505	0	2505
0,75	6,95	-20	10	-20	55	-45	-10	-25	25	-30	10	0	0/475	475	475	475
		-50	60	-20	30	-55	40	-20	30	-60	30	384	0	445	0	445
6,95	8,65	-55	25	-65	60	-90	50	-70	35	-55	70	2715	475	475	475	475
		-95	15	-50	-10	-90	50	-45	-15	-60	60	436	436	436	436	436
8,65	16,55	-20	10	-20	50	-45	-10	-25	20	-30	5	0	0/475	475	475	475
		-55	60	-20	30	-50	45	-20	30	-60	40	436	436	436	436	436
16,55	17,40	-55	25	-65	60	-90	50	-70	35	-55	70	2715	475	475	475	475
		-95	15	-50	-10	-90	50	-45	-15	-60	60	436	436	436	436	436

Die Schnittgrößen für quasi-ständige Einwirkungen ($t = 0$) werden mit folgender Lastfallkombination berechnet:

ständige Einwirkungen:
(LF 1 + 2) · 1,0
(LF 5 + 6) · 1,05

veränderliche Einwirkungen:
(LF 3 + 4) · 0,3

b) Gebrauchsschnittgrößen (quasi-ständig) im Endzustand ($t = \infty$)

$$m_{\text{Ed,perm,t=}\infty} = m\,(\Sigma G_{\text{k,j}} + \psi_{2,1} \cdot Q_{\text{k,1}} + r_{\text{inf}} \cdot \eta_{\Delta\text{Pc+s+r}} \cdot U_{\text{Pm0}})$$

$$n_{\text{Ed,perm,t=}\infty} = n\,(r_{\text{inf}} \cdot n_{\text{Pm0}})$$

Tab. 4.3.2-2		x-Richtung										x-Richtung				
	von	-0,25		0,95		8,65		10,55		18,25		-0,25	0,95	8,65	10,55	18,25
	bis	0,95		8,65		10,55		18,25		19,20		0,95	8,65	10,55	18,25	19,20
y-Richtung		min $m_{\text{Ed,perm,x,t=}\infty}$ / max $m_{\text{Ed,perm,x,t=}\infty}$ [kNm/m]										$n_{\text{Ed,perm,x,t=}\infty}$ [kN/m]				
von	bis	min $m_{\text{Ed,perm,y,t=}\infty}$ / max $m_{\text{Ed,perm,y,t=}\infty}$ [kNm/m]										$n_{\text{Ed,perm,y,t=}\infty}$ [kN/m]				
-0,25	0,75	-25	15	-60	65	-85	35	-70	35	-20	80	1217	293	379	379	379
		-25	20	-10	5	-25	20	-15	5	-30	15	1049	0	1986	0	1986
0,75	6,95	-20	10	-20	55	-45	-10	-25	25	-30	10	0	0/379	379	379	379
		-50	60	-20	30	-55	40	-20	30	-60	30	306	0	489	0	489
6,95	8,65	-55	25	-65	60	-90	50	-70	35	-55	70	2149	468	379	379	379
		-95	15	-50	-10	-90	50	-45	-15	-60	60	347	347	347	347	347
8,65	16,55	-20	10	-20	50	-45	-10	-25	20	-30	5	0	0/379	379	379	379
		-55	60	-20	30	-50	45	-20	30	-60	40	347	347	347	347	347
16,55	17,40	-55	25	-65	60	-90	50	-70	35	-55	70	2149	468	379	379	379
		-95	15	-50	-10	-90	50	-45	-15	-60	60	347	347	347	347	347

Die Schnittgrößen für quasi-ständige Einwirkungen ($t = \infty$) werden mit folgender Lastfallkombination berechnet:

ständige Einwirkungen:
(LF 1 + 2) · 1,0
(LF 5 + 6) · 0,95 · 0,88

veränderliche Einwirkungen:
(LF 3 + 4) · 0,3

5 Bemessung in den Grenzzuständen der Tragfähigkeit

Bei in Ortbetonbauweise hergestellten Flachdecken handelt es sich um hochgradig statisch unbestimmte Systeme. Die effektive Wirkung der Vorspannung in diesen Deckensystemen hängt somit auch davon ab, ob sich die Decke infolge der Druckbeanspruchung ungestört verkürzen kann. Insbesondere im Bereich von aussteifenden Wandscheiben ist dies jedoch häufig nicht der Fall. Im Hinblick darauf muss der planende Ingenieur daher eine sinnvolle Abschätzung der anzusetzenden Normalkraftbeanspruchungen in der Decke treffen.

Im Rahmen dieses Berechnungsbeispiels erfolgen die Nachweise im Grenzzustand der Tragfähigkeit exemplarisch für den Deckenabschnitt:

$-0{,}25 \text{ m} \leq x < 19{,}20 \text{ m}$ $\quad$ $-0{,}25 \text{ m} \leq y < 17{,}40 \text{ m}$

In diesem Deckenabschnitt ist jedoch der Einfluss aussteifender Bauteile auf die Deckenverformung gering. Für die folgenden Nachweise im Grenzzustand der Tragfähigkeit wird daher auf eine Abminderung der Drucknormalkräfte infolge Vorspannung verzichtet.

5.1 Bemessungswerte der Baustoffe

Teilsicherheitsbeiwerte in den Grenzzuständen der Tragfähigkeit:

DIN 1045-1, 5.3.3, Tab. 2: Teilsicherheitsbeiwerte für die Bestimmung des Tragwiderstands. ständige und vorübergehende Bemessungssituation

- Beton < C55/67 $\gamma_c = 1{,}50$
- Beton- und Spannstahl $\gamma_s = 1{,}15$

Beton C30/37: $f_{ck} = 30$ N/mm²
$f_{cd} = 0{,}85 \cdot 30 / 1{,}50 = \mathbf{17{,}0}$ **N/mm²**

Betonstahl BSt 500 S (A): $f_{yk} = 500$ N/mm²
$f_{yd} = 500 / 1{,}15 = \mathbf{435}$ **N/mm²**

DIN 1045-1, 9.1.7, Tab. 9: Festigkeits- und Formänderungskennwerte von Normalbeton.
DIN 1045-1, 9.1.6: (2) Abminderung mit $\alpha = 0{,}85$ berücksichtigt Langzeitwirkung.
DIN 1045-1, Tab. 11: Eigenschaften der Betonstähle.

Spannstahl St 1570/1770: $f_{pk} = 1770$ N/mm²
$f_{p0,1k} / \gamma_s = 1500 / 1{,}15 = \mathbf{1304}$ **N/mm²**
$f_{pk} / \gamma_s = 1770 / 1{,}15 = \mathbf{1539}$ **N/mm²**

DIN 1045-1, 9.3.3, Bild 29: Rechnerische Spannungs-Dehnungs-Linie des Spannstahls für die Querschnittsbemessung.

5.2 Bemessung für Biegung mit Längskraft

Die Bemessung einer intern verbundlos vorgespannten Decke erfolgt nicht durch Erfüllung der Verträglichkeitsbedingungen auf Querschnittsebene, sondern integral über die gesamte Bauteillänge. Der Spannungszuwachs im Spannstahl beim Übergang von Zustand I in Zustand II wurde bereits durch eine pauschale Erhöhung der Spannstahlspannung um $\Delta\sigma_p = 100$ N/mm² und einem daraus resultierenden Erhöhungsfaktor für die Schnittgrößen infolge Vorspannung von $\eta_{\Delta\sigma P} = 1{,}1$ berücksichtigt. Somit kann die Plattenbemessung mit den maßgebenden Schnittgrößen im Grenzzustand der Tragfähigkeit (m_{Ed} und n_{Ed}) wie für einen rein betonstahlbewehrten Querschnitt für Biegung mit Längskraft durchgeführt werden.

[40] *Zilch/Rogge*: 4.1.6, BK 2002/1

siehe 4.2 Schnittgrößen im Grenzzustand der Tragfähigkeit

Die mittleren Nutzhöhen für die Betonstahlbewehrungslagen betragen:

$$d_x = h - c_{v,ds,x} - 0{,}5\, d_{s,x} = 260 - 50 - 10 = 200 \text{ mm} = 0{,}20 \text{ m}$$
$$d_y = h - c_{v,ds,y} - 0{,}5\, d_{s,y} = 260 - 30 - 10 = 220 \text{ mm} = 0{,}22 \text{ m}$$

$c_{v,i}$ siehe 1.2, Annahme: $d_s \leq 20$ mm

Als Bemessungsquerschnitt wird angesetzt:

$$b / h / d = 1{,}00 / 0{,}26 / d \text{ (m)}$$

Die Querschnittsbemessung für Biegung mit Längskraft erfolgt mit dimensionslosen Beiwerten für die Stütz- und Feldstreifen in x- und y-Richtung. Vereinfachend wird die obere und untere Biegebewehrung für die extremalen Schnittgrößen im jeweils betrachteten Deckenstreifen ermittelt und dann durchlaufend angeordnet.

siehe 4.2.2 für die Bemessungsschnittgrößen im Endzustand

siehe 4.2.3 für die Bemessungsschnittgrößen im Bauzustand – Nachweis der vorgedrückten Zugzone

Für die Biegebemessung wird das auf die Bewehrungsachse bezogene Biegemoment mit den Vorspannkräften als einwirkende Normalkräfte (Druckkräfte negativ) bestimmt zu:

$$m_{Eds} = |m_{Ed}| - n_{Ed} \cdot (d - h / 2)$$

Druckkräfte sind negativ einzusetzen

Als Grundbewehrung wird in der Platte eine kreuzweise verlegte untere und obere Mindestbewehrung zur Begrenzung der Rissbreite angeordnet von:

min a_s = 7,85 cm²/m (Ø10 / 100 mm)

siehe 6.2.1 Mindestbewehrung zur Begrenzung der Rissbreite

Ausgehend von der Grundbewehrung ist im Folgenden die erforderliche untere (a_{s1}) und obere (a_{s2}) Zulagebewehrung für die verschiedenen Stütz- und Feldstreifen tabellarisch zusammengestellt.

a) **Biegebemessung ohne und mit Druckbewehrung für a_{sx1} (untere Lage) und a_{sx2} (obere Lage) mit d = 200 mm bzw. d_2 / d = 0,20**

Tab. 5.2-1

Zulagebewehrung a_{sx1} (untere Lage) im Bereich: −0,25 m < x < 19,20 m											
y-Richtung [m]		n_{Ed}	m_{Ed}	m_{Eds}	μ_{Eds}	σ_{sd}	ω_1	erf a_{sx1}	Zulagebewehrung		
									a_{sx1}	Ø	s
von	bis	kN/m	kNm/m	kNm/m	/	N/mm²	/	cm²/m	cm²/m	mm	mm
-0,25	0,75	339	140	164	0,24	439,0	0,280	13,96	6,70	16	300
0,75	6,95	0	100	100	0,15	445,9	0,164	12,51	6,70	16	300
6,95	8,65	439	120	151	0,22	440,1	0,253	9,57	6,70	16	300
8,65	16,55	0	100	136	0,15	445,9	0,164	12,51	6,70	16	300
16,55	17,40	439	120	151	0,22	440,1	0,253	9,57	6,70	16	300

[135] Band 1, Anhang A4: Bemessungstabelle bis C50/60 Rechteckquerschnitt ohne Druckbewehrung Biegung mit Längskraft

Hinweis: Vereinfachend wird μ_{Eds} auf 2 Stellen nach dem Komma aufgerundet!

Zahlenbeispiel für die Ermittlung von erf a_{sx1} im Deckenabschnitt: −0,25 m < y < − 0,75 m

$\mu_{Eds} = m_{Eds} / (d^2 \cdot f_{cd})$
$\mu_{Eds} = 0{,}164 / (0{,}20^2 \cdot 17{,}0) = 0{,}24$
[135] Band 1, Anhang A4:
$\omega_1 = 0{,}2804$ [/] $\sigma_{sd} = 439{,}0$ [MN/m²]
erf $a_{sx1} = (\omega_1 \cdot b \cdot d \cdot f_{cd} + n_{Ed}) / \sigma_{sd}$
erf $a_{sx1} = (0{,}28 \cdot 2000 \cdot 17 - 339 \cdot 10) / 439$
erf a_{sx1} = 13,96 cm²/m

Tab. 5.2-2

Zulagebewehrung a_{sx2} (obere Lage) im Bereich: −0,25 m < x < 8,65 m und 10,55 m < x < 18,25 m											
y-Richtung [m]		n_{Ed}	m_{Ed}	m_{Eds}	μ_{Eds}	σ_{sd}	ω_1	erf a_{sx2}	Zulagebewehrung		
									a_{sx2}	Ø	s
von	bis	kN/m	kNm/m	kNm/m	/	N/mm²	/	cm²/m	cm²/m	mm	mm
-0,25	0,75	499	-95	130	0,19	442,0	0,213	5,10	-	-	-
0,75	6,95	0	*	-	-	-	-	-	-	-	-
6,95	8,65	499	-85	120	0,18	442,8	0,201	4,16	-	-	-
8,65	16,55	0	*	-	-	-	-	-	-	-	-
16,55	17,40	499	-90	125	0,18	442,8	0,201	4,16	-	-	-

Tab. 5.2-3

Zulagebewehrung a_{sx2} (obere Lage) und a_{sx1} (untere Lage) im Bereich: 8,65 m < x < 10,55 m und 18,25 m < x < 19,20 m											
y-Richtung [m]		n_{Ed}	m_{Ed}	m_{Eds}	μ_{Eds}	σ_{s1d} σ_{s2d}	ω_1 ω_2	erf a_{sx1} erf a_{sx2}	Zulagebewehrung		
									gew a_{sx1} gew a_{sx2}	Ø	s
von	bis	kN/m	kNm/m	kNm/m	/	N/mm²	/	cm²/m	cm²/m	mm	mm
-0,25	0,75	439	-225	256	0,37	-388,9 436,8	0,092 0,457	8,04 25,52	3,93 20,94	10 20	200 150
0,75	6,95	439	-80	110	0,16	- 444,7	- 0,176	- 3,58	- -	- -	- -
6,95	8,65	439	-255	286	0,42	-388,9 436,8	0,155 0,519	13,55 30,35	5,65 25,13	12 20	200 125
8,65	16,55	439	-80	110	0,16	- 444,7	- 0,176	- 3,58	- -	- -	- -
16,55	17,40	439	-255	283	0,42	-388,9 436,8	0,155 0,519	13,55 30,35	5,65 25,13	12 20	200 125

[135] Band 1, Anhang A5: Bemessungstabelle mit dimensionslosen Beiwerten für den Rechteckquerschnitt mit Druckbewehrung (C12/15 bis C50/60; $\xi_{lim} = 0{,}45$; BSt 500; $\gamma_s = 1{,}15$)
Beachte bei $\xi_{lim} = 0{,}45$ ist die zulässige Momentenumlagerung = 0 (8.3.3, Gl. 14).

Zahlenbeispiel für die Ermittlung von erf a_{sx2} und a_{sx1} im Deckenabschnitt: 6,95 m < y < 8,65 m

$\mu_{Eds} = m_{Eds} / (d^2 \cdot f_{cd})$
$\mu_{Eds} = 0{,}286 / (0{,}20^2 \cdot 17{,}0) = 0{,}42$
[135] Band 1, Anhang A5, **d_2 / d = 0,20**:
$\omega_1 = 0{,}155$ [/] $\sigma_{s1d} = -388{,}9$ [MN/m²]
$\omega_2 = 0{,}519$ [/] $\sigma_{s2d} = 436{,}8$ [MN/m²]
erf $a_{sx2} = (\omega_2 \cdot b \cdot d \cdot f_{cd} + n_{Ed}) / \sigma_{s2d}$
erf $a_{sx2} = (0{,}519 \cdot 2000 \cdot 17 - 439 \cdot 10) / 437$
erf a_{sx2} = 30,35 cm²/m

erf $a_{sx1} = (\omega_1 \cdot b \cdot d \cdot f_{cd}) / \sigma_{s1d}$
erf $a_{sx1} = (0{,}155 \cdot 2000 \cdot 17) / 389$
erf a_{sx1} = 13,55 cm²/m

b) Biegebemessung ohne Druckbewehrung für a_{sy1} (untere Lage) und a_{sy2} (obere Lage) mit d = 220 mm

Tab. 5.2-4

Zulagebewehrung a_{sy1} (untere Lage) im Bereich: −0,25 m < y < 17,40 m											
x-Richtung [m]		n_{Ed}	m_{Ed}	m_{Eds}	μ_{Eds}	σ_{sd}	ω_1	erf a_{sy1}	Zulagebewehrung		
									a_{sy1}	Ø	s
von	bis	kN/m	kNm/m	kNm/m	/	N/mm²	/	cm²/m	cm²/m	mm	mm
-0,25	0,95	354	125	157	0,19	442,0	0,213	10,05	3,93	10	200
0,95	8,65	0	65	65	0,08	456,5	0,084	6,88	-	-	-
8,65	10,55	402	95	131	0,16	444,7	0,176	5,76	-	-	-
10,55	18,25	0	65	65	0,08	456,5	0,084	6,88	-	-	-
18,25	19,20	456	100	141	0,17	443,7	0,188	5,57	-	-	-

[135] Band 1, Anhang A4: Bemessungstabelle mit dimensionslosen Beiwerten für den Rechteckquerschnitt (C12/15 bis C50/60)

Zahlenbeispiel für die Ermittlung von erf a_{sy1} im Deckenabschnitt: −0,25 m < x < − 0,95 m

$\mu_{Eds} = m_{Eds} / (d^2 \cdot f_{cd})$
$\mu_{Eds} = 0{,}157 / (0{,}22^2 \cdot 17{,}0) = 0{,}19$
[135] Band 1, Anhang A4:
$\omega_1 = 0{,}2134$ [/] $\sigma_{sd} = 442{,}0$ [MN/m²]
erf $a_{sy1} = (\omega_1 \cdot b \cdot d \cdot f_{cd} + n_{Ed}) / \sigma_{sd}$
erf $a_{sy1} = (0{,}213 \cdot 2200 \cdot 17 - 354 \cdot 10) / 442$
erf a_{sy1} = 10,05 cm²/m

Tab. 5.2-5

Zulagebewehrung a_{sy2} (obere Lage) im Bereich: −0,25 m < y < 6,95 m und 8,65 m < y < 16,55 m											
x-Richtung [m]		n_{Ed}	m_{Ed}	m_{Eds}	μ_{Eds}	σ_{sd}	ω_1	erf a_{sy2}	Zulagebewehrung		
									a_{sy2}	Ø	s
von	bis	kN/m	kNm/m	kNm/m	/	N/mm²	/	cm²/m	cm²/m	mm	mm
-0,25	0,95	400	-65	101	0,12	450,4	0,129	1,83	-	-	-
0,95	8,65	0	*	-	-	-	-	-	-	-	-
8,65	10,55	644	-75	133	0,16	444,7	0,176	0,32	-	-	-
10,55	18,25	0	*	-	-	-	-	-	-	-	-
18,25	19,20	644	-100	158	0,19	442,0	0,213	3,45	-	-	-

Tab. 5.2-6

Zulagebewehrung a_{sv2} (obere Lage) im Bereich: 6,95 m < y < 8,65 m und 16,55 m < y < 17,40 m											
x-Richtung [m]		n_{Ed}	m_{Ed}	m_{Eds}	μ_{Eds}	σ_{sd}	ω_1	erf a_{sy2}	Zulagebewehrung		
									a_{sy2}	Ø	s
von	bis	kN/m	kNm/m	kNm/m	/	N/mm²	/	cm²/m	cm²/m	mm	mm
-0,25	0,95	402	-230	266	0,32	436,1	0,404	25,43	20,94	20	150
0,95	8,65	402	-85	121	0,15	445,9	0,164	4,74	-	-	-
8,65	10,55	402	-245	281	0,34	435,5	0,439	28,47	20,94	20	150
10,55	18,25	402	-85	121	0,15	445,9	0,164	4,74	-	-	-
18,25	19,20	402	-165	201	0,24	439,0	0,280	14,96	7,54	12	150

Unabhängig von der hier tabellarisch ermittelten Biegebewehrung ist zu prüfen, welche Längsbewehrungen in den Nachweisbereichen des Durchstanzens angesetzt werden. Wenn dort höhere Längsbewehrungsgrade erforderlich sind, um beispielsweise die Betontragfähigkeit ohne Durchstanzbewehrung auszunutzen, sind die Plattenbereiche entsprechend höher zu bewehren.

5.3 Bemessung für Querkraft

5.3.1 Durchstanzen

Das Nachweisverfahren für die Sicherheit gegen Durchstanzen basiert auf einem räumlichen Fachwerkmodell und mehreren Schnittführungen.

DIN 1045-1, 10.5: Durchstanzen

Erläuterungen zum Nachweiskonzept siehe Berechnungsbeispiel 4, Band 1 [135]

5.3.1.1 Aufzunehmende Querkräfte

Maßgebend für die Ermittlung der Bemessungsquerkräfte ist der Endzustand zum Zeitpunkt $t = \infty$, wobei Vollbelastung für alle Felder angesetzt mit:

siehe 2.2: Bemessungswerte in den Grenzzuständen der Tragfähigkeit
DIN 1045-1, 7.3.2: (5) Vollbelastung

$$g_d + q_{d,1} = 15{,}68 \text{ kN/m}^2$$

Stützentyp	Achsen	V_{Ed0} [kN]
Innenstütze	B / 2	**1575**
Eckstütze	A / 1	**225**
Randstütze	B / 1	**650**

Die aufzunehmenden Querkräfte können mit Hilfe des FEM-Programms anhand folgender Lastfallkombination berechnet werden:

ständige und veränderliche Einwirkungen:
(LF 1 + 2) · 1,35
(LF 3 + 4) · 1,50
(LF 5 + 6) · 0,88

Für die Nachweise zur Sicherheit gegen Durchstanzen darf die Querkraftkomponente V_{pd} der Spanngliedkraft von geneigten Spanngliedern, die parallel zu V_{Ed0} wirkt und innerhalb des jeweils betrachteten Rundschnittes liegt, ermittelt werden zu:

DIN 1045-1, 10.5.3 (5)

$$V_{Ed} = V_{Ed0} - V_{pd}$$

DIN 1045-1, 10.3.2: (4) Gl. 69

Die Nachweise zur Durchstanzsicherheit erfolgen exemplarisch für die am höchsten belastete Innenstütze im Schnittpunkt der Achsen B / 2.

Die Nachweise für Rand- und Eckstützen sind entsprechend zu führen unter Berücksichtigung der charakteristischen Unterschiede, wie im Beispiel 4, Band 1 [135] gezeigt.

5.3.1.2 Innenstütze

C30/37

$$d = (d_x + d_y) / 2 = (220 + 200) / 2 = 210 \text{ mm}$$

siehe 5.2: $d_{x,y}$

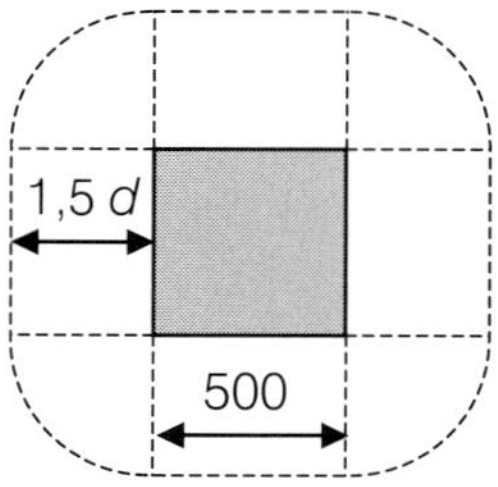

Kritischer Rundschnitt:

$$u_{crit} = 2 \cdot (2 \cdot 0{,}50 + \pi \cdot 1{,}5 \cdot 0{,}21)$$
$$u_{crit} = 3{,}98 \text{ m}$$

DIN 1045-1, 10.5.2: (3) Lasteinleitung und Nachweisschnitte

a) **Maximal aufzunehmende Querkraft im kritischen Rundschnitt**

$$v_{Ed} = \beta \cdot V_{Ed} / u_{crit}$$

DIN 1045-1, 10.5.3: Gl. 100

$$\beta = 1{,}05$$

DIN1045-1, Bild 44: $\beta = 1{,}05$ für Innenstützen im unverschieblichen System.

$$V_{Ed0} = 1575 \text{ kN}$$

siehe 5.3.1.1: aufzunehmende Querkraft für Innenstütze B / 2

$$V_{pd} = n \cdot P_{mt,\infty} \cdot \sin \theta$$

Für die Ermittlung von V_{pd} dürfen die im kritischen Rundschnitt geneigt verlaufenden Spannglieder berücksichtigt werden mit der Länge l_θ:

$$l_\theta = 0{,}5 \cdot (b + 2 \cdot 1{,}5 \cdot d - a) = 0{,}5 \cdot (500 + 3 \cdot 210 - 300) = 415 \text{ mm}$$

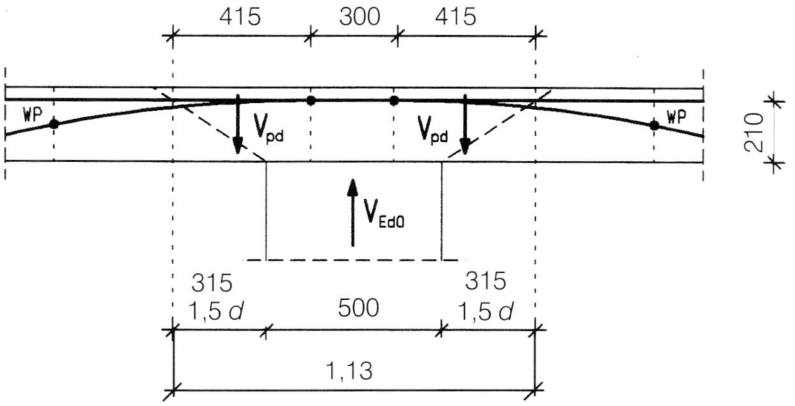

Bild 11: Geometrie Innenstütze

WP: Wendepunkt

Der planmäßige Umlenkwinkel für l_θ berechnet sich aus der 1. Ableitung des Spanngliedverlaufes für Mittenanhebungen zu:

siehe Anhang A17.1: „Die Freie Spanngliedlage"

$$z'(x,y) = (e_{1m} + e_{2m}) \cdot \left[\frac{12 \cdot l_\theta^3}{l_m^4} - \frac{24 \cdot l_\theta^2}{l_m^3} + \frac{12 \cdot l_\theta}{l_m^2} \right]$$

siehe 3.2.1: Kennwerte des Spanngliedverlaufes:
e_{1mx} = 75 mm
e_{2mx} = 70 mm
l_{my} = 2,55 m

e_{1my} = 59 mm
e_{2my} = 50 mm
l_{my} = 2,38 m

Je Spanngliedrichtung ergeben sich folgende Umlenkwinkel:

$\theta_x = -0{,}078$ $\quad \theta_x = 180 / \pi \cdot 0{,}078 = 4{,}49°$ (im Bogenmaß)

$\theta_y = -0{,}066$ $\quad \theta_y = 180 / \pi \cdot 0{,}066 = 3{,}78°$ (im Bogenmaß)

Bei im Stützstreifen gleichmäßig angeordneten Spanngliedern ergibt sich die Anzahl der im kritischen Rundschnitt wirksamen Spannglieder zu:

DIN 1045-1, 10.5.3: (5) Die Querkraftkomponente V_{pd} der Spanngliedkraft von geneigten Spanngliedern, die parallel zu V_{Ed} wirkt und innerhalb der betrachteten Rundschnitte liegt, darf nach 10.3.2 berücksichtigt werden.

$$n_{x,crit} = n_x \cdot b_{crit} / b_x = 24 \cdot 1{,}13 / 1{,}70 = 16$$
$$n_{y,crit} = n_y \cdot b_{crit} / b_y = 24 \cdot 1{,}13 / 1{,}90 = 14$$

siehe 3.4 für Anzahl der Spannglieder in den mittleren Stützstreifen in x- und y Richtung

Die von den Spanngliedern ausgeübte Umlenkkraft innerhalb des kritischen Rundschnittes berechnet sich damit zu:

$$V_{pdx} = 2 \cdot [n_{x,crit} \cdot P_{m\infty,x} \cdot \sin(\theta_x)]$$
$$= 2 \cdot [16 \cdot 182 \cdot 0{,}88 \cdot \sin(4{,}49)] = 401 \text{ kN}$$

$$V_{pdy} = 2 \cdot [n_{y,crit} \cdot P_{m\infty,x} \cdot \sin(\theta_y)]$$
$$= 2 \cdot [14 \cdot 188 \cdot 0{,}88 \cdot \sin(3{,}78)] = 305 \text{ kN}$$

$$V_{Ed} = 1575 - 401 - 305 = 869 \text{ kN}$$

$$v_{Ed} = 1{,}05 \cdot 869 / 3{,}98 = \mathbf{0{,}229 \text{ MN/m}}$$

b) **Querkrafttragfähigkeit ohne Durchstanzbewehrung**

$v_{Rd,ct} = [0{,}14 \cdot \eta_1 \cdot \kappa \cdot (100 \cdot \rho_l \cdot f_{ck})^{1/3} - 0{,}12 \cdot \sigma_{cd}] \cdot d$

DIN 1045-1, 10.5.4, Gl. 105
Platten ohne Durchstanzbewehrung

mit $\kappa = 1 + (200 / d)^{1/2} = 1 + (200 / 210)^{1/2} = 1{,}98 \leq 2{,}0$

DIN 1045-1, 10.5.4, Gl. 106

$\rho_l = (\rho_{lx} + \rho_{ly})^{0,5} \leq 0{,}40\, f_{cd} / (\alpha_c \cdot f_{yk}) \leq 0{,}02$
$\rho_{lx} = 32{,}98 / (100 \cdot 20) = 0{,}0165$
$\rho_{ly} = 28{,}79 / (100 \cdot 22) = 0{,}0131$
$\rho_l = (0{,}0165 \cdot 0{,}0131)^{1/2} = 0{,}0147$
$\leq 0{,}40 \cdot 17{,}0 / (0{,}85 \cdot 435) = 0{,}0184 \leq 0{,}02$

ρ_l = Mittlerer Längsbewehrungsgrad innerhalb des betrachteten Rundschnittes
[29] max ρ_l darf auf f_{cd} / α_c bezogen werden

siehe 5.2 für obere Biegebewehrung im kritischen Rundschnitt im Deckenabschnitt:
$8{,}65 < x < 10{,}55$ m $6{,}95 < y < 8{,}65$ m
vorh $a_{sx2} = 7{,}85 + 25{,}13 = 32{,}98$ cm²/m
vorh $a_{sy2} = 7{,}85 + 20{,}94 = 28{,}79$ cm²/m

$\sigma_{cd} = (\sigma_{cd,x} + \sigma_{cd,y}) / 2$
$\sigma_{cd,x} = n_{Edx} / A_{c,x} = -399 / 0{,}26 = -1535$ kN/m²
$\sigma_{cd,y} = n_{Edy} / A_{c,y} = -365 / 0{,}26 = -1404$ kN/m²
$\sigma_{cd} = (-1535 - 1404) / 2 = -1469$ kN/m²

siehe 5.2 für zugehörige Normalkräfte im Deckenabschnitt

$v_{Rd,ct} = [0{,}14 \cdot 1{,}0 \cdot 1{,}98 \cdot (100 \cdot 0{,}0147 \cdot 30)^{1/3} - 0{,}12 \cdot (-1{,}469)] \cdot 0{,}21$
$= [0{,}978 + 0{,}176] \cdot 0{,}21$
$=$ **0,242 MN/m**
$\geq v_{Ed} = 0{,}229$ MN/m

$\eta_1 = 1{,}0$ für Normalbeton

Eine Durchstanzbewehrung ist nicht erforderlich!

Eine Erhöhung der Biegezugbewehrung zur Erhöhung von $v_{Rd,ct}$ ist nicht notwendig.

c) **Mindestmomente bei ausmittiger Belastung**

min $m_{Ed,x} = \eta_x \cdot V_{Ed}$
min $m_{Ed,y} = \eta_y \cdot V_{Ed}$
$\eta_x = \eta_y = 0{,}125$

DIN 1045-1, 10.5.6: Gl. 115

DIN 1045-1, 10.5.6. Tab. 14:
für Innenstütze, x- und y-Richtung symmetrisch, Zug Plattenoberseite, verteilt auf mindestens 0,3 $l_{x,y}$.

Anzusetzende Verteilungsbreite der Momente in beiden Richtungen jeweils 0,3 l_y bzw 0,3 l_x

$|\min m_{Ed,x,y}| = 0{,}125 \cdot 869 = 109$ kNm/m

$< |m_{Ed,x}| = 255$ kNm/m
$< |m_{Ed,y}| = 245$ kNm/m

siehe 5.2

Die Schnittgrößenermittlung hat größere Stützmomente ergeben.
Die Mindestmomente sind daher bei der Innenstütze für die Bemessung nicht maßgebend, sofern die erforderliche Stützbewehrung auf die Verteilungsbreiten 0,3 l_y bzw. 0,3 l_x angeordnet wird.

DIN 1045-1, 10.5.6 (1) Um die Querkrafttragfähigkeit sicherzustellen, sind die Platten im Bereich der Stützen für Mindestmomente m_{Ed} zu bemessen, sofern die Schnittgrößenermittlung nicht zu höheren Werten führt.

5.3.2 Querkraftbemessung außerhalb der Durchstanzbereiche

Für die exemplarisch bemessene Innenstütze ist keine Durchstanzbewehrung erforderlich. Dies gilt für alle Schnitte im gesamten Durchstanzbereich (räumlicher Spannungszustand), solange die der aufnehmbaren Querkraft $v_{Rd,ct}$ zugrunde gelegte Biegelängsbewehrung über diesen Schnitt hinaus ausreichend verankert ist.

Der Übergang zum Querkraftwiderstand liniengelagerter Platten erfolgt durch lineare Interpolation mit dem Beiwert κ_a für den äußeren Rundschnitt:

$\kappa_a = 1 - 0{,}29\, l_w / (3{,}5\, d) \geq 0{,}71$ (bei $l_w = 3{,}5\, d$)

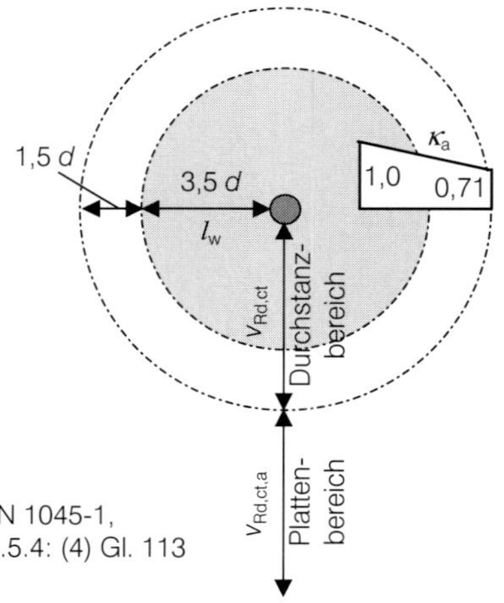

DIN 1045-1, 10.5.4: (4) Gl. 113

Dem Ansatz liegt zugrunde, dass in einem Abstand zur Stützenkante von ca. 5,0 *d* wieder die Querkrafttragfähigkeit der einfachen Platte erreicht ist:

$$V_{Rd,ct,a} = [\kappa_a \cdot 0{,}14 \cdot \eta_1 \cdot \kappa \cdot (100 \cdot \rho_l \cdot f_{ck})^{1/3} - 0{,}12 \cdot \sigma_{cd}] \cdot d \cdot u_a$$
$$= [0{,}71 \cdot 0{,}14 \cdot$$
$$V_{Rd,ct} = [0{,}10 \cdot \eta_1 \cdot \kappa \cdot (100 \cdot \rho_l \cdot f_{ck})^{1/3} - 0{,}12 \cdot \sigma_{cd}] \cdot d \cdot b_w$$

DIN 1045-1, 10.5.4: (4) Gl. 112
κ_a bezieht sich nicht auf den Traganteil aus der Normalspannung σ_{cd}
DIN 1045-1, 10.5.4: (4) Gl. 70 mit $b_w = u_a$

Die Tragfähigkeitsabnahme infolge κ_a bei zunehmender Entfernung von der Stütze wird bei gleichbleibender Plattenausbildung durch den größeren Rundschnittumfang ausgeglichen. Die Querkrafttragfähigkeit ändert sich dann erst an jedem Schnitt, an dem der Längsbewehrungsgrad ρ_l verändert wird (z. B. gestaffelte Stützbewehrung, Feldbewehrung maßgebend).

Verankerungslänge der Längsbewehrung hinter dem jeweiligen Schnitt beachten. Auch andere Parameter ändern die Tragfähigkeit: z. B. Nutzhöhe *d*, Betonspannung σ_{cd}

Im vorliegenden Fall sind Änderungen hinsichtlich des Biegebewehrungsgrades und des Querkraftabzugswertes für geneigte Spannglieder zu beachten.

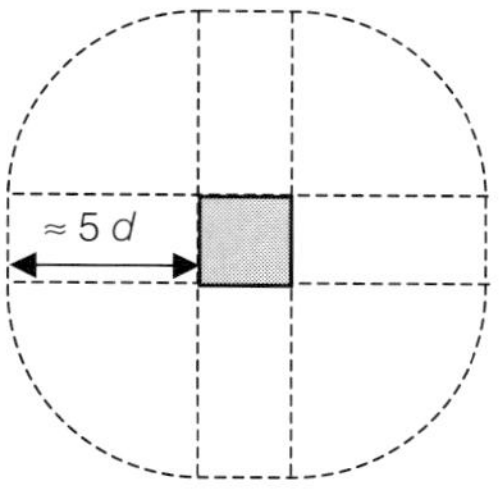

Ein Nachweis im Abstand $a = 5{,}0\,d = 5 \cdot 0{,}21 = 1{,}05$ m wird geführt, da:
- der Querkraftwiderstand der liniengelagerten Platte erreicht ist und
- die Wendepunkte der Spanngliedachsen in der Nähe des Rundschnitts liegen, so dass erst ab hier mit merklichen Verminderungen des Abzugswertes für die geneigten Spannglieder zu rechnen ist.

Auf der sicheren Seite liegend wird für den Längsbewehrungsgrad die Mindestbewehrung mit 7,85 cm²/m angesetzt.

Der Bemessungswert für die einwirkende Querkraft im Abstand *a* wird analytisch unter Berücksichtigung der Abzugswerte aus der geneigten Spanngliedführung bestimmt zu:

$$V_{Ed,a} = V_{Ed0} - \Delta V_{Ed} - \Delta V_{pd,x} - \Delta V_{pd,y}$$

analog 5.3.1.2

mit:

$$\Delta V_{Ed} \approx \pi \cdot (1{,}05 + 0{,}5 / 2)^2 \cdot 15{,}68 = 83 \text{ kN}$$

Belastung $e_d = 15{,}68$ kN/m² siehe 2.2

$$\Delta V_{pd,x/y} = 2 \cdot n_{x/y,m} \cdot \eta_{\Delta Pc+s+r} \cdot P_{m0,x/y} \cdot z'_{x/y}(1{,}05)$$

Querkraftkomponente der Vorspannkräfte

$$z'_x(1{,}05) = 0{,}146 \cdot \left[12 \cdot \frac{1{,}05^3}{2{,}55^4} - 24 \cdot \frac{1{,}05^2}{2{,}55^4} + 12 \cdot \frac{1{,}05}{2{,}55^2}\right] = 0{,}093$$

$$z'_y(1{,}05) = 0{,}110 \cdot \left[12 \cdot \frac{1{,}05^3}{2{,}38^4} - 24 \cdot \frac{1{,}05^2}{2{,}38^4} + 12 \cdot \frac{1{,}05}{2{,}38^2}\right] = 0{,}072$$

Umlenkwinkel der Spannglieder:
$$z'(x,y) = (e_{1m} + e_{2m}) \cdot \left[\frac{12 \cdot l_\theta^3}{l_m^4} - \frac{24 \cdot l_\theta^2}{l_m^3} + \frac{12 \cdot l_\theta}{l_m^2}\right]$$

$$\Delta V_{pd,x} = 2 \cdot 24 \cdot 0{,}88 \cdot 182 \cdot 0{,}093 = 715 \text{ kN}$$
$$\Delta V_{pd,y} = 2 \cdot 24 \cdot 0{,}88 \cdot 188 \cdot 0{,}072 = 572 \text{ kN}$$

$$V_{Ed,a} = 1575 - 83 - 715 - 572 = 205 \text{ kN}$$

$$\rightarrow \quad u_a = 2 \cdot (2 \cdot 0{,}50 + \pi \cdot 0{,}5 \cdot 0{,}21) = 8{,}60 \text{ m}$$
$$v_{Ed,a} = 205 / 8{,}60 = 24 \text{ kN/m} = \mathbf{0{,}024\ MN/m}$$

$$\rightarrow \quad \text{mit} \quad \kappa = 1{,}98 \text{ und } \sigma_{cd} = -1469 \text{ kN/m}^2$$
$$\rho_l = 7{,}85 / (100 \cdot 21) = 0{,}0037$$

siehe 5.3.1.2 b) für κ und σ_{cd}

$$v_{Rd,ct,a} = [0{,}10 \cdot \eta_1 \cdot \kappa \cdot (100 \cdot \rho_l \cdot f_{ck})^{1/3} - 0{,}12 \cdot \sigma_{cd}] \cdot d$$
$$v_{Rd,ct,a} = [0{,}10 \cdot 1{,}0 \cdot 1{,}98 \cdot (100 \cdot 0{,}0037 \cdot 30)^{1/3} - 0{,}12 \cdot (-1{,}469)] \cdot 0{,}21$$
$$= [0{,}443 + 0{,}176] \cdot 0{,}21$$
$$= \mathbf{0{,}130\ MN/m} > v_{Ed} = 0{,}024 \text{ MN/m}$$

DIN 1045-1, 10.3.3: Gl. 70 mit $u_a = b_w$

Eine Querkraftbewehrung ist nicht erforderlich!

6 Nachweise in den Grenzzuständen der Gebrauchstauglichkeit

Die Nachweise in den Grenzzuständen der Gebrauchstauglichkeit erfolgen exemplarisch für den Bereich:

$-0{,}25\text{ m} \leq x < 19{,}20\text{ m}$ $\qquad$ $-0{,}25\text{ m} \leq y < 17{,}40\text{ m}$

Aufgrund des geringen Einflusses aussteifender Bauteile auf die Deckenverformung in diesem Bereich werden die Gebrauchstauglichkeitsnachweise ohne Abminderung der Drucknormalkräfte infolge Vorspannung geführt.

6.1 Begrenzung der Spannungen unter Gebrauchsbedingungen

Zur Gewährleistung der Dauerhaftigkeit von vorgespannten Flachdecken sind die Beton-, Betonstahl- und Spannstahlspannungen zu begrenzen.

Grundlage für die Nachweise im Grenzzustand der Gebrauchstauglichkeit ist die Überprüfung, in welchen Deckenbereichen unter der seltenen Einwirkungskombination die mittlere Betonzugfestigkeit f_{ctm} für die Zeitpunkte $t = 0$ und $t = \infty$ überschritten werden. Mit dem Abgrenzungskriterium:

$$\sigma_{c,rare} \geq f_{ctm} = 2{,}9\text{ MN/m}^2$$

kann festgestellt werden, ob die maßgebenden Spannungsnachweise für den ungerissenen oder den gerissenen Querschnitt zu führen sind.

In der folgenden Tabelle 6.1-1 sind die extremalen Betonrand-Zugspannungen in den Stütz- und Feldstreifen infolge seltener Einwirkungen in x-Richtung zusammengestellt.

Tab. 6.1-1

Maximale Randzugspannungen in x-Richtung ($d = 200$ mm)						
y-Richtung von [m]	bis [m]	max $m_{Ed,rare}$ min $m_{Ed,rare}$ kN/m	zug. $n_{Ed,rare}$ zug. $n_{Ed,rare}$ kNm/m	A_c m²	W_c m³	max $\sigma_{c,rare,ur}$ max $\sigma_{c,rare,or}$ MN/m²
-0,25	0,75	95 / -140	293 / 379	0,26	0,011	7,51 / 11,27
0,75	6,95	75 / -60	0 / 379	0,26	0,011	6,82 / 4,00
6,95	8,65	80 / -155	468 / 379	0,26	0,011	5,47 / 12,63
8,65	16,55	85 / -60	0 / 379	0,26	0,011	7,73 / 4,00
16,55	17,40	80 / -155	468 / 379	0,26	0,011	5,47 / 12,63

Die Tabelle zeigt, dass lokal sowohl in den Feld- als auch in den Stützstreifen in x-Richtung die mittlere Betonzugfestigkeit infolge seltener Einwirkungen in der Regel überschritten wird.

Die Spannungsnachweise im Grenzzustand der Gebrauchstauglichkeit werden daher am gerissenen Querschnitt im Zustand II geführt.

DIN 1045-1, 11.1.1

DIN 1045-1, 11.1.1: (1) Für das nutzungsgerechte und dauerhafte Verhalten eines Bauwerks sind die übermäßige Schädigung des Betongefüges sowie nichtelastische Verformungen des Beton- und Spannstahls durch Einhaltung der Spannungsgrenzen nach 11.1.2, 11.1.3 und 11.1.4 zu vermeiden.

DIN 1045-1, 11.1.1: (2) Die Spannungsnachweise sind gegebenenfalls für Bau- und Endzustand getrennt zu führen.

siehe 4.3.1 für Schnittgrößen infolge seltener Einwirkungen

Ermittlung der extremalen Betonrandspannungen:

$\sigma_{c,rare} = |m_{Ed,rare}| / W_c - n_{Ed,rare} / A_c$

6.1.1 Begrenzung der Betondruckspannungen

DIN 1045-1, 11.1.2

Eine Begrenzung der Betondruckspannungen zur Vermeidung von Längsrissen unter der seltenen Einwirkungskombination auf den Wert

$$|\sigma_{c,rare}| \leq 0{,}60\ f_{ck}$$

kann im Hinblick auf die vorhandene Expositionsklasse XC3 entfallen.

DIN 1045-1, 11.1.2: (1) *In Bauteilen, die den Bedingungen der Expositionsklassen XD1 bis XD3, XF1 bis XF4 und XS1 bis XS3 (siehe Tab. 3) ausgesetzt sind und in denen keine anderen Maßnahmen getroffen werden, ... sollten die Betondruckspannungen zur Vermeidung von Längsrissen unter der seltenen Einwirkungskombination auf den Wert* 0,6 f_{ck} *begrenzt werden.*

Darüber hinaus ist für Bauteile, deren Gebrauchstauglichkeit, Tragfähigkeit oder Dauerhaftigkeit durch Kriecheinflüsse wesentlich beeinflusst werden kann, die Betonspannung in der Druckzone unter quasi-ständigen Einwirkungen zu begrenzen auf:

DIN 1045-1, 11.1.2: (2)

$$|\sigma_{c,perm}| \leq 0{,}45\ f_{ck}$$

Bei vorgespannten Tragwerken ist der Spannkraftverlust aus Kriechen grundsätzlich eine wesentliche Einflussgröße. Die zeitabhängigen Spannkraftverluste infolge Kriechen werden gesondert ermittelt und bei den Nachweisen in den Grenzzuständen der Gebrauchstauglichkeit berücksichtigt.

siehe 3.3.7
Annahme: lineares Kriechen

Darüber hinaus gehende Nachweise zur Vermeidung von überproportionalen Kriechverformungen in verbundlos vorgespannten Flachdecken können jedoch aufgrund folgender Überlegungen entfallen:

[29] DAfStb-Heft 525, zu 11.1.2 (2): Von einer wesentlichen Beeinflussung der Gebrauchstauglichkeit, Tragfähigkeit oder Dauerhaftigkeit kann dann gesprochen werden, wenn sich Schnittgrößen, Verformungen oder ähnliche bemessungsrelevante Größen infolge des Kriechens um mehr als 10 % ändern.

- In den Lasteinleitungsbereichen wird die Bewehrung im Verankerungsbereich gemäß allgemeiner bauaufsichtlicher Zulassung zum Spannverfahren ausgeführt.
- Kritisch hohe Betondruckspannungen sind nur in den engeren Stützbereichen zu erwarten, in denen lokal begrenzte Extremwerte der Biegemomente auftreten. In diesem Bereich können rechnerische Überschreitungen der zulässigen Betondruckspannungen in den Randfasern infolge Biegung mit Normalkraft auftreten, die jedoch nicht zu überproportionalem lokalem Kriechen (insbesondere im Bereich der Spanngliedlagen) führen. Das zweiachsiale Tragverhalten der Decke, die Verträglichkeitsbedingungen auf Querschnittsebene und die Möglichkeit von Schnittgrößenumlagerungen in seitliche Bereiche mit geringeren Beanspruchungen (Stauchungen) stehen dem entgegen.
- Hinsichtlich der Spannkraftverluste infolge Kriechen sind lokal begrenzte Betonstauchungen bei Vorspannung ohne Verbund ohnehin kaum von Bedeutung, da hier der Mittelwert der Stauchungen entlang der Spanngliedachse maßgebend ist und nicht, wie bei Vorspannung mit Verbund, der jeweilige lokale Wert.

Aus diesen Gründen sind weitere Nachweise zur Begrenzung der Betondruckspannungen im Grenzzustand der Gebrauchstauglichkeit entbehrlich.

Eine wesentliche Beeinflussung durch Kriechen im obigen Sinne liegt nicht vor.

6.1.2 Begrenzung der Betonstahlspannungen

Zur Vermeidung nicht umkehrbarer, plastischer Dehnungen des Betonstahls, die zu breiten und ständig offenen Rissen führen können, sind die Betonstahlspannungen unter seltenen Einwirkungen zu begrenzen auf: $\sigma_{s,rare} \leq 0{,}80\, f_{yk}$

DIN 1045-1, 11.1.3

Exemplarisch erfolgt der Nachweis zur Begrenzung der Betonstahlspannungen mit den extremalen Schnittgrößen in x-Richtung für den Deckenbereich:

$8{,}65 \text{ m} \leq x < 10{,}55 \text{ m} \qquad 6{,}95 \text{ m} \leq y < 8{,}65 \text{ m}$

zu: $m_{Ed,rare,x,t=\infty} = -155$ kNm/m $\qquad n_{Ed,rare,x,t=\infty} = -379$ kN/m

$|m_{Eds,rare}| = 155 - [-379 \cdot (0{,}20 - 0{,}13)] = 182$ kNm/m

siehe 4.3.1 für Schnittgrößen infolge seltener Einwirkungen

Die zugehörigen maximalen Betonrand-Druckspannungen können nach [71] mit dem inneren Hebelarm des gerissenen Querschnitts unter der Annahme eines linear elastischen Materialverhaltens von Beton und Stahl ermittelt werden zu:

[71] *Grasser / Kupfer / Pratsch / Feix*: Bemessung von Stahlbeton- und Spannbetonbauteilen nach EC 2 für Biegung, Längskraft, Querkraft und Torsion, BK 1996/I, 6.2.3.3, S. 489 ff.

$$\sigma_{s,rare,or} = [m_{Eds,rare} / (\zeta \cdot d_x) + n_{Ed,rare}] / a_{sx,2}$$

[139] Ableitung effektiver E-Modul aus

$\varepsilon_c(t_0) + \varepsilon_{cc}(t, t_0) = \frac{\sigma_c(t_0)}{E_{cm}} + \frac{\sigma_c(t_0)}{E_{c0}} \cdot \varphi(t, t_0)$

[29] $E_{cm} \approx \alpha_i \cdot E_{c0m}$ und $\alpha_i \approx 0{,}9$

$\rightarrow E_{c,eff} = E_{cm} / [1 + \alpha_i \cdot \varphi(t,t_0)]$

siehe 3.3.7 für $\varphi(\infty, t_0) = 2{,}2$

DIN 1045-1 [1.1], Tab. 9:

C30/37 $E_{cm} = 28.300$ N/mm²

$E_{cm,eff} \approx 9.500$ MN/m²

$\alpha_e = E_s / E_{cm,eff} \approx 21$

Die Eingangswerte für das Diagramm zur Ermittlung des bezogenen Hebelarmes $\zeta = z / d_x$ und der Betondruckkraft berechnen sich nach [71] zu:

$n_{Ed,rare} \cdot d_x / m_{Eds,rare} = -379 \cdot 0{,}20 / 182 = -0{,}42$

$\alpha_e \cdot \rho = \alpha_e \cdot a_{sx2} / (b \cdot d_x) = 21 \cdot 32{,}98 / (100 \cdot 20) = 0{,}34$

[71] Tafel 6.1$\rightarrow$ $\quad \zeta = z / d_x \approx 0{,}84 \quad \rightarrow \quad z = \zeta \cdot d_x = 0{,}84 \cdot 0{,}20 = 0{,}168$ m

Die Betonstahlspannungen berechnen sich dann zu:

$\sigma_{s,rare,or} = (0{,}182 / 0{,}168 - 0{,}379) / (32{,}98 \cdot 10^{-4}) = \mathbf{214\ N/mm^2}$

$\leq 0{,}80\, f_{yk} = 0{,}80 \cdot 500 \leq 400$ MN/m²

siehe 5.2 für obere Bewehrung x-Richtung im Deckenbereich 6,95 m < y < 8,65 m: vorh $a_{sx2} = 32{,}98$ cm²/m (Ø 10 / 100 mm + Ø 20 / 125 mm)

Die Betonstahlspannungen sind damit ausreichend begrenzt!

6.1.3 Begrenzung der Spannstahlspannungen

Zur Begrenzung der Gefahr einer Spannungsrisskorrosion sind die Mittelwerte der Spannstahlspannungen unter der quasi-ständigen Einwirkungskombination nach Abzug aller Spannkraftverluste ($t = \infty$) zu begrenzen auf: $\sigma_{p,perm} \leq 0{,}65\, f_{pk}$

DIN 1045-1, 11.1.4: (1)

Die maximalen Spannstahlspannungen für den Betriebszustand zum Zeitpunkt $t = \infty$ berechnen sich zu:

$\sigma_{p,perm} = P_{m0} / A_p \cdot \eta_{\Delta Pc+s+r} = 188 \cdot 10^3 / 150 \cdot 0{,}88 = \mathbf{1103\ N/mm^2}$

$\leq 0{,}65 \cdot f_{pk} = 0{,}65 \cdot 1770 \leq 1150$ N/mm²

Zur Begrenzung nichtelastischer Stahldehnungen unter der seltenen Einwirkungskombination sind die Mittelwerte der Spannstahlspannungen nach Absetzen der Spannpresse bzw. Lösen der Verankerung zu begrenzen auf:

DIN 1045-1, 11.1.4: (2)

$$\sigma_{p,rare}(t) \leq \min \begin{cases} 0{,}9 \cdot f_{p0,1k} \\ 0{,}8 \cdot f_{pk} \end{cases}$$

Die Begrenzung der Spannstahlspannungen auf diese Grenzwerte ist bei interner verbundloser Vorspannung ohne weiteren Nachweis durch die Begrenzung der mittleren Vorspannkraft P_{m0} zum Zeitpunkt $t = t_0$ eingehalten.

siehe 3.3.3: maximale Vorspannkraft zum Zeitpunkt $t = t_0$

6.2 Grenzzustände der Rissbildung

Die Nachweise zur Begrenzung der Rissbreite sind erforderlich, da die Plattendicke mit 260 mm die Grenzdicke von 200 mm übersteigt bzw. die Expositionsklasse XC3 > XC1 vorliegt.

DIN 1045-1, 11.2.1: (12) Bei Platten in der Expositionsklasse XC1, die durch Biegung ohne wesentlichen zentrischen Zug beansprucht werden, sind keine Nachweise zur Begrenzung der Rissbreite notwendig, wenn deren Gesamtdicke 200 mm nicht übersteigt, die Festlegungen nach 13.3 (Konstruktionsregeln Vollplatten) eingehalten sind und keine strengere Begrenzung nach Absatz (6) erforderlich ist.

6.2.1 Mindestbewehrung zur Begrenzung der Rissbreite (Zwangbeanspruchung)

In oberflächennahen Bereichen von Stahlbetonbauteilen, in denen Zwangeinwirkungen und Eigenspannungen im Bauteil zur Erstrissbildung führen, ist im Allgemeinen eine Mindestbewehrung anzuordnen.

Bei den angenommenen Verhältnissen können Zwangsspannungen im Bereich der aussteifenden Bauteile und an den Betonierabschnitten der Deckenplatte entstehen.
Die maßgebende Ursache für zentrischen Zwang ergibt sich aus Abfließen der Hydratationswärme ca. 3 bis 5 Tage nach Einbringen des Betons und somit vor Aufbringen der Vorspannkraft.

Zwang zu einem späteren Zeitpunkt kann durch größere, i. d. R. jahreszeitliche , Temperaturschwankungen entstehen. Dies wird in diesem Beispiel (Innenbauteil, Bauzeit im Sommer) ausgeschlossen.

Die erforderliche Mindestbewehrung für diesen Lastfall errechnet sich aus:

$$\min A_s = k_c \cdot k \cdot f_{ct,eff} \cdot A_{ct} \,/\, \sigma_s$$

DIN 1045-1, 11.2.2: (5), Gl. (127)

mit:

DIN 1045-1, 11.2.2: (5), Gl. (128)

$$k_c = 0{,}4 \cdot [1 + \sigma_c \,/\, (k_1 \cdot f_{ct,eff})] \quad \leq 1{,}0$$

$\sigma_c = f_{ct,eff}$ reine Zugbeanspruchung

$k_1 = 2/3$ für Zugnormalkraft

$\rightarrow k_c = 1{,}0$

$k = 0{,}8$ für $h \leq 300$ mm

$f_{ct,eff} = 0{,}5 \cdot f_{ctm} = 0{,}5 \cdot 2{,}9 \quad = 1{,}45$ N/mm²

$A_{ct} = 0{,}26 \cdot 1{,}0 \quad = 0{,}26$ m²

k_c Beiwert zur Berücksichtigung der Spannungsverteilung innerhalb der Zugzone A_{ct} vor Erstrissbildung sowie der Änderung des inneren Hebelarms beim Übergang in den Zustand II.
σ_c Betonspannung in Höhe der Schwerlinie des Querschnitts oder Teilquerschnitts im ungerissenen Zustand unter der Einwirkungskombination, die am Gesamtquerschnitt zur Erstrissbildung führt.
k_1 Beiwert für Druck- ($\sigma_c < 0$) bzw. Zugnormalkraft ($\sigma_c \geq 0$).
k Beiwert zur Berücksichtigung nichtlinear verteilter Eigenspannungen.
$f_{ct,eff}$ effektive Betonzugfestigkeit zum Zeitpunkt der Erstrissbildung nach 3 bis 5 Tagen.
A_{ct} Fläche der Betonzugzone im Zustand I.
d mittlere statische Nutzhöhe
h_t Höhe der Zugzone im Querschnitt vor der Erstrissbildung.

Als Grundbewehrung ist an der Plattenober- und -unterseite eine kreuzweise verlaufende Betonstahlbewehrung mit einem Stabdurchmesser $d_s = 10$ mm vorgesehen.

Der Grenzdurchmesser der Bewehrung d_s^* für die Ermittlung der Betonstahlspannung bei Erstrissbildung zur Begrenzung der Rissbreite berechnet sich damit zu:

$$d_s^* = d_s \cdot (f_{ct,0} \,/\, f_{ct,eff}) \cdot [4 \cdot (h - d)] \,/\, (k_c \cdot k \cdot h_t) \qquad \leq d_s \cdot f_{ct,0} \,/\, f_{ct,eff}$$
$$= 10 \cdot (3 \,/\, 1{,}45) \cdot [4 \cdot (260 - 210)] \,/\, (1 \cdot 0{,}8 \cdot 130) \qquad > 10 \cdot 3 \,/\, 1{,}45$$
$$= 40 \text{ mm} \qquad = \mathbf{21\ mm}$$

DIN 1045-1, 11.2.2: (5), Gl. (129) mit dem gewählten Stabdurchmesser d_s nach d_s^* umgestellt und $h_t = h/2 = 130$ mm
[29] DAfStb-Heft 525, zu 11.2.3 (4):
Beachte: $(h - d) \rightarrow$ Lage der Bewehrung
Bei zentrischem Zwang und beidseitiger Bewehrung ist die effektive Betonzugzone beidseitig vorhanden, weshalb die Modifikation entweder am halben Querschnitt ($h_t = h/2$) erfolgen oder für $(h - d) = 2\,d_1$ eingesetzt werden sollte.

Biegung, eine effektive Betonzugzone:

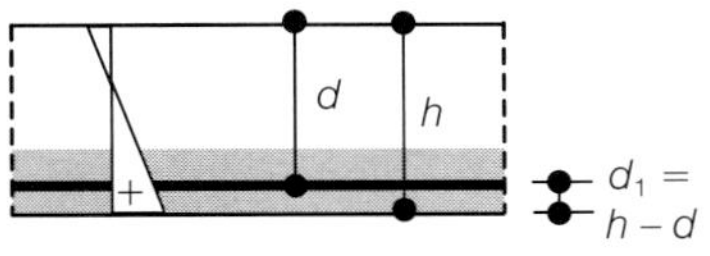

Zwang, zwei effektive Betonzugzonen:

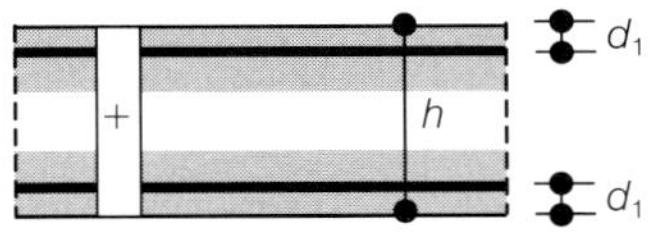

Für eine Rissbreite w_k = 0,3 mm (Mindestanforderungsklasse E: Bauteile mit Vorspannung ohne Verbund unter Expositionsklasse XC3) ist somit eine Betonstahlspannung bei Erstrissbildung ausnutzbar von:

σ_s = 225 N/mm²

DIN 1045-1, 11.2.3: Tab. 20:
(siehe auch [135] Band 1, Anlage A10)
Grenzdurchmesser d_s^* bei Betonstählen für Grenzdurchmesser 21 mm

Die Mindestbewehrung berechnet sich damit zu:

min a_s = 1,0 · 0,8 · 1,45 · 0,26 · 10⁴ / 225 = **13,4 cm²/m**

Diese Grundbewehrung ist je zur Hälfte oben und unten kreuzweise in die Platte einzulegen.

Gewählt:	**Grundbewehrung BSt 500 S (A)**
kreuzweise	**Ø 10 / 100 mm**
	mit a_s = 7,85 cm²/m
	> min a_s = 0,5 · 13,4 = 6,7 cm²/m

6.2.2 Begrenzung der Rissbreite für die statisch erforderliche Bewehrung (Lastbeanspruchung)

Die Begrenzung der Rissbreite erfolgt ohne direkte Berechnung durch Nachweis des zulässigen Grenzdurchmessers oder des höchstzulässigen Stababstandes.

DIN 1045-1, 11.2.3

Die Anforderungen an die Dauerhaftigkeit und das Erscheinungsbild des Tragwerks gelten bei der hier vorausgesetzten Expositionsklasse XC3 als erfüllt, wenn der Rechenwert der Rissbreite auf w_k = 0,3 mm begrenzt wird (Anforderungsklasse E). Die Nachweise zur Begrenzung der Rissbreite für die statisch erforderliche Bewehrung in der Platte sind mit den Schnittgrößen infolge quasi-ständiger Einwirkungen zu führen.

DIN 1045-1, 11.2.1: (6), Tab. 18 und 19

Exemplarisch erfolgt der Nachweis zur Begrenzung der Rissbreite mit der gewählten Bewehrung in x-Richtung für die extremalen Schnittgrößen im Deckenbereich:

8,65 m ≤ x < 10,55 m   6,95 m ≤ y < 8,65 m

siehe 4.3.2: Schnittgrößen infolge quasi-ständiger Einwirkungen

zu: $m_{Ed,perm,x,t=\infty}$ = –90 kNm/m
$n_{Ed,perm,x,t=\infty}$ = –379 kN/m

$|m_{Eds,perm,x}|$ = auf Bewehrungsachse bezogenes Biegemoment

$|m_{Eds,perm}|$ = 90 – [–379 · (0,20 – 0,13)] = 116 kNm/m

$\sigma_{s,perm}$ = ($|m_{Eds,perm,x}|$ / z + $n_{Ed,perm,x}$) / vorh $a_{sx,2}$
= 10¹ · [116 / (0,9 · 0,20) – 379] / 32,98
= 80 N/mm²

siehe 5.2 für obere Bewehrung in x-Richtung im Deckenbereich:
6,95 m < y < 8,65 m
vorh a_{sx2} = 32,98 cm²/m
(Ø 10 / 100 mm + Ø 20 / 125 mm)

→ zul d_s^* > **42 mm**

DIN 1045-1, 11.2.3: Tab. 20
für σ_s < 160 N/mm² und w_k = 0,3 mm

Mit dem gewählten Stabdurchmesser d_s = 20 mm kann die Rissbreite für das ermittelte Spannungsniveau somit auf w_k ≤ 0,3 mm begrenzt werden.

Hinweis: Der Grenzdurchmesser muss i. d. R. in Abhängigkeit von der wirksamen Betonzugfestigkeit $f_{ct,eff}$ < 3,0 N/mm² nach DIN 1045-1, 11.2.3: (4) und Gl. 131 modifiziert werden. Dies kann zu kleineren Grenzdurchmessern führen.
$d_s \geq d_s^* \cdot f_{ct,eff} / f_{ct,0}$ mit $f_{ct,0}$ = 3,0 N/mm²
im Beispiel nicht maßgebend!

6.3 Begrenzung der Verformungen

Zur Gewährleistung einer ordnungsgemäßen Funktion und eines unbeeinträchtigten Erscheinungsbildes der Decke wird im Grenzzustand der Gebrauchstauglichkeit die Begrenzung der vertikalen Verformungen von biegebeanspruchten Bauteilen gefordert.

DIN 1045-1, 11.3

Bei Stahlbetonbauteilen darf im Allgemeinen auf direkte Verformungsberechnungen verzichtet werden und die Verformungsbegrenzung gilt für Deckenplatten des üblichen Hochbaus als sichergestellt, wenn bestimmte Schlankheitsgrenzen eingehalten sind.

siehe 1.3: Bestimmung der Deckendicke aus der Begrenzung der Verformungen

Im Spannbetonbau sind die Biegeschlankheitskriterien infolge der zusätzlichen Wirkungen von Umlenk- und Drucknormalkräften in der Platte jedoch nicht mehr anwendbar. Für diese Bauteile können die Verformungsbegrenzungen nur über direkte Berechnungsverfahren nachgewiesen werden.

Arbeitshilfen bzw. Angaben zur Durchführung von direkten Verformungsberechnungen werden in DIN 1045-1 nicht angeboten mit Ausnahme der Hinweise auf die zu verwendenden Spannungs-Dehnungslinien und Festigkeiten für Beton, Betonstahl und Spannstahl bei nicht-linearen Formänderungsberechnungen. Mit Hilfe dieser Spannungs-Dehnungs-Linien lassen sich für definierte Bauteilquerschnitte Momenten-Krümmungsbeziehungen entwickeln, mit denen dann das nicht-lineare Werkstoffverhalten abgebildet werden kann.

DIN 1045-1, 9.1.5

Verformungsberechnungen für statisch unbestimmte Tragwerke sind jedoch nur iterativ möglich, da sich Schnittgrößen und Steifigkeiten gegenseitig beeinflussen und zudem die Querschnittsausbildung von der schnittgrößenabhängigen Bewehrungswahl abhängt. FEM-Programme verfügen im Allgemeinen nicht über die notwendigen Module, um eine derartige iterative, nichtlineare Berechnung durchführen zu können.

Im vorliegenden Berechnungsbeispiel wird daher exemplarisch eine iterative, direkte Berechnung der Verformungen mit [82] durchgeführt mit dem Ziel, die tatsächlich zu erwartenden Durchbiegungen zum Zeitpunkt $t = \infty$ auf der sicheren Seite liegend abzuschätzen und nachzuweisen, dass die zulässigen Werte zur Begrenzung der Verformungen nicht überschritten werden.

[82] InfoCad

Die Berechnung der Verformungen zum Zeitpunkt $t = \infty$ infolge quasi-ständiger Einwirkungen wird in folgenden Arbeitsschritten vorgenommen:

i) FEM-Berechnung der Plattenbiegemomente infolge seltener Einwirkungen zum Zeitpunkt $t = \infty$ für die Decke mit konstanten Elementdicken ($h_{i...n,I} = 260$ mm, siehe Bilder 12 und 13)

$m_{x,y,rare,i...n,I,t=\infty}$ – Plattenbiegemomente in x- und y-Richtung infolge seltener Einwirkungen für die Elemente i bis n im ungerissenen Zustand I zum Zeitpunkt $t = \infty$

ii) Berechnung des Rissmomentes m_{cr} des Plattenquerschnitts unter Berücksichtigung der M/N-Interaktion zu:

$m_{cr,x,y}$ – Rissmomente des Betonquerschnitts

$$M_{cr} = (f_{ctm} - N_{Ed} / A_c) \cdot W_c$$

iii) Gegenüberstellung der Plattenbiegemomente und des Rissmomentes für den Betonquerschnitt. Für den Fall, dass $m_{x,y,rare,i...n,I,t=\infty} > m_{cr,x,y}$ ist, werden die Elementdicken auf $h_{i...n,II}$ so abgemindert, dass die Elemente bei einer Berechnung im Zustand I das gleiche Momenten-Krümmungs-Verhältnis aufweisen wie im Zustand II unter den einwirkenden lokalen Schnittgrößen ($m_{Ed,rare}$ und $n_{Ed,rare}$).

iv) Neuberechnung der Plattenbiegemomente infolge seltener Einwirkungen mit reduzierten Elementdicken $h_{i...n,II}$ für den Zeitpunkt $t = \infty$ und erneuter Vergleich gemäß iii). Die Iteration ist dann zu beenden, wenn ein Vergleich der Ergebnisse der letzten zwei Iterationsschritte keine signifikanten Änderungen hinsichtlich der Schnittgrößen und der maximalen Durchbiegungen zeigt.

v) FEM-Berechnung der Plattenverformungen infolge quasi-ständiger Einwirkungen zum Zeitpunkt $t = \infty$ für die Decke mit den reduzierten Elementdicken des Zustands II und Vergleich mit den zulässigen Verformungen.

$m_{x,y,rare,i...n,II,t=\infty}$ – Plattenbiegemomente in x- und y-Richtung infolge seltener Einwirkungen für die Elemente i bis n im gerissenen Zustand II zum Zeitpunkt $t = \infty$

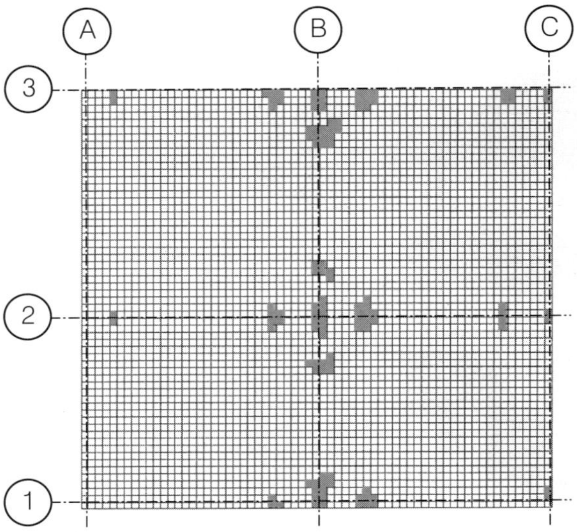

Bild 12: Biegemomente min $m_{Ed,rare,x,t=\infty}$ ($h_{i...n,I}$ = 260 mm)

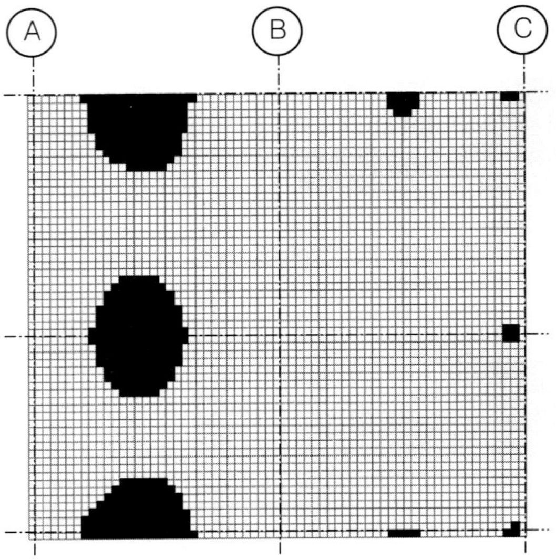

Bild 13: Biegemomente max $m_{Ed,rare,x,t=\infty}$ ($h_{i...n,I}$ = 260 mm)

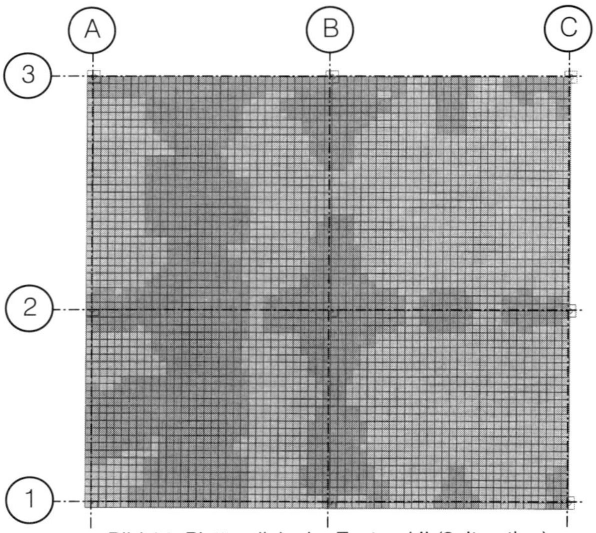

Bild 14: Plattendicke im Zustand II (3. Iteration)

Legende

Bild 12 und 13:
Plattenbiegemomente m_{Edx}:
$|\min m_{Ed,x}| > m_{cr,x}$ → grau
$\max m_{Ed,x} > m_{cr,x}$ → schwarz

Berechnung des Rissmomentes mit
$n_{Ed,perm,x,t=\infty} = -379$ kN/m (Tab. 4.3.2.2)
$\rightarrow m_{cr,x} = (2{,}9 + 0{,}379 / 0{,}26) \cdot 0{,}26^2 / 6$
$= 0{,}049$ MNm/m

Bild 14:
Plattendicken
h_I = 260 mm → hellgrau
h_{II} = 190 mm → dunkelgrau

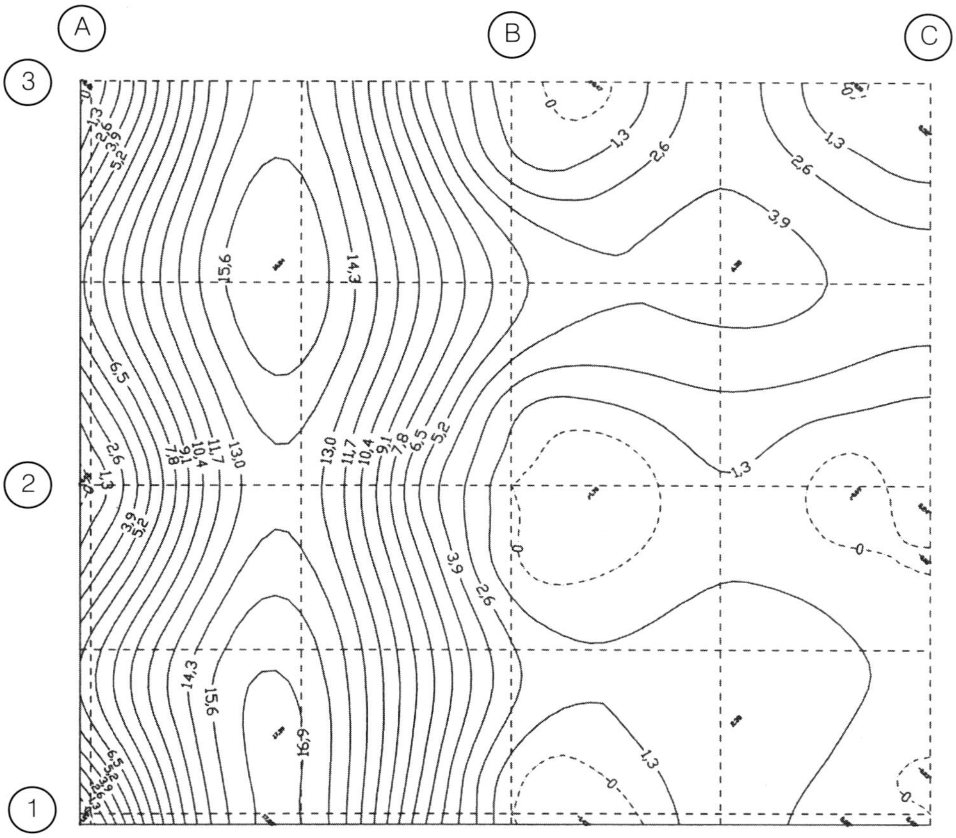

Bild 15: Durchbiegung [mm] Höhenlinien

Der genaue Ablauf dieses iterativen Rechengangs ist in einem Ablaufdiagramm zusammengefasst.

Anhang A17.2: Ablaufdiagramm zur direkten Verformungsberechnung für biegeschlanke Flachdecken

Um den Iterationsprozess übersichtlich zu gestalten, werden jeweils die Plattendicken größerer Plattenbereiche und nicht die Dicke jeden einzelnen finiten Elementes variiert. Dabei wird die mittlere effektive Plattendicke, die sich für alle Elemente des Bereiches in x- oder y-Richtung ergibt, angesetzt (Bild 14).

Auf Grundlage dieses Berechnungsverfahrens ergibt sich zum Zeitpunkt $t = \infty$ (Bild 15):

Durchhang (= Durchbiegung ohne Überhöhung)

$$\max w = 17 \text{ mm} < \text{zul } w = l / 250 = 7800 / 250 = 31 \text{ mm}$$

DIN 1045-1, 11.3.1:
(8) *Es darf angenommen werden, dass das Erscheinungsbild und die Gebrauchstauglichkeit eines Tragwerks nicht beeinträchtigt werden, wenn der Durchhang ... einer Platte ... unter der quasi-ständigen Einwirkungskombination* 1 / 250 *der Stützweite nicht überschreitet.*
(10) *Schäden an angrenzenden Bauteilen (z. B. an leichten Trennwänden) können auftreten, wenn die nach dem Einbau dieser Bauteile auftretende Durchbiegung einschließlich der zeitabhängigen Verformungen übermäßig groß ist. Als Richtwert für die Begrenzung darf* 1 / 500 *der Stützweite angenommen werden. ...*

Durchbiegungsbegrenzung für leichte Trennwände:

Die maßgebende Durchbiegung nach Einbau von z. B. verformungsempfindlichen Trennwänden erfolgt, nachdem die Durchbiegung infolge Platteneigenlast nach Rückbau der Schalung stattgefunden hat.

Von der Gesamtdurchbiegung zum Zeitpunkt $t = \infty$ infolge quasi-ständiger Einwirkungen $e_{d,perm} = 9{,}00$ kN/m² ist die Durchbiegung zum Zeitpunkt $t = 0$ infolge Deckeneigenlast $g_{k,1} = 6{,}50$ kN/m² abzuziehen.

Annahme: Trennwände werden eingebaut, nachdem die Schalung / Unterstützung der Decke entfernt wurde.

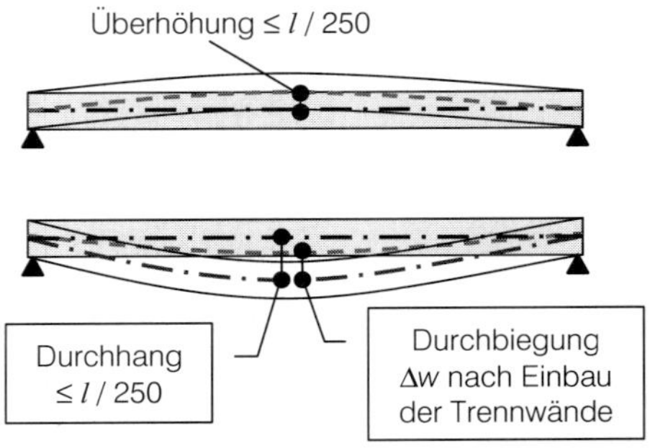

Die maßgebende Verformung infolge Deckeneigenlast $g_{k,1}$ berechnet sich zu:

$$w_{gk,1}(t_0) = 2 \text{ mm}$$

Sieht man sich das Ergebnis der Durchbiegungsberechnung in Bild 15 an, ist zu erkennen, dass sich die Durchbiegungskurve in den Endfeldern, die risserzeugend für leichte Trennwände ist, hauptsächlich in x-Richtung über die größere Spannweite von 9,60 m entwickelt.

Somit kann eingeschätzt werden, dass Schäden an leichten Trennwänden unwahrscheinlich sind:

$$\Delta w_x = (17 - 2) = \mathbf{15\ mm} < \mathbf{l_x / 500} = 9600 / 500 = 19 \text{ mm}$$

7 Bewehrungsführung, bauliche Durchbildung

7.1 Betonstahlbewehrung

7.1.1 Grundmaß der Verankerungslänge

Grundmaß: $l_b = (d_s / 4) \cdot (f_{yd} / f_{bd})$

DIN 1045-1, 12.6.2: (2), Gl. 140

Bemessungswert Verbundspannung:
gute Verbundbedingungen: $f_{bd} = 3{,}0$ N/mm² für C30/37

DIN 1045-1, 12.5, Tab. 25 $d_s \leq 32$ mm
DIN 1045-1, 12.4: (2) b gute Verbundbedingungen in Platte $h \leq 300$ mm.

Bemessungswert Stahlspannung: $f_{yd} = f_{yk} / \gamma_s = 435$ N/mm²

Ort	Verbund	d_s (mm)	l_b (mm)
untere + obere Bewehrung	gut	10	**365**
		12	**435**
		16	**580**
		20	**725**

7.1.2 Verankerung an den Rand- und Eckstützen

Exemplarisch wird nur die Bewehrungsführung für die erste Randstütze B / 1 stellvertretend für alle Rand- und Eckstützen behandelt. Maßgebend für die folgenden Nachweise ist die Biegebewehrung im Deckenabschnitt:

$0{,}95 \text{ m} \leq x < 18{,}25 \text{ m} \qquad -0{,}25 \text{ m} \leq y < 6{,}95 \text{ m}$

Mindestens die Hälfte der Feldbewehrung ist zum Auflager zu führen und dort zu verankern.

DIN 1045-1, 13.3.2: (1) Zugkraftdeckung Platten

a) **Freie Ränder zwischen den Stützen**

Die Mindestbewehrung in y-Richtung wird zum Endauflager geführt, das durch den äußeren Stützstreifen in x-Richtung im Bereich der Deckenabschnitte:

$0{,}95 \text{ m} \leq x < 8{,}65 \text{ m} \qquad 10{,}55 \text{ m} \leq x < 18{,}25 \text{ m}$

gebildet wird.

siehe 5.2 für Bewehrung in y-Richtung in den Deckenabschnitten:

$0{,}95 < x < 8{,}65$ m $\quad -0{,}25 < y < 6{,}95$ m
vorh $a_{sy1} = 7{,}85$ cm²/m (Ø 10 / 100 mm)
vorh $a_{sy2} = 7{,}85$ cm²/m (Ø 10 / 100 mm)

$10{,}55 < x < 18{,}25$ m $\quad -0{,}25 < y < 6{,}95$ m
vorh $a_{sy1} = 7{,}85$ cm²/m (Ø 10 / 100 mm)
vorh $a_{sy2} = 7{,}85$ cm²/m (Ø 10 / 100 mm)

b) **Randeinfassung an den freien Rändern der Deckenplatte**

An den freien Rändern der Deckenplatte werden als Randeinfassung Steckbügel Ø 10 / 100 mm angeordnet. Die Steckbügel übergreifen auf der unteren Seite die Feldbewehrung, auf der oberen Seite soll aus konstruktiven Gründen der zum Deckenrand parallel verlaufende äußere Gurtstreifen mit

$$b_{m,a} = (0{,}2\ l_{y1} + b_{St}) = 0{,}2 \cdot 7{,}80 + 0{,}5 = 2{,}06\ \text{m}$$

umfasst werden.

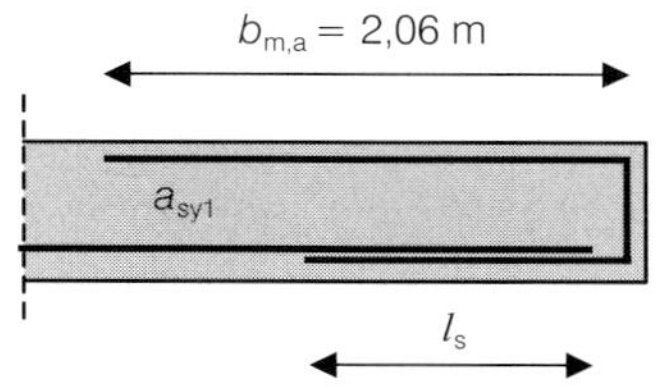

siehe DAfStb-Heft 240: Gurtstreifen
→ ausreichende Betondeckung beachten!

c) **Übergreifungslänge für die Feldbewehrung am Deckenrand**

Kriterium	Betonstabstahl erf a_{sy1} Ø 10 / 100 mm
	gerade Stabenden: $\alpha_a = 1{,}0$ und $\alpha_1 = 1{,}0$
$l_{s,min} = 0{,}3 \cdot \alpha_a \cdot \alpha_1 \cdot l_b$ $\geq 15\ d_s$ ≥ 200 mm	$l_{s,min} = 0{,}3 \cdot 1{,}0 \cdot 1{,}0 \cdot 365 = 109$ mm $< 15\ d_s = 150$ mm $<$ **200 mm**
$l_{b,net} = \alpha_a \cdot l_b \cdot (a_{s,erf} / a_{s,vorh})$ $\geq l_{b,min} = 0{,}3 \cdot \alpha_a \cdot l_b$ $\geq 10\ d_s$	$l_{b,net} = 1{,}0 \cdot 365\ (1{,}0) =$ **365 mm** $> 0{,}3 \cdot 1{,}0 \cdot 365 = 109$ mm $> 10 \cdot 1{,}0 = 100$ mm
$l_s = l_{b,net} \cdot \alpha_1$ $\geq l_{s,min}$	$l_{s,min} = 365 \cdot 1{,}0 =$ **365 mm** > 200 mm

DIN 1045-1, 12.8.2 (1) und Tab 26: $\alpha_a = 1{,}0$
DIN 1045-1, Tab. 27: α_1 für gestoßene Stäbe > 33 % in der Zugzone und $d_s < 16$ mm, Bild 58: $s \geq 10\ d_s$, daher $\alpha_1 = 1{,}0$ gemäß Fußnote [b)] zu wählen.
l_b siehe 7.1.1

DIN 1045-1, 12.6.2: (3), Gl. 141
Auf der sicheren Seite wird $a_{s,erf} / a_{s,vorh} = 1{,}0$ angenommen.

DIN 1045-1, 12.8.2: (1), Gl. 144, lichter Stababstand der gestoßenen Stäbe $\leq 4\ d_s$

Gewählte Übergreifungslänge $l_s =$ **400 mm** $\geq$ erf l_s

d) **Untere Feldbewehrung im Bereich der Randstützen**

Die gesamte Feldbewehrung in x- und y-Richtung wird zum Auflager geführt und dort verankert. In y-Richtung ist die Bewehrung im Deckenabschnitt:

$$8{,}65\ \text{m} \leq x < 10{,}55\ \text{m} \qquad -0{,}25\ \text{m} \leq y < 6{,}95\ \text{m}$$

siehe 5.2 für Bewehrung in y-Richtung im Deckenabschnitt:
$8{,}65 < x < 10{,}55$ m $-0{,}25 < y < 6{,}95$ m
vorh $a_{sy1} = 7{,}85\ \text{cm}^2/\text{m}$

maßgebend, und in x-Richtung die Bewehrung im Deckenabschnitt:

$$0{,}95\ \text{m} \leq x < 18{,}25\ \text{m} \qquad -0{,}25\ \text{m} \leq y < 0{,}75\ \text{m}$$

siehe 5.2 für Bewehrung in x-Richtung im Deckenabschnitt:
$0{,}95 < x < 18{,}25$ m $-0{,}25 < y < 0{,}75$ m
vorh $a_{sx1} = 14{,}55\ \text{cm}^2/\text{m}$
(Ø 10 / 100 mm + Ø 16 / 300 mm)

Wegen der elastischen Deckeneinspannung an den Randauflagern der Eck- und Randstützen (Zugspannungen an der Deckenoberseite) ist die Verankerung der Feldbewehrung mindestens in Analogie zu Zwischenauflagern durchlaufender Bauteile vorzunehmen.

$$\min l_{b,dir} = 6\ d_s = 6 \cdot 10 = 60\ \text{mm}$$

DIN 1045-1, 13.2.2: (9) An Zwischenauflagern von durchlaufenden Bauteilen ist die erforderliche Bewehrung mindestens um das Maß 6 d_s bis hinter den Auflagerrand zu führen.

Zur Vermeidung eines fortschreitenden Versagens von punktförmig gestützten Platten ist stets ein Teil der Feldbewehrung über die Stützstreifen im Bereich von Innen- und Randstützen hinwegzuführen bzw. dort zu verankern.

DIN 1045-1, 13.3.2: (12) ... Die hierzu erforderliche Bewehrung muss mindestens die Querschnittsfläche nach Gl. 153 aufweisen und ist im Bereich der Lasteinleitungsfläche anzuordnen.

Die durchzuführende bzw. zu verankernde Feldbewehrung im Bereich der Lasteinleitungsfläche ergibt sich zu:

$$\min A_s = V_{Ed} / f_{yk}$$

DIN 1045-1, 13.3.2: Gl. 153 in [1.1] Legende ergänzt, analog [6]

$$\text{mit } \gamma_F = 1{,}0 \rightarrow V_{Ed} = V_{Ek} = 464\ \text{kN}$$

siehe 5.3.1:
$V_{Ek} = V_{Ed0} / \gamma_F \approx 650 / 1{,}4 = 464$ kN

$\min A_s \quad = 0{,}464 \cdot 10^4 / 500 \quad = \mathbf{9{,}3\ cm^2}$

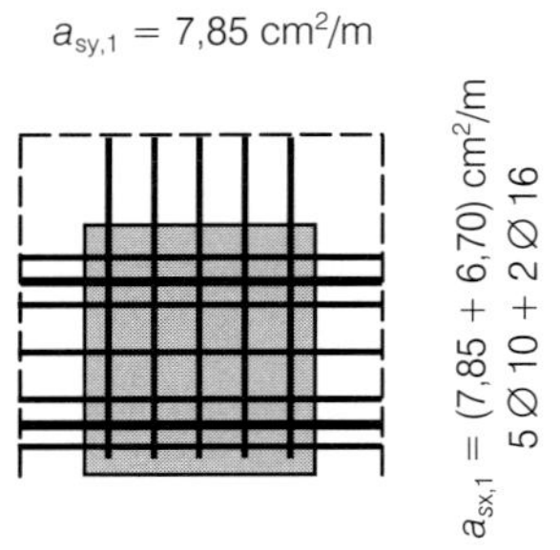

Da die gesamte Feldbewehrung zum Auflager geführt bzw. verankert wird, sind in der Lasteinleitungsfläche bei 500 mm Stützenbreite mindesten 5 Ø 10 aus y- und 2 · (5 Ø 10 + 2 Ø 16) aus der x-Richtung vorhanden:

$\text{vorh } A_s = 15 \cdot 0{,}79 + 4 \cdot 2{,}01 = \mathbf{19{,}9\ cm^2} > \min A_s$

Für diese Bewehrungsanordnung (durchlaufend bzw. verankert) sind somit keine Zulagen erforderlich.

e) Obere Stützbewehrung im Bereich der Randstützen

In ausreichend ausgesteiften Hochbauten können bei Innenstützen die Biegemomente aus Rahmenwirkung infolge lotrechter Belastung vernachlässigt werden. Randstützen müssen jedoch für Biegemomente bemessen werden, die näherungsweise nach [22] ermittelt werden können.

[22] DAfStb-Heft 240, Abschnitt 1.6, Schnittgrößen in rahmenartigen Tragwerken

Die Biegemomente im Bereich der Randstützung werden in diesem Berechnungsbeispiel für ein Ersatzrahmensystem bestehend aus

- Rahmenstielen mit $b / d / h$ = 0,50 / 0,50 / 3,50 m und
- einem Riegel mit $l_x / h / l_y$ = 9,60 / 0,26 / 7,80 m

ermittelt.

Hinweis: Die Aufnahme der Momente in den Rand- und Eckstützen von Flachdecken ([22] DAfStb-Heft 240: Abschnitt 3.5) ist bei der Stützenbemessung gesondert nachzuweisen (nicht in diesem Beispiel).

Für Volllast ergibt sich bei diesem Ersatzsystem ein Biegemoment im Riegel zu:

$m_{Edy} \quad = -50\ \text{kNm/m}$

Für die Ermittlung der Stützbewehrung bleiben die Normalkräfte aus der Vorspannung unberücksichtigt. Die erforderliche obere Bewehrung in y-Richtung im Deckenbereich $0{,}95 \leq x < 18{,}25$ ergibt sich dann zu:

$\mu_{Eds} = |m_{Edy}| / (d^2 \cdot f_{cd}) = 0{,}05 / (0{,}22^2 \cdot 17{,}0) = 0{,}06$

[135] Band 1, Anhang A4: Bemessungstabelle mit dimensionslosen Beiwerten für den Rechteckquerschnitt (C12/15 bis C50/60)

$\omega_1 = 0{,}0621 [/] \qquad \sigma_{sd} = 456{,}5\ [\text{MN/m}^2]$

$$\begin{aligned} \text{erf } a_{sy2} &= (\omega_1 \cdot b \cdot d \cdot f_{cd}) / \sigma_{sd} \\ &= (0{,}0621 \cdot 100 \cdot 22 \cdot 17{,}0) / 456{,}5 \\ &= \mathbf{5{,}09\ cm^2/m} \\ &< \text{vorh } a_{sy2} = 7{,}85\ \text{cm}^2/\text{m} \qquad \text{Grundbewehrung} \end{aligned}$$

Die vorhandene obere Plattenbewehrung muss somit zu 100 % bis zum freien Rand geführt werden und ist dort mit der Übergreifungslänge l_s zu verankern.

In die Randstütze ist die obere Bewehrung aus dem mitwirkenden Stützstreifen in y-Richtung einzuführen:

$$\begin{aligned} \text{erf } A_{sy2} &= 1{,}90\ \text{m} \cdot 5{,}09\ \text{cm}^2/\text{m} = \mathbf{9{,}67\ cm^2} \\ &> \text{vorh } A_{sy2} = 3{,}93\ \text{cm}^2 \end{aligned}$$

Als obere Zulagen im Lasteinleitungsbereich der Stütze werden somit 5 Ø 16 zugelegt. Die Einspannbewehrung ist jeweils in der Stütze und in der Platte mit Übergreifungslängen zu verankern.

f) Übergreifungslänge an der Randstütze oben

Kriterium	Betonstabstahl erf a_{sy2} Ø 16 / 100 mm
$l_{s,min} = 0{,}3 \cdot \alpha_a \cdot \alpha_1 \cdot l_b$ $\geq 15\, d_s$ ≥ 200 mm	gerade Stabenden: $\alpha_a = 1{,}0$ und $\alpha_1 = 2{,}0$ $l_{s,min} = 0{,}3 \cdot 1{,}0 \cdot 2{,}0 \cdot 580 =$ **348 mm** $> 15\, d_s = 240$ mm > 200 mm
$l_{b,net} = \alpha_a \cdot l_b \cdot (a_{s,erf} / a_{s,vorh})$ $\geq l_{b,min} = 0{,}3 \cdot \alpha_a \cdot l_b$ $\geq 10\, d_s$	$l_{b,net} = 1{,}0 \cdot 580\,(1{,}0) =$ **580 mm** $> 0{,}3 \cdot 1{,}0 \cdot 580 = 174$ mm $> 16 \cdot 10 = 160$ mm
$l_s = l_{b,net} \cdot \alpha_1$ $\geq l_{s,min}$	$l_s = 580 \cdot 2{,}0 =$ **1160 mm** > 348 mm

Gewählte Übergreifungslänge: $l_s = $ **1,20 m** $>$ erf l_s

DIN 1045-1, 12.8.2: (1) $\alpha_a = 1{,}0$
DIN 1045-1, Tab. 27: α_1 für gestoßene Stäbe
> 33 % in der Zugzone und $d_s \geq 16$ mm,
Bild 58: $s \leq 10\, d_s$, daher $\alpha_1 = 2{,}0$

l_b siehe 7.1.1

DIN 1045-1, 12.6.2: (3), Gl. 141
Auf der sicheren Seite wird $a_{s,erf} / a_{s,vorh} = 1{,}0$ angenommen.

DIN 1045-1, 12.8.2: (1), Gl. 144, lichter Stababstand der gestoßenen Stäbe $\leq 4\, d_s$

7.1.3 Verankerung an den Innenstützen

Exemplarisch wird nur die Bewehrungsführung für die am höchsten belastete Innenstütze B / 2 stellvertretend für alle Innenstützen behandelt. Maßgebend für die folgenden Nachweise ist die Biegebewehrung im Deckenabschnitt:

$8{,}65$ m $\leq x < 10{,}55$ m $6{,}95$ m $\leq y < 8{,}65$ m

Mindestens die Hälfte der Feldbewehrung ist zum Auflager zu führen und dort zu verankern.

Untere Feldbewehrung im Bereich der Innenstützen:

Die gesamte Feldbewehrung in x- und y-Richtung wird über die Stützen geführt.

Mindestverankerungslänge an Zwischenauflagern durchlaufender Bauteile:

$\min l_{b,dir} = 6\, d_s = 6 \cdot 16 = 96$ mm

Die durchzuführende bzw. zu verankernde Feldbewehrung im Bereich der Lasteinleitungsfläche ergibt sich zu:

$\min A_s = V_{Ed} / f_{yk}$

mit $\gamma_F = 1{,}0 \rightarrow V_{Ed} = V_{Ek} = 1125$ kN

$\min A_s = 1{,}125 \cdot 10^4 / 500 =$ **22,5 cm²**

Da die gesamte Feldbewehrung zum Auflager geführt bzw. verankert wird, sind in der Lasteinleitungsfläche bei 500 mm Stützenbreite mindestens (2 · 5) Ø 10 aus der y-Richtung und 2 · (5 Ø 10 + 2 Ø 16) aus der x-Richtung vorhanden:

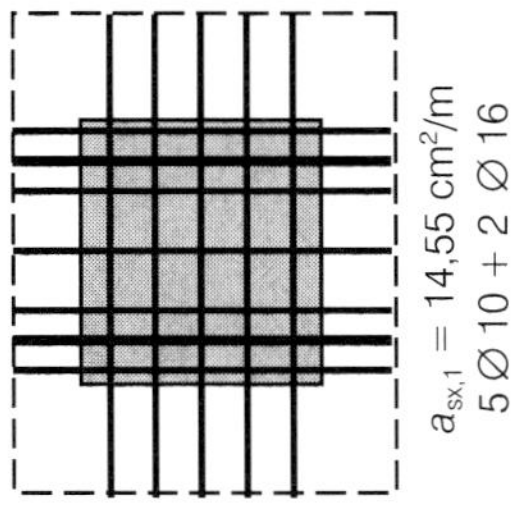

vorh $A_s = 20 \cdot 0{,}79 + 4 \cdot 2{,}01 =$ **23,8 cm²** $>$ min A_s

DIN 1045-1, 13.3.2:
(1) Zugkraftdeckung Platten

siehe 5.3.2: Nachweis der Querkrafttragfähigkeit außerhalb des Durchstanzbereiches mit 100 % der Feldbewehrung als Grundbewehrung!

DIN 1045-1, 13.3.2: Gl. 153 in [1.1] Legende ergänzt, analog [6]

siehe 5.3.1:
$V_{Ek} = V_{Ed0} / \gamma_F \approx 1575 / 1{,}4 = 1125$ kN

siehe 5.2 für Bewehrung in x- und y-Richtung im Deckenabschnitt:
$8{,}65 < x < 10{,}55$ m $6{,}95 < y < 8{,}65$ m
vorh $a_{sx1} = 14{,}55$ cm²/m
(Ø 10 / 100 mm + Ø 16 / 300 mm)
vorh $a_{sy1} = 7{,}85$ cm²/m (Ø 10 / 100 mm)

$a_{sy,1} = 7{,}85$ cm²/m

7.1.4 Verankerung außerhalb der Auflager

Die Stäbe der oberen gestaffelten Stützbewehrungen über den Stützen und Gurtstreifen sind vom Nullpunkt der jeweiligen Zugkraftlinie im Feld um das Maß $l_{b,net}$ zu verankern.

DIN 1045-1, 13.2.2: Zugkraftdeckung Bild 66

$$l_{b,net} = \alpha_a \cdot l_b \cdot (a_{s,erf} / a_{s,vorh}) = 0 \text{ (wegen } a_{s,erf} = 0)$$
$$< l_{b,min} = 0{,}3 \cdot \alpha_a \cdot l_b = 0{,}3 \cdot 1{,}0 \cdot 725 = 218 \text{ mm}$$

DIN 1045-1, 12.6.2: (3), Gl. 141
l_b für ∅ 20 siehe 7.1.1

7.1.5 Mindestbewehrung zur Sicherstellung eines duktilen Bauteilverhaltens

Zur Sicherstellung eines duktilen Bauteilverhaltens ist das Rissmoment des Querschnittes im Zustand I mit Mindestbewehrung abzudecken:

Vermeidung des Versagens ohne Vorankündigung

$$m_{cr} = f_{ctm} \cdot W_{ct}$$
$$= 2{,}9 \cdot 0{,}26^2 / 6 \cdot 10^3 = 33 \text{ kNm/m}$$

DIN 1045-1, 13.1.1
Rissmoment ohne Anrechnung der Vorspannung

$$\min a_{sx} = \min a_{sy}$$
$$= m_{cr} / (f_{yk} \cdot z)$$
$$= 0{,}033 / (500 \cdot 0{,}8 \cdot 0{,}20)$$
$$= \mathbf{4{,}13\ cm^2/m}$$
$$< \text{vorh} \min a_s = 7{,}85 \text{ cm}^2\text{/m kreuzweise}$$

Hinweis: innerer Hebelarm der Betonstahlbewehrung $z = 0{,}8 \cdot d$

7.1.6 Oberflächenbewehrung bei vorgespannten Bauteilen

Bei vorgespannten Bauteilen ist stets eine Oberflächenbewehrung anzuordnen.

DIN 1045-1, 13.1.2: (1)

Bei Platten der Expositionsklasse XC3 ist in der Zugzone unter Einhaltung eines maximalen Stababstandes von 200 mm ein annähernd rechtwinkliges Bewehrungsnetz vorzusehen mit:

$$\min a_{sx,surf} = \min a_{sy,surf} = 0{,}5 \cdot \rho \cdot h$$
$$\rho = 0{,}93\ ‰ = 0{,}093\ \%$$
$$\min a_{sx,surf} = \min a_{sy,surf} = 0{,}5 \cdot 0{,}093 \cdot 0{,}26 = \mathbf{1{,}21\ cm^2/m}$$

DIN 1045-1, 13.1.2: (3) Die Oberflächenbewehrung ist in der Zug- und Druckzone von Platten in Form von Bewehrungsnetzen anzuordnen, die aus zwei sich annähernd rechtwinklig kreuzenden Bewehrungslagen mit der jeweils nach Tabelle 30 erforderlichen Querschnittsfläche bestehen. Dabei darf der Stababstand 200 mm nicht überschreiten.

$$\max a_{sx,surf} = \max a_{sy,surf} = 3{,}4 \text{ cm}^2\text{/m}$$

DIN 1045-1, 13.1.2, Tab. 29 und 30
DIN 1045-1, 13.1.2: (4)

Am äußeren Rand der Druckzonen darf die Oberflächenbewehrung entfallen.

7.2 Spannstahlbewehrung

Die direkt mit dem Spannverfahren zusammenhängenden konstruktiven und baulichen Einzelheiten sind in den allgemeinen bauaufsichtlichen Zulassungen des Spannverfahrens geregelt.

DIN 1045-1, 8.7.7: Verankerungsbereiche bei Spanngliedern mit nachträglichem Verbund oder ohne Verbund
Die im Verankerungsbereich erforderliche Spaltzug- und Zusatzbewehrung ist der allgemeinen bauaufsichtlichen Zulassung für das Spannverfahren zu entnehmen. Der Nachweis der Kraftaufnahme und -weiterleitung im Tragwerk ist mit einem geeigneten Verfahren (z. B. nach einem Stabwerkmodell nach 10.6) zu führen.

Im Allgemeinen kann dann der Nachweis für die direkte Überleitung der Spannkräfte auf den Bauwerkbeton entfallen.
Diese Überleitung wird durch die Festlegungen der Zulassung für die Ankerplattengröße, die Randabstände, die zusätzliche (Wendel-)Bewehrung abhängig von Betonfestigkeitsklasse und der Litzenanzahl geregelt.

Die in der Zulassung geforderte Zusatzbewehrung darf nicht auf die statisch erforderliche Bewehrung angerechnet werden.

Anhang A17.1: Die Freie Spanngliedlage

[70] *Maier/Wicke*: Die Freie Spanngliedlage – Entwicklung und Umsetzung in die Praxis
Beton- und Stahlbetonbau 95 (2000), Heft 2, S. 62 ff.

Zur Bestimmung der Spanngliedverläufe bei der freien Spanngliedlage mit Monolitzen ohne Verbund wurden am Institut für Betonbau der Universität Innsbruck Versuchsreihen durchgeführt. Vermessungen der Probekörper haben gezeigt, dass die Spanngliedverläufe bei Rand- und Mittenanhebung mit parabelförmigen Beziehungen 4. Ordnung in guter Näherung beschrieben werden. Im Folgenden sind die rechnerischen Beziehungen für die Spanngliedverläufe, Spanngliedneigungen, Spanngliedkrümmungen, freien Durchhanglängen und die Umlenkkräfte zusammengestellt.

Randanhebung

Spanngliedverlauf — Grafische Darstellung

$$z(x) = (e_{1r} + e_{2r}) \cdot \left[\frac{x^4}{l_r^4} - \frac{2 \cdot x^3}{l_r^3} + \frac{2 \cdot x}{l_r} \right] - e_{2r}$$

mit l_r – freie Durchhanglänge am Rand
e_{1r}, e_{2r} – Abstände von Bauteil- zu Spanngliedachsen
u_{pu}, u_{po} – Abstand von Bauteilrand zu Spanngliedachse

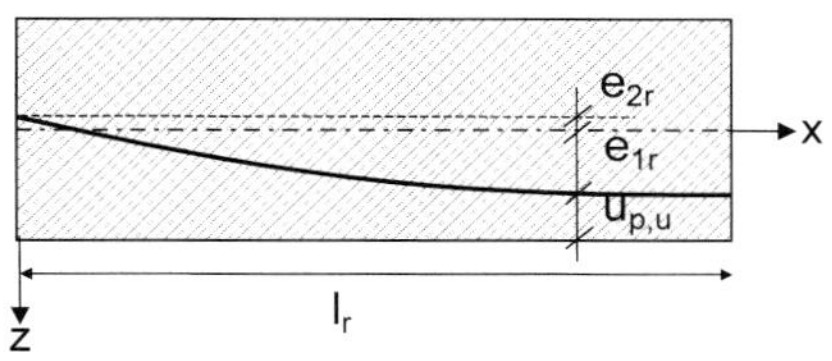

Spanngliedneigung — Grafische Darstellung

$$z'(x) = (e_{1r} + e_{2r}) \cdot \left[\frac{4 \cdot x^3}{l_r^4} - \frac{6 \cdot x^2}{l_r^3} + \frac{2}{l_r} \right]$$

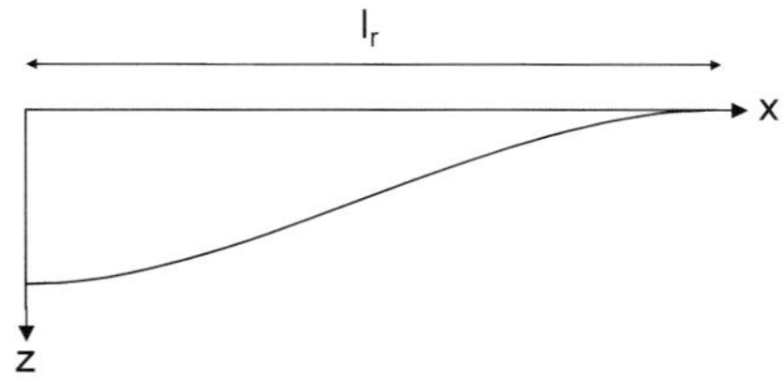

Spanngliedkrümmung — Grafische Darstellung

$$z''(x) = (e_{1r} + e_{2r}) \cdot \left[\frac{12 \cdot x^2}{l_r^4} - \frac{12 \cdot x}{l_r^3} \right]$$

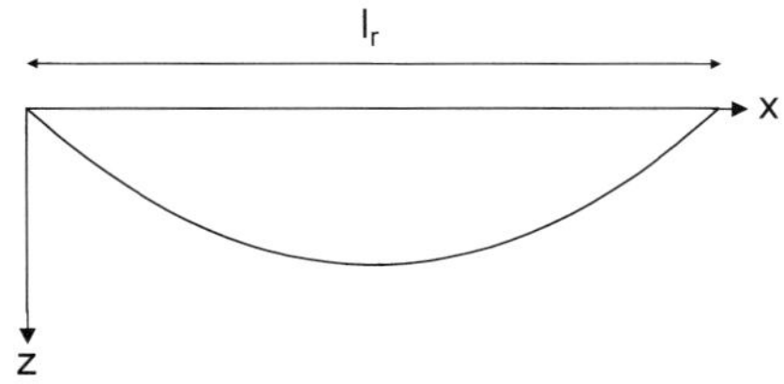

Freie Durchhanglänge

Unter Annahme der Biegelinie nach der linearen Stabtheorie ergibt sich:

$$l_r = \sqrt[4]{\frac{24 \cdot E_p \cdot I \cdot (e_1 + e_2)}{g}}$$

mit E_p – E-Modul des Spannstahls
I – Flächenträgheitsmoment der Monolitze
g – Eigengewicht der Monolitze je lfdm

Umlenkkräfte

$$u(x) = z''(x) \cdot P = (e_{1r} + e_{2r}) \cdot \left[\frac{12 \cdot x^2}{l_r^4} - \frac{12 \cdot x}{l_r^3} \right] \cdot P$$

$$U_{1r} = U_{2r} = \int_0^{l_r} u(x)\,dx = \frac{2 \cdot (e_{1r} + e_{2r})}{l_r} \cdot P \qquad m_r = P \cdot e_{2r} \qquad \text{mit } P \text{ – Vorspannkraft}$$

Mittenanhebung

Spanngliedverlauf — Grafische Darstellung

$$z(x) = (e_{1m} + e_{2m}) \cdot \left[\frac{3 \cdot x^4}{l_m^4} - \frac{8 \cdot x^3}{l_m^3} + \frac{6 \cdot x^2}{l_m^2} - 1 \right] + e_{1m}$$

mit l_m – freie Durchhanglänge in der Mitte

e_{1m}, e_{2m} – Abstände von Bauteil- zu Spanngliedachsen

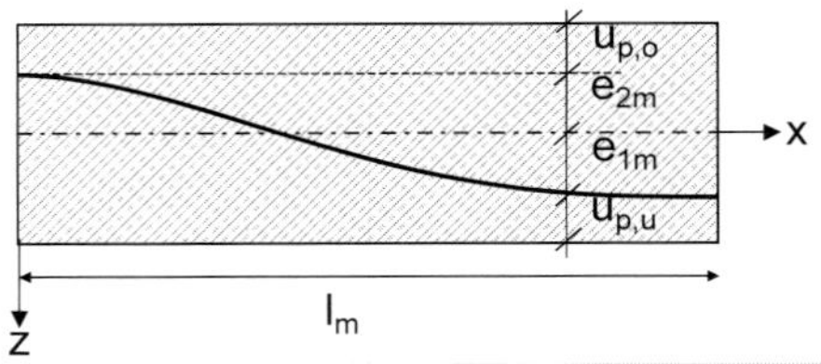

Spanngliedneigung — Grafische Darstellung

$$z'(x) = (e_{1m} + e_{2m}) \cdot \left[\frac{12 \cdot x^3}{l_m^4} - \frac{24 \cdot x^2}{l_m^3} + \frac{12 \cdot x}{l_m^2} \right]$$

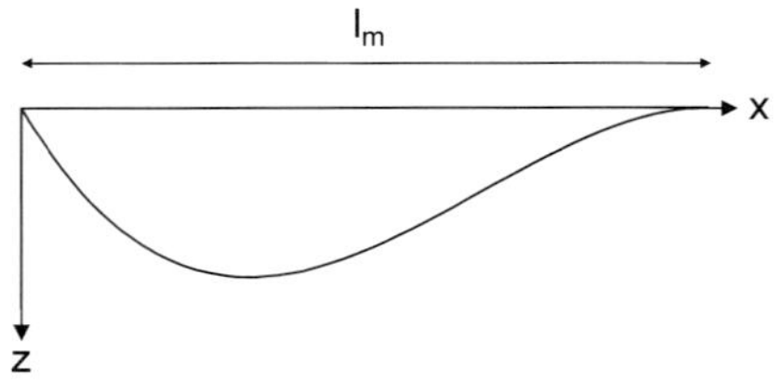

Spanngliedkrümmung — Grafische Darstellung

$$z''(x) = (e_{1m} + e_{2m}) \cdot \left[\frac{36 \cdot x^2}{l_m^4} - \frac{48 \cdot x}{l_m^3} + \frac{12}{l_m^2} \right]$$

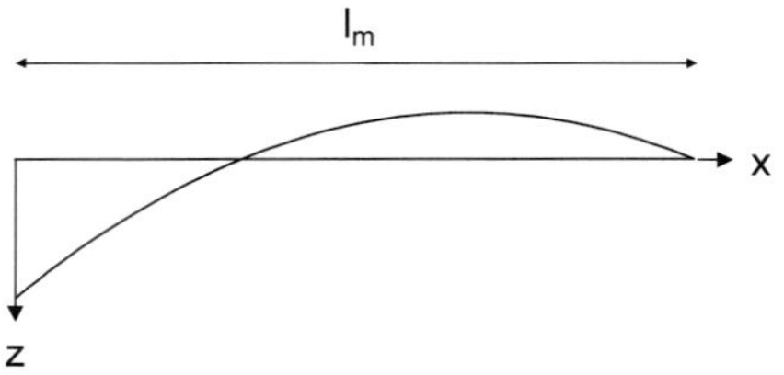

Freie Durchhanglänge

Unter Annahme der Biegelinie nach der linearen Stabtheorie ergibt sich:

$$l_m = \sqrt[4]{\frac{72 \cdot E_p \cdot I \cdot (e_{1m} + e_{2m})}{g}}$$

mit E_p – E-Modul des Spannstahls

I – Flächenträgheitsmoment der Monolitze

g – Eigengewicht der Monolitze je lfdm

Umlenkkräfte

$$u(x) = z''(x) \cdot P = (e_{1m} + e_{2m}) \cdot \left[\frac{36 \cdot x^2}{l_m^4} - \frac{48 \cdot x}{l_m^3} + \frac{12}{l_m^2} \right] \cdot P$$

$$U_{1m} = U_{2m} = \int_0^{l_m} u(x)\,dx = \frac{16}{9} \cdot \frac{(e_{1m} + e_{2m})}{l_m} \cdot P$$

Anhang A17.2: Ablaufdiagramm zur direkten Verformungsberechnung für biegeschlanke Flachdecken

Für die Einhaltung der Verformungsgrenzwerte in überwiegend auf Biegung beanspruchten Stahlbetonbauteilen wird in der DIN 1045-1 nur die Möglichkeit des Nachweises zur Begrenzung der Biegeschlankheit angeboten. Eine direkte Berechnungsmethode zur Bestimmung der Durchbiegungen wird weder für Stahlbeton- noch für Spannbetonbauteile angegeben. Das folgende Ablaufdiagramm zeigt ein mögliches Verfahren zur direkten Berechnung zeitabhängiger Verformungen in Stahlbeton- und Spannbetondecken.

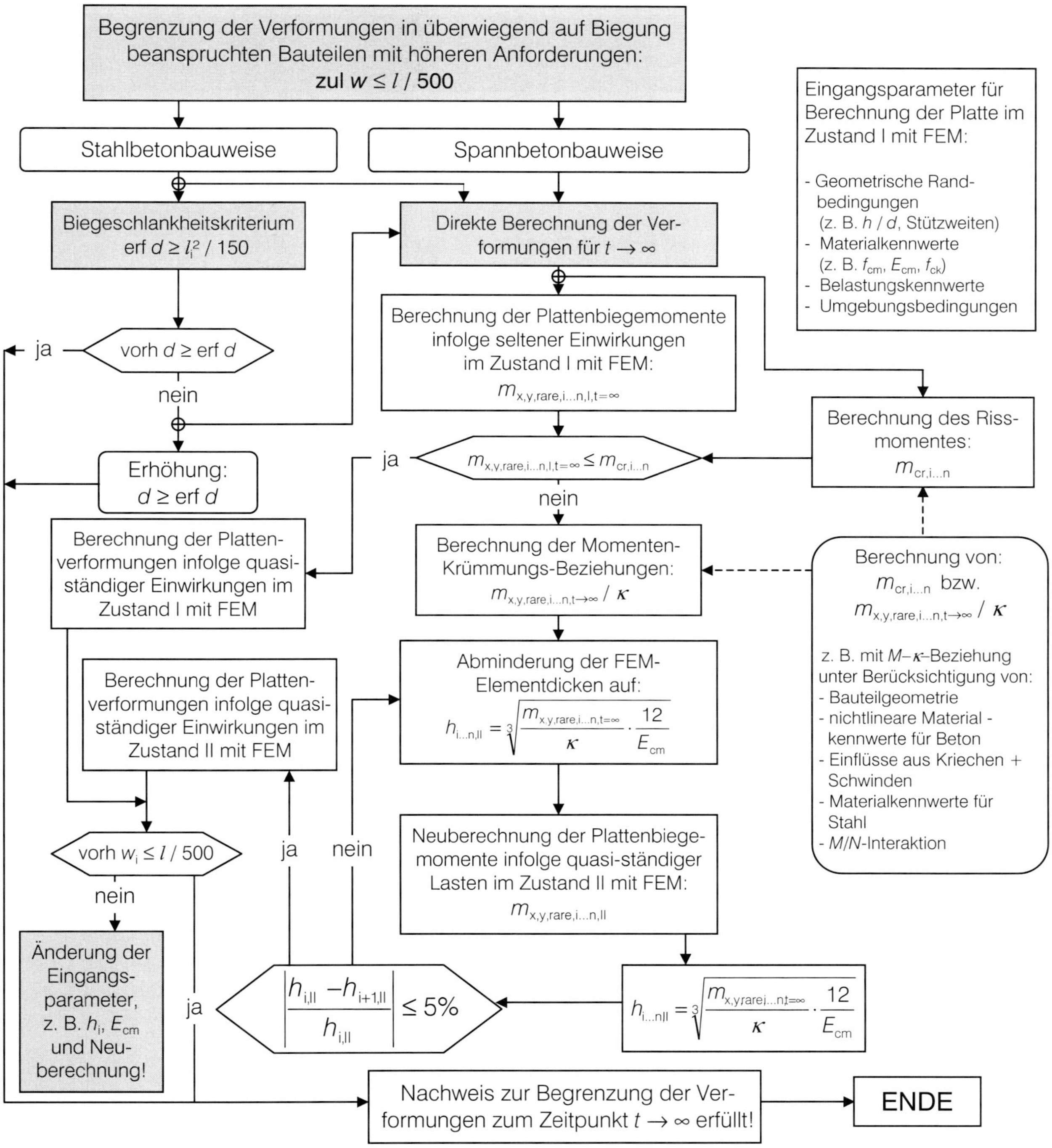

Beispiel 18: Flachdecke mit Kragarm

Inhalt

		Seite
	Aufgabenstellung	18-2
1	System, Bauteilmaße, Betondeckung	18-3
1.1	System	18-3
1.2	Mindestfestigkeitsklasse, Betondeckung	18-3
1.3	Mindestdeckendicke	18-4
2	Einwirkungen	18-4
2.1	Charakteristische Werte	18-4
2.2	Lastfallkombinationen in den Grenzzuständen der Tragfähigkeit	18-5
2.3	Lastfallkombinationen in den Grenzzuständen der Gebrauchstauglichkeit	18-5
3	Schnittgrößenermittlung in den Grenzzuständen der Tragfähigkeit	18-6
3.1	Allgemeines	18-6
3.2	Bemessungsmomente	18-7
4	Grenzzustände der Tragfähigkeit	18-8
4.1	Bemessungswerte der Baustoffe	18-8
4.2	Bemessung für Biegung	18-8
4.2.1	Mindestbewehrung	18-8
4.2.2	Erforderliche Längsbewehrung	18-9
4.2.3	Gewählte Bewehrung	18-10
5	Grenzzustände der Gebrauchstauglichkeit	18-11
5.1	Schnittgrößenermittlung	18-11
5.1.1	Momente zum Zeitpunkt t_0 im Zustand I	18-11
5.1.2	Momente zum Zeitpunkt $t \rightarrow \infty$ im Zustand II	18-12
5.2	Begrenzung der Spannungen	18-13
5.3	Begrenzung der Rissbreiten	18-13
5.4	Begrenzung der Verformungen	18-14
5.4.1	Verformungen im Zustand I	18-16
5.4.2	Verformungen im Zustand II	18-17
5.4.3	Zusammenstellung der Verformungen	18-19

Beispiel 18: Flachdecke mit Kragarm

Aufgabenstellung

Für die auskragende Flachdecke eines Bürogebäudes ist die Gebrauchstauglichkeit nachzuweisen.

DIN 1045-1, 3.1.1: üblicher Hochbau

Für schlanke, unterschiedlich gelagerte Deckenplatten, oder Deckenplatten mit hohen Einzel- bzw. Linienlasten, unregelmäßigen Grundrissen oder großen Öffnungen ist der Nachweis der Verformungen ohne direkte Berechnung über die vereinfachte Begrenzung der Biegeschlankheit nach DIN 1045-1, 11.3.2 ungeeignet.

Das Bürogebäude ist durch Wand- und Deckenscheiben ausgesteift, so dass die Flachdecke nur für lotrechte Einwirkungen nachzuweisen ist.

Die Platte ist auf Einzelstützen und Wandscheiben gelagert.
Für die Schnittgrößenermittlung wird die Auflagerung der Plattenränder in der Mittellinie der Unterstützungen angenommen.

Insbesondere soll in diesem Beispiel auf die näherungsweise Berechnung der Verformungen eingegangen werden.

Im DAfStb-Heft 525 [29] wird zur direkten Berechnung von Verformungen neben Hinweisen auf weitere Literatur kein Berechnungsverfahren angegeben.
Weitere Erläuterungen auch in [141].

Die Einhaltung des zulässigen Durchhangs von 1 / 250 der Stützweite unter der quasi-ständigen Einwirkungskombination wird im Beispiel durch eine Berechnung der Durchbiegungen überprüft.

DIN 1045-1, 11.3.1 (8)

Die erhöhten Anforderungen an die Durchbiegung von 1 / 500 der Stützweite, z. B. zur Vermeidung von Schäden an leichten Trennwänden auf der Decke, können durch eine zweistufige Durchbiegungsberechnung nachgewiesen werden, wenn die einstufige Durchbiegungsberechnung unter der maßgebenden Gesamteinwirkungskombination nicht schon zum erfolgreichen Nachweis führt.

DIN 1045-1, 11.3.1 (10)

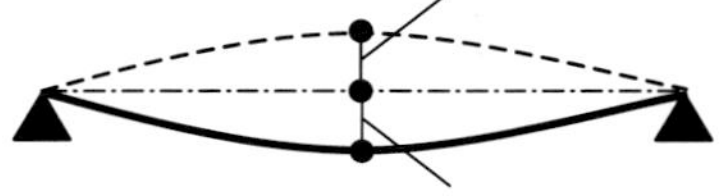

Abhängig vom Bauablauf ist die Durchbiegungsberechnung durchzuführen:

1. Durchbiegung w_1 infolge Deckeneigenlast nach Entfernung der Schalung / Deckenunterstützung (Zeitpunkt t_0).
2. Zusatzdurchbiegung w_2 infolge der Ausbaulasten aus Trennwänden und Bodenaufbau zzgl. des quasi-ständigen Lastanteils der Nutzlasten (Zeitpunkt t_1).

In der Regel $t_1 = t_0$, da im Zeitraum zwischen der Erstdurchbiegung und dem Aufbringen der Ausbaulasten keine wesentlichen Kriechverformungen stattfinden.

Die Gesamtdurchbiegung $w_1 + w_2$ soll unter Ausnutzung einer möglichen Überhöhung zu keinem größeren Durchhang als l / 250 führen.
Nur die Zusatzdurchbiegung w_2 nach Einbau schadensempfindlicher Bauteile ist auf l / 500 zu beschränken.

DIN 1045-1, 11.3.1 (9) zul. Überhöhung l / 250

System- und Lastannahmen sowie Bewehrung sind aus [47] übernommen, wo auch die Bewehrungsführung und die bauliche Durchbildung ausführlich dargestellt sind.

[47] *Litzner*: Grundlagen der Bemessung nach DIN 1045-1 in Beispielen, BK 2002/1
→ dort auch die Nachweise im Grenzzustand der Tragfähigkeit

Umgebungsbedingungen:
geschlossene Innenräume mit normaler Luftfeuchtigkeit

Vorwiegend ruhende Einwirkungen.

DIN 1045-1, 3.1.2: vorwiegend ruhende Einwirkung

Baustoffe:
- Beton: C30/37
- Betonstabstahl: BSt 500 S (A)
- Betonstahlmatten: BSt 500 M (A)

DIN 1045-1, 9.1: Beton
DIN 1045-1, 9.2: Betonstahl

1 System, Bauteilmaße, Betondeckung

1.1 System

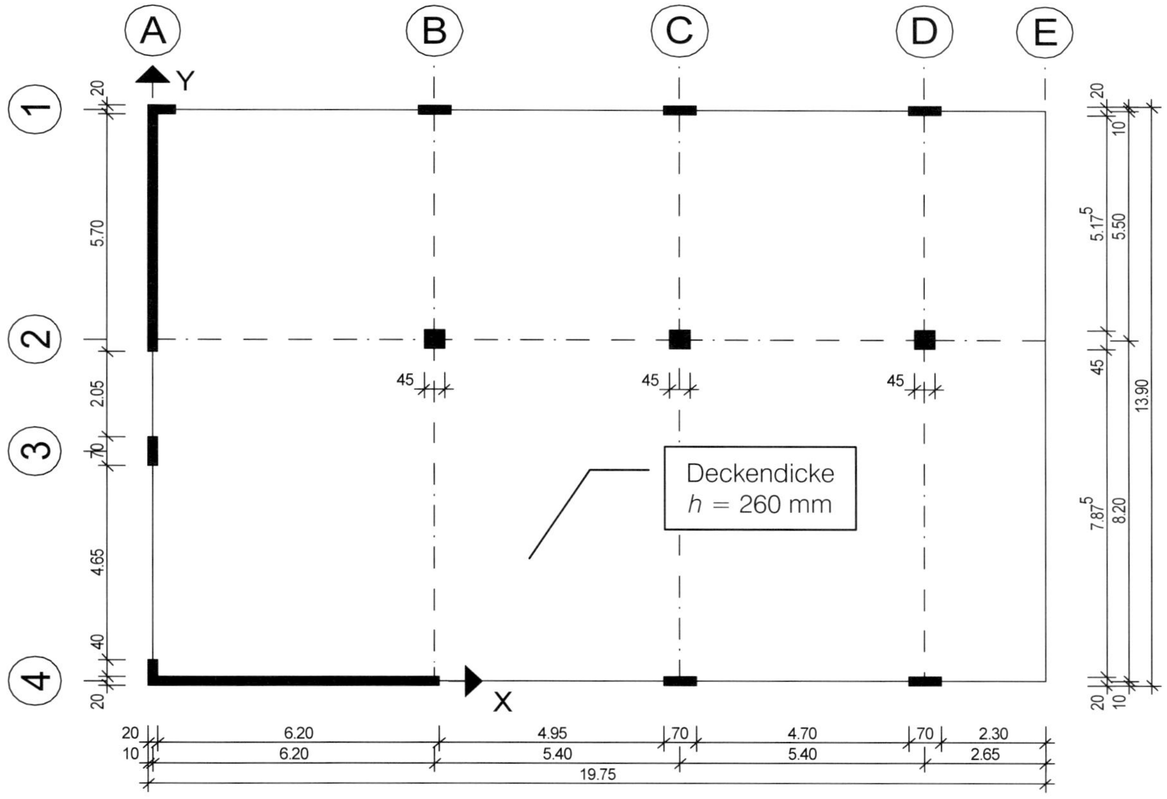

1.2 Mindestfestigkeitsklasse, Betondeckung

DIN 1045-1, 6: Sicherstellung der Dauerhaftigkeit

Expositionsklasse für Bewehrungskorrosion infolge Karbonatisierung: ⇨ XC1
Mindestfestigkeitsklasse Beton ⇨ C16/20

DIN 1045-1, Tab. 3: Expositionsklassen XC1 trocken (Innenräume mit normaler Luftfeuchte)

Keine Expositionsklasse für Betonangriff.

Gewählt: C30/37 XC1

Die höhere Betonfestigkeitsklasse wird im Hinblick auf die Bemessung gewählt. Die Expositionsklasse ist anzugeben (wichtig für die Betontechnologie nach DIN 1045-2).

Betondeckung

DIN 1045-1, Tab. 4: Mindestbetondeckung c_{min} und Vorhaltemaß Δc in Abhängigkeit von der Expositionsklasse. Keine Abminderung von c_{min} um 5 mm gemäß [a]) zulässig, da Expositionsklasse XC1.
DIN 1045-1, 6.3 (9): $\Delta c_{red} = 5$ mm mit besonderen Maßnahmen zur Qualitätssicherung, auf dem Bewehrungsplan angeben!

Mindestbetondeckung für XC1	c_{min}	= 10 mm
+ reduziertes Vorhaltemaß	Δc_{red}	= 5 mm
= Nennmaß der Betondeckung	c_{nom}	= 15 mm

Zur Sicherstellung des Verbundes: $c_{min} \geq$ Stabdurchmesser

DIN 1045-1, 6.3: (4)

Längsbewehrung	$\leq \varnothing$ 12:	$c_{min} = 12$ mm	$\Delta c = 5$ mm	$c_{nom} = 17$ mm
Bügel	$\varnothing$ 10:	$c_{min} = 10$ mm	$\Delta c = 5$ mm	$c_{nom} = 15$ mm

Die Durchstanzbewehrung aus Bügeln soll jeweils nur die innenliegende Längsbewehrungslage umfassen, Bügel sind mit äußerer Längsbewehrung bündig.

Daraus ergeben sich als Verlegemaße:

Längsbewehrung	$\leq \varnothing$ 12:	$c_{v,l}$	**= 20 mm**
Bügel	$\varnothing$ 10:	$c_{v,Bü}$	**= 20 mm**

DIN 1045-1, 6.3: (11)

1.3 Mindestdeckendicke

DIN 1045-1, 11.3.2: Verformungsbegrenzung ohne direkte Berechnung

Mindestdicke:

- allgemein: 70 mm
- Platten mit Querkraftbewehrung (aufgebogen): 160 mm
- Platten mit Querkraftbewehrung (Bügel): 200 mm

DIN 1045-1, 13.3.1

- bei Begrenzung der Biegeschlankheit:

→ für Deckenplatten des üblichen Hochbaus im Allgemeinen:

DIN 1045-1, 11.3.2 (2)

$l_i / d \leq 35$

Ersatzstützweite $l_i = \alpha \cdot l_{eff}$

$\alpha = 0{,}8$ $l_i = 0{,}8 \cdot 8{,}20 = 6{,}56$ m Randfeld

$\alpha = 2{,}4$ $l_i = 2{,}4 \cdot 2{,}65 = 6{,}36$ m Kragplatte

Beiwerte α nach Tabelle 22 für C30/37
DIN 1045-1, 11.3.2: (3) Für punktförmig gelagerte Platten ist die größere der beiden Ersatzstützweiten maßgebend.

im Randfeld: → erf $d = 6560 / 35 \approx 190$ mm

Kragplatte: → erf $d = 6360 / 35 \approx 180$ mm

erf $h = d + c_{v,l} + 0{,}5 \cdot d_{s,l}$

$= 190 + 20 + 10 / 2 \approx 220$ mm

untere Längsbewehrung: max $d_{s,l} = 10$ mm
obere Längsbewehrung: max $d_{s,l} = 12$ mm

→ für Deckenplatten des üblichen Hochbaus mit höheren Anforderungen:

DIN 1045-1, 11.3.2 (2)

$l_i / d \leq 150 / l_i$

im Randfeld: → erf $d = 6{,}56^2 / 150 = 290$ mm

erf $h = 290 + 20 + 10 / 2 \approx 320$ mm

Mit der gewählten Deckendicke $h = 260$ mm ist hier nur das Biegeschlankheitskriterium $l_i / d \leq 35$ erfüllt!

2 Einwirkungen

2.1 Charakteristische Werte

Index k = charakteristisch

Ständig (Eigenlasten):

Stahlbetondecke	0,26 m · 25 kN/m³ =	6,50 kN/m²
Belag, Schalldämmung, Ausbaulast		2,50 kN/m²
Lastfall 1: Ständige Einwirkungen (G):	$g_{k,1}$ =	**9,00 kN/m²**

DIN 1055-1, Tab. 1: Wichte Stahlbeton 25 kN/m³
DIN 1055-100, Anhang A: Bemessungsregeln für Hochbauten, A.1 (2) Das Konstruktionseigengewicht und die Eigengewichte nichttragender Teile dürfen als Eigenlasten zu einer gemeinsamen unabhängigen Einwirkung G_k zusammengefasst werden.

Veränderlich:

Nutzlast Büro, Kategorie B1		2,00 kN/m²
Trennwandzuschlag		1,00 kN/m²
	$q_{k,1}$ =	**3,00 kN/m²**

DIN 1055-3, Tab. 1
DIN 1055-3, 4: (4) für Wandeigenlast ≤ 3 kN/m mindestens $\Delta q = 0{,}8$ kN/m²

Für die veränderlichen Lasten ergeben sich die Lastfälle aus einer vereinfachten Schachbrettanordnung (Schraffuren in der Belastungsskizze).

für die Berücksichtigung der günstigen und ungünstigen Auswirkungen der Einwirkungen

Lastfall 2: Veränderliche Last (Q) in Feld 1 und 5

Feld 1 zwischen Achsen A-B und 1-2
Feld 5 zwischen Achsen C-D und 1-2
usw.

Lastfall 3: Veränderliche Last (Q) in Feld 4 und 8

Lastfall 4: Veränderliche Last (Q) in Feld 3 und 7

Lastfall 5: Veränderliche Last (Q) in Feld 2 und 6

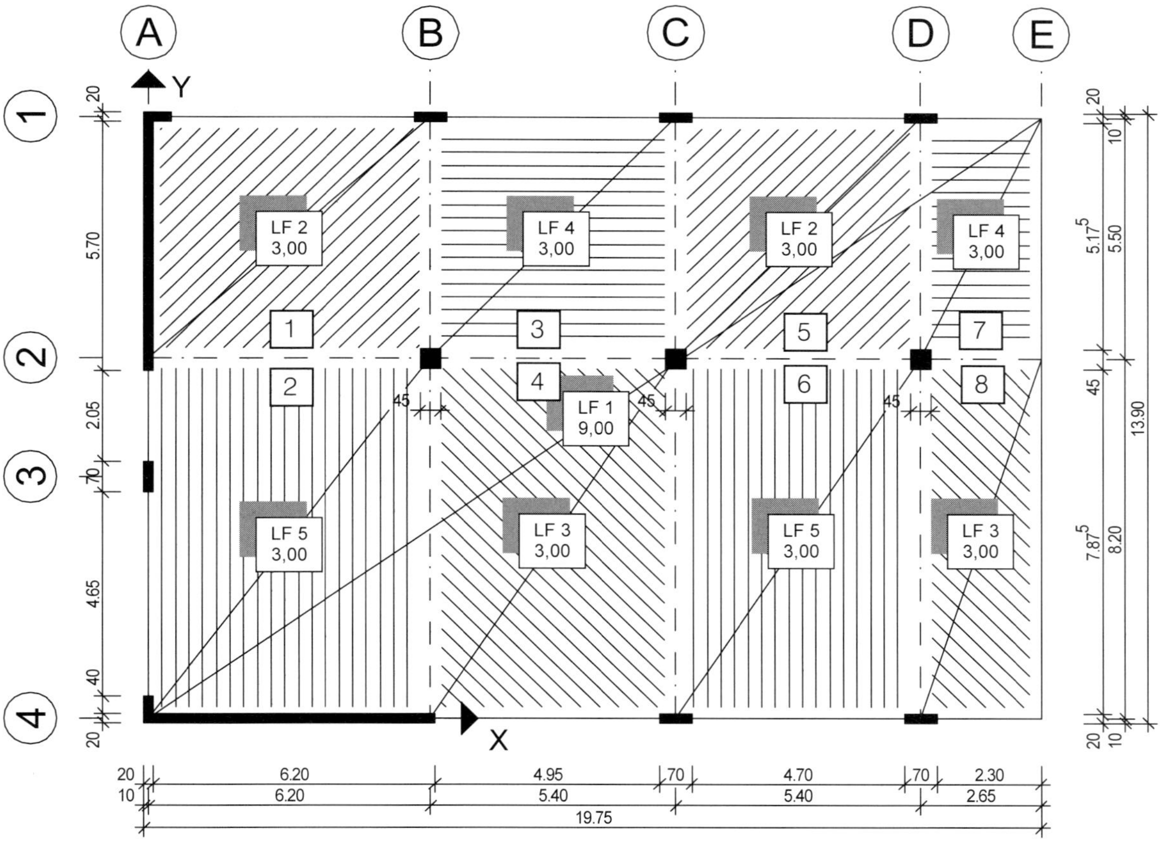

abacus-Programm **E L F I – W Z 2**: System und Schachbrettanordnung der Belastung
Charakteristische Werte der Eigen- und Nutzlasten (kN/m²) in den Lastfällen LF 1–5

2.2 Lastfallkombinationen in den Grenzzuständen der Tragfähigkeit

Teilsicherheitsbeiwerte in den Grenzzuständen der Tragfähigkeit:

Einwirkungen	günstig	ungünstig
• ständige	$\gamma_G = 1{,}00$	$\gamma_G = 1{,}35$
• veränderliche	$\gamma_Q = 0$	$\gamma_Q = 1{,}50$

DIN 1045-1, Tab. 1: Teilsicherheitsbeiwerte für die Einwirkungen auf Tragwerke
DIN 1045-1, 5.3.3: (5) bei durchlaufenden Platten γ_G in allen Feldern gleich

Allgemeine Grundkombination:

$$E_d = \Sigma(\gamma_G \cdot G_{k,i}) + \gamma_{Q,1} \cdot Q_{k,1} + \Sigma(\gamma_{Q,i} \cdot \psi_{0,i} \cdot Q_{k,i})$$
$$= 1{,}35 \cdot 9{,}00 \text{ kN/m}^2 + 1{,}50 \cdot 3{,}00 \text{ kN/m}^2$$

DIN 1055-100, 9.4: Kombinationsregeln für Einwirkungen, Tab. 2: ständige und vorübergehende Bemessungssituation veränderliche Leiteinwirkung mit i = 1

2.3 Lastfallkombinationen in den Grenzzuständen der Gebrauchstauglichkeit

Kombinationsbeiwert Kategorie B1 (Büro): $\psi_{2,1} = 0{,}3$

DIN 1055-100, Tab. A.2
Nutzlast ist maßgebende Einwirkung

seltene Einwirkungskombination:

$$E_{d,rare} = \Sigma G_{k,i} + Q_{k,1} + \Sigma(\psi_{0,i} \cdot Q_{k,i}) = 9{,}00 \text{ kN/m}^2 + 3{,}00 \text{ kN/m}^2$$

DIN 1055-100, 10.4: Kombinationsregeln

quasi-ständige Einwirkungskombination:

$$E_{d,perm} = \Sigma G_{k,i} + \Sigma(\psi_{2,i} \cdot Q_{k,i}) = 9{,}00 \text{ kN/m}^2 + 0{,}3 \cdot 3{,}00 \text{ kN/m}^2$$

Wird die Durchbiegungsberechnung auf die Schadensanfälligkeit leichter Trennwände ausgerichtet, ist ggf. eine genauere Lastmodellierung (z. B. Linienlasten) oder die Anwendung des quasi-ständigen Kombinationsbeiwertes ψ_2 nur auf die eigentliche Nutzlast (und nicht auf den Zuschlag für die Trennwandlasten) angezeigt. In diesem Beispiel wird darauf verzichtet.

3 Schnittgrößenermittlung in den Grenzzuständen der Tragfähigkeit

3.1 Allgemeines

Die Schnittgrößenermittlung erfolgt mit einem FEM-Programm [97] für die zuvor beschriebenen Lastfälle. Dabei liegen folgende Annahmen zugrunde:

[97] abacus-Programm ELFI V5.0

- isotrope, drillsteife Platte
- linear-elastisches Materialverhalten
- Querdehnzahl $\mu = 0$
- Elementeinteilung (siehe unten)
- Punktlagerung an den Stützen
- gelenkige Lagerung an den Plattenrändern

DIN 1045-1, 9.1.3 (3)

Das folgende Bild zeigt die gewählte Elementeinteilung. Für die Ermittlung der Bewehrung wäre ein gröberes Netz ausreichend, die relativ feine Einteilung wurde im Hinblick auf die Durchbiegungsberechnungen im Gebrauchszustand gewählt, um die Änderung der Steifigkeiten beim Übergang vom Zustand I in den Zustand II elementweise mit der nötigen Genauigkeit zu erhalten.

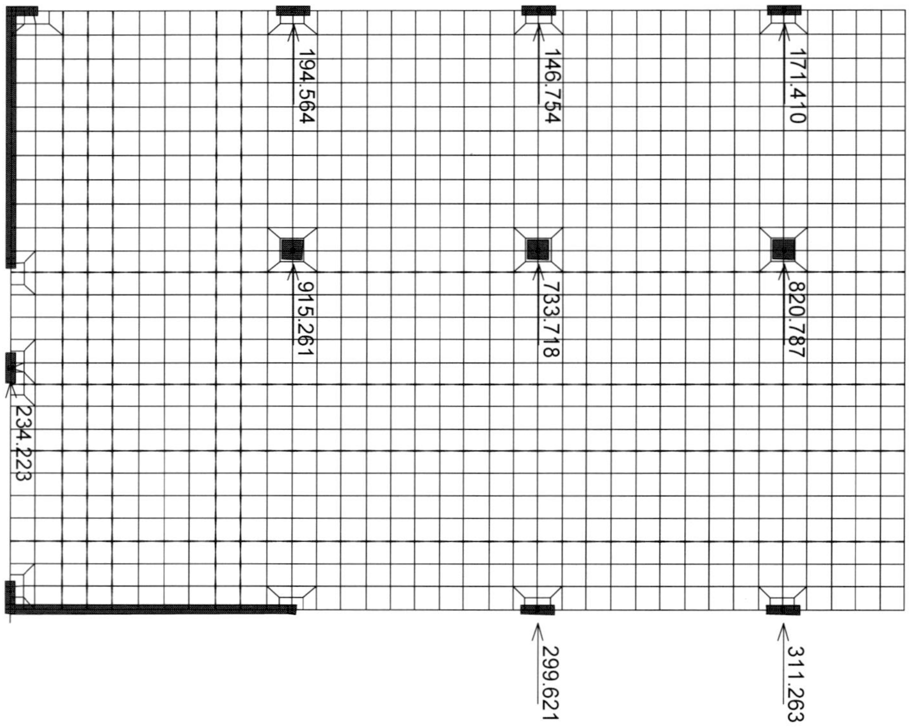

abacus-Programm **E L F I :** Elementeinteilung mit Verfeinerung in den Stützenbereichen
Maßgebende Auflagerkräfte *A* (kN) (Bemessungswerte inkl. Teilsicherheitsbeiwerten)

3.2 Bemessungsmomente

Die linear-elastische FE-Berechnung liefert zunächst die Momente m_x, m_y und m_{xy} pro Lastfall. Daraus werden nach [43] die Bemessungsmomente $m_{Ed,x}$ und $m_{Ed,y}$ errechnet. Für ein rechtwinkliges Bewehrungsnetz entsprechen die so ermittelten Bemessungsmomente den in [8] Anhang 2, A 2.8 angegebenen Werten. Die maßgebenden Bemessungsmomente ergeben sich durch ungünstigste Überlagerung der Lastfälle 1–5.

FE – Finite Elemente

[43] *Stiglat/Wippel:* Massive Platten, BK 2002/2

[8] DIN V ENV 1992-1-1: Eurocode 2

Die Punktlagerung an den Stützen wurde gewählt, um unerwünschte Einspanneffekte zu vermeiden.

DIN 1045-1, 7.3.2: (1) Annahme frei drehbar

Für die Bemessung im Stützenbereich werden die Bemessungsmomente im Rahmen der FE-Berechnung automatisch im Anschnitt ermittelt.

DIN 1045-1, 7.3.2: (3)

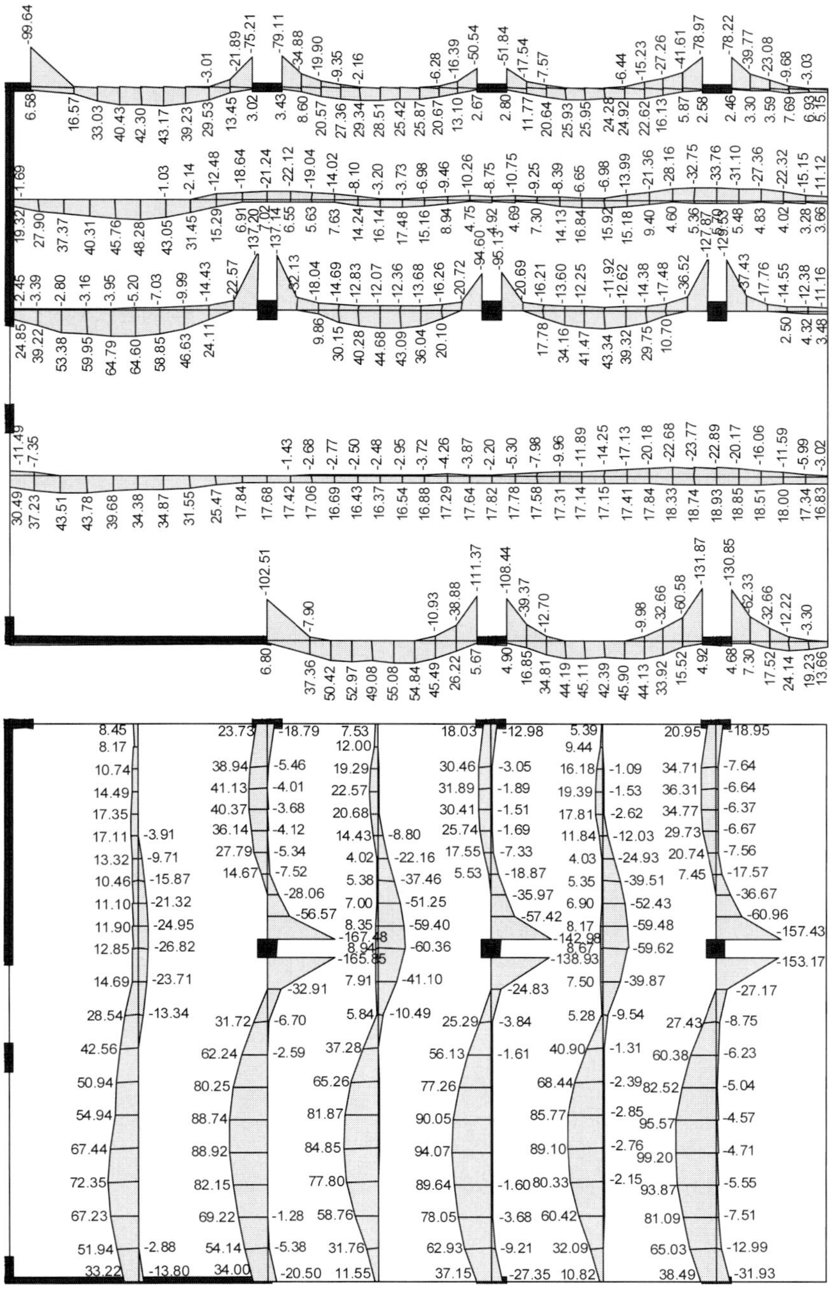

abacus-Programm **E L F I** : Maßgebende Bemessungsmomente m_{Ed} (kNm/m) in x- und y-Richtung
Momentenverläufe jeweils in Gurt- und Feldstreifenmitte nach Überlagerung der Lastfälle 1–5

4 Grenzzustände der Tragfähigkeit

4.1 Bemessungswerte der Baustoffe

Teilsicherheitsbeiwerte in den Grenzzuständen der Tragfähigkeit:

- Beton < C55/67 γ_c = 1,50
- Betonstahl BSt 500 γ_s = 1,15

DIN 1045-1, 5.3.3: Tab. 2: Teilsicherheitsbeiwerte für die Bestimmung des Tragwiderstands
Hier: ständige und vorübergehende Bemessungssituation (Normalfall)

Beton C30/37: f_{ck} = 30 N/mm²
f_{cd} = 0,85 · 30 / 1,50 = 17,0 N/mm²

DIN 1045-1, 9.1.6: (2) Abminderung mit α = 0,85 berücksichtigt Langzeitwirkung

Betonstahl BSt 500 S (A): f_{yk} = 500 N/mm²
f_{yd} = 500 / 1,15 = 435 N/mm²
f_{tk} = 525 N/mm²
f_{td} = 525 / 1,15 = 456 N/mm²

DIN 1045-1, Tab. 11: Eigenschaften der Betonstähle

4.2 Bemessung für Biegung

untere Bewehrung:

Bemessung für Durchstanzen und Querkraft siehe [47] *Litzner*: Grundlagen der Bemessung nach DIN 1045-1 in Beispielen, BK 2002/1

Nutzhöhe für Bewehrung in x-Richtung:
$d_x = h - c_{v,l} - d_{s,l} - 0{,}5 \cdot d_{s,l}$ = 260 – 20 – 10 – 10 / 2 = 225 mm

Nutzhöhe für Bewehrung in y-Richtung:
$d_y = h - c_{v,l} - 0{,}5 \cdot d_{s,l}$ = 260 – 20 – 10 / 2 = 235 mm

obere Bewehrung (zweilagig):

Nutzhöhe für Bewehrung in x-Richtung: d_x = 215 mm

Nutzhöhe für Bewehrung in y-Richtung: d_y = 225 mm

4.2.1 Mindestbewehrung

Zur Sicherstellung eines duktilen Bauteilverhaltens ist eine Mindestbewehrung vorzusehen, die das Rissmoment abdeckt.

DIN 1045-1, 13.1.1

Betonzugfestigkeit f_{ctm} = 2,9 N/mm²
Stahlspannung f_{yk} = 500 N/mm²
Rissmoment m_{cr} $= f_{ctm} \cdot b \cdot h^2 / 6$
$= 2{,}9 \cdot 10^3 \cdot 1{,}0 \cdot 0{,}26^2 / 6$
= 33,0 kNm/m

DIN 1045-1, Tab. 9

Hebelarm z $\approx 0{,}9 \cdot (d_x + d_y) / 2 = 0{,}207$ m

untere Feldbewehrung

min a_s = 33,0 / (50 · 0,207) = 3,2 cm²/m

Programmintern werden in x- und y-Richtung die jeweilige Nutzhöhe und der örtliche Hebelarm z verwendet, dadurch ergibt sich als Mindestbewehrung a_s = 2,8...3,1 cm²/m (→ folgende Grafik).

4.2.2 Erforderliche Längsbewehrung

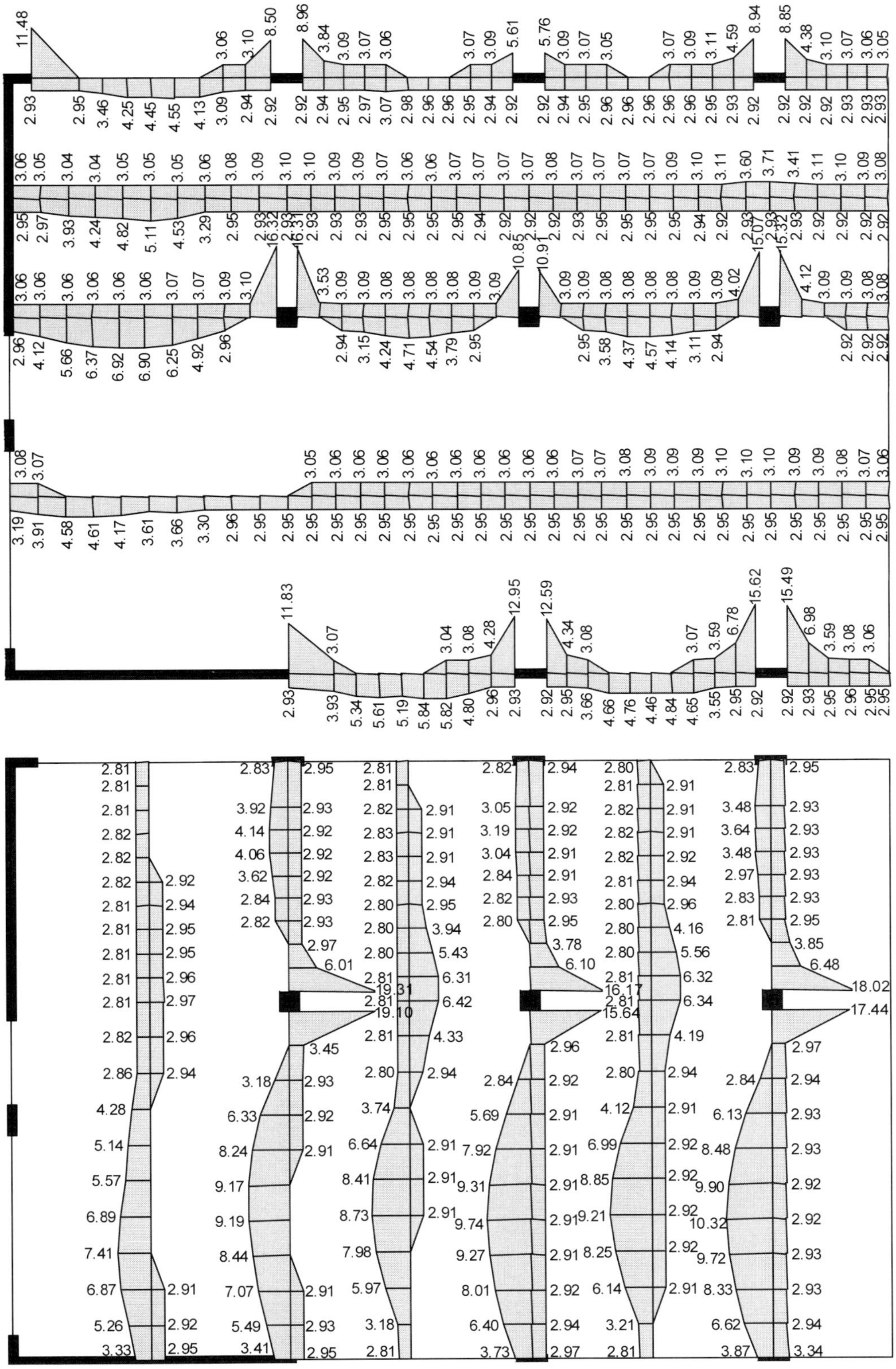

abacus-Programm **E L F I** : Bemessung für Biegung:
Erforderliche untere und obere Bewehrung a_s (cm^2/m) in x- und y-Richtung jeweils in Gurt- und Feldstreifenmitte

4.2.3 Gewählte Längsbewehrung

Die Längsbewehrung wird in Listenmatten umgesetzt.

unten:		
im Feld zwischen Achsen 1 – 2:	a_{sx} / a_{sy} = 7,8 / 5,0 cm^2/m	∅ 10 – 100 mm / ∅ 8 – 100 mm
im Feld zwischen Achsen 2 – 4:	a_{sx} / a_{sy} = 7,8 / 11,3 cm^2/m	∅ 10 – 100 mm / ∅ 8,5d – 100 mm
oben:		
Grundbewehrung, gesamte Platte:	a_{sx} / a_{sy} = 5,7 / 5,7 cm^2/m	∅ 8,5 – 100 mm / ∅ 12 – 200 mm
an den Stützen:	a_{s1} / a_{s2} = 15,7 / 5,7 cm^2/m	∅ 10d – 100 mm / ∅ 8,5 – 100 mm
bzw.	a_{s1} / a_{s2} = 7,9 / 3,8 cm^2/m	∅ 10 – 100 mm / ∅ 10 – 200 mm

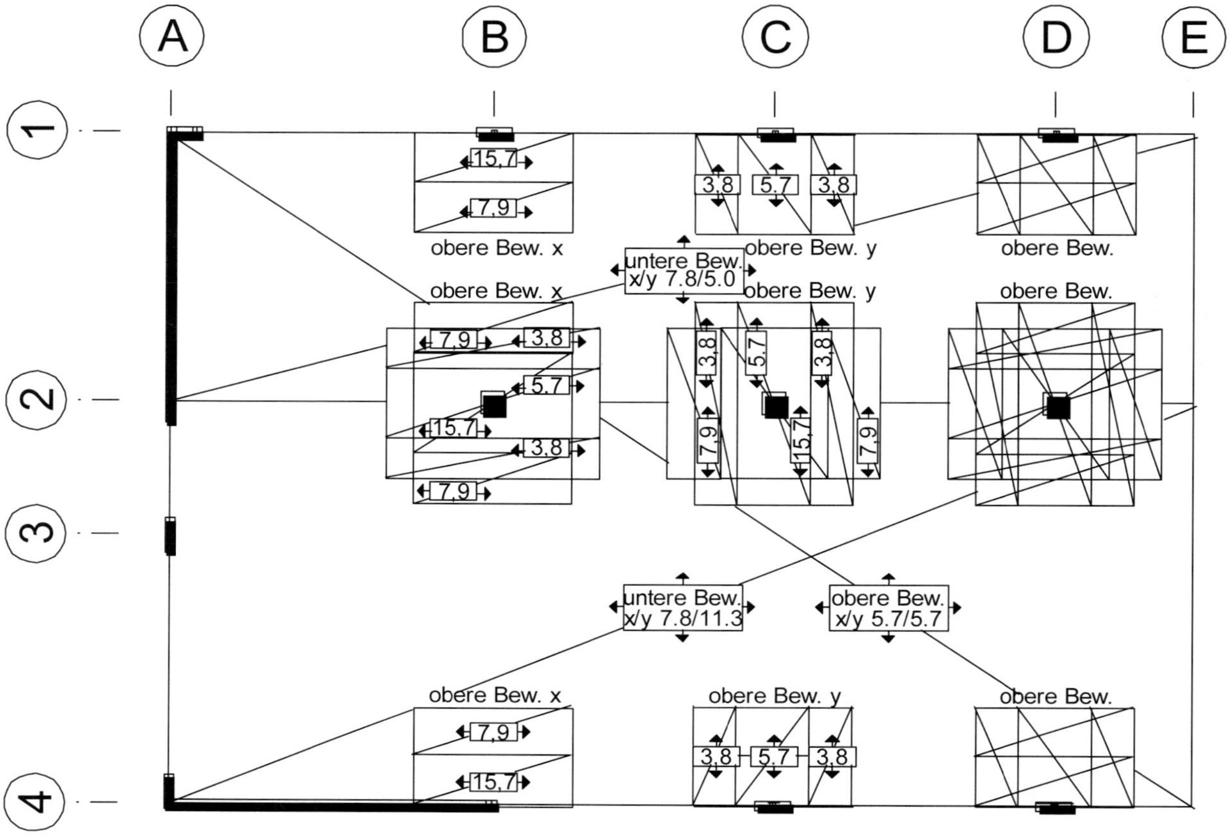

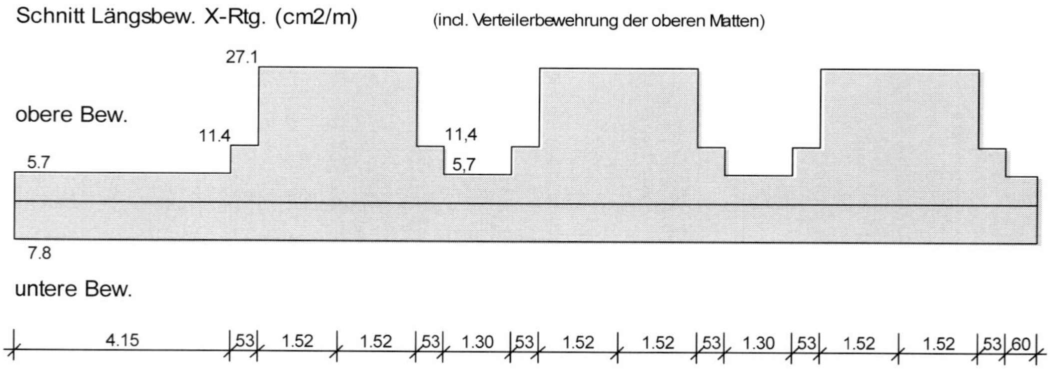

abacus-Programm **E L F I :**
Gewählte untere und obere Bewehrung a_s (cm^2/m) in x- und y-Richtung

5 Grenzzustände der Gebrauchstauglichkeit

DIN 1045-1, 11

5.1 Schnittgrößenermittlung

Für die quasi-ständige Kombination werden die veränderlichen Lasten in allen Feldern angesetzt.

5.1.1 Momente zum Zeitpunkt t_0 im Zustand I

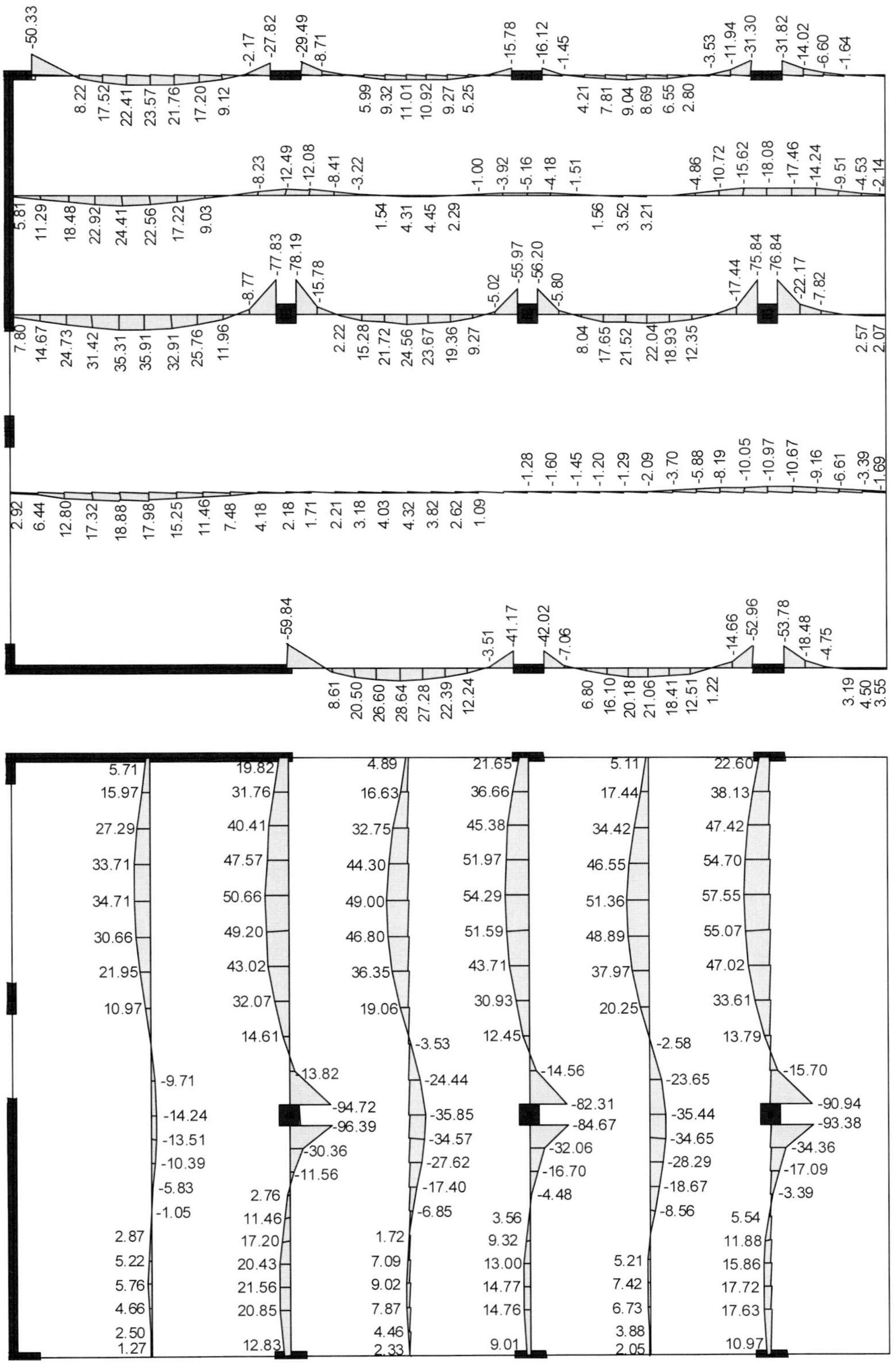

abacus-Programm **E L F I :** Biegemomente *m* (kNm/m) in x- und y-Richtung im Zustand I
Momente in den Gurt- und Feldstreifen zum Zeitpunkt t_0 für die quasi-ständige Kombination

5.1.2 Momente zum Zeitpunkt $t \to \infty$ im Zustand II

quasi-ständige Einwirkungskombination
Berücksichtigung gewählte Bewehrung aus 4.3
Betonzugfestigkeit: f_{ctm}

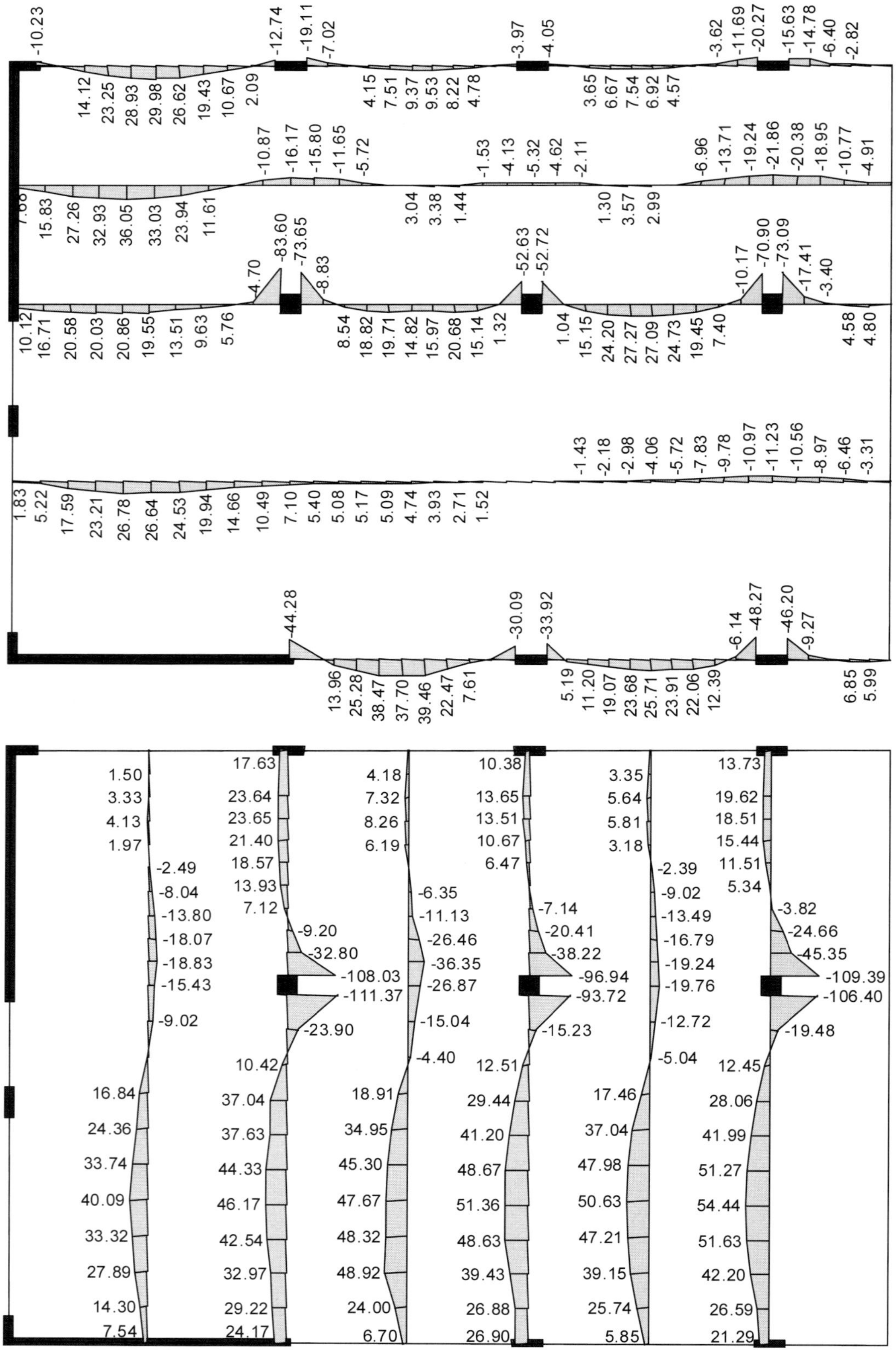

abacus-Programm **E L F I - W Z 2** : Biegemomente *m* (kNm/m) in x- und y-Richtung im Zustand II unter Berücksichtigung der vorhandenen Bewehrung, Kriechen: $\varphi = 2{,}5$; Schwinden $\varepsilon = -4 \cdot 10^{-4}$

5.2 Begrenzung der Spannungen

Die Spannungsnachweise können entfallen, da die Schnittgrößen nach der Elastizitätstheorie ermittelt und im Grenzzustand der Tragfähigkeit um nicht mehr als 15 % umgelagert wurden, sowie die bauliche Durchbildung nach Abschnitt 13 durchgeführt wird und insbesondere die Festlegungen für die Mindestbewehrung nach 13.1.1 eingehalten sind.

DIN 1045-1, 11.1.1 (3)
nicht vorgespanntes Tragwerk des üblichen Hochbaus

5.3 Begrenzung der Rissbreiten

DIN 1045-1, 11.2

Bei den angenommenen System- und Nutzungsbedingungen kann davon ausgegangen werden, dass eine eventuelle Zwangbeanspruchung in der Decke die Rissschnittgröße nicht erreicht. Auf den Nachweis der Mindestbewehrung wird daher verzichtet.

Die Anforderungen an die Dauerhaftigkeit und das Erscheinungsbild des Tragwerks gelten bei der hier vorausgesetzten Expositionsklasse XC1 als erfüllt, wenn der Rechenwert der Rissbreite für Anforderungsklasse F unter der quasi-ständigen Einwirkungskombination auf w_k = 0,4 mm begrenzt wird.

DIN 1045-1, 11.2.1: (6) Tabellen 18 und 19
quasi-ständig wegen Anforderungsklasse F
Momente im Zustand II

DIN 1045-1, 11.2.1: (6)

a) direkte Berechnung nach DIN 1045-1, 11.2.4

Größtes Feldmoment in y-Richtung in Achse D:

M_{Ed} = 54.44 kNm	x/h = 0.50	grenz.d = 8.5 mm	Asro = 0.00 cm²
N_{Ed} = 0.00 kN	sig.s = 234,4 N/mm²	w_k = 0.09 mm	Asru = 11.30 cm²

Größtes Feldmoment in x-Richtung in Achse B:

M_{Ed} = 39.46 kNm	x/h = 0.50	grenz.d = 8.5 mm	Asro = 0.00 cm²
N_{Ed} = 0.00 kN	sig.s = 244.1 N/mm²	w_k = 0.14 mm	Asru = 7.80 cm²

Größtes Stützmoment in y-Richtung in Achse B/2:

M_{Ed} = -109.39 kNm	x/h = 0.50	grenz.d = 12.0 mm	Asro = 21.35 cm²
N_{Ed} = 0.00 kN	sig.s = 275.2 N/mm²	w_k = 0.11 mm	Asru = 0.00 cm²

abacus-Programm **B I N O V3.0** : Nachweis der Gebrauchstauglichkeit – Begrenzung der Rissbreiten für vorgegebene Bewehrung, Momente zum Zeitpunkt t_{∞} für die quasi-ständige Einwirkungskombination unter Berücksichtigung von Zustand II

b) Alternativ: Grenzdurchmessertabelle d_s^* ohne direkte Berechnung

$E_{d,perm}$	σ_s N/mm²	w_k [mm] 0,40	0,30	0,20	0,10	Gl. 131 umgestellt
	160	56,3	42,2	28,1	14,1	
	200	36,0	27,0	18,0	9,0	
max m_{Fy}	234,4	26,2	19,7	13,1	6,6	> 8,5 · 3,0 / 2,9
	240	25,0	18,8	12,5	6,3	
max m_{Fx}	244,1	24,2	18,1	12,1	6,0	> 8,5 · 3,0 / 2,9
max m_{Sy}	275,2	19,0	14,3	9,5	4,8	> 12 · 3,0 / 2,9
	280	18,4	13,8	9,2	4,6	
	320	14,1	10,5	7,0	3,5	
	360	11,1	8,3	5,6	2,8	
	400	9,0	6,8	4,5	2,3	
	450	7,1	5,3	3,6	1,8	

DIN 1045-1, 11.2.3: Tab. 20

DIN 1045-1, 11.2.3: (8) *Bei Betonstahlmatten mit Doppelstäben darf der Durchmesser eines Einzelstabes angesetzt werden.*

Erläuterung zur Berechnung der Grenzdurchmessertabelle in [141]

DIN 1045-1, 11.2.3: (4) Gl. 131
Modifikation des Grenzdurchmessers in Abhängigkeit von der Betonzugfestigkeit
$d_s = d_s^* \cdot f_{ct,eff} / f_{ct,0} = d_s^* \cdot 2,9 / 3,0$
$\rightarrow d_{s,vorh} \cdot f_{ct,0} / f_{ct,eff} = d_{s,vorh} \cdot 3,0 / 2,9$
$<$ zul d_s^* aus Tab. 20

Die Berechnung nach Tab. 20 der Norm liefert zum Teil deutlich ungünstigere Werte als die direkte Berechnung nach Gl. 135.

5.4 Begrenzung der Verformungen

DIN 1045-1, 11.3.1

Anforderungen der DIN 1045-1:

→ zulässiger Durchhang eines Bauteils ≤ 1 / 250 der Stützweite unter der quasi-ständigen Einwirkungskombination

DIN 1045-1, 11.3.1: (8)
Bei Kragarmen ist für die Stützweite die 2,5-fache Kraglänge anzusetzen.

→ zulässige Durchbiegung mit Kriechen und Schwinden nach Einbau angrenzender Bauteile (z. B. leichte Trennwände) ≤ 1/ 500 der Stützweite

DIN 1045-1, 11.3.1: (10)

Für Deckenplatten des üblichen Hochbaus wird zur Begrenzung der Verformungen eine vereinfachte Begrenzung der Biegeschlankheit als ausreichend erachtet.

DIN 1045-1, 11.3.2: (2)
siehe auch Aufgabenstellung

In einer Kurzinformation der Prüfingenieure [131] wurde 1977 darauf hingewiesen, dass für Flachdecken die Rechnung mit Ersatzstützweiten nicht geeignet ist und Formänderungen rechnerisch zu ermitteln sind, um festzustellen, ob diese schädliche Auswirkungen haben oder nicht.

[131] Technische Mitteilungen des BVPI Nr. 64: Nachweise zur Beschränkung der Durchbiegung

Für eine wirklichkeitsnahe Ermittlung der Verformungen ist eine Reihe von system-, material- und lastabhängigen Parametern zu berücksichtigen:

- System: einachsig oder zweiachsig gespannt
- E-Modul des Betons
- Zugfestigkeit des Betons (Rissmoment)
- Kriechen und Schwinden
- Bewehrung in der Zugzone
- Bewehrung in der Druckzone
- Lasten: in der quasi-ständige Einwirkungskombination Nutzlastanteil $\psi_2 = 0{,}3 \ldots 0{,}8$
- Zeitpunkt der Lastaufbringung

[29] DAfStb-Heft 525: zu 9.1.3
Gegenüber den rein elastischen Verformungseigenschaften des Betons hat i. Allg. der Steifigkeitsabfall des gerissenen Bauteilquerschnitts gegenüber dem ungerissenen Querschnitt einen wesentlich größeren Einfluss auf die Bauteilverformungen. Bei hoch bewehrten Bauteilen und bei Bauteilen, die im Wesentlichen im ungerissenen Zustand verbleiben (z. B. Druckglieder, Spannbetonbauteile) können die Verformungen jedoch maßgeblich durch die elastischen Verformungseigenschaften des Betons bestimmt sein.
Der E-Modul des Betons wird vor allem von der Art der Gesteinskörnung beeinflusst. Aufgrund der unterschiedlichen Steifigkeit der verwendeten Gesteinskörnungen schwankt er relativ stark.
Bei Verwendung lokal vorhandener Gesteinskörnungen kann es zu einer ausgeprägten regionalen Abhängigkeit des erzielten E-Moduls kommen (ca. ± 30 % vom Normwert).
Im Regelfall genügt es, als Rechenwert für den E-Modul die in DIN 1045-1, Tab. 9 angegebenen Richtwerte anzusetzen. Falls der E-Modul jedoch wesentlich für das Verhalten des Bauteils ist und keine sicheren Erfahrungswerte vorliegen, sollte er als zusätzliche Anforderung bei der Festlegung des Betons nach DIN EN 206-1 festgelegt, in einer Erstprüfung experimentell bestimmt und durch Produktionskontrollen überwacht werden. Dabei kann allerdings eine Streuung des im Bauwerk wirksamen gegenüber dem experimentell bestimmten E-Modul von bis zu 10 % nicht ausgeschlossen werden.

Aufgrund der möglichen Streuungen der Materialeigenschaften, insbesondere des Betons, handelt es sich auch bei sorgfältigster Modellierung immer um eine rechnerische Abschätzung der Verformungen. Ggf. sind Grenzwertuntersuchungen angebracht.

Für den Übergang von Zustand I nach Zustand II wird, um die Ergebnisse mit denen in [47] vergleichen zu können, das im Anhang 4 des EC 2 [8] beschriebene Berechnungsverfahren für Tragwerksverformungen gewählt:

[47] *Litzner:* Grundlagen der Bemessung nach DIN 1045-1 in Beispielen, BK 2002/1

$$\alpha = \zeta \cdot \alpha_{II} + (1 - \zeta) \cdot \alpha_I$$

[8] Gl. (A4.1)
α - Verformungsbeiwert, z. B. Durchbiegung

mit α_I Verformung im ungerissenen Zustand
α_{II} Verformung im vollständig gerissenen Zustand
$\zeta = 1 - \beta_1 \cdot \beta_2 \cdot (\sigma_{sr} / \sigma_s)^2$
$\beta_1 = 1{,}0$ für Rippenstahl
$\beta_2 = 0{,}5$ für Dauerbelastung
Bei reiner Biegung kann ersetzt werden:
$(\sigma_{sr} / \sigma_s) \rightarrow (M_{cr} / M)$ mit M_{cr} – Rissmoment

[8] Gl. (A4.2)

In [50] wird zur Bestimmung des Rissmomentes infolge überwiegender Biegung statt der mittleren Betonzugfestigkeit f_{ctm} die Biegezugfestigkeit $f_{ct,fl}$ verwendet. Der Vorteil besteht in der Berücksichtigung des Einflusses der Bauteildicke auf die Rissneigung.

[50] *Krüger / Mertzsch*: Beitrag zum Trag- und Verformungsverhalten bewehrter Betonquerschnitte im Grenzzustand der Gebrauchstauglichkeit

Für Platten wird in [50] die Umrechnung der Zugfestigkeiten nach [133] MC 90 empfohlen.

$$f_{ct,fl} = [1 + 1{,}5 \cdot (h / 100)^{0{,}7}] / [1{,}5 \cdot (h / 100)^{0{,}7}] \cdot f_{ctm}$$
$$= [1 + 1{,}5 \cdot 2{,}6^{0{,}7}] / [1{,}5 \cdot 2{,}6^{0{,}7}] \cdot 2{,}9$$
$$= 3{,}9 \text{ N/mm}^2$$

$h = 260$ mm

Das Kriechen wird durch einen wirksamen Elastizitätsmodul des Betons näherungsweise erfasst. Bei der Berechnung von Langzeitprozessen (z. B. Verformungen mit Kriechen) ist der Tangentenmodul zu berücksichtigen.

DIN 1045-1, 9.1.4: Bild 18 oder [29] Bild H9-2
Innenräume (RH = 50 %), C30/37,
wirksame Querschnittsdicke $h_0 \approx 260$ mm,
Zementfestigkeitsklassse 42,5 N,
Betonalter bei Belastungsbeginn $t_0 \approx 21$ Tage

Endkriechzahl $\varphi(t,t_0) = \varphi(\infty,21) = 2{,}5$

$$E_{c0,eff} = E_{c0} / [1 + \rho(t,t_0) \cdot \varphi(t,t_0)]$$

[29] DAfStb-Heft 525, Gl. H.9-18

mit

$E_{c0m} = 31900$ N/mm²

$\rho(t,t_0) = 0{,}8$ Relaxationsbeiwert (Alterungsbeiwert), $0{,}5 \leq \rho \leq 1{,}0$; darf üblicherweise mit 0,8 angenommen werden.

DIN 1045-1, 9.1.3: Tab. 9 der Berichtigung 2 [1.1]
Zeile 7a: E_{c0m}: Tangentenmodul im Ursprung
Zeile 7b: E_{cm}: Sekantentenmodul

mit $\rho = 0{,}8$:
$E_{cm,eff} = 28300 / (1 + 0{,}8 \cdot 2{,}5) = 9433$ N/mm²

Die Verformungsberechnung selbst wird mit E_{cm} durchgeführt. In Anbetracht der möglichen Streuungen der effektive E-Moduln wird als unterer Grenzwert $\rho = 1{,}0$ angenommen:

$$E_{cm,eff} = 28300 / (1 + 1{,}0 \cdot 2{,}5) \approx 8086 \text{ N/mm}^2$$

Für den effektiven Beton-E-Modul werden in der Literatur verschiedene Ansätze angegeben, hier zum Vergleich mit Kriechzahl $\varphi = 2{,}5$ und C30/37:
→ [8] EC2, Gl. (A4.3)
$E_{c,eff} = E_{cm} / (1 + \varphi) = 32000 / 3{,}5 \approx 9150$ N/mm²
→ [40] *Zilch/Rogge*: BK 2002/1, 3.1.3, Gl. 3.26
$E_{c,eff} = 1{,}1\, E_{cm} / [1{,}1 + \varphi(t,t_0)]$
$= 1{,}1 \cdot 28300 / 3{,}6 \approx 8650$ N/mm²
→ [139] Kurzfassung DIN 1045-1, S. 67
$E_{c,eff} = E_{cm} / (1 + \alpha_i \cdot \varphi)$
mit $\alpha_i = 0{,}8 + 0{,}2 \cdot f_{cm} / 88 = 0{,}8 + 0{,}2 \cdot 38 / 88$
$E_{c,eff} = 28300 / / (1 + 0{,}886 \cdot 2{,}5) \approx 8800$ N/mm²

Schwindkrümmungen werden nicht analog der Näherungsformel in [8] Gl. (A4.4) hinzuaddiert, sondern bei der Ermittlung der Querschnittskrümmung durch eine eingeprägte Dehnung des Betons direkt berücksichtigt.

$$\varepsilon_{cs\infty} = \varepsilon_{cas\infty} + \varepsilon_{cds\infty}$$
$$\varepsilon_{cs\infty} = -0{,}07 - 0{,}45 = -0{,}52\ ‰$$

DIN 1045-1, 9.1.4: (9) Gl. 61
Bild 20 Schrumpfdehnung $\varepsilon_{cas\infty}$
Bild 21 Trocknungsschwinddehnung $\varepsilon_{cds\infty}$

Da ein Teil des Schwindvorgangs im Bauzustand bei höherer Luftfeuchtigkeit erfolgt, wird mit einem reduzierten Wert weitergerechnet:

$$\varepsilon_{cs\infty} \approx -0{,}40\ ‰$$

Für den vollständig gerissenen Zustand werden die Querschnittskrümmungen unter den örtlichen Momenten iterativ ermittelt. Der Einfluss von Kriechen und Schwinden wird wie beschrieben auf der Betonseite berücksichtigt, der Einfluss örtlich vorhandener Bewehrung in Zug- und Druckzone wird ebenfalls erfasst.

Die Berechnung der Verformungen und Schnittgrößen erfolgt iterativ mit einem FEM-Programm [97] für die quasi-ständige Einwirkungskombination. Die erforderlichen Bewehrungen werden aus dem Bemessungslauf im Grenzzustand der Tragfähigkeit übernommen und können bereichsweise verstärkt werden. Ausgehend von den Steifigkeiten im Zustand I werden entsprechend [8] Gl. (A4.1) elementweise die geänderten Krümmungen und aus diesen die neuen Steifigkeiten ermittelt.

[97] abacus-Programm ELFI V5.0

Weiterhin gilt:

- Querdehnzahl $\mu = 0$
- Punktlagerung an den Stützen
- gelenkige Lagerung an den Plattenrändern

Folgende Parameter werden berücksichtigt:

- Betonzugfestigkeit (alternativ f_{ctm} oder $f_{ct,fl}$)
- Kriechen und Schwinden
- vorhandene Längsbewehrung

Die zulässigen Durchbiegungen (ohne Überhöhung = Durchhang) betragen:

DIN 1045-1, 11.3.1 (8) gilt nicht bei durchbiegungsempfindlichen Trennwänden

im Feld 1-2:	zul $w = 6200 / 250$	$= 25$ mm
im Feld 2-4:	zul $w = 8200 / 250$	$= 33$ mm
an der Kragplatte D-E:	zul $w = 2{,}5 \cdot 2650 / 250$	$= 26$ mm

5.4.1 Verformungen im Zustand I

Ausgehend von der Berechnung der Durchbiegungen im Zustand I zum Zeitpunkt t_0 unter der quasi- ständigen Einwirkungskombination werden iterativ die weiteren Verformungen ermittelt.

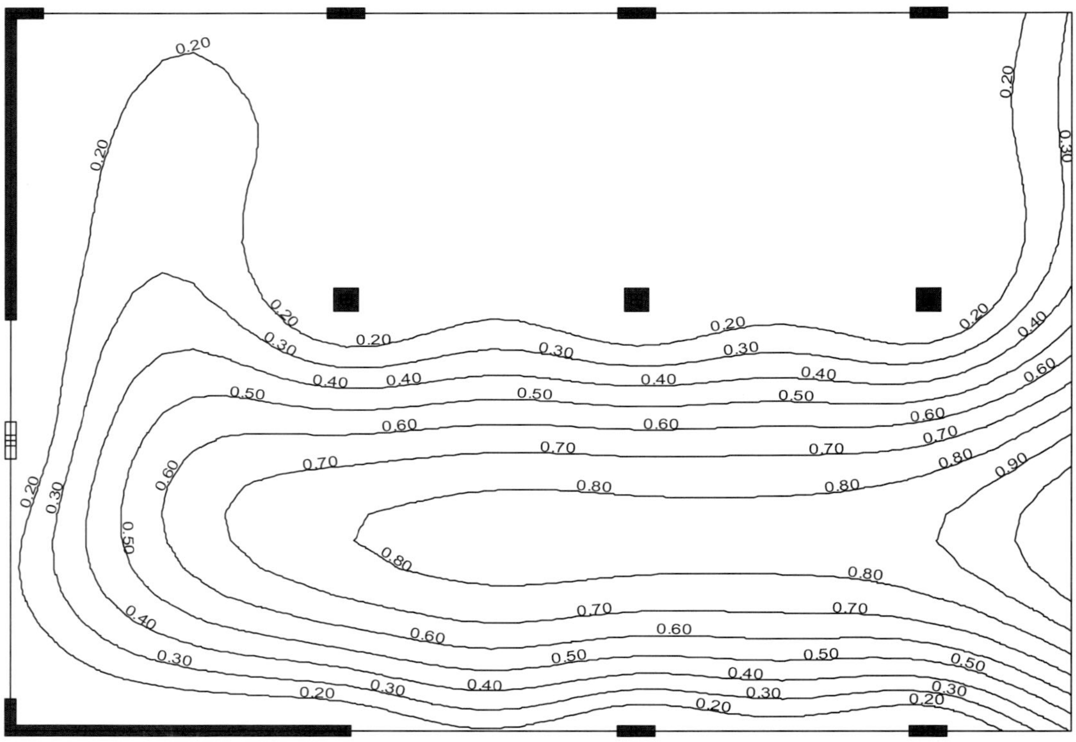

abacus-Programm **E L F I - W Z 2 :** Durchbiegungen (cm) im Zustand I zum Zeitpunkt t_0 unter der quasi- ständigen Einwirkungskombination; max. Durchbiegung am Kragarmende $w = 1{,}0$ cm

5.4.2 Verformungen im Zustand II

Verformungen zum Zeitpunkt t_∞ unter der quasi-ständigen Einwirkungskombination

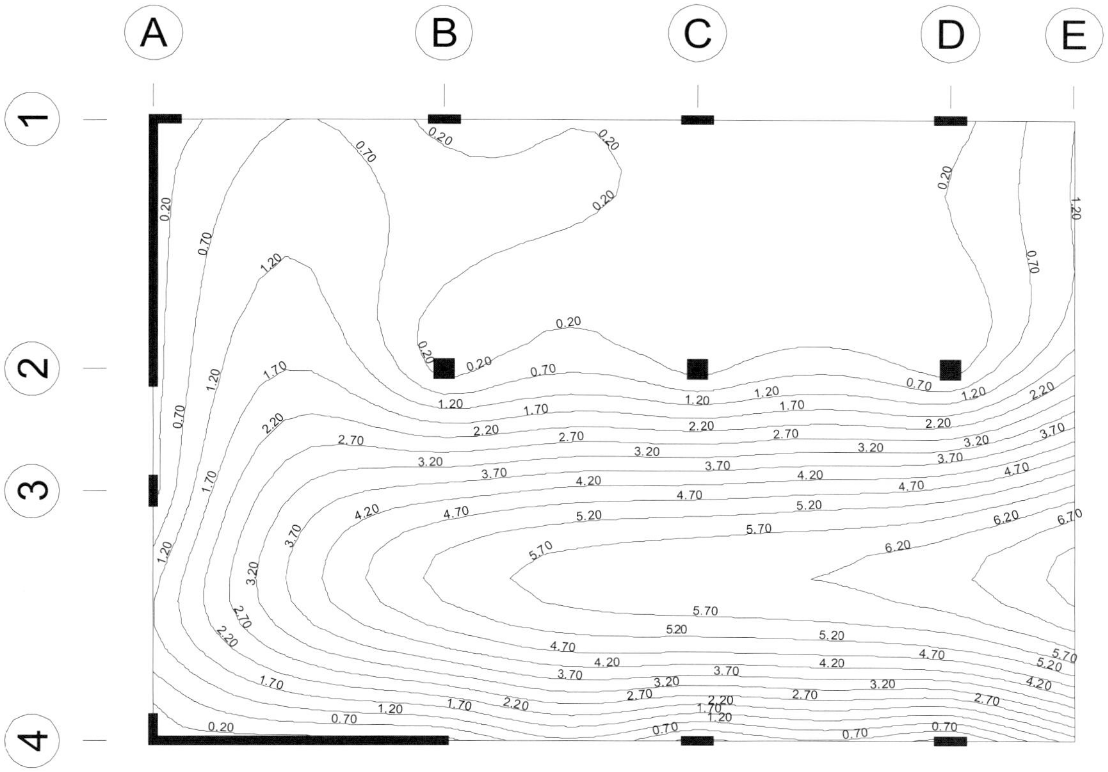

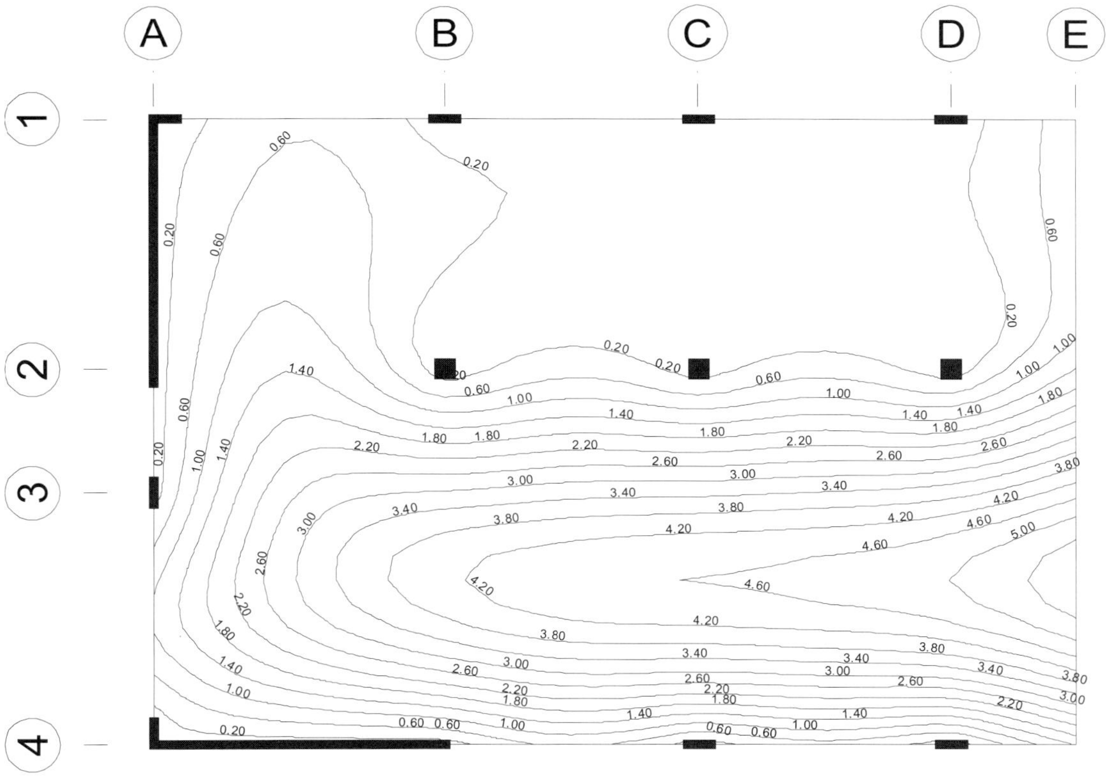

abacus-Programm **E L F I - W Z 2 :**
Durchbiegungen: Kriechen $\varphi = 2{,}5$; Schwinden $\varepsilon = -4 \cdot 10^{-4}$, $f_{ctm} = 2{,}9$ N/mm²
oberes Bild: mit erforderlicher Längsbewehrung, am Kragarmende: max w = 7,2 cm
unteres Bild: mit vorhandener Längsbewehrung, am Kragarmende: max w = 5,7 cm

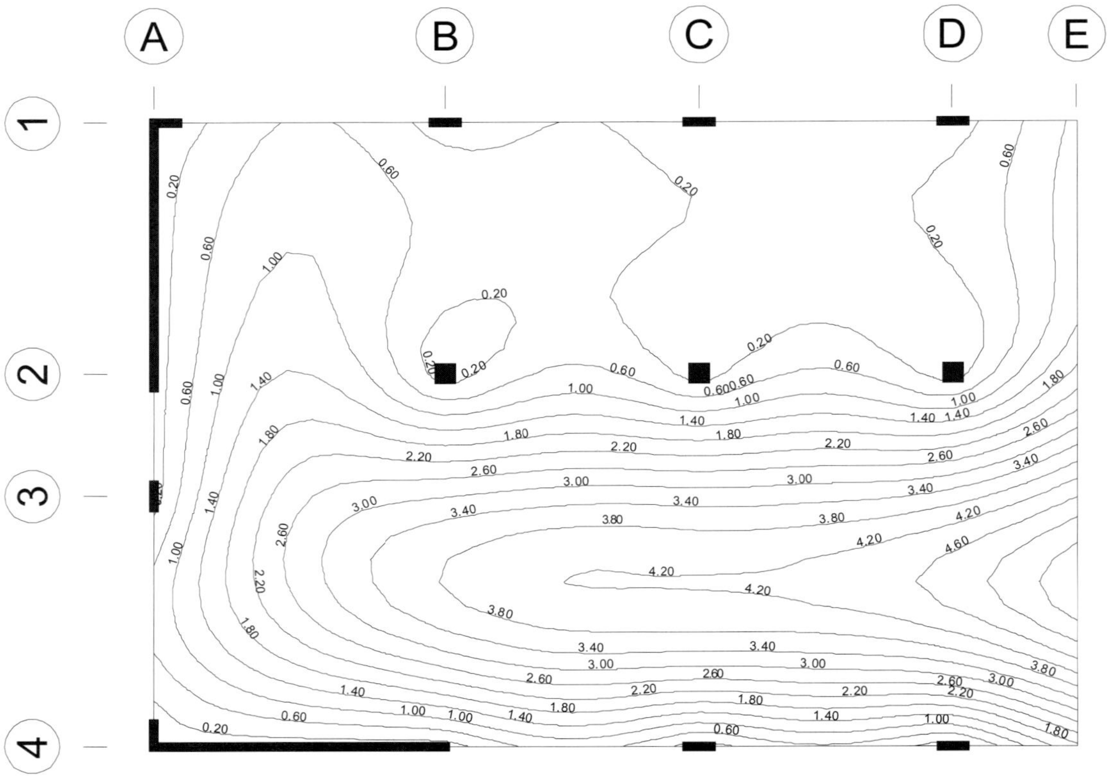

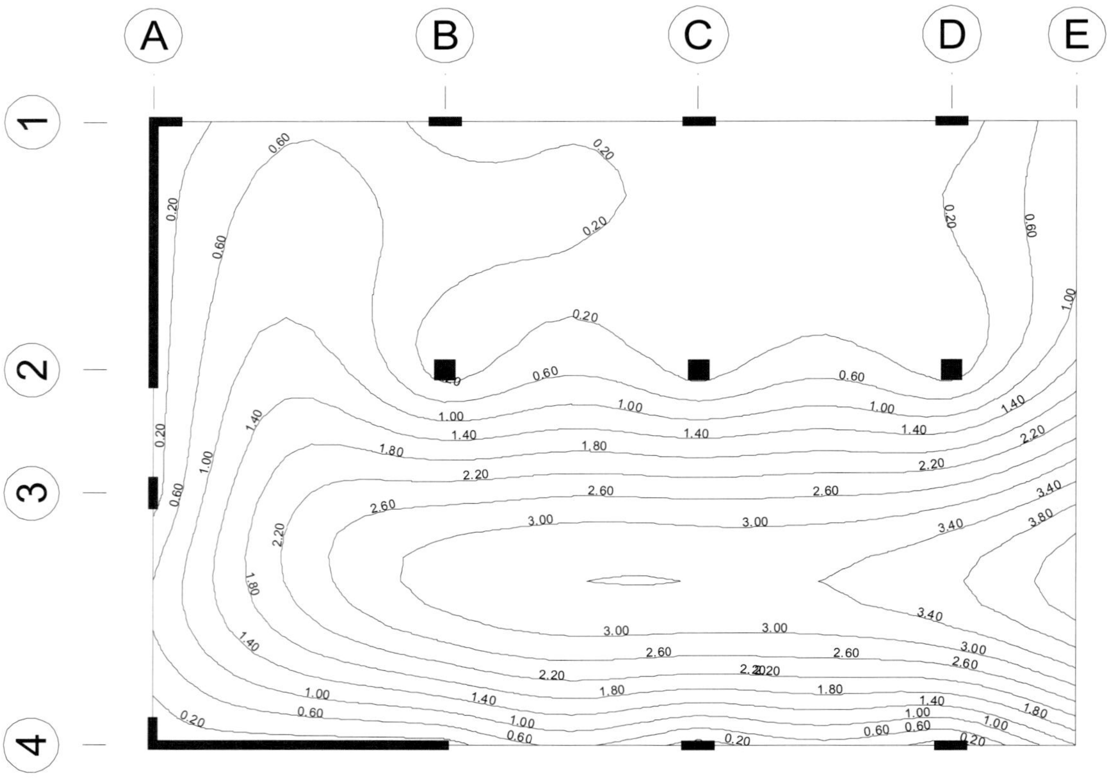

abacus-Programm **E L F I - W Z 2 :**
Durchbiegungen: Kriechen $\varphi = 2{,}5$; Schwinden $\varepsilon = -4 \cdot 10^{-4}$, $f_{ct,fl} = 3{,}9$ N/mm^2
oberes Bild: mit erforderlicher Längsbewehrung, am Kragarmende: max $w = 5{,}7$ cm
unteres Bild: mit vorhandener Längsbewehrung, am Kragarmende: max $w = 4{,}5$ cm

5.4.3 Zusammenstellung der Verformungen

Zwischen den Achsen 1 und 2 ergeben sich in den Feldern Momente, die bis auf eine einzige geringfügige Überschreitung auch zum Zeitpunkt t_∞ unterhalb des Rissmoments liegen. Dadurch stellen sich in diesem Bereich sehr geringe Verformungen ein.

Ganz anders hingegen zwischen den Achsen 2 und 4: Durch das Aufreißen der Querschnitte stellen sich zum Zeitpunkt t_∞ Verformungen ein, die ein Vielfaches der Verformungen zum Zeitpunkt t_0 ausmachen.

Die folgende Tabelle zeigt den Einfluss der Bewehrung, von Kriechen und Schwinden, der Last sowie der Betonzugfestigkeit.

Bewehrung	Kriechen φ	Schwinden ε_{cs}	Last	Verformung w [cm] Feld 2-4 in Achse B	D	E
Zustand I			$g + 0{,}3 \cdot q$	0,7	0,8	1,0
Zustand II mit Zugfestigkeit f_{ctm}						
erf A_s	0	0	g	1,9	2,7	3,1
vorh A_s				1,4	2,2	2,5
erf A_s	0	0	$g + 0{,}3 \cdot q$	2,5	3,3	3,8
vorh A_s				2,0	2,6	3,0
erf A_s	2,5	0	$g + 0{,}3 \cdot q$	4,6	5,6	6,4
vorh A_s				3,5	4,2	4,9
erf A_s	2,5	$-4 \cdot 10^{-4}$	$g + 0{,}3 \cdot q$	5,1	6,2	7,2
vorh A_s				4,1	4,8	5,7
Zustand II mit Biegezugfestigkeit $f_{ct,fl}$						
erf A_s	0	0	g	1,2	1,5	1,8
vorh A_s				1,0	1,1	1,4
erf A_s	0	0	$g + 0{,}3 \cdot q$	1,3	2,0	2,5
vorh A_s				1,1	1,2	1,5
erf A_s	2,5	0	$g + 0{,}3 \cdot q$	3,5	4,4	5,3
vorh A_s				2,8	3,6	4,3
erf A_s	2,5	$-4 \cdot 10^{-4}$	$g + 0{,}3 \cdot q$	3,8	4,7	5,7
vorh A_s				3,1	3,5	4,5

Achse E: Kragarmende

Größtwert der Verformungen jeweils im Feld zwischen Achsen 3 und 4

mittlere Betonzugfestigkeit
DIN 1045-1, Tab. 9: $f_{ctm} = 2{,}9$ N/mm²

Verformungen zum Zeitpunkt t_0 unter Eigenlast

erf A_s - erforderliche Bewehrung aus Bemessung
vorh A_s - gewählte Bewehrung

Verformungen zum Zeitpunkt t_∞ unter der quasi-ständigen Einwirkungskombination

Biegezugfestigkeit $f_{ct,fl} = 3{,}9$ N/mm²

Verformungen zum Zeitpunkt t_0 unter Eigengewicht

Verformungen zum Zeitpunkt t_∞ unter der quasi-ständigen Einwirkungskombination

Beim Vergleich der Durchbiegungen zeigt sich der Einfluss der verschiedenen Parameter:

- Ein- oder zweiachsig gespannte Platte

Beim Übergang vom Zustand I in den Zustand II finden Umlagerungen quer zur Haupttragrichtung statt, dies wird im linken Endfeld deutlich. Damit stellt sich eine noch stärker einachsige Lastabtragung ein, Gurt- und Feldstreifen unterscheiden sich nur noch gering.

siehe 5.1.1 Momente im Zustand I
siehe 5.1.2 Momente im Zustand II

- Zugfestigkeit des Betons

Der Einfluss der Betonzugfestigkeit zeigt sich besonders deutlich in Bereichen, in denen die Momente in der Nähe des Rissmoments liegen. Am Kragarmende verringern sich zum Zeitpunkt t_0 (unter Eigenlast) die Durchbiegungen von 2,5 cm auf 1,4 cm, zum Zeitpunkt t_∞ reduzieren sie sich von 5,7 cm auf 4,5 cm, wenn man die Biegezugfestigkeit zugrunde legt.

m_{cr} (f_{ctm}) = 33,0 kNm/m
m_{cr} ($f_{ct,fl}$) = 44,0 kNm/m

In [50] wird empfohlen, zur Berücksichtigung von Vorschädigungen infolge einer seltenen Einwirkungskombination und Langzeiteffekten eine um ca. 20 % – 30 % reduzierte Biegezugfestigkeit zu verwenden.

- Kriechen und Schwinden

Der überwiegende Verformungszuwachs ist auf das Kriechen des Betons zurückzuführen, hingegen fällt der Anteil der Schwindverformungen deutlich geringer aus.

- Einfluss der Bewehrung

Die zu der erforderlichen Bewehrung zugelegte Bewehrung führt zu einer spürbaren Reduzierung der Verformungen, dies gilt insbesondere für die Verformungen infolge von Kriechen und Schwinden. Dieser Effekt macht sich umso deutlicher bemerkbar, je mehr der reine Zustand II auftritt.

- Einfluss der Lasten

Der Anteil der quasi-ständigen Nutzlast ist relativ klein ($0{,}3 \cdot q$), deshalb fällt der Zuwachs an Verformung entsprechend gering aus.

Überprüfung der zulässigen Verformungen:

- gesamte Durchbiegung zum Zeitpunkt $t \to \infty$

im Feld 1-2:
    mit f_{ctm} max $w = 14$ mm $> l/500 = 12{,}5$ mm $< l/250 = 25$ mm
    mit $f_{ct,fl}$ max $w = 12$ mm

im Feld 2-4:
    mit f_{ctm} max $w = 48$ mm $> l/250 = 33$ mm
    mit $f_{ct,fl}$ max $w = 35$ mm

am Kragplattenende E:
    mit f_{ctm} max $w = 57$ mm $> l/250 = 26$ mm
    mit $f_{ct,fl}$ max $w = 45$ mm

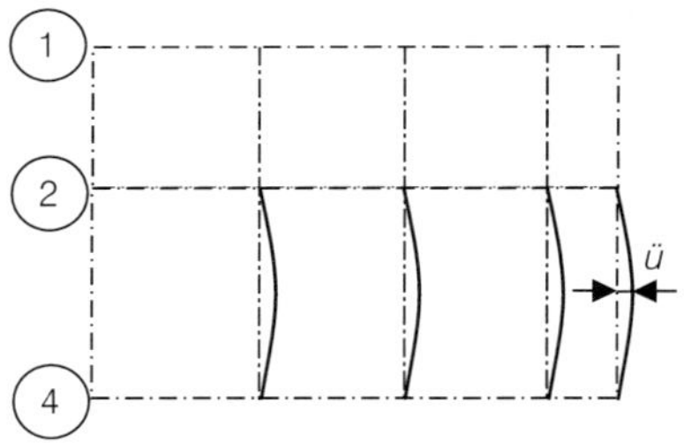

Der Verformungsnachweis im Feldbereich 1 – 2 ist für den Durchhang und für die Durchbiegung nach Einbau von Trennwänden knapp überschritten. Zwischen den Achsen 2 – 4 ist z. B. eine Schalungsüberhöhung von $ü = 30$ mm ($< l/250 = 33$ mm) anzuordnen, um die Durchhangbegrenzung mit $w - ü$ einzuhalten.

- Durchbiegung nach Einbau z. B. leichter Trennwände
  (nach Zeitpunkt t_0 bis zum Zeitpunkt $t \to \infty$)

im Feld 2-4:
    mit f_{ctm} $w(t_0 - t_\infty) = 48 - 22 = 26$ mm $> l/500 = 16$ mm
    mit $f_{ct,fl}$ $w(t_0 - t_\infty) = 35 - 11 = 24$ mm

am Kragplattenende E:
    mit f_{ctm} $w(t_0 - t_\infty) = 57 - 25 = 32$ mm $> l/500 = 13$ mm
    mit $f_{ct,fl}$ $w(t_0 - t_\infty) = 45 - 14 = 31$ mm

Dieser Nachweis ist nicht erfüllt. Die Ausbildung der Trennwände (Bauart, Fugen) ist daher z. B. auf die zu erwartende Durchbiegung von 30 mm nach Einbau der Trennwände abzustimmen!

---

[50] *Krüger / Mertzsch*: Beitrag zum Trag- und Verformungsverhalten bewehrter Betonquerschnitte im Grenzzustand der Gebrauchstauglichkeit
Die Abminderung der Betonzugfestigkeit wird nur dann für erforderlich gehalten, wenn man auf eine gesonderte Berechnung des Rissbildungszustandes unter der seltenen Enwirkungskombination verzichtet (wie im Beispiel).
Die Reduktion der Biegezugfestigkeit um 25 % führt dann wieder zu den Berechnungsergebnissen mit der zentrischen Zugfestigkeit.

Der quasi-ständige Lastanteil ist insbesondere bei der Berücksichtigung von Trennwandlasten (Eigengewicht) über den Zuschlag bei der Nutzlast kritisch zu bewerten und ggf. zu erhöhen. Im Beispiel wurde der Trennwandzuschlag mit $\Delta q = 1{,}0$ kN/m² ($>$ min $\Delta q = 0{,}8$ kN/m² bei Wandlast ≤ 3 kN/m) etwas größer gewählt, so dass die hier angesetzte Kombination
$E_{d,perm} = g + \psi \cdot (q + \Delta q)$
    $= 9{,}0 + 0{,}3 \cdot (2{,}0 + 1{,}0) = 9{,}9$ kN/m²
einer alternativen Kombination mit $g_2 = $ min Δq
$E_{d,perm} = g_1 + g_2 + \psi \cdot q$
    $= 9{,}0 + 0{,}80 + 0{,}3 \cdot 2{,}0 = 10{,}4$ kN/m²
ungefähr entspricht.
Darüber hinaus spielt bei der Durchbiegungsbegrenzung für empfindliche Bauteile der Bauablauf eine Rolle. Hier wird davon ausgegangen, dass der Fußbodenaufbau (in g enthalten) vor der Trennwanderstellung erfolgt.

Berücksichtigung der vorhandenen Bewehrung

DIN 1045-1, 11.3.1: (8)
zulässiger Durchhang $\leq l/250$

DIN 1045-1, 11.3.1 (9)
zulässige Überhöhung $\leq l/250$

zum Zeitpunkt t_0 $\to$ Last: g
zum Zeitpunkt t_∞ $\to$ Last: $g + 0{,}3 \cdot q$

DIN 1045-1, 11.3.1 (10)
zulässige Durchbiegung $\leq l/500$

Die Überhöhung spielt dabei keine Rolle.

Fazit:

Die Berechnungsergebnisse mit der 260 mm dicken Deckenplatte zeigen, dass die vereinfachte Biegeschlankheitsbegrenzung (siehe 1.3) mit erf h = 220 mm für die Flachdecke mit großer Spannweite und Kragplatte auf der unsicheren Seite liegt.

Die Biegeschlankheitsbegrenzung für Deckenplatten mit erhöhten Anforderungen an die Durchbiegungsbegrenzung mit erf h = 320 mm würde in diesem Beispiel auch dann zu einer leichten Überschreitung des Grenzwertes von l / 500 führen, wenn man die größere Bewehrung der 260 mm-Decke beibehält.

siehe 1.3

Diese Bewehrung liegt deutlich über der für die 320 mm-Decke im Grenzzustand der Tragfähigkeit erforderlichen.
→ kritische Durchbiegung am Kragplattenende:
mit f_{ctm}: $w(t_0 - t_\infty) = 30 - 10 = 20$ mm
$> l / 500 = 13$ mm

Für Durchbiegungsberechnungen sind Grenzwertbetrachtungen hinsichtlich der Materialparameter und ggf. der Lastmodelle zu empfehlen.

Eine Vergleichsberechnung mit einer 10 %-Reduzierung des Beton-E-Moduls führt bei der Durchbiegung der Kragplatte nur zu Veränderungen von 4 %, da in diesem Bereich Zustand II vorherrscht.

Beispiel 19: Gekoppelte Stützen mit nichtlinearem Verfahren

Inhalt

		Seite
	Aufgabenstellung	19-2
1	System, Bauteilmaße, Betondeckung	19-2
1.1	System	19-2
1.2	Mindestfestigkeitsklasse und Betondeckung der Stützen	19-3
2	Einwirkungen	19-4
2.1	Charakteristische Werte	19-4
2.2	Lastfallkombinationen in den Grenzzuständen der Tragfähigkeit	19-6
2.3	Lastfallkombinationen in den Grenzzuständen der Gebrauchstauglichkeit	19-6
3	Schnittgrößenermittlung in den Grenzzuständen der Tragfähigkeit	19-7
3.1	Bemessungswerte der Baustoffe	19-7
3.2	Ermittlung der Verformungen und Schnittgrößen	19-7
3.3	Bewehrungsanordnung	19-8
4	Räumliche Steifigkeit und Stabilität	19-8
5	Ergebnisse in den Grenzzuständen der Tragfähigkeit	19-9
5.1	Allgemeines	19-9
5.2	Einfluss der elastischen Fußeinspannung	19-9
5.3	Erforderliche Bewehrung bei elastischer Fußeinspannung	19-12
5.4	Erforderliche Bewehrung bei Volleinspannung	19-13
5.5	Gewählte Längsbewehrung	19-13
5.6	Überprüfung der Fundamente	19-14
5.7	Überprüfung der klaffenden Fuge	19-15
5.8	Vergleich der Exzentrizitäten der Randstütze	19-16
5.9	Bemessung für Querkraft	19-17
6	Nachweise in den Grenzzuständen der Gebrauchstauglichkeit	19-19
6.1	Schnittgrößen	19-19
6.2	Begrenzung der Betondruckspannungen	19-20
6.3	Grenzzustände der Rissbildung	19-20
6.4	Begrenzung der Verformungen	19-21

Beispiel 19: Gekoppelte Stützen mit nichtlinearem Verfahren

Aufgabenstellung

Im Beispiel 19 wird die Vorgehensweise bei einer nichtlinearen Berechnung nach Theorie II. Ordnung mit effektiven Biegesteifigkeiten des verschieblichen, gekoppelten Stützensystems dargestellt. Zu bemessen sind die Stützen einer geschlossenen Halle.

DIN 1045-1, 3.1.1: üblicher Hochbau

In der durch Verbände ausgesteiften Hallenlängsrichtung wirken keine Horizontalkräfte auf die Stütze.

System und Belastung entsprechen Beispiel 10 in Band 1 [135] der Beispielsammlung. Dort wird die Randstütze mit dem Modellstützenverfahren nachgewiesen.

[29] Für Lastausmitten $e_0 < 0{,}1\,h$ und Längen $l_0 > 15\,h$ ergibt das Modellstützenverfahren zunehmend unwirtschaftliche Ergebnisse. In diesen Fällen empfiehlt sich die Berechnung mit einem Computerprogramm entsprechend den Angaben in DIN 1045-1, 8.6.1 (7).

Der Stützenfuß ist in einem Einzelfundament eingespannt. Auf die Auswirkungen der elastischen Stützenfußeinspannung wird besonders eingegangen.

Die Nachweise des Binderauflagers und die Weiterleitung der Koppelkräfte werden in [135], Beispiel 10 ausführlich dargestellt.

Am Stützenkopf liegt ein gelenkig aufgelagerter Fertigteilbinder auf.
Es handelt sich um einen eingeschossigen Skelettbau mit Pfettendach (Achsabstände der Binder 6,50 m), der in Hallenlängsrichtung ausgesteift und in Hallenquerrichtung als verschieblicher Rahmen ausgebildet ist.

DIN 1045-1, 8.6.2: (1) Ausgesteiftes, unverschiebliches Tragwerk in Hallenlängsrichtung, verschiebliches Tragwerk in Hallenquerrichtung. Schlankheitskriterium in [135], Beispiel 10

Gewerbliche Halle – Innenräume mit normaler Luftfeuchtigkeit.
Vorwiegend ruhende Einwirkung.

DIN 1045-1, 3.1.2: vorwiegend ruhende Einwirkung

Baustoffe

• Beton:	Stützen	C30/37
• Betonstahl:	BSt 500 S (A)	(normalduktil)
• Scherbolzen:	St 835/1030	glatt, rund

DIN 1045-1, 9.1: Beton
DIN 1045-1, 9.2: Betonstahl

1 System, Bauteilmaße, Betondeckung

1.1 System

Hallenquerschnitt Bild 1
Systemskizze Abschnitt 2.1, Bild 2

Fundamente

Da die Annahme einer starren Einspannung am Stützenfuß bei Einzelfundamenten problematisch ist, werden die Fundamente mit Hilfe von Ersatzstäben in die computergestützte Berechnung einbezogen.

Alternative: Modellierung als Drehfedern, siehe z. B. [53] *Petersen*: Statik und Stabilität der Baukonstruktionen, Anhang III.2

Für diese Stäbe wird eine elastische Bettung mit Zugfederausschluss aktiviert, um den Einfluss der Fundamentverdrehungen auf die Stützenmomente sowie eine klaffende Fuge zu erfassen.
Die Fundamentabmessungen ergeben sich aus den Nachweisen der Standsicherheit. Eine Erdüberschüttung (Höhe 0,70 m) wird berücksichtigt.

Ausschluss von negativen Bodenpressungen

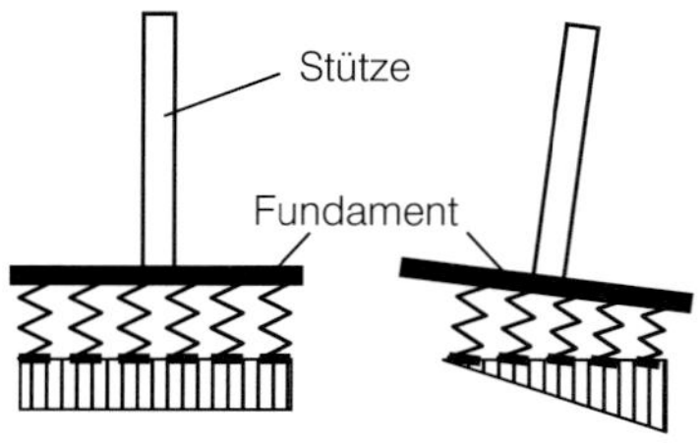

Fundamente Randstützen: $b_x / b_y / h = 2{,}00 / 1{,}25 / 0{,}50$ m
Fundamente Innenstützen: $b_x / b_y / h = 2{,}50 / 1{,}50 / 0{,}50$ m

Bodenkenngrößen
- zulässige Bodenpressung: 0,30 MN/m^2 (charakteristische)
- Bettungsziffer: $C = 50$ MN/m^3

lt. Bodengutachten
Beachte auch [18] DIN 1054: Baugrund – Sicherheitsnachweise im Erd- und Grundbau

Weitere Literatur z. B.
[54] *Smoltczyk/Netzel:* 3.1 Flachgründungen Grundbau-Taschenbuch Teil 3, 1992
[79] *Schmidt/Seitz:* Grundbau, BK 1998/II

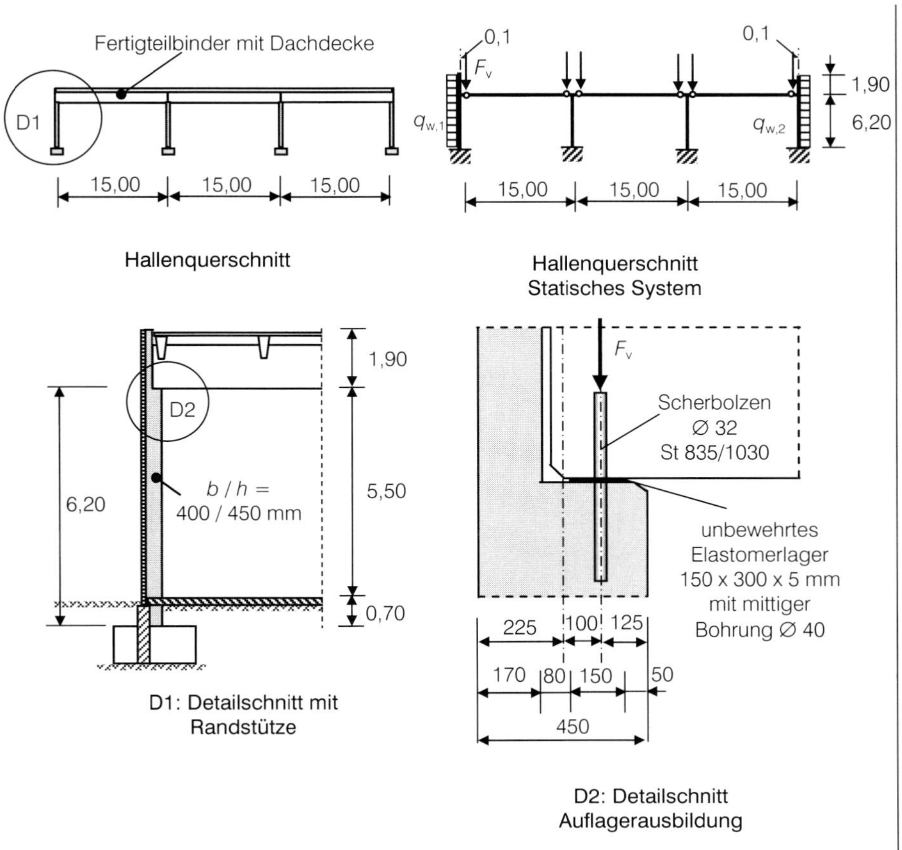

Bild 1: Hallenquerschnitt und Details

Es wird vorausgesetzt, dass Wind und sonstige Kräfte in Hallenlängsrichtung von anderen Bauteilen aufgenommen werden und die Halle durch Dehnfugen parallel zu den Bindern so unterteilt ist, dass Einwirkungen infolge von Zwang quer zu den Bindern vernachlässigt werden können.

Auch in Hallenquerrichtung kann die Bauwerksdimension als hinreichend klein angesehen werden, so dass, insbesondere wegen der vorgesehenen Wärmedämmung und der Herstellung mit Fertigteilen, Zwangbeanspruchungen aus Temperatur und Schwinden ebenfalls nicht berücksichtigt werden müssen.

Mindeststützenquerschnitt 200 / 200 mm
DIN 1045-1, 13.5.1: (1) ...für Stützen mit Vollquerschnitt, die vor Ort ... betoniert werden.

Das Oberteil der Stütze (Dicke h = 170 mm) ist nur durch Wind auf die Außenwandplatten belastet (Balken).

$F_v = \Sigma$ der vertikalen Einwirkungen aus der Binderauflagerlast
q_w = horizontale Windlast (Druck und Sog)

Annahmen: Die planmäßigen Ausmitten der lotrechten Einwirkungen F_v sind an den Innenstützen und Randstützen jeweils symmetrisch. Die Außenwandelemente tragen ihre Eigenlasten direkt auf Streifenfundamente ab und sind an den Stützen nur horizontal gehalten.

1.2 Mindestfestigkeitsklasse und Betondeckung der Stützen

DIN 1045-1, 6: Sicherstellung der Dauerhaftigkeit

Expositionsklasse für Bewehrungskorrosion infolge Karbonatisierung: ⇨ XC1
Mindestfestigkeitsklasse Beton: ⇨ C16/20

DIN 1045-1, Tab. 3: Expositionsklassen
XC1 trocken (Innenräume mit normaler Luftfeuchte)

Keine Expositionsklasse für Betonangriff.

Gewählt: C30/37 XC1

Die höhere Betonfestigkeitsklasse wird im Hinblick auf die Bemessung gewählt.
Die Expositionsklasse ist anzugeben (wichtig für die Betontechnologie nach DIN 1045-2).

Betondeckung wegen Expositionsklasse XC1:

⇨ Mindestbetondeckung c_{min} = 10 mm
+ Vorhaltemaß Δc = 10 mm
= Nennmaß der Betondeckung c_{nom} = 20 mm

DIN 1045-1, Tab. 4: Mindestbetondeckung c_{min} und Vorhaltemaß Δc in Abhängigkeit von der Expositionsklasse. Keine Abminderung von c_{min} um 5 mm gemäß [a]) zulässig, da XC1.

Zur Sicherstellung des Verbundes: $c_{min} \geq$ Stabdurchmesser
Längsbewehrung Ø 12: c_{min} = 12 mm Δc = 10 mm c_{nom} = 22 mm
Bügel Ø 8: c_{min} = 8 mm Δc = 10 mm c_{nom} = 18 mm

DIN 1045-1, 6.3: (4)

Daraus ergeben sich als Verlegemaße:
Längsbewehrung Ø 12: $c_{v,Bü} + d_{s,Bü} = 20 + 8$ $c_{v,l}$ = **28 mm**
Bügel Ø 8: $c_{v,Bü}$ = **20 mm**

DIN 1045-1, 6.3: (11)

2 Einwirkungen

2.1 Charakteristische Werte

Index k = charakteristisch

→ Lastfall 1: Ständige Einwirkungen (G)

Vertikale Auflagerkraft des Fertigteilbinders F_v

aus einer Nebenrechnung mit Dach und Pfetten

Randstütze:	$G_{k,1}$	=	**400,0 kN**
Moment aus Exzentrizität $F_v \cdot e = 400{,}0 \cdot 0{,}10$	$M_{gk,1}$	=	**40,0 kNm**
Stütze oben: $0{,}40 \cdot 0{,}17 \cdot 1{,}90 \cdot 25$	$G_{k,2}$	=	**3,2 kN**
Stütze unten: $0{,}40 \cdot 0{,}45 \cdot 25$	$g_{k,2}$	=	**4,5 kN/m**

DIN 1055-1, Tab. 1:
Wichte Stahlbeton 25 kN/m³

→ Lastfall 2: Schnee (S)

aus einer Nebenrechnung mit Dach und Pfetten
DIN 1055-5: Schneelast und Eislast

Vertikale Auflagerkraft F_v aus Schneelast

Randstütze:	$Q_{k,S}$	=	**68,0 kN**
Moment aus Exzentrizität $F_v \cdot e = 68{,}0 \cdot 0{,}10$	$M_{k,S}$	=	**6,8 kNm**

→ Lastfall 3: Wind (W)

Randstütze: Binderabstand: $b = 6{,}50$ m
Horizontale Windlast $q_w = c_{pe} \cdot q(z_e)$

Druck:	$+0{,}7 \cdot 0{,}95 = +0{,}665$ kN/m² $\cdot b$		$q_{k,W1}$	=	**+4,32 kN/m**
	Druck aus Oberteil	$4{,}32 \cdot 1{,}9$	$Q_{k,W1}$	=	**+8,21 kN**
	Moment aus Oberteil	$8{,}21 \cdot 1{,}9 / 2$	$M_{k,W1}$	=	**+7,80 kNm**
Sog:	$-0{,}3 \cdot 0{,}95 = -0{,}285$ kN/m² $\cdot b$		$q_{k,W2}$	=	**–1,85 kN/m**
	Sog aus Oberteil	$-1{,}85 \cdot 1{,}9$	$Q_{k,W1}$	=	**–3,52 kN**
	Moment aus Oberteil	$-3{,}52 \cdot 1{,}9 / 2$	$M_{k,W1}$	=	**–3,34 kNm**

DIN 1055-4: Windlasten
Anhang A, Bild A.1: Windzone 4, Binnenland
10.2, Tab. 2: vereinfachter Geschwindigkeitsdruck für Gebäudehöhe $h \leq 10$ m über Gelände:
$q(z_e \leq 10\text{ m}) = 0{,}95$ kN/m²
12.1.2, Bild 4: für Längsseiten der Halle →
Bereiche D + E, für $h \leq b$ und
$h / d = (5{,}5\text{ m} + 1{,}90\text{ m}) / 45\text{ m} = 0{,}16 < 0{,}25$
und für $A > 10$ m²:
Tab. 3: Außendruckbeiwerte für Wände
Druck $c_{pe,10} = +0{,}7$ und Sog $c_{pe,10} = -0{,}3$

→ Lastfall 4: Imperfektionen (I)

Schiefstellung des Tragwerks

$$\alpha_{a1} = 1 / (100 \cdot \sqrt{l_{col}}) \leq 1 / 200$$
$$\alpha_{a1} = 1 / (100 \cdot \sqrt{6{,}2}) = 1 / 250 < 1 / 200$$

Bei Berechnungen nach Theorie II. Ordnung sind ungewollte Vorverformungen zu berücksichtigen.

Abminderung für mehrere lastabtragende Bauteile $n = 4$ Stützen

$$\alpha_n = \sqrt{[(1 + 1 / n) / 2]}$$
$$= \sqrt{[(1 + 1 / 4) / 2]} = 0{,}79$$

DIN 1045-1, 7.2:
Gl. 4 mit $h_{ges} = l_{col}$

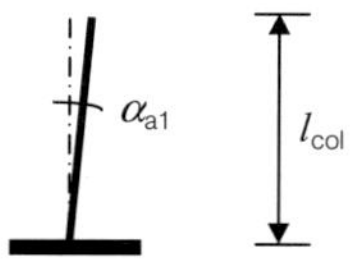

$$\alpha_n \cdot \alpha_{a1} = 0{,}79 / 250 = \mathbf{1 / 316}$$

DIN 1045-1, 7.2: Gl. 5
Der Abminderungsfaktor berücksichtigt die abnehmende Wahrscheinlichkeit, dass mehrere Bauteile in identischer Weise imperfekt sind.

Als lastabtragend gelten lotrechte Bauteile dann, wenn sie mindestens 70 % der mittleren Längskraft aller nebeneinander liegenden Bauteile aufnehmen:

Bemessungswert der mittleren Längskraft:

DIN 1045-1, 7.2: (5)

$$N_{Ed,m} = F_{Ed} / n \qquad (n = 4 \text{ Stützen})$$
$$N_{Ed,m} = 6 \cdot F_v / 4 = 1{,}5 \cdot F_v$$

Längskraft der Randstütze: $N_{Ed,R} = 1{,}0 \cdot F_v$

Summe der Bemessungswerte der Längskräfte:
$F_{Ed} = 3 \cdot 2 \cdot F_v$ (3 Fertigteilbinder)

$$N_{Ed,R} / N_{Ed,m} = 1{,}0 / 1{,}5 = 67\,\% \approx 70\,\%$$

Die Randstütze kann für die Abminderung der Schiefstellung des Gesamtsystems noch als lastabtragendes Bauteil angenommen werden.

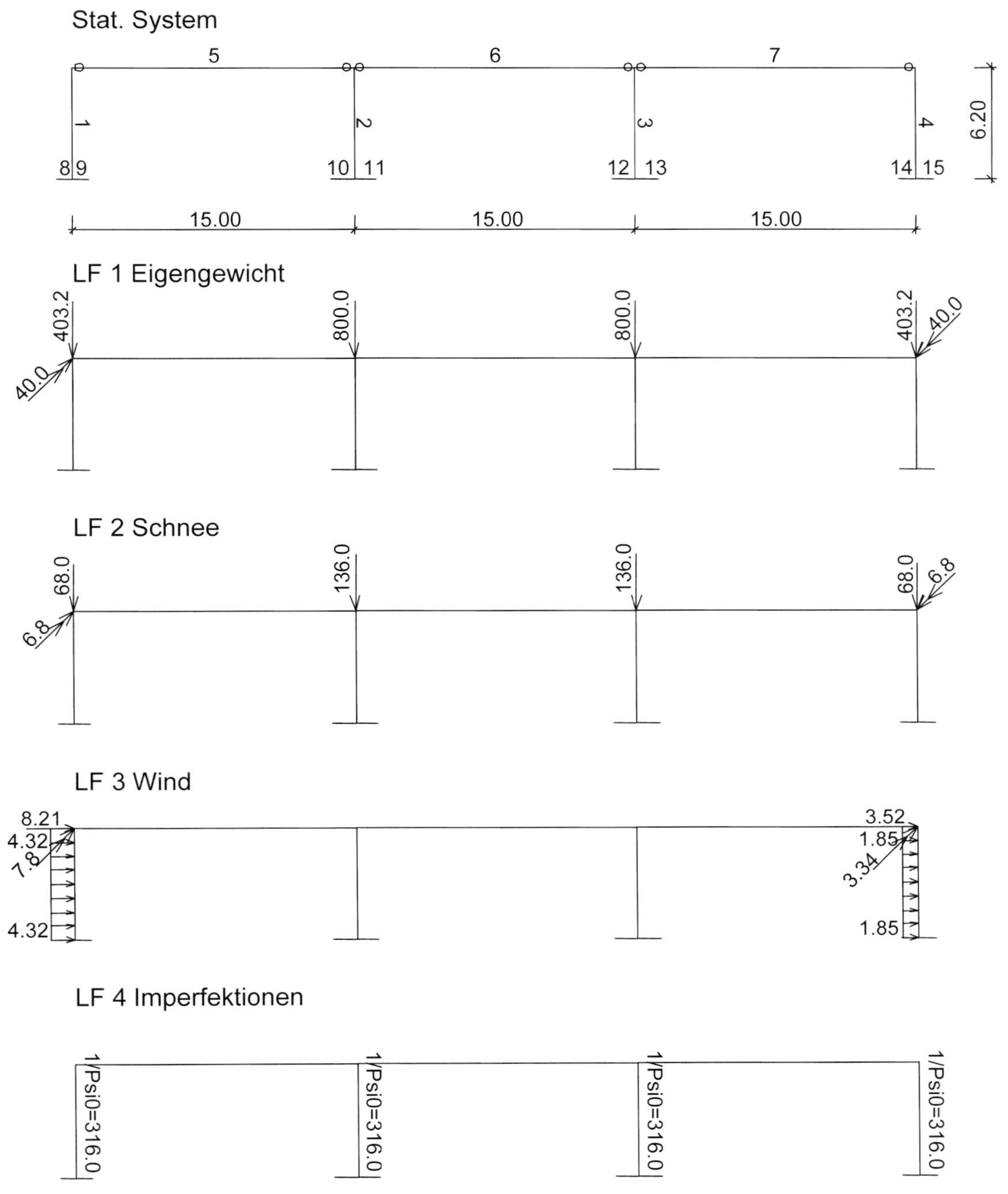

Psi0 $\equiv \alpha_n \cdot \alpha_{a1}$

abacus-Programm **S T U R - E F I** : Verschieblicher Rahmen in Hallenquerrichtung
System: Gekoppelte Stützen mit elastisch gebetteten Fundamenten
Lasten: Charakteristische Werte für LF 1 – 4 (ohne generierte Stützeneigenlasten)

Bild 2: Zusammenfassung der Eingabe → System und charakteristische Werte der Einwirkungen

2.2 Lastfallkombinationen in den Grenzzuständen der Tragfähigkeit

Teilsicherheitsbeiwerte in den Grenzzuständen der Tragfähigkeit:

Einwirkungen	günstig	ungünstig
• ständige	$\gamma_G = 1{,}00$	$\gamma_G = 1{,}35$
• veränderliche	$\gamma_Q = 0$	$\gamma_Q = 1{,}50$

DIN 1045-1, Tab. 1: Teilsicherheitsbeiwerte für die Einwirkungen auf Tragwerke

Kombinationsbeiwerte in den Grenzzuständen der Tragfähigkeit:

Bemessungssituation	Schneelast	Windlast
ständig und vorübergehend	$\psi_{0,S} = 0{,}5$	$\psi_{0,W} = 0{,}6$

Grundlagen der Tragwerksplanung:
DIN 1055-100, Tab. A.2
Schnee- und Eislasten für Orte bis zu NN +1000 m,
Windlasten

Allgemeine Grundkombination:
$E_d = \gamma_G \cdot G_k + \gamma_{Q,1} \cdot Q_{k,1} + \Sigma(\gamma_{Q,i} \cdot \psi_{0,i} \cdot Q_{k,i})$

DIN 1055-100, 9.4: Kombinationsregeln für die ständige Bemessungssituation mit i = 1 für die vorherrschende Einwirkung und i > 1 für Begleiteinwirkungen

Folgende Lastfallkombinationen (LK) sind zu untersuchen:

G – ständige Einwirkungen
W – Wind
S – Schnee

LK 1: G + S + W ungünstig, Leiteinwirkung S (max |*N*|)
1,35 · G + 1,0 · 1,50 · S + 0,6 · 1,50 · W + I

Bei einer nichtlinearen Berechnung ist das Superpositionsprinzip nicht anwendbar. Jede relevante Lastfallkombination muss vollständig am Gesamtsystem berechnet werden.

LK 2: G + W + S ungünstig, Leiteinwirkung W (max|*N*| + max *M*)
1,35 · G + 1,0 · 1,50 · W + 0,5 · 1,50 · S + I

Die 2. Lastfallkombination wird maßgebend für die weiteren Nachweise in den Grenzzuständen der Tragfähigkeit. Wind und Schnee wirken in der Kombination ungünstig.

LK 3: G + S günstig, W ungünstig, Leiteinwirkung W (min|*N*| + max *M*)
1,00 · G + 1,0 · 1,50 · W + 0,0 · 1,50 · S + I

Die 3. Lastfallkombination enthält die kleinste Normalkraft mit dem zugehörigen größtmöglichen Moment. In Bezug auf die bemessungsrelevante Schnittkraftkombination als Auswirkung wirkt Wind ungünstig und Schnee günstig.

LK 4: G + S + W günstig (min|*N*|)
1,00 · G + 0,0 · 1,50 · W + 0,0 · 1,50 · S + I
Nicht maßgebend, da die Werte zwischen denen der übrigen Kombinationen liegen.

LK 5: G + W ungünstig (Lagesicherheit)
0,90 · G + 1,50 · W + I

Die 5. Lastfallkombination wird für den Nachweis der Lagesicherheit nach DIN 1055-100, Gl. (11) mit den Teilsicherheitsbeiwerten nach Tab. A.3 gebildet.

2.3 Lastfallkombinationen in den Grenzzuständen der Gebrauchstauglichkeit

Kombinationsbeiwerte in den Grenzzuständen der Gebrauchstauglichkeit:

Einwirkungskombination (EK)	Schneelast	Windlast
seltene Kombination	$\psi_{0,S} = 0{,}5$	$\psi_{0,W} = 0{,}6$
quasi-ständige Kombination	$\psi_{2,S} = 0{,}0$	$\psi_{2,W} = 0{,}0$

Grundlagen der Tragwerksplanung:
DIN 1055-100, Tab. A.2
Schnee- und Eislasten für Orte bis zu NN +1000 m,
Windlasten

seltene EK: $E_{d,rare} = G_k + Q_{k,1} + \psi_{0,i} \cdot Q_{k,i}$

quasi-ständige EK: $E_{d,perm} = G_k + \Sigma(\psi_{2,i} \cdot Q_{k,i})$

DIN 1055-100, 10.3: Bemessungssituationen

Folgende Lastfallkombinationen (LK) sind zu untersuchen:

LK 1: **quasi-ständig** G

quasi-ständige Einwirkungskombination: ohne Wind und Schnee wegen $\psi_{2,W} = \psi_{2,S} = 0$

LK 2: **selten: Leiteinwirkung Wind, mit Schnee** G + W + 0,5 · S

seltene EK: mit max *M* + max|*N*|

LK 3 **selten: Leiteinwirkung Wind, ohne Schnee** G + W

seltene EK: mit max *M* + min|*N*|

3 Schnittgrößenermittlung in den Grenzzuständen der Tragfähigkeit

3.1 Bemessungswerte der Baustoffe

Teilsicherheitsbeiwerte in Grenzzuständen der Tragfähigkeit:

- Beton < C55/67 $\gamma_c = 1{,}50$
- Betonstahl BSt 500 $\gamma_s = 1{,}15$

DIN 1045-1, 5.3.3: Tab. 2: Teilsicherheitsbeiwerte für die Bestimmung des Tragwiderstands
hier: ständige und vorübergehende Bemessungssituation (Normalfall)

Die Verformungen und Schnittgrößen werden auf der Grundlage von Bemessungswerten ermittelt, die auf den Mittelwerten der Baustoffkennwerte beruhen. Die Mitwirkung des Betons auf Zug (f_{ctm}) wird dabei berücksichtigt.

DIN 1045-1, 9.1.5: Spannungs-Dehnungslinie für Verformungs- und Schnittgrößenermittlung und DIN 1045-1 8.6.1 (7), z. B. f_{cm} / γ_c, E_{cm} / γ_c
Beton: $\gamma_c = 1{,}50$, Betonstahl: $\gamma_s = 1{,}00$
[29] DAfStb-Heft 525, zu 8.6.1 (7): Ein Nachweis nach diesem Absatz ist besonders in Sonderfällen angebracht, wenn die Tragfähigkeit des Druckglieds in erheblichem Maße durch die Bauteilsteifigkeit im gerissenen Zustand begrenzt wird.

Für die Ermittlung der Grenztragfähigkeit der Querschnitte werden die Bemessungswerte der Baustofffestigkeiten angesetzt, jedoch ohne Berücksichtigung der Zugfestigkeit des Betons.

DIN 1045-1, 9.1.6: Spannungs-Dehnungslinie für die Querschnittsbemessung, z. B. $f_{cd} = \alpha \cdot f_{ck} / \gamma_c$

Beton C30/37: $f_{ck} = 30{,}0$ N/mm²
$f_{cm} = 38{,}0$ N/mm²
$f_{ctm} = 2{,}9$ N/mm²

DIN 1045-1, Tab. 9: Festigkeits- und Formänderungskennwerte von Normalbeton

Endkriechzahl

Wirksame Querschnittsdicke
$h_0 = 2 \cdot A_c / u = 2 \cdot 400 \cdot 450 / [2 \cdot (400 + 450)] = 210$ mm
$\rightarrow \varphi_\infty = 2{,}5$

Endkriechzahl φ_∞
DIN 1045-1, 9.1.4, Bild 18: Innenräume
Belastungsbeginn nach 28 Tagen
Festigkeitsklasse des Zements 32,5R; 42,5N

Betonstahl BSt 500 S (A): $f_{yk} = 500$ N/mm²
$f_{tk,cal} = 525$ N/mm²

DIN 1045-1, Tab. 11: Eigenschaften der Betonstähle
DIN 1045-1, 9.2.3: Spannungs-Dehnungslinie für Verformungs- und Schnittgrößenermittlung
DIN 1045-1, 9.2.4: Spannungs-Dehnungslinie für die Querschnittsbemessung

3.2 Ermittlung der Verformungen und Schnittgrößen

Verformungen und Schnittgrößen werden mit dem abacus-Programm STUR-EFI [99] nach Theorie II. Ordnung am Gesamtsystem ermittelt.
Die Berechnung erfolgt iterativ getrennt für jede Lastfallkombination.
In jeder Iterationsstufe werden die maßgebenden Bewehrungen aus allen Lastfallkombinationen neu ermittelt und mit ihnen die effektiven Steifigkeiten (siehe auch 5.1).

[99] abacus-Stabwerksprogramm mit effektiven Steifigkeiten STUR - EFI V 5.0

DIN 1045-1, 8.6: Stabförmige Bauteile und Wände unter Längsdruck (Theorie II. Ordnung)
DIN1045-1, 8.6.1 (7): *Ermittlung der Verformungen auf der Grundlage von Bemessungswerten, die auf den Mittelwerten der Baustoffkennwerte beruhen. Ermittlung der Grenztragfähigkeit im kritischen Querschnitt mit Bemessungswerten der Baustofffestigkeiten.*

Bis zum Erreichen der (mittleren) Betonzugfestigkeit ist Zustand I mit der Biegesteifigkeit B_I maßgebend. Nach Überschreiten des Rissmoments erfolgt der Übergang in den Zustand II mit der Biegesteifigkeit B_{II}.

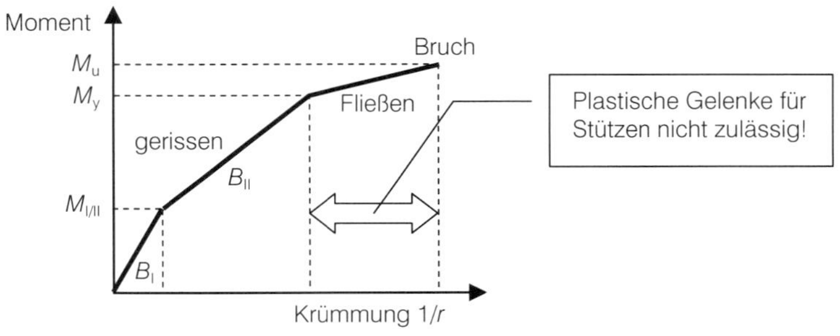

Prinzip analog
DIN 1045-1, 8.5.2, Bild 10: Vereinfachte Momenten-Krümmungsbeziehung

Kriechauswirkungen:

Maßgebend für die Kriechauswirkungen ist die quasi-ständige Einwirkungskombination. Zwar treten infolge der zugehörigen symmetrischen Verformungsfigur keine seitlichen Verschiebungen am Stützenkopf auf, allerdings gilt dies nicht bei Berücksichtigung der anzusetzenden Imperfektionen. Deshalb wird der ungünstige Einfluss der Kriechverformungen berücksichtigt. Da diese nur unter der quasi-ständigen Einwirkungskombination ermittelt werden müssen, wird bei der Berechnung nach Theorie II. Ordnung im Grenzzustand der Tragfähigkeit näherungsweise ein kriecherzeugender Lastanteil von 50 % der Gesamtlast (G + S) angenommen. Diese Annahme liegt für dieses Rahmensystem mit gelenkig aufgelagerten Bindern auf der sicheren Seite, da nicht die Kriechverformungen infolge der eigentlichen Last, sondern nur die Zusatzverkrümmungen infolge der kriecherzeugenden Biegemomente relevant sind (siehe Band 1 [135], Beispiel 10: Verhältnis kriecherzeugendes zu Biegemoment Theorie 1. Ordnung mit Imperfektion $M_{Ed,creep} / M_{Ed,1} \leq 0{,}22$).

Der Einfluss des Kriechens wird durch eine Verzerrung der Spannungs-Dehnungslinie des Betons erfasst [72], dadurch ergeben sich die Kriechauswirkungen beanspruchungsabhängig.

Für den Vergleich mit Beispiel 10 in [135] wurden verschiedene Varianten durchgerechnet:

- Wahl der Fundamentabmessungen:
  Dimensionierung der Fundamente so, dass die zulässigen Bodenpressungen, die Kippsicherheit nach DIN 1054 und die Lagesicherheit nach DIN 1055-100 eingehalten sind;
- mit und ohne Berücksichtigung der Fundamentverdrehungen;
- mit und ohne Kriecheinfluss.

DIN 1045-1, 9.1.5: Spannungs-Dehnungslinie für nichtlineare Verfahren der Schnittgrößenermittlung
Kurve 1: Bild 22, kurzzeitige Beanspruchung
Kurve 2: verzerrt unter Kriecheinfluss [72]

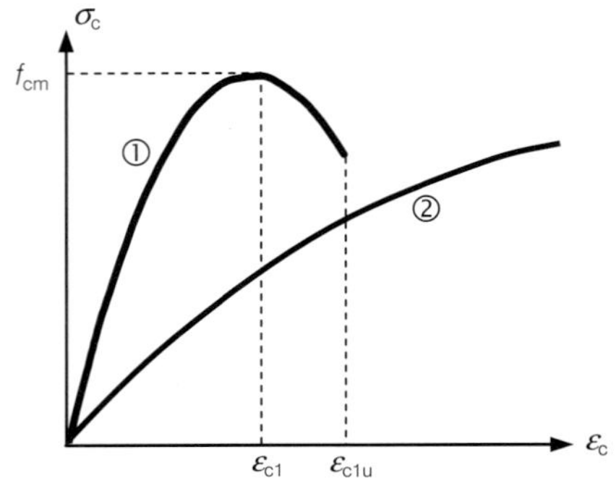

Die Berücksichtigung des Kriechens in der Arbeitslinie des Betons wird über die Endkriechzahl φ_∞ bestimmt.

[72] *Shen:* Lineare und nichtlineare Theorie des Kriechens und der Relaxation von Beton unter Druckbeanspruchung, DAfStb-Heft 432, 1992, S. 26, Gl. 7.42. Die maximale Dauerstandsdruckfestigkeit des Betons beträgt etwa 0,80...0,85 f_{cm} und die Dauerstandsbruchdehnung etwa das 2 bis 4-fache von ε_{c1u}.

3.3 Bewehrungsanordnung

Mindest- und Höchstwert der Längsbewehrung:

$A_{s,max} = 0{,}09 \cdot A_c$
$= 0{,}09 \cdot 40 \cdot 45 = \mathbf{162\ cm^2}$

$A_{s,min} = 0{,}15 \cdot |N_{Ed}| / f_{yd}$
$= 10^4 \cdot 0{,}15 \cdot 0{,}684 / 435 = 2{,}36\ cm^2$

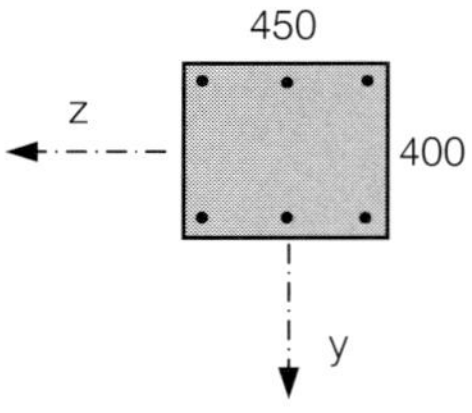

Aber maßgebend: konstruktiv 6 ∅ 12
$A_{s,min} = \mathbf{6{,}79\ cm^2}$

Die Bewehrung wird nicht gestaffelt, d. h. bei der Ermittlung der effektiven Steifigkeiten wird die maximal erforderliche Bewehrung pro Stütze über die volle Höhe angesetzt.

DIN 1045-1, 13.5.2: (2) Der gesamte Bewehrungsquerschnitt darf, auch im Bereich von Übergreifungsstößen, den maximalen Wert von 0,09 A_c nicht überschreiten.

DIN 1045-1, 13.5.2: Gl. 155
max $N_{Ed} = 1{,}35 \cdot (403 + 6{,}2 \cdot 4{,}5) + 1{,}5 \cdot 68$
$= 684$ kN

DIN 1045-1, 13.5.1: (2) min $d_{s,l} = 12$ mm
DIN 1045-1, 13.5.1: (3) in jeder Ecke mindestens ein Längsstab, max. Längsstababstand: 300 mm bis $b \leq 400$ mm genügt ein Längsstab je Ecke.

Bei gestaffelter Bewehrung muss der Programmanwender die Bewehrungsverteilung unter Beachtung der Verankerungslängen vorgeben.

4 Räumliche Steifigkeit und Stabilität

Die Stabilität in Hallenlängsrichtung ist durch andere Bauteile gesichert. In Hallenquerrichtung handelt es sich um ein verschiebliches Tragwerk im Sinne von DIN 1045-1, 8.6.2 (1).

Aussteifung durch Wandscheiben oder Fachwerkverbände.

Dies ist in der Regel bei stützenausgesteiften Rahmensystemen immer der Fall.

Der Nachweis in den durch Tragwerksverformungen beeinflussten Grenzzuständen der Tragfähigkeit wird am Gesamtsystem unter Berücksichtigung der effektiven Steifigkeiten geführt.

5 Ergebnisse in den Grenzzuständen der Tragfähigkeit

5.1 Allgemeines

Prinzip einer iterativen nichtlinearen Berechnung (siehe Bild für i = 3 Iterationen):

1. Iterationsschritt:
Mit der Biegesteifigkeit B_1 des Zustandes I (ungerissen) wird eine Schnittkraftverteilung M_1 am System ermittelt.

2. Iterationsschritt:
Aus der Beanspruchung durch die Schnittkräfte M_1 ergeben sich abhängig vom Querschnitt mit der gewählten Bewehrung die Krümmung und daraus die Biegesteifigkeit B_2 für die zweite Berechnung der Schnittkraftverteilung M_2 am System.
...
i. Iterationsschritt:
Aus der Beanspruchung durch die Schnittkräfte M_{i-1} ergeben sich abhängig vom Querschnitt mit der gewählten Bewehrung die Krümmung und daraus die Biegesteifigkeit B_i für die i–te Berechnung der Schnittkraftverteilung M_i am System.

Je nach Wahl und Schärfe des Konvergenzkriteriums wird die Berechnung abgebrochen.

Berechnung geometrisch nichtlinear (Theorie II. Ordnung) und physikalisch nichtlinear (effektive Steifigkeiten)

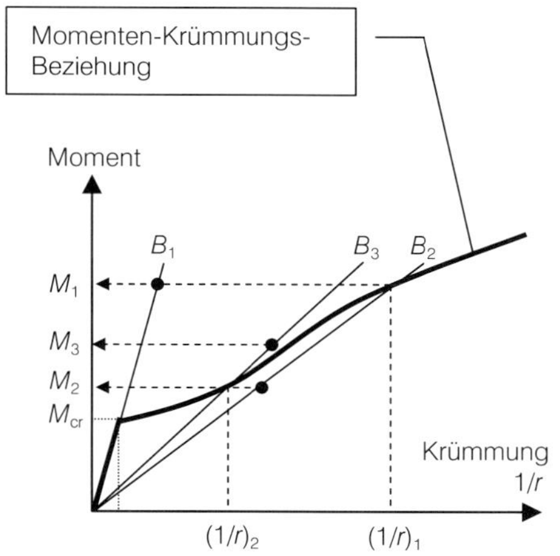

Die nichtlineare Berechnung für das vorliegende „robuste" Stützensystem konvergiert sehr schnell. Als Konvergenzkriterium wird die Änderung der Stabdeterminante verwendet, was auch sicherstellt, dass während der Iteration nicht unbeabsichtigt die Knicklast überschritten wird.

5.2 Einfluss der elastischen Fußeinspannung

Die Zusatzbeanspruchungen aus der nichtlinearen Berechnung zeigen sich am deutlichsten beim Vergleich der Verformungen.

LK 1: max G + max S
LK 2: max G + max W
LK 3: min G + max W

	Volleinspannung		Nachgiebigkeit der Fundamente			
LK	u_I (mm)	u_{II} (mm)	u_I (mm)	u_{II} (mm)	φ_I (‰)	φ_{II} (‰)
1	11,1	24,1	15,5	37,7	1,43	2,64
2	20,4	37,5	34,4	82,8	1,84	3,68
3	21,0	31,7	30,3	49,7	1,71	2,53

im Grenzzustand der Tragfähigkeit
Horizontalverschiebungen am Kopf:
u_I : nach Theorie I. Ordnung
u_{II}: nach Theorie II. Ordnung
Verdrehungen im Fußpunkt der "Windsogstütze":
φ_I : nach Theorie I. Ordnung
φ_{II}: nach Theorie II. Ordnung

Infolge der nachgiebigen Lagerung der Fundamente stellen sich Verdrehungen der Stützenfüße ein, die zu einer deutlichen Vergrößerung der Kopfauslenkungen führen. Dies unterstreicht die Notwendigkeit realistischer Modellierung der Stützeneinspannung insbesondere bei verschieblichen Systemen.

Die größten Fundamentverdrehungen ergeben sich für die „Windsogstütze".
So vergrößert sich z. B. für die Lastfallkombination 2 (LK 2) aus der Schiefstellung der Stütze die Kopfauslenkung von
$\Delta u = 0{,}00184 \cdot 6200 = 11{,}4$ mm
unter Berücksichtigung der nichtlinearen Einflüsse auf
$\Delta u = 0{,}00368 \cdot 6200 = 22{,}8$ mm.

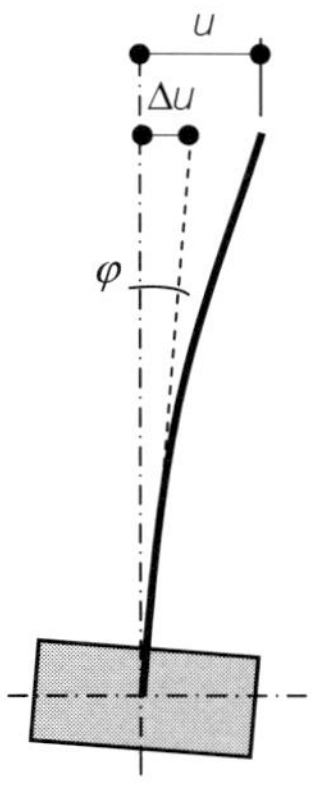

Aus den mit elastischer Bettung ermittelten Fundamentverdrehungen lassen sich zum Vergleich auch theoretische Drehfedern K berechnen, z. B. LK 2:
$C_{\varphi,I} = M_I / \varphi_I = 78{,}7 / 1{,}84 = 43$ MNm/rad
$C_{\varphi,II} = M_{II} / \varphi_{II} = 157{,}4 / 3{,}68 = 43$ MNm/rad
→ keine klaffende Fuge im Grenzzustand der Tragfähigkeit, siehe 5.7

Zum Vergleich: Modellierung als Drehfedern, nach [53] *Petersen*: Statik und Stabilität der Baukonstruktionen, Anhang III.2
Sand, mitteldicht: Steifezahl min $S \approx 50$ MN/m²
$E = 0{,}743 \cdot S = 37{,}1$ MN/m² ($\mu = 0{,}3$)
$t / b \approx 3 \rightarrow i = 4{,}5$
mit t – Tiefe der nachgiebigen Schicht
Fundament:
$b \rightarrow$ auf überdrückte Fläche bezogen
$b / a = 2{,}00 / 1{,}25 \approx 1{,}5 \rightarrow k = 0{,}67$
Drehfeder:
$C_\varphi = a \cdot b^2 \cdot E / (i \cdot k)$
$C_\varphi = 1{,}25 \cdot 2{,}0^2 \cdot 37{,}1 / (4{,}5 \cdot 0{,}67) = 61$ MNm/rad

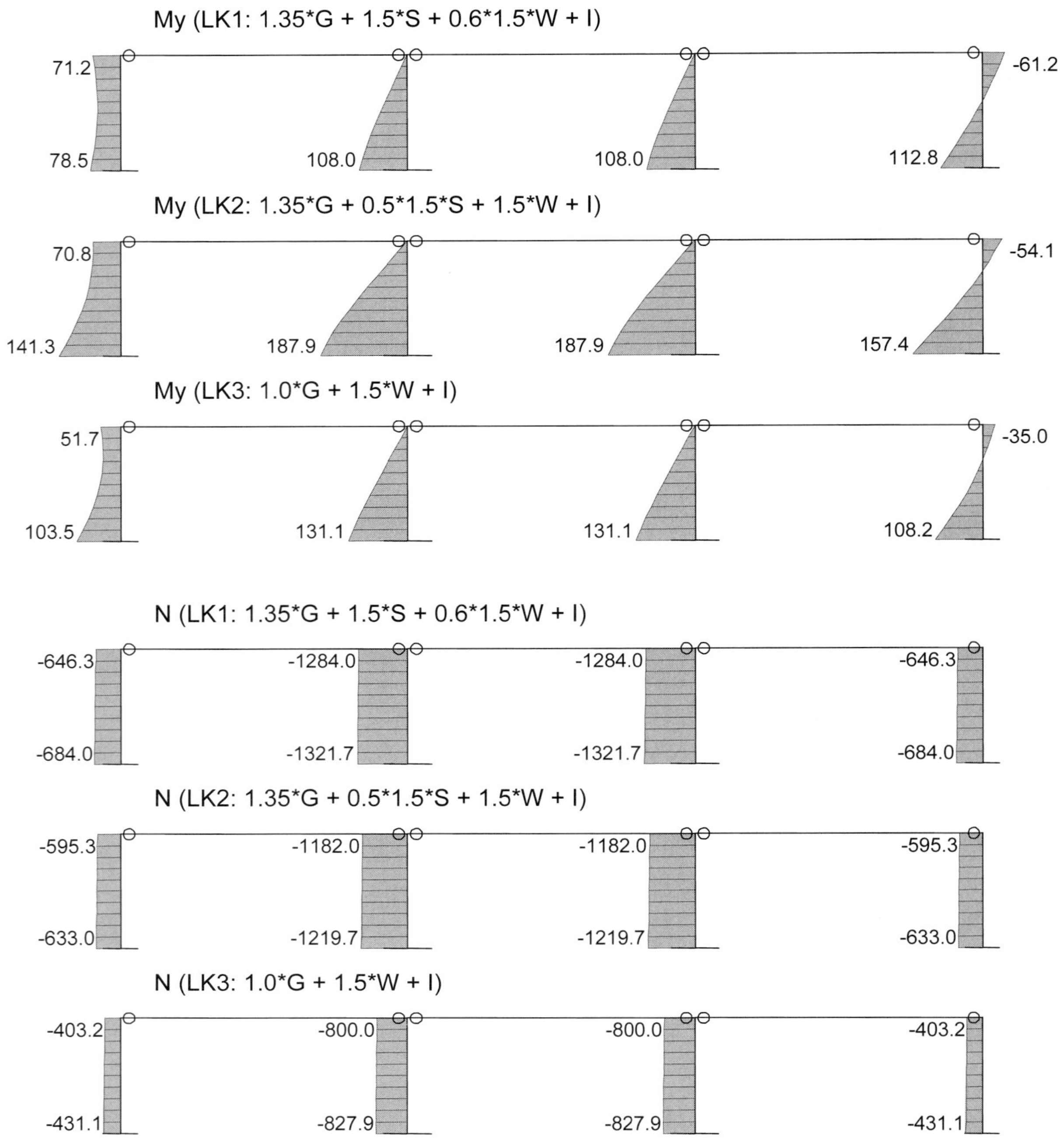

abacus-Programm **S T U R - E F I** : Berechnung nach Theorie II. Ordnung mit effektiven Steifigkeiten (→ erf A_s = 5,59 cm²)
Momente und Normalkräfte im Grenzzustand der Tragfähigkeit: für LK 1 - 3

Bild 3: Berechnung mit Berücksichtigung der elastischen Fußeinspannung der Stützen und der klaffenden Fuge
M [kNm] und *N* [kN]

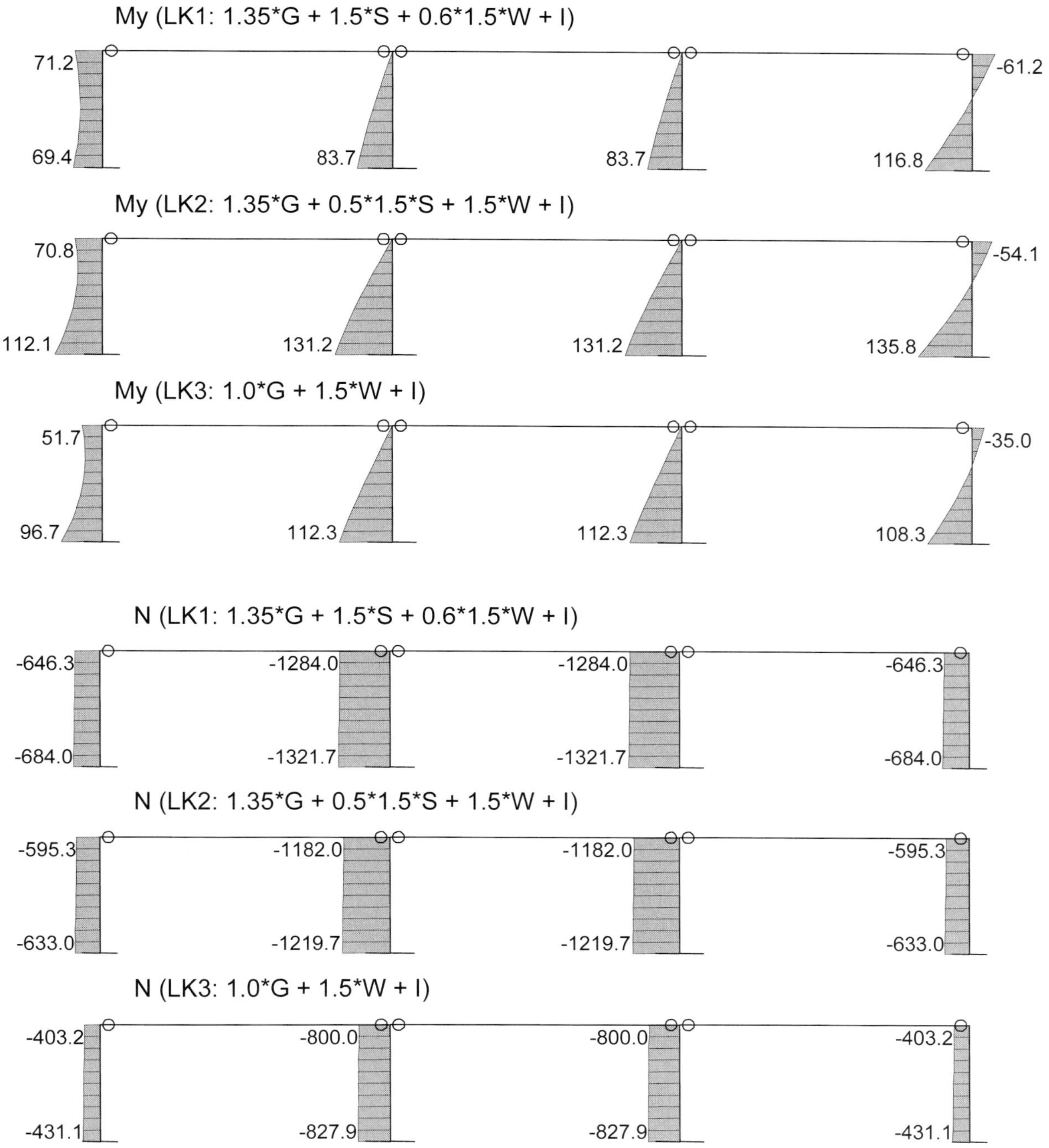

abacus-Programm **S T U R - E F I** : Berechnung nach Theorie II. Ordnung mit effektiven Steifigkeiten (→ erf A_s = 4,56 cm² = Mindestbewehrung)
Momente und Normalkräfte im Grenzzustand der Tragfähigkeit für LK 1 - 3

Bild 4: Berechnung mit Volleinspannung der Stützenfüße
M [kNm] und *N* [kN]

5.3 Erforderliche Bewehrung bei elastischer Fußeinspannung

Bemessung für die maßgebenden Lastfallkombinationen:

Stab	LK	N_{Ed} (kN)	M_{yEd} (kNm)	eps.c	eps.s	Σ As (cm²)
1	3	-431.10	103.54	-3.50	14.32	4.52 m
2	1	-1321.67	107.97	-3.50	0.66	4.56 m
3	1	-1321.67	107.97	-3.50	0.66	4.56 m
4	2	-632.98	157.37	-3.50	8.85	**5.59**

Effektive Biegesteifigkeiten eff.B (MNm²):

Stab	LK	N_{Ed} (kN)	M_{yEd} (kNm)	As (cm2)	Zustand	eff.B	eff.B / B_I
1	1	-683.98	78.51	5.59	I	48.40	1.00
1	2	-632.98	141.28	5.59	II	18.35	0.38
1	3	-431.10	103.54	5.59	II	17.35	0.36
2	1	-1321.67	107.97	4.56	I	47.93	1.00
2	2	-1219.67	187.81	4.56	II	26.55	0.55
2	3	-827.90	131.09	4.56	II	30.53	0.64
3	1	-1321.67	107.97	4.56	I	47.93	1.00
3	2	-1219.67	187.91	4.56	II	26.55	0.55
3	3	-827.90	131.09	4.56	II	30.53	0.64
4	1	-683.98	112.79	5.59	II	34.78	0.72
4	2	-632.98	157.37	5.59	II	15.97	**0.33**
4	3	-431.10	108.24	5.59	II	16.45	0.34

Aufgrund der höheren Auflast ist der Steifigkeitsabfall bei den Innenstützen weniger ausgeprägt als bei den Randstützen. Über mehr als die Hälfte ihrer Höhe verbleiben die Stützen im Zustand I (Bild 5).

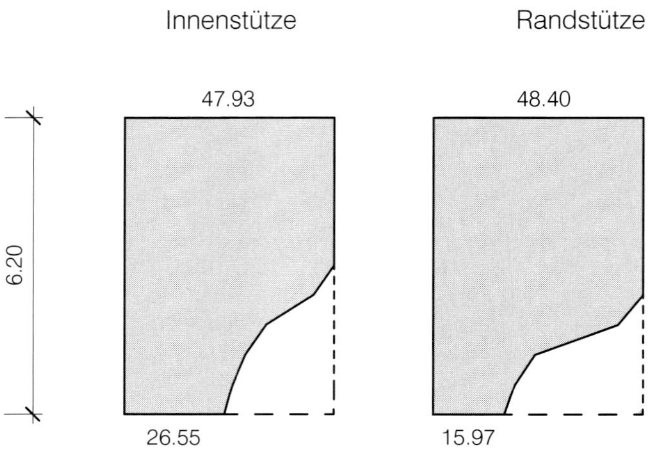

Bild 5: Verlauf der effektiven Biegesteifigkeiten eff.B für LK 2

Maßgebend wird LK 2 für die "Windsogstütze".

Ergebnisse jeweils am Stützenfuß

Vorgabe für die Bewehrungsermittlung:
Innen- und Randstützen jeweils gleich bewehrt
m: Mindestbewehrung maßgebend

Innen- und Randstützen:
gew. $A_s = 6{,}79$ cm² > min A_s

eff.B / B_I : Verhältnis der effektiven Steifigkeit zur Steifigkeit im Zustand I
In B_I ist die gewählte Bewehrung und der effektive E-Modul infolge Kriechen berücksichtigt:

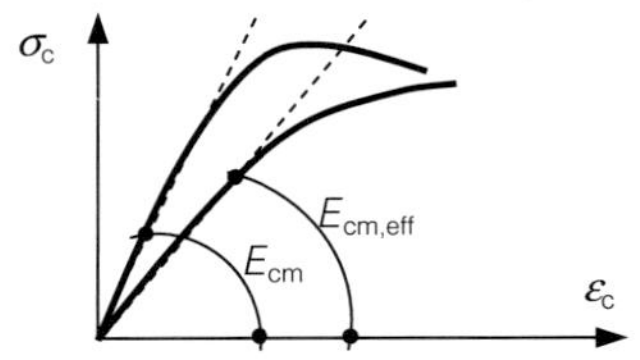

Zum Vergleich:
Ermittlung der Biegesteifigkeit Zustand I nach [46] *Litzner* → Band 1 [135], S. A-15
Bewehrung $A_{s1} = A_{s2} = 2{,}8$ cm²
$\rho_I = 2{,}8 / (40 \cdot 41) = 0{,}0017$
$b / h / d = 400 / 450 / 410$ mm, $d_2 = 40$ mm
$k_{xI} = 0{,}500$ und $k_I = 1{,}0836$
mit $E_{cm,eff} / \gamma_c = 15093$ MN/m² → $\alpha_E = 13{,}25$
$I_I = k_I \cdot b \cdot d^3 / 12 = 0{,}00329$ m⁴
$B_I = 15093 \cdot 0{,}00329 = 49{,}7$ MNm²

Größter Steifigkeitsabfall für LK 2:
eff.$B = 15{,}97$ MNm² 33 % von $B_I = 48{,}40$ MNm²

Zum Vergleich mit Beispiel 10 aus [135]:
Verhältnis der Biegesteifigkeiten Innen- zu Randstützen
$B_2 / B_1 = 1{,}25$ Annahme in [135]
$B_2 / B_1 = 26{,}55 / 15{,}97 = 1{,}67$ Nichtlineare Berechnung

Der Verlauf der effektiven Biegesteifigkeiten wird in [99] mindestens in den Zehntel-Punkten zzgl. Unstetigkeiten (Einzellasten, Querschnittsänderungen) ermittelt.

Die realistischere Steifigkeitsverteilung führt gegenüber dem Beispiel 10 [135] zu einer größeren Verlagerung der Horizontalkräfte auf die „steiferen" Innenstützen und damit zu günstigeren Bemessungsergebnissen bei den „weicheren" Randstützen.

Zum Vergleich: Modellstützenverfahren
Die Biegesteifigkeit der Randstütze im kritischen Querschnitt ergibt sich für die maßgebende Einwirkungskombination (hier LK 2) aus [135], S. 10-12:
$B_{II} = M_{II} / (1/r)$
$= 261 \cdot 10^{-3} / 0{,}0118 = 22{,}1$ MNm²

5.4 Erforderliche Bewehrung bei Volleinspannung

Bemessung für die maßgebenden Lastfallkombinationen:

Stab	LK	N_{Ed} (kN)	M_{yEd} (kNm)	eps.c	eps.s	Σ As (cm²)
1	3	-431.10	96.70	-3.50	14.30	4.52 m
2	1	-1321.67	83.75	-3.50	0.14	**4.56 m**
3	1	-1321.67	83.75	-3.50	0.14	**4.56 m**
4	3	-431.10	98.46	-3.50	15.88	4.52 m

Ergebnisse jeweils am Stützenfuß

Die größte Bewehrung ergibt sich für die Innenstützen.

Aufgrund der geringen Unterschiede bei der erforderlichen Bewehrung können alle Stützen gleich ausgeführt werden.
Ohnehin wird die konstruktive Mindestbewehrung (4 + 2) ∅ 12 → $A_{s,min}$ = 4,52 + 2,26 cm² maßgebend.

Effektive Biegesteifigkeiten eff.B (MNm²):

Stab	LK	N_{Ed} (kN)	M_{yEd} (kNm)	As (cm2)	Zustand	eff.B	eff.B / B_I
1	1	-683.98	69.42	4.52	I	47.91	1.00
1	2	-632.98	112.13	4.52	II	27.02	0.56
1	3	-431.10	96.70	4.52	II	16.81	0.35
2	1	-1321.67	83.75	4.56	I	47.93	1.00
2	2	-1219.67	131.21	4.56	I	47.93	1.00
2	3	-827.90	112.34	4.56	II	44.59	0.93
3	1	-1321.67	83.75	4.56	I	47.93	1.00
3	2	-1219.67	131.21	4.56	I	47.93	1.00
3	3	-827.90	112.34	4.56	II	44.59	0.93
4	1	-683.98	116.83	4.52	II	28.37	0.59
4	2	-632.98	135.83	4.52	II	17.25	0.36
4	3	-431.10	108.28	4.52	II	14.35	**0.30**

Im Vergleich zur elastischen Fundamenteinspannung ergeben sich unter Annahme starrer Einspannung deutlich geringere Schnittgrößen, das verschiebliche System reagiert sehr empfindlich, siehe auch Kommentar zu 5.2!
Die Annahme der elastischen Fundamenteinspannung führt insbesondere bei Einzelfundamenten für verschiebliche Stützen zu einem realistischeren Modell.

eff.B / B_I : Verhältnis der effektiven Steifigkeit zur Steifigkeit im Zustand I

Größter Steifigkeitsabfall für LK 3:
eff.B = 14,35 MNm² 30 % von B_I = 47,91 MNm²

5.5 Gewählte Längsbewehrung

Die Bewehrung wird nach den Berechnungsergebnissen mit Berücksichtigung der wirklichkeitsnahen elastischen Fußeinspannung der Stützen nach 5.3 gewählt.

siehe 1.2:
erf $c_{nom,l}$ = 12 + 10 = 22 mm beachten,
mit Bügel-∅ 8 und $c_{v,Bü}$ = 20 mm eingehalten.

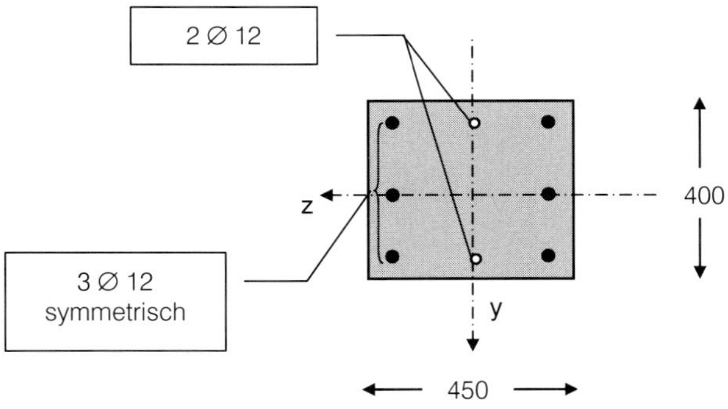

Konstruktiv: an Längsseiten je ein ∅ 12, da Bemessung für Biegung um die z-Achse (siehe 5.2.6) keine zusätzliche Bewehrung erforderlich macht.
DIN 1045-1, 13.5.1: (3) Der Abstand der Längsstäbe darf 300 mm nicht überschreiten.

Zum Vergleich [135], Beispiel 10 mit Modellstützenverfahren:
erf A_s = 20,4 cm²
e_0 = 158 mm > 0,1 h = 45 mm
l_0 = 13,0 m > 15 h = 6,75 m!

Gewählt:
Längsbewehrung BSt 500 S (A)
6 ∅ 12 = 6,79 cm² > erf A_s = 5,59 cm²
= min A_s = 6,79 cm²

→ [29] DAfStb-Heft 525, zu 8.6.5:
Für Lastausmitten e_0 < 0,1 h und Ersatzlängen l_0 > 15 h ergibt das Modellstützenverfahren zunehmend unwirtschaftliche Ergebnisse.

5.6 Überprüfung der Fundamente

Nachweis für die Fundamente der Randstützen bei Teileinspannung:

Stützenlasten nach Theorie I. und II. Ordnung:

LK	Art	V_{Ed}	M_{yEdI}	M_{yEdII}	zug.H_{Ed}	Δe_{II}
1	G+Q	684.00	55.25	112.79	31.05	0.0841
2	G+Q	633.00	79.97	157.37	36.91	0.1223
3	G+Q	431.10	75.14	108.24	29.50	0.0768
5	G+Q	388.00		98.00	28.12	

Endgültige Fundamentabmessungen:
b_x / b_y / h = 2,00 m / 1,25 m / 0,50 m

Für den Nachweis der Bodenpressungen und der Kippsicherheit wird hier das Sicherheitskonzept der DIN 1054 [18] zugrunde gelegt. Hierbei sind die charakteristischen Werte der Einwirkungen anzusetzen.

LF	Einw.	V_{Ek}	M_{yEkI}	M_{yEkII}	zug.H_{Ek}
1	G	431.10	10.11	50.81	14.64
2	S	68.00	1.72	8.14	2.41
3	W	0.00	43.35	43.35	12.19

Nachweis der Bodenpressungen sig [MN/m²]:

LK	Art	V_{ks}	M_{xkIIs} / M_{ykIIs}	e_{yII} / b_y / e_{xII} / b_x	zul.ber1 / vorh.ber1	sig.4 / sig.1	sig.3 / sig.2	zul.sig / max.sig
1	G	493.21	0.00	0.000	0.167	0.128	0.267	0.300
			58.13	0.059	0.059	0.128	0.267	0.224
2	G+Q	561.21	0.00	0.000		0.084	0.365	0.300
			116.92	0.104		0.084	0.365	**0.284**

Nachweis der Kippsicherheit (DIN 1054):

LK	Art	V_{ks}	M_{xkIIs} / M_{ykIIs}	e_{yII} / b_y / e_{xII} / b_x	zul.ber2 / vorh.ber2
1	G+Q	493.21	0.00	0.000	0.333
			107.58	0.109	0.109

Nachweis der Lagesicherheit (DIN 1055-100):

LK	Art	V_{ds}	M_{xdIIs} / M_{ydIIs}	e_{yII} / b_y / e_{xII} / b_x
5	G+Q	443.90	0.00	0.000
			113.73	0.256

abacus-Programm **S E F U** : Einzelfundamente der Randstützen
Bodenpressungen und Kippsicherheit nach DIN 1054:2005
Nachweis der Lagesicherheit nach DIN 1055-100

Maßgebend sind die Schnittgrößen der "Windsogstütze".

Es handelt sich um Bemessungslasten:
$V_{Ed} = N_{Ed}$, H_{Ed} in [kN], M_{Ed} in [kNm]

Zusatzausmitte aus Theorie II. Ordnung:
$\Delta e_{II} = (M_{yEdII} - M_{yEdI}) / V_{Ed}$
Mit dem Mittelwert Δe_{II} = 0,0944 der Zusatzausmitten aus LK 1-3 werden auf der sicheren Seite liegend die M_{yEkII} pro LF ermittelt:
$M_{yEkII} = M_{yEkI} + V_{Ek} \cdot \Delta e_{II}$

Berücksichtigung einer Erdüberschüttung mit H_e = 0.70 m und einer Bodenwichte von γ = 19 kN/m³.

Zusatzeigenlasten Fundament + Überschüttung:
ΔV_{Ek} = [2,00 · 1,25 · 0,5 · 25 + + (2,00 · 1,25 – 0,4 · 0,45) · 0,7 · 19] = 62,11 kN

[18] DIN 1054, 6.1.2

Schnittgrößen (abgekürzte Schreibweise):
charakteristische: V_{ks} in [kN] (= $V_{Ek} + \Delta V_{Ek}$), M_{xkIIs} , M_{ykIIs} in [kNm], Momente Th. II. Ordnung
Index s: Schnittgrößen bzgl. Sohle inkl. Fundamenteigenlast ΔV_{Ek} und $\Delta M = H \cdot h$
e_{yII} / b_y, e_{xII} / b_x: auf die zugehörige Fundamentlänge bezogene Exzentrizität. Unter Eigengewicht gilt: ber1 = $|e_{xII} / b_x| + |e_{yII} / b_y| \le 1/6$.
sig.1 ... sig.4: Kantenpressungen (MN/m²)
max.sig: Maßgebende Bodenpressung für die Teilfläche mit $a' = (b_x - 2 \cdot e_{xII}) \cdot (b_y - 2 \cdot e_{yII})$

[18] DIN 1054, 7.5.1(3)

Schnittgrößen (abgekürzte Schreibweise):
charakteristische Werte: V_{ks} in [kN], M_{xkIIs} , M_{ykIIs} in [kNm], Momente Th. II. Ordnung

Mögliche Grenzlage der Resultierenden:
Ellipse: $(e_{xII} / b_x)^2 + (e_{yII} / b_y)^2 = 1/9$
Zulässige bezogene Exzentrizität der Resultierenden: ber2 = $\sqrt{1/9}$ = 0,333.

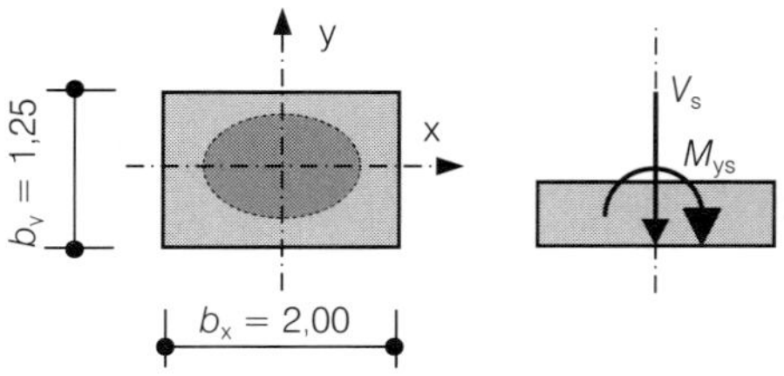

DIN 1055-100, Gl. (11) und Tab. A.3 ($\gamma_{G,inf}$ = 0,9)
$E_{d,dst} \le E_{d,stb}$ ist erfüllt, da die Resultierende innerhalb der Fundamentgrundfläche angreift.

[98] abacus-Programm SEFU V 5.0

Nachweis für die Fundamente der Innenstützen bei Teileinspannung:

Stützenlasten nach Theorie I. und II. Ordnung:

LK	Art	V_{Ed}	M_{yEdI}	M_{yEdII}	zug.H_{Ed}	Δe_{II}
1	G+Q	1321.67	49.90	107.97	10,99	0.0439
2	G+Q	1219.67	83.10	187.91	16.63	0.0859
3	G+Q	827.90	83.15	131.09	15.76	0.0579
5	G+Q	745.11		118.78	15.76	

Es handelt sich um Bemessungslasten: $V_{Ed} = N_{Ed}$, H_{Ed} in [kN], M_{Ed} in [kNm]

Zusatzausmitte aus Theorie II. Ordnung: $\Delta e_{II} = (M_{yEdII} - M_{yEdI}) / V_{Ed}$
Mit dem Mittelwert $\Delta e_{II} = 0{,}0626$ der Zusatzausmitten aus LK 1-3 werden auf der sicheren Seite liegend die M_{yEkII} pro LF ermittelt: $M_{yEkII} = M_{yEkI} + V_{Ek} \cdot \Delta e_{II}$

Endgültige Fundamentabmessungen:
$b_x / b_y / h = 2{,}50$ m / 1,50 m / 0,50 m

LF	Einw.	V_{Ek}	M_{yEkI}	M_{yEkII}	zug.H_{Ek}
1	G	827.90	0.01	51.83	8.36
2	S	136.00	0.00	8.51	1.37
3	W	0.00	55.43	55.43	8.94

Berücksichtigung einer Erdüberschüttung mit $H_e = 0{,}70$ m und einer Bodenwichte von $\gamma = 19$ kN/m³.

Zusatzeigenlasten Fundament + Überschüttung:
$\Delta V_{Ek} = [2{,}5 \cdot 1{,}5 \cdot 0{,}5 \cdot 25 + (2{,}5 \cdot 1{,}5 - 0{,}4 \cdot 0{,}45) \cdot 0{,}7 \cdot 19] = 94{,}36$ kN

Nachweis der Bodenpressungen sig [MN/m²]:

LK	Art	V_{ks}	M_{xkIIs} / M_{ykIIs}	e_{yII} / b_y / e_{xII} / b_x	zul.ber1 / vorh.ber1	sig.4 / sig.1	sig.3 / sig.2	zul.sig / max.sig
1	G	922.26	0.00	0.000	0.167	0.210	0.282	0.300
			56.01	0.024	0.024	0.210	0.282	0.258
2	G+Q	1058.26	0.00	0.000		0.202	0.362	0.300
			125.11	0.047		0.202	0.362	**0.312**

[18] DIN 1054, 6.1.2
Schnittgrößen (abgekürzte Schreibweise): charakteristische Werte: V_s in [kN], M_{xIIs} und M_{yIIs} in [kNm], Momente Th. II. Ordnung
Index s: Schnittgrößen bzgl. Sohle inkl. Fundamenteigenlast ΔV_{Ek} und $\Delta M = H \cdot h$

e_{yII} / b_y, e_{xII} / b_x: auf die zugehörige Fundamentlänge bezogene Exzentrizität. Unter Eigengewicht gilt: ber1 = $|e_{xII} / b_x| + |e_{yII} / b_y| \leq 1/6$.

sig.1 ... sig.4: Kantenpressungen (MN/m²)
max.sig: Maßgebende Bodenpressung für die Teilfläche mit $a' = (b_x - 2 \cdot e_{xI}) \cdot (b_y - 2 \cdot e_{yI})$

Nachweis der Kippsicherheit (DIN 1054):

LK	Art	V_{ks}	M_{xkIIs} / M_{ykIIs}	e_{yII} / b_y / e_{xII} / b_x	zul.ber2 / vorh.ber2
1	G+Q	922.26	0.00	0.000	0.333
			115.91	0.050	0.050

Schnittgrößen (abgekürzte Schreibweise): Bemessungswerte: V_s in [kN] (= $V_{Ek} + \Delta V_{Ek}$), M_{xIIs} und M_{yIIs} in [kNm], Momente Th. II. Ordnung

[18] DIN 1054, 7.5.1(3)

Mögliche Grenzlage der Resultierenden:
Ellipse: $(e_{xII} / b_x)^2 + (e_{yII} / b_y)^2 = 1/9$
Zulässige bezogene Exzentrizität der Resultierenden: ber2 = $\sqrt{1/9} = 0{,}333$

Nachweis der Lagesicherheit (DIN 1055-100):

LK	Art	V_{ds}	M_{xdIIs} / M_{ydIIs}	e_{yII} / b_y / e_{xII} / b_x
5	G+Q	830.03	0.00	0.000
			134.36	0.065

DIN 1055-100, Gl. (11) und Tab. A.3 ($\gamma_{G,inf} = 0{,}9$)
$E_{d,dst} \leq E_{d,stb}$ ist erfüllt, da die Resultierende innerhalb der Fundamentgrundfläche angreift.

abacus-Programm **S E F U** : Einzelfundamente der Innenstützen
Bodenpressungen und Kippsicherheit nach DIN 1054:2005
Nachweis der Lagesicherheit nach DIN 1055-100

[98] abacus-Programm SEFU V 5.0

5.7 Überprüfung der klaffenden Fuge

Aufgrund der gewählten Fundamentabmessungen ergibt sich im Grenzzustand der Tragfähigkeit für alle Lastfall-Kombinationen eine voll überdrückte Sohle. Der ungünstigste Fall tritt bei der „Windsogstütze" in den Lastfallkombinationen 2 und 3 auf.

Anhaltswerte: Keine klaffende Fuge, wenn
$e \leq b_F / 6 = 2{,}00 / 6 \leq 0{,}33$ m (Randstütze)
LK 1: $e = 128{,}3 / 768 = 0{,}17$ m
LK 2: $e = 175{,}8 / 717 = 0{,}25$ m
LK 3: $e = 123{,}0 / 515 = 0{,}24$ m

Berechnung mit elastischer Bettung (nichtlinearer Verlauf der Bodenpressungen)

5.8 Vergleich der Exzentrizitäten der Randstütze

Exzentrizitäten e (mm)	LK 1	LK 2	LK 3
N_{Ed} (kN)	–684	–633	–431
A) Modellstützenverfahren			
Beispiel 10: A_s = 20,4 cm²			
$e_0 = M_{Ed,I} / N_{Ed}$	109	158	210
$e_a = l_0 / (2 \cdot 316)$	21	21	21
e_c	45	35	40
e_2	199	199	199
e_{tot}	374	413	470
$M_{Ed,II} = N_{Ed} \cdot e_{tot}$ (kNm)	**256**	**261**	**203**
B) Nichtlineare Berechnung			
Beispiel 19: A_s = 4,56 cm²			
Einspannung starr			
$e_0 = M_{Ed,I} / N_{Ed}$ c)	115,0	169,3	226,5
$e_a = h / 316$ b)	19,6	19,6	19,6
e_c	0,0	0,1	0,1
e_2	36,2	25,6	5,0
e_{tot}	170,8	214,6	251,2
$M_{Ed,II} = N_{Ed} \cdot e_{tot}$ (kNm)	**116,8**	**135,8**	**108,3**
C) Nichtlineare Berechnung			
Beispiel 19: A_s = 5,59 cm²			
Einspannung elastisch			
$e_0 = M_{Ed,I} / N_{Ed}$	80,8	126,3	174,3
$e_a = h / 316$ b)	19,6	19,6	19,6
e_c	14,6	49,7	14,9
e_2	49,9	53,0	42,3
e_{tot}	164,9	248,6	251,1
$M_{Ed,II} = N_{Ed} \cdot e_{tot}$ (kNm)	**112,8**	**157,4**	**108,2**

Gegenüber Beispiel 10 in [135] sind die Kombinationen (2) und (3) vertauscht. siehe Tabelle S.10-12

LK 1: max G + max S
LK 2: max G + max W
LK 3: min G + max W

Schnittgrößen der maßgebenden „Windsogstütze"

b) Eine Schiefstellung der Stützen hat eine entsprechende Kopfauslenkung zur Folge, die mögliche Abminderung für n = 4 Stützen wurde berücksichtigt.

c) Die geringfügigen Unterschiede für die Momente nach Theorie I. Ordnung zwischen Beispiel 10 und 19 bei starr eingespannten Stützen ergeben sich aus der wegen der unterschiedlichen Steifigkeitsverteilung abweichenden Aufteilung der Horizontalkräfte zwischen Innen- und Randstützen über die Binderkopplung im Beispiel 10.

e_c – Zusatzausmitte infolge Kriechen (c – creep)

Der wesentliche Unterschied zwischen Modellstützenverfahren A) und den nichtlinearen Berechnungen B) und C) ist in den Ausmitten e_2 aus der Theorie II. Ordnung zu finden.

Dies ist hier u. a. auf die weit auf der sicheren Seite liegenden Annahme des Modellstützenverfahrens zurückzuführen, wonach die sich aus der Krümmung (1/r) im kritischen Querschnitt der Modellstütze ergebende Biegesteifigkeit des Zustandes II für den Gesamtstab angenommen wird. Die Krümmung im Modellstützenquerschnitt wird dabei auf das Erreichen der Fließgrenze des Betonstahls begrenzt. Berücksichtigt man wie in der nichtlinearen Berechnung die höhere Steifigkeit der bereichsweise im Zustand I verbleibenden Stütze, ergeben sich geringere Verformungen.

Die nichtlinearen Berechnungsverfahren können durch Nutzung der Tragfähigkeitsreserven des Gesamtsystems zu optimiert bemessenen Bauteilen führen. Darüber hinaus sind realitätsnahe Verformungsaussagen möglich. Sie erfordern eine realistische Modellbildung. Plausibiltätskontrollen sind unbedingt zu empfehlen.

Die Vorteile des Modellstützenverfahrens sind demgegenüber seine einfache Prüfbarkeit und Nachvollziehbarkeit sowie seine Reserven in den Bemessungsergebnissen hinsichtlich Modellbildung und Bauausführung.

Da bei den Nachweisen nach neuer DIN 1054 [18] die Momente nach Theorie II. Ordnung durchgängig anzusetzen sind, empfiehlt sich eine genauere Berechnung, um z. B. unwirtschaftliche Fundamente zu vermeiden.

Der Vergleich muss insofern relativiert werden, da die Schärfe der Modellierung in [135] Beispiel 10 und Beispiel 19 sehr unterschiedlich ist.

In [135], Beispiel 10 wurde für die Randstütze ein sehr weit auf der sicheren Seite liegender Ersatzlängenbeiwert von β = 2,1 angenommen, der die elastische Stützung durch die Koppelbinder unterschätzt (→ Vergrößerung e_2).

Ausmitte e_2 nach Modellstützenverfahren:

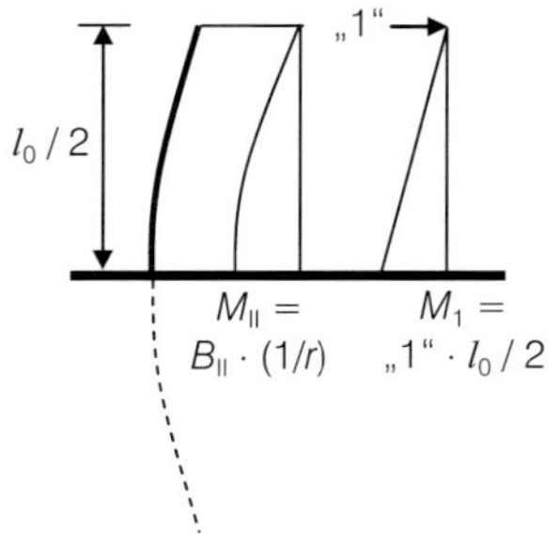

Kraftgrößenverfahren: $\int M_{II} M_1 \, dx$
$EI \cdot e_2 = 5 / 12 \cdot [B_{II} \cdot (1/r) \cdot l_0 / 2] \cdot l_0 / 2$
und mit $EI = B_{II}$ wird
$e_2 = (1/r) \cdot l_0^2 \cdot 5 / 48 \approx (1/r) \cdot l_0^2 / 10$
(entspricht DIN 1045-1, Gl. 38)

5.9 Bemessung für Querkraft

Maßgebend wird die „Windsogstütze".

Die Innenstützen weisen geringfügig geringere Querkräfte bei günstig wirkenden höheren Druckkräften auf.

Aufnehmbare Querkraft $V_{Rd,ct}$ ohne Querkraftbewehrung:

$V_{Rd,ct} = [0{,}10 \cdot \kappa \cdot \eta_1 \, (100 \, \rho_l \cdot f_{ck})^{1/3} - 0{,}12 \, \sigma_{cd}] \, b_w \cdot d$

$\kappa \quad = 1 + (200 / d)^{1/2}$
$\quad\quad = 1 + (200 / 410)^{1/2} \quad = 1{,}70 \quad\quad \leq 2{,}0$

$\rho_l \quad = A_{sl} / (b_w \, d)$
$\quad\quad = 3{,}4 / (40 \cdot 41) = 0{,}0021 \quad\quad \leq 0{,}02$

$f_{ck} \quad = 30 \, \text{N/mm}^2$

LK 1: nicht maßgebend, Wind nur Begleiteinwirkung

LK 2: $V_{Ed} = 36{,}91 \text{ kN}$
$N_{Ed} = -633 \text{ kN}$
$\sigma_{cd} = N_{Ed} / A_c = -0{,}633 / (0{,}40 \cdot 0{,}45) \quad = -3{,}50 \text{ MN/m}^2$

$V_{Rd,ct} = [0{,}10 \cdot 1{,}70 \, (100 \cdot 0{,}0021 \cdot 30)^{1/3} + 0{,}12 \cdot 3{,}50] \cdot 0{,}40 \cdot 0{,}41$
$\quad\quad = 0{,}120 \text{ MN} = \mathbf{120 \text{ kN}}$

$V_{Ed} = 36{,}91 \text{ kN} < V_{Rd,ct} = 120 \text{ kN}$

⇨ keine Querkraftbewehrung erforderlich!

LK 3: $V_{Ed} = 29{,}50 \text{ kN}$
$N_{Ed} = -431 \text{ kN}$
$\sigma_{cd} = N_{Ed} / A_c = -0{,}433 / (0{,}40 \cdot 0{,}45) \quad = -2{,}39 \text{ MN/m}^2$

$V_{Rd,ct} = [0{,}10 \cdot 1{,}70 \, (100 \cdot 0{,}0021 \cdot 30)^{1/3} + 0{,}12 \cdot 2{,}39] \cdot 0{,}40 \cdot 0{,}41$
$\quad\quad = 0{,}098 \text{ MN} = \mathbf{98 \text{ kN}}$

$V_{Ed} = 29{,}50 \text{ kN} < V_{Rd,ct} = 98 \text{ kN}$

⇨ keine Querkraftbewehrung erforderlich!

Bei größeren Horizontalkräften auf Stützen ist die Querkrafttragfähigkeit zu überprüfen.

Um die Stütze zum Balken (Mindestquerkraftbewehrung) abzugrenzen, wird die aufnehmbare Querkrafttragfähigkeit $V_{Rd,ct}$ unter Berücksichtigung der günstig wirkenden minimalen Normalkraft untersucht.
Im Regelfall ist bei Stützen $V_{Ed} \leq V_{Rd,ct}$ und die Mindestquerbewehrung für Stützen nach DIN 1045-1, 13.5.3 ist maßgebend.
Ist $V_{Ed} > V_{Rd,ct}$ ist der Querschnitt wie ein Balken zu bemessen und die Mindestquerkraftbewehrung für Balken nach DIN 1045-1, 13.2.3 ist erforderlich.

DIN 1045-1, 10.3.3: (1) Gl. 70
Normalbeton: $\eta_1 = 1$

DIN 1045-1, 10.3.3: (1) Gl. 71

DIN 1045-1, Bild 32: A_{sl} = Zugbewehrung, die ... über den betrachteten Querschnitt hinaus geführt und dort wirksam verankert wird.
Hier: 3 Ø 12 = 3,4 cm², siehe 5.5

C30/37

siehe 5.6: Stützenlasten
$N_{Ed} < 0$ Drucklängskraft
Horizontallast $H_{Ed} \rightarrow$ Querkraft V_{Ed} am Stützenfuß
Auf die mögliche Reduktion des Bemessungswertes der Querkraft bei gleichmäßig verteilter (Wind-)Last und direkter Auflagerung nach DIN 1045-1, 10.3.2 (1) wird hier verzichtet.

siehe 5.6: Stützenlasten

Konstruktive Querbewehrung

Als Querbewehrung der Stützen werden Bügel angeordnet.

Mindestdurchmesser min $d_{s,quer} \geq 0{,}25 \max d_{s,l}$ ≥ 6 mm

DIN 1045-1, 13.5.3: (1)

gewählt : $d_{s,quer}$ = **8 mm** $> 0{,}25 \cdot 12 = 3{,}0$ mm
> 6 mm

DIN 1045-1, 13.5.3: (3)
Verankerung der Bügel gemäß
DIN 1045-1, 12.8: Bild 56e)

Abstände der Bügel ∅ 8

Da die beiden Längsstäbe ∅ 12 in der y-Stützenachse unter Biegung mit Längskraft nur konstruktiv angeordnet sind und die Gefahr ihres Ausknickens hier nicht besteht (im Gegensatz zu überwiegend zentrisch gedrückten Querschnitten), werden den Querbewehrungsregeln die statisch ausgenutzten Längsstäbe ∅ 12 zugrunde gelegt.

siehe auch Dehnungszustand bei der Bemessung 5.3 am Stützenfuß (∅ 12 in der Zugzone), Normalkraftausnutzung des Betonquerschnitts im oberen Stützenbereich: $\nu_{Ed} = N_{Ed} / (A_c \cdot f_{cd})$
$\nu_{Ed} = 0{,}6463 / (0{,}40 \cdot 0{,}45 \cdot 17{,}0) = 0{,}21 < 0{,}3$;
für konstruktive Zwischenstäbe ∅ 12 → Analogie zu Wandregeln: DIN 1045-1, 13.7.1: $\nu_{Ed} < 0{,}3$ geringe Auslastung und (11) Tragstäbe ≤ 16 mm ohne Querbewehrung, wenn $c_v \geq 2\, d_s$
→ hier $c_v = 28$ mm $> 2 \cdot 12$ mm

Bereich 1:

DIN 1045-1, 13.5.3: (4)

$\max s_{quer,1}$ $\leq 12 \min d_{s,l}$ $= 12 \cdot 12$ $= 144$ mm
$\leq \min b$ $= 400$ mm
≤ 300 mm
gew $s_{quer,1}$ = **140 mm**

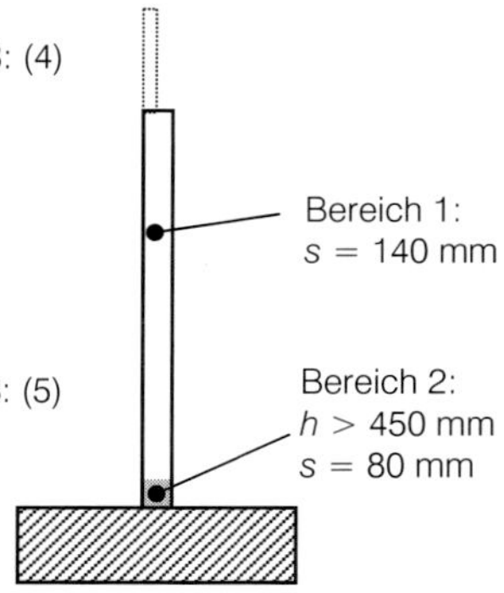

Bereich 2: (über dem Fundament bis zu einer Höhe von max $h_{col} = 450$ mm)

DIN 1045-1, 13.5.3: (5)

$\max s_{quer,2} = 0{,}6 \cdot \max s_{quer,1} = 0{,}6 \cdot 144 = 86$ mm
gew $s_{quer,2}$ = **80 mm**

Überprüfung, ob die Bügel im Stützenquerschnitt als Querbewehrung allein ausreichen:

Der Abstand der Längsbewehrung ∅ 12 ist mit ca. 160 mm größer als der 15-fache Bügeldurchmesser = 120 mm – es ist zusätzliche Querbewehrung erforderlich.

DIN 1045-1, 13.5.3: (7) ...Längsstäbe...,deren Abstand vom Eckbereich den 15-fachen Bügeldurchmesser überschreitet, sind durch zusätzliche Querbewehrung.... zu sichern..., die höchstens den doppelten Abstand der (*Mindest-*)Querbewehrung haben darf.

Gewählt werden $d_{s,quer}$ = **6 mm** = min $d_{s,quer}$
im Abstand $s_{quer} = 280$ mm $\leq 2 \cdot \max s_{quer,1} = 288$ mm

Die Längsstäbe 2 ∅ 12 sind konstruktiv gewählt (Biegung um z-Achse kann der unbewehrte Querschnitt aufnehmen), daher ist keine weitere Querbewehrung erforderlich.

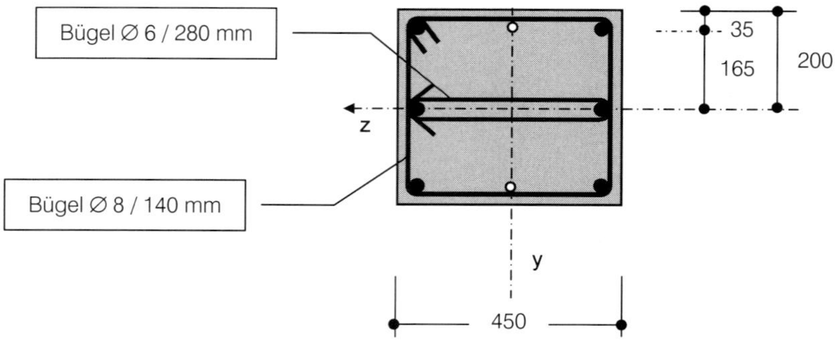

6 Nachweise in den Grenzzuständen der Gebrauchstauglichkeit

DIN 1045-1, 11

6.1 Schnittgrößen

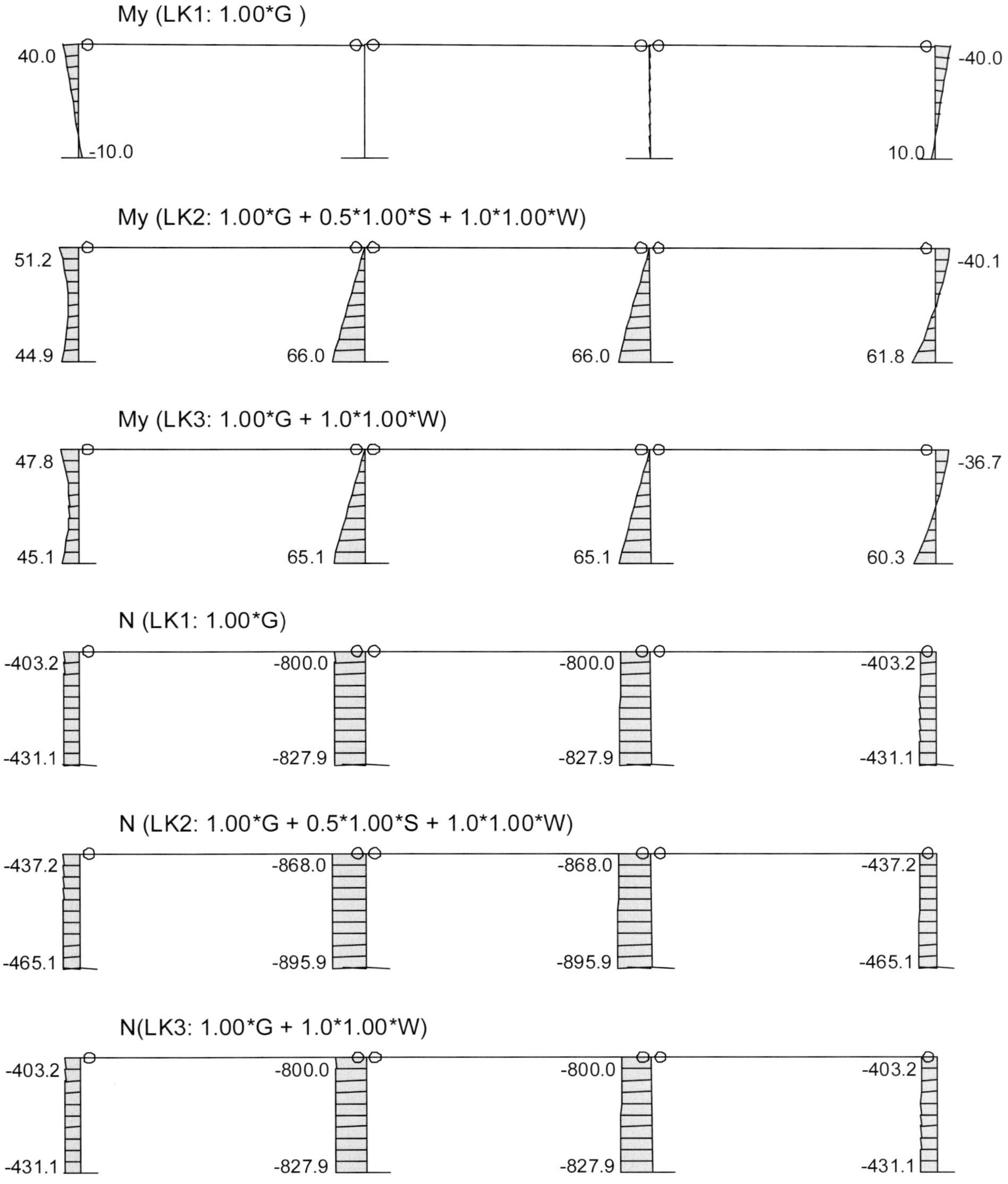

abacus-Programm **S T U R - E F I** : Berechnung nach Theorie II. Ordnung mit effektiven Steifigkeiten (→ gew A_s = 6,79 cm²) und elastischer Fußeinspannung
Momente und Normalkräfte im Grenzzustand der Gebrauchstauglichkeit: für LK 1 - 3

Bild 6: Momente und Normalkräfte *M* [kNm] und *N* [kN]

6.2 Begrenzung der Betondruckspannungen

Die größte Druckspannung tritt am Stützenfuß der Innenstützen auf:

DIN 1045-1, 11.1.2: (2) Falls die Gebrauchstauglichkeit, Tragfähigkeit oder Dauerhaftigkeit des Bauwerks durch das Kriechen wesentlich beeinflusst werden, sind die Betondruckspannungen unter der quasi-ständigen Einwirkungskombination zur Vermeidung von überproportionalen Kriechverformungen auf 0,45 f_{ck} zu begrenzen.

Zustand I: $A = 0{,}40 \cdot 0{,}45 = 0{,}1800\ \text{m}^2$

$W_y = 0{,}40 \cdot 0{,}45^2 / 6 = 0{,}0135\ \text{m}^3$

Betondruckspannungen unter der quasi-ständigen Einwirkungskombination:

LK 1: $N_{Ed} = -828$ kN $\quad M_{Ed} = 0$ kNm

Bewehrung vernachlässigt.

$\sigma_c = -0{,}828 / 0{,}18 = \mathbf{-4{,}6\ MN/m^2}$

$|\sigma_c| < 0{,}45\, f_{ck} = 0{,}45 \cdot 30 = 13{,}5\ \text{MN/m}^2$

Stützenkopf: Die örtlich begrenzte, außermittige Lasteinleitung mit größerer Lastausmitte als am Stützenfuß beeinflusst über Kriechen die Tragfähigkeit und Gebrauchstauglichkeit nicht wesentlich, daher wird die maximale Druckspannung am Stützenfuß ermittelt.

Unter der seltenen Einwirkungskombination ist ein Nachweis nur erforderlich, wenn die Expositionsklassen XD1 – XD3 oder XF1 – XF4 bzw. XS1 – XS3 vorliegen. Diese Expositionsklassen treffen für die Stützen als Innenbauteile nicht zu.

DIN 1045-1, 11.1.2: (1)

Der Nachweis soll hier trotzdem geführt werden:

LK 2: $N_{Ed} = -896$ kN $\quad M_{Ed} = 66{,}03$ kNm

$\sigma_c = -0{,}896 / 0{,}18 - 0{,}06603 / 0{,}0135$

$= -5{,}0 - 4{,}9 = \mathbf{-9{,}9\ MN/m^2}$

$|\sigma_c| < 0{,}6\, f_{ck} = 0{,}6 \cdot 30 = 18{,}0\ \text{MN/m}^2$

LK 3: nicht maßgebend

6.3 Grenzzustände der Rissbildung

DIN 1045-1, 11.2

Die Anforderungen an die Dauerhaftigkeit und das Erscheinungsbild des Tragwerks gelten bei der hier vorausgesetzten Expositionsklasse XC1 als erfüllt, wenn der Nachweis der Rissbreitenbegrenzung bei der Anforderungsklasse F für $w_k = 0{,}4$ mm unter der quasi-ständigen Einwirkungskombination geführt wird.

DIN 1045-1, 11.2.1: (6) Tabellen 18 und 19

quasi-ständig wegen Anforderungsklasse F

am Stützenkopf der Randstützen:

LK 1: $N_{Ed} = -403$ kN $\quad M_{Ed} = 40{,}0$ kNm

$\sigma_c = -0{,}403 / 0{,}18 + 0{,}04 / 0{,}0135$

$= -2{,}2 + 2{,}9 = +0{,}7\ \text{N/mm}^2 < f_{ctm}$

am Stützenfuß der Randstützen:

LK 1: $N_{Ed} = -431$ kN $\quad M_{Ed} = 10{,}02$ kNm

$\sigma_c = -0{,}431 / 0{,}18 + 0{,}01002 / 0{,}0135$

$= -2{,}4 + 0{,}7 < 0$

Unter dieser Einwirkungskombination bleibt der Querschnitt am Stützenfuß im Zustand I – es sind keine Rissbreiten nachzuweisen!

6.4 Begrenzung der Verformungen

DIN 1045-1, 11.3

Die Verformungen (Horizontalverschiebungen) des Hallenquerrahmens aus Stützen und koppelnden Fertigteilbindern müssen mit den verbundenen Ausbauelementen, insbesondere den Außenwänden, verträglich sein.

Vorgabe: zul u = 6200 / 200 = **31 mm**

Die Ermittlung dieser Verschiebungen erfolgt mit einer nichtlinearen Berechnung auf Gebrauchslastniveau.

Unter der quasi-ständigen Einwirkungskombination (LK 1) ergibt sich aufgrund der Last- und Systemsymmetrie als Horizontalverschiebung $u = 0$. Der Einfluss des Kriechens ist daher für die Verschiebungen unerheblich.

Für den Hallenquerrahmen, der seine Horizontalverschiebungen hauptsächlich durch die Windlasten erfährt, wird hier eine Untersuchung für die seltenen Einwirkungskombinationen (LK 2 und LK 3) vorgenommen. Dabei können die Imperfektionen außer Ansatz bleiben.
Die dazugehörigen Horizontalverschiebungen in Höhe der Binderauflager sind nahezu gleich :

LK	u_I (mm)	u_{II} (mm)	φ_{II} (‰)
2	11,4	13,7	1,45
3	11,3	13,5	1,41

Der Anteil aus den Fundamentverdrehungen ergibt sich zu $\Delta u_{II} = 0{,}00145 \cdot 6200 = 9{,}0$ mm.

Die insgesamt geringen Kopfauslenkungen sind darauf zurückzuführen, dass alle Stützen über die volle Höhe im Zustand I verbleiben (siehe auch 6.2).

Es wird angenommen, dass die Kopfverschiebung der Stützen des Hallenquerrahmens unter der seltenen Einwirkungskombination als Vorgabe durch den Bauherrn und in Absprache mit weiteren beteiligten Planern auf 1 / 200 der Stützenhöhe (Binderauflager) zu begrenzen ist.

Die Anwendungsregeln der DIN 1045-1, 11.3.1 (8) und (10) gelten nur für vertikale Verformungen von Biegebauteilen. Die Gebrauchstauglichkeitskriterien der zulässigen Verformungen anderer Bauteile, insbesondere verschieblicher Rahmen oder Kragstützen, sind in jedem Einzelfall festzulegen – DIN 1045-1, 11.3.1 (7).

Die seltene Einwirkungskombination liegt für die Verformungsberechnung weit auf der sicheren Seite (Überschreitungshäufigkeit des seltenen Wertes der Windlast: 1-mal in 50 Jahren). Im Regelfall wird auch die häufige Einwirkungskombination (Überschreitungshäufigkeit des häufigen Wertes der Windlast: 5 %) im Hinblick auf die Auswirkungen der Horizontalverschiebung vertretbar sein.
DIN 1055-100, 10.4: Kombinationsregeln
Tab. 3: seltene, häufige und quasi-ständige Einwirkungskombination

Die gewählte Zug- und Druckbewehrung wird bei der Ermittlung der Biegesteifigkeit berücksichtigt (je 3 ∅ 12 = 3,4 cm²).

Horizontalverschiebungen am Kopf:
u_I / u_{II}: nach Theorie I. / II. Ordnung
Verdrehungen im Fußpunkt der "Windsogstütze":
φ_{II}: nach Theorie II. Ordnung
Die Verträglichkeit der Verformungen mit angrenzenden Bauteilen ist zu prüfen (z. B. Toleranzen) bzw. konstruktiv zu sichern.

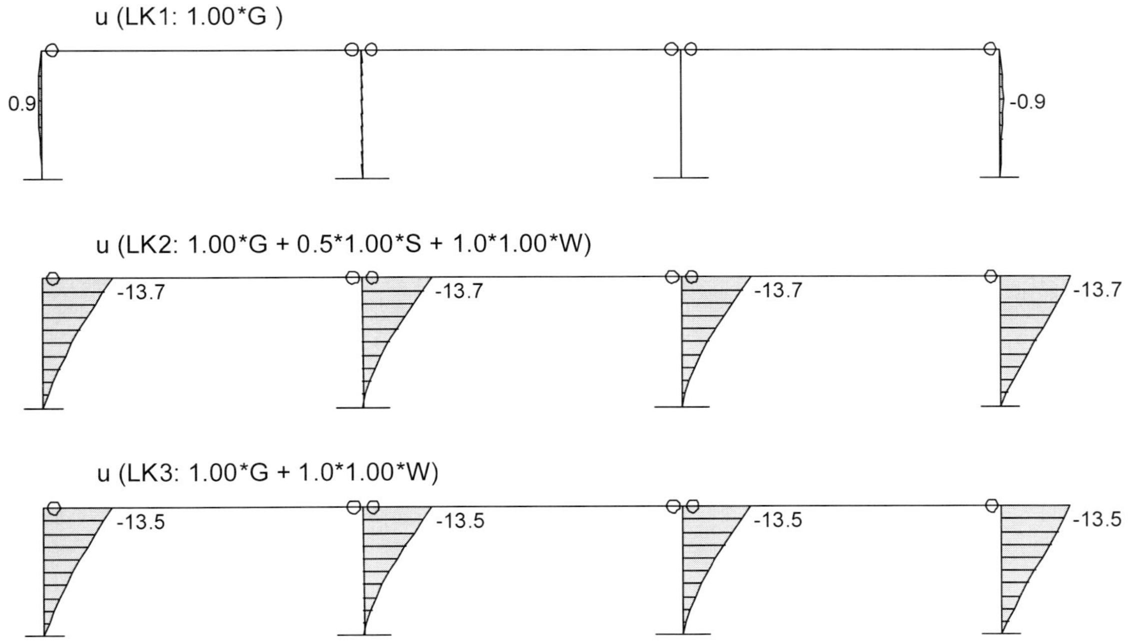

abacus-Programm **S T U R - E F I** : Berechnung nach Theorie II. Ordnung mit effektiven Steifigkeiten (→ gew A_s = 6,79 cm²)
Verformungen im Grenzzustand der Gebrauchstauglichkeit: für LK 1 - 3

Bild 7: Horizontalverschiebungen u in [mm]

Beispiel 20a: Mehrgeschossiger Skelettbau

Inhalt

		Seite
	Aufgabenstellung	20-2
1	System, Bauteilmaße	20-2
2	Einwirkungen	20-3
2.1	Charakteristische Werte	20-3
2.1.1	Vertikallasten	20-3
2.1.2	Horizontallasten aus Wind	20-7
2.1.3	Horizontallasten aus Temperatur	20-9
2.2	Bemessungswerte in den Grenzzuständen der Tragfähigkeit	20-9
2.2.1	Vertikallasten	20-10
2.2.2	Horizontallasten aus Imperfektion auf Wandscheiben	20-11
2.2.3	Horizontallasten aus Imperfektion auf Deckenscheiben	20-12
2.2.4	Horizontallasten aus Wind	20-14
3	Räumliche Steifigkeit und Stabilität	20-15
3.1	Querschnittswerte	20-15
3.2	Aussteifungskriterium Seitensteifigkeit	20-18
3.3	Aussteifungskriterium Verdrehsteifigkeit	20-18
3.4	Kontrolle der Betonspannungen	20-21
4	Aufteilung der Horizontalkräfte auf die vertikalen Aussteifungselemente	20-22
4.1	Gesamtstab	20-22
4.2	Ermittlung der Aussteifungskräfte in x-Richtung	20-24
4.3	Ermittlung der Aussteifungskräfte in y-Richtung	20-25
5	Bemessung in den Grenzzuständen der Tragfähigkeit	20-26
5.1	Aussteifende vertikale Bauteile	20-26
5.1.1	Ermittlung der Schnittkräfte	20-26
5.1.2	Bemessungswerte der Baustoffe	20-28
5.1.3	Mindestbewehrung Stahlbetonwände	20-28
5.1.4	Bemessung Kern, Wand Achse D	20-29
5.1.5	Bemessung Kern, Wand Achse 3	20-30
5.1.5.1	Wandriegel	20-30
5.1.5.2	Wandstiele	20-32
5.2	Aussteifende horizontale Bauteile	20-36
5.2.1	Einwirkungen und statisches System	20-36
5.2.2	Bemessung der Zuganker	20-38
5.2.3	Bemessung des Ringankers	20-39
5.2.4	Konstruktive Scheibenbewehrung	20-40
5.2.5	Übersicht der Deckenscheibenbewehrung	20-41
5.2.6	Nachweis der Scheibenfugen	20-42
5.2.7	Nachweis der Plattenfugen	20-43
5.2.8	Bauliche Durchbildung	20-45

Beispiel 20a: Mehrgeschossiger Skelettbau

Aufgabenstellung

Das zu untersuchende Bauwerk ist ein ausgesteifter, sechsgeschossiger Skelettbau. In diesem Beispiel wird die horizontale Aussteifung (vertikale und horizontale aussteifende Bauteile) behandelt.

DIN 1045-1, 3.1.1: üblicher Hochbau

DIN 1045-1, 8.6.2: (1) ausgesteiftes Tragwerk

In einem weiterführenden Beispiel 20b wird anhand dieses Bauwerks auf Aspekte der Erdbebenbemessung der Aussteifung eingegangen.

DIN 4149: Bauten in deutschen Erdbebengebieten

Der Kern sowie die aussteifende Wandscheibe in Achse 7 sind Ortbetonkonstruktionen; Stützen, Unterzüge und Deckenscheiben werden als Fertigteilkonstruktionen vorgesehen.

Die Fertigteilunterzüge und -deckenplatten werden als Einfeldträger angenommen.

Baustoffe:

- Beton C30/37 Ortbeton und Fertigteile
- Betonstahlmatten: BSt 500 M (A)
- Betonstahl: BSt 500 S (A)

DIN 1045-1, 9.1: Beton
DIN 1045-1, 9.2: Betonstahl

1 System, Bauteilmaße

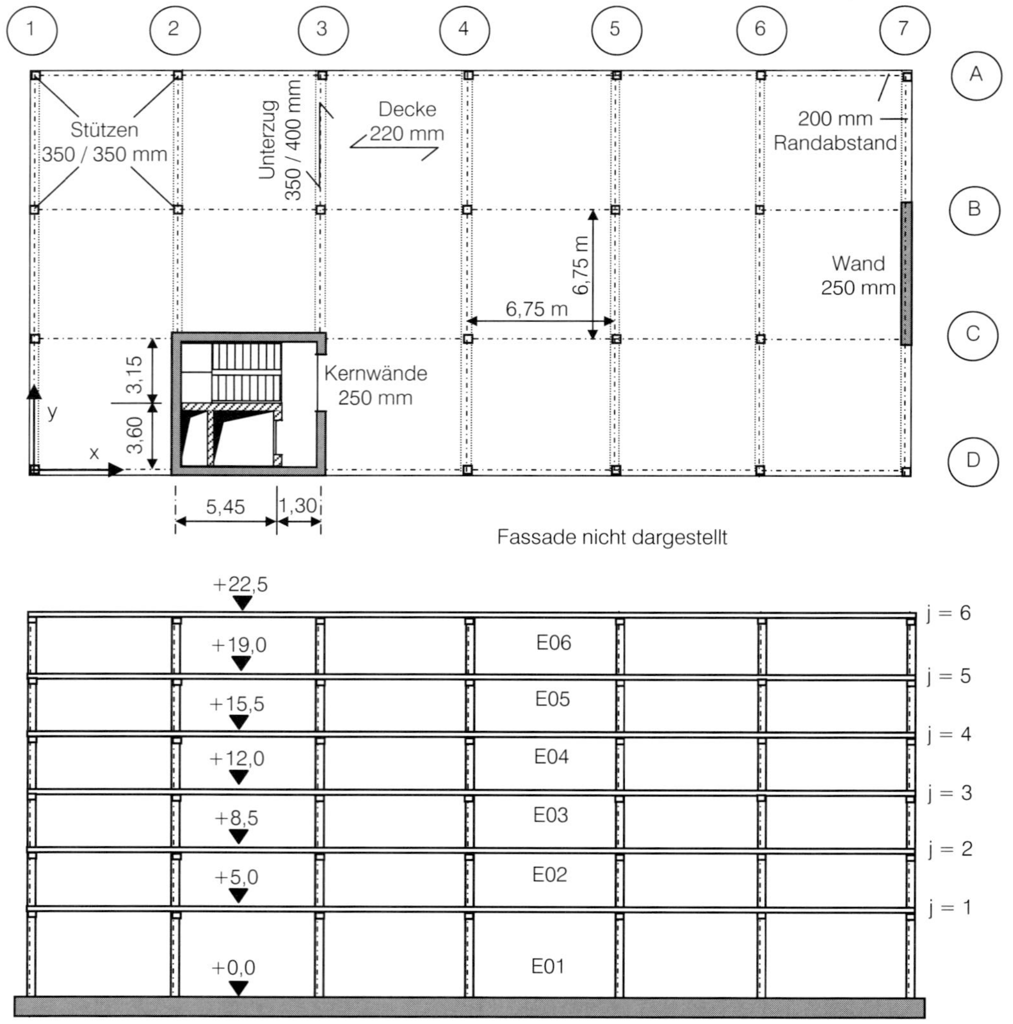

Grundriss

Längsschnitt

2 Einwirkungen

2.1 Charakteristische Werte

2.1.1 Vertikallasten

Bezeichnung der Einwirkungen Decken		Charakteristischer Wert
Ständig (Eigenlasten):		
Geschosse 01–05 (Normalgeschoss):		
Stahlbetonplatte 220 mm:	5,50 kN/m²	
Fußbodenaufbau:	1,50 kN/m²	
Installation, abgehängte Decke:	0,50 kN/m²	
Summe:	7,50 kN/m²	$g_{k,1}$ = 7,50 kN/m²
Geschoss 06 (Dach):		
Stahlbetonplatte 180 mm:	4,50 kN/m²	
Dachaufbau:	1,00 kN/m²	
Installation, abgehängte Decke:	0,50 kN/m²	
Summe:	6,00 kN/m²	$g_{k,2}$ = 6,00 kN/m²
Veränderlich (Nutzlast oder Schneelast):		
Geschosse 01–05 (Normalgeschoss):		
Nutzlast Büro:		$q_{k,1}$ = 2,00 kN/m²
Nutzlast Treppen und Treppenpodeste:		$q_{k,2}$ = 5,00 kN/m²
Geschoss 06 (Dach):		
Schnee: s_k = 1,25 kN/m²		
Formbeiwert: μ_1 = 0,8		
$s = \mu_1 \cdot s_k$	= 1,00 kN/m²	$q_{k,3}$ = 1,00 kN/m²

Index k = charakteristisch

Diese Deckeneigenlast wird vereinfacht auch für die Decken im Treppenhaus auf der gesamten Innenkernfläche angenommen. Damit wird das Eigengewicht der Mauerwerkswände des Aufzugs bzw. des Installationsschachts ersatzweise mit abgedeckt.

DIN 1055-1, Tab. 1: Stahlbeton 25 kN/m³
Annahmen für Fußbodenaufbau und Installation

DIN 1055-1, Tab. 1: Stahlbeton 25 kN/m³

Annahmen für Dachaufbau und Installation

In diesem Beispiel kein Nutzlastzuschlag für leichte Trennwände.
DIN 1055-3, 6.1, Tab. 1, Kategorie B1: Büroflächen und Flure in Bürogebäuden

DIN 1055-3, 6.1, Tab. 1, Kategorie T2: ...alle Treppen, die als Fluchtweg dienen

DIN 1055-5: Schneelast und Eislast
charakteristischer Wert der Schneelast s_k auf dem Boden für Schneelastzone 3,
Annahme: Geländehöhe A = 290 m ü NN,
$s_k = 0{,}31 + 2{,}91\,[(A + 140) / 760]^2$
Bild 3) und Tab. 1: Formbeiwert für Flachdach mit $0° \leq \alpha \leq 30°$: $\mu_1 = 0{,}8$

Ggf. für örtliche Nachweise auf dem Dach beachten: [12.1] DIN 1055-3, 6.2: Einzellasten für Dächer, Tab. 2, Kategorie H: nicht begehbare Dächer, außer für übliche Erhaltungsmaßnahmen, Reparaturen: Mannlast Q_k = 1,0 kN

Bezeichnung der Einwirkungen Unterzüge, Stützen, Wände, Fassade	Charakteristischer Wert
Ständig (Eigenlasten):	
Geschosse 01–06:	
Stahlbetonunterzüge 350 / 400 mm:	$g_{k,3}$ = 3,50 kN/m
Stützen 350 / 350 mm:	$g_{k,4}$ = 3,06 kN/m
Wände 250 mm:	$g_{k,5}$ = 6,25 kN/m²
Fassade: Brüstung + Fensterbänder	$g_{k,6}$ = 2,00 kN/m²

DIN 1055-1, Tab. 1: Stahlbeton 25 kN/m³

Annahme: Fassadenlast wird über die Deckenränder/Randunterzüge jeweils geschossweise eingetragen.

Die Lastzusammenstellung erfolgt für die vertikalen Bauteile (Wände und Stützen) über Lasteinzugsflächen mit und ohne Abminderung der Nutzlasten für mehr als dreigeschossige Gebäude.

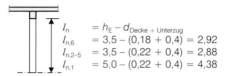

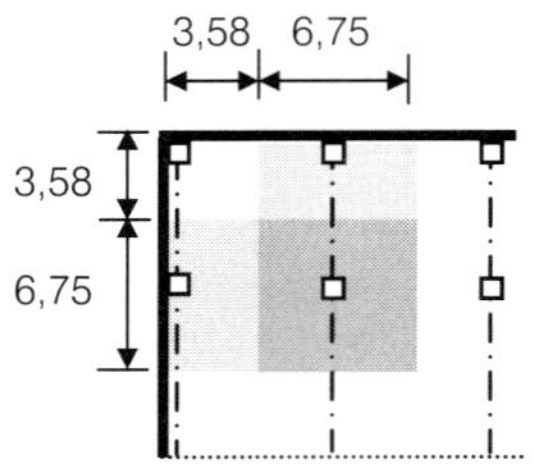

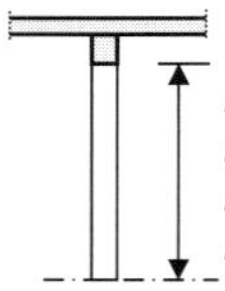

$l_n \;= h_E - d_{\text{Decke + Unterzug}}$
$l_{n,6} \;= 3{,}5 - (0{,}18 + 0{,}4) = 2{,}92$
$l_{n,2\text{–}5} = 3{,}5 - (0{,}22 + 0{,}4) = 2{,}88$
$l_{n,1} \;= 5{,}0 - (0{,}22 + 0{,}4) = 4{,}38$

Horizontale Lasteinzugsflächen:
Innenstütze: $6{,}75 \cdot 6{,}75 = 45{,}56\ \text{m}^2$
Randstütze: $6{,}75 \cdot (6{,}75 / 2 + 0{,}20) = 24{,}13\ \text{m}^2$
Eckstütze: $(6{,}75 / 2 + 0{,}20)^2 = 12{,}78\ \text{m}^2$
Wand: $2 \cdot 6{,}75 \cdot (6{,}75 / 2 + 0{,}20) = 48{,}26\ \text{m}^2$
Kern: $2 \cdot 6{,}75 \cdot (1{,}5 \cdot 6{,}75 + 0{,}20) = 139{,}39\ \text{m}^2$
Nutzlast Treppe: $6{,}75^2 - 5{,}45 \cdot 3{,}60 = 25{,}9\ \text{m}^2$

Gemittelte Lasteinzugslänge der Unterzüge für die 10 Randstützen A2–A6, D4–D6, B1, C1:
$l_R = (8 \cdot 6{,}75 / 2 + 2 \cdot 6{,}75) / 10 = 4{,}05\ \text{m}$

Vertikale Lasteinzugsflächen:
E06: Fassade–Attika mit $h = 3{,}90$ m
E02–E05: Fassade mit $h = 3{,}50$ m
E01: Fassade mit $h = 5{,}00$ m
E02–E06: Wand / Kern mit $h = 3{,}50$ m
E01: Wand / Kern mit $h = 5{,}00$ m

Zunächst werden die ständigen Vertikallasten zusammengestellt:

Tab. 2.1.1-1: Zusammenstellung der vertikalen ständigen Einwirkungen → Hinweis: Tabellenkalkulation, Nachkommastelle gerundet

Ständige Einwirkungen		**Innenstützen** B2–B6 C4–C6		**Randstützen** A2–A6 D4–D6	B1 C1	**Eckstützen** A1, A7 D1, D7		**Wand 2** B7–C7		**Kern 1** C2–D3	
E	**Last**	**Einzug**	G_{Ek}	**Einzug**	G_{Ek}	**Einzug**	G_{Ek}	**Einzug**	G_{Ek}	**Einzug**	G_{Ek}
06 Decke	6,00 kN/m²	45,56 m²	273,4	24,13 m²	144,8	12,78 m²	76,7	48,26 m²	289,6	139,39 m²	836,3
06 Unterzug	3,50 kN/m	6,75 m	23,6	4,05 m	14,2	3,38 m	11,8	6,75 m	23,6	6,75 m	23,6
06 Stütze	3,06 kN/m	2,92 m	8,9	2,92 m	8,9	2,92 m	8,9				
06 Wände	6,25 kN/m²							23,63 m²	147,7	94,50 m²	590,6
06 Fassade	2,00 kN/m²			26,33 m²	52,7	27,89 m²	55,8	26,33 m²	52,7	26,33 m²	52,7
06 Summe	**kN**		**305,9**		**220,5**		**153,2**		**513,5**		**1503,2**
05 Decke	7,50 kN/m²	45,56 m²	341,7	24,13 m²	181,0	12,78 m²	95,9	48,26 m²	362,0	139,39 m²	1045,4
05 Unterzug	3,50 kN/m	6,75 m	23,6	4,05 m	14,2	3,38 m	11,8	6,75 m	23,6	6,75 m	23,6
05 Stütze	3,06 kN/m	2,88 m	8,8	2,88 m	8,8	2,88 m	8,8				
05 Wände	6,25 kN/m²							23,63 m²	147,7	94,50 m²	590,6
05 Fassade	2,00 kN/m²			23,63 m²	47,3	25,03 m²	50,1	23,63 m²	47,3	23,63 m²	47,3
05 Summe	**kN**		**374,2**		**251,2**		**166,6**		**580,5**		**1706,9**
04 Summe	**kN**		**374,2**		**251,2**		**166,6**		**580,5**		**1706,9**
03 Summe	**kN**		**374,2**		**251,2**		**166,6**		**580,5**		**1706,9**
02 Summe	**kN**		**374,2**		**251,2**		**166,6**		**580,5**		**1706,9**
01 Decke	7,50 kN/m²	45,56 m²	341,7	24,13 m²	181,0	12,78 m²	95,9	48,26 m²	362,0	139,39 m²	1045,4
01 Unterzug	3,50 kN/m	6,75 m	23,6	4,05 m	14,2	3,38 m	11,8	6,75 m	23,6	6,75 m	23,6
01 Stütze	3,06 kN/m	4,38 m	13,4	4,38 m	13,4	4,38 m	13,4				
01 Wände	6,25 kN/m²							33,75 m²	210,9	135,00 m²	843,8
01 Fassade	2,00 kN/m²			33,75 m²	67,5	35,75 m²	71,5	33,75 m²	67,5	33,75 m²	67,5
01 Summe	**kN**		**378,7**		**276,1**		**192,6**		**664,0**		**1980,3**
Summe 1-6	**kN**		**2.181**		**1.501**		**1.012**		**3.500**		**10.311**
Summe Σ i	**kN**	**i =8**	**17.450**	**i =10**	**15.015**	**i =4**	**4.048**	**i =1**	**3.500**	**i =1**	**10.311**
Gesamt:		G_{Ek}=	**50.324 kN**								

Tab. 2.1.1-2: Veränderliche Einwirkungen ohne Abminderung → Hinweis: Tabellenkalkulation, Nachkommastelle gerundet

Veränderliche Einwirkungen		**Innenstützen**		**Randstützen**		**Eckstützen**		**Wand 2**		**Kern 1**	
		B2–B6 C4–C6		A2–A6 B1 D4–D6 C1		A1, A7 D1, D7		B7–C7		C2–D3	
E	**Last**	**Einzug**	Q_{Ek}	**Einzug**	Q_{Ek}	**Einzug**	Q_{Ek}	**Einzug**	Q_{Ek}	**Einzug**	Q_{Ek}
06 Schnee	1,00 kN/m²	45,56 m²	45,6	24,13 m²	24,1	12,78 m²	12,8	48,26 m²	48,3	139,39 m²	139,4
06 Summe	**kN**		**45,6**		**24,1**		**12,8**		**48,3**		**139,4**
05 Büro	2,00 kN/m²	45,56 m²	91,1	24,13 m²	48,3	12,78 m²	25,6	48,26 m²	96,5	93,83 m²	187,7
05 Treppe	5,00 kN/m²									25,9 m²	129,4
05 Summe	**kN**		**91,1**		**48,3**		**25,6**		**96,5**		**317,0**
04 Summe	**kN**		**91,1**		**48,3**		**25,6**		**96,5**		**317,0**
03 Summe	**kN**		**91,1**		**48,3**		**25,6**		**96,5**		**317,0**
02 Summe	**kN**		**91,1**		**48,3**		**25,6**		**96,5**		**317,0**
01 Summe	**kN**		**91,1**		**48,3**		**25,6**		**96,5**		**317,0**
Summe 1-6	**kN**		**501**		**265**		**141**		**531**		**1.725**
Summe Σi	**kN**	**i = 8**	**4.010**	**i = 10**	**2.654**	**i = 4**	**562**	**i = 1**	**531**	**i = 1**	**1.725**
Gesamt:		Q_{Ek} =	**9.482 kN**								

Die Wahrscheinlichkeit des gleichzeitigen Auftretens der charakteristischen Werte veränderlicher Lasten wird im Normenkonzept entweder über die Bildung der maßgebenden Einwirkungskombinationen mit den Kombinationsfaktoren ψ (DIN 1055-100) oder über Abminderungsfaktoren α (DIN 1055-3), die die Lastverteilung von Nutzlasten auf sekundäre Tragglieder abhängig von der Größe der Lasteinzugsflächen bzw. der Anzahl der beteiligten Geschosse erfassen, berücksichtigt.

DIN 1055-3, 6.1: (8) *Wenn für die Bemessung der vertikalen Tragglieder Nutzlasten aus mehreren Geschossen maßgebend sind, dürfen die Nutzlasten der Kategorien A bis E, T und Z mit einem Faktor α_n abgemindert werden.*

DIN 1055-3, 6.1: (6) und (7)
Faktor α_a zur Berücksichtigung der Lasteinzugsfläche

Im Folgenden werden die Nutzlasten der Büroflächen aller Geschosse als eine unabhängige, veränderliche Einwirkung (Leiteinwirkung) aufgefasst und eine Abminderung infolge der beteiligten Geschosse ($n > 2$) mit dem Faktor α_n vorgenommen.
Dabei wird für die Aussteifungskriterien die Lastsumme im untersten Geschoss (Stützen- und Wandlasten) berücksichtigt.

DIN 1055-3, 6.1: (10) In mehrgeschossigen Gebäuden ist die Nutzlast aller Geschosse bei der Ermittlung der Einwirkungskombination insgesamt als eine unabhängige veränderliche Einwirkung aufzufassen.

In diesem Falle darf z. B. für die Stützenbemessung die Abminderung mit α_A für die Lasteinzugsfläche nicht gleichzeitig herangezogen werden und der charakteristische Wert der Nutzlast nicht mit dem Kombinationsbeiwert ψ abgemindert werden.

DIN 1055-3, 6.1: (9) Der Faktor α_A darf für ein Bauteil nicht gleichzeitig mit dem Faktor α_n angesetzt werden...

DIN 1055-3, 6.1: (11) Wenn der charakteristische Wert der Nutzlasten in Kombination mit anderen Einwirkungen durch einen Kombinationsbeiwert ψ abgemindert wird, darf eine Abminderung mit dem Faktor α_n nicht angesetzt werden.

Die Schneelast wird als meteorologische, veränderliche Einwirkung in der ständigen und vorübergehenden Bemessungssituation

$$E_d = \gamma_G \cdot G_k + \gamma_{Q,1} \cdot Q_{k,1} + \Sigma(\gamma_{Q,i} \cdot \psi_{0,i} \cdot Q_{k,i})$$

mit dem Kombinationsbeiwert $\psi_0 = 0{,}5$ abgemindert.

Eine Abminderung mit dem Faktor α_n darf für die Dachdecke mit der Schneebelastung nicht angesetzt werden.

DIN 1055-100, 9.4: Kombinationsregeln für Einwirkungen, Tab. 2: ständige und vorübergehende Bemessungssituation
hier mit i = 1 für die vorherrschende Einwirkung und i > 1 für alle weiteren veränderlichen Einwirkungen.

DIN 1055-100, Tab. A.2
Schnee- und Eislasten für Orte bis zu NN +1000 m: $\psi_0 = 0{,}5$

Die Nutzlasten aller Geschosse werden mit α_n abgemindert.

Für die Aussteifungskriterien (zur Einteilung in verschiebliches oder unverschiebliches Tragwerk) werden die gesamten vertikalen Lasten des mehrgeschossigen Skelettbaus in den Stützen der Ebene 01 ermittelt.

Oberhalb dieser befinden sich 6 Geschossdecken und 5 Geschosse. Davon wird die Decke des Dachgeschosses mit der Schneelast (keine Nutzlast) beaufschlagt und nicht mit α_n berücksichtigt.

Die Abminderung der Nutzlasten Kategorie B (Büros) mit dem Faktor α_n erfolgt daher mit $n = 5$ oberhalb befindlichen Geschossen 02–06:

$$\alpha_n = 0{,}7 + 0{,}6 / 5 = 0{,}82$$

Für die Nutzlasten der Kategorie T (Treppen) gilt:
$$\alpha_n = 1{,}0$$

Für die Untersuchung der Aussteifungskriterien bleibt die Nutzlast auf der Bodenplatte außer Betracht, als Bezugsebene „belastetes Geschoss" wird daher die Decke über der Ebene 01 angenommen.

DIN 1055-3, 6.1: (8) ...
Der Faktor α_n beträgt für:
Kategorien A bis D, Z: $\alpha_n = 0{,}7 + 0{,}6 / n$
Kategorien E, T: $\alpha_n = 1{,}0$
mit n - Anzahl der Geschosse (> 2) oberhalb des belasteten Bauteils.

Tab. 2.1.1-3: Zusammenstellung der veränderlichen Einwirkungen mit Abminderung für 5 Geschosse → Hinweis: Tabellenkalkulation, Nachkommastelle gerundet

Veränderliche Einwirkungen reduziert mit Faktoren α_n bzw. ψ_0			Innenstützen B2–B6 C4–C6		Randstützen A2–A6 B1 D4–D6 C1		Eckstützen A1, A7 D1, D7		Wand 2 B7–C7		Kern 1 C2–D3	
E	ψ_0	α_n	Q_{Ek}	$Q_{Ek,red}$	Q_{Ek}	$Q_{Ek,red}$	Q_{Ek}	$Q_{Ek,red}$	Q_{Ek}	$Q_{Ek,red}$	Q_{Ek}	$Q_{Ek,red}$
06 Schnee	0,5		45,6	22,8	24,1	12,1	12,8	6,4	48,3	24,1	139,4	69,7
05 Büro (B)		0,82	91,1	74,7	48,3	39,6	25,6	21,0	96,5	79,2	187,7	153,9
05 Treppe (T)		1,00									129,4	129,4
04 Büro (B)		0,82	91,1	74,7	48,3	39,6	25,6	21,0	96,5	79,2	187,7	153,9
04 Treppe (T)		1,00									129,4	129,4
03 Büro (B)		0,82	91,1	74,7	48,3	39,6	25,6	21,0	96,5	79,2	187,7	153,9
03 Treppe (T)		1,00									129,4	129,4
02 Büro (B)		0,82	91,1	74,7	48,3	39,6	25,6	21,0	96,5	79,2	187,7	153,9
02 Treppe (T)		1,00									129,4	129,4
01 Büro (B)		0,82	91,1	74,7	48,3	39,6	25,6	21,0	96,5	79,2	187,7	153,9
01 Treppe (T)		1,00									129,4	129,4
Summe	1-6	kN		396		210		111		420		1.486
Summe	Σ i	kN	i =8	3.171	i =10	2.099	i =4	445	i =1	420	i =1	1.486
Gesamt:			$Q_{Ek,red}$=	7.621 kN								

2.1.2 Horizontallasten aus Wind

Das betrachtete Bauwerk liegt in Windzone WZ 2 in ebenem Gelände.

Der dazugehörige charakteristische Geschwindigkeitsdruck gemittelt über einen Zeitraum von 10 min beträgt $q_{ref} = 0{,}39$ kN/m²

Zur Bestimmung der Windkräfte wird ein höhenabhängiger Geschwindigkeitsdruck bestimmt, dem eine Böengeschwindigkeit zugrunde liegt, die über eine Böendauer von 2–4 Sekunden gemittelt ist.

Für nicht-schwingungsanfällige Bauwerke wird in der Regel als Profil des Geschwindigkeitsdruckes in den Windzonen 1–4 im Binnenland abhängig von der Höhenordinate z über Gelände angenommen:

$q(z) = 1{,}5 \cdot q_{ref}$ für $z \leq 7$ m

$q(z) = 1{,}7 \cdot q_{ref} \left(\dfrac{z}{10}\right)^{0{,}37}$ für 7 m $< z \leq 50$ m

$q(z) = 2{,}1 \cdot q_{ref} \left(\dfrac{z}{10}\right)^{0{,}24}$ für 50 m $< z \leq 300$ m

Für Bauwerke, die sich in Höhen bis 25 m über Grund erstrecken, darf der Geschwindigkeitsdruck vereinfacht konstant über die gesamte Gebäudehöhe angenommen werden:

Wind-zone	Geschwindigkeitsdruck q in kN/m² bei einer Gebäudehöhe h in den Grenzen von		
	$h \leq 10$ m	10 m $< h \leq 18$ m	18 m $< h \leq 25$ m
1	0,50	0,65	0,75
2	0,65	0,80	0,90
3	0,80	0,95	1,10
4	0,95	1,15	1,30

Beide Varianten zum Vergleich:

Erläuterungen zur neuen Windlastnorm siehe
→ [85] *Niemann*: Anwendungsbereich und Hintergrund der neuen DIN 1055 Teil 4, Der Prüfingenieur, (21) Oktober 2002, S.35 ff.

Windzonenkarte siehe DIN 1055-4, Anhang A, Bild A.1

DIN 1055-4, 10.1 (1)
→ gemittelte statische Ersatzlast

Binnenland (Mischprofil in einem Übergangsbereich der Geländekategorien II – Gelände mit Hecken, einzelnen Gehöften, Häusern oder Bäumen und III – Vorstädte, Industrie- oder Gewerbegebiete; Wälder)

DIN 1055-4, 10.3, Gl. 10

DIN 1055-4, 10.3, Gl. 11

DIN 1055-4, 10.3, Gl. 12

DIN 1055-4, 10.2

DIN 1055-4, 10.2:
Auszug aus Tab. 2 für Binnenland

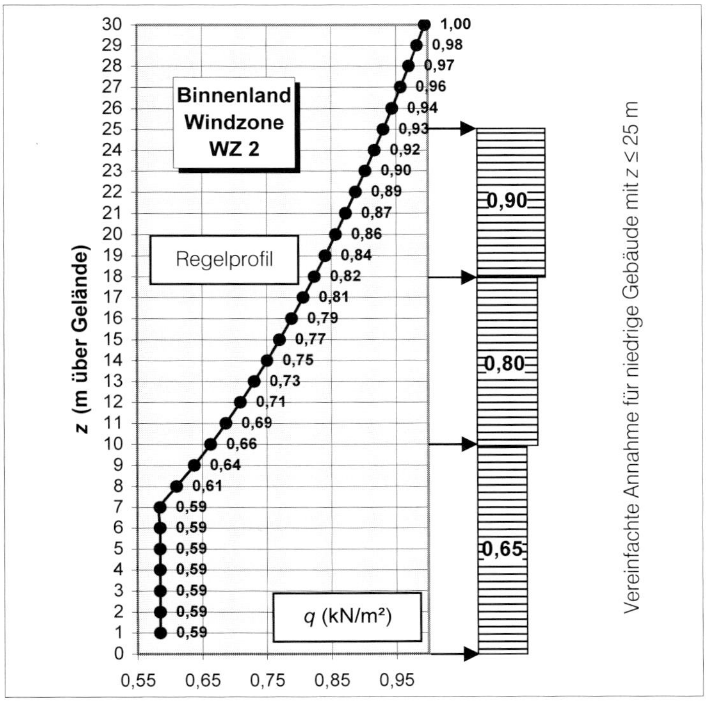

Die hier dargestellten Kurven des Geschwindigkeitsdruckes q (stetige oder Treppenkurve) beziehen sich auf die Bezugshöhe des Bemessungsmodells und sind nicht mit der qualitativen Windlastverteilung über die Gebäudehöhe zu verwechseln.

Die Windlasten auf die Wände von Baukörpern mit rechteckigem Grundriss werden in Streifen über die Gebäudehöhe gestaffelt angesetzt, wobei der Geschwindigkeitsdruck eines Streifens auf die jeweilige Oberkante zu beziehen ist.

Die Anzahl und die jeweilige Oberkante der Streifen und damit die Staffelung der Windlast hängen von der Geometrie der angeströmten Fläche ab.

Dies bedeutet z. B. für gedrungene Anströmflächen (Gebäudehöhe ≤ Gebäudebreite), dass die Windlast in einem Streifen über die Gesamtfläche mit dem mittleren Geschwindigkeitsdruck der Traufhöhe und den dazugehörigen Kraftbeiwerten zu bestimmen ist.

Die Gesamtwindkraft, die auf ein Bauwerk oder ein Bauteil wirkt, wird wie folgt berechnet:

$F_W = c_f \cdot q(z_e) \cdot A_{ref}$

mit c_f – aerodynamischer Kraftbeiwert
z_e – Bezugshöhe für den Kraftbeiwert
A_{ref} – Bezugsfläche für den Kraftbeiwert
q – Geschwindigkeitsdruck

DIN 1055-4, 9.1: (1) Gl. 6
(2) Die Lage des Lastangriffspunktes der Gesamtwindkraft richtet sich nach Gestalt und Lage des Baukörpers...
(4) Für die Gesamtwindkräfte nach Gl. 6....ist eine Ausmitte quer zur Körperachse von
$e_j = b_j / 10$... Gl. 8
mit b_j – Breite des Baukörpers im Teilabschnitt j anzusetzen.
→ siehe auch Aufteilung der Horizontalkräfte auf die aussteifenden Bauteile in Abschn. 4.2 und 4.3

Für Wände von Baukörpern mit rechteckigem Grundriss werden die Außendrücke über die Baukörperhöhe gestaffelt angesetzt. Als Bezugshöhe z_e für den Geschwindigkeitsdruck des jeweiligen Winddruckstreifens ist die Höhe seiner Oberkante anzusetzen.

DIN 1055-4, 12.1.2: (1)

Einteilung der Baukörper nach dem Verhältnis Höhe / Breite:

Für die Ermittlung der angeströmten Fläche wird eine Dicke der Fassadenkonstruktion von 175 mm angenommen.

→ Wind auf die Querseite des Gebäudes:
Da $b < h < 2b = 21 < 23 < 42$ ist der Verlauf des Geschwindigkeitsdruckes:

Ansicht Querseite:
$b = 3 \cdot 6{,}75 + 2 \cdot (0{,}20 + 0{,}175) = 21{,}00$ m
(Außenkante Fassade)
$h = 22{,}50 + 0{,}50 = 23{,}00$ m
(OK Attika)

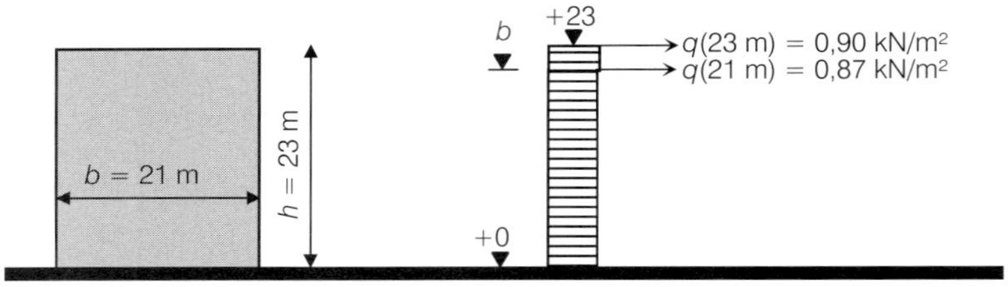

Ansicht

DIN 1055-4, 12.1.2: Bild 3
Vereinfacht darf auch nach 10.2 (1) mit dem Geschwindigkeitsdruck $q(23\text{ m}) = 0{,}90$ kN/m² über die gesamte Gebäudehöhe konstant gerechnet werden.

→ Wind auf die Längsseite des Gebäudes:
Da $h \leq b = 23 < 41{,}2$ ist der Verlauf des Geschwindigkeitsdruckes:

Ansicht Längsseite:
$b = 6 \cdot 6{,}75 + 2 \cdot (0{,}20 + 0{,}175) = 41{,}2$ m
(Außenkante Fassade)
$h = 22{,}50 + 0{,}50 = 23{,}00$ m
(OK Attika)

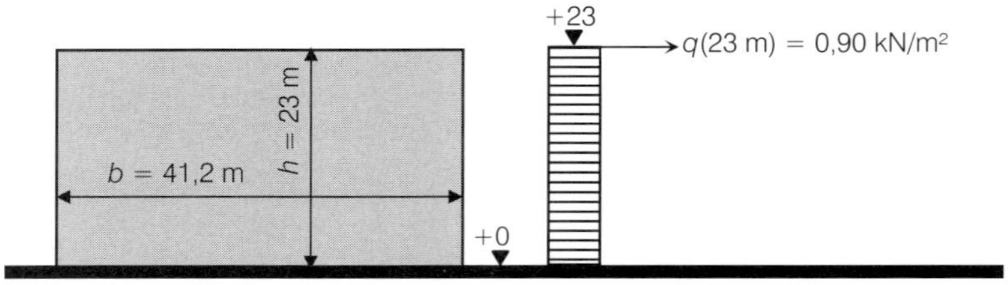

Ansicht

Aerodynamische Außendruckbeiwerte:

Zone: Querseite
$h / d = 23 / 41{,}2 = 0{,}56$ (> 0,25; < 1)

Längsseite
$h / d = 23 / 21$ (> 1; < 5)

Bereich D: Winddruckseite
Bereich E: Windsogseite
$h = 22{,}50 + 0{,}50 = 23{,}00$ m
(OK Attika)

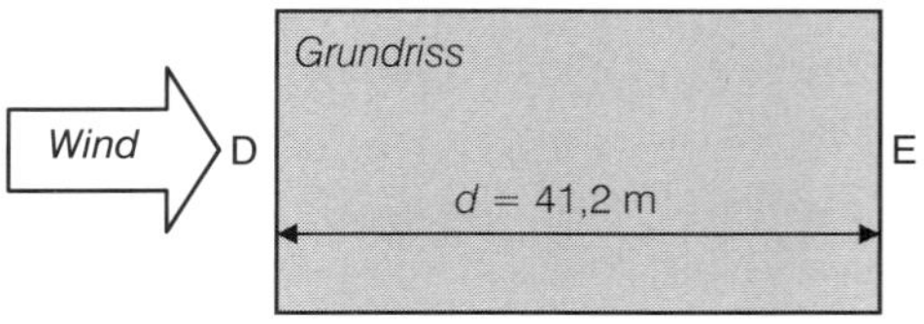

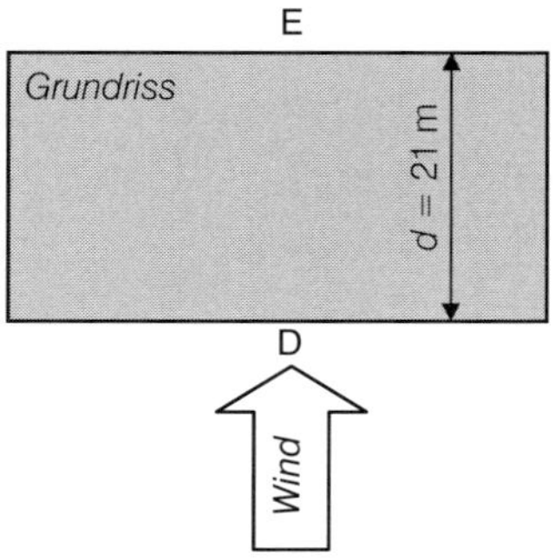

Bereich D: $c_{pe,10} = +0{,}74$
Bereich E: $c_{pe,10} = -0{,}38$

Bereich D: $c_{pe,10} = +0{,}8$
Bereich E: $c_{pe,10} = -0{,}5$

DIN 1055-4, 12.1.2: Tabelle 3
Zwischenwerte für c_{pe} dürfen zwischen $h / d = \{0{,}25; 1; 5\}$ interpoliert werden.
$c_{pe,10}$ gilt für Lasteinzugsflächen $A \geq 10$ m²

Tabelle 2.1.2-1: Windkräfte je Deckenscheibe j

	Wind auf Querseite								Wind auf Längsseite				
	Lasteinzugsfläche					Windlast					Windlast		
j	OK	UK	h_j	b_j	$A_{j,Ref}$	q	$\Sigma c_{pe,10}$	$F_{W,j}$	b_j	$A_{j,Ref}$	q	$\Sigma c_{pe,10}$	$F_{W,j}$
	m	m	m	m	m²	kN/m²		kN	m	m²	kN/m²		kN
06	23,00	20,75	2,25	21,00	47,3	0,90	1,12	**47,6**	41,20	92,7	0,90	1,30	**108,5**
05	20,75	17,25	3,50	21,00	73,5	0,90	1,12	**74,1**	41,20	144,2	0,90	1,30	**168,7**
04	17,25	13,75	3,50	21,00	73,5	0,90	1,12	**74,1**	41,20	144,2	0,90	1,30	**168,7**
03	13,75	10,25	3,50	21,00	73,5	0,90	1,12	**74,1**	41,20	144,2	0,90	1,30	**168,7**
02	10,25	6,75	3,50	21,00	73,5	0,90	1,12	**74,1**	41,20	144,2	0,90	1,30	**168,7**
01	6,75	2,50	4,25	21,00	89,3	0,90	1,12	**90,0**	41,20	175,1	0,90	1,30	**204,9**

2.1.3 Horizontallasten aus Temperatur

Regeln und Verfahren zur Ermittlung von Temperatureinwirkungen infolge täglicher und jahreszeitlicher Schwankungen auf Gebäude und deren Bauteile können zum Teil DIN 1055-7 entnommen werden.

Für die aussteifenden Bauteile (Decken- und Wandscheiben) werden diese Einwirkungen dann bemessungsrelevant, wenn die Anordnung weit auseinander liegender, relativ steifer Aussteifungswände die Temperaturdehnung der Deckenscheiben, insbesondere der Dachdecke, behindert.

Dies ist in diesem Beispiel nicht der Fall, da die Wand 2 infolge der Längsdehnung der Decken in Richtung der weichen Querschnittsachse beansprucht wird.
Darüber hinaus ist die Dachdecke wärmegedämmt.

Die Temperaturbeanspruchung kann hier vernachlässigt werden.

DIN 1055-7, 6.2.2: (1) Für die lastabtragenden Bauteile muss sichergestellt werden, dass die Temperatureinwirkungen nicht zu einer Überschreitung der Grenzzustände führen. Das kann entweder durch eine entsprechende konstruktive Durchbildung (z. B. Dehnungsfugen) oder durch die Berücksichtigung von Temperaturbeanspruchungen bei der Bemessung erreicht werden.

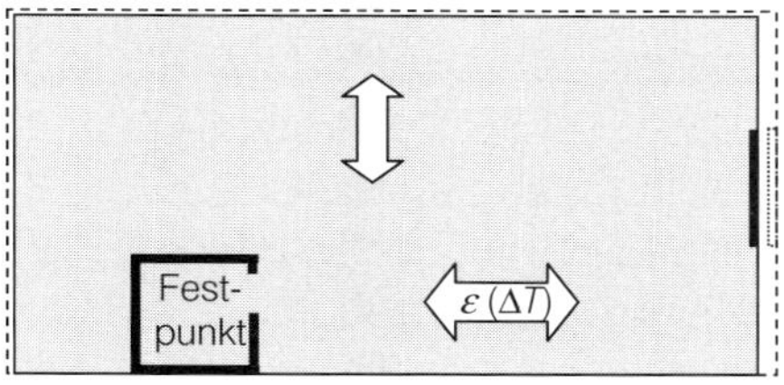

2.2 Bemessungswerte in den Grenzzuständen der Tragfähigkeit

Teilsicherheitsbeiwerte in den Grenzzuständen der Tragfähigkeit:

Einwirkungen:	günstig	ungünstig
• ständige	$\gamma_G = 1{,}0$	$\gamma_G = 1{,}35$
• veränderliche	$\gamma_Q = 0$	$\gamma_Q = 1{,}50$

DIN 1045-1, Tab. 1: Teilsicherheitsbeiwerte für die Einwirkungen auf Tragwerke ungünstig bzw. günstig

Index d = design (Bemessung)
Günstig bzw. ungünstig bezeichnet die Auswirkungen der Einwirkungen auf die Schnittgrößen und die Bemessungsergebnisse.

2.2.1 Vertikallasten

Tab. 2.2.1-1: Bemessungswerte der ständigen Einwirkungen

Ständige **Einwirkungen** γ_G **= 1,35**			**Innenstützen** B2–B6 C4–C6		**Randstützen** A2–A6 B1 D4–D6 C1		**Eckstützen** A1, A7 D1, D7		**Wand 2** B7–C7		**Kern 1** C2–D3	
E	**Last**		G_{Ek}	G_{Ed}	G_{Ek}	G_{Ed}	G_{Ek}	G_{Ed}	G_{Ek}	G_{Ed}	G_{Ek}	G_{Ed}
06 Summe		**kN**	305,9	**413,0**	220,5	**297,7**	153,2	**206,9**	513,5	**693,2**	1503,2	**2029,4**
05 Summe		**kN**	374,2	**505,1**	251,2	**339,1**	166,6	**224,9**	580,5	**783,7**	1706,9	**2304,3**
04 Summe		**kN**	374,2	**505,1**	251,2	**339,1**	166,6	**224,9**	580,5	**783,7**	1706,9	**2304,3**
03 Summe		**kN**	374,2	**505,1**	251,2	**339,1**	166,6	**224,9**	580,5	**783,7**	1706,9	**2304,3**
02 Summe		**kN**	374,2	**505,1**	251,2	**339,1**	166,6	**224,9**	580,5	**783,7**	1706,9	**2304,3**
01 Summe		**kN**	378,7	**511,3**	276,1	**372,7**	192,6	**260,0**	664,0	**896,4**	1980,3	**2673,4**
Summe	**1-6**	**kN**	2181	**2945**	1501	**2027**	1012	**1366**	3500	**4724**	10311	**13920**
Summe	**Σ i**	**kN**	**i =8**	**23.558**	**i =10**	**20.270**	**i =4**	**5.465**	**i =1**	**4.724**	**i =1**	**13.920**
Gesamt:			G_{Ed}=	**67.938 kN**								

Tab. 2.2.1-2: Bemessungswerte der veränderlichen Einwirkungen ohne Abminderung

Veränderliche **Einwirkungen** **Volllast** γ_Q **= 1,50**			**Innenstützen** B2–B6 C4–C6		**Randstützen** A2–A6 B1 D4–D6 C1		**Eckstützen** A1, A7 D1, D7		**Wand 2** B7–C7		**Kern 1** C2–D3	
E	**Last**		Q_{Ek}	Q_{Ed}	Q_{Ek}	Q_{Ed}	Q_{Ek}	Q_{Ed}	Q_{Ek}	Q_{Ed}	Q_{Ek}	Q_{Ed}
06 Summe		**kN**	45,6	**68,3**	24,1	**36,2**	12,8	**19,2**	48,3	**72,4**	139,4	**209,1**
05 Summe		**kN**	91,1	**136,7**	48,3	**72,4**	25,6	**38,3**	96,5	**144,8**	317,0	**475,5**
04 Summe		**kN**	91,1	**136,7**	48,3	**72,4**	25,6	**38,3**	96,5	**144,8**	317,0	**475,5**
03 Summe		**kN**	91,1	**136,7**	48,3	**72,4**	25,6	**38,3**	96,5	**144,8**	317,0	**475,5**
02 Summe		**kN**	91,1	**136,7**	48,3	**72,4**	25,6	**38,3**	96,5	**144,8**	317,0	**475,5**
01 Summe		**kN**	91,1	**136,7**	48,3	**72,4**	25,6	**38,3**	96,5	**144,8**	317,0	**475,5**
Summe	**1-6**	**kN**	501	**752**	265	**398**	141	**211**	531	**796**	1725	**2587**
Summe	**Σ i**	**kN**	**i =8**	**6.014**	**i =10**	**3.982**	**i =4**	**844**	**i =1**	**796**	**i =1**	**2.587**
Gesamt:			Q_{Ed}=	**14.223 kN**								

Tab. 2.2.1-3: Bemessungswerte der veränderlichen Einwirkungen mit Abminderung ψ für Schnee und α_n für 5 Geschosse

Veränderliche n **= 5** **Einwirkungen** α_n **= 0,82** γ_Q **= 1,50**			**Innenstützen** B2–B6 C4–C6		**Randstützen** A2–A6 B1 D4–D6 C1		**Eckstützen** A1, A7 D1, D7		**Wand 2** B7–C7		**Kern 1** C2–D3	
E	**Last**		$Q_{Ek,red}$	Q_{Ed}	$Q_{Ek,red}$	Q_{Ed}	$Q_{Ek,red}$	Q_{Ed}	$Q_{Ek,red}$	Q_{Ed}	$Q_{Ek,red}$	Q_{Ed}
06 Summe		**kN**	22,8	**34,2**	12,1	**18,1**	6,4	**9,6**	24,1	**36,2**	69,7	**104,5**
05 Summe		**kN**	74,7	**112,1**	39,6	**59,4**	21,0	**31,4**	79,2	**118,7**	283,2	**424,9**
04 Summe		**kN**	74,7	**112,1**	39,6	**59,4**	21,0	**31,4**	79,2	**118,7**	283,2	**424,9**
03 Summe		**kN**	74,7	**112,1**	39,6	**59,4**	21,0	**31,4**	79,2	**118,7**	283,2	**424,9**
02 Summe		**kN**	74,7	**112,1**	39,6	**59,4**	21,0	**31,4**	79,2	**118,7**	283,2	**424,9**
01 Summe		**kN**	74,7	**112,1**	39,6	**59,4**	21,0	**31,4**	79,2	**118,7**	283,2	**424,9**
Summe	**1-6**	**kN**	396	**595**	210	**315**	111	**167**	420	**630**	1486	**2229**
Summe	**Σ i**	**kN**	**i =8**	**4.757**	**i =10**	**3.149**	**i =4**	**667**	**i =1**	**630**	**i =1**	**2.229**
Gesamt:			$Q_{Ed,red}$=	**11.432 kN**								

Tabelle 2.2.1-2 wird für die Ermittlung der Schiefstellungskräfte und Tabelle 2.2.1-3 für die Bemessung der Wandscheiben verwendet.

→ Hinweis: alle Zusammenstellungen sind Tabellenkalkulationen, Nachkommastelle gerundet.

2.2.2 Horizontallasten aus Imperfektion auf Wandscheiben

Für die Nachweise der vertikalen aussteifenden Bauteile im Grenzzustand der Tragfähigkeit werden zur Berücksichtigung von unvermeidbarer Schiefstellung infolge der Bauausführung oder Temperaturänderungen des Tragwerks Ersatzhorizontalkräfte ermittelt und auf das Gesamtsystem angesetzt.

DIN 1045-1, 7.2: Imperfektionen
(2) Die einzelnen aussteifenden Bauteile sind für Schnittgrößen zu bemessen, die sich aus der Berechnung am Gesamttragwerk ergeben, wobei die Auswirkungen der Einwirkungen und Imperfektionen am Tragwerk als Ganzem einzubeziehen sind.
(6) *Alternativ...dürfen die Abweichungen von der Sollachse für die Bemessung des Gesamttragwerks sowie der aussteifenden Bauteile...durch die Wirkung äquivalenter Horizontalkräfte ersetzt werden...*

Als geometrische Ersatzimperfektion für die Schnittgrößenermittlung am Gesamttragwerk darf eine Schiefstellung des Tragwerks gegen die Sollachse angenommen werden:

$$\alpha_{a1} = 1 / (100 \cdot \sqrt{h_{ges}}) \qquad \leq 1 / 200$$
$$= 1 / (100 \cdot \sqrt{22{,}5})$$
$$= \mathbf{2{,}11 \cdot 10^{-3}} \qquad < 5 \cdot 10^{-3}$$

DIN 1045-1, 7.2: Gl. 4 mit h_{ges} = 22,5 m

Sind mehrere lastabtragende lotrechte Bauteile nebeneinander vorhanden, darf die Schiefstellung entsprechend der Anzahl der beteiligten Bauteile mit α_n abgemindert werden:

$$\alpha_n = \sqrt{\frac{1 + 1/n}{2}}$$

Die Abminderung von α_{a1} mit α_n nach DIN 1045-1, 7.2: (5) für mehrere lastabtragende Bauteile nebeneinander berücksichtigt die mit der Anzahl der schiefstehenden Bauteile abnehmende Wahrscheinlichkeit, dass alle Bauteile in der gleichen Richtung imperfekt sind.

DIN 1045-1, 7.2: Gl. 5

Lastabtragende Bauteile in diesem Sinne sind solche, die mindestens 70 % von ($\Sigma F_{Ed} / n$) aufnehmen.

Anzahl aller lotrechten Bauteile: $n = 24$

22 Stützen + Kern 1 + Wand 2

Geschoss 01: $N_{Ed,m} = \Sigma F_{Ed} / n = 15.018 / 24 = 626$ kN
davon 70 %: $N_{Ed,0,7} = 0{,}7 \cdot 626 = 438$ kN

Bemessungswerte der Vertikalkräfte siehe Tabelle 2.2.2-1
Es wird das höchstbelastete Erdgeschoss zugrunde gelegt. Die Lastverhältnisse der anderen Geschosse sind ungefähr proportional.

Die Normalkräfte der Eckstützen mit $N_{Ed,Eck} = 260 + 38{,}3 = 298{,}3$ kN sind kleiner als $N_{Ed,0,7} = 438$ kN, die 4 Eckstützen dürfen für die Abminderung der Schiefstellung also nicht herangezogen werden.

$$\alpha_n = \sqrt{\frac{1 + 1/20}{2}} = 0{,}725$$

Für n in DIN 1045-1, 7.2: Gl. 5 ist also $n = 24 - 4 = 20$ einzusetzen!

$$\alpha_{a1,red} = 0{,}725 \cdot 2{,}11 \cdot 10^{-3} = \mathbf{1{,}53 \cdot 10^{-3}}$$

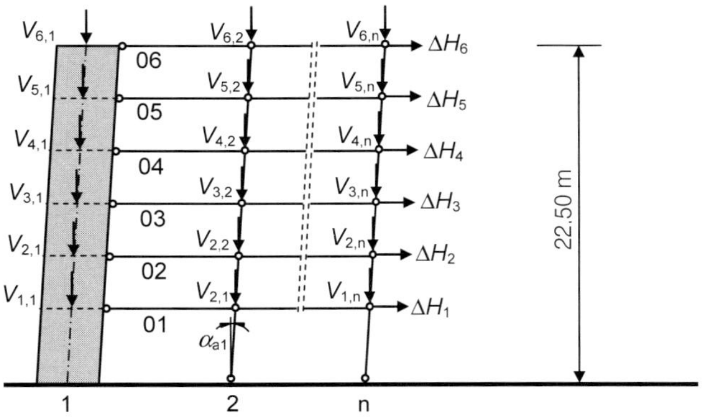

Die Vertikallasten werden vereinfacht auf der sicheren Seite liegend ohne Abminderung der veränderlichen Einwirkungen aus Tabelle 2.2.1-2 übernommen.
Außerdem werden auf der sicheren Seite liegend die Eigenlasten der Stützen und der Fassaden eines Geschosses hier in Höhe der Geschossdecke für die Ermittlung von ΔH angenommen.

Äquivalente Horizontalkräfte:

$$\square H_j = \sum_{i=1}^{n} V_{ji} \cdot \alpha_{a1}$$

DIN 1045-1, 7.2: Bild 1b
i – vertikale Bauteile
j – Geschoss

Tab. 2.2.2-1: Schiefstellungskräfte auf die Wandscheiben

	Vertikallasten															
	Innenstützen			Randstützen			Eckstützen			Wand 2		Kern 1		Gesamt	
j	n	$G_{Ed,ij}$	$Q_{Ed,ij}$	n	$G_{Ed,ij}$	$Q_{Ed,ij}$	n	$G_{Ed,ij}$	$Q_{Ed,ij}$	$G_{Ed,ij}$	$Q_{Ed,ij}$	$G_{Ed,ij}$	$Q_{Ed,ij}$	ΣV_j	$\Delta H_i = \Sigma V_j \cdot \alpha_{a1}$
		kN	kN		kN	kN		kN	kN	kN	kN	kN	kN	kN	kN
06	8	413,0	68,3	10	297,7	36,2	4	206,9	19,2	693,2	72,4	2029,4	209,1	11.098	**17,0**
05	8	505,1	136,7	10	339,1	72,4	4	224,9	38,3	783,7	144,8	2304,3	475,5	14.011	**21,4**
04	8	505,1	136,7	10	339,1	72,4	4	224,9	38,3	783,7	144,8	2304,3	475,5	14.011	**21,4**
03	8	505,1	136,7	10	339,1	72,4	4	224,9	38,3	783,7	144,8	2304,3	475,5	14.011	**21,4**
02	8	505,1	136,7	10	339,1	72,4	4	224,9	38,3	783,7	144,8	2304,3	475,5	14.011	**21,4**
01	8	511,3	136,7	10	372,7	72,4	4	260,0	38,3	896,4	144,8	2673,4	475,5	15.018	**23,0**

2.2.3 Horizontallasten aus Imperfektion auf Deckenscheiben

Die Geschossdecken sind Bauteile, die als Scheiben die Stabilisierungskräfte der Pendelstützen zu den aussteifenden vertikalen Bauteilen (Kern und Wand) übertragen.

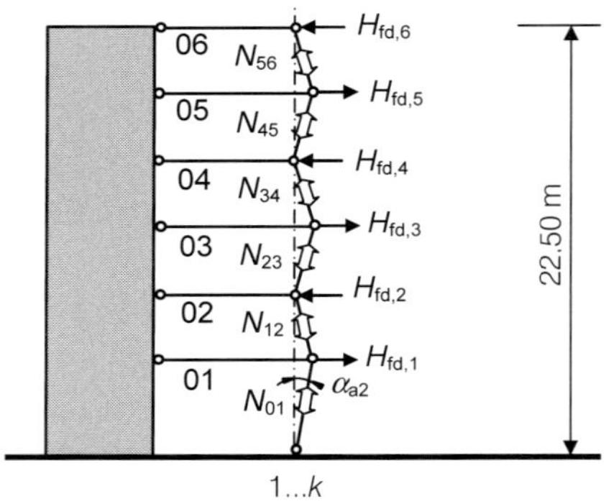

Für die Bemessung sind je Geschoss horizontale Schiefstellungskräfte zu ermitteln:

$$H_{fd} = (N_{bc} + N_{ba}) \cdot \alpha_{a2}$$

mit $\alpha_{a2} = 0{,}008 / \sqrt{(2\,k)}$

DIN 1045-1, 7.2: Imperfektionen
(7) *Bauteile, die Stabilisierungskräfte von den auszusteifenden Tragwerksteilen zu den aussteifenden Bauteilen übertragen, sollten für die Aufnahme einer zusätzlichen Horizontalkraft H_{fd} ... bemessen werden ... Die Horizontalkräfte H_{fd} sind als eigenständige Einwirkungen zu betrachten und dürfen nicht zusätzlich durch Kombinationsbeiwerte abgemindert werden, da diese bereits in den vertikalen Längskräften berücksichtigt sind. Die Horizontalkräfte H_{fd} brauchen für die Bemessung der vertikalen aussteifenden Bauteile nicht in Rechnung gestellt zu werden.*

DIN 1045-1, 7.2: Gl. 6

DIN 1045-1, 7.2: Gl. 7
α_{a2} berücksichtigt die mit der Anzahl k der schiefstehenden Bauteile abnehmende Wahrscheinlichkeit, dass alle Bauteile des gleichen Geschosses in der gleichen Richtung imperfekt sind.

Schiefstellungskräfte in x-Richtung:

$k = 23$ Anzahl der auszusteifenden Tragwerksteile (Stützen und Wand 2) im betrachteten Geschoss in x-Richtung

Die Wand 2 zählt in x-Richtung wegen ihrer vernachlässigbaren Biegesteifigkeit zu den auszusteifenden Bauteilen.

$\alpha_{a2,x} = 0{,}008 / \sqrt{(2 \cdot 23)} = \mathbf{1{,}18 \cdot 10^{-3}}$

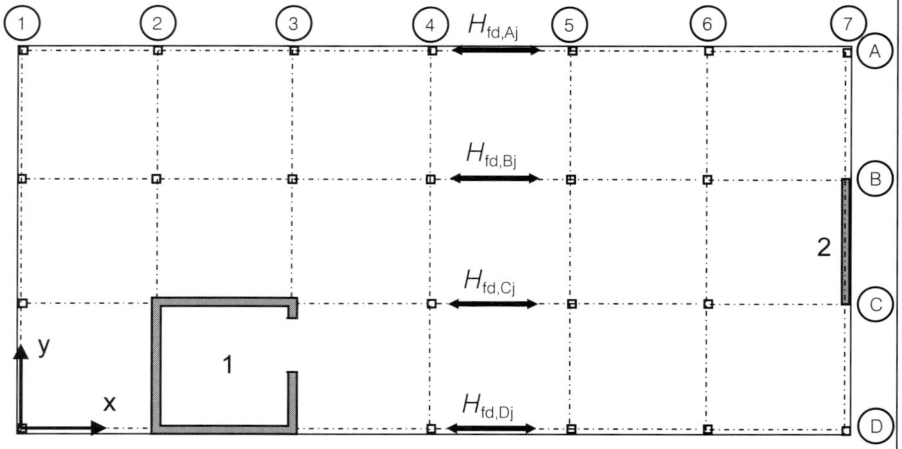

Die Schiefstellungskräfte je Geschossdecke werden für jede Stützenachse vereinfacht zusammengefasst.

Exemplarisch wird nur die Decke j = 1 (über Ebene 01) mit der Maximalbeanspruchung untersucht:

Vertikallasten siehe Tab. 2.2.1-1 und 2.2.1-2

→ in DIN 1045-1, 7.2: Gl. 6
Indizes: a = 0, b = 1, c = 2

Tabelle 2.2.3-1: Zusätzliche Horizontalkräfte in Bauteilen – x-Richtung

			Vertikallasten													x-Richtung
			Innenstützen			Randstützen			Eckstützen			Wand 2		Gesamt		
Achse	j		n	$G_{Ed,ij}$	$Q_{Ed,ij}$	n	$G_{Ed,ij}$	$Q_{Ed,ij}$	n	$G_{Ed,ij}$	$Q_{Ed,ij}$	$G_{Ed,ij}$	$Q_{Ed,ij}$	ΣN_{1j}	$\Sigma (N_{12} + N_{10})$	$H_{fd,j} = \alpha_{a2,x} \cdot \Sigma(N_{12} + N_{10})$
				kN	kN		kN	kN		kN	kN	kN	kN		kN	kN
A	02	ΣN_{12}				5	1654	326	2	1106	173			12.458		
A	01	$F_{Ed,i1}$				5	372,7	72,4	2	260,0	38,3					
A	01	ΣN_{10}				5	2027	398	2	1366	211			15.280	*27.738*	**32,7**
B	02	ΣN_{12}	5	2433	615	1	1654	326				1914	326	19.463		
B	01	$F_{Ed,i1}$	5	511,3	136,7	1	372,7	72,4				448,2	72,4			
B	01	ΣN_{10}	5	2945	752	1	2027	398				2362	398	23.668	*43.131*	**50,9**
C	02	ΣN_{12}	3	2433	615	1	1654	326				1914	326	13.366		
C	01	$F_{Ed,i1}$	3	511,3	136,7	1	372,7	72,4				448,2	72,4			
C	01	ΣN_{10}	3	2945	752	1	2027	398				2362	398	16.275	*29.641*	**35,0**
D	02	ΣN_{12}				3	1654	326	2	1106	173			8.498		
D	01	$F_{Ed,i1}$				3	372,7	72,4	2	260,0	38,3					
D	01	ΣN_{10}				3	2027	398	2	1366	211			10.430	*18.928*	**22,3**

Schiefstellungskräfte in y-Richtung:

$k = 22$ Anzahl der auszusteifenden Tragwerksteile (Stützen) im betrachteten Geschoss in x-Richtung

$\alpha_{a2,y} = 0{,}008 / \sqrt{(2 \cdot 22)} = \mathbf{1{,}21 \cdot 10^{-3}}$

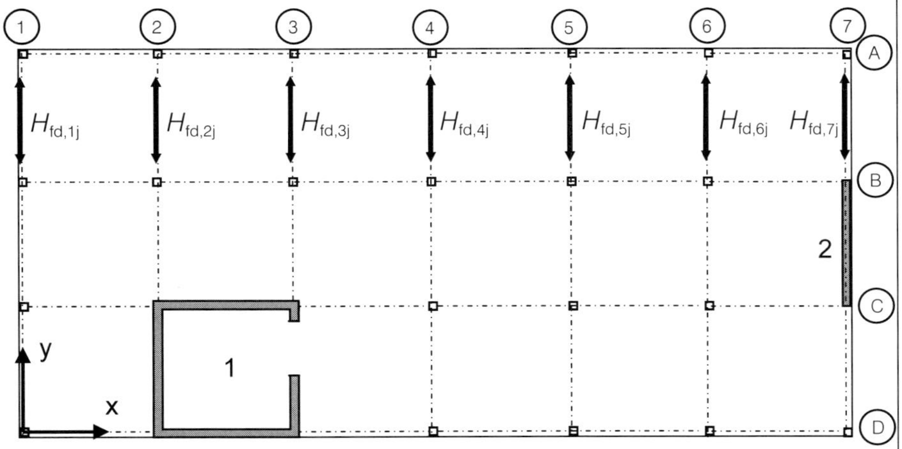

Tab. 2.2.3-2: Zusätzliche Horizontalkräfte in Bauteilen – y-Richtung

			Vertikallasten											
			Innenstützen			Randstützen			Eckstützen				Gesamt	y-Richtung
Achse	j		n	$G_{Ed,ij}$	$Q_{Ed,ij}$	n	$G_{Ed,ij}$	$Q_{Ed,ij}$	n	$G_{Ed,ij}$	$Q_{Ed,ij}$	ΣN_{1j}	$\Sigma (N_{12} + N_{10})$	$H_{fd,j} = \alpha_{a2,y} \cdot \Sigma(N_{12} + N_{10})$
				kN	kN		kN	kN		kN	kN		kN	kN
1, 4, 5, 6	02	ΣN_{12}				2	1654	326	2	1106	173	6.518		
1, 4, 5, 6	01	$F_{Ed,i1}$				2	372,7	72,4	2	260,0	38,3			
1, 4, 5, 6	01	ΣN_{10}				2	2027	398	2	1366	211	8.005	*14.523*	**17,6**
2, 3	02	ΣN_{12}	1	2433	615	1	1654	326				5.029		
2, 3	01	$F_{Ed,i1}$	1	511,3	136,7	1	372,7	72,4						
2, 3	01	ΣN_{10}	1	2945	752	1	2027	398				6.122	*11.150*	**13,5**
7	02	ΣN_{12}							2	1106	173	2.558		
7	01	$F_{Ed,i1}$							2	260,0	38,3			
7	01	ΣN_{10}							2	1366	211	3.154	*5.712*	**6,9**

2.2.4 Horizontallasten aus Wind

Tab. 2.2.4-1: Bemessungswerte der Windlasten

	Wind auf Querseite		Wind auf Längsseite	
j	$Q_{Wk} = F_{W,j}$	$Q_{Wd.x} = Q_{Wk} \cdot 1{,}50$	$Q_{Wk} = F_{W,j}$	$Q_{Wd.y} = Q_{Wk} \cdot 1{,}50$
	kN	kN	kN	kN
06	47,6	**71,4**	108,5	**162,7**
02–05	74,1	**111,1**	168,7	**253,1**
01	90,0	**134,9**	204,9	**307,3**

Charakteristische Windlasten aus Tabelle 2.1.2-1

$\gamma_Q = 1{,}50$

3 Räumliche Steifigkeit und Stabilität

3.1 Querschnittswerte

Vorausgesetzt wird für das ausgesteifte Skelettsystem, dass eine Ausbildung horizontaler, starrer Deckenscheiben erfolgt.

Für die weitere Nachweisführung sowohl der lotrechten, aussteifenden Bauteile (Wandscheibe, Kern) als auch des ausgesteiften, mehrgeschossigen Skeletttragwerks ist zu entscheiden, ob das Gesamtsystem als verschieblich oder unverschieblich einzuordnen ist.

Dazu sind zunächst die Querschnittswerte der aussteifenden Bauteile zu bestimmen:

E-Modul	Beton C30/37:	$E_{cm} = 28.300$ N/mm²
G-Modul	Beton C30/37:	$G_{cm} = E_{cm} / 2{,}4 = 11.800$ N/mm²

Bauteil 1: Kern

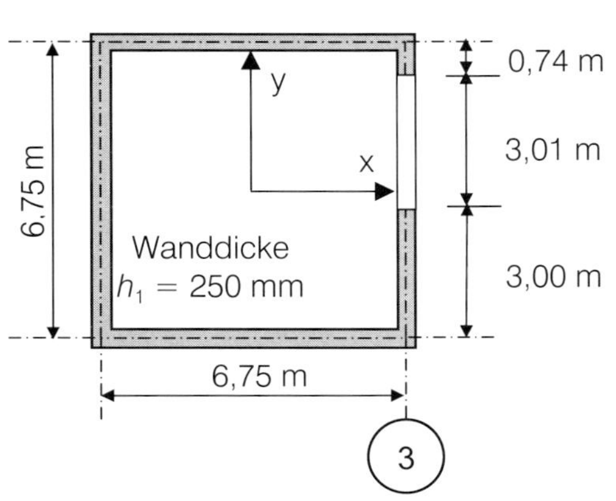

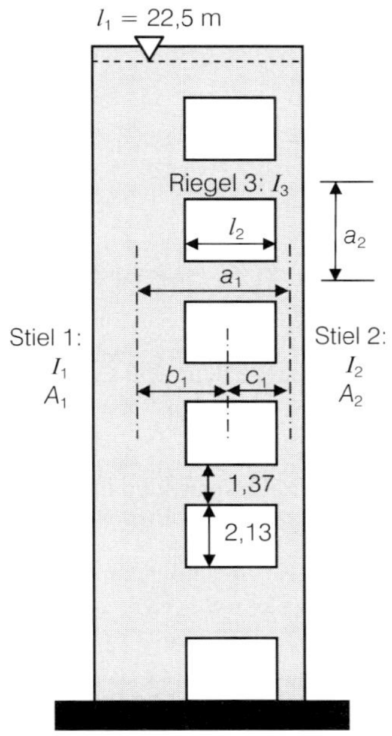

$A_{c,1} = 7{,}00^2 - 6{,}50^2 - 0{,}25 \cdot 3{,}01 = 6{,}00$ m²

Bezeichnungen Wand 3 in Anlehnung an [61], S. 499 – mit

l_1	= 22,5 m		Wandhöhe
l_2	= 3,01 m		Öffnungsbreite
a_1	= 6,75 − (3,00 + 0,74) / 2		
a_1	= 4,88 m		Stielabstand
b_1	= (3,00 + 3,01) / 2 = 3,00 m		
c_1	= (0,74 + 3,01) / 2 = 1,87 m		
a_2	= 22,5 / 6 = 3,75 m		mittlere Geschosshöhe
a_3	= 3,50 − 2,13 = 1,37 m		minimale Riegelhöhe
A_1	= 0,25 · 3,00 = 0,75 m²		Fläche Stiel 1
I_1	= 0,25 · 3,00³ / 12 = 0,562 m⁴		Trägheitsmoment Stiel 1
A_2	= 0,25 · 0,74 = 0,185 m²		Fläche Stiel 2
I_2	= 0,25 · 0,74³ / 12 = 0,0084 m⁴		Trägheitsmoment Stiel 2
I_3	= 0,25 · 1,37³ / 12 = 0,0536 m⁴		Trägheitsmoment Riegel 3

wird

$$\Delta = \frac{c_1 \cdot I_1 - b_1 \cdot I_2}{I_1 + I_2 + 12 \frac{l_2}{a_2} \cdot \frac{I_1 \cdot I_2}{I_3}}$$

DIN 1045-1, 8.6.2: (1) Zur Nachweisführung werden Tragwerke oder Bauteile in ausgesteifte oder unausgesteifte eingeteilt, je nachdem ob aussteifende Bauteile vorgesehen sind oder nicht oder sie werden als verschieblich oder unverschieblich betrachtet, je nachdem ob bei Tragwerken die Auswirkungen nach Theorie II. Ordnung entsprechend 8.6.1 (1) zu berücksichtigen sind....

DIN 1045-1, 9.1.7, Tab. 9
$G = E / [2 (1 + \mu)] = E / 2{,}4$

DIN 1045-1, 8.6.2: (5) Sofern keine genaueren Nachweise geführt werden, dürfen Tragwerke, die durch lotrechte Bauteile wie z. B. massive Wandscheiben oder Bauwerkskerne ausgesteift sind, als unverschieblich im Sinne von Absatz (1) angesehen werden, wenn die Gleichungen 25 und 26 („Aussteifungskriterien") erfüllt sind. In den aussteifenden Bauteilen sollte die Betonzugspannung unter der maßgebenden Einwirkungskombination den Wert f_{ctm} nach Tab. 9 ... nicht überschreiten.

Für die Ermittlung der Querschnittswerte reicht es i. Allg. aus, den Zustand I zugrunde zu legen (Ortbetonwandscheiben bzw. keine klaffenden Fugen in Fertigteilwänden).

Im Allgemeinen sind aussteifende Wände, insbesondere bei Aussteifungskernen durch Tür- und Fensteröffnungen gegliedert. Für die Auswertung der Aussteifungskriterien bei größeren Öffnungen sind Ersatzsteifigkeiten zu bestimmen.

[61] *König / Liphardt*: Hochhäuser aus Stahlbeton, BK 1990/II, S. 495 ff:
Für regelmäßig gegliederte Scheiben haben sich die auf einem kontinuierlichen Ersatzsystem basierenden Berechnungsmethoden als leistungsfähig erwiesen. Die Lösungen sind auch für weitgehend unregelmäßige Systeme beim Vorentwurf brauchbar, wenn man Mittelungen am gegebenen System (z. B. Geschosshöhen) vornimmt.

Zur Ermittlung der Ersatzsteifigkeit des Kernes in y-Richtung wird die durch große Türöffnungen gegliederte Wand durch eine Ersatzwand mit verminderter Dicke modelliert. Dafür wird die Wandscheibe ungeachtet der abweichenden Erdgeschosshöhe als regelmäßig angesehen. Das ist wegen der gleichen Öffnungen und der relativ starken Schubverbindung über die Riegel vertretbar.

$$\Delta = \frac{1{,}87 \cdot 0{,}562 - 3{,}00 \cdot 0{,}0084}{0{,}562 + 0{,}0084 + 12 \frac{3{,}01}{3{,}75} \cdot \frac{0{,}562 \cdot 0{,}0084}{0{,}0536}} = 0{,}7224$$

$b_1' = b_1 + \Delta = 3{,}73\,\text{m}$
$c_1' = c_1 - \Delta = 1{,}15\,\text{m}$

$$\eta = 12\left(\frac{\Delta}{l_2}\right)^2 + \frac{a_2}{l_2^3}\left(b_1'^2 \frac{I_3}{I_1} + c_1'^2 \frac{I_3}{I_2}\right)$$

$$\eta = 12\left(\frac{0{,}7224}{3{,}01}\right)^2 + \frac{3{,}75}{3{,}01^3}\left(3{,}73^2 \frac{0{,}0536}{0{,}562} + 1{,}15^2 \frac{0{,}0536}{0{,}0084}\right) = 2{,}032$$

$$\hat{\alpha}^2 = \frac{12 \cdot a_1^2 \cdot l_1^2}{a_2 \cdot l_2^3 (1+\eta)} \cdot \frac{I_3}{(I_1 + I_2)}$$

$$\hat{\alpha}^2 = \frac{12 \cdot 4{,}88^2 \cdot 22{,}5^2}{3{,}75 \cdot 3{,}01^3 (1+2{,}032)} \cdot \frac{0{,}0536}{(0{,}562 + 0{,}0084)} = 43{,}77$$

$$\gamma^2 = 1 + \frac{(I_1 + I_2)}{a_1^2} \cdot \left(\frac{1}{A_1} + \frac{1}{A_2}\right)$$

$$\gamma^2 = 1 + \frac{(0{,}562 + 0{,}0084)}{4{,}88^2} \cdot \left(\frac{1}{0{,}75} + \frac{1}{0{,}185}\right) = 1{,}16 \quad \rightarrow \gamma = 1{,}08$$

$\hat{\alpha} \cdot \gamma = \sqrt{43{,}77 \cdot 1{,}16} = 7{,}13$

Hilfswerte zur Ermittlung der Kopfauslenkung:

$\kappa = 0{,}20$

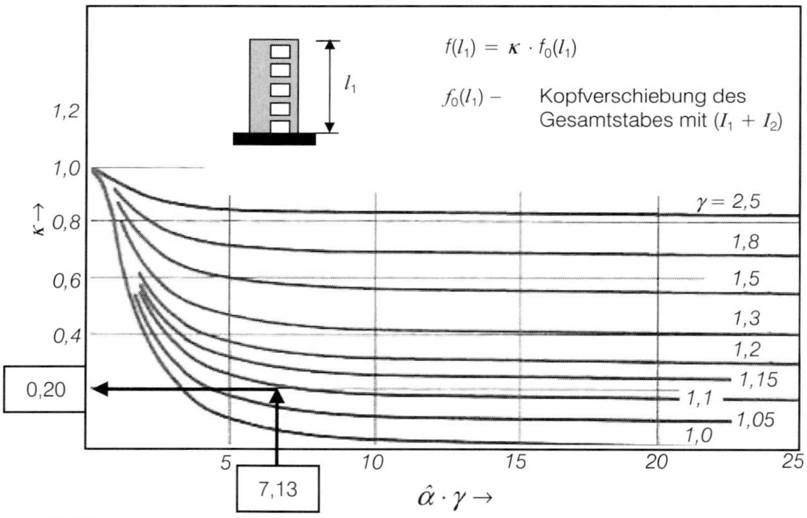

[61] *König / Liphardt*: Hochhäuser aus Stahlbeton, BK 1990/II, S. 502, Bild 5.12

Umstellung der Verformungsbeziehung für die Kopfauslenkung nach dem effektiven Trägheitsmoment:

$$I_{\text{eff}} = \frac{I_1 + I_2}{\kappa} = \frac{0{,}562 + 0{,}0084}{0{,}20} = 2{,}85\,\text{m}^4$$

Berechnung einer Ersatzwanddicke der gegliederten Wandscheibe:

$h_{\text{eff}} = 12 \cdot I_{\text{eff}} / l^3 = 12 \cdot 2{,}85 / 6{,}75^3 = 0{,}11\,\text{m}$

mit w – horizontale Belastung $\rightarrow$
$f(l_1) = \kappa \cdot f_0(l_1)$
$= \kappa \cdot \xi \cdot w / [E(I_1 + I_2)]$
$= [\kappa / (I_1 + I_2)] \cdot \xi \cdot w / E$
$= [1 / I_{\text{eff}}] \cdot \xi \cdot w / E$
$= \xi \cdot w / [EI_{\text{eff}}]$

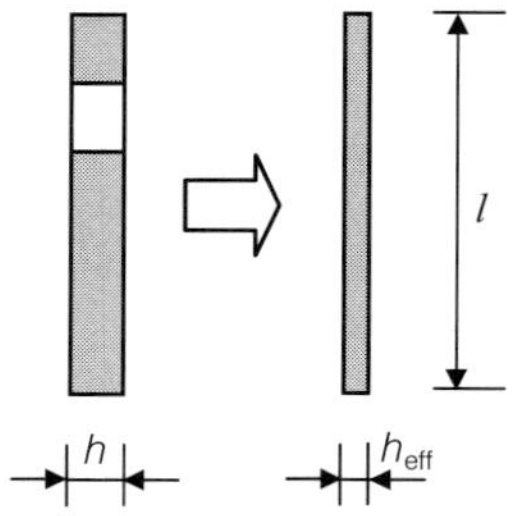

Ersatzquerschnitt Kern 1

Für die Ermittlung des Trägheitsmomentes um die x-Achse wird der Ersatzquerschnitt des Kerns verwandt.

Trägheitsmoment um die x-Achse:

$I_{cx,1} = [(6{,}75 + 0{,}18)(6{,}75 + 0{,}25)^3 - (6{,}75 - 0{,}18)(6{,}75 - 0{,}25)^3] / 12$

$I_{cx,1} = \mathbf{47{,}7\ m^4}$

Wölbwiderstandsmoment:

$I_{\omega,1} \approx 0$

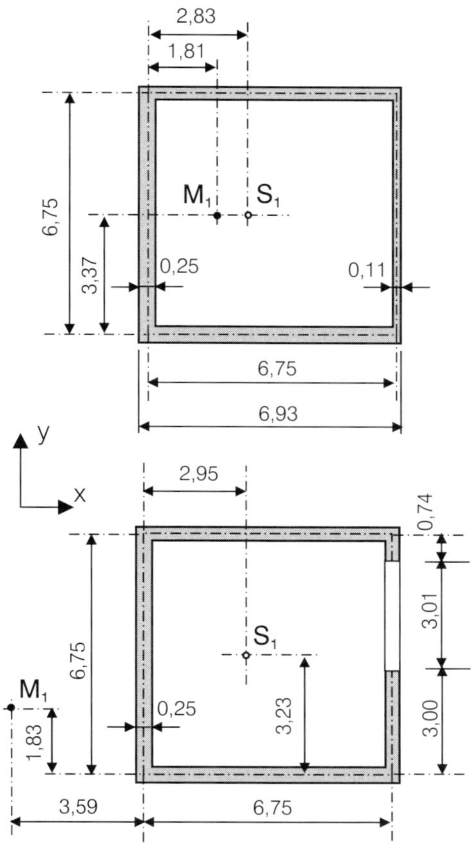

Querschnitt Kern 1 mit Türöffnung

Übliche Berechnungspraxis: Für das Trägheitsmoment um die y-Achse und das Torsionsträgheitsmoment ist der Kernquerschnitt mit Öffnungen (auch unter Vernachlässigung der Riegel über den Türöffnungen) realistischer als der Ersatzquerschnitt.

Schwerpunkt S, Schubmittelpunkt M, Querschnittswerte aus [95]

QUERSCHNITTSWERTE Normalgeschoß

Pf Nr	xs [m]	ys [m]	A [m2]	E*Ix [kNm2]	E*Iy [kNm2]	E*Ixy [kNm2]
P 2	40.50	10.13	1.75	2.021e+008	2.578e+005	0.000e+000
P 1	9.70	3.23	6.00	1.405e+009	1.179e+009	-9.134e+007

Pf Nr	xm [m]	ym [m]
P 2	40.50	10.13
P 1	3.16	1.83

mit E_{cm} = 28.300 MN/m²:

$I_{cx,1} = 1{,}405 \cdot 10^9 / (28{,}3 \cdot 10^6) = \mathbf{49{,}6\ m^4}$

$I_{cy,1} = 1{,}179 \cdot 10^9 / (28{,}3 \cdot 10^6) = \mathbf{41{,}7\ m^4}$

$I_{cxy,1} = -9{,}134 \cdot 10^7 / (28{,}3 \cdot 10^6) = \mathbf{-3{,}23\ m^4}$

Der Hohlkastenquerschnitt mit Öffnungen kann für die Torsion nicht mehr ohne Weiteres als geschlossener, dünnwandiger Querschnitt angesehen werden, siehe auch [61] BK 1990/II, S. 511 ff. Wegen des geringen Anteils der Eigentorsionssteifigkeit im Beispielsystem wird hier vereinfacht der Kern als offener, aus Rechtecken zusammengesetzter Querschnitt betrachtet und die Wölbsteifigkeit vernachlässigt.

Trägheitsmoment Torsion (dünnwandiger, offener Querschnitt):

$I_{T,1} = \Sigma(h_i^3 \cdot l_i) / 3 = (3 \cdot 0{,}25^3 \cdot 6{,}75 + 0{,}25^3 \cdot 0{,}74 + 0{,}25^3 \cdot 3{,}00) / 3$

$I_{T,1} = \mathbf{0{,}12\ m^4}$

Bauteil 2: Wandscheibe

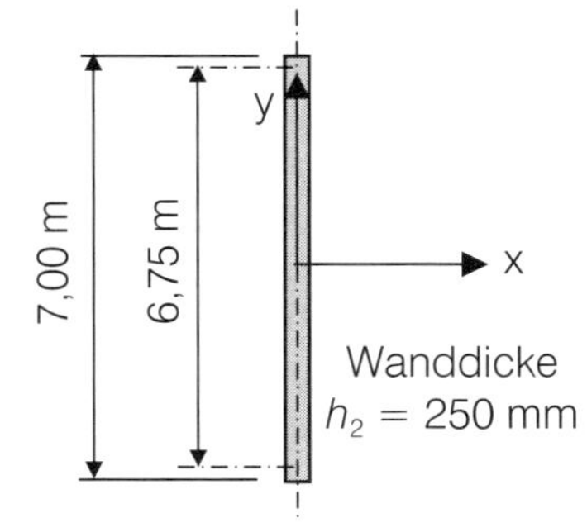

Fläche:

$A_{c,2} = 7{,}00 \cdot 0{,}25\ m^2$

$A_{c,2} = 1{,}75\ m^2$

Trägheitsmomente:

$I_{cx,2} = 0{,}25 \cdot 7{,}00^3 / 12$

$I_{cx,2} = \mathbf{7{,}15\ m^4}$

$I_{cy,2} = 7{,}00 \cdot 0{,}25^3 / 12$

$I_{cy,2} = \mathbf{0{,}01\ m^4}$

Widerstandsmoment Torsion:

$I_{T,2} \approx 7{,}00 \cdot 0{,}25^3 / 3$

$I_{T,2} = \mathbf{0{,}04\ m^4}$

Wölbwiderstandsmoment:

$I_{\omega,2} = 0$

Hingewiesen werden soll hier darauf, dass es sich bei der Ermittlung der Querschnittswerte des aussteifenden Kerns mit Öffnungen auf der Basis der für alleinstehende Wandscheiben von Hochhäusern abgeleiteten Diagramme in [61] um eine starke ingenieurmäßige Vereinfachung handelt, die die Thematik grundsätzlich erläutern soll. Die mitwirkenden Plattenbereiche der anschließenden Kernscheiben und die wegen der ausmittigen Öffnungslage abweichende Hauptachsenrichtung wurden hier vernachlässigt. Zutreffender ist eine Abschätzung der „Ersatzblechdicken" mit der elastostatischen Biegetorsionstheorie unter Berücksichtigung der Schubverformungen. Dies kann zu deutlich anderen Schubmittelpunkten und Ersatzsteifigkeiten sowie entsprechend anderer Aufteilung der Horizontalkräfte führen. Aufbereitete Gleichungen für regelmäßige Systeme finden sich in: [138] *Küttler*: Berechnung der Ersatzwanddicken von Aussteifungselementen mit Öffnungen, BuSt 7/2004
Zum Vergleich die vollständige Berechnung der Querschnittswerte nach *Küttler* [138] auf der Internetseite:
→ *www.betonverein.de* → Fachthemen → Beispielsammlungen→ Band 2

3.2 Aussteifungskriterium Seitensteifigkeit

$$\frac{1}{h_{ges}}\sqrt{\frac{E_{cm}\,I_c}{F_{Ed}}} \quad \begin{array}{ll} \geq 1/(0{,}2+0{,}1\,m) & \text{für } m \leq 3 \\ \geq 1/0{,}6 = 1{,}67 & \text{für } m \geq 4 \end{array}$$

mit:
- $m = 6$ — Anzahl der Geschosse
- $h_{ges} = 22{,}5$ m — Gesamthöhe des Tragwerks über OKF / unverschiebliche Bezugsebene
- $F_{Ed} = 50{,}3 + 7{,}6$ — Summe Vertikallasten mit $\gamma_F = 1{,}0$
- $F_{Ed} = 57{,}9$ MN — siehe 2.1.1 (Tab. 2.1.1-1 und 2.1.1-3)

DIN 1045-1, 8.6.2, Gl. 25
(5) a) Wenn *die lotrechten aussteifenden Bauteile annähernd symmetrisch angeordnet sind und nur kleine, vernachlässigbare Verdrehungen um die Bauwerksachse zulassen, müssen die Seitensteifigkeiten in beiden Richtungen Gl. 25 genügen.*

[41] *Kordina/Quast*
Die Formulierung „annähernd symmetrisch" ist so zu verstehen, dass nicht mit Verdrehungen um eine im Grundriss sehr ausmittige Achse zu rechnen ist.

Aussteifung in y-Richtung:

$$\frac{1}{22{,}5}\sqrt{\frac{28300\cdot(47{,}7+7{,}15)}{57{,}9}} = 7{,}3 > 1{,}67$$

Querschnittswerte siehe 3.3.1

Aussteifung in x-Richtung:

$$\frac{1}{22{,}5}\sqrt{\frac{28300\cdot(41{,}7+0{,}01)}{57{,}9}} = 6{,}3 > 1{,}67$$

In Bezug auf die Seitensteifigkeit in den Achsrichtungen x und y gilt das System als ausgesteift.

3.3 Aussteifungskriterium Verdrehsteifigkeit

Eine ausreichende Verdrehsteifigkeit des Systems ist aufgrund der Anordnung der beiden Aussteifungselemente Kern und Wand (großer Abstand in x-Richtung = großer Hebelarm) offensichtlich gegeben. Diese beschränken daher die Verdrehungen auf ein vernachlässigbares Maß. Der Nachweis des Aussteifungskriteriums wird hier aber beispielhaft geführt.

Die Verdrehungen des Gesamtsystems wären wesentlich größer, wenn nur der Kern 1 der Aussteifung dienen würde und die Ausmitte dieses einzelnen Kernes zum Angriffspunkt der resultierenden Horizontallasten zunimmt.

$$\frac{1}{h_{ges}}\sqrt{\frac{E_{cm}\,I_\omega}{\sum_j F_{Ed,j}\cdot r_j^2}} + \frac{1}{2{,}28}\sqrt{\frac{G_{cm}\cdot I_T}{\sum_j F_{Ed,j}\cdot r_j^2}} \quad \begin{array}{ll} \geq 1/(0{,}2+0{,}1\,m) & \text{für } m \leq 3 \\ \geq 1/0{,}6 = 1{,}67 & \text{für } m \geq 4 \end{array}$$

mit:
- $m = 6$ — Anzahl der Geschosse
- $h_{ges} = 22{,}5$ m — Gesamthöhe des Tragwerks über OKF / unverschiebliche Bezugsebene
- $F_{Ed,j}$ — Vertikallast der Stütze j mit $\gamma_F = 1{,}0$
- r_j — Abstand der Stütze j vom Schubmittelpunkt des Gesamtsystems

DIN 1045-1, 8.6.2, Gl. 26
(5) b) Wenn *die lotrechten aussteifenden Bauteile nicht annähernd symmetrisch angeordnet sind oder nicht vernachlässigbare Verdrehungen zulassen, muss zusätzlich die Verdrehsteifigkeit aus der Kopplung der Wölbsteifigkeit und der Torsionssteifigkeit der Gl. 26 genügen.*

a) Berechnung des Schubmittelpunktes M des Gesamtstabes bei gleich hohen Aussteifungselementen:

$$x_M = \frac{\sum(I_{x,i}\cdot x_i)}{\sum I_{x,i}} = \frac{47{,}7\cdot 3{,}16 + 7{,}15\cdot 40{,}5}{47{,}7+7{,}15} = 8{,}03\text{ m}$$

$$y_M = \frac{\sum(I_{y,i}\cdot y_i)}{\sum I_{y,i}} = \frac{41{,}7\cdot 1{,}83 + 0{,}01\cdot 10{,}12}{41{,}7+0{,}01} = 1{,}83\text{ m}$$

[51] Schneider-Bautabellen, S. 5.25
für alle aussteifenden Bauteile E = konstant und $\Sigma I_{yz,i} = 0$

x_i und y_i - Koordinaten des Schubmittelpunktes für Bauteil i. Für den Kern wird der Schubmittelpunkt näherungsweise für den offenen Querschnitt angenommen.

Querschnittswerte siehe 3.3.1

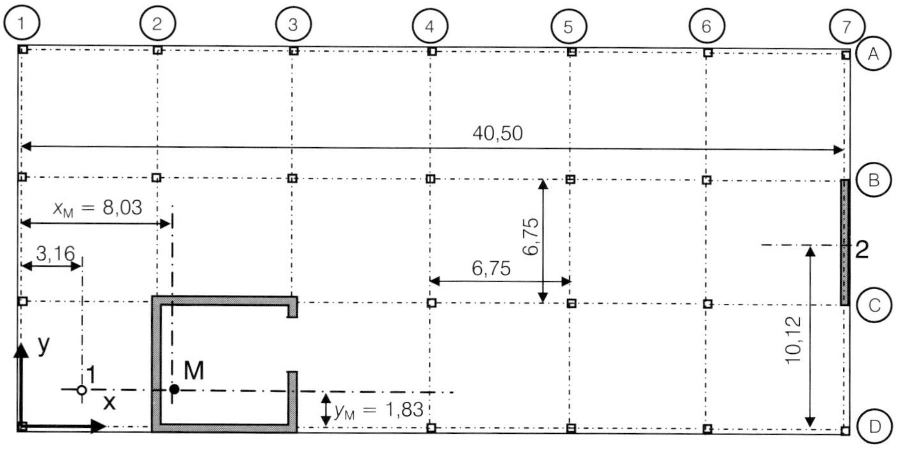

b) $\Sigma\,(F_{Ed,j} \cdot r_j^2)$ für alle vertikalen Bauteile (Stützen und Aussteifungsbauteile):

Tab. 3.3-1: Berechnung der Summe $\Sigma(F_{Ed,j} \cdot r_j^2)$

j	$x_{M,j}$	$y_{M,j}$	r_j^2	$G_{Ed,j}$	$Q_{Ed,j}$	$F_{Ed,j}$	$F_{Ed,j} \cdot r_j^2$
	m	m	m²	MN	MN	MN	MNm²
1	-4,87	0,00	23,7	10,31	1,49	11,80	279,8
2	32,47	8,29	1123,0	3,50	0,42	3,92	4401,8
A1	-8,03	18,42	403,8	1,01	0,11	1,12	453,5
A2	-1,28		340,9	1,50	0,21	1,71	583,5
A3	5,47		369,2				631,9
A4	12,22		488,6				836,3
A5	18,97		699,2				1196,6
A6	25,72		1000,8				1712,9
A7	32,47		1393,6	1,01	0,11	1,12	1565,1
B1	-8,03	11,67	200,7	1,50	0,21	1,71	343,4
B2	-1,28		137,8	2,18	0,40	2,58	355,2
B3	5,47		166,1				428,1
B4	12,22		285,5				735,9
B5	18,97		496,0				1278,5
B6	25,72		797,7				2055,9
C1	-8,03	4,92	88,7	1,50	0,21	1,71	151,8
C4	12,22		173,5	2,18	0,40	2,58	447,3
C5	18,97		384,1				989,9
C6	25,72		685,7				1767,3
D1	-8,03	-1,83	67,8	1,01	0,11	1,12	76,2
D4	12,22		152,7	1,50	0,21	1,71	261,3
D5	18,97		363,2				621,6
D6	25,72		664,9				1137,9
D7	32,47		1057,6	1,01	0,11	1,12	1187,8
Σ				50,32	7,62	57,94	**23499**

G_{Ed} und Q_{Ed} aus Tabellen 2.1.1-1 und 2.1.1-3 mit $\gamma_F = 1{,}0$

c) Nennwölbsteifigkeiten aller gegen Verdrehung aussteifenden Bauteile:

[51] Schneider-Bautabellen, S. 5.24

$$E_{cm}I_\omega \;=\; \Sigma(EI_{x,i} \cdot x_{M,i}^2 + EI_{y,i} \cdot y_{M,i}^2 + EI_{\omega,i})$$

$x_{M,i}$ und $y_{M,i}$ – Abstände des Schubmittelpunktes für Bauteil i zum Schubmittelpunkt des Aussteifungsgesamtsystems

Tab. 3.3-2: Nennwölbsteifigkeiten

i	$x_{M,i}$	$x_{M,i}^2$	$I_{x,i}$	$I_{x,i} \cdot x_{M,i}^2$	$y_{M,i}$	$y_{M,i}^2$	$I_{y,i}$	$I_{y,i} \cdot y_{M,i}^2$	$I_{\omega,i}$
	m	m²	m⁴	m⁶	m	m²	m⁴	m⁶	m⁶
1	-4,87	23,72	47,70	1131	0,00	0,00	41,00	0,00	0
2	32,47	1054,3	7,15	7538	8,29	68,72	0,01	0,69	0
Σ				**8670**				**0,69**	**0**

$E_{cm}I_\omega$ = 28.300 (8670 + 0,69 + 0) = **2,45 · 10⁸ MNm⁴**

d) Torsionssteifigkeiten aller gegen Verdrehung aussteifenden Bauteile:

$\Sigma G_{cm}I_T$ = 11.800 (0,12 + 0,04) = **1888 MNm²**

e) Aussteifungskriterium Verdrehsteifigkeit:

Querschnittswerte siehe 3.3.1

$$\frac{1}{22{,}5}\sqrt{\frac{2{,}45\cdot 10^{8}}{23499}}+\frac{1}{2{,}28}\sqrt{\frac{1888}{23499}}=4{,}54+0{,}12=4{,}67>1{,}67$$

DIN 1045-1, 8.6.2, Gl. 26

In Bezug auf die Verdrehsteifigkeit gilt das System als ausgesteift.

f) Ergebnisvergleich mit dem Programm der Friedrich + Lochner GmbH: WINDLASTEN [95]

[95] Friedrich + Lochner GmbH: WINDLASTEN WL 02/2005 Win XP

Die Unterschiede in den Ergebnissen zwischen der Hand- und Softwareberechnung sind vernachlässigbar.

Folgende abweichende Berechnungsannahmen im Programm [95] gegenüber der Handrechnung wurden getroffen:

- Näherung: gleichmäßige Verteilung der Vertikallasten (Angriffspunkt im Schwerpunkt des Deckengrundrisses)
- (1) Wird der Schubmittelpunkt des Kernes auf der Basis des offenen Querschnitts ermittelt, rückt der Schubmittelpunkt MD des Gesamtstabes weiter im Grundriss nach links unten und der Hebelarm des Torsionsmomentes wird größer.
- (2) Wird der Schubmittelpunkt des Kernes auf der Basis des geschlossenen Querschnitts (ΣGI_t größer) ermittelt, rückt der Schubmittelpunkt MD des Gesamtstabes weiter nach rechts und der Hebelarm des Torsionsmomentes wird kleiner.

(1) Nachweis mit offenem Kernquerschnitt:

```
NACHWEIS DER UNVERSCHIEBLICHKEIT
nach DIN 1045-1 8.6.2 (5)
-----------------------------------------------------
FEd =      57899.50 kN       Htot = 22.50 m
Hauptachsenwinkel für Gesamtstab:  φ = 11.55 Grad

Alle Steifigkeiten im Zustand I
in den Hauptachsen  x' und y'
ΣEIy'=   1.160e+009 kNm2
Aussteifungunskriterium Verschiebung in X-Richt.
                                   6.29 > erf. 1.67
ΣEIx'=   1.626e+009 kNm2
Aussteifungunskriterium Verschiebung in Y-Richt.
                                   7.45 > erf. 1.67

ΣEIw =   2.462e+011 kNm4   ΣGIt =   1.892e+006 kNm2
Annahme Vertikallasten im Grundriss gleichmäßig
verteilt
c    =  15.11 m  Abstand Deckendrehpunkt -
Grundrissmittelpunkt
ip    =  13.23 m  Trägheitsradius Grundriss
Aussteifungungskriterium Verdrehung:  4.69 > erf. 1.67
```

(2) Zum Vergleich der Auswirkungen auf den Aussteifungsnachweis hier die Ergebnisse mit [95], wenn der Kern als geschlossener Querschnitt mit hoher eigener Torsionssteifigkeit und der geringeren Ersatzwanddicke (Achse 3) angenommen wird:

[95] Friedrich + Lochner GmbH: WINDLASTEN WL 02/2005 Win XP

Die Ergebnisse zeigen, dass in Bezug auf die Aussteifungskriterien die ingenieurmäßigen Vereinfachungen bei der Ermittlung der Querschnittswerte des durch Türöffnungen gestörten Kernquerschnitts ausreichend sicher im Bereich zwischen offenem Querschnitt und geschlossenem Querschnitt liegen.
Im Einzelfall ist zu prüfen, ob die hohe Torsionssteifigkeit eines geschlossen angenommenen Querschnitts tatsächlich durch Türöffnungen nur geringfügig gestört wird (ausreichend steife Riegel müssen vorhanden sein).
Im Beispiel liegt die Annahme der praktisch vernachlässigbaren Torsionssteifigkeit eines offenen Querschnitts auf der sicheren Seite.

```
NACHWEIS DER UNVERSCHIEBLICHKEIT
nach DIN 1045-1 8.6.2 (5)
-----------------------------------------------------
FEd =      57900.00 kN       Htot = 22.50 m
Hauptachsenwinkel für Gesamtstab: φ =  0.00 Grad

Alle Steifigkeiten im Zustand I
in den Hauptachsen  x' und y'
ΣEIy'=   1.097e+009 kNm2
Aussteifungunskriterium Verschiebung in X-Richt.
                                   6.11 > erf. 1.67
ΣEIx'=   1.552e+009 kNm2
Aussteifungunskriterium Verschiebung in Y-Richt.
                                   7.28 > erf. 1.67
```

```
ΣEIw =    1.794e+011 kNm4    ΣGIt =    6.890e+008 kNm2
Annahme Vertikallasten im Grundriss gleichmäßig
verteilt
c    =  10.11 m  Abstand Deckendrehpunkt -
Grundrissmittelpunkt
ip   =  13.23 m  Trägheitsradius Grundriss
Aussteifungunskriterium Verdrehung:  7.57 > erf. 1.67
```

Qualitativer Vergleich der Lage des Schubmittelpunktes MD des Gesamtstabes

(1) offener Kernquerschnitt

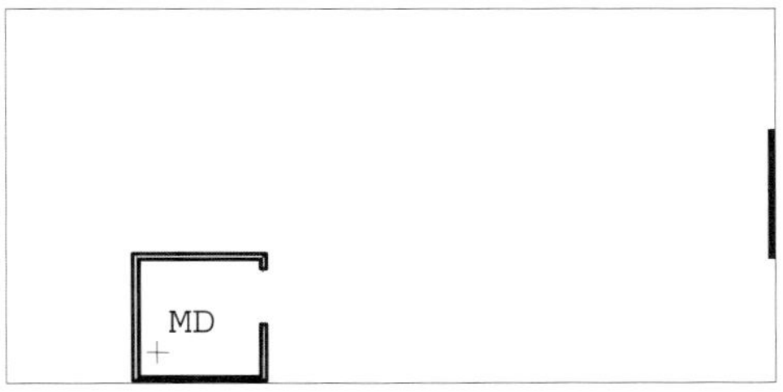

(2) geschlossener Kernquerschnitt

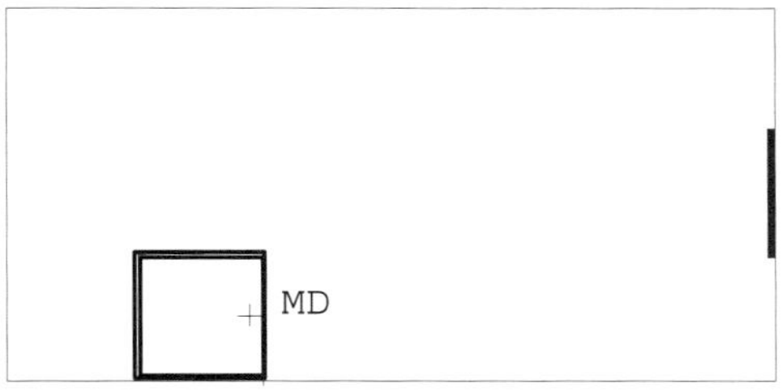

3.4 Kontrolle der Betonspannungen

Voraussetzung für die Verwendung der Aussteifungskriterien ist, dass in den aussteifenden Bauteilen die Betonzugspannung unter der maßgebenden Einwirkungskombination den Mittelwert f_{ctm} nicht übersteigt (Annahme für Zustand I). Als maßgebende Einwirkungskombination wird ein Gebrauchslastniveau mit den ständigen Vertikallasten angenommen. Für die charakteristischen Werte der Horizontallasten werden die aufgeteilten Bemessungswerte der H-Kräfte (inklusive der Schiefstellungskräfte, siehe Abschnitt 4) vereinfacht durch $\gamma_F = 1{,}50$ geteilt.

Die Berechtigung der Steifigkeitsannahme (Zustand I) für die vertikalen aussteifenden Bauteile wird nachfolgend überprüft.

Kern 1

Wind auf Längsseite

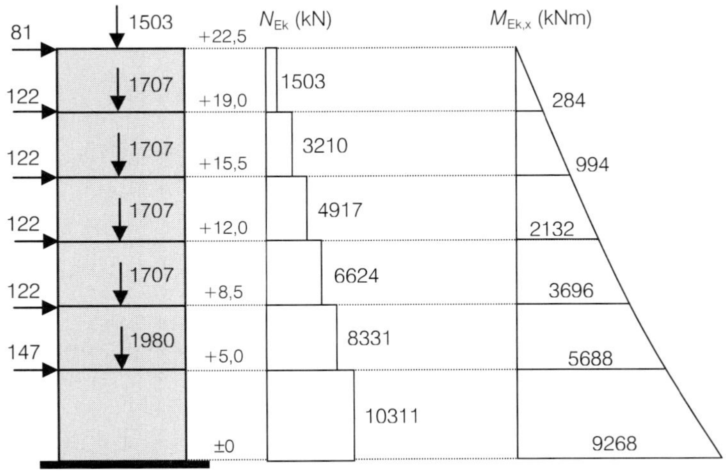

DIN 1045-1, 8.6.2: (5) *Sofern keine genaueren Nachweise geführt werden, dürfen Tragwerke, die durch lotrechte Bauteile wie z. B. massive Wandscheiben oder Bauwerkskerne ausgesteift sind, als unverschieblich im Sinne von Absatz (1) angesehen werden, wenn die Gleichungen 25 und 26 („Aussteifungskriterien") erfüllt sind. In den aussteifenden Bauteilen sollte die Betonzugspannung unter der maßgebenden Einwirkungskombination den Wert f_{ctm} nach* Tab. 9 *...nicht überschreiten.*

Als maßgebende Einwirkungskombination für die Betonzugspannung können bei maximalem Moment aus Wind nur die quasi-ständigen Vertikallasten zugeordnet werden. Diese Vertikallasten brauchen dann auch nur den dazugehörigen Schiefstellungskräften zugrunde gelegt werden.

Im Beispiel werden vereinfacht nur die Eigenlasten ohne quasi-ständigen Lastanteil der Nutzlasten für die Vertikallasten zugrunde gelegt. Die Schiefstellungskräfte werden aus der Berechnung mit der Volllast übernommen.

Charakteristische Werte der Vertikallasten:
$V_{Ek} = G_{Ek}$ (Tab. 2.1.1-1)

Charakteristische Werte der Horizontallasten:
$H_{Ek} = H_{Ed} / 1{,}50$ (Tab. 4.3 / 1,50)

→ Hinweis: Tabellenkalkulation, Nachkommastellen nicht dargestellt

$\sigma_c = -N_{Ek} / A_c \pm M_{Ek} \cdot y / I_{cx}$

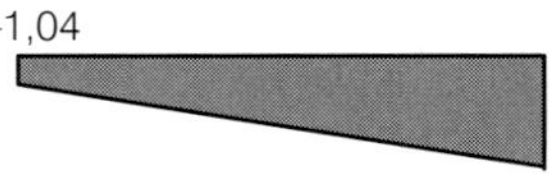

$A_{c,1}$ und $I_{cx,1}$ siehe 3.1

$$\max \sigma_c \approx -10{,}31 / 6{,}0 + 9{,}268 \cdot 3{,}50 / 47{,}7$$
$$= -1{,}72 + 0{,}68$$
$$= -1{,}04 \text{ MN/m}^2$$
$$< +2{,}9 \text{ MN/m}^2 = f_{ctm}$$

DIN 1045-1, 9.1.7, Tab. 9 für C30/37

Wand 2
Wind auf Längsseite

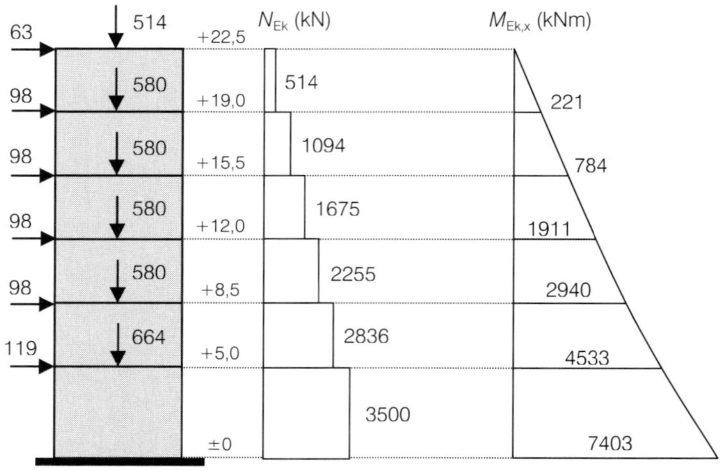

Charakteristische Werte der Vertikallasten:
$V_{Ek} = G_{Ek}$ (Tab. 2.1.1-1)

Charakteristische Werte der Horizontallasten:
$H_{Ek} = H_{Ed} / 1{,}50$ (Tab. 4.3 / 1,50)

$A_{c,2}$ und $I_{cx,2}$ siehe 3.1

→ Hinweis: Tabellenkalkulation, Nachkommastellen nicht dargestellt

$\sigma_c = -N_{Ek} / A_c \pm M_{Ek} \cdot y / I_{cx}$

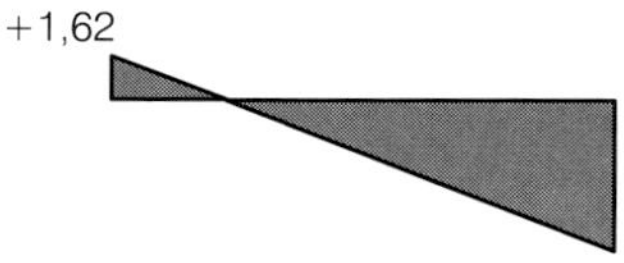

$$\max \sigma_c = -3{,}5 / 1{,}75 + 7{,}403 \cdot 3{,}50 / 7{,}15$$
$$= -2{,}0 + 3{,}62$$
$$= +1{,}62 \text{ MN/m}^2$$
$$< +2{,}9 \text{ MN/m}^2 = f_{ctm}$$

DIN 1045-1, 9.1.7, Tab. 9 für C30/37

4 Aufteilung der Horizontalkräfte auf die vertikalen Aussteifungselemente

4.1 Gesamtstab

Sind die Aussteifungselemente im Gebäudegrundriss unsymmetrisch angeordnet, müssen diese als räumliches Tragwerk behandelt werden, da sie unter Horizontalbelastung sowohl Verschiebungen als auch Verdrehungen erfahren.

[61] *König / Liphardt*: Hochhäuser aus Stahlbeton, BK 1990/II, S. 510

Unter der Voraussetzung, dass die Querschnittswerte der zu einem Gesamtstab zusammengefassten Aussteifungselemente über die Höhe konstant sind sowie ihre Deviationsmomente I_{xy}, die Torsionssteifigkeit GI_T sowie die Wölbsteifigkeit EC_M vernachlässigt werden können, vereinfachen sich die Formeln für die Lastaufteilung.

Diese Voraussetzungen werden für die beiden Aussteifungselemente als gegeben angenommen.

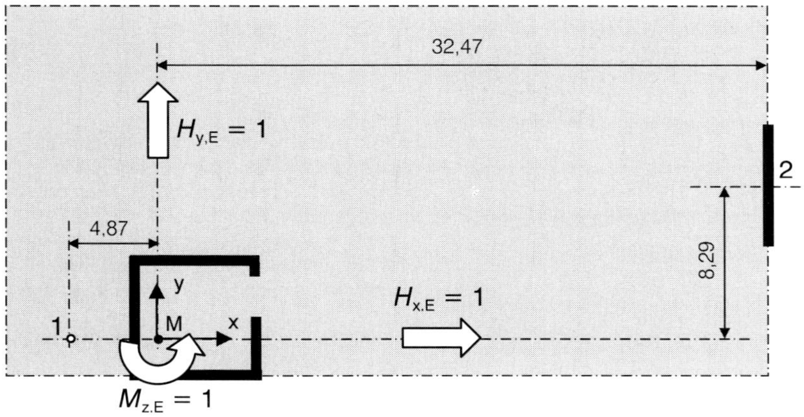

Schubmittelpunkt siehe 3.3.3

Die Lastaufteilung auf die aussteifenden Bauteile Kern 1 und Wand 2 wird zunächst für auf den Schubmittelpunkt M des Gesamtstabes bezogene Einheitslasten $H_{x,E}$, $H_{y,E}$ und $M_{z,E}$ vorgenommen.

→ Lastaufteilung für den Lastfall Biegung in x- **Richtung:**

$$H_{x,i} = H_{x,E} \cdot \frac{EI_{y,i}}{\sum EI_{y,i}}$$

[61] Gl. 5.23

$$H_{x,1} = H_{x,E} \cdot 41{,}7 / (41{,}7 + 0{,}01) = \mathbf{1{,}00 \cdot H_{x,E}}$$

$$H_{x,2} = H_{x,E} \cdot 0{,}01 / (41{,}7 + 0{,}01) = \mathbf{0 \cdot H_{x,E}}$$

Da die Biegesteifigkeit der Wand 2 um die y-Achse wesentlich geringer als die des Kerns 1 ist, nimmt die Wand praktisch keinen Lastanteil in x-Richtung auf.

→ Lastaufteilung für den Lastfall Biegung in y- **Richtung:**

$$H_{y,i} = H_{y,E} \cdot \frac{EI_{x,i}}{\sum EI_{x,i}}$$

[61] Gl. 5.24

$$H_{y,1} = H_{y,E} \cdot 47{,}7 / (47{,}7 + 7{,}15) = \mathbf{0{,}87 \cdot H_{y,E}}$$

$$H_{y,2} = H_{y,E} \cdot 7{,}15 / (47{,}7 + 7{,}15) = \mathbf{0{,}13 \cdot H_{y,E}}$$

→ Lastaufteilung für den Lastfall **Torsion:**

$$H_{x,i} = -M_{z,E} \cdot \frac{I_{y,i} \cdot y_i}{\sum (I_{x,i} \cdot x_i^2 + I_{y,i} \cdot y_i^2)}$$

[61] Gl. 5.25

$$H_{y,i} = M_{z,E} \cdot \frac{I_{x,i} \cdot x_i}{\sum (I_{x,i} \cdot x_i^2 + I_{y,i} \cdot y_i^2)}$$

[61] Gl. 5.25

$$\Sigma (I_{x,i} \cdot x_i^2 + I_{y,i} \cdot y_i^2) = [47{,}7 \cdot (-4{,}87)^2 + 7{,}15 \cdot 32{,}47^2 + 41{,}7 \cdot 0^2 + 0{,}01 \cdot 8{,}29^2 = 8670 + 0{,}69 = 8671\ \text{m}^6$$

$$H_{x,1} = -M_{z,E} \cdot 41{,}7 \cdot 0 / 8671 = \mathbf{0 \cdot M_{z,E}}$$

$$H_{x,2} = -M_{z,E} \cdot 0{,}01 \cdot 8{,}29 / 8671 = \mathbf{0 \cdot M_{z,E}}$$

$$H_{y,1} = M_{z,E} \cdot 47{,}7 \cdot (-4{,}87) / 8671 = \mathbf{-0{,}027 \cdot M_{z,E} / [m]}$$

$$H_{y,2} = M_{z,E} \cdot 7{,}15 \cdot 32{,}47 / 8671 = \mathbf{+0{,}027 \cdot M_{z,E} / [m]}$$

Der Anteil der Tragwiderstände gegen Torsion der aussteifenden Bauteile infolge Biegung um die y-Achse ist erwartungsgemäß vernachlässigbar klein, da der Schubmittelpunkt des Gesamtstabes und des Kerns 1 in y-Richtung praktisch zusammenliegen (ohne Hebelarm) und die Steifigkeit der Wand 2 um die schwache Achse sehr gering ist. Die Verdrehung der starren Deckenscheiben wird also durch die Reaktionskräfte der Aussteifungselemente in y-Richtung (Biegung um die x-Achse) allein aufgenommen. Beispielhaft sind hier die Gleichungen für die Kraftaufteilung auf alle Bauteile angegeben.

4.2 Ermittlung der Aussteifungskräfte in x-Richtung

→ horizontale Kräfte auf die Aussteifungselemente

Das Torsionsmoment der Deckenscheiben ergibt sich mit dem Hebelarm zwischen der Horizontalkraft und dem Schubmittelpunkt des Gesamtsystems.

Vereinfacht wird hier angenommen, dass die Ersatzhorizontalkräfte aus der Schiefstellung im Schubmittelpunkt des Gesamtstabes angreifen.

Die Resultierende der Schiefstellungskräfte greift tatsächlich in der Nähe des Schwerpunktes der rechteckigen Gebäudegrundfläche an. Wegen den gegenüber dem Wind wesentlich geringeren Kräften und Hebelarmen ist diese Vernachlässigung des Torsionsmomentes aus Schiefstellung hier vertretbar.

Für den Hebelarm der Windkräfte ist eine Ausmitte zur Schwerachse der vom Wind beaufschlagten Fläche mit der Breite b von $e = b / 10$ anzusetzen.

DIN 1055-4, 9.1: (4) Für die Gesamtwindkräfte nach Gl. 6....ist eine Ausmitte von $e_j = b_j / 10$... mit b_j – Breite des Baukörpers im Teilabschnitt j ...anzusetzen.

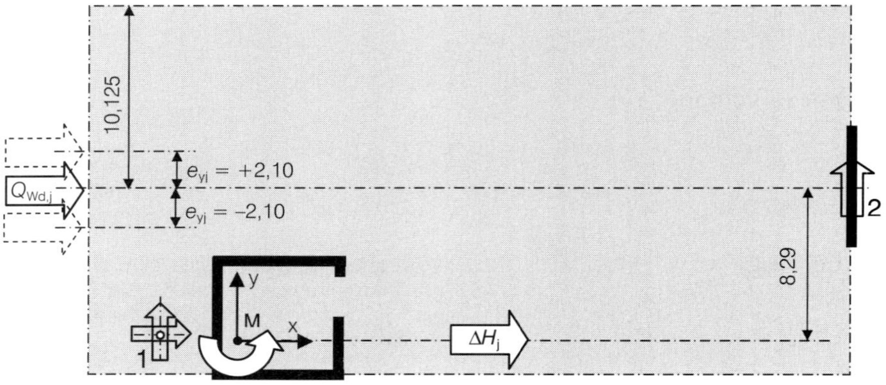

Breite der Querseitenfläche: b = 21,0 m
siehe 2.1.2

Ausmitte der Windlast:
$e_y = 21{,}0 / 10 = \pm\ 2{,}10$ m

Maximaler Hebelarm der Windlast:
max $y_W = 2{,}10 + 8{,}29 = 10{,}39$ m

Der minimale Hebelarm (und min M_z) ist hier nicht maßgebend, da sich die Lastanteile aus Biegung und Torsion für dieses System und aus Horizontalkräften in x-Richtung nicht überlagern.

Tab. 4.2: Aussteifungskräfte in x-Richtung, Bemessungswerte

		Wind auf Querseite + Schiefstellung in x-Richtung									
Bauteil	Decke	Horizontalkräfte			Hebelarm Q_{Wd}			Aufteilung $H_{x,i}$		Aufteilung $H_{y,i}$	
		Q_{Wd}	ΔH_j	$\Sigma H_{x,i}$	e_{yj}	max y_W	max $M_{z,W}$	$f(H_{x,E})$	$H_{x,i}$	$f(M_{z,E})$	$H_{y,i}$
i	j	kN	kN	kN	m	m	kNm		kN		kN
1	06	71,4	17,0	88,4	± 2,10	10,39	-742	1,00	**88,4**	-0,027	**20,0**
	02–05	111,1	21,4	132,6			-1155		**132,6**		**31,2**
	01	134,9	23,0	157,9			-1402		**157,9**		**37,9**
2	06	71,4	17,0	88,4	± 2,10	10,39	-742	0	**0**	0,027	**20,0**
	02–05	111,1	21,4	132,6			-1155				**31,2**
	01	134,9	23,0	157,9			-1402				**37,9**

4.3 Ermittlung der Aussteifungskräfte in y-Richtung

→ horizontale Kräfte auf die Aussteifungselemente

Für die Extremwertermittlung der Aussteifungskräfte ist je nach Vorzeichen ein minimales bzw. maximales Torsionsmoment aus Wind zu berücksichtigen.

DIN 1055-4, 9.1: (4) Für die Gesamtwindkräfte nach Gl. 6....ist eine Ausmitte von $e_j = b_j / 10$... mit b_j – Breite des Baukörpers im Teilabschnitt j ...anzusetzen.

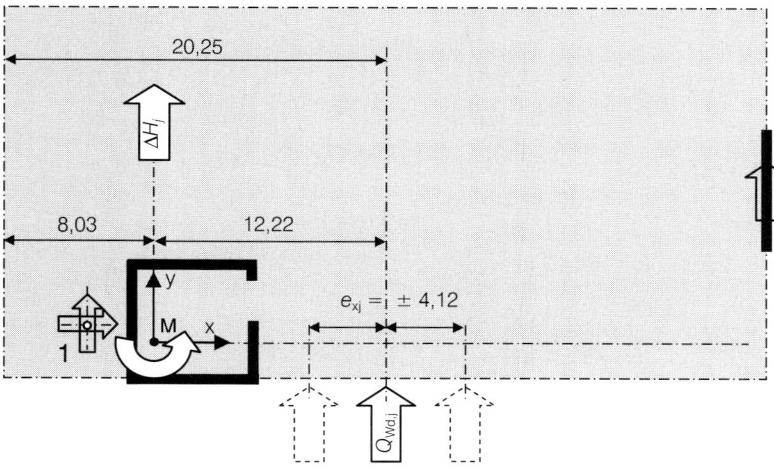

Breite der Längsseitenfläche: b = 41,2 m
siehe 2.1.2

Ausmitte der Windlast:
$e_x = 41{,}2 / 10 = \pm\ 4{,}12$ m

Extremaler Hebelarm der Windlast:
$\min x_W = 12{,}22 - 4{,}12 = 8{,}10$ m
$\max x_W = 12{,}22 + 4{,}12 = 16{,}34$ m

Tab. 4.3: Aussteifungskräfte in y-Richtung, Bemessungswerte

		Wind auf Längsseite + Schiefstellung in y-Richtung										
Bau-teil	Decke	Horizontalkräfte			Hebelarm Q_{Wd}			Torsionsmoment		Aufteilung $H_{y,i}$		
		Q_{Wd}	ΔH_j	$\Sigma H_{y,i}$	e_{xj}	min x_W	max x_W	min $M_{z,W}$	max $M_{z,W}$	$f(H_{y,E})$	$f(M_{z,E})$	$H_{y,i}$
i	j	kN	kN	kN	m	m	m	kNm	kNm			kN
1	06	162,7	17,0	179,7				1318				**120,7**
	02–05	253,1	21,4	274,5	± 4,12	8,10		2050		0,87	-0,027	**183,5**
	01	307,3	23,0	330,3				2489				**220,1**
2	06	162,7	17,0	179,7					2658			**95,1**
	02–05	253,1	21,4	274,5	± 4,12		16,34		4135	0,13	0,027	**147,3**
	01	307,3	23,0	330,3					5021			**178,5**

5 Bemessung in den Grenzzuständen der Tragfähigkeit

5.1 Aussteifende vertikale Bauteile

5.1.1 Ermittlung der Schnittkräfte

Schnittkräfte OK Bodenplatte:

Normalkräfte:

Kern 1: **min N_{Ed}** $= 1{,}0 \cdot G_{Ek}$ = **10311 kN**
max N_{Ed} $= G_{Ed} + Q_{Ed} = 13920 + 2229$ = **16149 kN**

Tab. 2.1.1-1
Tab. 2.2.1-1 und 2.2.1-3

Wand 2: **min N_{Ed}** $= 1{,}0 \cdot G_{Ek}$ = **3500 kN**
max N_{Ed} $= G_{Ed} + Q_{Ed} = 4724 + 630$ = **5354 kN**

Tab. 2.1.1-1
Tab. 2.2.1-1 und 2.2.1-3

Biegemomente und Querkräfte infolge Wind und Schiefstellung:

Tab. 5.1.1-1: *M* und *V* infolge Wind und Schiefstellung

Kern 1		*H* in x-Richtung				*H* in y-Richtung			
E	h_E	H_{xd}	H_{yd}	$H_{xd} \cdot h_E$	$-H_{yd} \cdot h_E$	H_{xd}	H_{yd}	$H_{xd} \cdot h_E$	$-H_{yd} \cdot h_E$
06	22,5	88,4	20,0	1990	-451	0	120,7	0	-2716
05	19,0	132,6	31,2	2519	-592	0	183,5	0	-3486
04	15,5	132,6	31,2	2055	-483	0	183,5	0	-2844
03	12,0	132,6	31,2	1591	-374	0	183,5	0	-2202
02	8,5	132,6	31,2	1127	-265	0	183,5	0	-1560
01	5,0	157,9	37,9	790	-189	0	220,1	0	-1101
$V_{Ed,x} =$		777				0			
$V_{Ed,y} =$			183				1075		
$M_{Ed,y} =$				10070				0	
$M_{Ed,x} =$					-2355				-13908

Wand 2		*H* in x-Richtung				*H* in y-Richtung			
E	h_E	H_{xd}	H_{yd}	$H_{xd} \cdot h_E$	$-H_{yd} \cdot h_E$	H_{xd}	H_{yd}	$H_{xd} \cdot h_E$	$-H_{yd} \cdot h_E$
06	22,5	0	-20,0	0	451	0	95,1	0	-2140
05	19,0	0	-31,2	0	592	0	147,3	0	-2799
04	15,5	0	-31,2	0	483	0	147,3	0	-2284
03	12,0	0	-31,2	0	374	0	147,3	0	-1768
02	8,5	0	-31,2	0	265	0	147,3	0	-1252
01	5,0	0	-37,9	0	189	0	147,3	0	-737
$V_{Ed,x} =$		0				0			
$V_{Ed,y} =$			-183				832		
$M_{Ed,y} =$				0				0	
$M_{Ed,x} =$					2355				-10981

Vorzeichen:
Horizontallasten in x-Richtung erzeugen bauteilbezogen positive Biegemomente um die y-Achse.
Horizontallasten in y-Richtung erzeugen bauteilbezogen negative Biegemomente um die x-Achse.

H_{xd} und H_{yd} siehe Tabellen 4.2 und 4.3

Die Bemessung der Wand 2 kann als üblicher Rechteckquerschnitt mit den Schnittgrößen als eingespannter Kragträger erfolgen. Darauf wird im Folgenden nicht weiter eingegangen.

Die Spannungsermittlung infolge der äußeren Lasten erfolgt hier exemplarisch nur für den Kern 1 mit dem Ziel, die Schnittkräfte auf die einzelnen Wandscheiben aufzuteilen und diese dann einzeln zu bemessen.

Annahmen siehe 3.1:
$A_c = 6{,}0$ m²
$I_x \approx 47{,}7$ m⁴
$I_y \approx 41{,}7$ m⁴
$I_{xy} \approx 0$ m⁴

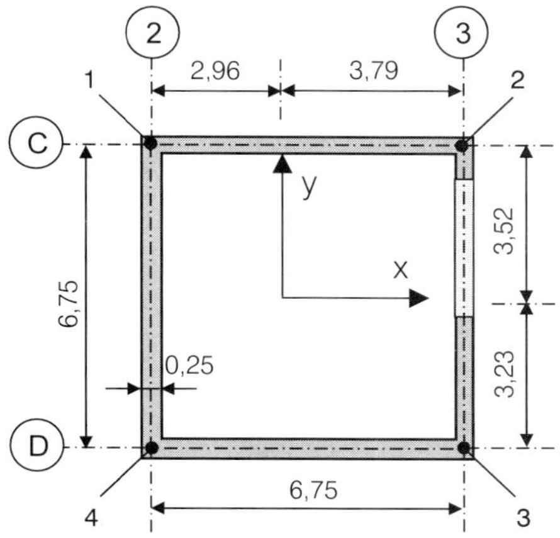

Zuerst werden die Normalspannungen exemplarisch am Kernfuß in den vier Eckpunkten der Wandmittellinien ermittelt. Es werden die Steifigkeitsannahmen aus der Ermittlung der Aussteifungskriterien nach Abschnitt 3 übernommen.

Die Torsionssteifigkeit des Kerns spielt bei der Gebäudeaussteifung eine untergeordnete Rolle, die Torsionsschubspannungen können daher vernachlässigt werden.

$$\sigma_i = \frac{N_{Ed}}{A_c} \pm \frac{M_{Ed,x}}{I_x} \cdot y_i \pm \frac{M_{Ed,y}}{I_y} \cdot x_i$$

Tab. 5.1.1-2: Eckspannungen Fußpunkt Kern

	MN	MNm	MNm	Eckpunkte			(MN/m²)
LF	N_{Ed}	$M_{Ed,x}$	$M_{Ed,y}$	σ_1	σ_2	σ_3	σ_4
1 min $N + H_x$	-10,311	-2,355	10,070	-1,18	-2,81	-2,27	-0,64
2 min $N - H_x$	-10,311	2,355	-10,070	-2,26	-0,63	-1,16	-2,79
3 min $N + H_y$	-10,311	-13,908	0	-2,74	-2,74	-0,78	-0,78
4 min $N - H_y$	-10,311	13,908	0	-0,69	-0,69	-2,66	-2,66
5 max $N + H_x$	-16,149	-2,355	10,070	-2,15	-3,78	-3,25	-1,62
6 max $N - H_x$	-16,149	2,355	-10,070	-3,23	-1,60	-2,14	-3,77
7 max $N + H_y$	-16,149	-13,908	0	-3,72	-3,72	-1,75	-1,75
8 max $N - H_y$	-16,149	13,908	0	-1,67	-1,67	-3,63	-3,63

$x_1 = 2{,}96$ m $y_1 = 3{,}52$ m
$x_2 = 3{,}79$ m $y_2 = 3{,}52$ m
$x_3 = 3{,}79$ m $y_3 = 3{,}23$ m
$x_4 = 2{,}96$ m $y_3 = 3{,}23$ m

Die Kategorien min und max der Normaldruckkräfte sind auf die Absolutwerte bezogen.

Für die weitere Bemessung werden exemplarisch die Wände in den Achsen 2, 3 (mit max M_{Ed}) und D (mit max N_{Ed}) in den Lastfällen $+H_y$ mit min und max N (LF 3 + LF 7) betrachtet.

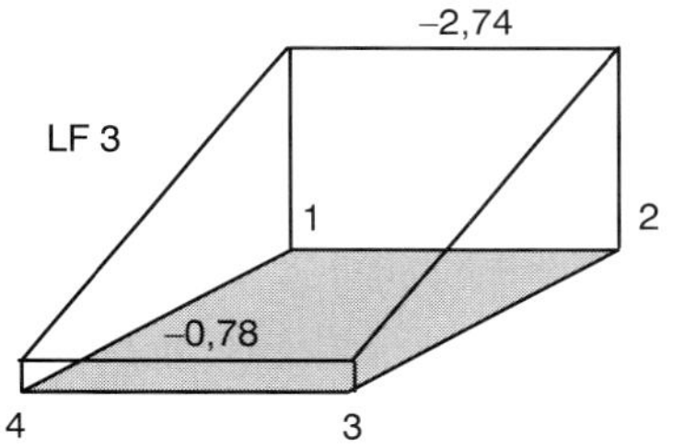

Schnittgrößen der Einzelwände als maximale Linienlasten und als Gesamtkräfte auf den Rechteckquerschnitt $b / h = 0{,}25 / 6{,}75$ m (einachsige Biegung mit Längskraft):

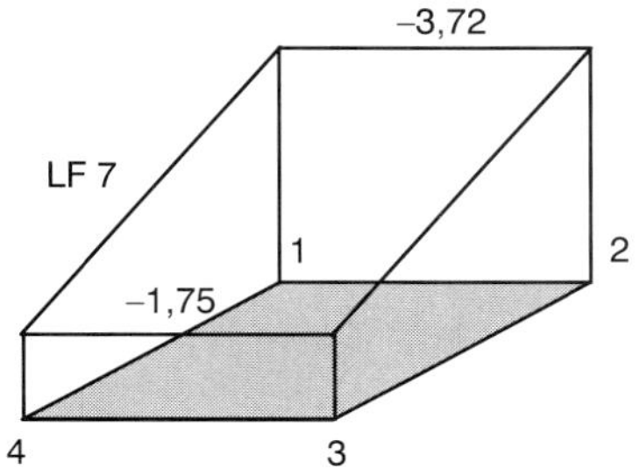

Wand D: max $n_{Ed} \leq$ min $\sigma_{3,4} \cdot h_{c,D} = -3{,}72 \cdot 0{,}25 =$ **0,930 MN/m**

$N_{Ed} = 0{,}5 \cdot (\sigma_3 + \sigma_4) \cdot A_{c,D}$
max $N_{Ed} = -3{,}72 \cdot 0{,}25 \cdot 6{,}75$ (LF 7)
$=$ **–6,28 MN**

Wand 2+3: max $n_{Ed} \leq$ min $\sigma_{1,4} \cdot h_{c,D} = -3{,}72 \cdot 0{,}25 =$ **0,930 MN/m**

$N_{Ed} = 0{,}5 \cdot (\sigma_1 + \sigma_4) \cdot A_{c,2,3}$
min $N_{Ed} = 0{,}5 \cdot (-0{,}69 - 2{,}66) \cdot 0{,}25 \cdot 6{,}75$ (LF 4)
$=$ **–2,83 MN**
max $N_{Ed} = 0{,}5 \cdot (-1{,}75 - 3{,}72) \cdot 0{,}25 \cdot 6{,}75$ (LF 7)
$=$ **–4,62 MN**

$M_{Ed} = 0{,}5 \cdot (\sigma_1 - \sigma_4) \cdot W_{c,2,3}$
max $M_{Ed} = 0{,}5 \cdot (-1{,}75 + 3{,}72) \cdot 0{,}25 \cdot 6{,}75^2 / 6$ (LF 7)
$=$ **±1,87 MNm**

5.1.2 Bemessungswerte der Baustoffe

Teilsicherheitsbeiwerte in den Grenzzuständen der Tragfähigkeit:

- Beton < C55/67 $\gamma_c = 1{,}50$
- Betonstahl $\gamma_s = 1{,}15$

DIN 1045-1, 5.3.3: Tab. 2: Teilsicherheitsbeiwerte für die Bestimmung des Tragwiderstands ständige und vorübergehende Bemessungssituation (Normalfall)

Beton C30/37: $f_{cd} = 0{,}85 \cdot 30 / 1{,}50$ = **17,0 N/mm²**

Betonstahlmatten BSt 500 M (A)
und Betonstahl BSt 500 S (A): $f_{yd} = 500 / 1{,}15$ = **435 N/mm²**

DIN 1045-1, 9.1.6: (2) Abminderung mit $\alpha = 0{,}85$ berücksichtigt Langzeitwirkung

DIN 1045-1, Tab. 11: Eigenschaften der Betonstähle

5.1.3 Mindestbewehrung Stahlbetonwände

DIN 1045-1, 13.7.1

Vorausgesetzt für die Regelbemessung werden bewehrte Querschnitte der aussteifenden Bauteile.

Alternativ: Bemessung unbewehrter Wände nach DIN 1045-1, 13.7.4 und ggf. als schlanke Druckglieder nach DIN 1045-1, 8.6.7

Grundsätzlich sollen in diesem Beispiel Kern 1 und Wand 2 aus konstruktiven Gründen mindestbewehrt sein, um nichtberücksichtigte Beanspruchungen aus den Vereinfachungen bei den Querschnittsannahmen und bei der Schnittkraftermittlung abzudecken und die Lastweiterleitung der eingetragenen Deckenscheibenlasten zu erleichtern.

Auf die Kernwand mit Türöffnungen und die Deckenanschlüsse wird gesondert eingegangen.

Geringe Normalkraftauslastung am Wandfuß:

$|N_{Ed}| / (A_c \cdot f_{cd}) = 0{,}930 / (0{,}25 \cdot 17{,}0) = 0{,}22 < 0{,}3$

DIN 1045-1, 13.7.1: (3) Die Querschnittsfläche der lotrechten Bewehrung muss mindestens $0{,}0015\,A_c$, bei schlanken Wänden nach 8.6.3 oder solchen mit $|N_{Ed}| \geq 0{,}3\,f_{cd} \cdot A_c$ mindestens $0{,}003\,A_c$ betragen und darf den Wert $0{,}04\,A_c$ nicht übersteigen.
Im Allgemeinen sollte die Hälfte dieser Bewehrung an jeder Außenseite liegen.

Mindestlängsbewehrung Wand:

$\min a_{s,l} = 0{,}0015 \cdot 25 \cdot 100$ = **3,75 cm²/m**

= **1,88 cm²/m je Wandseite**

Mindestquerbewehrung:

Da die Wände aussteifender Bauteile als Wandscheiben wirken, ist die Querbewehrung gegenüber einfach beanspruchten Wänden auf 50 % der lotrechten Bewehrung zu erhöhen.

$\min a_{s,q} = 0{,}50 \cdot 1{,}88$ = **0,94 cm²/m**

DIN 1045-1, 13.7.1: (5) Die Querschnittsfläche der Querbewehrung muss mindestens 20 % der Querschnittsfläche der lotrechten Bewehrung betragen.
Bei Wandscheiben, schlanken Wänden nach 8.6.3 oder solchen mit $|N_{Ed}| \geq 0{,}3\,f_{cd} \cdot A_c$ darf die Querschnittsfläche der Querbewehrung nicht kleiner als 50 % der Querschnittsfläche der lotrechten Bewehrung sein...

Gewählt:	**Betonstahl BSt 500 S (A) je Wandseite**		
lotrecht	**Ø 8 / 250**	= **2,01 cm²/m**	$> \min a_{s,l}$
waagerecht	**Ø 8 / 350**	= 1,43 cm²/m	$> \min a_{s,q}$

DIN 1045-1, 13.7.1: (6) Der Durchmesser der horizontalen Bewehrung muss mindestens ein Viertel des Durchmessers der lotrechten Stäbe betragen. → $d_{s,q} = 8\text{ mm} > 0{,}25\,d_{s,l}$

DIN 1045-1, 13.7.1: (7) maximaler Abstand bei waagerechten Stäben $s_q \leq 350$ mm

Abstand lotrechter Stäbe:
DIN 1045-1, 13.7.1: (8) $s_{l,max} \leq 300\text{ mm} \leq 2\,h$ mit h – Wanddicke, [29] → gilt für alle C

Die außenliegenden Mindestwandbewehrungen müssen nicht durch S-Haken verbunden werden, da der Durchmesser der Tragstäbe $d_{s,l} \leq 16$ mm und die Betondeckung c_v mindestens $2\,d_{s,l}$ beträgt.
In diesem Beispiel ist $c_v \geq c_{nom} = 20$ mm (für XC1) $\geq 2\,d_{s,l} = 2 \cdot 8$ mm.

DIN 1045-1, 13.7.1: (11)

Steckbügel an den freien Wandrändern im Bereich der Türöffnungen sind wegen vorh $A_s = 0{,}00075\,A_c < 0{,}003\,A_c$ je Wandseite nicht erforderlich.

DIN 1045-1, 13.7.1: (10)

5.1.4 Bemessung Kern, Wand Achse D

Im Regelfall sind die Wände des Kernes (Achsen 2, 3, C) in den Geschossdeckenebenen gegen Ausweichen gehalten.

Für die Außenwand D des Kernes wird angenommen, dass das innenliegende Podest und die Schachtwand keine aussteifende Wirkung haben. Die Wand ist aber durch die Bodenplatte, die Dachdecke und die seitlichen Kernwände vierseitig gehalten.

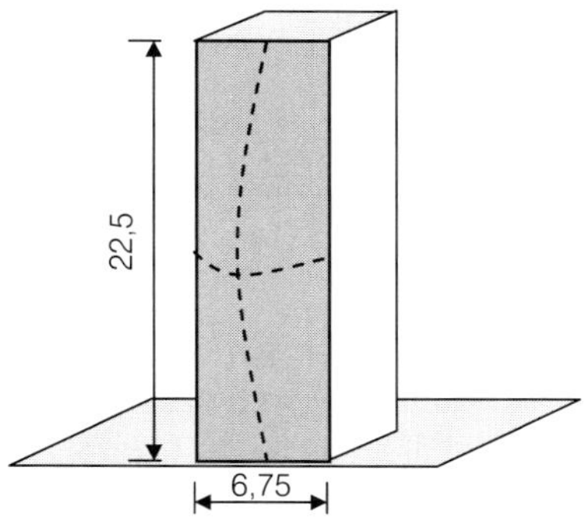

Die Plattenbiegemomente aus Wind senkrecht zur Wand werden wegen Geringfügigkeit konstruktiv durch die Wandquerbewehrung abgedeckt.

Für den Nachweis als Einzeldruckglied ist neben der Regelbemessung am Wandfuß zu untersuchen, ob Auswirkungen nach Theorie II. Ordnung in einem ausweichgefährdeten Wandbereich zu berücksichtigen sind.

Ersatzlänge: $l_0 = \beta \cdot l_{col}$

l_{col} = 22,5 m   Wandhöhe (Gebäudehöhe)

$\beta = b / (2 \cdot h_s)$ Ersatzlängenbeiwert für vierseitig gehaltene
$\beta = 6,75 / (2 \cdot 22,5)$ Wände mit h_s = 22,5 m > b = 6,75 m
$\beta = 0,15$

$l_0 = 0,15 \cdot 22,5 = $ **3,38 m**

Schlankheit: $\lambda = l_0 / i = 338 \cdot \sqrt{12} / 25 = $ **47**

Grenzwerte für Berechnung nach Theorie II. Ordnung (Stahlbeton):

Der Bereich der Ersatzlänge befindet sich ungefähr in halber Wandhöhe in der Ebene des Geschosses 03. Die maßgebende Normalkraft beträgt dort ca. 50 % des Wertes am Wandfuß.

ν_{Ed} = $N_{Ed} / (A_c \cdot f_{cd})$
ν_{Ed} = $-6,28 \cdot 0,50 / (6,75 \cdot 0,25 \cdot 17,0)$ = $-0,109$

Grenzwerte der Schlankheit für schlanke Einzeldruckglieder:

λ_{max} = $16 / |\nu_{Ed}|^{0,5}$ für $|\nu_{Ed}| < 0,41$
        = $16 / 0,109^{0,5}$
        = 48

Da λ = 47 < λ_{max} = 48 braucht die Wand nicht nach Theorie II. Ordnung bemessen zu werden!

Regelbemessung mittig gedrückter Querschnitt

N_{Rd} = $A_c \cdot f_{cd} + A_s \cdot f_{yd}$

n_{Rd} = $0,25 \cdot 17,0 + 3,75 \cdot 10^{-4} \cdot 435$
       = $4,25 + 0,16$

n_{Rd} = **4,41 MN/m**   > n_{Ed} = 0,930 MN/m

DIN 1045-1, 8.6.2: (4)
l_{col} Stützenlänge zwischen den idealisierten Einspannstellen
Index col = column (Stütze)

[220] DAfStb-Heft 220: Bemessung von Beton- und Stahlbetonbauteilen, 2. Auflage 1979
Kordina / Quast: Nachweis der Knicksicherheit, Abschn. 4.2.6, Gl. 47

i = Trägheitsradius des Querschnitts

DIN 1045-1, 8.6.3: (1) Bei Einzeldruckgliedern darf durch Vergleich der Schlankheit mit Grenzwerten entschieden werden, ob Auswirkungen nach Theorie II. Ordnung zu berücksichtigen sind (geometrische Nichtlinearität).

→ aus einer Nebenrechnung

DIN 1045-1, 8.6.3: Gl. 29
N_{Ed} aus LF 7, siehe 5.1.1

DIN 1045-1, 8.6.3: Gl. 28

Anderenfalls Nachweis mit dem Modellstützenverfahren nach DIN 1045-1, 8.6.5 in halber Wandhöhe (ca. mittleres Drittel der Ersatzlänge).

Der Bemessungswert der Fließgrenze des Betonstahles darf beim mittig gedrückten Querschnitt ausgenutzt werden:
DIN 1045-1, 10.2: (5) *Bei geringen Ausmitten bis $e_d / h \leq 0,1$ darf für Normalbeton die günstige Wirkung des Kriechens ... durch die Wahl von ε_{c2} = $-0,0022$ berücksichtigt werden.*
→ $f_{yd} = \varepsilon_{c2} \cdot E_s = 0,002175 \cdot 200.000 = 435$

auf lfdm-Wand bezogen

Das Ergebnis zeigt, dass die Wand auch unbewehrt nachzuweisen ist.

5.1.5 Bemessung Kern, Wand Achse 3

5.1.5.1 Wandriegel

Die Wand 2 ist geringer beansprucht als Wand D (geringere Geschosshöhe wegen der Deckenstützung und geringere Spannungen in den Lastfällen) und mit der Mindestbewehrung mit der Regelbemessung analog Wand D nachgewiesen.

Die Wand 3 ist wegen der großen Öffnungen gesondert zu behandeln. Die Schnittkräfte auf die ungestört angenommene Wandscheibe sind auf die Wandstiele und -riegel aufzuteilen.

Dies kann z. B. über Stabwerkmodelle erfolgen. Stabwerkmodellierung siehe [48] *Schlaich/Schäfer*: Konstruieren im Stahlbetonbau; BK 1998/II

Um die Hilfswerte der in [61] angegebenen Diagramme zu nutzen, wird aus dem für die Einzelwand ermittelten Biegemoment am Wandfuß eine zugehörige, gleichmäßig verteilte Horizontallast ermittelt, die der realen Beanspruchung – horizontale Einzellasten je Geschossdecke – näherungsweise entspricht.

Hier wird wieder die auf einem kontinuierlichen Ersatzsystem basierende Berechnungsmethode für regelmäßig gegliederte Scheiben wie im Abschnitt 3 angewendet. [61] *König / Liphardt*: Hochhäuser aus Stahlbeton, BK 1990/II, S. 495 ff

$$q_{Ed,h,eq} = 2 \cdot M_{Ed} / l_1^2 = 2 \cdot 1870 / 22{,}5^2 = 7{,}4 \text{ kN/m}$$

M_{Ed} aus 5.1.1

Riegelquerkräfte

Die maximale Querkraft für Riegel 3 max $V_{Ed,3}$ ergibt sich mit den Hilfswerten nach [61], Bild 5.8 a:

mit $\alpha \cdot \gamma = 7{,}13$ $\gamma^2 = 1{,}16$
$a_1 = 4{,}88$ m $a_2 = 3{,}75$ m

siehe Abschnitt 3.1

$\rightarrow \xi_{max} = 0{,}28 \quad \rightarrow x_{max} = \xi_{max} \cdot l_1 = 0{,}28 \cdot 22{,}5 = 6{,}3$ m

$\rightarrow \lambda_{max} = 0{,}62$

$$\rightarrow \max V_{Ed,3} = (q_{Ed} \cdot l_1 / \gamma^2) \cdot (a_2 / a_1) \cdot \lambda_{max} = (7{,}4 \cdot 22{,}5 / 1{,}16) \cdot (3{,}75 / 4{,}88) \cdot 0{,}62 = \mathbf{68{,}4 \text{ kN}}$$

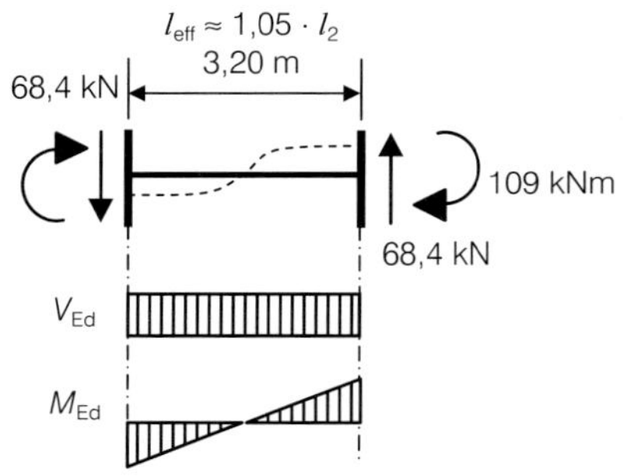

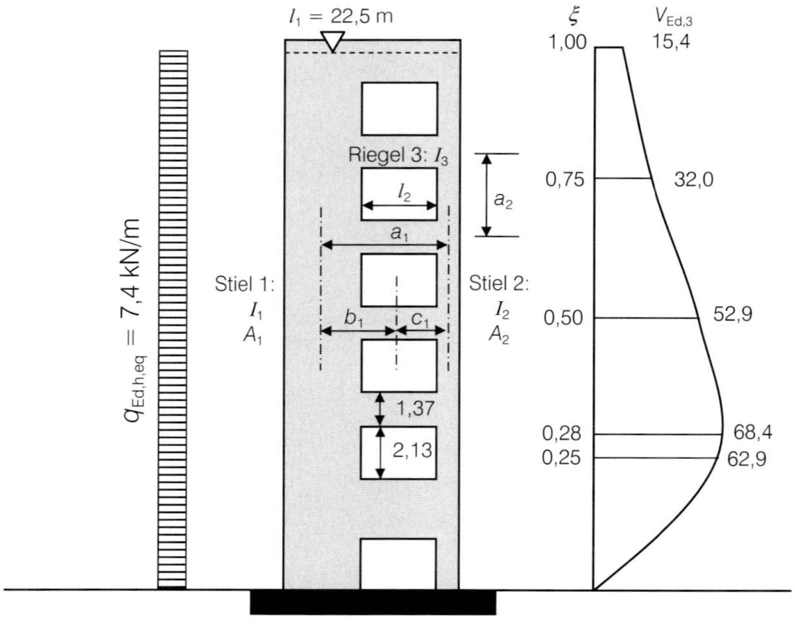

Querkraft für Riegel 3 $V_{Ed,3}$ in den Viertelspunkten nach [61], Bild 5.9 a:
$\xi = 0{,}25 \rightarrow \lambda = 0{,}57 \rightarrow V_{Ed,3} = 62{,}9$ kN
$\xi = 0{,}50 \rightarrow \lambda = 0{,}48 \rightarrow V_{Ed,3} = 52{,}9$ kN
$\xi = 0{,}75 \rightarrow \lambda = 0{,}29 \rightarrow V_{Ed,3} = 32{,}0$ kN
$\xi = 1{,}00 \rightarrow \lambda = 0{,}14 \rightarrow V_{Ed,3} = 15{,}4$ kN

Biegebemessung Wandriegel

Bemessungsquerschnitt: $b\ /\ h\ /\ d$ = **0,25 / 1,37 / 1,23 m**

Nutzhöhe: $d \approx 0{,}9 \cdot h = 0{,}9 \cdot 1{,}37 = 1{,}23$ m

Bemessung mit dimensionslosen Beiwerten:

[135] Band 1, Anhang A4:
Bemessungstabelle bis C50/60
Rechteckquerschnitt ohne Druckbewehrung
Biegung mit Längskraft
Längsdruckkraft im Riegel vernachlässigt

$$\mu_{Eds} = |M_{Eds}|\ /\ (b \cdot d^2 \cdot f_{cd})$$
$$= 109 \cdot 10^{-3}\ /\ (0{,}25 \cdot 1{,}23^2 \cdot 17{,}0) \qquad = 0{,}017$$

[135] Werte für $\mu_{Eds} = 0{,}02$ abgelesen:
$\omega = 0{,}0203$ $\quad \sigma_{sd} = 456{,}5\ \text{N/mm}^2$

$$\text{erf}\ A_s = \omega \cdot b \cdot d \cdot f_{cd}\ /\ \sigma_{sd}$$
$$= 0{,}0203 \cdot 25 \cdot 123 \cdot 17{,}0\ /\ 456{,}5 \qquad = 2{,}32\ \text{cm}^2$$

bezogene Werte:
ω = mechanischer Bewehrungsgrad

Mindestbewehrung zur Sicherstellung eines duktilen Bauteilverhaltens:

Vermeidung des Versagens ohne Vorankündigung

Rissmoment:
$$M_{cr} = f_{ctm} \cdot b \cdot h^2\ /\ 6 = 2{,}9 \cdot 10^3 \cdot 0{,}25 \cdot 1{,}37^2\ /\ 6 \qquad = 227\ \text{kNm}$$

$$\min A_s = M_{cr}\ /\ (f_{yk} \cdot z) = 0{,}227 \cdot 10^4\ /\ (500 \cdot 0{,}9 \cdot 1{,}23) \qquad = \mathbf{4{,}11\ cm^2} > \text{erf}\ A_s$$

DIN 1045-1, 13.1.1:
Mindestbewehrung und Höchstbewehrung
(1) Bemessung mit f_{ctm} und $\sigma_s = f_{yk}$
Hier: mit f_{ctm} für C30/37 = 2,9 N/mm²
$z = 0{,}9\ d$ angenommen.

Längsbewehrung oben und unten:
Gewählt: Betonstahl BSt 500 S (A)
6 ∅ 10 = **4,71 cm²** > 4,11 cm² = min A_s

3 Lagen verteilt auf jeweils $0{,}2\ h \approx 0{,}30$ m

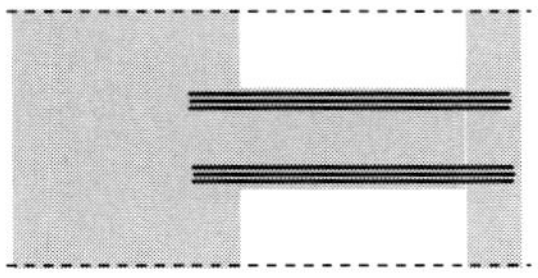

Querkraftbemessung Wandriegel

Mindestquerkraftbewehrung (Bügel 90°)

$$\min A_{sw} = \rho_w \cdot s_w \cdot b_w \cdot \sin\alpha$$
$$\min \rho_w = 1{,}0\ \rho = 0{,}093\ \%$$
$$\min A_{sw}\ /\ s_w = 0{,}093 \cdot 25 \qquad = \mathbf{2{,}33\ cm^2/m}$$

DIN 1045-1, 13.2.3: (4) Gl. 151, (5) allgemein
DIN 1045-1, 13.1, Tab. 29:
$\rho = 0{,}093$ % für $f_{ck} = 30$ N/mm²

Erforderliche Querkraftbewehrung

$$V_{Rd,sy} = f_{yd} \cdot z \cdot \cot\theta \cdot A_{sw}\ /\ s_w$$

DIN 1045-1, 10.3.4: (4) Gl. 75

Druckstrebenneigung: $\cot\theta = 1{,}2$

DIN 1045-1, 10.3.4: (5) vereinfachte Annahme für Biegung mit Längsdruckkraft

$$\text{erf}\ A_{sw}\ /\ s_w = V_{Ed}\ /\ (f_{yd} \cdot z \cdot \cot\theta)$$
$$= 0{,}0684 \cdot 10^4\ /\ (435 \cdot 0{,}9 \cdot 1{,}23 \cdot 1{,}2)$$
$$= \mathbf{1{,}18\ cm^2/m}$$
$$< \min A_{sw}\ /\ s_w = 2{,}33\ \text{cm}^2/\text{m}$$

DIN 1045-1, 10.3.4: Gl. 75 umgestellt

Querkraftbewehrung
Gewählt: Bügel 2-schnittig ∅ 8 / 300 mm
= **3,35 cm²/m** > 2,33 cm²/m = min a_{sw}

DIN 1045-1, 13.2.3, Tab. 31: größter Längsabstand von Bügelschenkeln 300 mm

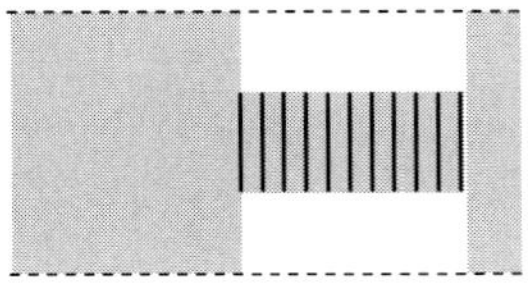

5.1.5.2 Wandstiele

a) Biegemomente und Normalkräfte in den Stielen

Das Einspannmoment des Gesamtstabes wird anteilig in Stielbiegemomente und -normalkräfte aufgeteilt:

Die maximalen Schnittkräfte am Wandfuß ergeben sich mit den Hilfswerten nach [61], Bild 5.10 a:

[61] *König / Liphardt*: Hochhäuser aus Stahlbeton, BK 1990/II, S. 495 ff

mit $\alpha \cdot \gamma = 7{,}13$
$\gamma^2 = 1{,}16$
$a_1 = 4{,}88$ m
$I_1 = 0{,}562$ m^4
$I_2 = 0{,}0084$ m^4
$M_0 = M_{Ed} = 1870$ kNm

siehe Abschnitt 3.1

$\rightarrow \xi = 0 \qquad \rightarrow \mu = 0{,}75$

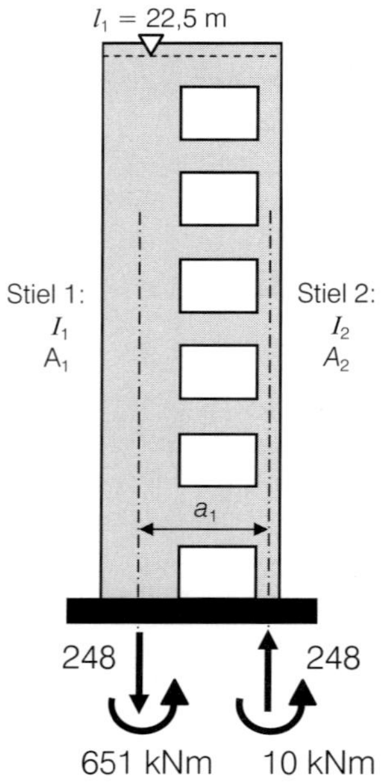

$$N_{E,1}(0) = N_{E,2}(0) = \pm (\mu / \gamma^2) \cdot M_{Ed} / a_1 = \pm (0{,}75 / 1{,}16) \cdot 1870 / 4{,}88 = \pm 248 \text{ kN}$$

$$M_E(0) = (1 - \mu / \gamma^2) \cdot M_{Ed} = (1 - 0{,}75 / 1{,}16) \cdot 1870 = 661 \text{ kNm}$$

$$M_{E,i}(0) = M_E(0) \cdot I_i / (I_1 + I_2)$$

$$M_{E,1}(0) = 661 \cdot 0{,}562 / 0{,}5704 = \mathbf{651\ kNm}$$

$$M_{E,2}(0) = 661 \cdot 0{,}0084 / 0{,}5704 = \mathbf{10\ kNm}$$

Zu den Normalkräften aus der Aufteilung des Biegemomentes kommen noch die Anteile aus den Vertikallasten:

$$N_{E,i} = N_{Ed} \cdot A_i / A_c$$

min $N_{E,1}$ = –2830 · 3,00 / 3,74 = –2270 kN
min $N_{E,2}$ = –2830 · 0,74 / 3,74 = –560 kN

min und max N_{Ed} siehe 5.1.1

max $N_{E,1}$ = –4620 · 3,00 / 3,74 = –3706 kN
max $N_{E,2}$ = –4620 · 0,74 / 3,74 = –914 kN

Schnittkraftkombinationen:

Stiel i	LK	min N_{Ed}	max N_{Ed}	$N_E(0)$	$\Sigma N_{Ed,i}$ kN	$M_{Ed,i}$ kNm
1	min $N + M$	–2270		+248	**–2022**	**651**
	max $N + M$		–3706	–248	**–3954**	**651**
2	min $N + M$	–560		+248	**–312**	**10**
	max $N + M$		–914	–248	**–1162**	**10**

Konstruktive Verankerung der (Druck-) Stiellängsbewehrung in der Bodenplatte!

b) Spannungsermittlung:

Stiel 1: $A_{c,1} = 0{,}25 \cdot 3{,}00 = 0{,}75\ \text{m}^2$
$W_{x,1} = 0{,}25 \cdot 3{,}00^2 / 6 = 0{,}375\ \text{m}^3$

min N_{Ed} + M_{Ed}
$\sigma_{c,1} = -2{,}022 / 0{,}75 \pm 0{,}651 / 0{,}375 = -2{,}70 \pm 1{,}74$
$\sigma_{c,1,max} = \mathbf{-0{,}96\ MN/m^2} < +2{,}9\ \text{MN/m}^2 = f_{ctm}$

maßgebend für Querkraftnachweis
Zustand I

max N_{Ed} + M_{Ed}
$\sigma_{c,1} = -3{,}954 / 0{,}75 \pm 0{,}651 / 0{,}375 = -5{,}27 \pm 1{,}74$
$\sigma_{c,1,min} = \mathbf{-7{,}01\ MN/m^2} < 17{,}0\ \text{MN/m}^2 = f_{cd}$

maßgebend für Nachweis als Druckglied:

Stiel 2: $A_{c,2} = 0{,}25 \cdot 0{,}74 = 0{,}185\ \text{m}^2$
$W_{x,2} = 0{,}25 \cdot 0{,}74^2 / 6 = 0{,}0223\ \text{m}^3$

min N_{Ed} + M_{Ed}
$\sigma_{c,2} = -0{,}312 / 0{,}185 \pm 0{,}010 / 0{,}0223 = -1{,}69 \pm 0{,}45$
$\sigma_{c,2,max} = \mathbf{-1{,}24\ MN/m^2} < +2{,}9\ \text{MN/m}^2 = f_{ctm}$

Zustand I

max N_{Ed} + M_{Ed}
$\sigma_{c,2} = -1{,}162 / 0{,}185 \pm 0{,}010 / 0{,}0223 = -6{,}28 \pm 0{,}45$
$\sigma_{c,2,min} = \mathbf{-6{,}73\ MN/m^2} < 17{,}0\ \text{MN/m}^2 = f_{cd}$

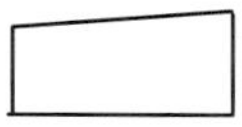

c) Bemessung Wandstiel 1

Aus der Beanspruchung für Biegung um die x-Achse können die Wandstiele als Druckglieder bemessen werden, die Mindestbewehrung aus dem Regelnachweis reicht aus.

siehe Abschnitt 5.1.4
Die Wandmindestbewehrung wird konstruktiv in der Bodenplatte verankert.

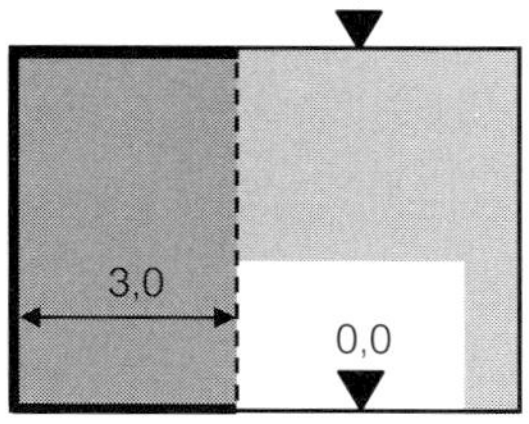

Für die Beanspruchung um die y-Achse ist zu untersuchen, ob ggf. die Zusatzverformungen aus Theorie II. Ordnung in der Bemessung zu berücksichtigen sind.

Betrachtet wird der Stiel 1 vereinfacht als dreiseitig gehaltene Wand.

Ersatzlänge: $l_0 = \beta \cdot l_{col}$

$l_{col} = 5{,}0$ m Wandhöhe (Geschosshöhe 01)

DIN 1045-1, 8.6.2: (4)
l_{col} Stützenlänge zwischen den idealisierten Einspannstellen
Index col = column (Stütze)

Ersatzlängenbeiwert für dreiseitig gehaltene Wand
$\beta = 1 / [1 + (h_s / 3b)^2] = 1 / [1 + (5{,}0 / 3 / 3{,}0)^2]$
$\beta = 0{,}76 > 0{,}3$

[220] DAfStb-Heft 220: Bemessung von Beton- und Stahlbetonbauteilen, 2. Auflage 1979
Kordina / Quast: Nachweis der Knicksicherheit, Abschn. 4.2.6, Gl. 45 mit $h_s = 5{,}0$ m und $b = 3{,}0$ m

$l_0 = 0{,}76 \cdot 5{,}0 = \mathbf{3{,}80\ m}$

Schlankheit: $\lambda = l_0 / i = 380 \cdot \sqrt{12} / 25 = \mathbf{53}$

i = Trägheitsradius des Querschnitts

Grenzwerte der Schlankheit für schlanke Einzeldruckglieder:

$\nu_{Ed} = N_{Ed} / (A_c \cdot f_{cd}) = -3{,}954 / (3{,}00 \cdot 0{,}25 \cdot 17{,}0) = -0{,}31$

DIN 1045-1, 8.6.3: Gl. 29

$\lambda_{max} = 16 / |\nu_{Ed}|^{0{,}5}$ für $|\nu_{Ed}| < 0{,}41$
$= 16 / 0{,}31^{0{,}5} = \mathbf{29}$

DIN 1045-1, 8.6.3: Gl. 28

Da $\lambda = 53 > \lambda_{max} = 29$ ist, muss die Wand nach Theorie II. Ordnung bemessen werden!

Unabhängig von der konstruktiv vorgesehenen Mindestbewehrung wird der Wandstiel wegen des einfacheren Nachweises als unbewehrtes Druckglied nachgewiesen.
Dies ist zulässig, da vorh $\lambda = 57 <$ zul $\lambda_{max} = 85$ für unbewehrte Wände ist.

DIN 1045-1, 8.6.7: (2) *Die Schlankheit am Einbauort betonierter unbewehrter Wände ... sollte i. Allg. den Wert $\lambda = 85$ nicht überschreiten.*

DIN 1045-1, 5.3.3: (8) Teilsicherheitsbeiwert für unbewehrten Beton $\gamma_c = 1{,}8$
DIN 1045-1, 9.1.6: (2) Abminderung mit $\alpha = 0{,}85$ berücksichtigt Langzeitwirkung.
DIN 1045-1, 10.2: (2) Bei unbewehrten Querschnitten rechnerisch max C35/45 zulässig!

Beton C30/37 < C35/45:
$f_{ck} = 30$ MN/m²
$f_{cd} = 0{,}85 \cdot 30 / 1{,}8 =$ **14,1 MN/m²**

Imperfektionen – ungewollte Lastausmitte für die Längskraft:

$e_a = \alpha_{a1} \cdot l_0 / 2$ mit

DIN 1045-1, 8.6.4: Gl. 33

$\alpha_{a1} = 1 / (100 \cdot \sqrt{l_{col}}) \leq 1/200$
$= 1 / (100 \cdot \sqrt{5{,}0})$
$= 1 / 224$

DIN 1045-1, 7.2: Gl. 4 mit $h_{01} = l_{col}$

$e_a = 3800 / (2 \cdot 224) =$ **8,5 mm**

$l_0 = 3{,}80$ m

Aufnehmbare Längsdruckkraft:

DIN 1045-1, 8.6.7: Gl. 44

$N_{Rd} = -(b \cdot h \cdot f_{cd} \cdot \varphi)$ mit

$\varphi = 1{,}14 \cdot (1 - 2\, e_{tot} / h) - 0{,}02\, l_0 / h \quad \leq 1 - 2\, e_{tot} / h \quad \geq 0$

Beiwert zur Berücksichtigung Theorie II. Ordnung

$e_{tot} = e_0 + e_a + e_\varphi$ Gesamtausmitte
$e_{tot} = 0 + 8{,}5 + 0 = 8{,}5$ mm

DIN 1045-1, 8.6.7: Gl. 45
$e_0 = 0$ Lastausmitte Theorie I. Ordnung
$e_a =$ ungewollte zusätzliche Ausmitte
e_a darf auch zu $0{,}5\, l_0 / 200 = 1900 / 200 = 9{,}5$ mm angenommen werden.
$e_\varphi =$ Ausmitte infolge Kriechens, darf i. Allg. vernachlässigt werden.

$\varphi = 1{,}14 \cdot (1 - 2 \cdot 8{,}5 / 250) - 0{,}02 \cdot 3800 / 250$
$\varphi =$ **0,76**
$< 1 - 2 \cdot 8{,}5 / 250 = 0{,}93$

$n_{Rd} = -(0{,}25 \cdot 14{,}1 \cdot 0{,}76) = -2{,}68$ MN/m

Die Wanddruckkraft ist am Rand der Türöffnung nicht größer als die maximale Randspannung bezogen auf die Querschnittsdicke:

Die Annahme der Randspannung für die linienförmige Wandlängskraft liegt auf der sicheren Seite.

$n_{Ed} < -7{,}01 \cdot 0{,}25 = -1{,}75$ MN/m

$\sigma_{c,1,min} = -7{,}01$ MN/m²

Nachweis erfüllt:

$n_{Ed} = |-1{,}75$ MN/m $| < n_{Rd} = |-2{,}68$ MN/m$|$

d) Querkraftbemessung Wandstiel 1

Nachweis der aufnehmbaren Querkraft im auflagernahen Bereich:

$$V_{Rd,ct} = \frac{I \cdot b_w}{S} \cdot \sqrt{\left(\frac{f_{ctk;0,05}}{\gamma_c}\right)^2 - \alpha_l \cdot \sigma_{cd} \cdot \frac{f_{ctk;0,05}}{\gamma_c}}$$

DIN 1045-1, 10.3.3: (2) *Wenn nachgewiesen wird, dass die Betonzugspannungen im Grenzzustand der Tragfähigkeit stets kleiner sind als $f_{ctk;0,05} / \gamma_c$ ... darf die Quertragfähigkeit mit Gl. 72 berechnet werden.*
→ *jedoch mit* $f_{ctk;0,05} \leq 2{,}7$ MN/m²

Dies entspricht dem Nachweis der schrägen Hauptzugspannungen.

Querschnitt Zustand I: $b / h = 0{,}25 / 3{,}00$ m

$I = 0{,}25 \cdot 3{,}00^3 / 12 = 0{,}562$ m^4

$S = 0{,}25 \cdot 3{,}00^2 / 8 = 0{,}281$ m^3

$\alpha_l = 1{,}0$

$\sigma_{cd} = N_{Ed} / A_c = -2{,}022 / 0{,}75 = -2{,}70$ MN/m^2

$\alpha_l = 1{,}0$ unbewehrter Querschnitt

σ_{cd} – Bemessungswert der Betonlängsspannung im Querschnittsschwerpunkt

Anrechenbare Zugfestigkeit des unbewehrten Betons:

$f_{ctk;0,05} / \gamma_c = 2{,}0 / 1{,}8 = 1{,}11$ MN/m^2

DIN 1045-1, Tab. 9:
$f_{ctk;0,05} = 2{,}0$ MN/m^2 C30/37
DIN 1045-1, 5.3.3: (8)
$\gamma_c = 1{,}8$ für unbewehrten Beton

$$V_{Rd,ct} = \frac{0{,}562 \cdot 0{,}25}{0{,}281} \cdot \sqrt{(1{,}11)^2 + 1{,}0 \cdot 2{,}70 \cdot 1{,}11}$$

DIN 1045-1, 10.3.3, Gl. 72

$V_{Rd,ct} = 1{,}03$ MN

Aufteilung von V_{Ed} auf die Wandstiele 1 und 2 nach den Flächen:

Tab. 5.1.1-1

Für Wand Achse 3: $V_{Ed} = 1075 / 2 = 538$ kN

$V_{Ed,i} = V_{Ed} \cdot A_i / (A_1 + A_2)$

$V_{Ed,1} = 538 \cdot 3{,}00 / 3{,}74 = 432$ kN

$V_{Ed,2} = 538 \cdot 0{,}74 / 3{,}74 = 106$ kN

Wanddicke $h = 0{,}25$ m gekürzt

Nachweis als unbewehrter Querschnitt:

$V_{Ed,1} = 432$ kN $< V_{Rd,ct} = 1030$ kN

e) Querkraftbemessung Wandstiel 2

Exemplarisch wird bei Wandstiel 2 zunächst der Nachweis der schrägen Hauptzugspannungen gegen $f_{ctk;0,05} / \gamma_c$ vorgenommen.

$A_c = 0{,}25 \cdot 0{,}74 = 0{,}185$ m^2

Der Nachweis der schrägen Hauptzugspannungen entspricht DIN 1045-1, Gl. 72.

$\tau = 1{,}5\, V_{Ed} / A_c = 1{,}5 \cdot 0{,}106 / 0{,}185 = 0{,}86$ MN/m^2

$V_{Ed,2} = 538 \cdot 0{,}74 / 3{,}74 = 106$ kN

$\sigma_{cd} = N_{Ed} / A_c = -0{,}312 / 0{,}185 = -1{,}69$ MN/m^2

$$\sigma_1 = \frac{\sigma_{cd}}{2} + \frac{1}{2}\sqrt{\sigma_{cd}^2 + 4 \cdot \tau^2} = \frac{-1{,}69}{2} + \frac{1}{2}\sqrt{1{,}69^2 + 4 \cdot 0{,}86^2}$$

$\sigma_1 = +0{,}36$ MN/m^2
$< 1{,}11$ MN/m^2 $= f_{ctk;0,05}$ $/ \gamma_c = 2{,}0 / 1{,}8$

DIN 1045-1, Tab. 9: C30/37
$f_{ctk;0,05} = 2{,}0$ MN/m^2 $< 2{,}7$ MN/m^2
DIN 1045-1, 5.3.3: (8)
$\gamma_c = 1{,}8$ für unbewehrten Beton

Die Querkraft im Wandstiel 2 könnte also ohne Querkraftbewehrung aufgenommen werden.

Wegen des Balkenquerschnitts $h / b \leq 4$ und aus konstruktiven Gründen wird Querkraftbewehrung vorgesehen.

DIN 1045-1, 3.1.23

Bemessungsquerschnitt: $b / h / d = 0{,}25 / 0{,}74 / 0{,}67$ m

$d \approx 0{,}9 \cdot h$

Mindestquerkraftbewehrung (Bügel 90°)

$\min A_{sw} = \rho_w \cdot s_w \cdot b_w \cdot \sin \alpha$

$\min \rho_w = 1{,}0\, \rho = 0{,}093$ %

$\min A_{sw} / s_w = 0{,}093 \cdot 25 =$ **2,33 cm^2/m**

DIN 1045-1, 13.2.3: (4) Gl. 151, (5) allgemein
DIN 1045-1, 13.1, Tab. 29:
$\rho = 0{,}093$ % für $f_{ck} = 30$ N/mm^2

Erforderliche Querkraftbewehrung

$V_{Rd,sy} = f_{yd} \cdot z \cdot \cot \theta \cdot A_{sw} / s_w$

DIN 1045-1, 10.3.4: (4) Gl. 75

Druckstrebenneigung: $\cot \theta = 1{,}2$

DIN 1045-1, 10.3.4: (5) vereinfachte Annahme für Biegung mit Längsdruckkraft

$$\begin{aligned} \text{erf } A_{sw} / s_w &= V_{Ed} / (f_{yd} \cdot z \cdot \cot \theta) \\ &= 0{,}106 \cdot 10^4 / (435 \cdot 0{,}9 \cdot 0{,}67 \cdot 1{,}2) \\ &= \mathbf{3{,}37\ cm^2/m} \\ &> \min A_{sw} / s_w = 2{,}33\ \text{cm}^2/\text{m} \end{aligned}$$

DIN 1045-1, 10.3.4: Gl. 75 umgestellt

Querkraftbewehrung
Gewählt: Bügel 2-schnittig ∅ 10 / 300 mm
$= \mathbf{5{,}24\ cm^2/m} \quad > \text{erf } a_{sw}$

DIN 1045-1, 13.2.3, Tab. 31: größter Längsabstand von Bügelschenkeln 300 mm

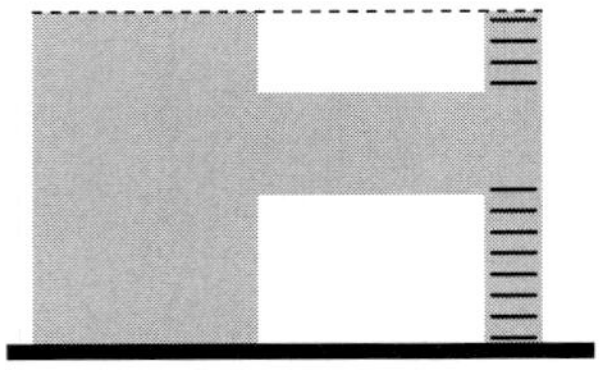

5.2 Aussteifende horizontale Bauteile

5.2.1 Einwirkungen und statisches System

Die Geschossdecken müssen die Horizontalkräfte aus Wind, Schiefstellung und ggf. Temperatur zu den vertikalen aussteifenden Wandbauteilen weiterleiten.

Die vorgesehenen Fertigteildecken werden für die Scheibentragwirkung durch Ringanker umschlossen und mit Zugankern in den Fugen der Fertigteile bewehrt. Die Schubkräfte infolge der schrägen Druckdiagonalen werden über vergossene Fertigteilfugen übertragen.

Als Bemessungsmodell wird jeweils ein theoretisch mögliches Fachwerk gewählt.

DIN 1045-1, 13.4.4: Scheibenwirkung
(1) Eine aus Fertigteilen zusammengesetzte Decke gilt als tragfähige Scheibe, wenn sie im endgültigen Zustand eine zusammenhängende, ebene Fläche bildet, die Einzelteile der Decke in Fugen druckfest miteinander verbunden sind und wenn in der Scheibenebene wirkende Beanspruchung ... durch Bogen- oder Fachwerkwirkung zusammen mit den dafür bewehrten Randgliedern (Ringankern...) und Zugankern aufgenommen werden können.

Die Schubtragfähigkeit der Fugen hängt von der Oberflächenbeschaffenheit der Flanken ab.

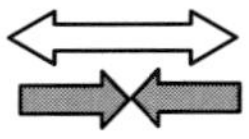

Horizontalkräfte in x-Richtung:

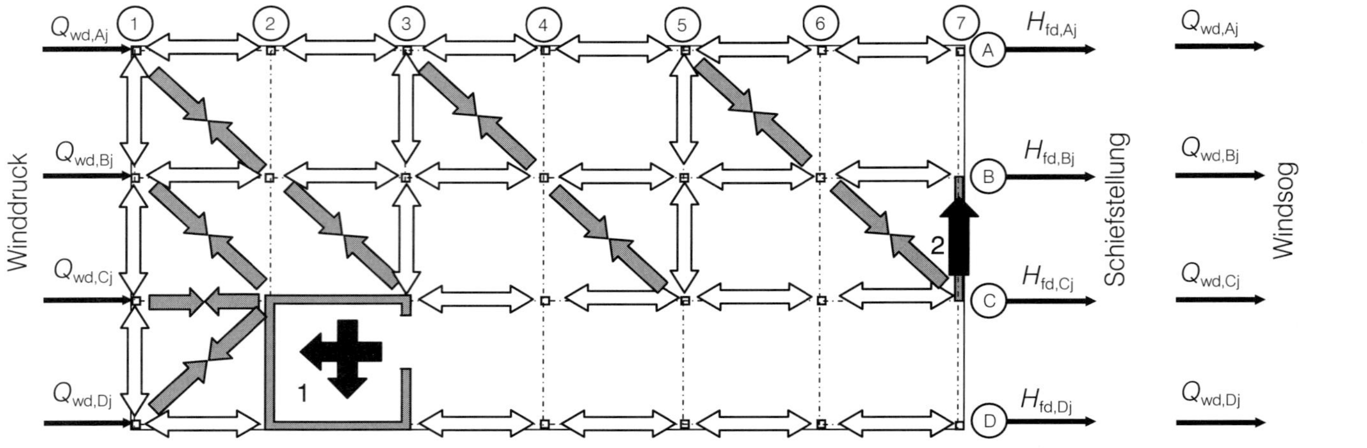

Horizontalkräfte in y-Richtung:

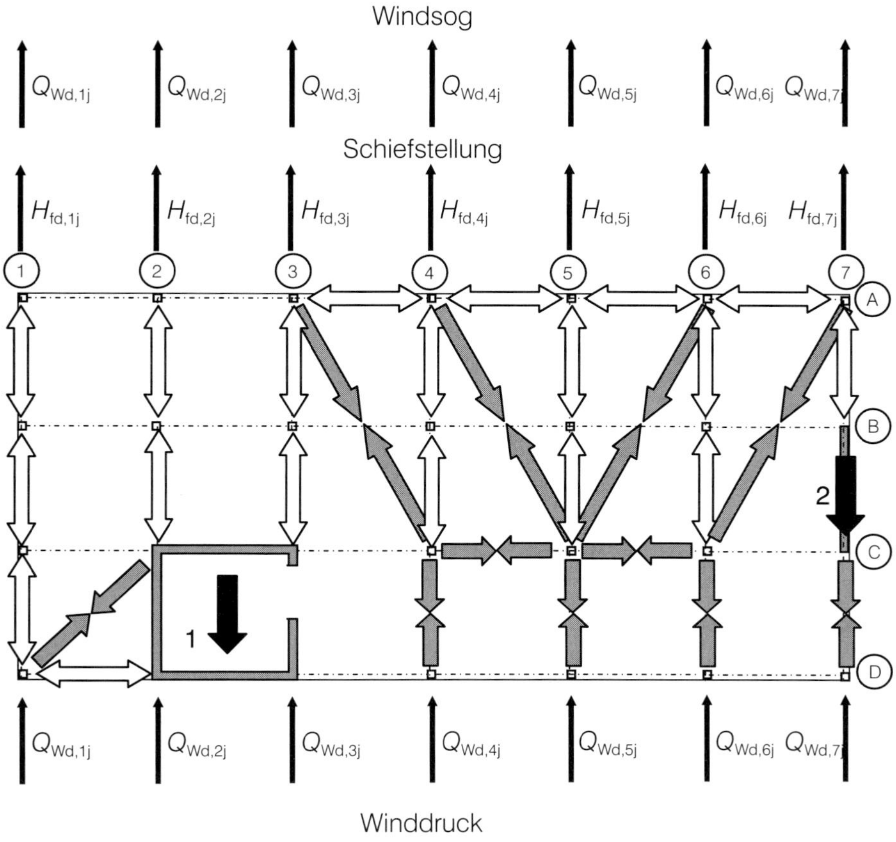

Die Horizontallasten werden sowohl am gedrückten als auch am gezogenen Scheibenrand sowie in Scheibenmitte eingeleitet.
Vereinfachend und auf der sicheren Seite liegend werden die gesamten Schiefstellungskräfte einer Stützenachse am jeweils gezogenen Rand angesetzt.

Zugstab

Druckstab

[48] *Schlaich/Schäfer*: Konstruieren im Stahlbetonbau; BK 1998/II

Das Fachwerk für die Bemessung der Deckenscheibe wird im Sinne der Stabwerksmodellierung gewählt.
Die Abmessungen der Scheibe zwischen den Achsen 3 und 7 haben ein Verhältnis von 4 : 3, die Dehnungsverteilung über den nicht mehr eben bleibenden Querschnitt ist nicht mehr linear.
Das Fachwerk wird daher als scheibenartiger Träger im Verhältnis Länge (3-7) zu Höhe (A-C) von 2 : 1 modelliert, wobei der Druckgurt vom Scheibenrand in den Scheibenquerschnitt verlegt wird.

DIN 1045-1, 3.1.24: scheibenartiger Träger ebenes, durch Kräfte parallel zur Mittelfläche vorwiegend auf Biegung beanspruchtes scheibenartiges Bauteil, dessen Stützweite weniger als das Zweifache seiner Querschnittshöhe beträgt.

Exemplarisch wird im Folgenden nur die höchstbelastete Deckenscheibe über Ebene 01 bemessen. Die Scheibe wird durch einen umlaufenden Ringanker und durch Zuganker in den Stützenachsen bewehrt. Die aus Fertigteilplatten zusammengesetzten Flächen 6,75 m / 6,75 m zwischen den Zugankern wirken über Druckfugen als Druckfelder.

Horizontalkräfte in x-Richtung

E01: $Q_{\mathrm{Wd,y}} = 134{,}9$ kN Gesamtwind auf 21,0 m Breite

Tab. 2.2.4-1

Aufteilung Winddruck und -sog im Verhältnis der aerodynamischen Beiwerte c_{pe} $+0{,}74$ / $-0{,}38$:

siehe 2.1.2

Druckseite: $Q_{\mathrm{Wd,y}} = 134{,}9 \cdot 0{,}74 / 1{,}12 = 89$ kN
Sogseite: $Q_{\mathrm{Wd,y}} = 134{,}9 \cdot 0{,}38 / 1{,}12 = 46$ kN

Je Achse:
A und D, Druck: $Q_{\mathrm{Wd,A+D}} = 89 \cdot 3{,}75 / 21{,}0 = 15{,}9$ kN
B und C, Druck: $Q_{\mathrm{Wd,B+C}} = 89 \cdot 6{,}75 / 21{,}0 = 28{,}6$ kN

Einflussbreiten:
Achsen A und D: 3,75 m
Achsen B und C: 6,75 m

A und D, Sog: $Q_{\mathrm{Wd,A+D}} = 46 \cdot 3{,}75 / 21{,}0 = 8{,}2$ kN
B und C, Sog: $Q_{\mathrm{Wd,B+C}} = 46 \cdot 6{,}75 / 21{,}0 = 14{,}8$ kN

Schiefstellung aus Imperfektion je Achse:

Tab. 2.2.3-1

A: $H_{\mathrm{fd,A}} = 32{,}7$ kN
B: $H_{\mathrm{fd,B}} = 50{,}9$ kN
C: $H_{\mathrm{fd,C}} = 35{,}0$ kN
D: $H_{\mathrm{fd,D}} = 22{,}3$ kN

Horizontalkräfte in y-Richtung

E01: $Q_{Wd,y}$ = 307,3 kN Gesamtwind auf 41,2 m Länge

Tab. 2.2.4-1

Aufteilung Winddruck und -sog im Verhältnis der aerodynamischen Beiwerte c_{pe} +0,8 / –0,5:

siehe 2.1.2

Druckseite:	$Q_{Wd,y}$	= 307,3 · 0,8 / 1,3	= 189 kN
Sogseite:	$Q_{Wd,y}$	= 307,3 · 0,5 / 1,3	= 118 kN

Je Achse:

1 und 7, Druck:	$Q_{Wd,1+7}$	= 189 · 3,73 / 41,2	= 17,1 kN
2 bis 6, Druck:	$Q_{Wd,2-6}$	= 189 · 6,75 / 41,2	= 31,0 kN
1 und 7, Sog:	$Q_{Wd,1+7}$	= 118 · 3,73 / 41,2	= 10,7 kN
2 bis 6, Sog:	$Q_{Wd,2-6}$	= 118 · 6,75 / 41,2	= 19,3 kN

Einflussbreiten:
Achsen 2 bis 6: 6,75 m
Achsen 1 und 7: 3,73 m

Schiefstellung aus Imperfektion

Achsen:

1, 4, 5, 6:	$H_{fd,1,4-6}$	=	= 17,6 kN
2, 3:	$H_{fd,2+3}$	=	= 13,5 kN
7:	$H_{fd,7}$	=	= 6,9 kN

Tab. 2.2.3-2

5.2.2 Bemessung der Zuganker

Über die Zugpfosten in den Achsen B und C sowie 2 bis 6 werden hauptsächlich die Horizontalkräfte Windsog und Schiefstellung in die Druckdiagonalen der Deckenscheibe oder direkt in aussteifende Wände eingeleitet.

beachte auch konstruktive Scheibenbewehrung in 5.2.4

Aus Wind und Imperfektion in x-Richtung:
Achse B: erf A_s = 65,7 / 43,5 = 1,51 cm²

f_{yd} = 435 N/mm²
Zugkraft in x-Richtung siehe unten

Aus Wind und Imperfektion in y-Richtung:
Achse 4: erf A_s = 71,5 / 43,5 = 1,64 cm²

Zugkraft in y-Richtung siehe Fachwerk Ringankerbemessung 5.2.3 und Kräfteberechnung in 5.2.6

Zuganker Achsen B, C, 2–6
Gewählt: 1 ∅ 16 = **2,01 cm²** > erf A_s = 1,64 cm²

Der Zuganker in Achse 3 wird bei der Ringankerbemessung 5.2.3 im Lastfall H in y-Richtung auf 2 ∅ 16 vergrößert.

Zugstab

Druckstab

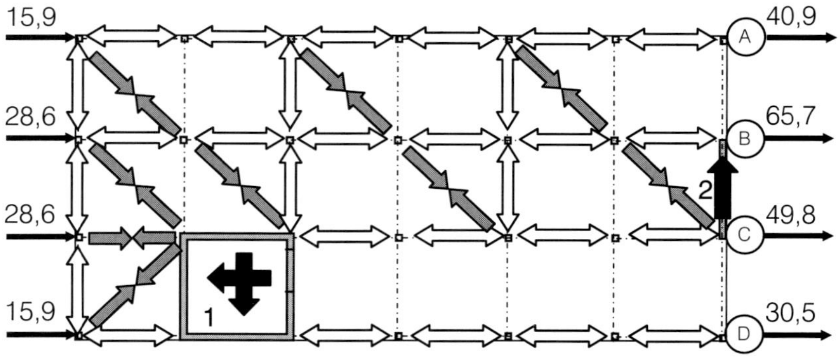

Es sind auch alternative Fachwerkmodelle möglich, z. B.:

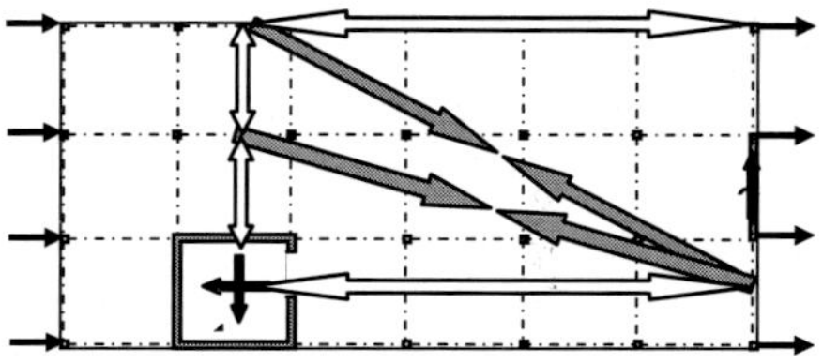

Die Horizontalkräfte werden hier auf kürzestem Wege auf den Schubmittelpunkt des Kerns geleitet. Die Stützkräfte der Aussteifungsbauteile können dann auf die Wände verteilt werden.
Vorteil: z. T. reduzierte Scheibenbewehrung
Nachteil: höhere Fugenbeanspruchung durch flachere Druckstreben

5.2.3 Bemessung des Ringankers

Der umlaufende Ringanker in den Achsen 1, 7, A und D bildet für die möglichen Fachwerke in der Deckenscheibe den Hauptzuggurt und dient gleichzeitig als Zuganker für die Eckstützen.

Das größte aufzunehmende Biegemoment in der Deckenscheibe entsteht im Lastfall Wind und Schiefstellung in y-Richtung.

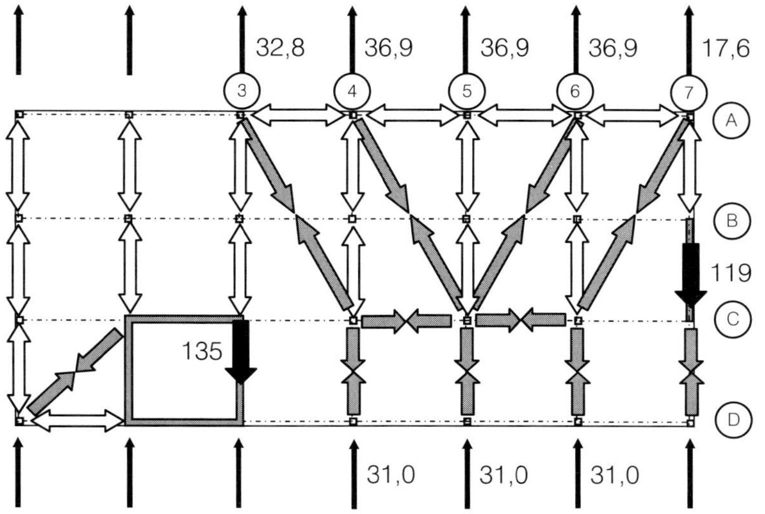

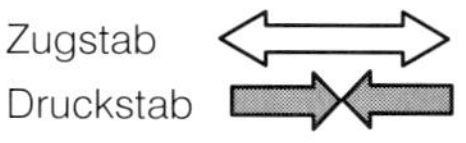

Das gewählte Fachwerk wird über die Zuganker in den Achsen 3 und 7 in die Wandscheiben zurückgehängt.

Es sind auch alternative Fachwerkmodelle möglich, z. B.:

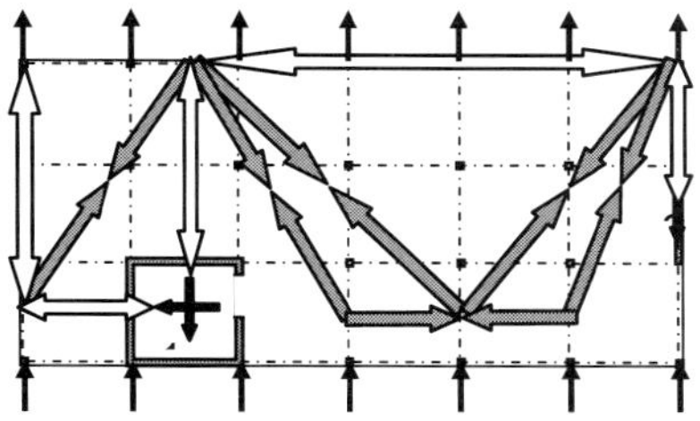

Die Horizontalkräfte werden hier auf die Schubmittelpunkte der Aussteifungsbauteile geleitet. Die Stützkräfte können dann auf die Wände verteilt werden.

Das vom Fachwerk aufzunehmende maximale Biegemoment wird im Schnitt entlang Achse 5 ermittelt:

$$M_{Ed} = (119 - 17{,}6) \cdot 6{,}75 \cdot 2 - (31{,}0 + 36{,}9) \cdot 6{,}75$$
$$\boldsymbol{M_{Ed} = 911 \text{ kNm}}$$

Die ungünstige Annahme der Rückhängung des Fachwerks in den Achsen 3 und 7 auf die Wandscheiben führt zu

- einer Zugankerkraft in Achse 3 von 135 kN
- und zu einer Ringankerzugkraft in Achse 7 von 119 kN.

Achse 3: erf A_s = 135 / 43,5 = 3,10 cm²
Achse 7: erf A_s = 119 / 43,5 = 2,74 cm²

Ringanker Achsen 1, 7, A, D
Gewählt: 2 ∅ 14 = **3,08 cm²** > erf A_s = 2,74 cm²
Zuganker Achse 3
Gewählt: 2 ∅ 16 = **4,02 cm²** > erf A_s = 3,10 cm²

Die Resultierende des (ideellen) Fachwerkdruckgurtes wird in der Achse C angenommen → Abmessungen des Fachwerks zwischen Achsen 3 und 7 im Verhältnis von 2 : 1.

Der Deckenquerschnitt im Grenzzustand der Tragfähigkeit Biegung kann nicht mehr über die gesamte Querschnittshöhe mit der Annahme des Ebenbleiben des Querschnitts gemäß DIN 1045-1, 10.2 (1) nachgewiesen werden. Die Druckzone wird daher im Bereich der Achsen B–D angenommen.

Die Deckenscheibe soll sich aus Fertigteilplatten mit Systemabmessungen 6,75 m / 1,35 m zusammensetzen. Konstruktiv vorgesehene Innenzuganker zwischen den Fertigteilplatten werden bei der Scheibenbemessung mit berücksichtigt.

Die Innenzuganker in x-Richtung (in jeder Fertigteilfuge) verbessern das Tragverhalten der Deckenscheibe. Wenn die Scheibentragfähigkeit nur mit Zugankern in den Stützenachsen nachgewiesen wird, sind sie nicht erforderlich. Im Beispiel werden die Innenzuganker konstruktiv vorgesehen.

5.2.6 Nachweis der Scheibenfugen

Die schrägen Druckstreben der für die Deckenscheibe angenommenen Fachwerkmodelle übertragen ihre Kräfte bei einer Fertigteildecke über die druckfest vergossenen Fugen.

DIN 1045-1, 13.4.4: Scheibenwirkung
(3) Fugen, die von Druckstreben des Ersatztragwerks (Bogen oder Fachwerk) gekreuzt werden, müssen nach 10.3.6 nachgewiesen werden....

Die Schubtragfähigkeit dieser Fugen in Längsrichtung hängt von der Oberflächenbeschaffenheit der Fugenflanken (verzahnt, rau oder glatt) ab. Zu unterscheiden ist ein Adhäsions- und ein Reibungstraganteil.

DIN 1045-1, 10.3.6: (1) Die Übertragung von Schubkräften in den Fugen...zwischen Ortbeton und einem vorgefertigten Bauteil...wird durch die Rauigkeit und Oberflächenbeschaffenheit der Fuge bestimmt.

Darüber hinaus müssen die Lasten auf der Deckenplatte über die Fugen der Deckenelemente querverteilt werden.

siehe 5.2.7 und
DIN 1045-1, 13.4.2: (2)

Für den Druckstrebennachweis ist die maximale Druckstrebenkraft unter dem kleinsten Winkel zwischen Druckstrebe und Fugenachse zu bestimmen.

[29] DAfStb-Heft 525, zu 13.4.4: Eine Überlagerung der Beanspruchung aus Scheiben- und Plattentragwirkung ist in der Regel nicht erforderlich.

a) Fachwerkmodell aus der Zugankerbemessung 5.2.2:

Ungünstigste Annahme für Druckdiagonale 1-2, C-D:
Die Horizontalkraft in Achse B in x-Richtung auf der Sogseite wird vollständig über die Zuganker bis auf die Druckseite zurückgehängt. Die Ringankerzugkraft auf Achse 1 aus der Umlenkung der Horizontalkräfte auf die Druckdiagonalen führt im Eckfeld über eine 45°-Druckdiagonale zu einer extremalen Druckkraft von $F_{cd} = -156$ kN.

Angenommen wird, dass die anderen Horizontalkräfte auf der Sogseite in den Achsen A, C, D über Druck- und Zugstreben im Deckenbereich Achsen 3–7 verteilt und von dort in die Wände des Kernes in den Achsen C und D eingeleitet werden.

b) Fachwerkmodell aus der Ringankerbemessung 5.2.3:

Das Fachwerkmodell für die Scheibenbeanspruchung in y-Richtung führt zu einer maximalen Druckstrebenkraft $F_{cd} = -115$ kN unter $\theta = 63°$.

Eine weitere auf der sicheren Seite liegende Annahme besteht darin, dass die maximale durch den Ringanker aufnehmbare Zugkraft in den Ecken der Deckenscheibe umgelenkt werden muss. Die Umlenkkraft muss durch die Druckdiagonale des jeweiligen Eckfeldes mindestens in die benachbarten Zugglieder übertragen werden.
Hier mit 2 ∅ 14 und $\theta = 45°$:

$F_{cd} = -\max F_{sd} / \cos 45°$
$= -3{,}08 \cdot 43{,}5 / 0{,}707 = -190$ kN

a) aus 5.2.2 → maßgebende Druckstrebe

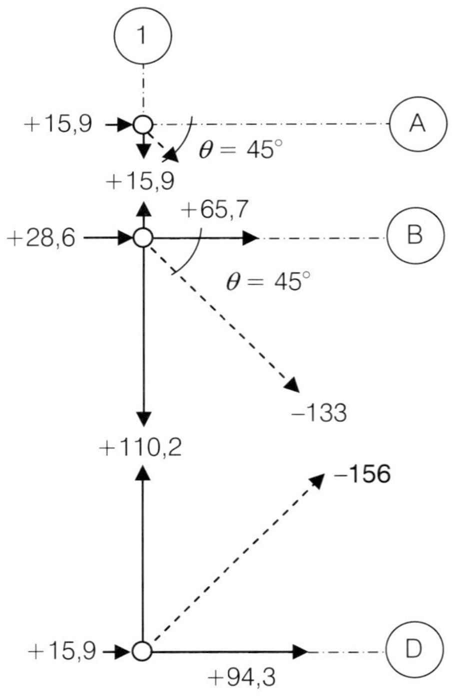

b) aus 5.2.3

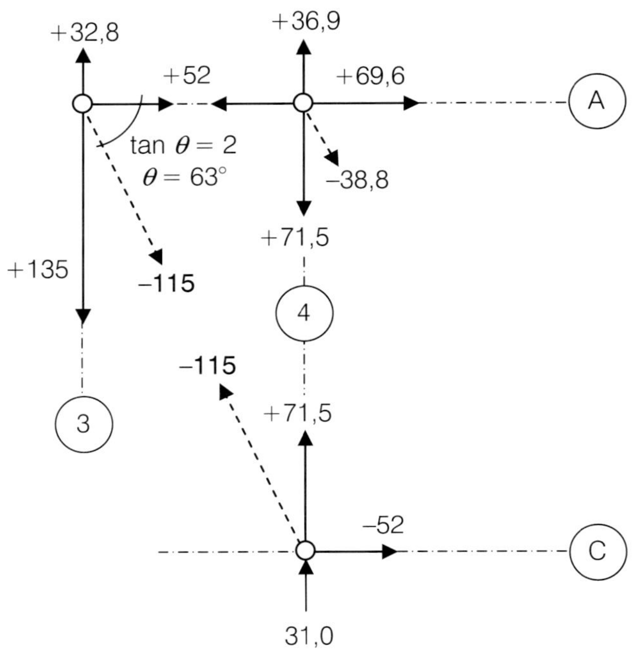

Bemessungswert der Schubkraft je Längeneinheit:

v_{Ed} = 0,156 · cos 45° / 6,75 = **0,016 kN/m**

Aufnehmbare Schubkraft $v_{Rd,ct}$ ohne Verbundbewehrung mit glatter und mit verzahnter Fuge:

$v_{Rd,ct}$ = $(0{,}042 \cdot \eta_1 \cdot \beta_{ct} \cdot f_{ck}^{1/3} - \mu \cdot \sigma_{Nd}) \cdot b$

mit η_1 = 1,0 Normalbeton

β_{ct} = 1,4 / 2,4 Rauigkeitsbeiwert, glatt / verzahnt
μ = 0,6 / 1,0 Reibungsbeiwert, glatt / verzahnt

Normalspannung senkrecht zur Fuge
σ_{Nd} = $n_{Ed} / b \geq -0{,}6\, f_{cd}$
= $-0{,}156 \cdot \sin 45° / (6{,}75 \cdot 0{,}18)$
= $-0{,}09\ \text{N/mm}^2$
> $-0{,}6 \cdot 17 = -10{,}2\ \text{N/mm}^2$

f_{ck} = 30 N/mm² Fugenverguss mindestens mit C30/37

b = 0,18 m effektive Fugenbreite

glatte Fuge:
$v_{Rd,ct}$ = $(0{,}042 \cdot 1{,}0 \cdot 1{,}4 \cdot 30^{1/3} + 0{,}6 \cdot 0{,}09) \cdot 0{,}18$
$v_{Rd,ct}$ = $(0{,}183 + 0{,}054) \cdot 0{,}18 = 0{,}043$ MN/m
> $b \cdot 0{,}15 = 0{,}18 \cdot 0{,}15$ = **0,027 MN/m** maßgebend!

verzahnte Fuge:
$v_{Rd,ct}$ = $(0{,}042 \cdot 1{,}0 \cdot 2{,}4 \cdot 30^{1/3} + 1{,}0 \cdot 0{,}09) \cdot 0{,}18$
$v_{Rd,ct}$ = $(0{,}313 + 0{,}09) \cdot 0{,}18 = 0{,}073$ MN/m

v_{Ed} = 0,016 MN/m < $v_{Rd,ct}$ = 0,027 MN/m

→ Eine glatte Fugenoberfläche ist zur Übertragung der Druckstrebenkräfte ausreichend!

5.2.7 Nachweis der Plattenfugen

Zur Querverteilung der vertikalen Lasten der Deckenplatten werden die Fugen verzahnt und vergossen.

Grundriss:

DIN 1045-1, 10.3.6: Gl. 84

DIN 1045-1, 10.3.6: Tab. 13
DIN 1045-1, 10.3.6:
(1) glatte Fuge z. B. Oberfläche abgezogen
oder: Bild 35 und Bild 75 – Fugenverzahnung

Fugenausbildung wegen Querverteilung der Lasten siehe 5.2.7 bzw.
DIN 1045-1, 13.4.2: Bild 73

DIN 1045-1, 10.3.6: (7) *Bei Scheiben mit Ringanker- und Pfostenbewehrung ... darf der Nachweis der Fugen unter Ansatz der Beiwerte β_{ct} und μ ... geführt werden, jedoch sollte für v_{Rd} bei Platten ohne gezahnte Fugen kein größerer Wert als ($b \cdot 0{,}15$ N/mm²) angesetzt werden.*

DIN 1045-1, 13.4.2: (1) Die Querverteilung der Lasten zwischen nebeneinanderliegenden Deckenelementen muss durch geeignete Verbindungen zur Querkraftübertragung gesichert sein.
(2) z. B. ausbetonierte Fugen mit oder ohne Querbewehrung

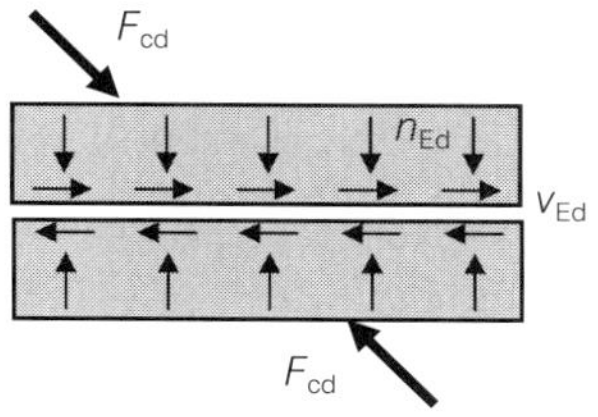

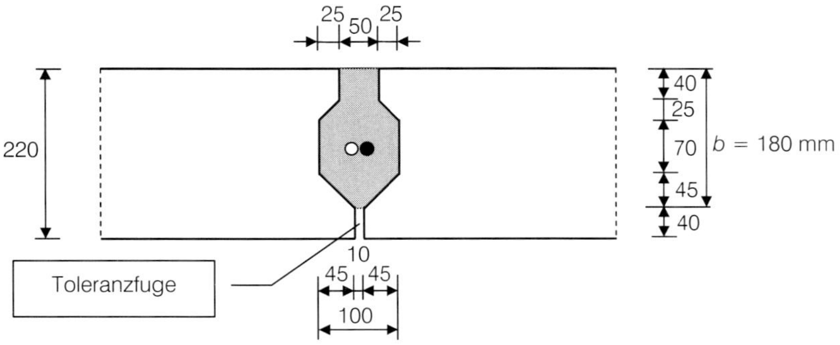

DIN 1045-1, 13.4.2, Bild 73:
Nuttiefe mindestens 20 mm, Nuthöhe ca. $h / 3$

DIN 1045-1, 13.12.1 (7):
Die Fugengeometrie muss bei möglichst geringer Breite einen einwandfreien Verguss auch bei gestoßener Zugankerbewehrung ermöglichen.

Für die Schubkraftübertragung längs der Fuge wird eine wirksame Höhe von b = 180 mm angenommen (siehe 5.2.6), da der Verguss der Toleranzfuge nicht gewährleistet ist.

Für den Nachweis der Plattenfugen wird auf die Versuchsergebnisse in [59] zurückgegriffen, wobei der Bemessungsvorschlag für unbewehrte Fugen in [60] modifiziert wurde.

In [59] wurden an 100 mm dicken Platten mit bestimmten Fugengeometrien und einer Betongüte B 35 (C30/37) aufnehmbare Querkräfte durch Versuche bestimmt. Von diesen Querkräften kann auf die Tragfähigkeit ähnlicher Fugenausbildungen und verschiedener Plattendicken extrapoliert werden.

Tragmodell:

Zwischen den Fugenzähnen bildet sich abhängig von der Fugengeometrie im Vergussbeton eine schräge Druckstrebe aus, deren Vertikalkomponente die Querkraft V überträgt und deren horizontale Spreizkomponenten D_h über die steifen Fertigteilscheiben zu den benachbarten Zuggliedern F_{sd} übertragen werden.

Die Nachweise werden auf Gebrauchslastniveau mit globalem Sicherheitsbeiwert geführt.

Charakteristische maßgebende Querkraft an der Fuge:

Nutzlast: $q_{k,1} = 2{,}00$ kN/m²   Büro Kategorie B1
$v_{Ek} = 2{,}00 \cdot 0{,}50 = 1{,}0$ kN/m

Aufnehmbare Querkraft an der Fuge für C30/37 (alt B 35):

$$v_{zul} = Q_0 \frac{\left(\dfrac{h_N}{0{,}15 \cdot d}\right)^{1{,}11}}{2{,}75 \cdot \left(0{,}32 + 0{,}68 \dfrac{b_F}{d}\right) \cdot \left(\dfrac{d}{100}\right)^k}$$

mit Q_0 = 5,0 kN/m   Grundwert aus Versuchen, C30/37 (B 35)
       h_N ≥ 65 mm   kleinste Nasenhöhe am Plattenanschnitt
       d = 200 mm   Plattendicke < 220 mm
       b_F = 100 mm   maximale Fugenbreite
       k = −1,4   proportionale Fugenabbildung (stumpfe statt spitze Nasenausbildung)

$$v_{zul} = 5{,}0 \frac{\left(\dfrac{65}{0{,}15 \cdot 200}\right)^{1{,}11} \cdot \left(\dfrac{200}{100}\right)^{1{,}4}}{2{,}75 \cdot \left(0{,}32 + 0{,}68 \dfrac{100}{200}\right)}$$

$v_{zul} = 17{,}1$ kN/m $> v_{Ek} = 1{,}00$ kN/m

Die unbewehrte Fertigteilfuge ist ausreichend tragfähig.

---

[59] *Paschen/Zillich*: Tragfähigkeit querkraftschlüssiger Fugen zwischen Stahlbeton-Fertigteildeckenelementen, In: DAfStb-Heft 348, 1983

[60] Beton- und Stahlbetonbau, (82) 1987, S. 56
Gl. (1) durch die Verfasser berichtigt.

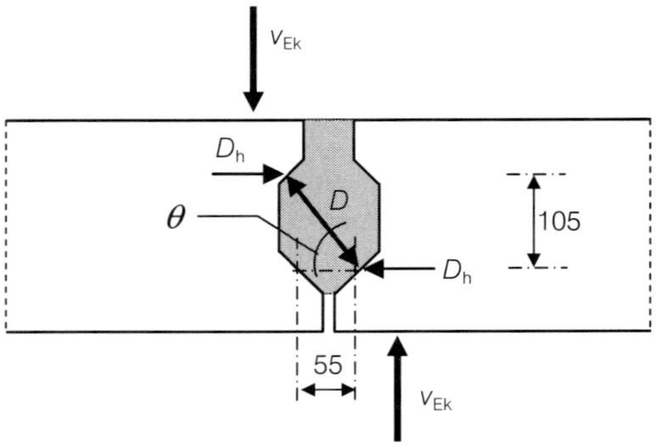

Grundriss:

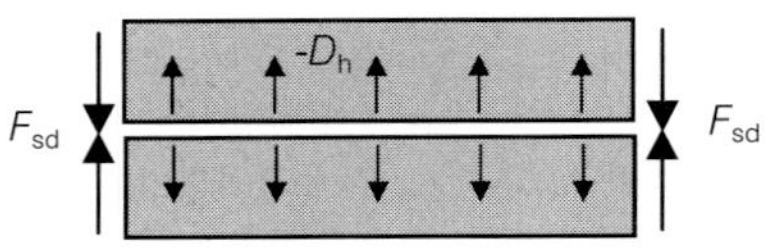

[29] DAfStb-Heft 525, zu 13.4.2:
Die Fugenausbildung nach DIN 1045-1, Bild 73 a) darf nur bei vorwiegend ruhenden Lasten angewendet werden.

DIN 1045-1, 13.4.2: (4) *Bei Decken, die unter Annahme gleichmäßig verteilter Nutzlasten berechnet werden, darf der rechnerische Nachweis der Querverbindungen für eine entlang der Fuge wirkende Querkraft in Größe der auf 0,5 m Einzugsbreite wirkenden Nutzlast geführt werden. Die Weiterleitung dieser Kraft braucht in den anschließenden Bauteilen i. Allg. nicht nachgewiesen zu werden...*

[59] Gl. 1, modifiziert nach [60]

Der Parameterbereich der Versuche in [59] endet bezüglich der Plattendicke bei 200 mm. Auf der sicheren Seite liegend wird auch für die geringfügig größere Plattendicke statt 220 mm die Obergrenze von 200 mm für d angenommen.

Parameterbereich Betonfestigkeit bis B 55 (alt):
Für die Umrechnung auf höhere Betondruckfestigkeitsklassen C35/45 bis C45/55 kann näherungsweise der Faktor $(f_{ck,cube} / 37)^{2/3}$ angenommen werden.
Im Beispiel wird für die Fertigteilplatten und den Fugenverguss C30/37 vorausgesetzt.

Aufnahme der Spreizkraft D_h in den Querfugen (Stützenachsen)

Druckstrebenwinkel: $\tan \varphi = 105 / 55 = 1{,}91$

$D_h = v_{Ek} / \tan \theta = 1{,}00 / 1{,}91 = 0{,}52$ kN/m $< 1{,}5 \cdot 1{,}0$ kN/m

$F_{sk} = 1{,}5 \cdot 6{,}75 = 10{,}1$ kN
$F_{sd} = 1{,}50 \cdot 10{,}1 = 15{,}2$ kN
erf $A_s = 15{,}2 / 43{,}5 = 0{,}35$ cm²

[59] Bei einer Fugengeometrie mit spitzer Nase sollte die Spreizkraft mindestens mit $1{,}5\, v_{Ek}$ angenommen werden. Dies deckt die Einstellung eines ggf. flacheren Druckstrebenwinkels ab und wird hier auch vorgeschlagen.

mit $\gamma_Q = 1{,}50$

Die Aufnahme dieser geringen Zugkräfte in den Zugankern der Achsen 2–6 kann ohne Weiteres gewährleistet werden.

siehe 5.2.2: Bemessung der Zuganker
gew $A_s = 2{,}01$ cm² > erf $A_s = 1{,}64$ cm²

5.2.8 Bauliche Durchbildung

DIN 1045-1, 13.4.4: Scheibenwirkung
(2) Die zur Fachwerkwirkung erforderlichen Zuganker müssen durch Bewehrungen gebildet werden, die in den Fugen zwischen den Fertigteilen ... verlegt und in den Randgliedern nach 12.6 verankert und nach 12.8 gestoßen werden....

Im Beispiel wird davon ausgegangen, dass die Stöße und Verankerungen der Scheibenbewehrung indirekt unter Beachtung der konstruktiven Normregeln ausgeführt werden sollen.

Bei sehr geringen Fugenquerschnitten und schwierigen Anschlussdetails ist es auch üblich, Schweiß- oder mechanische Verbindungen der Scheibenbewehrung anzuordnen. Für das Schweißen von Betonstählen gilt u. a. DIN 1045-1, 9.2.2 (7). Mechanische Stoßverbindungen sind durch allgemeine bauaufsichtliche Zulassungen geregelt.

a) Zuganker ∅ 16

gute Verbundbedingungen Bemessungswert Verbundspannung:
$f_{bd} = 3{,}0$ N/mm² für C30/37

Grundmaß der Verankerungslänge:
$l_b = (d_s / 4) \cdot (f_{yd} / f_{bd}) = (16 / 4) \cdot (435 / 3{,}0) = 580$ mm

DIN 1045-1, 12.6.2, Gl. 140

Übergreifungsstoß in den Stützenachsen:

Übergreifungslänge:
$\alpha_a = 1{,}0$ für gerade Stabenden und $a_{s,erf} / a_{s,vorh} = 1{,}64 / 2{,}01$
$l_{b,net} = \alpha_a \cdot l_b \cdot (a_{s,erf} / a_{s,vorh}) \geq l_{b,min} = 0{,}3 \cdot \alpha_a \cdot l_b \geq 10\, d_s$
$l_{b,net} = 1{,}0 \cdot 580 \cdot (0{,}82) =$ **475 mm** $> 0{,}3 \cdot 1{,}0 \cdot 580 > 10 \cdot 16$

siehe 5.2.2
DIN 1045-1, 12.6.2, Gl. 141

α_1 für gestoßene Stäbe > 33 % in der Zugzone und $d_s \geq 16$ mm,
Bild 58: $s_0 \geq 5\, d_s$, daher [b]): $\alpha_1 = 1{,}4$ hier zulässig.

$s_0 = 220 / 2 = 110$ mm $> 5 \cdot 16$ zum oberen / unteren Fugenrand bei mittiger Stoßanordnung

$l_s = l_{b,net} \cdot \alpha_1 \geq l_{s,min} = 0{,}3 \cdot \alpha_a \cdot \alpha_1 \cdot l_b \geq 15\, d_s \geq 200$ mm
$l_s = 475 \cdot 1{,}4 =$ **665 mm** $> 0{,}3 \cdot 1{,}4 \cdot 580 > 15 \cdot 16 > 200$ mm

DIN 1045-1, 12.8.2, Gl. 144

Verankerung der Zuganker im Ringanker (Randglied) bzw. als Stützenzuganker in der Stütze:

DIN 1045-1, 12.3.1, Tab. 23:
für Winkelhaken ∅ 16: $d_{br} \geq 4\, d_s$

Verankerungslänge:
$\alpha_a = 0{,}7$ für Winkelhaken und $a_{s,erf} / a_{s,vorh} = 1{,}64 / 2{,}01$
$l_{b,net} = \alpha_a \cdot l_b \cdot (a_{s,erf} / a_{s,vorh}) \geq l_{b,min} = 0{,}3 \cdot \alpha_a \cdot l_b \geq 10\, d_s$
$l_{b,net} = 0{,}7 \cdot 580 \cdot (0{,}82) =$ **333 mm** $> 0{,}3 \cdot 0{,}7 \cdot 580 > 10 \cdot 16$

Durch den Querdruck auf die Hakenverankerung im Stützenbereich wird ein Spalten des Betons wirksam verhindert.

Grundriss

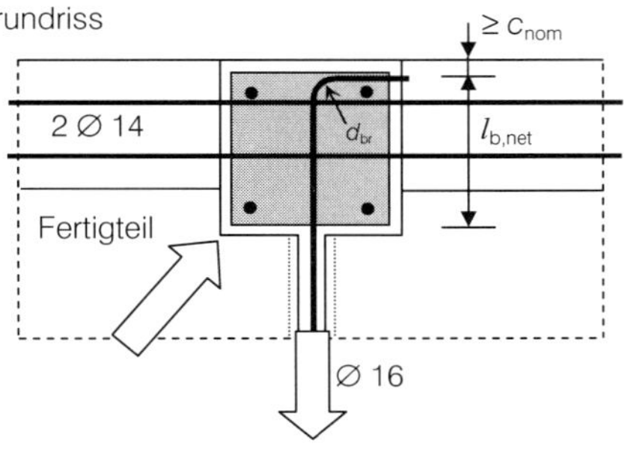

Die Verankerungslänge könnte durch die Wahl von z. B. 2 ∅ 12 (statt 1 ∅ 16) weiter verkürzt werden.

b) Ringanker 2 ∅ 14

Der Ringanker wird in einer Randaussparung der Fertigteilplatte als Ortbetonergänzung hergestellt. Dafür ist die Aussparungsoberfläche des Fertigteiles ausreichend rau herzustellen. Aus konstruktiven Gründen (z. B. Verbreiterung des Eintragungsbereiches der Druckdiagonalen in den Zuggurt des Fachwerks, längsversetzte 50 %-Stöße möglich, kürzere Übergreifungslängen) werden 2 Stäbe für den Ringanker gewählt.

In der Praxis hängt die Ausbildung dieses Randstreifens von weiteren möglichen Anforderungen ab, wie z. B. Verankerung der Fassadenkonstruktion, Ausbildung eines Randunterzuges usw., die zu einer entsprechend umfangreicheren Bewehrungskonstruktion führen.

In diesem Beispiel wird nur auf die Durchbildung des reinen Ringankers eingegangen.

gute Verbundbedingungen Bemessungswert Verbundspannung:
f_{bd} = 3,0 N/mm² für C30/37

Grundmaß der Verankerungslänge:
$l_b = (d_s / 4) \cdot (f_{yd} / f_{bd}) = (14 / 4) \cdot (435 / 3{,}0) = 510$ mm

Übergreifungsstoß zur Erzielung der Umlaufwirkung:

$l_s = 2 \cdot l_b = 2 \cdot 510 =$ **1020 mm**

Die Umlenkung des Ringankers in den Gebäudeecken erfolgt hier beispielhaft mit verschwenkten, innenliegenden Übergreifungsstößen und mit Versatz der Stababbiegungen zur Druckdiagonalenachse.

DIN 1045-1, 13.12.2: Ringanker
(2) *Die Umlaufwirkung kann durch Stoßen der Längsbewehrung mit einer Stoßlänge* $l_s = 2 \cdot l_b$ *erzielt werden. Der Stoßbereich ist mit Bügeln, Steckbügeln... oder Wendeln mit einem Abstand* s ≤ 100 mm *zu umfassen.*

Schnitt Ringanker mit 2 ∅ 14 und längsversetztem Stoß:

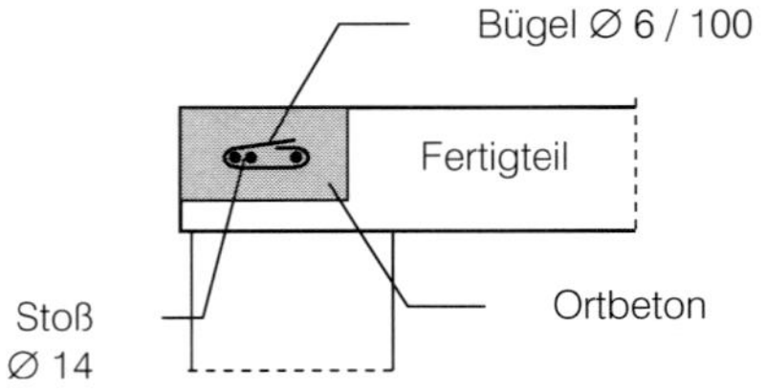

DIN 1045-1, 12.6.2, Gl. 140

DIN 1045-1, 12.3.1, Tab. 23:
für gebogene Stäbe ∅ 14: $d_{br} \geq 10\, d_s$

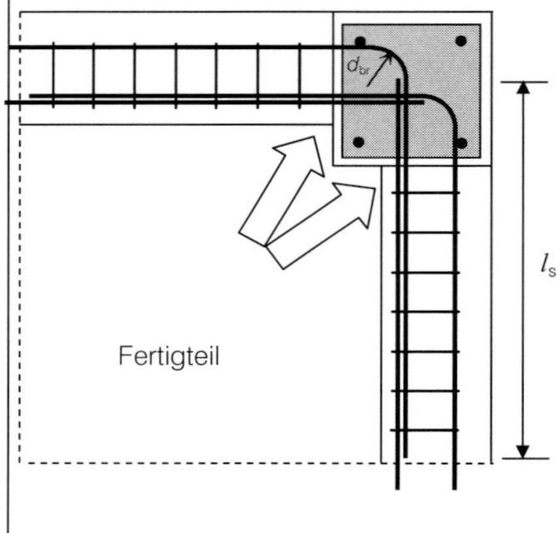

Beispiel 20b: Mehrgeschossiger Skelettbau - Erdbeben

Inhalt

Beispiel 20b: Mehrgeschossiger Skelettbau – Erdbeben

Aufgabenstellung

Im Beispiel 20b wird anhand des in Beispiel 20a behandelten mehrgeschossigen Skelettbaus auf Aspekte der Erdbebenbemessung der aussteifenden Bauteile eingegangen.

Das Ausgangssystem und die Einwirkungen ohne Erdbeben werden direkt aus Beispiel 20a übernommen.

Nach der Bewertung der im Beispiel 20a gewählten Anordnung der aussteifenden Bauteile hinsichtlich der Erdbebenbemessung werden die aussteifenden Bauteile in Anordnung und Wanddicke so verändert, dass die Vorgehensweise bei Anwendung des „vereinfachten Antwortspektrenverfahrens" gezeigt werden kann.

Mit diesem Beispiel sollen einige grundsätzliche Regelungen und Vorgehensweisen bei der Erdbebenbemessung nach DIN 4149 im Rahmen des neuen Normenkonzeptes im Massivbau vorgestellt werden.

DIN 4149: Bauten in deutschen Erdbebengebieten

Baustoffe:

- Beton C30/37 — Ortbeton und Fertigteile
- Betonstahlmatten: — BSt 500 M (B)
- Betonstahl: — BSt 500 S (B)

DIN 1045-1, 9.1: Beton
DIN 1045-1, 9.2: Betonstahl

Der in kritischen Bereichen von Tragwerken, an die Duktilitätsanforderungen gestellt werden, verwendete Betonstahl hat die Anforderungen an hochduktile Stähle nach DIN 1045-1 (Duktilitätsklasse B) zu erfüllen.

[29] DAfStb-Heft 525, zu 9.2.2:
Durch die plastische Verformungsfähigkeit (Duktilität) des Betonstahls wird die Vorankündigung des Bruches durch große Verformungen und eine Energiedissipation bei zyklischer Belastung (Erdbeben) gewährleistet.
Die entsprechenden Kennwerte der Duktilitätsklassen A und B der Betonstähle wurden aus der europäischen Normung für die Bemessung und Konstruktion von Stahlbetonbauteilen übernommen.
Für Sonderanwendungen existieren neben den Stählen der Klassen A und B noch spezielle Stähle mit sehr hohen Duktilitätseigenschaften (z. B. für Bauten in Erdbebengebieten). Bei Verwendung dieser Stähle sind die Bemessungswerte aus den technischen Unterlagen abzuleiten. Die Bemessungswerte sind dann ggf. außer bei der Bemessung in der außergewöhnlichen Bemessungssituation (Erdbeben) auch in den ständigen oder vorübergehenden Bemessungssituationen zu verwenden.

6 Aussteifungsbauteile in deutschen Erdbebengebieten

Die diesem Beispiel zugrunde gelegte Norm DIN 4149 [94] entspricht grundsätzlich dem zukünftigen EC 8 – Auslegung von Bauwerken gegen Erdbeben – und ist auf die deutschen Schwachbebengebiete zugeschnitten.

6.1 Standort und elastisches Antwortspektrum

Mit der Einführung des neuen Normenkonzepts im Bauwesen wurde auch die entsprechende Norm für Bauwerke in deutschen Erdbebengebieten überarbeitet und als DIN 4149 [94] veröffentlicht.

[94] DIN 4149: Bauten in deutschen Erdbebengebieten – Lastannahmen, Bemessung und Ausführung üblicher Hochbauten, 2005-04

In diesem Kapitel werden einige grundlegende Aspekte zum Entwurf und zur Konstruktion anhand des mehrgeschossigen Skelettbaus dargestellt. Hinsichtlich der baudynamischen Grundlagen zum Gebäudeverhalten unter Erdbebeneinwirkungen sei an dieser Stelle auf [63], [64] und [66] verwiesen.

[63] *Müller/Keintzel:* Erdbebensicherung von Hochbauten

[64] *Häußler-Combe:* Praktische Baudynamik, Vorlesungsskriptum; Institut für Massivbau, Universität (TH) Karlsruhe → siehe Internet-Adresse

[66] *Eibl/Henseleit/Schlüter:* Baudynamik BK 1988/II

Für das vorliegende Beispiel des mehrgeschossigen Skelettbaus, für das die Abmessungen der aussteifenden Bauteile bereits festgelegt sind, ist zunächst die Erdbebeneinwirkung zu bestimmen.

In den folgenden Betrachtungen wird davon ausgegangen, dass sich das Gebäude südlich von Aachen befindet. Entsprechend der Bilder 2 und 3 der Norm gilt somit für das Gebäude eine Zuordnung zu der Erdbebenzone 2 und der geologischen Untergrundklasse R.
Als Baugrund steht entsprechend der Einteilung nach DIN 4149 [94] unverwittertes Festgestein mit hoher Festigkeit an (Baugrundklasse A).

DIN 4149, 5.1
DIN 4149, 5.2

Entsprechend ihrer Bedeutung für den Schutz der Allgemeinheit bzw. der mit dem Einsturz verbundenen Folgen werden Hochbauten in vier Bedeutungskategorien unterteilt. Das vorliegende Verwaltungsgebäude ist der Bedeutungskategorie III zuzuordnen.

DIN 4149, 5.3 (1)

Die Erdbebeneinwirkung auf ein Bauwerk kann durch ein elastisches Antwortspektrum beschrieben werden. Zum Nachweis der horizontalen Erdbebeneinwirkung werden in der Regel zwei zueinander orthogonale Richtungen des Gebäudequerschnitts untersucht. Für beide Richtungen ist das gleiche elastische Antwortspektrum anzusetzen.

DIN 4149, 5.4.1 (3)

Mit den vorstehenden Zuordnungen zu der Erdbebenzone, der geologischen Untergrundklasse sowie der Klassifizierung des Baugrunds und der Einordnung in die Bedeutungskategorie lassen sich die Ordinaten $S_e(T)$ des elastischen Antwortspektrums mittels der folgenden Parameter bestimmen:

Bemessungswert der Bodenbeschleunigung:	$a_g = 0{,}60\ \text{m/s}^2$	DIN 4149, Tabelle 2
Bedeutungsbeiwert	$\gamma_I = 1{,}2$	DIN 4149, Tabelle 3
Verstärkungswert der Spektralbeschleunigung:	$\beta_0 = 2{,}50$	DIN 4149, 5.4.2 (1)
Dämpfungs-Korrekturbeiwert (5 % Dämpfung):	$\eta = 1{,}0$	

Parameter zur Beschreibung des elastischen Antwortspektrums:

Untergrundparameter:	$S = 1{,}0$	
Kontrollperioden:	$T_B = 0{,}05$ s	DIN 4149, Tabelle 4
	$T_C = 0{,}20$ s	
	$T_D = 2{,}00$ s	

Mit diesen Parametern wird das elastische Antwortspektrum nach Norm wie folgt festgelegt:

DIN 4149, Gl. (1) – (4)

$$T_A \le T \le T_B: \quad S_e(T) = a_g \cdot \gamma_I \cdot S \cdot [1 + (\eta \cdot \beta_0 - 1) \cdot T / T_B]$$

$$T_B \le T \le T_C: \quad S_e(T) = a_g \cdot \gamma_I \cdot S \cdot \eta \cdot \beta_0$$

$$T_C \le T \le T_D: \quad S_e(T) = a_g \cdot \gamma_I \cdot S \cdot \eta \cdot \beta_0 \cdot T_C / T$$

$$T_D \le T: \quad S_e(T) = a_g \cdot \gamma_I \cdot S \cdot \eta \cdot \beta_0 \cdot T_C \cdot T_D / T^2$$

DIN 4149, Ausschnitt Bild 2: Erdbebenzonen der Bundesrepublik Deutschland

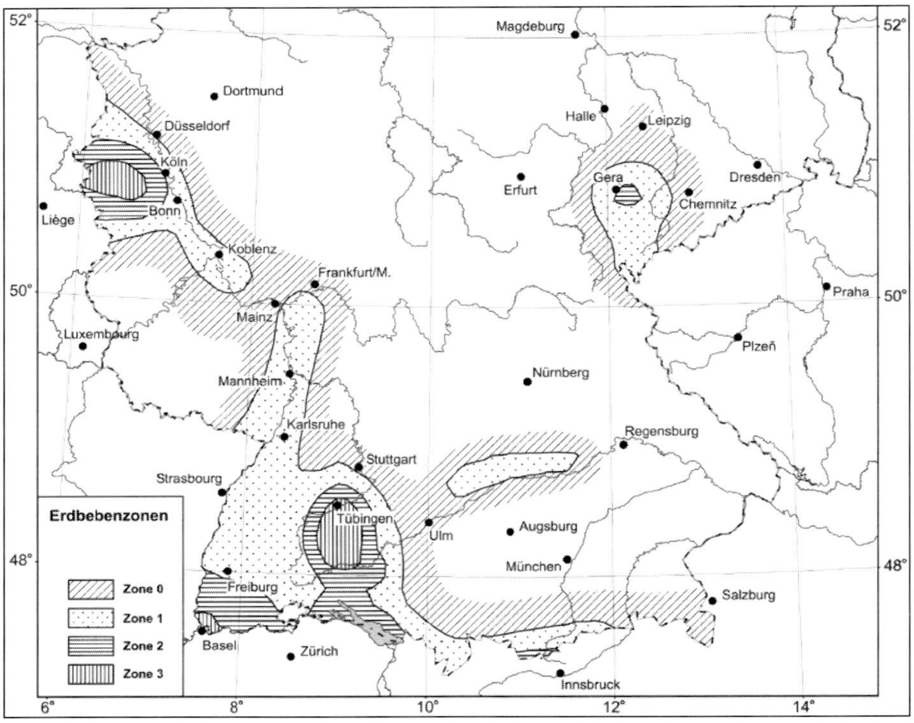

DIN 4149, Ausschnitt Bild 3: Geologische Untergrundklassen in den Erdbebenzonen der Bundesrepublik Deutschland

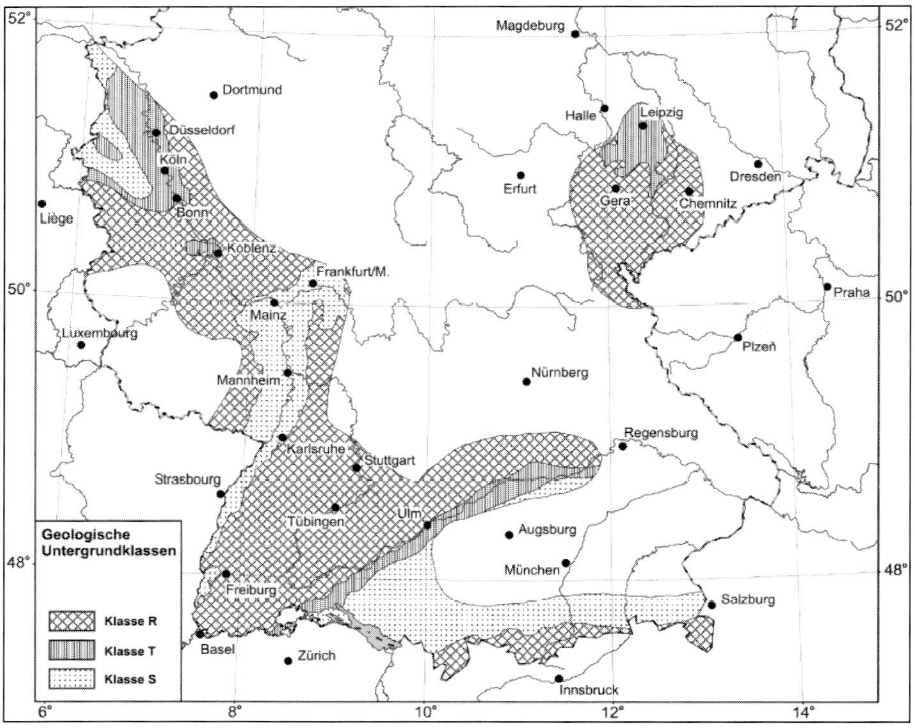

Beispiel für den baurechtlichen Umgang mit DIN 4149: (*Auszug Quelle: Innenministerium Baden-Württemberg → www.im.baden-wuerttemberg.de*)

Die baurechtlichen Bestimmungen für das Bauen in erdbebengefährdeten Gebieten Baden-Württembergs wurden überarbeitet und teilweise neu gefasst.
Anlass für die Änderung der baurechtlichen Bestimmungen ist die Neufassung der Norm DIN 4149 „Bauten in deutschen Erdbebengebieten".
Aus dieser Neufassung ergibt sich eine neue räumliche Abgrenzung der erdbebengefährdeten Gebiete. Dazu hat das Innenministerium eine **Verwaltungskarte** mit den verschiedenen Erdbebenzonen herausgegeben.

Mit der am 22. Dezember 2005 in Kraft tretenden neuen Liste der Technischen Baubestimmungen wird die Anwendung der Norm für alle Neubauvorhaben in den neuen Erdbebenzonen 1 bis 3 verbindlich vorgeschrieben.

In den besonders von Erdbeben gefährdeten Gebieten, der Erdbebenzone 3, besteht das größte Risiko eines stärkeren Erdbebens. Deshalb sind nach der Anpassung der Verfahrensverordnung zur LBO an die geänderten Erdbebenzonen in diesen als besonders gefährdet eingestuften Gebieten auch weiterhin keine Ausnahmen von der Notwendigkeit der bautechnischen Prüfung vorgesehen.
Die durch die bautechnische Prüfung bedingten zusätzlichen Kosten für die Bauherren sind unter Gefahrenaspekten unvermeidbar. Sie werden aber durch den Zugewinn an Sicherheit und Bauqualität aufgewogen.

Die **Karte** mit den neu festgelegten Erdbebenzonen des Landes kann beim Landesvermessungsamt Baden-Württemberg, *www.lv-bw.de* bezogen werden.

Das mit den vorstehenden Parametern ermittelte elastische Antwortspektrum ist in folgender Abbildung dargestellt:

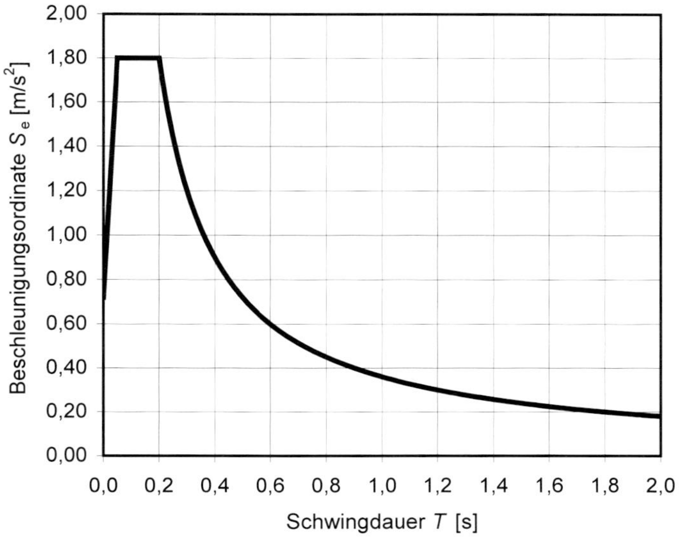

Alle realen Bauwerke besitzen die mehr oder weniger ausgeprägte Fähigkeit, durch seismische Einwirkungen eingeleitete Energie durch hysteretische Energiedissipation abzubauen. Dies gestattet vereinfachend ihre Bemessung für Kräfte, die kleiner sind als diejenigen, die bei einer linear-elastischen Reaktion ohne Energiedissipation auftreten würden.

DIN 4149, 5.4.3

hysteretische Energiedissipation: Energieverzehr durch elastoplastisches Materialverhalten bei zyklischen Be- und Entlastungsvorgängen

Um die günstig wirkenden dissipativen Effekte auch bei linearer Berechnung berücksichtigen zu können, wird das elastische Antwortspektrum durch den konstruktions- und bauartspezifischen Verhaltensbeiwert q abgemindert, der auch den Einfluss einer von 5 % abweichenden Dämpfung berücksichtigt.

Bezüglich der erforderlichen hysteretischen Dissipationsfähigkeit sind bei Betonbauten in deutschen Erdbebengebieten die zwei Duktilitätsklassen 1 (dissipativ mit „natürlicher" Duktilität) und 2 (dissipativ mit erhöhter Duktilität) zu unterscheiden.

DIN 4149, 8.1.2

Duktilität: Verformungsvermögen bestimmter Bauteilbereiche aufgrund ausreichender Verformungskapazität

Bei Betonbauten der Duktilitätsklasse 1 wird das Bemessungsspektrum für lineare Berechnung bei horizontaler Erdbebeneinwirkung durch Einführung des Bemessungswerts des Verhaltensbeiwerts $q = 1{,}50$ erhalten.

DIN 4149, 8.2 (1)

Betonbauten der Duktilitätsklasse 2 sind, entsprechend ihrem Verhalten unter horizontalen Erdbebeneinwirkungen, den Tragwerkstypen „Rahmensystem", „Wandsystem", „Mischsystem", „Kernsystem" oder „Umgekehrtes-Pendel-System" zuzuordnen.
Rahmen-, Misch- und Wandsysteme müssen eine Mindest-Torsionssteifigkeit aufweisen, ansonsten werden sie den Kernsystemen zugeordnet.
Diese Forderung wird als erfüllt betrachtet, wenn das Tragwerk folgender Bedingung entspricht:

DIN 4149, 8.3.3.1

$$r / l_s \geq 0{,}80$$

DIN 4149, Gl. (42)

mit r kleinster Torsionsradius für alle in Frage kommenden horizontalen Richtungen
l_s Trägheitsradius des Tragwerks im Grundriss

6.2 Untersuchungen für das vorliegende Bauwerk

6.2.1 Ermittlung der Bemessungsspektren

Zur Beurteilung der Mindest-Torsionssteifigkeit sind zunächst die Torsionsradien r_i der einzelnen Hauptrichtungen und der Trägheitsradius l_s des Tragsystems im Grundriss zu bestimmen.

Nach DIN 4149, Gl. (17) bestimmt sich das Quadrat des Torsionsradius für Bauwerke, die sich auf einen Ersatzstab zurückführen lassen, wie folgt:

$$r_{x/y}^2 = \frac{\sum I_{cx,i} \cdot x_{M,i}^2 + \sum I_{cy,i} \cdot y_{M,i}^2}{\sum I_{c,x/y,i}}$$

DIN 4149, Gl. (17)

Verhältnis in x-Richtung:

Querschnittswerte siehe Abschnitt 3.1
→ siehe Beispiel 20a

$$r_x^2 = (8670 + 0{,}69) / (47{,}70 + 7{,}15) = 158{,}1 \text{ m}^2 \rightarrow r_x = 12{,}6 \text{ m}$$

Verhältnis in y-Richtung:

$$r_y^2 = (8670 + 0{,}69) / (41{,}70 + 0{,}01) = 207{,}9 \text{ m}^2 \rightarrow r_y = 14{,}4 \text{ m}$$

Der Trägheitsradius des Tragsystems im Grundriss ermittelt sich für ein Bauwerk mit rechteckigem Grundriss und den Grundrissabmessungen L und B zu:

DIN 4149, 6.2.2.4.2 (3)

$$l_s^2 = (L^2 + B^2) / 12 = (40{,}50^2 + 20{,}25^2) / 12 = 170{,}9 \text{ m}^2$$

$$l_s = 13{,}1 \text{ m}$$

Somit ergibt sich für die Bedingung der Mindest-Torsionssteifigkeit:

$$r / l_s = 12{,}6 / 13{,}1 = 0{,}96 > 0{,}80$$

DIN 4149, Gl. (42)

Das Tragwerk ist zur Bestimmung des Verhaltensbeiwerts q für die Duktilitätsklasse 2 demnach den Wandsystemen zuzuordnen.

DIN 4149, 8.3.3.1

Der zur Berücksichtigung der Energiedissipationsfähigkeit eingeführte Verhaltensbeiwert q ist für jede Bemessungsrichtung wie folgt zu bestimmen:

$$q = q_0 \cdot k_R \cdot k_W \geq 1{,}50$$

DIN 4149, Gl. (43)

Der Grundwert q_0 ist für den Tragwerkstyp „Wandsystem“ gemäß Tabelle 9 festgelegt:

$$q_0 = 3{,}00$$

DIN 4149, Tabelle 9

Der Beiwert k_R zur Berücksichtigung der Regelmäßigkeit im Aufriss beträgt für regelmäßige Tragwerke:

$$k_R = 1{,}0$$

DIN 4149, 8.3.3.2.1 (3)

Der Beiwert k_W zur Berücksichtigung der vorherrschenden Versagensart bei Tragsystemen mit Wänden ist für Kernsysteme, Wandsysteme und Mischsysteme, bei denen Wände überwiegen, wie folgt anzusetzen:

Hinweis: *Die angegebene Beziehung für den Beiwert k_W ist nur für den Bereich* $0{,}5 \leq \alpha_0 \leq 2{,}0$ *auszuwerten.*
Für $\alpha_0 > 2{,}0$ *gilt immer* $k_W = 1{,}0$.
Für $\alpha_0 < 0{,}5$ *gilt immer* $k_W = 0{,}5$.

$$k_w = (1 + \alpha_0) / 3 \leq 1, \text{ jedoch} \geq 0{,}5$$

DIN 4149, 8.3.3.2.1 (4)

Das vorherrschende Maßverhältnis α_0 der Wände des Tragsystems darf, wenn die Maßverhältnisse H_{wi} / l_{wi} aller Wände *i* eines Tragsystems sich nicht wesentlich unterscheiden, wie folgt bestimmt werden:

$$\alpha_0 = \Sigma H_{wi} / \Sigma l_{wi}$$

DIN 4149, 8.3.3.2.1 (4)

Dabei ist H_{Wi} die Höhe der Wand *i* und l_{wi} die Länge des Querschnitts der Wand *i*. Nach [65] dürfen alle Wände *i* ungeachtet der Bemessungsrichtung berücksichtigt werden.

[65] *Eibl/Keintzel:* Vergleich der Erdbebenauslegung von Stahlbetonbauten nach DIN 4149 und Eurocode 8
Beton- und Stahlbetonbau 90 (1995); S. 217

$$\alpha_0 = (5 \cdot 22{,}50) / (5 \cdot 6{,}75) = 3{,}33 > 2 \qquad \rightarrow k_w = 1{,}0$$

DIN 4149, 8.3.3.2.1 (4)

Der Verhaltensbeiwert *q* ist für das Tragwerk in der Duktilitätsklasse 2 für jede Bemessungsrichtung:

$$q = 3{,}0 \cdot 1{,}0 \cdot 1{,}0 = 3{,}0 > 1{,}5$$

DIN 4149, Gl. (43)

Mit diesen Parametern wird das Bemessungsspektrum S_d (*T*) wie folgt festgelegt:

$$T_A \leq T \leq T_B: \quad S_d(T) = a_g \cdot \gamma_I \cdot S \cdot [1 + (\beta_0 / q - 1) \cdot T / T_B]$$

$$T_B \leq T \leq T_C: \quad S_d(T) = a_g \cdot \gamma_I \cdot S \cdot (\beta_0 / q)$$

$$T_C \leq T \leq T_D: \quad S_d(T) = a_g \cdot \gamma_I \cdot S \cdot (\beta_0 / q) \cdot T_C / T$$

$$T_D \leq T: \quad S_d(T) = a_g \cdot \gamma_I \cdot S \cdot (\beta_0 / q) \cdot T_C \cdot T_D / T^2$$

DIN 4149, Gl. (6) – (9)

Mit den vorstehend ermittelten Verhaltenbeiwerten für die Duktilitätsklassen 1 und 2 folgen die nachstehend dargestellten Bemessungsspektren:

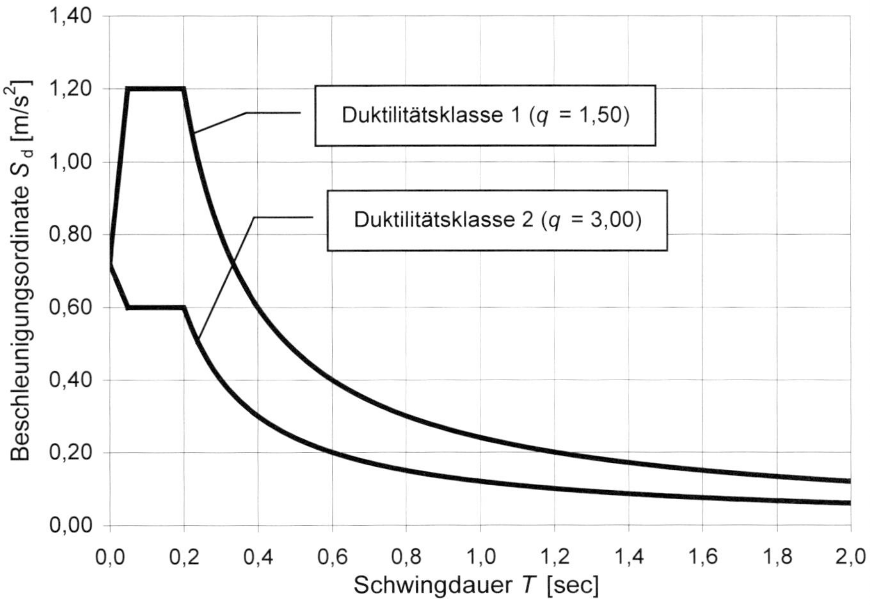

DIN 4149, 8.2
Verhaltensbeiwert *q* Duktilitätsklasse 1

DIN 4149, 8.3.3.2, Gl. (43)
Verhaltensbeiwert *q* Duktilitätsklasse 2

6.2.2 Ermittlung der Erdbebeneinwirkungen

6.2.2.1 Ermittlung der an der Schwingung beteiligten Vertikallasten

Der Bemessungswert der Beanspruchungen aus Erdbeben wird unter Berücksichtigung aller Vertikallasten, die in die folgende Kombination eingehen, ermittelt:

$$\sum G_{kj} \oplus \sum \psi_{Ei} \cdot Q_{ki}$$

DIN 4149, Gl. (11)
⊕ zu kombinieren mit

Die Kombinationsbeiwerte $\psi_{Ei} = \varphi \cdot \psi_{2i}$ berücksichtigen dabei die Wahrscheinlichkeit, dass die veränderlichen Lasten $\psi_{2i} \cdot Q_{ki}$ während des Erdbebens nicht in voller Größe vorhanden sind.
Die Beiwerte φ ermitteln sich für Verkehrslasten in „Sonstigen Gebäuden" bei unabhängig voneinander genutzten Geschossen zu:

DIN 4149, 5.5 (3)

Geschosse 01–05: $\varphi = 0{,}5$
Geschoss 06: $\varphi = 1{,}0$

DIN 4149, Tabelle 6

Die Kombinationsbeiwerte ψ_{2i} werden aus DIN 1055-100 entnommen:

DIN 1055-100, Tabelle A.2

Büro (Kategorie B) $\psi_2 = 0{,}3$
Treppen (Kategorie B) $\psi_2 = 0{,}3$
Dächer (Kategorie H) $\psi_2 = 0{,}0$
Schnee (Orte bis NN +1000 m) $\psi_2 = 0{,}0$

DIN 1055-3, Tab. 1, Kategorie T: Treppen und Treppenpodeste, Fußnote d: Hinsichtlich der Einwirkungskombinationen nach DIN 1055-100 sind die Einwirkungen der Nutzungskategorie des jeweiligen Gebäudes oder Gebäudeteils zuzuordnen.
→ im Beispiel: Kategorie B Büroflächen

Tabelle 6.2.2-1: Veränderliche Einwirkungen mit Kombinationsbeiwert ψ_2

Veränderliche Einwirkungen				**Innenstützen** B2–B6 C4–C6		**Randstützen** A2–A6 B1 D4–D6 C1		**Eckstützen** A1, A7 D1, D7		**Wand 2** B7–C7		**Kern 1** C2–D3	
E		ψ_2		Q_{Ek}	$Q_{Ek,red}$	Q_{Ek}	$Q_{Ek,red}$	Q_{Ek}	$Q_{Ek,red}$	Q_{Ek}	$Q_{Ek,red}$	Q_{Ek}	$Q_{Ek,red}$
06	Schnee	0,00		45,6	0	24,1	0	12,8	0	48,3	0	139,4	0
06	**Summe**		**kN**		**0**		**0**		**0**		**0**		**0**
05	Büro	0,30		91,1	27,3	48,3	14,5	25,6	7,7	96,5	29,0	187,7	56,3
05	Treppe	0,30										129,4	38,8
01-05	**Summe**		**kN**		**5 · 27,3**		**5 · 14,5**		**5 · 7,7**		**5 · 29,0**		**5 · 95,1**
	Summe	**1-6**	**kN**		**137**		**73**		**39**		**145**		**476**
	Summe	**Σ i**	**kN**	**i = 8**	**1.092**	**i = 10**	**725**	**i = 4**	**154**	**i = 1**	**145**	**i = 1**	**476**
	Gesamt:			**$Q_{Ek,red}$ =**	**2.592 kN**								

Tabelle 6.2.2-2: Vertikale Einwirkungen W_k zur Ermittlung der Erdbebeneinwirkungen

Vertikale Einwirkungen				**Innenstützen** B2–B6 C4–C6		**Randstützen** A2–A6 B1 D4–D6 C1		**Eckstützen** A1, A7 D1, D7		**Wand 2** B7–C7		**Kern 1** C2–D3	
E		**Last**			W_k		W_k		W_k		W_k		W_k
06	**Summe**		**kN**		**305,9**		**220,6**		**153,2**		**513,5**		**1.503,2**
02-05	**Summe**		**kN**		**4 · 387,8**		**4 · 258,5**		**4 · 170,4**		**4 · 595,0**		**4 · 1.754,5**
01	**Summe**		**kN**		**392,4**		**283,3**		**196,4**		**678,5**		**2.027,8**
	Summe	**1-6**	**kN**		**2.250**		**1.538**		**1.031**		**3.572**		**10.549**
	Summe	**Σ i**	**kN**	**i = 8**	**18.000**	**i = 10**	**15.380**	**i = 4**	**4.124**	**i = 1**	**3.572**	**i = 1**	**10.549**
	Gesamt:			**W_k =**	**51.625 kN**								

6.2.2.2 Überprüfung von Vereinfachungsmöglichkeiten

Für die Nachweise der Standsicherheit ist der Grenzzustand der Tragfähigkeit für die Erdbebenbemessungssituation zusammen mit den folgenden Empfehlungen für den Entwurf zu berücksichtigen:

DIN 4149, 7.1

- Einfachheit des Tragwerks, d. h. System mit eindeutigen und direkten Wegen für die Übertragung der Erdbebenkräfte;
- Wahl von aussteifenden Tragwerksteilen mit ähnlicher Steifigkeit und Tragfähigkeit in jeder der Hauptrichtungen;
- Vermeidung von Steifigkeitssprüngen zwischen übereinander liegenden Geschossen;
- Vermeidung unterschiedlicher Höhenlagen horizontal benachbarter Geschosse;
- Wahl von torsionssteifen Konstruktionen bei gleichzeitiger Vermeidung von Massenexzentrizitäten, die zu erhöhten Torsionsbeanspruchungen führen;
- Vermeidung imperfektionsempfindlicher und stabilitätsgefährdeter Konstruktionen sowie von Bauteilen, deren Standsicherheit schon bei kleinen Auflagerbewegungen gefährdet ist;
- Ausbildung der Geschossdecken als Scheiben zur Verteilung der horizontalen Trägheitskräfte auf die aussteifenden Elemente;
- Auswahl einer Gründungskonstruktion, die eine einheitliche Verschiebung der verschiedenen Gründungsteile bei Erdbebenanregung sicherstellt;
- Wahl duktiler Konstruktionen mit der Fähigkeit zu möglichst großer Energiedissipation;
- Vermeidung großer Massen in den oberen Geschossen;
- falls erforderlich, Aufteilung des Tragwerks mittels Fugen in dynamisch unabhängige Einheiten.

DIN 4149, 4.2

Für Hochbauten der Bedeutungskategorie I bis III können die vorgeschriebenen Nachweise als erbracht angesehen werden, wenn die für die Erdbebenbemessungssituation mit $q = 1$ ermittelte horizontale Gesamterdbebenkraft kleiner als die maßgebende Horizontalkraft der anderen Einwirkungskombinationen ist und die o. g. Empfehlungen für den Entwurf eingehalten sind.

DIN 4149, 5.3
Hochbauten sind entsprechend ihrer Bedeutung für den Schutz der Allgemeinheit bzw. der mit einem Einsturz verbundenen Folgen (z. B. Gefahr für Leib und Leben, Kulturgüter und Sachwerten) einer der vier Bedeutungskategorien nach Tabelle 3 zuzuordnen.

Die Gesamterdbebenkraft F_b für jede Hauptrichtung wird wie folgt bestimmt:

DIN 4149, 6.2.2.2

$$F_b = S_d(T_1) \cdot M \cdot \lambda$$

DIN 4149, Gl. (14)

Dabei ist:

$S_d(T_1)$ die Ordinate des Bemessungsspektrums bei Grundschwingzeit T_1

T_1 die Grundschwingzeit des Bauwerks für die Translationsbewegung in der betrachteten Richtung

M die Gesamtmasse des Bauwerks

λ Korrekturfaktor
$\lambda = 0{,}85$ für $T_1 \leq 2\,T_c$ für Gebäude mit mehr als zwei Geschossen
$\lambda = 1{,}0$ in allen anderen Fällen

DIN 4149, 6.2.2.2 (1); Anmerkung
Der Beiwert λ berücksichtigt die Tatsache, dass in Gebäuden mit mindestens drei Stockwerken und Verschiebungsfreiheitsgraden in jeder horizontalen Richtung die effektive modale Masse der Grundeigenform durchschnittlich um 15 % kleiner ist als die gesamte Gebäudemasse

Die Bestimmung der Grundschwingzeiten T_1 erfolgt nach [63], S. 170:

$$T_1 = \frac{2 \cdot \pi \cdot h^2}{\alpha_1^2} \cdot \sqrt{\frac{m_1}{h_1 \cdot EI}}$$

h	$= 22{,}5$ m	Wandhöhe
h_1	$= 3{,}75$ m	mittlere Geschosshöhe
m_1	$= 51.625 / 6 / 10{,}0$	
	$= 860{,}4$ t	mittlere Geschossmasse
α_1	$= 1{,}73$	Schwingzeitbeiwert ($n = 6$)

$E_{cm} = 28.300$ MN/m²

$\Sigma I_{c,x,i} = 47{,}7 + 7{,}15 = 54{,}85$ m⁴

$\Sigma I_{c,y,i} = 41{,}7 + 0{,}01 = 41{,}71$ m⁴

Grundschwingzeit für Schwingungen in x-Richtung:

$$T_{1,x} = \frac{2 \cdot \pi \cdot 22{,}5^2}{1{,}73^2} \cdot \sqrt{\frac{0{,}8604}{3{,}75 \cdot 28300 \cdot 41{,}71}} = 0{,}469 \text{ s}$$

Grundschwingzeit für Schwingungen in y-Richtung:

$$T_{1,y} = \frac{2 \cdot \pi \cdot 22{,}5^2}{1{,}73^2} \cdot \sqrt{\frac{0{,}8604}{3{,}75 \cdot 28300 \cdot 54{,}85}} = 0{,}409 \text{ s}$$

Mit den vorstehend ermittelten Grundschwingzeiten kann die Gesamterdbebenkraft mit einem Verhaltensbeiwert $q = 1$ berechnet werden:

$$F_{b,(x/y)} = S_{d,(x,y)}(T_{1,(x/y)}) \cdot M \cdot \lambda = a_g \cdot \gamma_I \cdot S \cdot (\beta_0 / q) \cdot T_C / T_{1,(x/y)} \cdot M \cdot \lambda$$

$F_{b,x} = 0{,}6 \cdot 1{,}2 \cdot 2{,}50 \cdot 0{,}20 / (1{,}0 \cdot 0{,}469) \cdot 5162{,}5 \cdot 1{,}0$

$\mathbf{F_{b,x} = 3.962{,}7}$ **kN**

$F_{b,y} = 0{,}6 \cdot 1{,}2 \cdot 2{,}50 \cdot 0{,}20 / (1{,}0 \cdot 0{,}409) \cdot 5162{,}5 \cdot 1{,}0$

$\mathbf{F_{b,y} = 4.544{,}0}$ **kN**

Aus Tabelle 4.2 und 4.3 ergeben sich für die Bemessungswerte der horizontalen Einwirkungen aus Wind und Schiefstellung:

$H_{xd} = 776{,}7 \text{ kN} < F_{b,x} = 3.962{,}7 \text{ kN}$

$H_{yd} = 1.608{,}0 \text{ kN} < F_{b,y} = 4.544{,}0 \text{ kN}$

Es zeigt sich, dass die vorgeschriebenen Nachweise für die Aufnahme der Horizontallasten infolge Erdbeben noch nicht als erbracht anzusehen sind.

Weitere Voraussetzungen für Vereinfachungen, wie sie in DIN 4149, 7.1 genannt sind, treffen für das Tragwerk nicht zu.

DIN 4149, 6.2.2.2: (2) Zur Bestimmung der Grundschwingzeiten T_1 der beiden ebenen Modelle eines Bauwerks dürfen vereinfachte Beziehungen der Dynamik angewendet werden.

[63] *Müller/Keintzel*: Erdbebensicherung von Hochbauten, S. 170:
Lässt sich das Bauwerk mit den Geschossmassen $m_j = m_1$ und den Geschosshöhen h_1 auf einen starr in die Gründung eingespannten Biegestab mit der konstanten Steifigkeit EI zurückführen, so kann seine Grundschwingzeit mit nebenstehender Beziehung ermittelt werden. Der in dieser Beziehung eingehende Schwingzeitbeiwert α_1 wird dabei in [63], Tab. 8.1, in Abhängigkeit von der Geschosszahl n angegeben

DIN 4149, 6.1 (3): In Stahlbeton- und Mauerwerksbauten darf die Steifigkeit der tragenden Bauteile in der Regel unter Annahme von ungerissenen Querschnitten angesetzt werden. *Hinweis:* In Stahlbetonbauten kann diese Annahme zu auf der unsicheren Seite liegenden Ermittlungen der Verschiebungen führen, insbesondere wenn hohe Werte für den Verhaltensbeiwert q angenommen werden. In solchen Fällen und falls die Verschiebungen kritisch sind, kann hinsichtlich der Berechnung der Verschiebung nach 6.3 ein genauerer Ansatz der Steifigkeit der Bauteile unter Erdbebeneinwirkung erforderlich sein. Wenn keine genaueren Angaben vorliegen, sollte eine Steifigkeit von 50 % derjenigen des ungerissenen Querschnitts angenommen werden.

DIN 4149, Gl. (14) mit Gl. (8), da $T_C = 0{,}2 \text{ s} < T_1 < T_D = 2{,}0 \text{ s}$

Werte für a_g, γ_I, S, β_0 und T_C nach 6.1

$\lambda = 1$, da $T_1 > 2\,T_C = 0{,}4$ s

→ siehe Beispiel 20a

6.2.2.3 Hinweise zur Festlegung des Berechnungsverfahrens

Zur Bestimmung der Erdbebeneinwirkungen ist als Referenzverfahren das Antwortspektrenverfahren unter Berücksichtigung mehrerer Schwingungsformen, unter Verwendung eines linear-elastischen Tragwerksmodells und des vorstehend angegebenen Bemessungsspektrums zu verwenden. DIN 4149, 6.2.1

In Abhängigkeit vom Tragwerk kann auch das „vereinfachte Antwortspektrenverfahren" verwendet werden.

Dieses Berechnungsverfahren kann bei Bauwerken angewandt werden, die sich durch zwei ebene Modelle darstellen lassen und deren Verhalten durch Beiträge höherer Schwingungsformen nicht wesentlich beeinflusst wird. DIN 4149, 6.2.2.1 (1)

Diese Anforderungen werden als erfüllt erachtet von Bauwerken, die DIN 4149, 6.2.2.1 (2)

→ entweder die Regelmäßigkeitskriterien im Grundriss 1) und Aufriss 2) erfüllen,

1) Kriterien für die Regelmäßigkeit im Grundriss DIN 4149, 4.3.2
   a. Das Gebäude ist im Grundriss bezüglich der Horizontalsteifigkeit und der Massenverteilung um zwei zueinander senkrechte Achsen nahezu symmetrisch.
   b. Die Grundrissform ist kompakt, d. h. sie weist keine gegliederten Formen wie z. B. die von H oder X auf.
   c. Rückspringende Ecken oder Nischen im Grundriss sind möglichst zu vermeiden oder in ihren Abmessungen zu begrenzen, damit das Aussteifungssystem nicht beeinträchtigt wird. Sind Rücksprünge vorhanden, darf trotzdem eine Regelmäßigkeit im Grundriss angenommen werden, vorausgesetzt, dass diese Rücksprünge die Steifigkeit der Decke in ihrer Ebene nicht beeinträchtigen und dass die Fläche zwischen dem Umriss des Stockwerks und einem konvexen Polygon als Umhüllende des Stockwerks 5 % der Stockwerksfläche nicht überschreitet.
   d. Die Steifigkeit der Decken in ihrer Ebene muss im Vergleich zur Horizontalsteifigkeit der durch die Decke gekoppelten Stützen und Wände ausreichend groß sein, so dass sich die Verformung der Decke nur unwesentlich auf die Verteilung der horizontalen Kräfte auf die aussteifenden Bauteile auswirkt.
   e. Die einzelnen Geschosse müssen über einen ausreichenden Widerstand gegen Torsionswirkungen verfügen.

2) Kriterien für die Regelmäßigkeit im Aufriss DIN 4149, 4.3.3
   a. Alle an der Aufnahme von Horizontallasten beteiligten Tragwerksteile (z. B. Kerne, tragende Wände oder Rahmen) verlaufen ohne Unterbrechung von ihren Gründungen bis zur Oberkante des Gebäudes.
   b. Sowohl die Horizontalsteifigkeit als auch die Masse der einzelnen Geschosse bleiben konstant oder verringern sich nur allmählich ohne große sprunghafte Veränderungen mit der Bauwerkshöhe.
   c. Bei Skelettbauten sollte das Verhältnis der tatsächlichen Geschossbeanspruchbarkeit zu der laut Berechnung erforderlichen Beanspruchbarkeit nicht stark zwischen benachbarten Geschossen schwanken.
   d. Sind Rücksprünge vorhanden, so sind die zusätzlichen Bedingungen nach DIN 4149, 4.3.3 (4), zu beachten.

→ oder aber lediglich die Kriterien für die Regelmäßigkeit in Aufriss 2) und die Festlegungen zur Berücksichtigung von Torsionswirkungen 3) zumindest teilweise erfüllen. DIN 4149, Tabelle 1

DIN 4149, 6.2.2.4.2 (3)

3) Bedingungen für die Anwendung des Näherungsverfahrens zur Berücksichtigung von Torsionswirkungen.
   a1) Das Bauwerk besitzt gut verteilte und verhältnismäßig steife Außen- und Innenwände.
   a2) Die Bauwerkshöhe beträgt nicht mehr als 10 m.
   b) Die Steifigkeit der Decken in ihrer Ebene ist im Vergleich mit der Horizontalsteifigkeit der vertikalen Tragwerksteile genügend groß, so dass starres Verhalten der Deckenscheiben angenommen werden kann.
   c1) Die Steifigkeitsmittelpunkte und Massenschwerpunkte der einzelnen Geschosse liegen jeweils näherungsweise auf einer vertikalen Geraden.
   c2) In jeder Berechnungsrichtung ist die Bedingung $r^2 > l_s^2 + e_0^2$ erfüllt. Dabei sind:
   - r^2 das Quadrat des „Torsionsradius", das dem Verhältnis zwischen Torsions- und Translationssteifigkeit in der betrachteten Berechnungsrichtung entspricht;
   - l_s^2 das Quadrat des „Trägheitsradius", das dem Verhältnis zwischen polarem Trägheitsmoment der Grundrissfläche in Bezug auf ihren Schwerpunkt und ihrem Flächeninhalt entspricht. Für einen Grundriss mit Rechteckfläche ist $l_s^2 = (L^2 + B^2) / 12$;
   - e_0 die tatsächliche Exzentrizität zwischen dem Steifigkeitsmittelpunkt und dem nominalen Massenschwerpunkt.

Darüber hinaus müssen unabhängig von den o. g. Kriterien alle Bauwerke, die nach dem vereinfachten Antwortspektrenverfahren berechnet werden sollen, eine Grundschwingzeit T_1 in beiden Hauptrichtungen aufweisen, die folgenden Grenzwert nicht überschreitet:

$$\max T_1 \leq 4 \cdot T_C$$

wobei T_C entsprechend der Zuordnung zu der Erdbebenzone und den geologischen Untergrundverhältnissen DIN 4149, Tabelle 4 zu entnehmen ist.

Zur Festlegung, ob eine Berechnung nach dem vereinfachten Antwortspektrenverfahren durchgeführt werden kann, sind o. g. Kriterien heranzuziehen.

Hinsichtlich der Kriterien für die Regelmäßigkeit im Grundriss 1) zeigt sich, dass das Gebäude im Grundriss bezüglich der Horizontalsteifigkeit nicht um zwei zueinander senkrechten Achsen symmetrisch ist (Kriterium 1a).

Die Kriterien für die Regelmäßigkeit im Aufriss 2) sind erfüllt.

Ebenfalls erfüllt sind die Kriterien 3) (a1, b, c1) für die Anwendbarkeit des Näherungsverfahrens zur Berücksichtigung von Torsionswirkungen. Kriterium 3) (a2) ist allerdings nicht erfüllt.

Somit ist vor einer Festlegung noch zu untersuchen, ob das Kriterium 3) (c2) erfüllt werden kann.

Zu diesem Zweck ist die tatsächliche Exzentrizität e_0 zwischen dem Steifigkeitsmittelpunkt und dem nominalen Massenschwerpunkt des Bauwerks zu bestimmen.

Tab. 6.2.2-3: Ermittlung des Massenschwerpunkts

j	$x_{M,j}$	$y_{M,j}$	$G_{k,j}$	$\psi_{Ej} \cdot Q_{k,j}$	W_j	$W_j \cdot x_{M,j}$	$W_j \cdot y_{M,j}$
	m	m	MN	MN	MN	MNm	MNm
1	1,67	1,40	10,31	0,24	10,55	17,63	14,80
2	32,47	8,29	3,50	0,07	3,57	115,92	29,60
A1	-8,03		1,01	0,02	1,03	-8,27	18,97
A2	-1,28		1,50	0,04	1,54	-1,97	
A3	5,47		1,50	0,04	1,54	8,42	
A4	12,22	18,42	1,50	0,04	1,54	18,82	28,37
A5	18,97		1,50	0,04	1,54	29,21	
A6	25,72		1,50	0,04	1,54	39,61	
A7	32,47		1,01	0,02	1,03	33,44	18,97
B1	-8,03		1,50	0,04	1,54	-12,37	17,97
B2	-1,28		2,18	0,07	2,25	-2,88	
B3	5,47	11,67	2,18	0,07	2,25	12,31	
B4	12,22		2,18	0,07	2,25	27,50	26,26
B5	18,97		2,18	0,07	2,25	42,68	
B6	25,72		2,18	0,07	2,25	57,87	
C1	-8,03		1,50	0,04	1,54	-12,37	7,58
C4	12,22	4,92	2,18	0,07	2,25	27,50	
C5	18,97		2,18	0,07	2,25	42,68	11,07
C6	25,72		2,18	0,07	2,25	57,87	
D1	-8,03		1,01	0,02	1,03	-8,27	-1,88
D4	12,22		1,50	0,04	1,54	18,82	
D5	18,97	-1,83	1,50	0,04	1,54	29,21	-2,82
D6	25,72		1,50	0,04	1,54	39,61	
D7	32,47		1,01	0,02	1,03	33,44	1,88
Σ			50,29	1,35	**51,64**	**606,27**	**401,81**

Für die Lage des Massenschwerpunkts, bezogen auf den Schubmittelpunkt, ergibt sich somit:

in x-Richtung:

$$x_{Mm} = \Sigma(W_j \cdot x_{M,j}) / \Sigma W_j = 606{,}27 / 51{,}64 = 11{,}74 \text{ m}$$

in y-Richtung:

$$y_{Mm} = \Sigma(W_j \cdot y_{M,j}) / \Sigma W_j = 401{,}81 / 51{,}64 = 7{,}78 \text{ m}$$

Da die Lage des Massenschwerpunkts bereits auf die Lage des Schubmittelpunkts bezogen ist, entspricht diese Lage der tatsächlichen Exzentrizität e_0. Somit ist:

$$l_s^2 + e_{0,x}^2 = 170{,}9 + 11{,}74^2 = 308{,}73 \text{ m}^2 > 158{,}1 \text{ m}^2 = r_x^2$$

r_x^2 und r_y^2 siehe 6.2.1

$$l_s^2 + e_{0,y}^2 = 170{,}9 + 7{,}78^2 = 231{,}43 \text{ m}^2 > 207{,}9 \text{ m}^2 = r_y^2$$

Da Kriterium 3) (c2) nicht erfüllt werden kann, wird das Antwortspektrenverfahren unter Berücksichtigung mehrerer Schwingungsformen verwendet.

Eine Berechnung mit zwei ebenen Modellen ist hier gemäß den in der Norm angegebenen Kriterien nicht möglich. Aus diesem Grund wird ein räumliches Modell verwendet.

DIN 4149, 6.2.2.4.2 (10)

6.2.2.4 Ermittlung der Schwingungsformen

Wird ein räumliches Modell verwendet, muss die Bemessungs-Erdbebeneinwirkung entlang allen maßgebenden horizontalen Richtungen (bezogen auf die Grundrissanordnung) und ihrer orthogonalen horizontalen Achsen angesetzt werden.

DIN 4149, 6.2.3.1 (4)

Die Schnittgrößen und Verschiebungen aus allen Schwingungsformen, die wesentlich zum globalen Schwingungsverhalten beitragen, sind zu berücksichtigen. Dies gilt als erfüllt, wenn:

DIN 4149, 6.2.3.1 (5)

- die Summe der Ersatzmassen (der „effektiven modalen Massen") für die berücksichtigten Schwingungsformen mindestens 90 % der Gesamtmasse des Tragwerks beträgt, oder
- alle Schwingungsformen mit Ersatzmassen („effektiven modalen Massen") von mehr als 5 % der Gesamtmasse berücksichtigt werden.

Die vorstehend genannten Bedingungen sind für jede maßgebende Richtung nachzuweisen.

DIN 4149, 6.2.3.1 (6)

Zur Ermittlung der Schwingungsformen wird das gesamte Tragsystem mittels eines Computer-Programms, das zur Eigenfrequenzanalyse räumlicher Systeme geeignet ist, analysiert. Im vorliegenden Fall wird hierzu das Finite-Elemente-Programm ADINA [81] verwendet.

[81] ADINA Engineering; A Program for Automatic Dynamic Incremental Nonlinear Analysis; 1984

Um alle wesentlichen dynamischen Effekte zu erfassen, ist es ausreichend, die aussteifenden Bauteile als biegesteife Ersatzstäbe zu modellieren.
Die in horizontaler Richtung steife Deckenscheibe wird ebenfalls durch sehr steife Biegestäbe mit kreuzweiser Ausfachung durch Pendelstäbe abgebildet.
Die Stützen werden geschossweise als Pendelstäbe berücksichtigt.

In Stahlbeton- und Mauerwerksbauten darf die Steifigkeit der tragenden Bauteile im Allgemeinen unter Annahme von ungerissenen Querschnitten angesetzt werden.

DIN 4149, 6.1 (3)

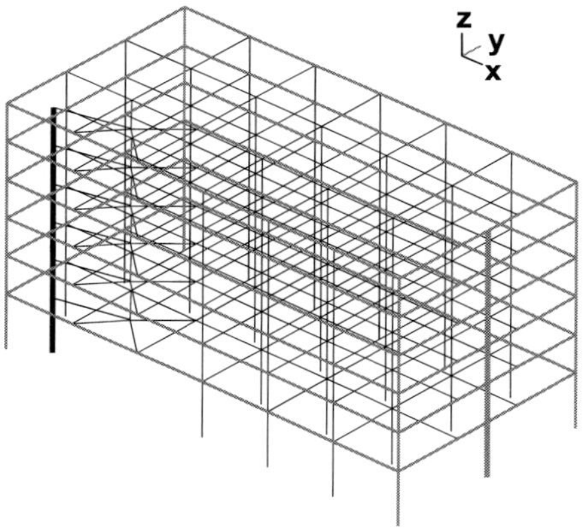

Das gesamte Modell ist in der nebenstehenden Abbildung dargestellt. Aus Gründen der Anschaulichkeit ist die kreuzweise Ausfachung der Decken aus der Darstellung ausgeblendet.

Aus der dynamischen Berechnung ergeben sich für die ersten zehn Eigenfrequenzen und zugehörigen modalen Ersatzmassen in der jeweils betrachteten Richtung die in der folgenden Tabelle angegebenen Werte. Ebenfalls eingetragen sind die prozentualen Anteile der modalen Massen an der Gesamtmasse M_{ges} = 5162,5 t sowie die Summe.

Tab. 6.2.2-4: Modale Massen und deren Einzelanteile

i	f_i	$m_{i,x}$	$m_{i,x}$ / M_{ges}	$\Sigma m_{i,x}$ / M_{ges}	$m_{i,y}$	$m_{i,y}$ / M_{ges}	$\Sigma m_{i,y}$ / M_{ges}
	[Hz]	[t]	[%]	[%]	[t]	[%]	[%]
1	1,39	938,98	18,19	18,19	1565,60	30,33	30,33
2	2,25	2489,01	48,21	66,40	1064,61	20,62	50,95
3	3,77	177,18	3,43	69,83	975,36	18,89	69,84
4	8,63	282,15	5,47	75,30	470,44	9,11	78,95
5	14,02	750,72	14,54	89,84	320,69	6,21	85,17
6	23,50	56,48	1,09	90,94	303,13	5,87	91,04
7	24,05	80,80	1,57	92,50	131,24	2,54	93,58
8	39,02	223,07	4,32	96,82	95,13	1,84	95,42
9	47,15	28,54	0,55	97,37	47,54	0,92	96,34
10	65,33	16,24	0,31	97,69	88,03	1,71	98,05

Zur Veranschaulichung des Schwingungsverhaltens des Bauwerks ist in den beiden folgenden Abbildungen das verformte Tragwerk in der ersten und zweiten Eigenform dargestellt.

Anhand der Schwingungsformen in der ersten Eigenfrequenz ist der Einfluss der Torsionsschwingung deutlich abzulesen.

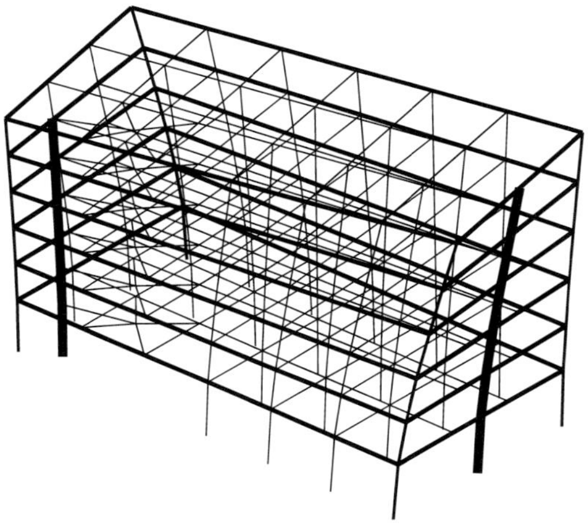

1. Eigenform: $f = 1{,}39$ Hz

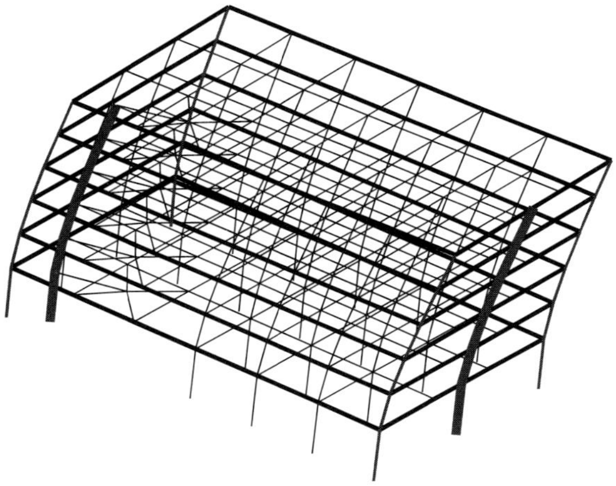

2. Eigenform: $f = 2{,}25$ Hz

6.2.2.5 Ermittlung der Komponenten der Erdbebeneinwirkung und deren Kombination

Mit den zuvor ermittelten Schwingungsformen und den zugehörigen Schwingzeiten werden die Bemessungsspektren jeweils für die x- und y-Richtung ausgewertet. Diese Auswertung erfolgt ebenfalls mit dem gewählten Modell und Computer-Programm [81].

[81] ADINA Engineering; A Program for Automatic Dynamic Incremental Nonlinear Analysis; 1984

Hierbei ist zu beachten, dass die Schnittgrößen und Verschiebungen in zwei Schwingungsformen i und j (einschließlich Translations- und Torsionsschwingungsformen) dann als unabhängig betrachtet werden können, wenn ihre Schwingzeiten T_i und T_j folgende Bedingung erfüllen:

DIN 4149, 6.2.3.2 (1)

$$T_i \leq 0{,}9 \cdot T_j$$

DIN 4149, Gl. (27)

Wenn alle maßgebenden modalen Schnittgrößen oder Verschiebungen als voneinander unabhängig betrachtet werden können, kann der Höchstwert E_E einer Schnittgröße oder Verschiebung infolge Erdbebeneinwirkung wie folgt angenommen werden:

DIN 4149, 6.2.3.2 (2)

$$E_E = \sqrt{\sum E_{Ei}^2}$$

DIN 4149, Gl. (28)

Dabei ist:

E_E die betrachtete Schnittgröße oder Verschiebung infolge Erdbebeneinwirkung (Kraft, Verschiebung, etc.)

E_{Ei} der Wert dieser Schnittgröße oder Verschiebung infolge Erdbebeneinwirkung, entsprechend der Schwingungsform i

Wird die Bedingung nicht eingehalten, müssen genauere Verfahren für die Kombination der modalen Höchstwerte (z. B. die „Vollständige Quadratische Kombination") angewendet werden.

DIN 4149, 6.2.3.2 (3)

Innerhalb des verwendeten Programms [81] wird unabhängig von den tatsächlich vorhandenen Schwingzeiten die Methode der „Vollständigen Quadratischen Kombination" (CQC-Methode) verwendet. Diese Methode dient der Überlagerung der Eigenformen von Systemen mit mehreren Freiheitsgraden, die eine modale Wechselwirkung berücksichtigt und somit auch für die Berechnung von Systemen mit dicht beieinander liegenden Eigenfrequenzen geeignet ist [63].

[81] ADINA Engineering; A Program for Automatic Dynamic Incremental Nonlinear Analysis; 1984

[63] *Müller/Keintzel*: Erdbebensicherung von Hochbauten, S. 67 ff.

Mit den ermittelten Schwingdauern der einzelnen Schwingungsformen des Modells können mit Hilfe der zu verwendenden Bemessungsspektren die zugehörigen Spektralwerte bestimmt werden. In der folgenden Tabelle sind die Frequenzen, die daraus berechneten Schwingdauern und die Spektralwerte für die Duktilitätsklassen 1 (DK1) und 2 (DK2) angegeben:

Tab. 6.2.2-5: Schwingdauern und Spektralwerte

i	f_i	$T_i = 1 / f_i$	$S_d(T)$ (DK1)	$S_d(T)$ (DK2)
	[Hz]	[sec]	[m/s²]	[m/s²]
1	1,39	0,721	0,3327	0,1663
2	2,25	0,444	0,5400	0,2700
3	3,77	0,265	0,9049	0,4524
4	8,63	0,116	1,2000	0,6000
5	14,02	0,071	1,2000	0,6000
6	23,50	0,043	1,1286	0,6179
7	24,05	0,042	1,1192	0,6202
8	39,02	0,026	0,9660	0,6585
9	47,15	0,021	0,9236	0,6691
10	65,33	0,015	0,8669	0,6833

Bemessungsspektren, vgl. 6.2.1

Für die Schnittgrößen in den aussteifenden Bauteilen ergeben sich folgende in der Tabelle dargestellten Werte, wobei zu beachten ist, dass es sich hierbei um einhüllende Größen handelt.

Die angegebenen Horizontallasten sind aus der Einhüllenden des Querkraftverlaufs zurückgerechnet und dienen lediglich zum Vergleich mit den anderen in diesem Beispiel angegebenen Horizontallasten.

Tab. 6.2.2-6: *H* und *M* infolge Erdbeben (DK1)

Kern 1		*H* in x-Richtung				*H* in y-Richtung			
E	h_E	H_{AEx}	H_{AEy}	M_{AEx}	M_{AEy}	H_{AEx}	H_{AEy}	M_{AEx}	M_{AEy}
06	22,5	599,8	319,6	0	0	439,1	378,6	0	0
05	19,0	323,3	186,9	1119	2099	232,9	268,7	1325	1537
04	15,5	178,9	112,0	2857	5260	127,5	179,2	3563	3830
03	12,0	210,3	114,6	4870	8793	146,6	146,8	6345	6386
02	8,5	241,5	118,5	7128	12694	183,0	124,6	9531	9180
01	5,0	182,7	84,2	9700	17205	142,6	82,7	13068	12407
00	0	0	0	13875	24749	0	0	18571	17869
Wand 2		*H* in x-Richtung				*H* in y-Richtung			
E	h_E	H_{AEx}	H_{AEy}	M_{AEx}	M_{AEy}	H_{AEx}	H_{AEy}	M_{AEx}	M_{AEy}
06	22,5	0	231.4	0	0	0	291,3	0	0
05	19,0	0	78,2	810	0	0	94,6	1020	0
04	15,5	0	23,9	1853	0	0	24,4	2320	0
03	12,0	0	70,0	2829	0	0	89,2	3510	0
02	8,5	0	107,4	3812	0	0	137,2	4693	0
01	5,0	0	86,3	5046	0	0	111,5	6197	0
00	0	0	0	7412	0	0	0,0	9134	0

Tab. 6.2.2-7: *H* und *M* infolge Erdbeben (DK2)

Kern 1		*H* in x-Richtung				*H* in y-Richtung			
E	h_E	H_{AEx}	H_{AEy}	M_{AEx}	M_{AEy}	H_{AEx}	H_{AEy}	M_{AEx}	M_{AEy}
06	22,5	305,8	163,9	0	0	224,2	195,5	0	0
05	19,0	156,0	89,9	574	1070	112,2	130,4	684	785
04	15,5	93,4	57,5	1439	2642	67,0	89,6	1805	1923
03	12,0	104,9	57,1	2438	4397	71,9	73,5	3187	3195
02	8,5	117,0	57,9	3567	6352	90,0	63,4	4772	4594
01	5,0	98,5	45,7	4851	8604	76,3	47,2	6535	6205
00	0	0	0	6941	12380	0	0	9298	8940
Wand 2		*H* in x-Richtung				*H* in y-Richtung			
E	h_E	H_{AEx}	H_{AEy}	M_{AEx}	M_{AEy}	H_{AEx}	H_{AEy}	M_{AEx}	M_{AEy}
06	22,5	0	118,1	0	0	0	148,4	0	0
05	19,0	0	37,2	413	0	0	45,2	519	0
04	15,5	0	13,4	930	0	0	13,6	1165	0
03	12,0	0	34,5	1415	0	0	44,6	1756	0
02	8,5	0	52,7	1907	0	0	67,0	2348	0
01	5,0	0	44,4	2524	0	0	57,5	3100	0
00	0	0	0	3707	0	0	0	4568	0

Vorstehend wurden die Schnittgrößen getrennt für jede Horizontalrichtung ermittelt.

DIN 4149, 6.2.4.1 (2)

Hinsichtlich der Kombination der Horizontalkomponenten der Erdbebeneinwirkung sind im Allgemeinen diese als gleichzeitig wirkend zu betrachten. Die Kombination dieser Komponenten darf folgendermaßen berücksichtigt werden:

- Die Schnittgrößen und Verschiebungen des Tragwerks sind für jede Horizontalkomponente getrennt zu ermitteln, wobei für die modalen Werte die vorstehend erläuterten Kombinationsregeln anzuwenden sind.
- Der Maximalwert jeder Schnittgröße am Tragwerk infolge der zwei Horizontalkomponenten der Erdbebeneinwirkung ist in diesem Fall als Quadratwurzel der Summe der Quadrate der für die beiden Horizontalkomponenten berechneten Werte zu ermitteln.

In der folgenden Tabelle sind die mit [81] kombinierten Werte angegeben. Auch hier wurden wiederum die Horizontallasten aus den berechneten Querkräften zu Vergleichszwecken ermittelt:

[81] ADINA Engineering; A Program for Automatic Dynamic Incremental Nonlinear Analysis; 1984

Tab. 6.2.2-8: *H* und *M* infolge kombinierter Erdbebeneinwirkung

Kern 1		Duktilitätsklasse 1				Duktilitätsklasse 2			
E	h_E	H_{AEx}	H_{AEy}	M_{AEx}	M_{AEy}	H_{AEx}	H_{AEy}	M_{AEx}	M_{AEy}
06	22,5	743,3	495,5	0	0	379,2	255,2	0	0
05	19,0	398,5	326,4	1734	2602	192,1	157,9	893	1327
04	15,5	219,7	210,4	4567	6507	115,0	106,3	2308	3268
03	12,0	256,3	186,2	8000	10868	127,2	93,1	4012	5435
02	8,5	302,9	171,0	11902	15666	147,5	85,5	5958	7839
01	5,0	231,6	117,0	16275	21212	124,6	65,3	8139	10608
00	0	0	0	23182	30526	0	0	11603	15271
Wand 2		Duktilitätsklasse 1				Duktilitätsklasse 2			
E	h_E	H_{AEx}	H_{AEy}	M_{AEx}	M_{AEy}	H_{AEx}	H_{AEy}	M_{AEx}	M_{AEy}
06	22,5	0	372,1	0	0	0	190,0	0	0
05	19,0	0	122,8	1302	0	0	58,5	664	0
04	15,5	0	34,0	2969	0	0	18,9	1491	0
03	12,0	0	113,4	4508	0	0	56,3	2255	0
02	8,5	0	174,2	6046	0	0	85,2	3025	0
01	5,0	0	140,9	7991	0	0	72,6	3997	0
00	0	0	0	11763	0	0	0	5883	0

6.2.3 Nachweis der Standsicherheit im Grenzzustand der Tragfähigkeit

Im Folgenden wird die Einwirkungskombination angegeben, die für alle tragenden Bauteile – einschließlich Verbindungen – und die maßgebenden nicht tragenden Bauteile gilt.

DIN 4149, 7.2.2

Maßgebende nicht tragende Bauteile nach Norm sind z. B. Verglasungskonstruktionen, spröde Außenwandbekleidungen, Brüstungen, Giebel, Antennen, technische Anlagenteile, nicht tragende Außenwände, nicht tragende Trennwände über 3,50 m Höhe, Geländer, Schornsteine. Für derartige Bauteile, die im Falle des Versagens Gefahren für Personen hervorrufen oder das Tragwerk des Bauwerks beeinträchtigen können, muss einschließlich deren Verbindungen, Verankerungen oder Befestigungen nachgewiesen werden, dass diese die Bemessungs-Erdbebeneinwirkung aufnehmen können.

DIN 4149, 6.4

Die Einwirkungskombination für den Grenzzustand der Tragfähigkeit im Kombinationsfall „Erdbeben" ergibt sich aus der Kombination des Bemessungswerts $E_{d,perm}$ aus einer quasi-ständigen Einwirkungskombination und dem Bemessungswert E_{AEd} einer Einwirkung aus Erdbeben.

DIN 1055-100, A.4

$$E_{dE} = E_{AEd} + E_{d,perm} = \gamma_1 \cdot A_{Ed} + E_{Gk} + E_{Pk} + \sum_{i \geq 1} \psi_{2,i} \cdot E_{Qk,i}$$

DIN 1055-100, A.4, Gl. (A.7)
DIN 4149, 7.2.2 (1)

Horizontallasten aus Imperfektion brauchen nicht berücksichtigt zu werden.

DIN 1045-1, 7.2: Imperfektionen
(1) Für die Nachweise im Grenzzustand der Tragfähigkeit sind mit Ausnahme der außergewöhnlichen Bemessungssituationen ungünstige Auswirkungen möglicher Imperfektionen des unbelasteten Tragwerks zu berücksichtigen

DIN 1055-100, 3.1.2.5.4: seismische Einwirkung - außergewöhnliche Einwirkung infolge Erdbeben

Ermittlung der Schnittkräfte

Schnittkräfte OK Bodenplatte:

Normalkräfte (vgl. Tabellen 2.1.1-1 und 6.2.2-1):

→ Tab. 2.1.1-1 siehe Beispiel 20a

Kern 1: $N_{AEd} = G_{Ek} + \Sigma\psi_{2,i} \cdot Q_{Ek,i} = 10.311 + 476 = \mathbf{10.787\ kN}$

Wand 2: $N_{AEd} = G_{Ek} + \Sigma\psi_{2,i} \cdot Q_{Ek,i} = 3.500 + 145 = \mathbf{3.645\ kN}$

Biegemomente und Querkräfte infolge Erdbeben unter Berücksichtigung des Wichtungsfaktors γ_I für Einwirkungen aus Erdbeben nach DIN 1055-100:

DIN 4149, 7.2.2 (1):
$\gamma_I = 1{,}0$

Duktilitätsklasse 1:

Kern 1:
$V_{AEd,x} = 1{,}0 \cdot 2152{,}2 = 2152$ kN
$V_{AEd,y} = 1{,}0 \cdot 1506{,}5 = 1507$ kN
$M_{AEd,x} = 1{,}0 \cdot 23182 = 23182$ kNm
$M_{AEd,y} = 1{,}0 \cdot 30526 = 30526$ kNm

Wand 2:
$V_{AEd,y} = 1{,}0 \cdot 957{,}3 = 957$ kN
$M_{AEd,x} = 1{,}0 \cdot 11763 = 11763$ kNm

Duktilitätsklasse 2:

Kern 1:
$V_{AEd,x} = 1{,}0 \cdot 1085{,}6 = 1086$ kN
$V_{AEd,y} = 1{,}0 \cdot 763{,}3 = 763$ kN
$M_{AEd,x} = 1{,}0 \cdot 11603 = 11603$ kNm
$M_{AEd,y} = 1{,}0 \cdot 15271 = 15271$ kNm

Wand 2:
$V_{AEd,y} = 1{,}0 \cdot 481{,}3 = 481$ kN
$M_{AEd,x} = 1{,}0 \cdot 5883 = 5883$ kNm

Die angegebenen Bemessungsschnittgrößen sind beim Nachweis der Tragfähigkeit mit wechselnden Vorzeichen zu berücksichtigen.

Nachweisführung bei Wänden in der Duktilitätsklasse 1

Generell gelten die in DIN 1045-1 angegebenen Festlegungen für die Bemessung und bauliche Durchbildung.

DIN 4149, 8.2 (3)

Da es sich bei einer Erdbebenbeanspruchung um eine Kurzzeitbelastung handelt, kann für die Bemessung im Grenzzustand der Tragfähigkeit der Wert f_{cd} mit $\alpha = 1{,}0$ ermittelt werden.

DIN 1045-1, 9.1.6 (2)

Zusätzlich sind die folgenden Bedingungen einzuhalten:

a) Im Rahmen der Erdbeben-Norm können die in DIN 1045-1 für die Grundkombination angegebenen Teilsicherheitsbeiwerte $\gamma_c = 1{,}5$ und $\gamma_s = 1{,}15$ angewandt werden.

DIN 4149, 8.1.3 (3)

b) Der in kritischen Bereichen verwendete Betonstahl hat die Anforderungen an hochduktile Stähle (B) nach DIN 1045-1 zu erfüllen.

DIN 4149, 8.2 (5)

c) Für Wände wird der Bemessungswert der Querkraft durch Multiplikation der aus der Berechnung erhaltenen Querkraft mit dem Faktor $\varepsilon = 1{,}5$ bestimmt.

d) In symmetrisch bewehrten Druckgliedern (Stützen und Wänden), die für die Abtragung der horizontalen Erdbebenlasten über Biegebeanspruchung herangezogen werden, darf der Bemessungswert der bezogenen Längskraft $\nu_d = N_{AEd} / (A_c \cdot f_{cd})$, mit N_{AEd} - Bemessungswert der aufzunehmenden Längskraft und A_c - Gesamtfläche des Betonquerschnitts, den Grenzwert $\nu_d = 0{,}25$ für Stützen und $\nu_d = 0{,}20$ für Wände nicht überschreiten.

Hinweis: Im Normentext wird der Bemessungswert der aufzunehmenden Längskraft mit N_{Sd} bezeichnet. Aus Gründen der Vereinheitlichung wird hier N_{AEd} verwendet.

e) In Rahmenriegelanschlüssen mit Rechteckquerschnitt wird der größte zulässige Bewehrungsgrad der Zugbewehrung zu $\rho_{max} = 0{,}03$ angesetzt. Der Bewehrungsquerschnitt auf der Druckseite muss mindestens der Hälfte der Zugbewehrung entsprechen.

Bei Bauten in den Erdbebenzonen 1 und 2 können die vorstehend genannten Maßnahmen b) bis e) entfallen, wenn die in Druckgliedern (Stützen und Wänden) vorgesehene Bewehrung einer Bemessung für die um 20 % erhöhte Erdbebenbeanspruchung entspricht.

DIN 4149, 8.2 (6)

Die Nachweisführung entsprechend DIN 1045-1 wurde für die Bauteile in den Abschnitten 5.1 und 5.2 bereits gezeigt, so dass hier auf eine zahlenmäßige Durchführung verzichtet wird.

→ siehe Beispiel 20a:
Die dort für die Horizontalkräfte aus Wind und Schiefstellung geführten Nachweise sind für die höheren Beanspruchungen aus Erdbebenlasten zu wiederholen.

Nachweisführung bei Wänden in der Duktilitätsklasse 2

Durch die Zuordnung des Tragwerks in die Duktilitätsklasse 2 konnten gegenüber der Duktilitätsklasse 1 um 50 % kleinere Bemessungsschnittgrößen ermittelt werden. Demgegenüber steht aber ein größerer Umfang an Nachweisen und Anforderungen an die bauliche Durchbildung der Bauteile.

Generell werden die Biege- und Querkrafttragfähigkeit wie in DIN 1045-1 ermittelt. Zusätzliche Bewehrungsregeln, die über die Anforderungen nach DIN 1045-1 hinausgehen, sind in 6.4 zusammengestellt.

DIN 4149, 8.3.8.3

Da es sich bei einer Erdbebenbeanspruchung um eine Kurzzeitbelastung handelt, kann für die Bemessung im Grenzzustand der Tragfähigkeit der Wert f_{cd} mit $\alpha = 1{,}0$ ermittelt werden.

DIN 1045-1, 9.1.6 (2)

Im Rahmen der Erdbeben-Norm können die in DIN 1045-1 für die Grundkombination angegebenen Teilsicherheitsbeiwerte $\gamma_c = 1{,}5$ und $\gamma_s = 1{,}15$ angewandt werden.

DIN 4149, 8.1.3 (3)

Hinsichtlich der zu verwendenden Baustoffe gelten folgende Anforderungen:

DIN 4149, 8.3.2

a) Die Verwendung einer Betonfestigkeitsklasse niedriger als C20/25 ist nicht gestattet.

b) Der in kritischen Bereichen verwendete Betonstahl hat die Anforderungen an hochduktile Stähle (B) nach DIN 1045-1 zu erfüllen.

c) Außer für geschlossene Bügel und für Querhaken sind nur Rippenstähle als Bewehrung in kritischen Bereichen zulässig.

Im Hinblick auf die Bemessungsschnittgrößen sind für schlanke Wände mit einem Verhältnis Höhe zu Länge H_w / l_w größer als 2 weitere Anforderungen zu erfüllen.

DIN 4149, 8.3.8.2.2

$$H_w / l_w = 22{,}50 / 6{,}75 = 3{,}33 > 2$$

Zur Berücksichtigung der Unsicherheit hinsichtlich der wirklichen Momentenverteilung über die Wandhöhe während des Bemessungserdbebens kann folgendes vereinfachte Verfahren angewendet werden:

a) Das Diagramm des Bemessungswertes des Biegemoments über die Wandhöhe ist als Einhüllende des berechneten Biegemomentendiagramms zu bestimmen, die in Vertikalrichtung um einen Längenbetrag gleich der Höhe h_{cr} des kritischen Wandbereiches versetzt ist. Wenn das Tragwerk keine bedeutenden Unstetigkeiten in Massenbelegung, Steifigkeit oder Tragfähigkeit entlang seiner Höhe aufweist, darf die Einhüllende als Gerade angenommen werden.

b) Die Höhe des kritischen Bereichs über der Unterkante der Wand h_{cr} kann wie folgt abgeschätzt werden:

$$h_{cr} = \max \begin{cases} l_w & = 6{,}75\ \text{m} \\ H_w / 6 = 22{,}5 / 6 & = 3{,}75\ \text{m} \end{cases}$$

DIN 4149, Gl. (64)

aber

$$h_{cr} \leq \begin{cases} 2 \cdot l_w & = 2 \cdot 6{,}75 = 13{,}50\ \text{m} \\ h_s & = 5{,}0\ \text{m} \quad \text{für } n \leq 6 \text{ Geschosse} \\ 2 \cdot h_s & \quad \text{für } n \geq 7 \text{ Geschosse} \end{cases}$$

DIN 4149, Gl. (65)
h_s - lichte Geschosshöhe

Für die Wände des vorliegenden Bauwerks kann somit die Höhe des kritischen Bereichs zu $h_{cr} = 5{,}0$ m abgeschätzt werden.

Ein mögliches Anwachsen der Querkraft nach dem Plastifizieren an der Unterkante der Wand ist zu berücksichtigen. Dies kann dadurch erfüllt werden, dass man die Ordinaten der Einhüllenden des Bemessungswerts der Querkraft V_{AEd} entlang der Wand mit einem Vergrößerungsfaktor $\varepsilon = 1{,}7$ multipliziert.

DIN 4149, 8.3.8.2.2 (4) und (5)

Die Nachweisführung für den Grenzzustand der Tragfähigkeit entsprechend DIN 1045-1 wurde für die aussteifenden Bauteile bereits in den Abschnitten 5.1 und 5.2 gezeigt, so dass hier auf eine weitere zahlenmäßige Durchführung verzichtet wird.

→ siehe Beispiel 20a:
Die dort für die Horizontalkräfte aus Wind und Schiefstellung geführten Nachweise sind für die höheren Beanspruchungen aus Erdbebenlasten zu wiederholen.

Für die tragenden Bauteile und das Gesamttragwerk ist die der Schnittgrößenermittlung zugrunde gelegte Duktilität nachzuweisen. Es sind bestimmte Anforderungen zu erfüllen, deren Einhaltung zur Sicherstellung der geplanten Anordnung der Fließgelenke und zur Vermeidung von Sprödbruchverhalten erforderlich ist.

DIN 4149, 7.2.3

Vor einer ausführlichen Behandlung der Anforderungen an Wände zur Sicherstellung einer ausreichenden Duktilität sollten zunächst die besonderen Maßnahmen bei Wänden betrachtet werden.

Als Mindestmaßnahme gegen seitliche Instabilität von Wänden mit freien Rändern sollte die Stegdicke der Wand b_{wo} (die Wanddicke zwischen den Randelementen) im kritischen Bereich nicht kleiner sein als:

DIN 4149, 8.3.8.6 (1)

$$b_{wo} = \min \begin{cases} & 150\ \text{mm} \\ b_{cr} = q \cdot l_w / 60 = 3{,}0 \cdot 6750 / 60 = & 338\ \text{mm} \\ h_s / 20 = 5000 / 20 = & 250\ \text{mm} \end{cases}$$

DIN 4149, Gl. (73)

worin für l_w kein größerer Wert als $1{,}6 \cdot h_s = 8{,}0$ m eingeführt zu werden braucht.

Die Dicke b_w der umschnürten Wandabschnitte (der Randelemente) sollte folgenden Regeln genügen:

DIN 4149, 8.3.8.6 (2)

a) wenn

$$l_c \geq \max \begin{cases} 2 \cdot b_w = 2 \cdot 0{,}25 = 0{,}50\ \text{m} \\ 0{,}2 \cdot l_w = 0{,}2 \cdot 6{,}75 = 1{,}35\ \text{m} \end{cases}$$

DIN 4149, Gl. (74)

dann

$$b_w \geq \begin{cases} & 200\ \text{mm} \\ h_s / 10 = 5000 / 10 = & 500\ \text{mm} \end{cases}$$

b) wenn

$$l_c < \max \begin{cases} 2 \cdot b_w = 2 \cdot 0{,}25 = 0{,}50\ \text{m} \\ 0{,}2 \cdot l_w = 0{,}2 \cdot 6{,}75 = 1{,}35\ \text{m} \end{cases}$$

DIN 4149, Gl. (75)

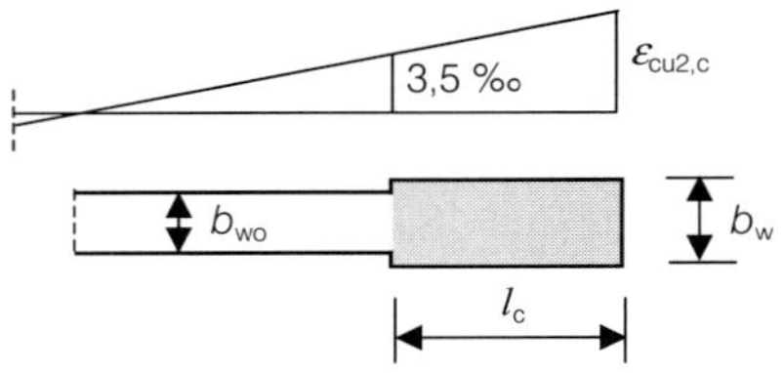

dann

$$b_w \geq \begin{cases} & 200\ \text{mm} \\ h_s / 15 = 5000 / 15 = & 333\ \text{mm} \end{cases}$$

Die Länge l_c ist dabei die Länge des Wandabschnitts mit Umschnürungsbewehrung.

Wenn der am stärksten gedrückte Rand der Wand an einen ausreichenden Querflansch

DIN 4149, 8.3.8.6 (3)

mit einer Flanschbreite $b_f \geq h_s / 15 = 0{,}33$ m
und einer Flanschlänge $l_f \geq h_s / 5 = 1{,}0$ m

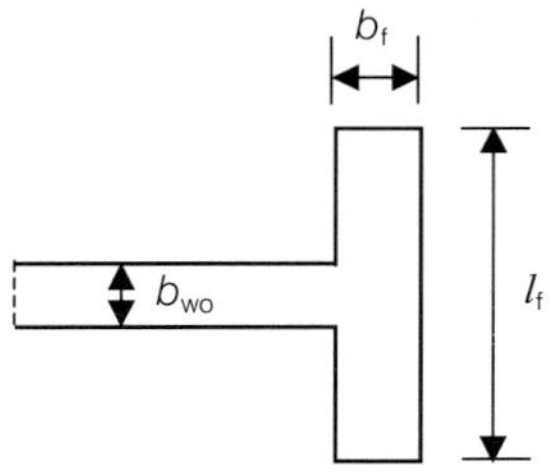

anschließt, ist kein umschnürtes Randelement erforderlich.

Anhand der vorstehende Kriterien ist ersichtlich, dass für das vorliegende Tragwerk aufgrund der erforderlichen Wanddicken in den Bereichen, in denen Randelemente vorzusehen sind, die Nachweise zur Sicherstellung der erforderlichen Duktilität in der Duktilitätsklasse 2 nicht ohne wesentlichen Zusatzaufwand erfüllt werden können.

vorhandene Wanddicken $h = b_w = 250$ mm

6.3 Geänderte Anordnung der aussteifenden Bauteile

6.3.1 System und Einwirkungen

Aufgrund der in Abschnitt 6.2 gewonnenen Erkenntnisse, insbesondere hinsichtlich der Anforderungen an die Wanddicken bei Zuordnung des Tragwerks in die Duktilitätsklasse 2, wird die Anordnung der aussteifenden Bauteile geändert. Die Abänderungen werden darüber hinaus so gewählt, dass mit dem geänderten System auch gleichzeitig die Vorgehensweise bei Anwendung des „vereinfachten Antwortspektrenverfahrens" gezeigt werden kann.

Neben der zusätzlichen Anordnung einer zweiten aussteifenden Wand wird der Kern an den Rand des Gebäudes versetzt.

Die vertikalen Einwirkungen ermitteln sich für das veränderte System analog zu der Ermittlung, wie sie bereits in Abschnitt 2.1.1 gezeigt wurde. Die Zusammenstellung erfolgt in den beiden nachfolgenden Tabellen.

→ Beispiel 20a

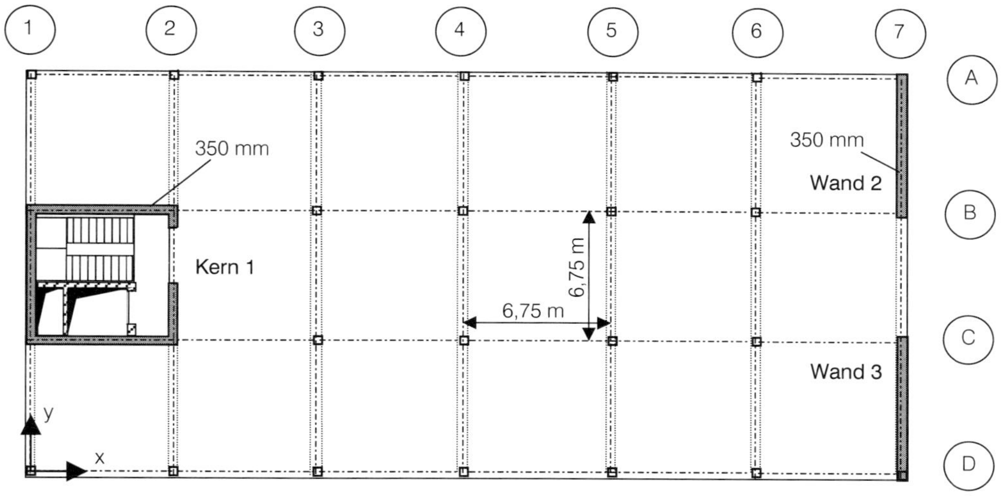

Grundriss

Tabelle 6.3.1-1: Zusammenstellung der veränderlichen Einwirkungen ohne Abminderung

Veränderliche Einwirkungen		**Innenstützen** B3–B6 C3–C6		**Randstützen** A2–A6 D2–D6		**Eckstützen** A1 D1		**Wand 2+3** A7–B7 C7–D7		**Kern 1** B1–C2	
E	**Last**	**Einzug**	Q_{Ek}	**Einzug**	Q_{Ek}	**Einzug**	Q_{Ek}	**Einzug**	Q_{Ek}	**Einzug**	Q_{Ek}
06 Schnee	1,00 kN/m²	45,56 m²	45,6	24,13 m²	24,1	12,78 m²	12,8	36,91 m²	36,9	139,39 m²	139,4
06 Summe	**kN**		**45,6**		**24,1**		**12,8**		**36,9**		**139,4**
05 Büro	2,00 kN/m²	45,56 m²	91,1	24,13 m²	48,3	12,78 m²	25,6	36,91 m²	73,8	93,83 m²	187,7
05 Treppe	5,00 kN/m²									25,88 m²	129,4
05 Summe	**kN**		**91,1**		**48,3**		**25,6**		**73,8**		**317,0**
04 Summe	**kN**		**91,1**		**48,3**		**25,6**		**73,8**		**317,0**
03 Summe	**kN**		**91,1**		**48,3**		**25,6**		**73,8**		**317,0**
02 Summe	**kN**		**91,1**		**48,3**		**25,6**		**73,8**		**317,0**
01 Summe	**kN**		**91,1**		**48,3**		**25,6**		**73,8**		**317,0**
Summe	**1-6 kN**		**501**		**265**		**141**		**406**		**1.725**
Summe	**Σ i kN**	**i = 8**	**4.010**	**i = 10**	**2.654**	**i = 2**	**282**	**i = 2**	**812**	**i = 1**	**1.725**
Gesamt:		Q_{Ek} =	**9.483 kN**								

Tabelle 6.3.1-2: Zusammenstellung der ständigen Einwirkungen

Ständige Einwirkungen		**Innenstützen** B3–B6 C3–C6		**Randstützen** A2–A6 D2–D6		**Eckstützen** A1 D1		**Wand 2+3** A7–B7 C7–D7		**Kern 1** B1–C2	
E	**Last**	**Einzug**	G_{Ek}	**Einzug**	G_{Ek}	**Einzug**	G_{Ek}	**Einzug**	G_{Ek}	**Einzug**	G_{Ek}
06 Decke	6,00 kN/m²	45,56 m²	273,4	24,13 m²	144,8	12,78 m²	76,7	36,91 m²	221,5	139,39 m²	836,3
06 Unterzug	3,50 kN/m	6,75 m	23,6	3,38 m	11,8	3,38 m	11,8	3,38 m	11,8	13,50 m	47,3
06 Stütze	3,06 kN/m	2,92 m	8,9	2,92 m	8,9	2,92 m	8,9				
06 Wände	8,75 kN/m²							23,63 m²	206,7	94,50 m²	826,9
06 Fassade	2,00 kN/m²			26,33 m²	52,7	27,89 m²	55,8	27,10 m²	54,2	26,33 m²	52,7
06 Summe	**kN**		**305,9**		**218,2**		**153,2**		**494,2**		**1763,1**
05 Decke	7,50 kN/m²	45,56 m²	341,7	24,13 m²	181,0	12,78 m²	95,9	36,9 m²	276,8	139,39 m²	1045,4
05 Unterzug	3,50 kN/m	6,75 m	23,6	3,38 m	11,8	3,38 m	11,8	3,38 m	11,8	13,5 m	47,3
05 Stütze	3,06 kN/m	2,88 m	8,8	2,88 m	8,8	2,88 m	8,8				
05 Wände	8,75 kN/m²							23,63 m²	206,7	94,50 m²	826,9
05 Fassade	2,00 kN/m²			23,63 m²	47,3	25,03 m²	50,1	24,33 m²	48,7	23,63 m²	47,3
05 Summe	**kN**		**374,2**		**248,9**		**166,6**		**544,0**		**1966,9**
04 Summe	**kN**		**374,2**		**248,9**		**166,6**		**544,0**		**1966,9**
03 Summe	**kN**		**374,2**		**248,9**		**166,6**		**544,0**		**1966,9**
02 Summe	**kN**		**374,2**		**248,9**		**166,6**		**544,0**		**1966,9**
01 Decke	7,50 kN/m²	45,56 m²	341,7	24,13 m²	181,0	12,78 m²	95,9	36,9 m²	276,8	139,39 m²	1045,4
01 Unterzug	3,50 kN/m	6,75 m	23,6	3,38 m	11,8	3,38 m	11,8	3,38 m	11,8	13,5 m	47,3
01 Stütze	3,06 kN/m	4,38 m	13,4	4,38 m	13,4	4,38 m	13,4				
01 Wände	8,75 kN/m²							33,75 m²	295,3	135,00 m²	1181,3
01 Fassade	2,00 kN/m²			33,75 m²	67,5	35,75 m²	71,5	34,75 m²	69,5	33,75 m²	67,5
01 Summe	**kN**		**378,7**		**273,7**		**192,6**		**653,4**		**2341,5**
Summe	**1-6 kN**		**2.181**		**1.488**		**1.012**		**3.324**		**11.972**
Summe	**Σ i kN**	**i = 8**	**17.450**	**i = 10**	**14.875**	**i = 2**	**2.024**	**i = 2**	**6.648**	**i = 1**	**11.972**
Gesamt:		G_{Ek} **=**	**52.968 kN**								

Für die geänderte Anordnung der aussteifenden Bauteile sind zunächst die entsprechenden Querschnittswerte zu bestimmen.

Hierbei wird die gleiche Vorgehensweise wie in Abschnitt 3.1 gewählt.

Vorgehensweise wie unter 3.1, Beispiel 20a

[61] *König / Liphardt*: Hochhäuser aus Stahlbeton, BK 1990/II, S. 495 ff

Bauteil 1: Kern

$A_{c,1} = 7{,}10^2 - 6{,}40^2 - 0{,}35 \cdot 3{,}01 = 8{,}40\ \text{m}^2$

Mit den Beziehungen aus [61], S. 499 ergibt sich für Wand 2 $\kappa = 0{,}20$.

Umstellung der Verformungsbeziehung für die Kopfauslenkung nach dem effektiven Trägheitsmoment:

$I_{eff} = (I_1 + I_2) / \kappa = (0{,}788 + 0{,}0118) / 0{,}20 = 4{,}00\ \text{m}^4$

Berechnung einer Ersatzwanddicke der gegliederten Wandscheibe:

$h_{eff} = 12 \cdot I_{eff} / l^3 = 12 \cdot 4{,}00 / 6{,}75^3 = 0{,}15\ \text{m}$

Ersatzquerschnitt Kern 1

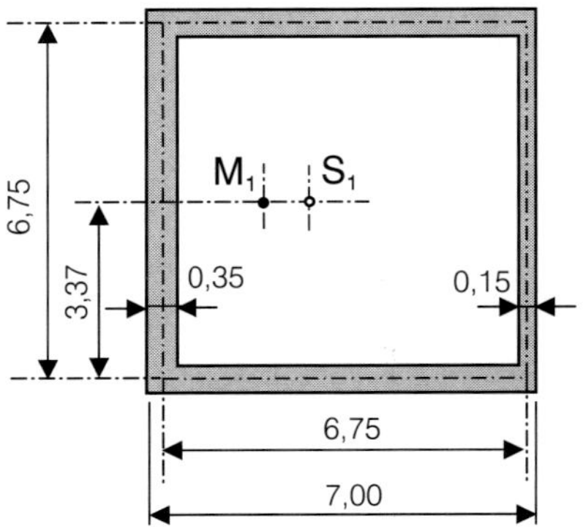

Für die Ermittlung des Trägheitsmomentes um die x-Achse wird der Ersatzquerschnitt des Kerns verwandt.

Trägheitsmoment um die x-Achse:

$I_{cx,1} = [(6{,}75 + 0{,}25)(6{,}75 + 0{,}35)^3 - (6{,}75 - 0{,}25)(6{,}75 - 0{,}35)^3] / 12$

$I_{cx,1} = \mathbf{66{,}8\ m^4}$

Wölbwiderstandsmoment: $I_{\omega,1} \approx 0$

Querschnitt Kern 1 mit Türöffnung

Für das Trägheitsmoment um die y-Achse und das Torsionsträgheitsmoment ist der Kernquerschnitt mit Öffnungen (auch unter Vernachlässigung der Riegel über den Türöffnungen) realistischer als der Ersatzquerschnitt.

vgl. Anmerkungen in Abschnitt 3.1

Schwerpunkt S (bestimmt von äußerer Wandkante):

$$\bar{x}_s = \frac{2 \cdot 0{,}35 \cdot 7{,}10^2 / 2 + 6{,}40 \cdot 0{,}35^2 / 2 + 3{,}39 \cdot 0{,}35 \cdot 6{,}925}{8{,}40} = 3{,}13\ \text{m}$$

$$\bar{y}_s = \frac{2 \cdot 0{,}35 \cdot 7{,}10^2 / 2 + 6{,}40 \cdot 0{,}35(0{,}18 + 6{,}92) - 3{,}01 \cdot 0{,}35 \cdot 4{,}68}{8{,}40} = 3{,}41\ \text{m}$$

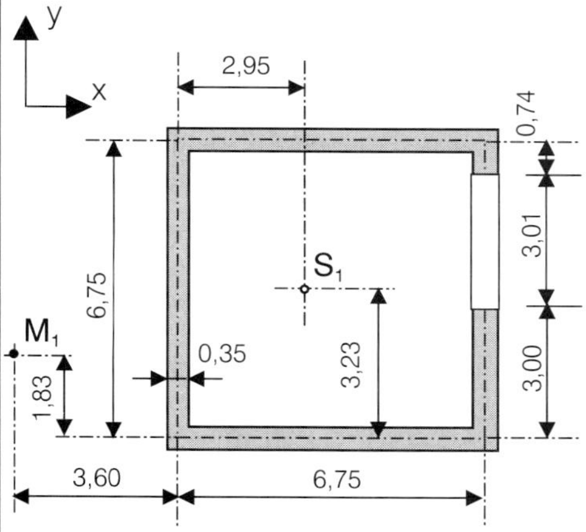

Schubmittelpunkt M_1 (bezogen auf S):

$x_{M,1} = -6{,}55$ m

$y_{M,1} = -1{,}40$ m

Trägheitsmoment um die y-Achse:

$I_{cy,1} = 2 \cdot 0{,}35 \cdot 7{,}10^3 / 12 + (6{,}40 + 3{,}39) \cdot 0{,}35^3 / 12 +$
$3{,}39 \cdot 0{,}35 \cdot (6{,}925 - 3{,}13)^2 + 6{,}40 \cdot 0{,}35 \cdot (3{,}13 - 0{,}175)^2 +$
$2 \cdot 7{,}10 \cdot 0{,}35 \cdot (7{,}10 / 2 - 3{,}13)^2$

$I_{cy,1} = \mathbf{58{,}4\ m^4}$

$I_{cxy,1} \approx -4{,}5\ \text{m}^4$

Trägheitsmoment Torsion (dünnwandiger, offener Querschnitt):

$I_{T,1} = \Sigma(h_i^3 \cdot l_i) / 3 = (3 \cdot 0{,}35^3 \cdot 6{,}75 + 0{,}35^3 \cdot 0{,}74 + 0{,}35^3 \cdot 3{,}00) / 3$

$I_{T,1} = \mathbf{0{,}34\ m^4}$

Bauteile 2 + 3: Wandscheiben

Fläche: $A_{c,2} = 7{,}00 \cdot 0{,}35\ \text{m}^2 = 2{,}45\ \text{m}^2$

Trägheitsmomente: $I_{cx,2} = 0{,}35 \cdot 7{,}00^3 / 12 = \mathbf{10{,}00\ m^4}$

$I_{cy,2} = 7{,}00 \cdot 0{,}35^3 / 12 = \mathbf{0{,}03\ m^4}$

Widerstandsmoment Torsion: $I_{T,2} \approx 7{,}00 \cdot 0{,}35^3 / 3 = \mathbf{0{,}10\ m^4}$

Wölbwiderstandsmoment: $I_{\omega,2} = 0$

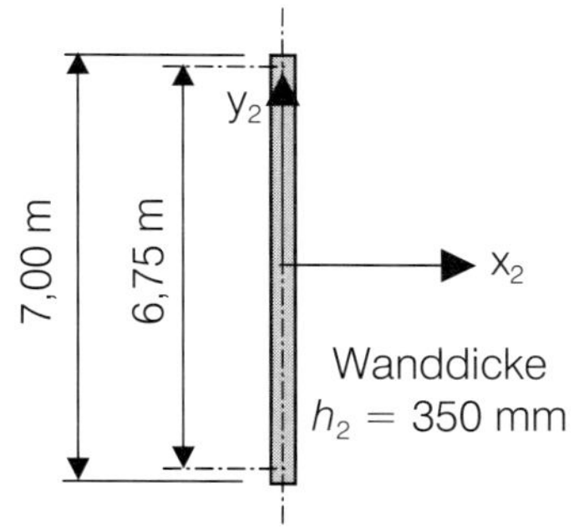

Berechnung des Schubmittelpunktes M bei gleich hohen Aussteifungselementen:

[51] Schneider-Bautabellen, S. 5.25
für alle aussteifenden Bauteile E = konstant
und $\Sigma I_{yz,i} = 0$

x_i und y_i – Koordinaten des Schubmittelpunktes für Bauteil i.

$x_M = \Sigma(I_{cx,i} \cdot x_i) / \Sigma(I_{cx,i})$
$= (-66{,}8 \cdot 3{,}59 + 2 \cdot 10{,}0 \cdot 40{,}5) / (66{,}8 + 2 \cdot 10{,}0)$
$= 6{,}57$ m

$y_M = \Sigma(I_{cy,i} \cdot y_i) / \Sigma(I_{cy,i})$
$= (58{,}4 \cdot 8{,}58 + 0{,}03 \cdot 3{,}38 + 0{,}03 \cdot 16{,}88) / (58{,}4 + 2 \cdot 0{,}03)$
$= 8{,}58$ m

6.3.2 Ermittlung des Bemessungsspektrums

Zur Festlegung des Tragwerkstyps ist zu prüfen, ob die Bedingungen für die Mindest-Torsionssteifigkeit vorhanden ist.

Verhältnis zwischen Torsions- und Translationssteifigkeit des Bauwerks:

$$r_{x/y}^2 = \frac{\sum I_{cx,i} \cdot x_{M,i}^2 + \sum I_{cy,i} \cdot y_{M,i}^2}{\sum I_{c,x/y,i}}$$

[63] *Müller/Keintzel*: Erdbebensicherung von Hochbauten, Gl. (8.13)

Tabelle 6.3.2-1: Torsions- und Translationssteifigkeiten

i	$x_{M,i}$	$x_{M,i}^2$	$I_{cx,i}$	$I_{cx,i} \cdot x_{M,i}^2$	$y_{M,i}$	$y_{M,i}^2$	$I_{cy,i}$	$I_{cy,i} \cdot y_{M,i}^2$
	m	m²	m⁴	m⁶	m	m²	m⁴	m⁶
1	-10,16	103,23	66,80	6896	0	0	58,40	0
2	33,93	1151,24	10,00	11513	-5,20	27,04	0,03	0,81
3	33,93	1151,24	10,00	11513	8,30	68,89	0,03	2,07
Σ				29922				2,88

$x_{M,i}$ und $y_{M,i}$ – Abstände des Schubmittelpunktes für Bauteil i zum Schubmittelpunkt des Aussteifungsgesamtsystems

Verhältnis in x-Richtung:

$$r_x^2 = (29922 + 2{,}88) / (66{,}8 + 2 \cdot 10{,}0) = 344{,}8 \text{ m}^2 \rightarrow r_x = 18{,}6 \text{ m}$$

Verhältnis in y-Richtung:

$$r_y^2 = (29922 + 2{,}88) / (58{,}4 + 2 \cdot 0{,}03) = 511{,}9 \text{ m}^2 \rightarrow r_y = 22{,}6 \text{ m}$$

Der Trägheitsradius des Tragsystems im Grundriss beträgt:

$$l_s = 13{,}1 \text{ m}$$

Trägheitsradius l_s wie in 6.2.1

Da für beide Richtungen das Verhältnis $r / l_s > 0{,}8$ gilt, ist die Mindest-Torsionssteifigkeit vorhanden. Das Tragwerk kann damit den Wand-/Mischsystemen zugeordnet werden.

DIN 4149, 8.3.3.1

Für den Grundwert q_0 des Verhaltensbeiwerts für Betonbauten der Duktilitätsklasse 2 gilt somit:

DIN 4149, Tabelle 9

$$q_0 = 3{,}00$$

Damit beträgt der Verhaltensbeiwert q für das Tragwerk in der Duktilitätsklasse 2 für jede Bemessungsrichtung:

$$q = q_0 \cdot k_R \cdot k_W = 3{,}00 \cdot 1{,}0 \cdot 1{,}0 = 3{,}00 > 1{,}50$$

DIN 4149, Gl. (43)
Beiwerte k_R und k_W wie in 6.2.1

Die Bemessungsspektren sind in folgender Abbildung grafisch dargestellt:

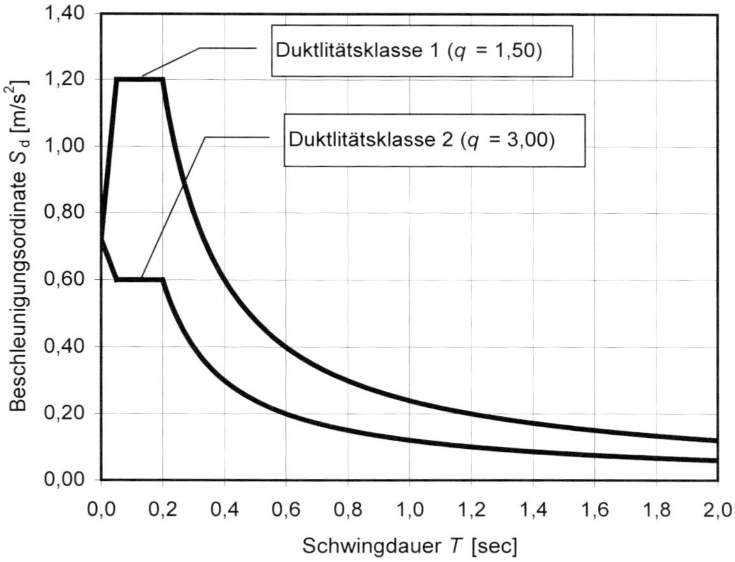

DIN 4149, 8.2
Verhaltensbeiwert q Duktilitätsklasse 1

DIN 4149, 8.3.3.2, Gl. (43)
Verhaltensbeiwert q Duktilitätsklasse 2

DIN 4149, Gl. (6) – (9)

6.3.3 Ermittlung der Erdbebeneinwirkungen

6.3.3.1 Ermittlung der an der Schwingung beteiligten Vertikallasten

Erläuterungen siehe 6.2.2.1

$$\sum G_{kj} \oplus \sum \psi_{Ei} \cdot Q_{ki}$$

DIN 4149, Gl. (11)

Kombinationsbeiwerte: $\psi_{Ei} = \varphi \cdot \psi_{2i}$

DIN 4149, 5.5 (12)

mit $\varphi = 0{,}5$ für die Geschosse 01–05
$\varphi = 1{,}0$ für Geschoss 06

DIN 4149, Tab. 6: Beiwerte φ für Verkehrslasten in „Sonstigen Gebäuden" bei unabhängig voneinander genutzten Geschossen

$\psi_2 = 0{,}3$ Büro und Treppen (Kat. B)
$\psi_2 = 0{,}0$ Dächer (Kat. H) und Schnee

DIN 1055-100, Tab. A.2:
Kombinationsbeiwerte ψ_{2i}

Tabelle 6.3.3-1: Veränderliche Einwirkungen mit Kombinationsbeiwert ψ_2

Veränderliche Einwirkungen			**Innenstützen** B3–B6 C3–C6		**Randstützen** A2–A6 D2–D6		**Eckstützen** A1 D1		**Wand 2+3** A7–C7 C7–D7		**Kern 1** B1–C2	
E	ψ_2		Q_{Ek}	$Q_{Ek,red}$	Q_{Ek}	$Q_{Ek,red}$	Q_{Ek}	$Q_{Ek,red}$	Q_{Ek}	$Q_{Ek,red}$	Q_{Ek}	$Q_{Ek,red}$
06 Schnee	0,00		45,6	0,0	24,1	0,0	12,8	0,0	36,9	0,0	139,4	0
06 Summe		**kN**		**0,0**		**0,0**		**0,0**		**0,0**		**0,0**
05 Büro	0,30		91,1	27,3	48,3	14,5	25,6	7,7	73,8	22,1	187,7	56,3
05 Treppe	0,30										129,4	38,8
05 Summe		**kN**		**27,3**		**14,5**		**7,7**		**22,1**		**95,1**
04 Summe		**kN**		**27,3**		**14,5**		**7,7**		**22,1**		**95,1**
03 Summe		**kN**		**27,3**		**14,5**		**7,7**		**22,1**		**95,1**
02 Summe		**kN**		**27,3**		**14,5**		**7,7**		**22,1**		**95,1**
01 Summe		**kN**		**27,3**		**14,5**		**7,7**		**22,1**		**95,1**
Summe	**1-6**	**kN**		**137**		**73**		**39**		**111**		**476**
Summe	**Σ i**	**kN**	**i = 8**	**1.092**	**i = 10**	**725**	**i = 2**	**77**	**i = 2**	**221**	**i = 1**	**476**
Gesamt:			**$Q_{Ek,red}$ =**	**2.591 kN**								

Tabelle 6.3.3-2: Vertikale Einwirkungen W_k zur Ermittlung der Erdbebeneinwirkungen

Vertikale Einwirkungen			**Innenstützen** B3–B6 C3–C6	**Randstützen** A2–A6 D2–D6	**Eckstützen** A1 D1	**Wand 2+3** A7–B7 C7–D7	**Kern 1** B1–C2
E	**Last**		W_k	W_k	W_k	W_k	W_k
06	**Summe**	**kN**	**305,9**	**218,2**	**153,2**	**494,2**	**1.763,1**
05	**Summe**	**kN**	**387,9**	**256,1**	**170,5**	**555,1**	**2.014,5**
04	**Summe**	**kN**	**387,9**	**256,1**	**170,5**	**555,1**	**2.014,5**
03	**Summe**	**kN**	**387,9**	**256,1**	**170,5**	**555,1**	**2.014,5**
02	**Summe**	**kN**	**387,9**	**256,1**	**170,5**	**555,1**	**2.014,5**
01	**Summe**	**kN**	**392,4**	**281,0**	**196,5**	**664,5**	**2.389,1**
	Summe 1-6	**kN**	**2.250**	**1.524**	**1.032**	**3.379**	**12.210**
	Summe Σ i	**kN**	**i = 8 18.000**	**i = 10 15.236**	**i = 2 2.063**	**i = 2 6.758**	**i = 1 12.210**
	Gesamt:		**W_k = 54.267 kN**				

6.3.3.2 Ermittlung des Massenschwerpunkts und der tatsächlichen Exzentrizitäten

Für das Bauwerk mit der ursprünglich vorgesehenen Anordnung der aussteifenden Bauteile zeigte sich, dass durch die vorhandene Exzentrizität zwischen dem Massenschwerpunkt und dem Schubmittelpunkt die Anwendung des vereinfachten Antwortspektrenverfahrens nicht empfohlen wurde. Für die nun gewählte Anordnung ist zu prüfen, ob die Voraussetzungen für diese Vereinfachung gegeben ist.

Tab. 6.3.3-3: Ermittlung des Massenschwerpunkts

j	x_j m	y_j m	$G_{k,j}$ MN	$\psi_{Ei} \cdot Q_{k,j}$ MN	W_j MN	$W_j \cdot x_j$ MNm	$W_j \cdot y_j$ MNm
1	2,95	10,13	11,97	0,24	12,21	36,02	123,69
2a	40,50	3,38	3,32	0,06	3,38	136,89	11,42
2b		16,88					57,05
A1	0,00	20,25	1,01	0,02	1,03	0,00	20,86
A2	6,75		1,49	0,04	1,53	10,33	30,98
A3	13,50		1,49			20,66	
A4	20,25		1,49			30,98	
A5	27,00		1,49			41,31	
A6	33,75		1,49			51,64	
B3	13,50	13,50	2,18	0,07	2,25	30,38	30,38
B4	20,25		2,18			45,56	
B5	27,00		2,18			60,75	
B6	33,75		2,18			75,94	
C3	13,50	6,75	2,18	0,07	2,25	30,38	15,19
C4	20,25		2,18			45,56	
C5	27,00		2,18			60,75	
C6	33,75		2,18			75,94	
D1	0,00	0,00	1,01	0,02	1,03	0,00	0,00
D2	6,75		1,49	0,04	1,53	10,33	
D3	13,50		1,49			20,66	
D4	20,25		1,49			30,98	
D5	27,00		1,49			41,31	
D6	33,75		1,49			51,64	
Σ			52,97	1,40	**54,33**	**1044,94**	**550,19**

Für die Lage des Massenschwerpunkts ergibt sich somit:

in x-Richtung: $x_m = \Sigma(W_j \cdot x_j) / \Sigma W_j = 1044{,}94 / 54{,}33 = 19{,}23$ m

in y-Richtung: $y_m = \Sigma(W_j \cdot y_j) / \Sigma W_j = 550{,}19 / 54{,}33 = 10{,}13$ m

Mit diesen beiden Größen kann die tatsächliche Exzentrizität e_0 zwischen dem Steifigkeitsmittelpunkt S und dem Massenschwerpunkt M, gemessen in der senkrecht zur Berechnungsrichtung liegenden Richtung, bestimmt werden:

DIN 4149, 6.2.2.4.2 (3)

in x-Richtung: $e_{0,x} = |x_M - x_m| = |6{,}57 - 19{,}23| = 12{,}66$ m

Schubmittelpunkt siehe 6.3.1

in y-Richtung: $e_{0,y} = |y_M - y_m| = |8{,}58 - 10{,}13| = 1{,}55$ m

Für die Summe aus den Quadraten des Trägheitsradius l_s^2 und den tatsächlichen Exzentrizitäten e_0 ergibt sich somit:

Trägheitsradius l_s wie in 6.2.1

in x-Richtung: $l_s^2 + e_{0,x}^2 = 170{,}86 + 160{,}28 = 331{,}14\ \text{m}^2 < 344{,}8\ \text{m}^2 = r_x^2$ DIN 4149, 6.2.2.4.2 (3)

in y-Richtung: $l_s^2 + e_{0,y}^2 = 170{,}86 + 2{,}40 = 173{,}26\ \text{m}^2 < 511{,}9\ \text{m}^2 = r_y^2$ DIN 4149, 6.2.2.4.2 (3)

Da für beide Richtungen $r^2 > l_s^2 + e_0^2$ gilt und auch die weiteren Bedingungen nach DIN 4149, 6.2.2.4.2 erfüllt sind, wird das vereinfachte Antwortspektrenverfahren angewandt.

DIN 4149, 6.2.2.4.2 (7)

6.3.3.3 Ermittlung der Grundschwingzeiten

Die Bestimmung der Grundschwingzeiten T_1 erfolgt nach [63], S. 170:

$$T_1 = \frac{2 \cdot \pi \cdot h^2}{\alpha_1^2} \cdot \sqrt{\frac{m_1}{h_1 \cdot EI}}$$

h	$= 22{,}5$ m	Wandhöhe
h_1	$= 3{,}75$ m	mittlere Geschosshöhe
m_1	$= 54.267 / 6 / 10{,}0$	
	$= 904{,}45$ t	mittlere Geschossmasse
α_1	$= 1{,}73$	Schwingzeitbeiwert ($n = 6$)
E_{cm}	$= 28.300\ \text{N/mm}^2$	E-Modul C30/37
$\Sigma I_{c,x,i}$	$= 66{,}8 + 2 \cdot 10{,}0$	
	$= 86{,}80\ \text{m}^4$	
$\Sigma I_{c,y,i}$	$= 58{,}4 + 2 \cdot 0{,}03$	
	$= 58{,}46\ \text{m}^4$	

DIN 4149, 6.2.2.2: (2) Zur Bestimmung der Grundschwingzeiten T_1 der beiden ebenen Modelle des Bauwerks dürfen vereinfachte Beziehungen der Dynamik angewendet werden.

[63] *Müller/Keintzel*: Erdbebensicherung von Hochbauten, S. 170:
Lässt sich das Bauwerk mit den Geschossmassen $m_j = m_1$ und den Geschosshöhen h_1 auf einen starr in die Gründung eingespannten Biegestab mit der konstanten Steifigkeit EI zurückführen, so kann seine Grundschwingzeit mit nebenstehender Beziehung ermittelt werden. Der in dieser Beziehung eingehende Schwingzeitbeiwert α_1 wird dabei in [63], Tab. 8.1, in Abhängigkeit der Geschosszahl n angegeben

DIN 4149, 6.1 (3):
In Stahlbeton- und Mauerwerksbauten darf die Steifigkeit der tragenden Bauteile in der Regel unter Annahme von ungerissenen Querschnitten angesetzt werden.

Grundschwingzeit für Schwingungen in x-Richtung:

$$T_{1,x} = \frac{2 \cdot \pi \cdot 22{,}5^2}{1{,}73^2} \cdot \sqrt{\frac{0{,}90445}{3{,}75 \cdot 28300 \cdot 58{,}46}} = 0{,}406\ \text{s}$$

Grundschwingzeit für Schwingungen in y-Richtung:

$$T_{1,y} = \frac{2 \cdot \pi \cdot 22{,}5^2}{1{,}73^2} \cdot \sqrt{\frac{0{,}90445}{3{,}75 \cdot 28300 \cdot 86{,}80}} = 0{,}333\ \text{s}$$

Die maximale Grundschwingzeit erfüllt die Bedingung:

DIN 4149, 6.2.2.1 (2)

$$\max T_1 \le 4 \cdot T_C = 4 \cdot 0{,}2 = 0{,}8\ \text{s}$$

wodurch alle Kriterien für die Anwendbarkeit des vereinfachten Antwortspektrenverfahrens erfüllt sind.

Mit den vorstehend ermittelten Grundschwingzeiten kann die Gesamterdbebenkraft mit einem Verhaltensbeiwert $q = 1$ berechnet werden:

DIN 4149, 7.1 (3)

$$F_{b,(x/y)} = S_{d,(x/y)}\,(T_{1,(x/y)}) \cdot M \cdot \lambda = a_g \cdot \gamma_I \cdot S \cdot (\beta_0 / q) \cdot T_C / T_{1,(x/y)} \cdot M \cdot \lambda$$

DIN 4149, Gl. (14) mit Gl. (8), da $T_C = 0{,}2\ \text{s} < T_1 < T_D = 2{,}0\ \text{s}$

$$F_{b,x} = 0{,}6 \cdot 1{,}2 \cdot 1{,}0 \cdot (2{,}50 / 1{,}0) \cdot (0{,}20 / 0{,}406) \cdot 5426{,}7 \cdot 1{,}0 = \mathbf{4811{,}9\ kN}$$

Werte für a_g, γ_I, S, β_0 und T_C nach 6.1

$$F_{b,y} = 0{,}6 \cdot 1{,}2 \cdot 1{,}0 \cdot (2{,}50 / 1{,}0) \cdot (0{,}20 / 0{,}333) \cdot 5426{,}7 \cdot 0{,}85 = \mathbf{4986{,}7\ kN}$$

Aus Tabelle 4.2 und 4.3 ergibt sich für die Bemessungswerte der horizontalen Einwirkungen aus Wind und Schiefstellung:

→ siehe Beispiel 20a

$$H_{xd} = 776{,}7\ \text{kN} < F_{b,x} = 4.811{,}9\ \text{kN}$$
$$H_{yd} = 1.608{,}0\ \text{kN} < F_{b,y} = 4.986{,}7\ \text{kN}$$

DIN 4149, 7.1

Es zeigt sich, dass die Nachweise zur Standsicherheit in der Erdbebenbemessungssituation geführt werden müssen.

6.3.3.4 Ermittlung der horizontalen Erdbebeneinwirkungen

Nach Ermittlung der Grundschwingzeiten können nun aus den Bemessungsspektren für die jeweiligen Duktilitätsklassen die Ordinatenwerte abgelesen werden.

DIN 4149, Gl. (8)

$$S_{d,x}\,(T_{1,(x/y)}) = a_g \cdot \gamma_I \cdot S \cdot (\beta_0 / q) \cdot T_C / T_{1,(x/y)}$$

Schwingungen in x- und y-Richtung für die Duktilitätsklasse 1 (DK1):

$$S_{d,x}\,(T_{1,x}) = 0{,}6 \cdot 1{,}2 \cdot 1{,}0 \cdot (2{,}50 / 1{,}5) \cdot 0{,}20 / 0{,}406 = 0{,}5911\ \text{m/s}^2$$
$$S_{d,y}\,(T_{1,y}) = 0{,}6 \cdot 1{,}2 \cdot 1{,}0 \cdot (2{,}50 / 1{,}5) \cdot 0{,}20 / 0{,}333 = 0{,}7207\ \text{m/s}^2$$

Schwingungen in x- und y-Richtung für die Duktilitätsklasse 2 (DK2):

$$S_{d,x}\,(T_{1,x}) = 0{,}6 \cdot 1{,}2 \cdot 1{,}0 \cdot (2{,}50 / 3{,}0) \cdot 0{,}20 / 0{,}406 = 0{,}2956\ \text{m/s}^2$$
$$S_{d,y}\,(T_{1,y}) = 0{,}6 \cdot 1{,}2 \cdot 1{,}0 \cdot (2{,}50 / 3{,}0) \cdot 0{,}20 / 0{,}333 = 0{,}3604\ \text{m/s}^2$$

Die seismische Gesamterdbebenkraft F_b für jede Hauptrichtung und Duktilitätsklasse ermittelt sich aus dem Ordinatenwert $S_d\,(T_1)$ des Bemessungsspektrums, der Gesamtmasse M des Bauwerks sowie einem Korrekturbeiwert λ:

DIN 4149, 6.2.2.2 (1)

Schwingungen in x- und y-Richtung (DK1):

$$F_{b,x} = 0{,}5911 \cdot 5426{,}7 \cdot 1{,}0 = \mathbf{3.208\ kN}$$
$$F_{b,y} = 0{,}7207 \cdot 5426{,}7 \cdot 0{,}85 = \mathbf{3.325\ kN}$$

DIN 4149, Gl. (14)

Schwingungen in x- und y-Richtung (DK2):

$$F_{b,x} = 0{,}2956 \cdot 5426{,}7 \cdot 1{,}0 = \mathbf{1.604\ kN}$$
$$F_{b,y} = 0{,}3604 \cdot 5426{,}7 \cdot 0{,}85 = \mathbf{1.662\ kN}$$

DIN 4149, Gl. (14)

Die vorstehend ermittelten seismischen Gesamterdbebenkräfte sind über die Bauwerkshöhe zu verteilen. Hierzu sind die Grundschwingungsformen der beiden ebenen Bauwerksmodelle entweder mittels baudynamischer Verfahren zu berechnen oder durch linear entlang der Bauwerkshöhe anwachsende Horizontalverschiebungen anzunähern.

DIN 4149, 6.2.2.3

Die Schnittgrößen aus Erdbebeneinwirkung sind so zu bestimmen, indem an den beiden Modellen horizontale Kräfte F_i an allen Geschossmassen m_i aufgebracht werden.

Wird die Grundschwingungsform durch linear entlang der Bauwerkshöhe anwachsende Horizontalverschiebungen angenähert, ergeben sich die Horizontalkräfte F_i zu:

$$F_i = F_b \cdot \frac{z_i \cdot W_i}{\sum z_j \cdot W_j} = \frac{h \cdot \sum W_j}{\sum z_j \cdot W} \cdot \frac{z_i}{h} \cdot S_d(T_1) \cdot W_i / g \cdot \lambda$$

Nach DIN 4149, Gl. (15) mit:
$s_{i,j} \approx z_{i,j}$
$m_{i,j}$ durch Gewichtskräfte $W_{i,j}$ ersetzt
$g = 10$ m/s²

Tab. 6.3.3-4: Ermittlung der am Geschoss i angreifenden Horizontalkräfte (DK1)

i	z_i	$G_{k,i}$	$\psi_{Ei} \cdot Q_{k,i}$	W_i	$z_i \cdot W_i$	$z_i \cdot W_i / \Sigma(z_i \cdot W_i)$	$F_{i,x}$	$F_{i,y}$
	m	kN	kN	kN	kNm	-	kN	kN
6	22,50	7.687,1	0	7.687,1	172.959,8	0,238	763,5	791,4
5	19,00	8.870,7	259,1	9.129,8	173.466,2	0,239	766,7	794,7
4	15,50	8.870,7	259,1	9.129,8	141.511,9	0,195	625,6	648,4
3	12,00	8.870,7	259,1	9.129,8	109.557,6	0,151	484,4	502,1
2	8,50	8.870,7	259,1	9.129,8	77.603,3	0,107	343,3	355,7
1	5,00	9.800,1	259,1	10.059,2	50.296,0	0,070	224,5	232,7
Σ				**54.265,5**	**725.394,8**	**1,000**	**3.208,0**	**3.325,0**

Hinweis: Der Ausdruck $h \cdot \Sigma W_j / \Sigma(z_j \cdot W_j) =$ $= 22{,}50 \cdot 54.265{,}5 / 725.394{,}8 = 1{,}683$ *ist vergleichbar mit dem Faktor* 1,50 *in DIN 4149 (1981-04), Gl. (4).*

Tab. 6.3.3-5: Ermittlung der am Geschoss i angreifenden Horizontalkräfte (DK2)

i	z_i	$G_{k,i}$	$\psi_{Ei} \cdot Q_{k,i}$	W_i	$z_i \cdot W_i$	$z_i \cdot W_i / \Sigma(z_i \cdot W_i)$	$F_{i,x}$	$F_{i,y}$
	m	kN	kN	kN	kNm	-	kN	kN
6	22,50	7.687,1	0	7.687,1	172.959,8	0,238	382,9	395,6
5	19,00	8.870,7	259,1	9.129,8	173.466,2	0,239	384,6	397,2
4	15,50	8.870,7	259,1	9.129,8	141.511,9	0,195	313,8	324,1
3	12,00	8.870,7	259,1	9.129,8	109.557,6	0,151	243,0	251,0
2	8,50	8.870,7	259,1	9.129,8	77.603,3	0,107	172,2	177,8
1	5,00	9.800,1	259,1	10.059,2	50.296,0	0,070	112,5	116,3
Σ				**54.265,5**	**725.394,8**	**1,000**	**1.609,0**	**1.662,0**

Die in den Tabellen bestimmten Horizontalkräfte F_i sind auf das System zur Abtragung von Horizontallasten unter der Annahme starrer Decken zu verteilen.

DIN 4149, 6.2.2.3 (4)

Die Ermittlung der Torsionswirkung aufgrund der Exzentrizität zwischen dem Massenschwerpunkt und dem Schubmittelpunkt erfolgt an einem räumlichen Modell. Werden die Regelmäßigkeitskriterien nach DIN 4149, 4.2 oder die Bedingungen zur Anwendbarkeit des Näherungsverfahrens erfüllt, so kann der vereinfachte Nachweis der Torsionswirkung nach DIN 4149, 6.2.2.4.2 erfolgen.

DIN 4149, 6.2.2.4.1 (1)

DIN 4149, 6.2.2.4.1 (4)

Aufgrund der Tatsache, dass zum einen die Steifigkeit der Decken in ihrer Ebene im Vergleich zur Horizontalsteifigkeit der vertikalen Tragwerksteile genügend groß ist, so dass ein starres Verhalten der Deckenscheiben angenommen werden kann und zum anderen die Steifigkeitsmittelpunkte und Massenschwerpunkte der einzelnen Geschosse jeweils näherungsweise auf einer vertikalen Geraden liegen und in jeder der beiden Berechnungsrichtungen die Bedingung $r^2 > l_s^2 + e_0^2$ erfüllt sind, darf die Berechnung unter Verwendung von zwei ebenen Modellen, eines für jede Hauptrichtung, durchgeführt werden und die Torsionsberechnung wird wie nachfolgend gezeigt geführt.

DIN 4149, 6.2.2.4.2 (3), Bed. b) und c)

DIN 4149, 6.2.2.4.2 (9)

Für die Torsionsberechnung wird die am Geschoss i angreifende Horizontalkraft F_i, je nach betrachteter Richtung der Erdbebeneinwirkung, gegenüber ihrer planmäßigen Lage zum Massenschwerpunkt M um eine zusätzliche Exzentrizität e_2 verschoben, die als der kleinere der folgenden Werte angenähert werden kann:

DIN 4149, 6.2.2.4.2 (11)

$$e_2 = \min \begin{cases} 0{,}1 \cdot (L+B) \cdot \sqrt{\dfrac{10 \cdot e_0}{L}} \leq 0{,}1 \cdot (L+B) \\ \dfrac{1}{2 \cdot e_0} \cdot \left[l_s^2 - e_0^2 - r^2 + \sqrt{(l_s^2 + e_0^2 - r^2)^2 + 4 \cdot e_0^2 \cdot r^2} \right] \end{cases}$$

DIN 4149, Gl. (18)
DIN 4149, Gl. (19)

Dabei sind:

L	= 40,50 m	Länge des Gebäudes im Grundriss
B	= 20,25 m	Breite des Gebäudes im Grundriss
$e_{0,x}$	= 12,66 m	tatsächliche Exzentrizität in x-Richtung
$e_{0,y}$	= 1,55 m	tatsächliche Exzentrizität in y-Richtung
l_s^2	= 170,9 m²	Quadrat des „Trägheitsradius“
r_x^2	= 344,8 m²	Verhältnis Torsions-/ Translationssteifigkeit in x-Richtung
r_y^2	= 511,9 m²	Verhältnis Torsions-/ Translationssteifigkeit in y-Richtung

Erdbebeneinwirkung in x-Richtung:

$0{,}1 \cdot (40{,}50 + 20{,}25) \cdot (10 \cdot 1{,}55 / 20{,}25)^{1/2} = 5{,}31$ m — DIN 4149, Gl. (18)
$< 0{,}1 \cdot (40{,}50 + 20{,}25) = 6{,}08$ m
$> \{170{,}9 - 1{,}55^2 - 511{,}9 + [(170{,}9 + 1{,}55^2 - 511{,}9)^2 + 4 \cdot 1{,}55^2 \cdot 511{,}9]^{1/2}\}$
$/ (2 \cdot 1{,}55) = 0{,}77$ m — DIN 4149, Gl. (19)

$\rightarrow e_{2,y} = 0{,}77$ m

Erdbebeneinwirkung in y-Richtung:

$0{,}1 \cdot (40{,}50 + 20{,}25) \cdot (10 \cdot 12{,}66 / 40{,}50)^{1/2} = 10{,}74$ m — DIN 4149, Gl. (18)
$> 0{,}1 \cdot (40{,}50 + 20{,}25) = 6{,}08$ m
$> \{170{,}9 - 12{,}66^2 - 344{,}8 + [(170{,}9 + 12{,}66^2 - 344{,}8)^2 +$
$+ 4 \cdot 12{,}66^2 \cdot 344{,}8]^{1/2}\} / (2 \cdot 12{,}66) = 5{,}38$ m — DIN 4149, Gl. (19)

$\rightarrow e_{2,x} = 5{,}38$ m

Die Torsionswirkungen können als Einhüllende der Schnittgrößen bestimmt werden, die sich für jedes Aussteifungselement aus einer Berechnung für zwei ruhende Belastungen ergeben, die aus den Torsionsmomenten M_i aufgrund der beiden Exzentrizitäten e_{max} und e_{min} bestehen: — DIN 4149, 6.2.2.4.2 (11)

$M_i = F_i \cdot e_{max} = F_i \cdot (e_0 + e_1 + e_2)$ — DIN 4149, Gl. (20)
$M_i = F_i \cdot e_{min} = F_i \cdot (0{,}5 \cdot e_0 - e_1)$ — DIN 4149, Gl. (21)

Die Exzentrizität e_1 ist dabei die zufällige Exzentrizität der Geschossmasse und beträgt 5 % der Grundrissabmessungen senkrecht zur Richtung der Erdbebeneinwirkung. — DIN 4149, 6.2.2.4.3 (1)

Erdbebeneinwirkung in x-Richtung:

$e_{max,y} = (e_{0,y} + e_{1,y} + e_{2,y}) = (1{,}55 + 0{,}05 \cdot 20{,}25 + 0{,}77) = 3{,}33$ m — aus DIN 4149, Gl. (20) und (21)
$e_{min,y} = (0{,}5 \cdot e_{0,y} - e_{1,y}) = (0{,}5 \cdot 1{,}55 - 0{,}05 \cdot 20{,}25) = -0{,}24$ m

Erdbebeneinwirkung in y-Richtung:

$e_{max,x} = (e_{0,x} + e_{1,x} + e_{2,x}) = (12{,}66 + 0{,}05 \cdot 40{,}50 + 5{,}38) = 20{,}07$ m — aus DIN 4149, Gl. (20) und (21)
$e_{min,x} = (0{,}5 \cdot e_{0,x} - e_{1,x}) = (0{,}5 \cdot 12{,}66 - 0{,}05 \cdot 40{,}50) = 4{,}31$ m

6.3.3.5 Lastaufteilung der horizontalen Erdbebeneinwirkungen

Die Lastaufteilung auf die aussteifenden Bauteile Kern 1 und Wände 2+3 wird zunächst für auf den Schubmittelpunkt M des Gesamtstabes bezogene Einheitslasten $H_{x,E}$, $H_{y,E}$ und $M_{z,E}$ vorgenommen.

→ Lastaufteilung für den Lastfall Biegung in x-Richtung:

$H_{x,i} = H_{x,E} \cdot EI_{cy,i} / \Sigma EI_{cy,i}$ — [61] Gl. 5.23

$H_{x,1} = H_{x,E} \cdot 58{,}40 / (58{,}40 + 2 \cdot 0{,}03) = \mathbf{1{,}00} \cdot H_{x,E}$

$H_{x,2+3} = H_{x,E} \cdot 0{,}03 / (58{,}40 + 2 \cdot 0{,}03) = \mathbf{0} \cdot H_{x,E}$

Da die Biegesteifigkeit der Wände 2+3 um die y-Achse wesentlich geringer als die des Kerns 1 ist, nehmen die Wände praktisch keinen Lastanteil in x-Richtung auf.

→ Lastaufteilung für den Lastfall Biegung in y-Richtung:

$H_{y,i} = H_{y,E} \cdot EI_{cx,i} / \Sigma EI_{cx,i}$ — [61] Gl. 5.24

$H_{y,1} = H_{y,E} \cdot 66{,}80 / (66{,}80 + 2 \cdot 10{,}00) = \mathbf{0{,}770} \cdot H_{y,E}$

$H_{y,2} = H_{y,E} \cdot 10{,}00 / (66{,}80 + 2 \cdot 10{,}00) = \mathbf{0{,}115} \cdot H_{y,E}$

$H_{y,3} = H_{y,E} \cdot 10{,}00 / (66{,}80 + 2 \cdot 10{,}00) = \mathbf{0{,}115} \cdot H_{y,E}$

→ Lastaufteilung für den Lastfall Torsion:

$H_{x,i} = -M_{z,E} \cdot I_{cy,i} \cdot y_i / \Sigma(I_{cx,i} \cdot x_i^2 + I_{cy,i} \cdot y_i^2)$ — [61] Gl. 5.25

$H_{y,i} = M_{z,E} \cdot I_{cx,i} \cdot x_i / \Sigma(I_{cx,i} \cdot x_i^2 + I_{cy,i} \cdot y_i^2)$

$\Sigma(I_{cx,i} \cdot x_i^2 + I_{cy,i} \cdot y_i^2) = 66{,}80 \cdot (-10{,}16)^2 + 2 \cdot 10{,}00 \cdot 33{,}93^2 + 58{,}40 \cdot 0^2 + 0{,}03 \cdot (-5{,}20)^2 + 0{,}03 \cdot 8{,}30^2 = 29.920{,}37 + 2{,}88 = 29.923\ m^6$

$H_{x,1} = -M_{z,E} \cdot 58{,}4 \cdot 0 / 29.923 = \mathbf{0} \cdot M_{z,E}$

$H_{x,2} = -M_{z,E} \cdot 0{,}03 \cdot (-5{,}20) / 29.923 = \mathbf{0} \cdot M_{z,E}$

$H_{x,3} = -M_{z,E} \cdot 0{,}03 \cdot 8{,}30 / 29.923 = \mathbf{0} \cdot M_{z,E}$

$H_{y,1} = M_{z,E} \cdot 66{,}8 \cdot (-10{,}16) / 29.923 = \mathbf{-0{,}022} \cdot M_{z,E}$

$H_{y,2} = M_{z,E} \cdot 10{,}0 \cdot 33{,}93 / 29.923 = \mathbf{0{,}011} \cdot M_{z,E}$

$H_{y,3} = M_{z,E} \cdot 10{,}0 \cdot 33{,}93 / 29.923 = \mathbf{0{,}011} \cdot M_{z,E}$

Der Anteil der Tragwiderstände gegen Torsion der aussteifenden Bauteile infolge Biegung um die y-Achse ist erwartungsgemäß vernachlässigbar klein, da der Schubmittelpunkt des Gesamtstabes und des Kerns 1 in y-Richtung sehr nahe zusammenliegen und die Steifigkeit der Wände 2 und 3 um die schwache Achse sehr gering ist.
Die Verdrehung der starren Deckenscheiben wird also durch die Reaktionskräfte der Aussteifungselemente in y-Richtung (Biegung um die x-Achse) allein aufgenommen.
Beispielhaft sind hier die Gleichungen für die Kraftaufteilung auf alle Bauteile angeschrieben.

Tabelle 6.3.3-5: Aussteifungskräfte in x-Richtung (DK1)

		Erdbebeneinwirkungen auf Querseite (DK1)						
Bauteil	Decke	Horizontalkräfte $F_{x,i}$	Hebelarm für $F_{x,i}$ $e_{max,y}$	Torsionsmoment max $M_{z,E}$	Aufteilung $H_{x,i}$ $f(H_{x,E})$	$H_{x,i}$	Aufteilung $H_{y,i}$ $f(M_{z,E})$	$H_{y,i}$
i	j	kN	m	kNm		kN		kN
1	06	763,5	3,33	2.542,5	1,00	**763,5**	-0,022	**-55,9**
	05	766,7		2.553,1		**766,7**		**-56,2**
	04	625,6		2.083,2		**625,6**		**-45,8**
	03	484,4		1.613,1		**484,4**		**-35,5**
	02	343,3		1.143,2		**343,3**		**-25,5**
	01	224,5		747,6		**224,5**		**-16,4**
2+3	06	763,5	3,33	2.542,5	0	**0**	0,011	**28,0**
	05	766,7		2.553,1				**28,1**
	04	625,6		2.083,2				**22,9**
	03	484,4		1.613,1				**17,7**
	02	343,3		1.143,2				**12,6**
	01	224,5		747,6				**8,2**

Tabelle 6.3.3-6: Aussteifungskräfte in y-Richtung (DK1)

		Erdbebeneinwirkungen auf Längsseite (DK1)							
Bauteil	Decke	Horizontalkräfte $F_{y,i}$	Hebelarm für $F_{y,i}$ $e_{min,x}$	$e_{max,x}$	Torsionsmoment min $M_{z,E}$	max $M_{z,E}$	Aufteilung $H_{y,i}$ $f(H_{y,E})$	$f(M_{z,E})$	$H_{y,i}$
i	j	kN	m	m	kNm	kNm			kN
1	06	791,4	4,31		3.410,9		0,77	-0,022	**534,3**
	05	794,7			3.425,2				**536,6**
	04	648,4			2.794,6				**437,8**
	03	502,1			2.164,1				**339,0**
	02	355,7			1.533,1				**240,2**
	01	232,7			1.002,9				**157,1**
2+3	06	791,4		20,07		15.883,4	0,12	0,011	**269,7**
	05	794,7				15.949,6			**270,8**
	04	648,4				13.013,4			**221,0**
	03	502,1				10.077,2			**171,1**
	02	355,7				7.138,9			**121,2**
	01	232,7				4.670,3			**79,3**

Tabelle 6.3.3-7: Aussteifungskräfte in x-Richtung (DK2)

		Erdbebeneinwirkungen auf Querseite (DK2)						
Bauteil	Decke	Horizontalkräfte $F_{x,i}$	Hebelarm für $F_{x,i}$ $e_{max,y}$	Torsionsmoment max $M_{z,E}$	Aufteilung $H_{x,i}$ $f(H_{x,E})$	$H_{x,i}$	Aufteilung $H_{y,i}$ $f(M_{z,E})$	$H'_{y,i}$
i	j	kN	m	kNm		kN		kN
1	06	382,9	3,33	1.275,1	1,00	**382,9**	-0,022	**-28,1**
	05	384,6		1.280,7		**384,6**		**-28,2**
	04	313,8		1.045,0		**313,8**		**-23,0**
	03	243,0		809,2		**243,0**		**-17,8**
	02	172,2		573,4		**172,2**		**-12,6**
	01	112,5		374,6		**112,5**		**-8,2**
2+3	06	382,9	3,33	1.275,1	0	**0**	0,011	**14,0**
	05	384,6		1.280,7				**14,1**
	04	313,8		1.045,0				**11,5**
	03	243,0		809,2				**8,9**
	02	172,2		573,4				**6,3**
	01	112,5		374,6				**4,1**

Tabelle 6.3.3-8: Aussteifungskräfte in y-Richtung (DK2)

		Erdbebeneinwirkungen auf Längsseite (DK2)							
Bauteil	Decke	Horizontalkräfte $F_{y,i}$	Hebelarm für $F_{y,i}$ $e_{min,x}$	$e_{max,x}$	Torsionsmoment min $M_{z,E}$	max $M_{z,E}$	Aufteilung $H_{y,i}$ $f(H_{y,E})$	$f(M_{z,E})$	$H_{y,i}$
i	j	kN	m	m	kNm	kNm			kN
1	06	395,6	4,31		1.705,0		0,77	-0,022	**267,1**
	05	397,2			1.711,9				**268,2**
	04	324,1			1.396,9				**218,8**
	03	251,0			1.081,8				**169,5**
	02	177,8			766,3				**120,0**
	01	116,3			501,3				**78,5**
2+3	06	395,6		20,07		7.939,7	0,12	0,011	**134,8**
	05	397,2				7.971,8			**135,4**
	04	324,1				6.504,7			**110,4**
	03	251,0				5.037,6			**85,5**
	02	177,8				3.568,4			**60,6**
	01	116,3				2.334,1			**39,6**

6.3.4 Nachweis der Standsicherheit im Grenzzustand der Tragfähigkeit

Für die Nachweise der Standsicherheit ist der Grenzzustand der Tragfähigkeit zusammen mit den Empfehlungen für den Entwurf, die unter 6.2.2 aufgeführt werden, zu berücksichtigen.

DIN 4149, 7.1

6.3.4.1 Ermittlung der Schnittkräfte

Schnittkräfte OK Bodenplatte:

Normalkräfte (vgl. Tabellen 6.3.1-2 und 6.3.3-1):

Kern 1: $N_{AEd} = G_{Ek} + \Sigma\psi_{2,i} \cdot Q_{Ek,i} = 11.972 + 476 =$ **12.448 kN**

Wand 2+3: $N_{AEd} = G_{Ek} + \Sigma\psi_{2,i} \cdot Q_{Ek,i} = 3.324 + 111 =$ **3.435 kN**

Biegemomente und Querkräfte infolge Erdbeben:

Tab. 6.3.4-1: *M* und *V* infolge Erdbeben (DK1)

Kern 1		*H* in x-Richtung				*H* in y-Richtung			
E	h_E	H_{xd}	H_{yd}	$H_{xd} \cdot h_E$	$-H_{yd} \cdot h_E$	H_{xd}	H_{yd}	$H_{xd} \cdot h_E$	$-H_{yd} \cdot h_E$
06	22,5	763,5	-55,9	17.179	1.258	0	534,3	0	-12.022
05	19,0	766,7	-56,2	14.567	1.068	0	536,6	0	-10.195
04	15,5	625,6	-45,8	9.697	710	0	437,8	0	-6.786
03	12,0	484,4	-35,5	5.813	426	0	339,0	0	-4.068
02	8,5	343,3	-25,5	2.918	217	0	240,2	0	-2.042
01	5,0	224,5	-16,4	1.123	82	0	157,1	0	-786
$V_{AEd,x}$ =		3.208				0			
$V_{AEd,y}$ =			-236				2.245		
$M_{AEd,y}$ =				51.297				0	
$M_{AEd,x}$ =					3.761				-35.899

W 2+3		*H* in x-Richtung				*H* in y-Richtung			
E	h_E	H_{xd}	H_{yd}	$H_{xd} \cdot h_E$	$-H_{yd} \cdot h_E$	H_{xd}	H_{yd}	$H_{xd} \cdot h_E$	$-H_{yd} \cdot h_E$
06	22,5	0	28,0	0	-630	0	269,7	0	-6.068
05	19,0	0	28,1	0	-534	0	270,8	0	-5.145
04	15,5	0	22,9	0	-355	0	221,0	0	-3.426
03	12,0	0	17,7	0	-212	0	171,1	0	-2.053
02	8,5	0	12,6	0	-107	0	121,2	0	-1.030
01	5,0	0	8,2	0	-66	0	79,3	0	-397
$V_{AEd,x}$ =		0				0			
$V_{AEd,y}$ =			118				1.133		
$M_{AEd,y}$ =				0				0	
$M_{AEd,x}$ =					-1.904				-18.119

Tab. 6.3.4-2: *M* und *V* infolge Erdbeben (DK2)

Kern 1		*H* in x-Richtung				*H* in y-Richtung			
E	h_E	H_{xd}	H_{yd}	$H_{xd} \cdot h_E$	$-H_{yd} \cdot h_E$	H_{xd}	H_{yd}	$H_{xd} \cdot h_E$	$-H_{yd} \cdot h_E$
06	22,5	382,9	-28,1	8.615	632	0	267,1	0	-6.010
05	19,0	384,6	-28,2	7.307	536	0	268,2	0	-5.096
04	15,5	313,8	-23,0	4.864	357	0	218,8	0	-3.391
03	12,0	243,0	-17,8	2.916	214	0	169,5	0	-2.034
02	8,5	172,2	-12,6	1.464	107	0	120,0	0	-1.020
01	5,0	112,5	-8,2	563	41	0	78,5	0	-393
$V_{AEd,x}$ =		1.609				0			
$V_{AEd,y}$ =			-118				1122		
$M_{AEd,y}$ =				25.729				0	
$M_{AEd,x}$ =					1.887				-17.944

W 2+3		*H* in x-Richtung				*H* in y-Richtung			
E	h_E	H_{xd}	H_{yd}	$H_{xd} \cdot h_E$	$-H_{yd} \cdot h_E$	H_{xd}	H_{yd}	$H_{xd} \cdot h_E$	$-H_{yd} \cdot h_E$
06	22,5	0	14,0	0	-315	0	134,8	0	-3.033
05	19,0	0	14,1	0	-268	0	135,4	0	-2.573
04	15,5	0	11,5	0	-178	0	110,4	0	-1.711
03	12,0	0	8,9	0	-107	0	85,5	0	-1.026
02	8,5	0	6,3	0	-54	0	60,6	0	-515
01	5,0	0	4,1	0	-21	0	39,6	0	-198
$V_{AEd,x}$ =		0				0			
$V_{AEd,y}$ =			59				566		
$M_{AEd,y}$ =				0				0	
$M_{AEd,x}$ =					-943				-9.056

Die angegebenen Bemessungsschnittgrößen sind beim Nachweis der Tragfähigkeit mit wechselnden Vorzeichen zu berücksichtigen.

6.3.4.2 Nachweisführung bei Wänden in der Duktilitätsklasse 1

In Abschnitt 6.2.3 wurden bereits die entsprechenden Verweise aus DIN 4149 im Hinblick auf die zusätzlichen Anforderungen bei Betonbauten in der Duktilitätsklasse 1 angegeben.

DIN 4149, 8.2

Auch wurde die Nachweisführung entsprechend DIN 1045-1 für die Bauteile in den Abschnitten 5.1 und 5.2 bereits gezeigt, so dass hier auf eine zahlenmäßige Durchführung verzichtet wird.

→ siehe Beispiel 20a: Die dort für die Horizontalkräfte aus Wind und Schiefstellung geführten Nachweise sind für die z. T. höheren Beanspruchungen aus Erdbebenlasten zu wiederholen.

6.3.4.3 Nachweisführung bei Wänden und Koppelbauteilen in der Duktilitätsklasse 2

In Abschnitt 6.2.3 wurden bereits die entsprechenden Verweise aus DIN 4149 im Hinblick auf die zusätzlichen Anforderungen bei Betonbauten in der Duktilitätsklasse 2 angegeben.

DIN 4149, 8.3

Die Nachweisführung entsprechend DIN 1045-1 wurde für die Bauteile bereits in den Abschnitten 5.1 und 5.2 gezeigt, so dass hier auf eine weitere zahlenmäßige Durchführung verzichtet wird.

→ siehe Beispiel 20a: Die dort für die Horizontalkräfte aus Wind und Schiefstellung geführten Nachweise sind für die z. T. höheren Beanspruchungen aus Erdbebenlasten zu wiederholen.

Es soll jedoch der geforderte Nachweis der Duktilität exemplarisch für die Wände 2+3 sowie der Nachweis für Koppelbauteile geführt werden.

DIN 4149, 7.2.3

a) **Nachweis der örtlichen Duktilität der Wände 2+3**

In den kritischen Bereichen von Wänden ist sicherzustellen, dass der CCDF-Faktor μ_Φ mindestens

DIN 4149, 8.3.8.5 (1)

$\mu_\Phi = 1{,}5 \cdot (2 \cdot q_0 - 1)$ wenn $T_1 \geq T_C$

$\mu_\Phi = 1{,}5 \cdot [1 + 2 \cdot (q_0 - 1) \cdot T_C / T_1]$ wenn $T_1 < T_C$

DIN 4149, Gl. (40)
DIN 4149, Gl. (41)

beträgt. Dabei ist q_0 der entsprechende Grundwert des Verhaltensbeiwert nach DIN 4149, Tabelle 9, T_1 die Grundschwingzeit des Bauwerks – beide in der betrachteten Richtung der Erdbebeneinwirkung – und T_C die Periode an der oberen Grenze des Bereichs konstanter Spektralbeschleunigung des Spektrums nach DIN 4149, 5.4.2.

Der CCDF-Faktor („Conventional Curvature Ductility Factor"; „Krümmungsduktilitätsfaktor") ist das Verhältnis zwischen der Verkrümmung eines Querschnitts im Bruchzustand und dem linear-elastischen Anteil dieses Wertes.

Für eine genauere Ermittlung von μ_Φ in Abhängigkeit von der Schlankheit der Wand ist der nach DIN 4149, Gl. (40) bzw. Gl. (41) bestimmte Wert für μ_Φ mit

DIN 4149, 8.3.8.5 (1), Anmerkung

$c_W = 1 + 0{,}08 \cdot (H_w / l_w - 2) \geq 1$

zu multiplizieren.

Wird kein genaueres Verfahren verwendet, so kann die vorstehende Forderung durch Einführung einer Umschnürungsbewehrung erfüllt werden, die wie folgt ermittelt wird.

DIN 4149, 8.3.8.5 (2)

Für den Normalfall von Wänden mit freien Rändern oder mit verstärkten Wandenden sollte der auf das Volumen bezogene mechanische Bewehrungsgrad der erforderlichen Umschnürungsbewehrung ω_{wd} folgender Beziehung entsprechen:

DIN 4149, 8.3.8.5 (3)

$\alpha \cdot \omega_{wd} \geq 30 \cdot \mu_\Phi \cdot (\nu_d + \omega_v) \cdot \varepsilon_{sy,d} \cdot b_w / b_0 - 0{,}035$

DIN 4149, Gl. (69)

Dabei sind:

DIN 4149, 8.3.7.3 (5)

α der Kennwert für die Wirksamkeit der Umschnürung:

$\alpha = \alpha_n \cdot \alpha_s$

$\alpha_n = 1 - \Sigma b_i^2 / (6 \cdot A_0)$ Rechteckquerschnitt

$\alpha_s = (1 - 0{,}5 \cdot s / b_0) \cdot (1 - 0{,}5 \cdot s / d_0)$ Rechteckquerschnitt

mit

n Gesamtzahl der Stellen (in der Ebene jedes Umschnürungsbügels) in denen die Längsbewehrungsstäbe durch Umschnürungsbügel oder Querhaken „gehalten" werden.

b_i Abstand zwischen den „haltenden" Stellen

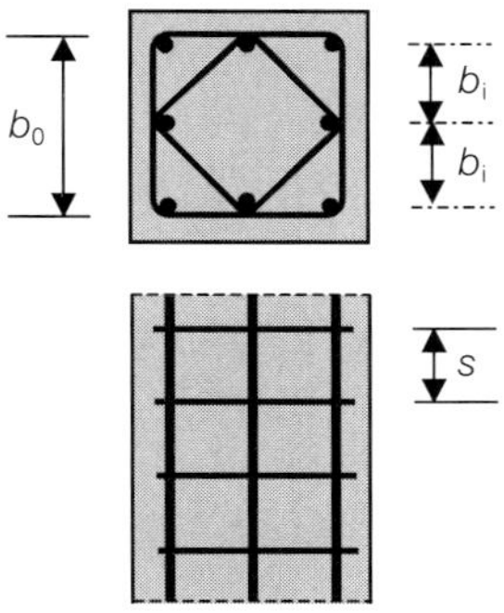

DIN 4149, Bild 20:
$\omega_{wd} = [4 \cdot b_0 \cdot A_{sw} / (b_0^2 \cdot s)] \cdot [f_{yd} / f_{cd}]$

ω_{wd} der auf das Volumen bezogene mechanische Bewehrungsgrad der Umschnürungsbügel in den kritischen Bereichen

$\omega_{wd,min}$ = 0,05; Mindestwert des auf das Volumen bezogenen mechanischen Bewehrungsgrads der Umschnürungsbügel

μ_Φ erforderlicher CCDF-Faktor

ν_d Bemessungswert der bezogenen Normalkraft

$\varepsilon_{sy,d}$ der Bemessungswert der Stahldehnung an der Streckgrenze

b_w Wanddicke senkrecht zur Richtung der seismischen Beanspruchung

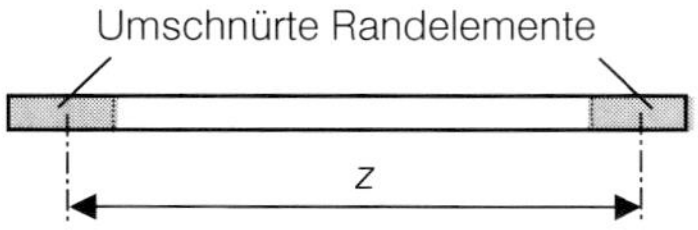

b_0 Dicke der Kernfläche des Betonquerschnitts senkrecht zur Richtung der seismischen Beanspruchung

ω_v $= \rho_v \cdot f_{yd,v} / f_{cd}$
mechanischer Bewehrungsgrad der vertikalen Bewehrung des Randelements mit $\rho_{v,min} = 0{,}005$

DIN 4149, 8.3.8.5 (3)
DIN 4149, 8.3.8.5 (5)

Darüber hinaus sind auch alle weiteren Maßnahmen und Vorschriften für Stützen einzuhalten.

Die zu ermittelnde Umschnürungsbewehrung sollte in vertikaler Richtung entlang der Höhe des kritischen Bereichs h_{cr} und in horizontaler Richtung entlang einer Länge l_c vorgesehen werden, die vom Druckrand der Wand bis zum Endpunkt des Bereichs gemessen wird, in dem unter zyklischer Belastung nicht umschnürter Beton infolge hoher Stauchung abplatzen kann.

DIN 4149, 8.3.8.5 (7)

Wenn keine genaueren Angaben vorliegen, kann diese kritische Stauchung zu $\varepsilon_{cu2} = 0{,}0035$ angenommen werden.

Das umschnürte Randelement kann vom Bügelschenkel am Druckrand der Wand aus mit der Länge

$$l_c = x_u \cdot (1 - \varepsilon_{cu2} / \varepsilon_{cu2,c})$$

DIN 4149, Gl. (70)

angenommen werden.

Dabei sind

$\varepsilon_{cu2,c} = 0{,}0035 + 0{,}1 \cdot \alpha \cdot \omega_{wd}$ — DIN 4149, Gl. (71)
Bruchstauchung des umschnürten Betons

$x_u = (\nu_d + \omega_v) \cdot l_w \cdot b_w / b_0$ — DIN 4149, Gl. (72)
Länge der Betondruckzone beim Erreichen von $\varepsilon_{cu2,c}$, vom Bügelschenkel am Druckrand der Wand aus gemessen

Als Mindestbedingung sollte der Wert von l_c nicht kleiner angenommen werden als $0{,}15 \cdot l_w$ oder $1{,}50 \cdot b_w$.

Für die Wände 2+3 ergeben sich folgende Parameter:

Der Mindestwert der kritischen Länge ergibt sich zu:

$$l_{c,min} = \max(0{,}15 \cdot 7{,}0;\ 1{,}5 \cdot 0{,}35) = \max(1{,}05;\ 0{,}525) = 1{,}05 \text{ m}$$

Die Biegebemessung der Wand mit den Bemessungsschnittgrößen ergibt einen geringeren Wert als die Mindestbewehrung (vgl. 5.1.3).

$f_{cd} = 1{,}0 \cdot 30 / 1{,}5 = 20 \text{ N/mm}^2$
$M_{AEd} = 9.056 \text{ kNm}$
$N_{AEd} = 3.435 \text{ kN}$
$\mu_d = 9{,}056 / (0{,}35 \cdot 7{,}0^2 \cdot 20) = 0{,}026$
$\nu_d = 3{,}435 / (0{,}35 \cdot 7{,}0 \cdot 20) = 0{,}070$

DIN 1045-1, 9.1.6 (2):
$f_{cd} = \alpha \cdot f_{ck} / \gamma_c$
In begründeten Fällen (z. B. Kurzzeitbelastung) dürfen auch höhere Werte für α (mit $\alpha \leq 1$) angesetzt werden.

Mit diesen Vorwerten erfolgt der Nachweis der örtlichen Duktilität.

Im ersten Schritt werden die notwendigen Werte für DIN 4149, Gl. (69) zusammengestellt:

$\mu_\Phi = 7{,}5 \cdot 1{,}097 = 8{,}23$ — DIN 4149, Gl. (40)
mit $\mu_\Phi' = 1{,}5 \cdot (2 \cdot 3{,}0 - 1) = 7{,}5$ (max $T_1 = 0{,}333 \text{ s} > T_C = 0{,}20 \text{ s}$)
$c_W = 1 + 0{,}08 \cdot (22{,}5 / 7{,}0 - 2) = 1{,}097 > 1$ — DIN 4149, 8.3.8.5 (1) Anmerkung
$\nu_d = 0{,}07$
$\omega_v = 0{,}005 \cdot 435 / 20 = 0{,}109$ (Mindestbewehrung)
$\varepsilon_{sy,d} = f_{yd} / E_s = 435 / 200.000 = 0{,}00217$
$b_w = 350 \text{ mm}$
$b_0 = b_w - 2 \cdot c_{nom} = 350 - 2 \cdot 20 = 310 \text{ mm}$

DIN 1045-1, 9.2: Betonstahl
$f_{yd} = f_{yk} / \gamma_s = 500 / 1{,}15 = 435 \text{ N/mm}^2$

$\alpha \cdot \omega_{wd} \geq 30 \cdot \mu_{\Phi} \cdot (\nu_d + \omega_v) \cdot \varepsilon_{sy,d} \cdot b_w / b_0 - 0{,}035$
$= 30 \cdot 8{,}23 \cdot (0{,}07 + 0{,}109) \cdot 0{,}00217 \cdot 350 / 310 - 0{,}035$
$= 0{,}073 > \omega_{wd,min} = 0{,}05$

DIN 4149, Gl. (69)

Im nächsten Schritt wird mit diesem (unteren) Wert für $\alpha \cdot \omega_{wd}$ die kritische Länge l_c abgeschätzt:

$l_c = 1{,}41 \cdot (1 - 0{,}0035 / 0{,}0108) = 0{,}95 \text{ m} < l_{c,min} = 1{,}05 \text{ m}$
mit $x_u = (0{,}07 + 0{,}109) \cdot 7{,}0 \cdot 0{,}35 / 0{,}31 = 1{,}41 \text{ m}$
$\varepsilon_{cu2,c} = 0{,}0035 + 0{,}1 \cdot 0{,}073 = 0{,}0108$

DIN 4149, Gl. (70) – Gl. (72)

Die kritische Länge wird gewählt zu:

$l_c = 1{,}10 \text{ m} > l_{c,min} = 1{,}05 \text{ m}$

Mit dieser Länge ist auch die Anforderung an die Dicke b_w der umschnürten Wandabschnitte eingehalten:

mit $l_c = 1100 \text{ mm} < \max \begin{cases} 2 \cdot b_w = 2 \cdot 350 = 700 \text{ mm} \\ 0{,}2 \cdot l_w = 0{,}2 \cdot 7000 = 1400 \text{ mm} \end{cases}$

DIN 4149, Gl. (75)

dann $b_w = 350 \text{ mm} > \begin{cases} 200 \text{ mm} \\ h_s / 15 = 5000 / 15 = 333 \text{ mm} \end{cases}$

Für den Nachweis der Umschnürungsbewehrung wird folgendes Bewehrungsbild zugrunde gelegt:

Vertikale Bewehrung: 7 Ø 14 + 12 Ø 10

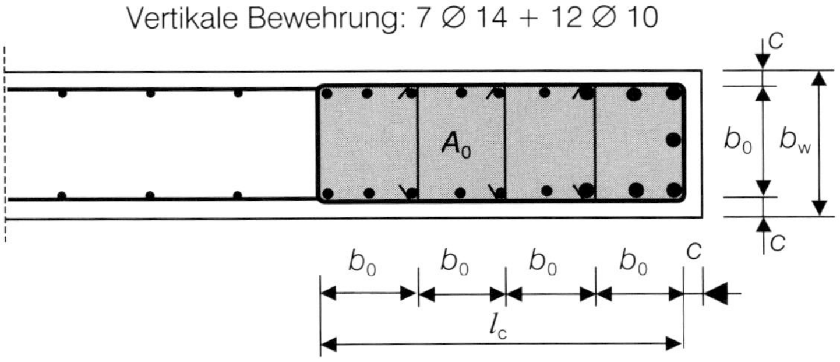

Der Mindest-Bewehrungsgrad in den Randelementen ist $\rho_{v,min} = 0{,}005$.

DIN 4149, 8.3.8.5 (5)

$\rightarrow \min A_{s,l} = 0{,}005 \cdot 35 \cdot 112 = 19{,}6 \text{ cm}^2$

Für den Nachweis der örtlichen Duktilität wird unter Beachtung der Mindestbewehrung in den Wänden folgende Bewehrung gewählt:

Längsbewehrung der Randelemente
Gewählt: Betonstahl BSt 500 S (B)
7 Ø 14 + 12 Ø 10 = 20,2 cm² > min $A_{s,l}$

Umschnürungsbewehrung
Gewählt: Betonstahl BSt 500 S (B)
Bügel Ø 10 / 100 mm

Unter Berücksichtigung der Betondeckung c_{nom} = 20 mm ergibt sich für die Abstände b_0 zwischen aufeinander folgenden „haltenden" Stellen:

- senkrecht zur Wand $b_0 = 350 - 2 \cdot 20 = 310$ mm
- parallel zur Wand $b_0 \approx 1100 / 4 = 275$ mm

Kennwert für die Wirksamkeit der Umschnürungsbewehrung :

$\alpha_n = 1 - (2 \cdot 0{,}31^2 + 8 \cdot 0{,}275^2) / (6 \cdot 1{,}10 \cdot 0{,}31) = 0{,}610$ — DIN 4149, Gl. (58)

$\alpha_s = (1 - 0{,}5 \cdot 100 / 310) \cdot (1 - 0{,}5 \cdot 100 / 275) = 0{,}686$ — DIN 4149, Gl. (60)

$\alpha = 0{,}610 \cdot 0{,}686 = 0{,}418$ — DIN 4149, Gl. (57)

Der auf das Volumen bezogene mechanische Bewehrungsgrad der Umschnürungsbügel kann somit wie folgt bestimmt werden:

DIN 4149, Bild 20
Ø 10 / 100 mm = 7,85 cm²/m
je Bügel 0,785 cm²
$b_0 = b_w - 2\,c = 350 - 2 \cdot 20 = 310$ mm

$$\begin{aligned}\omega_{wd} &= [4 \cdot A_{sw} / (b_0 \cdot s)] \cdot [f_{yd} / f_{cd}]\\ &= [4 \cdot 0{,}785 / (31 \cdot 10)] \cdot [435 / 20]\\ &= 0{,}22\\ &> \omega_{wd,min} = 0{,}05\end{aligned}$$

Damit folgt: $\alpha \cdot \omega_{wd} = 0{,}418 \cdot 0{,}22 = \mathbf{0{,}092}$

Unter Berücksichtigung der tatsächlich vorhandenen Längsbewehrung ergeben sich folgende Werte:

$\omega_v = 20{,}2 / (112 \cdot 35) \cdot 435 / 20 = 0{,}112$ — DIN 4149, 8.3.8.5 (3)

$$\begin{aligned}\alpha \cdot \omega_{wd} &= 0{,}092 > 30 \cdot \mu_\Phi \cdot (\nu_d + \omega_v) \cdot \varepsilon_{sy,d} \cdot b_w / b_0 - 0{,}035\\ &= 30 \cdot 8{,}23 \cdot (0{,}07 + 0{,}112) \cdot 0{,}00217 \cdot 350 / 310 - 0{,}035\\ &= 0{,}075\end{aligned}$$

DIN 4149, Gl. (69)

$l_c = 1{,}44 \cdot (1 - 0{,}0035 / 0{,}0127) = 1{,}04 \text{ m} < l_{c,vorh} = 1{,}10$ m — DIN 4149, Gl. (70) bis Gl. (72)

mit $x_u = (0{,}07 + 0{,}112) \cdot 7{,}0 \cdot 0{,}35 / 0{,}31 = 1{,}44$ m
$\varepsilon_{cu2,c} = 0{,}0035 + 0{,}1 \cdot 0{,}092 = 0{,}0127$

→ Die Umschnürungsbewehrung ist ausreichend gewählt!

b) Nachweisführung bei Koppelbauteilen in der Duktilitätsklasse 2

DIN 4149, 8.3.8.4

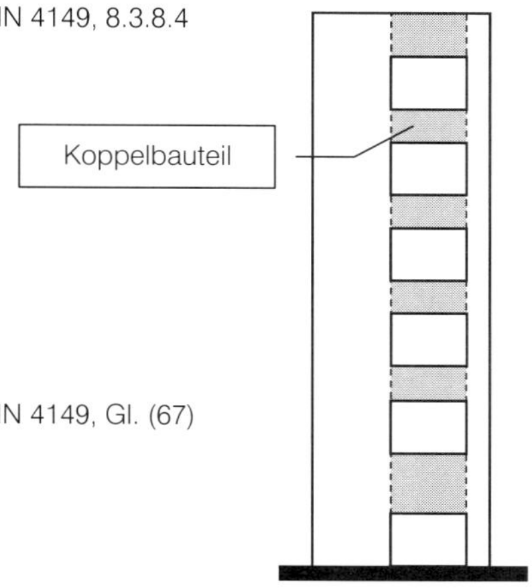

Wände können durch Balken gekoppelt werden.
Eine Kopplung durch Platten ist als nicht wirksam zu betrachten.

Ist für Koppelbauteile eine der folgenden beiden Bedingungen erfüllt, so sind keine zusätzlichen Anforderungen, die über die für Balken generell zu erfüllenden hinausgehen, an diese zu stellen:

a) Diagonalrisse nach zwei Richtungen sind unwahrscheinlich. Dies wird als zutreffend betrachtet, wenn folgende Gleichung erfüllt ist:

DIN 4149, Gl. (67)

$$V_{AEd} \leq b_w \cdot d \cdot f_{ctk;0,05} / \gamma_c$$

mit: V_{AEd} die Querkraft
b_w die Breite des Koppelbauteils
d die Nutzhöhe des Querschnitts
γ_c = 1,5

b) Als vorherrschende Versagensart wird Biegeversagen angenommen. Dies wird als zutreffend betrachtet, wenn das Verhältnis l / h zwischen der lichten Weite l und der Höhe h des Koppelbauteils mindestens 3 ist.

In allen anderen Fällen kann die Tragfähigkeit für Erdbebeneinwirkungen durch eine Bewehrung nach zwei Diagonalrichtungen gesichert werden, wobei weitere Bedingungen hierfür zu erfüllen sind.

Im ersten Schritt wird zunächst untersucht, ob die Bedingungen, die unter a) und b) genannt sind, zutreffen:

Bedingung b) ist **nicht** erfüllt: $l / h = 3010 / 1370 =$ **2,2 < 3**

Abmessungen der Koppelbauteile siehe Riegel im Abschnitt 3.1, Beispiel 20a

Im Folgenden ist daher die Bedingung a) zu prüfen. Hierzu ist die Ermittlung der Querkraft in den Koppelbauteilen erforderlich. Die Ermittlung erfolgt analog zu der Vorgehensweise aus Abschnitt 5.1.5.1.

→ siehe Beispiel 20a

Die Spannungsermittlung infolge der äußeren Lasten erfolgt hier für den Kern 1 mit dem Ziel, die Schnittkräfte auf die einzelnen Wandscheiben aufzuteilen.

Annahmen siehe 6.3.1:
A_c = 8,4 m²
$I_{c,x} \approx 66{,}8$ m⁴
$I_{c,y} \approx 58{,}4$ m⁴
$I_{c,xy} \approx 0$ m⁴

Zuerst werden die Normalspannungen am Kernfuß in den vier Eckpunkten der Wandmittellinien ermittelt. Es werden die Steifigkeitsannahmen aus der Ermittlung nach Abschnitt 6.3.1 übernommen.

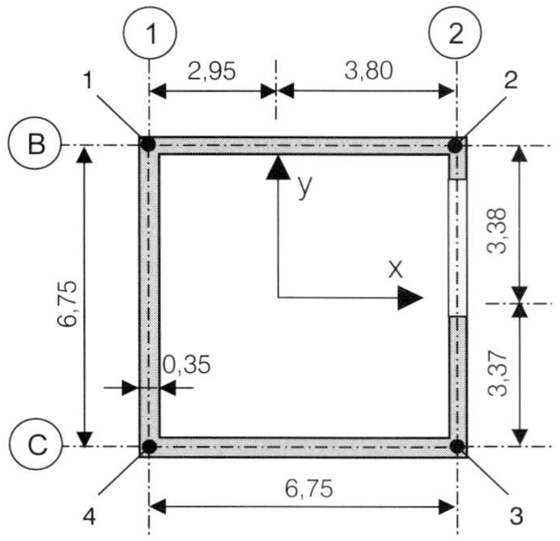

$$\sigma_i = \frac{N_{AEd}}{A_c} + \frac{M_{AEd,x}}{I_{c,x}} \cdot y_i - \frac{M_{AEd,y}}{I_{c,y}} \cdot x_i$$

Tab. 6.3.4-3: Eckspannungen im Fußpunkt des Kerns

		MN	MNm	MNm	Eckpunkte			(MN/m²)
	LF	N_{AEd}	$M_{AEd,x}$	$M_{AEd,y}$	σ_1	σ_2	σ_3	σ_4
1	$N + H_x$	-12,448	1,887	25,729	-0,09	-3,06	-3,25	-0,28
2	$N - H_x$	-12,448	-1,887	-25,729	-2,88	0,10	0,29	-2,69
3	$N + H_y$	-12,448	17,994	0	-0,57	-0,57	-2,39	-2,39
4	$N - H_y$	-12,448	-17,994	0	-2,39	-2,39	-0,57	-0,57

x_1 = -2,95 m y_1 = 3,38 m
x_2 = 3,80 m y_2 = 3,38 m
x_3 = 3,80 m y_3 = -3,37 m
x_4 = -2,95 m y_4 = -3,37 m

Im Weiteren wird die Wand in der Achse 2 betrachtet.

Die Kategorien min und max werden in Bezug auf die Normaldruckkräfte auf die Absolutwerte gebraucht.

Schnittgrößen der Einzelwand als maximale Linienlasten und als Gesamtkräfte auf den Rechteckquerschnitt $b / h = 0{,}35 / 6{,}75$ m (einachsige Biegung mit Längskraft):

$\max n_{AEd} \quad \leq \min \sigma_{2,3} \cdot h_{c,2} = -3{,}25 \cdot 0{,}35 = \mathbf{1{,}138\ MN/m}$

$N_{AEd} \quad = 0{,}5 \cdot (\sigma_2 + \sigma_3) \cdot A_{c,2}$

$\max N_{AEd} \quad = -3{,}16 \cdot 0{,}35 \cdot 6{,}75$ (LF 1)
$= \mathbf{-7{,}47\ MN}$

$\min N_{AEd} \quad = +0{,}20 \cdot 0{,}35 \cdot 6{,}75$ (LF 2)
$= \mathbf{+0{,}47\ MN}$

$N_{AEd} \quad = 0{,}5 \cdot (\sigma_2 + \sigma_3) \cdot A_{c,2}$
$= 0{,}5 \cdot (-0{,}57 - 2{,}39) \cdot 0{,}35 \cdot 6{,}75$ (LF 3)
$= \mathbf{-3{,}50\ MN}$

$M_{AEd} \quad = 0{,}5 \cdot (\sigma_2 - \sigma_3) \cdot W_{c,2}$
$= 0{,}5 \cdot (-0{,}57 + 2{,}39) \cdot 0{,}35 \cdot 6{,}75^2 / 6$ (LF 3)
$= \mathbf{+2{,}42\ MNm}$

Die Schnittkräfte auf die ungestört angenommene Wandscheibe sind auf die Wandstiele und -riegel aufzuteilen.

Dies kann z. B. über Stabwerkmodelle erfolgen. Stabwerkmodellierung siehe [48] *Schlaich/Schäfer*: Konstruieren im Stahlbetonbau; BK 1998/II

Um die Hilfswerte der in [61] angegebenen Diagramme zu nutzen, wird aus dem für die Einzelwand ermittelten Biegemoment am Wandfuß eine zugehörige, gleichmäßig verteilte Horizontallast ermittelt, die der realen Beanspruchung – horizontale Einzellasten je Geschossdecke – näherungsweise entspricht.

Hier wird wieder die auf einem kontinuierlichen Ersatzsystem basierende Berechnungsmethode für regelmäßig gegliederte Scheiben wie im Abschnitt 3 angewendet.
[61] *König / Liphardt*: Hochhäuser aus Stahlbeton, BK 1990/II, S. 495 ff

$q_{AEd,h,eq} = 2 \cdot M_{AEd} / l_1^2 \quad = 2 \cdot 2420 / 22{,}5^2$
$= 9{,}6$ kN/m

Riegelquerkräfte

Die maximale Querkraft $\max V_{AEd,2}$ für Riegel 2 ergibt sich mit den Hilfswerten nach [61], Bild 5.8 a:

siehe Abschnitt 3.1

mit $\alpha \cdot \gamma = 7{,}13 \qquad \gamma^2 = 1{,}16$
$a_1 = 4{,}88$ m $\qquad a_2 = 3{,}75$ m

$\rightarrow \xi_{max} = 0{,}28 \quad \rightarrow x_{max} = \xi_{max} \cdot l_1 = 0{,}28 \cdot 22{,}5 = 6{,}3$ m

$\rightarrow \lambda_{max} = 0{,}62$

$\rightarrow \max V_{AEd,2} = (q_{AEd} \cdot l_1 / \gamma^2) \cdot (a_2 / a_1) \cdot \lambda_{max}$
$= (9{,}6 \cdot 22{,}5 / 1{,}16) \cdot (3{,}75 / 4{,}88) \cdot 0{,}62$
$= \mathbf{88{,}7\ kN}$

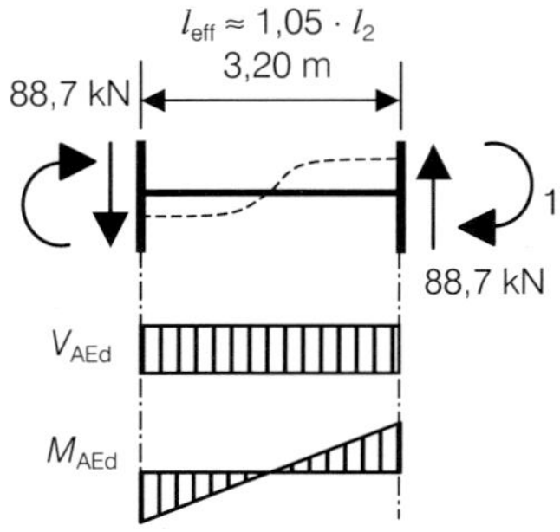

Für die Bedingung nach DIN 4149, 8.3.8.4 (2) a) ist nachfolgender Ausdruck auszuwerten:

$$b_w \cdot d \cdot f_{ctk;0,05} / \gamma_c = 0,35 \cdot 1,23 \cdot 2,0 / 1,5 = \mathbf{574\ kN} > \mathbf{88,7\ kN} = V_{AEd}$$

DIN 4149, Gl. (67)
DIN 1045-1, Tab.9: C30/37
$f_{ctk;0,05} = 2,0$ MN/m²
$d = 1,23$ m; vgl. 5.1.5.1

Da die Bedingung a) erfüllt ist, gelten alle Anforderungen an Balken auch für die Wandriegel.

Die Nachweise im Grenzzustand der Tragfähigkeit wurden im Abschnitt 5.1.5.1 gezeigt und werden für das vorliegende Koppelbauteil daher nicht detailliert durchgeführt. Es gelten die in DIN 1045-1 angegebenen Anforderungen.

aus 5.1.5.1, Beispiel 20a, abgeleitet:
Biegebemessung
erf $A_{s,l} < 2,32 \cdot 142 / 109 = 3,0$ cm²
Querkraftbemessung
erf $a_{sw} = 1,18 \cdot 88,7 / 68,4 = 1,5$ cm²/m
min $a_{sw} = 0,093 \cdot 35 = 3,3$ cm²/m

Örtliche Duktilität der Koppelbauteile

Balkenbereiche, die innerhalb eines Abstands l_{cr} von einem Endquerschnitt, wo der Balken in einen Knoten einbindet, oder von beiden Seiten eines beliebigen anderen Querschnitts liegen, der einer Plastifizierung unter der seismischen Lastkombination ausgesetzt ist, sind als kritische Bereiche zu betrachten.

DIN 4149, 8.3.6.3 (1)

Die Länge l_{cr} ist zu $1,0 \cdot h_w$ anzusetzen, wobei h_w die Balkenhöhe bedeutet:

$$l_{cr} = 1,0 \cdot 1,37 = 1,37\ \text{m}$$

Innerhalb der kritischen Bereiche und entlang der gesamten Balkenachse gelten die Duktilitätsanforderungen als erfüllt, wenn:

DIN 4149, 8.3.6.3 (2) bis (4)

1. in der Druckzone zusätzlich zur Bewehrung, die sich aus der Gleichgewichtsbedingung im Querschnitt ergibt, eine Bewehrung angeordnet wird, die mindestens die Hälfte der vorhandenen Zugbewehrung ausmacht;
2. der Bewehrungsgrad der Zugbewehrung ρ überall folgende Bedingung erfüllt:

$$\rho_{min} \le \rho \le \rho_{max}$$

DIN 4149, Gl. (49)

mit $\rho_{min} = 0,5 \cdot f_{ctm} / f_{yk} = 0,5 \cdot 2,9 / 500 = 0,0029$

DIN 4149, Gl. (50)

$\rho_{max} = \rho' + 0,0018 / (\mu_\Phi \cdot \varepsilon_{sy,d}) \cdot f_{cd} / f_{yd}$

$\rho_{max} = 2 \cdot 0,0018 / (7,5 \cdot 0,00217) \cdot 20 / 435 = 0,0102$

Annahme eines symmetrischen Bewehrungsbilds

DIN 4149, Gl. (51)
ρ' - Bewehrungsgrad der Druckbewehrung
μ_Φ - DIN 4149, Gl. (40)

$\rightarrow$ min $A_{s,l} = 0,0029 \cdot 35 \cdot 123 = 12,5$ cm² (z. B. ca. 6 ∅ 16)

> erf $A_{s,l}$ → maßgebend!

2. und der Abstand s der Querbewehrung mit einem Durchmesser der Umschnürungsbügel $d_{bw} \ge 6$ mm, folgende Bedingungen erfüllt:

$$s \le \begin{cases} 200\ \text{mm} \\ h_w / 4 = 1370 / 4 = 343\ \text{mm} \\ 24 \cdot d_{bw} = 24 \cdot 8 = 192\ \text{mm} \\ 9 \cdot d_{bL} = 9 \cdot 16 = 144\ \text{mm} \end{cases}$$

wobei der Abstand des ersten Umschnürungsbügels vom Endquerschnitt des Balkens nicht größer als 50 mm ist.

Gewählt werden als Querkraftbewehrung Bügel ∅ 8 / 300 mm, die im kritischen Bereich auf $s = 100$ mm Abstand verdichtet werden und die Längsbewehrung im Druckbereich umfassen.

Durch die Querbewehrung soll eine angemessene Umschnürung gesichert und dem örtlichen Ausknicken der Längsbewehrung vorgebeugt werden.

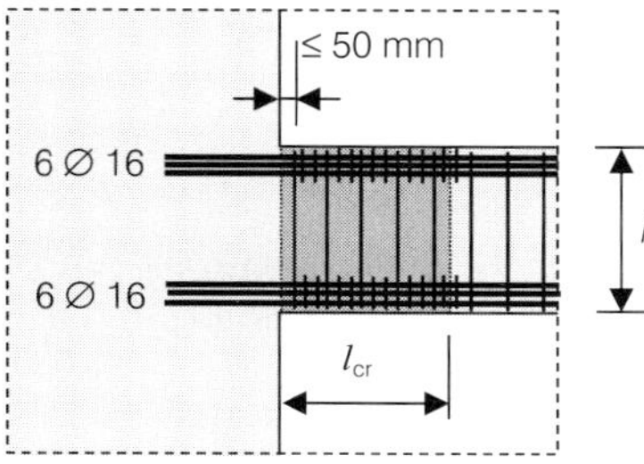

6.4 Zusätzliche Bewehrungsregeln für Betonbauten in der Duktilitätsklasse 2

In diesem Abschnitt werden Festlegungen für die Bewehrungsregeln, die bei erdbebenwiderstandsfähigen Betonbauten in der Duktilitätsklasse 2 einzuhalten sind, angegeben, die über die Festlegungen der DIN 1045-1 hinausgehen.

6.4.1 Umschnürungsbügel

Umschnürungsbügel als Querbewehrung in Balken, Stützen und Wänden sind als geschlossene Bügel auszubilden, wobei diese um 135° ins Innere abgebogene Haken mit einer Länge von 10 d_{bw} aufweisen sollen. DIN 4149, 8.3.5.1

6.4.2 Verankerung der Bewehrung

Stützen

Bei der Berechnung der Verankerungslänge $l_{b,net}$ von Bewehrungsstäben in Stützen, die zur Biegetragfähigkeit in den kritischen Bereichen der betroffenen Bauteile beitragen, ist das Verhältnis der erforderlichen zur vorhandenen Querschnittsfläche der Bewehrung in DIN 1045-1 immer mit $A_{s,erf} / A_{s,vorh} = 1{,}0$ anzusetzen. DIN 4149, 8.3.5.2.1

Wenn unter seismischen Einwirkungskombinationen Zugkräfte als Längskräfte in Stützen auftreten können, sind die Verankerungslängen gegenüber den in DIN 1045-1 angegebenen Werten um 50 % zu vergrößern.

Balken

Die Längsbewehrung von Balken, die zur Verankerung in Knoten abgebogen wird, ist immer im Inneren der Umschnürungsbügel, die in Stützen vorgesehen sind, anzuordnen. DIN 4149, 8.3.5.2.2

Überschreitet an einem Balken-Stützen-Knoten das Balkenmoment aus Erdbebeneinwirkung betragsmäßig das Balkenmoment aus Vertikallast, so ist der Durchmesser d_{bL} der Längsbewehrung des Balkens, die in diesem Knoten verankert werden soll, wie folgt zu begrenzen:

a) bei Innenknoten

$$d_{bL} \leq 6{,}0 \cdot (f_{ctm} / f_{yd}) \cdot (1 + 0{,}8 \cdot \nu_d) \cdot h_c$$ DIN 4149, Gl. (44)

b) bei Außenknoten

$$d_{bL} \leq 7{,}5 \cdot (f_{ctm} / f_{yd}) \cdot (1 + 0{,}8 \cdot \nu_d) \cdot h_c$$ DIN 4149, Gl. (45)

Dabei sind:

h_c	Stützenbreite parallel zur Längsbewehrung
f_{ctm}	Mittelwert der Zugfestigkeit des Betons
f_{yd}	Bemessungswert der Festigkeit des Betonstahls an der Streckgrenze
ν_d	Bemessungswert der bezogenen Längskraft in der Stütze

Ist bei einem Außenknoten die Stützenbreite h_c nicht ausreichend groß, so dass vorstehende Bedingung nicht eingehalten werden kann, dann kann die Verankerungslänge der Längsbewehrung von Balken durch folgende Zusatzmaßnahmen gesichert werden:

a) horizontale Verlängerung des Balkens oder der Platte;

b) an die Enden der Bewehrungsstäbe angeschweißte Ankerplatten;

c) Winkelhaken mit einer Mindestlänge von 10 d_{bL} und eine Querbewehrung aus kurzen Stäben, die unterhalb der Winkelhaken angeordnet und mit diesen eng verbunden ist.

Obere und untere Bewehrungsstäbe, die durch Innenknoten gehen, müssen außerhalb des Knotens mit einem Mindestabstand, der der kritischen Länge l_{cr} des Balkens entspricht, enden.

Soll die günstige Wirkung der Stützendruckkraft auf die Verbundeigenschaften der Balkenlängsbewehrung ausgenutzt werden, so darf die Balkenbreite b_w nicht größer sein als:

$$b_w \leq \begin{cases} b_c + h_w \\ 2 \cdot b_c \end{cases}$$

DIN 4149, Gl. (46)

Dabei sind b_c die Breite der Stütze senkrecht zur Balkenlängsachse und h_w die Balkenhöhe.

Sind in Koppelbalken Diagonalstäbe vorzusehen, so sind deren Verankerungslängen um 50 % gegenüber den nach DIN 1045-1 ermittelten Werten zu vergrößern.

6.4.3 Stöße von Bewehrungsstäben

Durch Verschweißen hergestellte Stöße sind in den kritischen Bereichen der zum Tragwerk gehörenden Bauteile nicht zulässig. DIN 4149, 8.3.5.3 (1)

Durch mechanische Verbindungsmittel hergestellte Stöße sind in Stützen und Wänden zulässig, wenn die Eignung dieser Verbindungsmittel für einen Vollstoß nachgewiesen wurde (z. B. durch allgemeine bauaufsichtliche Zulassungen). DIN 4149, 8.3.5.3 (2)

Übergreifungsstöße sind in den kritischen Bereichen von Stützen und Wänden zulässig. Die bei Übergreifungsstößen vorzusehende Querbewehrung ist nach DIN 1045-1, 12.8.3 zu bemessen. DIN 4149, 8.3.5.3 (3) und (4)

Darüber hinaus sind folgende Regeln zu berücksichtigen:

a) Bei Übergreifungsstößen, bei denen die gestoßenen Längsstäbe übereinander liegen, ist die Summe der Querschnittsfläche aller gestoßener Stäbe ΣA_{sL} bei der Bestimmung der Querbewehrung anzusetzen.

b) Bei Übergreifungsstößen, bei denen die gestoßenen Längsstäbe nebeneinander liegen, ist die Querschnittsfläche des stärkeren gestoßenen Längsstabes A_{sL} bei der Bestimmung der Querbewehrung anzusetzen.

c) Der Abstand s der entlang eines Übergreifungsstoßes anzuordnenden Querbewehrungsstäbe darf nicht größer sein als

$$s \leq \begin{cases} h / 4 \\ 100 \text{ mm} \end{cases}$$

DIN 4149, Gl. (47)

wobei h die kleinste Querschnittsabmessung ist.

Die Querbewehrung A_{st} innerhalb der Übergreifungslänge der Längsbewehrungsstäbe von Stützen, die an gleicher Stelle gestoßen sind, oder der Längsbewehrungsstäbe in den Randelementen von Wänden, kann nach folgender Gleichung berechnet werden:

DIN 4149, 8.3.5.3 (5)

$$A_{st} = s \cdot (d_{bL} / 50) \cdot (f_{yLd} / f_{ywd})$$

DIN 4149, Gl. (48)

Dabei sind:

A_{st}	Querschnittsfläche eines Schenkels der Querbewehrung
d_{bL}	Durchmesser des gestoßenen Bewehrungsstabes
s	Abstand der Querbewehrungsstäbe
f_{yLd}	Bemessungswert der Festigkeit der Längsbewehrung
f_{ywd}	Bemessungswert der Festigkeit der Querbewehrung

Literatur

[1] DIN 1045-1: Tragwerke aus Beton, Stahlbeton und Spannbeton – Teil 1: Bemessung und Konstruktion: Ausgabe 2001-07

[1.1] *und* DIN 1045-1 Ber 2: 2005-06 Berichtigung 2 zu DIN 1045-1

[2] DIN 1045-2: Tragwerke aus Beton, Stahlbeton und Spannbeton – Teil 2: Beton; Festlegung, Eigenschaften, Herstellung und Konformität: Ausgabe 2001-07

[2.1] *und* DIN 1045-2/A1: 2005-01, A1-Änderung

[3] DIN 1045-3: Tragwerke aus Beton, Stahlbeton und Spannbeton – Teil 3: Bauausführung: Ausgabe 2001-07

[3.1] *und* DIN 1045-3/A1: 2005-01, A1-Änderung

[4] DIN 1045-4: Tragwerke aus Beton, Stahlbeton und Spannbeton – Teil 4: Ergänzende Regeln für die Herstellung und die Konformität von Fertigteilen: Ausgabe 2001-07

[5] DIN EN 206-1: Beton – Teil 1: Festlegung, Eigenschaften, Herstellung und Konformität: Ausgabe 2001-07

[5.1] *und* DIN EN 206-1/A1: 2004-10, A1-Änderung

[5.2] *und* DIN EN 206-1/A2: 2005-09, A2-Änderung

[6] DIN 1045: Beton und Stahlbeton, Bemessung und Ausführung, Ausgabe Juli 1988

[7] DIN 4227-1: Spannbeton; Bauteile aus Normalbeton mit beschränkter oder voller Vorspannung, Ausgabe Juli 1988

[8] DIN V ENV 1992-1-1: Eurocode 2: Planung von Stahlbeton- und Spannbetontragwerken – Teil 1: Grundlagen und Anwendungsregeln für den Hochbau. Deutsche Fassung ENV 1992-1-1 Ausgabe 1992-06

[9] DIN 1055-100: Einwirkungen auf Tragwerke – Teil 100: Grundlagen der Tragwerksplanung, Sicherheitskonzept und Bemessungsregeln, Ausgabe 2001-03

[10] DIN 1055-1: Einwirkungen auf Tragwerke – Teil 1: Wichte und Flächenlasten von Baustoffen, Bauteilen und Lagerstoffen, Ausgabe 2002-06

[11] E DIN 1055-2: Einwirkungen auf Tragwerke – Teil 2: Bodenkenngrößen, Ausgabe 2003-02

[12] DIN 1055-3: Einwirkungen auf Tragwerke – Teil 3: Eigen- und Nutzlasten für Hochbauten, Ausgabe 2002-10

[12.1] *und* DIN 1055-3/A1: 2005-05, A1-Änderung (Entwurf)

[13] DIN 1055-4: Einwirkungen auf Tragwerke – Teil 4: Windlasten, Ausgabe 2005-03

[14] DIN 1055-5: Einwirkungen auf Tragwerke – Teil 5: Schnee- und Eislasten, Ausgabe 2005-06

[15] DIN 1055-9: Einwirkungen auf Tragwerke □ Teil 9: Außergewöhnliche Einwirkungen, Ausgabe 2003-08

[18] DIN 1054: Baugrund – Sicherheitsnachweise im Erd- und Grundbau, Ausgabe 2005-01

[22] *Grasser / Thielen*: Hilfsmittel zur Berechnung der Schnittgrößen und Formänderungen von Stahlbetontragwerken nach DIN 1045, Ausgabe Juli 1988.
Deutscher Ausschuss für Stahlbeton, Heft 240, 3. Auflage
Beuth Verlag, Berlin, 1991

[24] *Bertram / Bunke*: Erläuterungen zu DIN 1045 Beton- und Stahlbeton, Ausgabe 07.88.
Deutscher Ausschuss für Stahlbeton, Heft 400
Beuth Verlag, Berlin, 1989

[27] *Kordina u.a.*: Bemessungshilfsmittel zu Eurocode 2 Teil 1 (DIN V ENV 1992 Teil 1-1, Ausgabe 06.92).
Deutscher Ausschuss für Stahlbeton, Heft 425
Beuth Verlag, Berlin, 1992

[29] Erläuterungen zu DIN 1045-1
Deutscher Ausschuss für Stahlbeton, Heft 525, Beuth Verlag, Berlin, 2003
[29.1] *und* Berichtigung 1:2005-05 zum DAfStb-Heft 525 (*www.dafstb.de*)

[32] Deutscher Beton- und Bautechnik-Verein E.V. – Merkblatt
Betondeckung und Bewehrung, Ausgabe 2002-07

[33] Deutscher Beton- und Bautechnik-Verein E.V. – Merkblatt
Abstandhalter, Ausgabe 2002-07

[34] Deutscher Beton- und Bautechnik-Verein E.V. – Merkblatt
Rückbiegen von Betonstahl und Anforderungen an Verwahrkästen, Ausgabe 2003-03

[35] Deutscher Beton- und Bautechnik-Verein E.V.
Beispiele zur Bemessung nach DIN 1045, 5. Auflage 1991
Bauverlag GmbH, Berlin, Wiesbaden, 1991

[40] *Zilch / Rogge*: Grundlagen der Bemessung von Beton-, Stahlbeton- und Spannbetonbauteilen nach DIN 1045-1
Beton-Kalender 2002/1, Ernst & Sohn, Berlin

[41] *Kordina / Quast*: Bemessung von schlanken Bauteilen für den durch Tragwerksverformungen beeinflussten Grenzzustand der Tragfähigkeit – Stabilitätsnachweis.
Beton-Kalender 2001/1, Ernst & Sohn, Berlin

[43] *Stiglat / Wippel*: Massive Platten, Ausgewählte Kapitel der Schnittkraftermittlung und Bemessung
Beton-Kalender 2000/2, Ernst & Sohn, Berlin

[44] *Czerny*: Tafeln für Rechteckplatten.
Beton-Kalender 1999/I, Ernst & Sohn, Berlin

[46] *Litzner*: Grundlagen der Bemessung nach Eurocode 2 – Vergleich mit DIN 1045 und DIN 4227
Beton-Kalender 1995/I, Berlin: Ernst & Sohn

[47] *Litzner*: Grundlagen der Bemessung nach DIN 1045-1 in Beispielen
Beton-Kalender 2002/1, Ernst & Sohn, Berlin

[48] *Schlaich / Schäfer*: Konstruieren im Stahlbetonbau.
Beton-Kalender 1998/II, Ernst & Sohn, Berlin (auch 2001/II)

[49] *Steinle / Hahn*: Bauen mit Betonfertigteilen im Hochbau.
Beton-Kalender 1995/II, Ernst & Sohn, Berlin

[50] *Krüger / Mertzsch*: Beitrag zum Trag- und Verformungsverhalten bewehrter Betonquerschnitte im Grenzzustand der Gebrauchstauglichkeit. Rostocker Berichte aus dem Fachbereich Bauingenieurwesen, Universität Rostock, Heft 3, 2001

[51] *Schneider*: Bautabellen, 10. Auflage
Werner Verlag, Düsseldorf, 1992 (auch 15. Auflage 2003)

[53] *Petersen*: Statik und Stabilität der Baukonstruktionen, 2. Auflage
Vieweg, Braunschweig/Wiesbaden, 1982

[54] *Smoltczyk / Netzel:* 3.1 Flachgründungen
Grundbau-Taschenbuch Teil 3, 4. Auflage.
Ernst & Sohn, Berlin, 1992 (auch 6. Auflage 2001)

[59] *Paschen / Zillich*: Tragfähigkeit querkraftschlüssiger Fugen zwischen Stahlbeton-Fertigteildeckenelementen
Deutscher Ausschuss für Stahlbeton, Heft 348
Ernst & Sohn, Berlin, 1983

[60] Berichtigung zu *Paschen / Zillich*: Tragfähigkeit querkraftschlüssiger Fugen zwischen vorgefertigten Stahlbeton-Deckenbauteilen, Beton- und Stahlbetonbau 1983, S. 197-201
Beton- und Stahlbetonbau 1987, S. 56

[61] *König / Liphardt*: Hochhäuser aus Stahlbeton
Beton-Kalender 1990/II, Ernst & Sohn, Berlin (auch 2003/I)

[62] *Riedinger*: Duktilität von Betonstahl für die Bemessung nach DIN 1045-1
Deutsches Institut für Bautechnik,
DIBt Mitteilungen 1/2003, Ernst & Sohn, Berlin

[63] *Müller / Keintzel:* Erdbebensicherung von Hochbauten
Ernst & Sohn, Berlin, 1984

[64] *Häußler-Combe:* Praktische Baudynamik
Vorlesungsskriptum, Institut für Massivbau, Universität (TH) Karlsruhe
www.tu-dresden.de/biwitb/mbau/download/uhc_baudynamik.pdf

[65] *Eibl / Keintzel:* Vergleich der Erdbebenauslegung von Stahlbetonbauten nach DIN 4149 und Eurocode 8
Beton- und Stahlbetonbau 1995, S. 217

[66] *Eibl / Henseleit / Schlüter*: Baudynamik
Beton-Kalender 1988/II, Ernst & Sohn, Berlin

[67] *Eibl / Häußler-Combe:* Baudynamik
Beton-Kalender 1997/II, Ernst & Sohn, Berlin

[68] *Iványi / Buschmeier / Müller*: Entwurf von vorgespannten Flachdecken
Beton- und Stahlbetonbau 1987, S. 95 ff.

[69] *Fastabend*: Zur Frage der Spanngliedführung bei Vorspannung ohne Verbund
Beton- und Stahlbetonbau 1999, S. 14 ff.

[70] *Maier / Wicke*: Die Freie Spanngliedlage
Beton- und Stahlbetonbau 2000, S. 62 ff.

[71] *Grasser / Kupfer / Pratsch / Feix*: Bemessung von Stahlbeton- und Spannbetonbauteilen nach EC 2 für Biegung, Längskraft, Querkraft und Torsion
Beton-Kalender 1996/I, Ernst & Sohn, Berlin

[72] *Shen*: Lineare und nichtlineare Theorie des Kriechens und der Relaxation von Beton unter Druckbeanspruchung
Deutscher Ausschuss für Stahlbeton, Heft 432
Beuth Verlag, Berlin, 1992

[73] *Trost / Wolff*: Zur wirklichkeitsnahen Ermittlung der Beanspruchungen in abschnittsweise hergestellten Spannbetontragwerken, Bauingenieur 1970, S. 155 ff.

[74] *Kupfer*: Bemessung von Spannbetonbauteilen – einschließlich teilweiser Vorspannung
Beton-Kalender 1991/I, Ernst & Sohn, Berlin (auch 1994/I)

[75] *Hochreither*: Bemessungsregeln für teilweise vorgespannte, biegebeanspruchte Betonkonstruktionen – Begründung und Auswirkung
Dissertation, TU München, 1982

[76] *Torringen / Stepanek*: Bautechnik bei Müllverbrennungsanlagen
VGB-Baukonferenz 1996
VGB-TB 618, Herausgeber: VGB PowerTech Service GmbH

[77] *Martens*: Silo-Handbuch
Ernst & Sohn, Berlin, 1988

[78] *Graubner / Six*: Zuverlässigkeit schlanker Stahlbetondruckglieder – Analyse nichtlinearer Nachweiskonzepte
Bauingenieur 2002, S. 141 ff.

[79] *Schmidt / Seitz:* Grundbau.
Beton-Kalender 1998/II, Ernst & Sohn, Berlin

[80] ZTV-ING: Zusätzliche Technische Vertragsbedingungen und Richtlinien für Ingenieurbauten
Herausgegeben von der Bundesanstalt für Straßenwesen,
Verkehrsblatt-Verlag, Sammlung Nr. S 1056, Vers. 01/03

[81] ADINA Engineering
A Program for Automatic Dynamic Incremental Nonlinear Analysis, 1984
ADINA R & D, Inc., Watertown, USA

[82] InfoGraph Gmbh, Aachen
Programm InfoCad, Version 5.5
www.infograph.de

[83] SOFiSTiK AG
Programmmodule AQUA, GENF, STAR2, GEOS
www.sofistik.de

[84] SOFiSTiK AG
Programmmodul ASE Version 11.35-21
www.sofistik.de

[85] *Niemann*: Anwendungsbereich und Hintergrund der neuen DIN 1055 Teil 4
Der Prüfingenieur, Zeitschrift der Bundesvereinigung der Prüfingenieure für Bautechnik
(21) Oktober 2002, S. 35 ff.

[86] *Brüning*: Temperaturbeanspruchungen in Stahlbetonlagern für feste Siedlungsabfälle
Deutscher Ausschuss für Stahlbeton, Heft 470
Beuth Verlag, Berlin, 1996

[87] *Grote*: Durchlässigkeitsgesetze für Flüssigkeiten mit Feinstoffanteilen bei Betonbunkern von Abfallbehandlungsanlagen
Deutscher Ausschuss für Stahlbeton, Heft 483
Beuth Verlag, Berlin, 1997

[88] *König / Maurer*: Leitfaden zum DIN-Fachbericht 102 „Betonbrücken"
Hrsg.: Bundesanstalt für Straßenwesen, Bergisch Gladbach, 2003

[89] Deutscher Beton- und Bautechnik-Verein E.V. – Merkblatt
Unterstützungen, Ausgabe 2002-07

[90] DIN 1055-7: Einwirkungen auf Tragwerke – Teil 7: Temperatureinwirkungen, Ausgabe 2002-11

[91] DIN 1055-8: Einwirkungen auf Tragwerke – Teil 8: Einwirkungen während der Bauausführung
Ausgabe 2003-01

[92] DIN 1055-10: Einwirkungen auf Tragwerke – Teil 10: Einwirkungen infolge von Kranen und Maschinen
Ausgabe 2002-04

[93] DIN 4227-6: Spannbeton; Bauteile mit Vorspannung ohne Verbund (Vornorm), Ausgabe 1982-05

[94] DIN 4149: Bauten in deutschen Erdbebengebieten – Lastannahmen, Bemessung und Ausführung üblicher Hochbauten, Ausgabe 2005-04

[95] Friedrich + Lochner GmbH:
Programm WL 02/2005 Win XP: Windlasten
www.frilo.de

[96] abacus computer gmbH:
Programm BINO V 2.0: Nachweise in den Grenzzuständen der Gebrauchstauglickeit und der Tragfähigkeit
www.abacus-computer.de

[97] abacus computer gmbH:
Programm ELFI V5.0: FEM-Berechnung und Bemessung für Platten, Scheiben und Faltwerke
www.abacus-computer.de

[98] abacus computer gmbH:
Programm SEFU V 5.0: Einzelfundamente
www.abacus-computer.de

[99] abacus computer gmbH:
Programm STUR - EFI V5.0: Stützen und Rahmen nach Th. II. O. mit effektiven Steifigkeiten
www.abacus-computer.de

[100] DIN-Fachbericht 100 Beton
Zusammenstellung von DIN EN 206-1 Beton, Teil 1: Festlegung, Eigenschaften, Herstellung und Konformität und DIN 1045-2 Tragwerke aus Beton Stahlbeton und Spannbeton, Teil 2: Beton – Festlegung, Eigenschaften, Herstellung und Konformität – Anwendungsregeln zu DIN EN 206-1
Beuth Verlag, Berlin, Ausgabe 2005

[101] DIN-Fachbericht 101 Einwirkungen auf Brücken
Beuth Verlag, Berlin, 2. Auflage 2003
[101.1] Erfahrungssammlung zum DIN-Fachbericht 101 "Einwirkungen auf Brücken" (Stand: 17.05.2005)
www.bast.de → Fachthemen → Europäische Regelungen im Brücken- und Ingenieurbau

[102] DIN-Fachbericht 102 Betonbrücken
Beuth-Verlag, Berlin, 2. Auflage 2003
[102.1] Erfahrungssammlung zum DIN-Fachbericht 102 "Betonbrücken" (Stand: 21.07.2005)
www.bast.de → Fachthemen → Europäische Regelungen im Brücken- und Ingenieurbau

[103] *Rosman*: Beitrag zur plastostatischen Berechnung zweiachsig gespannter Platten
Bauingenieur 1985, Seite 151

[104] *Herzog*: Die Tragfähigkeit schiefer Platten
Beton- und Stahlbetonbau 2001, Seite 552

[105] *Herzog*: Vereinfachte Bemessung punktgestützter Platten nach der Plastizitätstheorie
Bautechnik 2000, Seite 945

[106] *Herzog*: Vereinfachte Stahlbeton- und Spannbetonbemessung, II: Tragfähigkeitsnachweis für Platten
Beton- und Stahlbetonbau 1995, Seite 45 und 70

[107] *Herzog*: Die Tragfähigkeit von Pilz- und Flachdecken
Bautechnik 1995, Seite 516

[108] *Herzog*: Vereinfachte Stahlbeton- und Spannbetonbemessung nach der Plastizitätstheorie
Beton- und Stahlbetonbau 1990, Seite 311

[109] *Herzog*: Die Bruchlast ein- und mehrfeldriger Rechteckplatten aus Stahlbeton nach Versuchen
Beton- und Stahlbetonbau 1976, Seite 69

[110] *Kessler*: Zum Bruchbild isotroper Quadratplatten
Bautechnik 1997, Seite 765

[111] *Kessler*: Rechteckplatte unter randparalleler Linienlast nach der Fließgelenktheorie
Bautechnik 1997, Seite 143

[112] *Friedrich*: Vereinfachte Berechnung vierseitig gelagerter Rechteckplatten nach der Bruchlinientheorie
Beton- und Stahlbetonbau 1995, Seite 113

[113] *Pardey*: Physikalisch nichtlineare Berechnung von Stahlbetonplatten im Vergleich zur Bruchlinientheorie
Deutscher Ausschuss für Stahlbeton, Heft 441
Beuth Verlag, Berlin, 1994

[114] *Rutz*: Plattenstreifen und vierseitig gelagerte Platten mit einer Linienlast
Österreichische Ingenieur- und Architekten-Zeitschrift 1990, Seite 408

[115] *Schubert*: Berechnung von Stahlbeton- und Spannbetonkonstruktionen nach der Plastizitätstheorie in der DDR
Bautechnik 1990, Seite 261

[116] *Förster / Schubert*: Berechnung nach der Fließgelenklinienmethode
Bauplanung + Bautechnik 1982, Seite 281

[117] *Kupfer*: Auswirkung der begrenzten Plastizität
Bauingenieur 1986, Seite 155

[118] *Leonhardt*: Vorlesungen über Massivbau, Vierter Teil
Springer Verlag, Berlin, Heidelberg, New York, 1978, Abschnitt 9, Seite 175

[119] CEB–Annex aux Recommandations
Tome III, Annex 5
Associazone Italiana, 1973

[120] *Sawczuk / Jäger*: Grenztragfähigkeit der Platten
Springer-Verlag, Berlin, Heidelberg, New York, 1963

[121] *Haase*: Bruchlinientheorie von Platten
Werner-Verlag, Düsseldorf, 1962

[122] *Stolze*: Zum Tragverhalten von Stahlbetonplatten mit von den Bruchlinien abweichender Bewehrungsrichtung
Uni Karlsruhe, Institut für Massivbau und Baustofftechnologie, 1993, Dissertation

[123] *Khaanooja*: Zusammenfassung und Erweiterung der praktischen Berechnungsverfahren für Pilzdecken: Berechnung von Pilzdecken mit beliebigen Pilz- und Kopfbreiten auf der Grundlage der Elastizitätstheorie und Bruchlinientheorie und unter Berücksichtigung eigener Modellversuche
TH Dresden, 1961, Dissertation

[124] *Kleinlogel*: Der Stahlbeton in Beispielen
Durchlaufende Platten, massive Platten gleicher und verschiedener Steifigkeiten...
Ernst & Sohn, Berlin, 1951

[125] *Jäger*: Das Traglastverfahren im Stahlbetonbau
Erläuterungen, Bemessungstafeln und Anwendungsbeispiele unter Berücksichtigung der Österreichischen Normenbestimmungen
Manz, Wien, 1976

[126] *Anderheggen*: Berechnung der Traglast von Stahlbetonplatten mittels finiter Elemente
Birkhäuser, Zürich, 1975
Bericht: ETH Zürich, Institut für Baustatik, Nr. 55, Schweizerische Bauzeitung 1975

[127] *Hilleborg*: Strip Method of Design
Scholium Intl, 1976

[128] *Grzeschkowitz*: Plattenbemessung auf der Grundlage der Bruchlinientheorie
Buchkapitel in: Bemessung nach Eurocode 2 Teil 1. 2.Auflage
Darmstadt: Selbstverlag 1992, S.XIV/1-18
Darmstädter Massivbau-Seminar, 8

[129] *Schmitz*: Anwendung der Bruchlinientheorie
Stahlbeton aktuell 2001, Jahrbuch für die Baupraxis
Werner-Verlag, Düsseldorf; Beuth Verlag, Berlin

[130] *Avellan / Werkle*: Zur Anwendung der Bruchlinientheorie in der Praxis
Bautechnik 1998, Seite 80

[131] Nachweise zur Beschränkung der Durchbiegung
Technische Mitteilungen der Bundesvereinigung der Prüfingenieure für Bautechnik e.V.
(Landesvereinigung Baden-Württemberg), Nr. 64
www.bvpi.de

[132] *Krüger / Mertzsch*: Zur Verformungsbegrenzung von überwiegend auf Biegung beanspruchten Stahlbetonquerschnitten
Beton- und Stahlbetonbau 2002, S. 584 ff.

[133] CEB-FIP Model Code 1990
Comité Euro-International du Béton, 1991

[134] DAfStb-Richtlinie zur Anwendung von Eurocode 2
Planung von Stahlbeton- und Spannbetontragwerken
Teil 1: Grundlagen und Anwendungsregeln für den Hochbau
Deutscher Ausschuss für Stahlbeton, Ausgabe 1993-04

[135] Deutscher Beton- und Bautechnik-Verein E.V.
Beispiele zur Bemessung nach DIN 1045-1 – Band 1: Hochbau
Ernst & Sohn, Berlin, 2. Auflage 2005

[136] Allgemeines Rundschreiben Straßenbau ARS 11/2003 vom 07. März 2003
Betreff: Technische Baubestimmungen – DIN-Fachbericht 102 „Betonbrücken“, Ausgabe März 2003
Hrsg.: Bundesministerium für Verkehr, Bau- und Wohnungswesen
Verkehrsblatt, Heft 6/2003

[137] E DIN EN 10138: Spannstähle –
Teil 1: Allgemeine Anforderungen, Teil 2: Draht, Teil 4: Litze, Teil 5: Stäbe
Deutsches Institut für Normung e.V., 2000-10

[138] *Küttler*: Berechnung der Ersatzwanddicken von Aussteifungselementen mit Öffnungen.
Beton- und Stahlbetonbau 2004, Heft 7, S. 530-535

[139] Kommentierte Kurzfassung zu DIN 1045-1: Tragwerke aus Beton und Stahlbeton –
Teil 1: Bemessung und Konstruktion
Hrsg.: DBV, BVPI, VBI, ISB
Beuth-Verlag und IRB-Verlag, 2. überarbeitete Auflage 2005

[140] *Rossner / Graubner:* Spannbetonbauwerke, Teil 3: Bemessungsbeispiele nach DIN 1045-1 und DIN-Fachbericht 102
Ernst & Sohn, Berlin, 2005

[141] *Fingerloos/Litzner*: Erläuterungen zur praktischen Anwendung der DIN 1045-1
Beton-Kalender 2006/2, Berlin: Ernst & Sohn

Stichwortverzeichnis